ŒUVRES

DE LAGRANGE.

PARIS. — IMPRIMERIE DE GAUTHIER-VILLARS, SUCCESSEUR DE MALLET-BACHELIER,
Rue de Seine-Saint-Germain, 10, près l'Institut.

ŒUVRES

DE LAGRANGE,

PUBLIÉES PAR LES SOINS

DE M. J.-A. SERRET,

SOUS LES AUSPICES

DE SON EXCELLENCE

LE MINISTRE DE L'INSTRUCTION PUBLIQUE.

TOME TROISIÈME.

PARIS,

GAUTHIER-VILLARS, IMPRIMEUR-LIBRAIRE

DE L'ÉCOLE IMPÉRIALE POLYTECHNIQUE, DU BUREAU DES LONGITUDES,

SUCCESSEUR DE MALLET-BACHELIER,

Quai des Augustins, 55.

MDCCCLXIX

DEUXIÈME SECTION.

(SUITE.)

MÉMOIRES

EXTRAITS DES

RECUEILS DE L'ACADÉMIE ROYALE

DES SCIENCES ET BELLES-LETTRES

DE BERLIN.

NOUVELLE MÉTHODE

POUR

RÉSOUDRE LES ÉQUATIONS LITTÉRALES

PAR LE MOYEN DES SÉRIES.

NOUVELLE MÉTHODE

POUR

RÉSOUDRE LES ÉQUATIONS LITTÉRALES

PAR LE MOYEN DES SÉRIES (*).

(*Mémoires de l'Académie royale des Sciences et Belles-Lettres de Berlin*, t. XXIV, 1770.)

Je vais donner dans ce Mémoire une méthode très-simple et très-générale pour réduire les racines des équations littérales en suites infinies, matière sur laquelle plusieurs Géomètres se sont déjà exercés.

Ma méthode a, si je ne me trompe, de grands avantages sur toutes les méthodes connues pour le même objet :

1° Elle donne l'expression de chaque racine de l'équation proposée, au lieu que les autres méthodes ne donnent ordinairement que l'expression d'une seule racine;

2° Elle donne les racines cherchées par des séries régulières, c'est-à-dire telles, que leurs termes suivent une loi générale et connue, de sorte qu'il est très-facile de les continuer autant que l'on veut;

3° Ces séries sont de plus telles, qu'on peut aisément trouver la forme de leurs derniers termes, et en déduire les conditions qui les rendent convergentes ou divergentes;

4° On peut aussi par la même méthode avoir l'expression d'une puis-

(*) Lu à l'Académie le 18 janvier et le 5 avril 1770.

sance quelconque de la racine cherchée, et même d'une fonction quelconque de cette racine;

5° Enfin cette méthode s'applique également aux équations transcendantes qui renferment des logarithmes et des arcs de cercle, et peut servir à résoudre différents Problèmes importants de cette espèce d'une manière plus simple et plus exacte qu'on ne pouvait le faire jusqu'à présent.

§ I. — *De la manière d'avoir la somme des puissances d'un degré quelconque de toutes les racines d'une équation donnée.*

Quoique la solution de ce Problème soit assez connue, je crois pouvoir la donner ici, tant à cause du rapport qu'elle a avec le sujet de ce Mémoire, que parce que la méthode dont je me sers est en quelque façon plus simple et plus générale que celles qu'on emploie ordinairement.

1. Soit une équation d'un degré quelconque

$$(A) \qquad 0 = a - bx + cx^2 - dx^3 + \ldots,$$

dont les racines soient p, q, r,...; on aura, par la théorie connue des équations,

$$(B) \qquad a - bx + cx^2 - dx^3 + \ldots = a\left(1 - \frac{x}{p}\right)\left(1 - \frac{x}{q}\right)\left(1 - \frac{x}{r}\right)\cdots.$$

Donc, en divisant par a, on aura

$$1 - \frac{bx - cx^2 + dx^3 - \ldots}{a} = \left(1 - \frac{x}{p}\right)\left(1 - \frac{x}{q}\right)\left(1 - \frac{x}{r}\right)\cdots,$$

et, prenant les logarithmes de part et d'autre,

$$\log\left(1 - \frac{bx - cx^2 + dx^3 - \ldots}{a}\right) = \log\left(1 - \frac{x}{p}\right) + \log\left(1 - \frac{x}{q}\right) + \log\left(1 - \frac{x}{r}\right) + \ldots.$$

Or, on a, en général,

$$\log(1 - u) = -u - \frac{u^2}{2} - \frac{u^3}{3} - \ldots;$$

donc

$$\log\left(1-\frac{x}{p}\right)+\log\left(1-\frac{x}{q}\right)+\log\left(1-\frac{x}{r}\right)+\ldots$$
$$=-x\left(\frac{1}{p}+\frac{1}{q}+\frac{1}{r}+\ldots\right)$$
$$-\frac{x^2}{2}\left(\frac{1}{p^2}+\frac{1}{q^2}+\frac{1}{r^2}+\ldots\right)$$
$$-\frac{x^3}{3}\left(\frac{1}{p^3}+\frac{1}{q^3}+\frac{1}{r^3}+\ldots\right)$$
$$\ldots\ldots\ldots\ldots\ldots\ldots$$

Donc, si l'on développe la quantité

$$-\log\left(1-\frac{bx-cx^2+dx^3-\ldots}{a}\right)$$

en une série de cette forme

$$Ax+Bx^2+Cx^3+\ldots,$$

on aura

$$A=\frac{1}{p}+\frac{1}{q}+\frac{1}{r}+\ldots,$$
$$2B=\frac{1}{p^2}+\frac{1}{q^2}+\frac{1}{r^2}+\ldots,$$
$$3C=\frac{1}{p^3}+\frac{1}{q^3}+\frac{1}{r^3}+\ldots,$$
$$\ldots\ldots\ldots\ldots\ldots\ldots$$

2. Puisqu'on suppose

$$-\log\left(1-\frac{bx-cx^2+dx^3-\ldots}{a}\right)=Ax+Bx^2+Cx^3+\ldots,$$

on aura, en prenant les différentielles de part et d'autre et divisant par dx,

$$\frac{b-2cx+3dx^2-\ldots}{a-bx+cx^2-dx^3+\ldots}=A+2Bx+3Cx^2+\ldots,$$

d'où, en multipliant en croix et comparant les termes, on tire

$$\mathrm{A} = \frac{b}{a},$$

$$2\mathrm{B} = \frac{\mathrm{A}b - 2c}{a},$$

$$3\mathrm{C} = \frac{2\mathrm{B}b - \mathrm{A}c + 3d}{a},$$

et ainsi de suite; ce qui donne les formules connues de Newton.

De cette manière on ne peut déterminer chaque coefficient qu'à l'aide de tous les coefficients précédents; mais si l'on voulait avoir tout de suite l'expression du coefficient d'une puissance quelconque x^m, coefficient que nous appellerons M, et qui sera par conséquent égal à

$$\frac{\frac{1}{p^m} + \frac{1}{q^m} + \frac{1}{r^m} + \ldots}{m},$$

on pourra s'y prendre de la manière suivante.

3. On considérera que

$$\log\left(1 - \frac{bx - cx^2 + dx^3 - \ldots}{a}\right) = \log\left(1 - \frac{bx}{a}\right) + \log\left[1 - \frac{-cx^2 + dx^3 - \ldots}{a\left(1 - \frac{bx}{a}\right)}\right].$$

Soit, pour abréger,

$$\frac{-cx^2 + dx^3 - \ldots}{a} = \mathrm{X},$$

en sorte que l'on ait

$$\log\left(1 - \frac{bx - cx^2 + dx^3 - \ldots}{a}\right) = \log\left(1 - \frac{bx}{a}\right) + \log\left(1 - \frac{\mathrm{X}}{1 - \frac{bx}{a}}\right).$$

Donc, réduisant ces deux derniers logarithmes en série, on aura

$$\begin{aligned}
&-\log\left(1 - \frac{bx - cx^2 + dx^3 - \ldots}{a}\right) \\
&= \frac{bx}{a} + \frac{b^2x^2}{2a^2} + \frac{b^3x^3}{3a^3} + \ldots + \frac{\mathrm{X}}{1 - \frac{bx}{a}} + \frac{\mathrm{X}^2}{2\left(1 - \frac{bx}{a}\right)^2} + \frac{\mathrm{X}^3}{3\left(1 - \frac{bx}{a}\right)^3} + \ldots \\
&= \mathrm{A} + \mathrm{B}x + \mathrm{C}x^2 + \ldots + \mathrm{M}x^m + \ldots.
\end{aligned}$$

Or, on sait que

$$\frac{1}{1-\frac{bx}{a}} = 1 + \frac{bx}{a} + \frac{b^2x^2}{a^2} + \frac{b^3x^3}{a^3} + \ldots,$$

$$\frac{1}{\left(1-\frac{bx}{a}\right)^2} = 1 + \frac{2bx}{a} + \frac{3b^2x^2}{a^2} + \frac{4b^3x^3}{a^3} + \ldots,$$

$$\frac{1}{\left(1-\frac{bx}{a}\right)^3} = \frac{1}{2}\left(1.2 + \frac{2.3.bx}{a} + \frac{3.4.b^2x^2}{a^2} + \frac{4.5.b^3x^3}{a^3} + \ldots\right),$$

$$\frac{1}{\left(1-\frac{bx}{a}\right)^4} = \frac{1}{2.3}\left(1.2.3 + \frac{2.3.4.bx}{a} + \frac{3.4.5.b^2x^2}{a^2} + \frac{4.5.6.b^3x^3}{a^3} + \ldots\right),$$

et ainsi de suite.

Donc, si l'on suppose, pour plus de simplicité,

$$\begin{aligned} X &= \alpha x^2 + \alpha_1 x^3 + \alpha_2 x^4 + \ldots, \\ X^2 &= \beta x^4 + \beta_1 x^5 + \beta_2 x^6 + \ldots, \\ X^3 &= \gamma x^6 + \gamma_1 x^7 + \gamma_2 x^8 + \ldots, \\ &\ldots\ldots\ldots\ldots\ldots\ldots, \end{aligned}$$

il est facile de voir que le coefficient de la puissance x^m dans la quantité $\frac{X}{1-\frac{bx}{a}}$, développée suivant les puissances de x, sera représenté par

$$\alpha\left(\frac{b}{a}\right)^{m-2} + \alpha_1\left(\frac{b}{a}\right)^{m-3} + \ldots + \alpha_{m-2};$$

que celui de la même puissance x^m dans la quantité $\frac{X^2}{2\left(1-\frac{bx}{a}\right)^2}$ sera

$$\frac{1}{2}\left[(m-3)\beta\left(\frac{b}{a}\right)^{m-4} + (m-4)\beta_1\left(\frac{b}{a}\right)^{m-5} + \ldots + \beta_{m-4}\right],$$

et que, dans la quantité $\frac{X^3}{3\left(1-\frac{bx}{a}\right)^3}$, il sera

$$\frac{1}{2.3}\left[(m-4)(m-5)\gamma\left(\frac{b}{a}\right)^{m-6} + (m-5)(m-6)\gamma_1\left(\frac{b}{a}\right)^{m-7} + \ldots + 1.2.\gamma_{m-6}\right],$$

et ainsi des autres.

De là il s'ensuit qu'on aura

$$
\begin{aligned}
\mathrm{M} = {} & \frac{1}{m}\left(\frac{b}{a}\right)^{m} \\
& + \alpha\left(\frac{b}{a}\right)^{m-2} + \alpha_1\left(\frac{b}{a}\right)^{m-3} + \ldots + \alpha_{m-2} \\
& + \frac{1}{2}\left[(m-3)\beta\left(\frac{b}{a}\right)^{m-4} + (m-4)\beta_1\left(\frac{b}{a}\right)^{m-5} + \ldots + \beta_{m-4}\right] \\
& + \frac{1}{2.3}\left[(m-4)(m-5)\gamma\left(\frac{b}{a}\right)^{m-6} + (m-5)(m-6)\gamma_1\left(\frac{b}{a}\right)^{m-7} + \ldots + 1.2.\gamma_{m-6}\right] \\
& \ldots\ldots\ldots\ldots\ldots\ldots\ldots\ldots\ldots\ldots\ldots\ldots\ldots\ldots
\end{aligned}
$$

Donc, puisque

$$\mathrm{M}m = \frac{1}{p^m} + \frac{1}{q^m} + \frac{1}{r^m} + \ldots,$$

on aura, en général,

$$
\begin{aligned}
& + \frac{1}{q^m} + \frac{1}{r^m} + \ldots \\
= {} & \left(\frac{b}{a}\right)^{m} + m\alpha\left(\frac{b}{a}\right)^{m-2} + m\,\alpha_1\left(\frac{b}{a}\right)^{m-3} + \ldots + m\alpha_{m-2} \\
& + \frac{m(m-3)}{2}\beta\left(\frac{b}{a}\right)^{m-4} + \frac{m(m-4)}{2}\beta_1\left(\frac{b}{a}\right)^{m-5} + \ldots + \frac{m}{2}\beta_{m-4} \\
& + \frac{m(m-4)(m-5)}{2.3}\gamma\left(\frac{b}{a}\right)^{m-6} + \frac{m(m-5)(m-6)}{2.3}\gamma_1\left(\frac{b}{a}\right)^{m-7} + \ldots + \frac{m}{3}\gamma_{m-6} \\
& + \frac{m(m-5)(m-6)(m-7)}{2.3.4}\delta\left(\frac{b}{a}\right)^{m-8} + \frac{m(m-6)(m-7)(m-8)}{2.3.4}\delta_1\left(\frac{b}{a}\right)^{m-9} + \ldots + \frac{m}{4}\delta_{m-8} \\
& \ldots\ldots\ldots\ldots\ldots\ldots\ldots\ldots\ldots\ldots\ldots\ldots\ldots\ldots
\end{aligned}
$$

4. EXEMPLE I. — Soit l'équation du second degré

$$a - bx + cx^2 = 0:$$

on aura, dans ce cas,

$$\mathrm{X} = -\frac{cx^2}{a};$$

donc

$$\mathrm{X}^2 = \frac{c^2x^4}{a^2}, \quad \mathrm{X}^3 = -\frac{c^3x^6}{a^3}, \ldots,$$

donc

$$\alpha = -\frac{c}{a}, \quad \beta = \frac{c^2}{a^2}, \quad \gamma = -\frac{c^3}{a^3}, \ldots,$$

et toutes les autres quantités α_1, β_1,... nulles; donc, si p et q sont les racines de cette équation, on aura, en général,

$$\frac{1}{p^m} + \frac{1}{q^m} = \left(\frac{b}{a}\right)^m - \frac{mc}{a}\left(\frac{b}{a}\right)^{m-2} + \frac{m(m-3)c^2}{2a^2}\left(\frac{b}{a}\right)^{m-4}$$
$$- \frac{m(m-4)(m-5)c^3}{2.3.a^3}\left(\frac{b}{a}\right)^{m-6} + \ldots,$$

en continuant cette série jusqu'à ce qu'on arrive à des puissances négatives de $\frac{b}{a}$.

5. Exemple II. — Soit encore l'équation générale du troisième degré

$$a - bx + cx^2 - dx^3 = 0:$$

on aura, dans ce cas,

$$X = \frac{-cx^2 + dx^3}{a} = -\frac{x^2}{a}(c - dx),$$

et, par conséquent,

$$X^2 = \frac{x^4}{a^2}(c^2 - 2c\,dx + d^2x^2),$$
$$X^3 = \frac{x^6}{a^3}(c^3 - 3c^2dx + 3cd^2x^2 - d^3x^3),$$
$$\ldots\ldots\ldots\ldots\ldots\ldots\ldots\ldots\ldots\ldots$$

Donc

$$\alpha = -\frac{c}{a}, \quad \alpha_1 = \frac{d}{a}, \quad \beta = \frac{c^2}{a^2}, \quad \beta_1 = -\frac{2cd}{a^2}, \quad \beta_2 = \frac{d^2}{a^2},$$
$$\gamma = -\frac{c^3}{a^3}, \quad \gamma_1 = \frac{3c^2d}{a^3}, \ldots.$$

Donc, nommant p, q, r les trois racines de l'équation proposée, on aura, en général,

$$\frac{1}{p^m}+\frac{1}{q^m}+\frac{1}{r^m}$$
$$=\left(\frac{b}{a}\right)^m-\frac{mc}{a}\left(\frac{b}{a}\right)^{m-2}+\frac{md}{a}\left(\frac{b}{a}\right)^{m-3}$$
$$+\frac{m(m-3)}{2a^2}c^2\left(\frac{b}{a}\right)^{m-4}-\frac{m(m-4)}{2a^2}2cd\left(\frac{b}{a}\right)^{m-5}+\frac{m(m-5)}{2a^2}d^2\left(\frac{b}{a}\right)^{m-6}$$
$$-\frac{m(m-4)(m-5)}{2.3.a^3}c^3\left(\frac{b}{a}\right)^{m-6}+\frac{m(m-5)(m-6)}{2.3.a^3}3c^2d\left(\frac{b}{a}\right)^{m-7}$$
$$-\frac{m(m-6)(m-7)}{2.3.a^3}3cd^2\left(\frac{b}{a}\right)^{m-8}+\frac{m(m-7)(m-8)}{2.3.a^3}d^3\left(\frac{b}{a}\right)^{m-9}-\ldots,$$

cette série étant continuée jusqu'à ce qu'on parvienne à des puissances négatives de $\frac{b}{a}$.

6. EXEMPLE III. — Soit l'équation

$$a-bx-x^n=0:$$

on aura

$$X=\frac{x^n}{a},$$

donc

$$X^2=\frac{x^{2n}}{a^2},\quad X^3=\frac{x^{3n}}{a^3},\ldots.$$

donc

$$\alpha_{n-2}=\frac{1}{a},\quad \beta_{2n-4}=\frac{1}{a^2},\ldots,$$

et toutes les autres quantités nulles; donc

$$\frac{1}{p^m}+\frac{1}{q^m}+\frac{1}{r^m}+\ldots=\left(\frac{b}{a}\right)^m$$
$$+\frac{m}{a}\left(\frac{b}{a}\right)^{m-n}+\frac{m(m-2n+1)}{2a^2}\left(\frac{b}{a}\right)^{m-2n}$$
$$+\frac{m(m-3n+2)(m-3n+1)}{2.3.a^3}\left(\frac{b}{a}\right)^{m-3n}$$
$$+\frac{m(m-4n+3)(m-4n+2)(m-4n+1)}{2.3.4.a^4}\left(\frac{b}{a}\right)^{m-4n}+\ldots,$$

jusqu'à ce qu'on arrive à des puissances négatives de $\frac{b}{a}$.

7. Au reste, quoique nous n'ayons donné que la formule qui exprime la somme des puissances $n^{\text{ièmes}}$ des quantités $\frac{1}{p}$, $\frac{1}{q}$, $\frac{1}{r}$, ... (p, q, r,... étant les racines d'une équation quelconque donnée), il est facile d'avoir aussi l'expression de la somme des puissances $n^{\text{ièmes}}$ des racines mêmes p, q, r,...; pour cela il n'y aura qu'à changer les racines de l'équation proposée en leurs réciproques, en écrivant $\frac{1}{x}$ à la place de x; car, nommant p', q', r',... les racines de l'équation transformée, on aura

$$\frac{1}{p'^m} + \frac{1}{q'^m} + \frac{1}{r'^m} + \ldots = p^m + q^m + r^m + \ldots$$

Puisque (3)

$$\begin{aligned} X &= \alpha x^2 + \alpha_1 x^3 + \ldots, \\ X^2 &= \beta x^4 + \beta_1 x^5 + \ldots, \\ X^3 &= \gamma x^6 + \gamma_1 x^7 + \ldots, \\ &\ldots\ldots\ldots\ldots\ldots\ldots, \end{aligned}$$

il est clair que si l'on fait $x = \frac{1}{y}$, et qu'on nomme Y la fonction de y dans laquelle X se changera, on aura

$$\begin{aligned} &Y y^m = \alpha y^{m-2} + \alpha_1 y^{m-3} + \ldots, \\ &\frac{d(Y^2 y^{m+1})}{dy} = (m-3)\beta y^{m-4} + (m-4)\beta_1 y^{m-5} + \ldots, \\ &\frac{d^2(Y^3 y^{m+2})}{dy^2} = (m-4)(m-5)\gamma y^{m-6} + (m-5)(m-6)\gamma_1 y^{m-7} + \ldots. \\ &\ldots\ldots\ldots\ldots\ldots\ldots\ldots\ldots\ldots\ldots\ldots\ldots \end{aligned}$$

D'où il s'ensuit qu'on peut mettre la formule du numéro cité sous cette forme

$$\frac{1}{m}\left(\frac{1}{p^m} + \frac{1}{q^m} + \frac{1}{r^m} + \ldots\right) = \frac{y^m}{m} + Y y^m + \frac{1}{2}\frac{d(Y^2 y^{m+1})}{dy} + \frac{1}{2.3}\frac{d^2(Y^3 y^{m+2})}{dy^2} + \ldots,$$

pourvu qu'on y substitue, après les différentiations, $\frac{b}{a}$ à la place de y, et qu'on ait soin de rejeter tous les termes qui contiendraient des puissances négatives de y ou de $\frac{b}{a}$, comme nous l'avons pratiqué dans les

Exemples précédents. De cette manière on pourra très-facilement trouver la somme des racines d'une équation quelconque élevées à telle puissance qu'on voudra.

§ II. — *De la manière de trouver par les séries la racine d'une équation quelconque.*

8. Reprenons l'équation générale

$$(A) \qquad 0 = a - bx + cx^2 - dx^3 + \ldots,$$

dont on suppose que les racines soient p, q, r,..., et voyons comment on pourra trouver la valeur d'une de ces racines en particulier.

On aura d'abord, comme nous l'avons vu dans le § I,

$$(B) \qquad a - bx + cx^2 - dx^3 + ex^4 - \ldots = a\left(1 - \frac{x}{p}\right)\left(1 - \frac{x}{q}\right)\left(1 - \frac{x}{r}\right).$$

Qu'on divise cette équation par bx, et, en y changeant les signes, on aura

$$1 - \frac{a}{bx} - \frac{cx - dx^2 + \ldots}{b} = -\frac{a}{bx}\left(1 - \frac{x}{p}\right)\left(1 - \frac{x}{q}\right)\left(1 - \frac{x}{r}\right)\ldots$$

$$= \frac{a}{bp}\left(1 - \frac{p}{x}\right)\left(1 - \frac{x}{q}\right)\left(1 - \frac{x}{r}\right)\ldots.$$

Donc, prenant les logarithmes de part et d'autre,

$$(C) \qquad \left\{ \begin{aligned} &\log\left(1 - \frac{a}{bx} - \frac{cx - dx^2 + \ldots}{b}\right) \\ &= \log\frac{a}{bp} + \log\left(1 - \frac{p}{x}\right) + \log\left(1 - \frac{x}{q}\right) + \log\left(1 - \frac{x}{r}\right) + \ldots. \end{aligned} \right.$$

Donc faisant, pour abréger,

$$X - \frac{a}{x} + cx - dx^2 + ex^3 - \ldots,$$

et réduisant en série les logarithmes de $1 - \frac{X}{b}$, $1 - \frac{p}{x}$, $1 - \frac{x}{q}$,..., on aura, après avoir changé les signes,

$$(D)\quad \left\{\begin{aligned} \frac{X}{b}+\frac{X^2}{2b^2}+\frac{X^3}{3b^3}+\ldots=\log\frac{bp}{a}&+\frac{p}{x}+\frac{p^2}{2x^2}+\frac{p^3}{3x^3}+\ldots\\ &+x\left(\frac{1}{q}+\frac{1}{r}+\ldots\right)\\ &+\frac{x^2}{2}\left(\frac{1}{q^2}+\frac{1}{r^2}+\ldots\right)\\ &+\frac{x^3}{3}\left(\frac{1}{q^3}+\frac{1}{r^3}+\ldots\right)+\ldots.\end{aligned}\right.$$

Or cette équation doit être identique, puisqu'elle vient de l'équation identique (B); donc, si l'on remet à la place de X sa valeur

$$\frac{a}{x}+cx-dx^2+ex^3-\ldots,$$

et qu'on suppose

$$\begin{aligned}&\frac{X}{b}+\frac{X^2}{2b^2}+\frac{X^3}{3b^3}+\ldots\\ &=\left(\alpha+\frac{\beta}{x}+\frac{\gamma}{x^2}+\frac{\delta}{x^3}+\ldots\right)+\left(Ax+Bx^2+Cx^3+\ldots\right),\end{aligned}$$

on aura, par la comparaison des termes,

$$\alpha=\log\frac{bp}{a},\quad \beta=p,\quad \gamma=\frac{p^2}{2},\quad \delta=\frac{p^3}{3},\ldots.$$

Ainsi l'on connaîtra non-seulement la valeur de la racine p, mais aussi celle de son carré, de son cube, etc., comme aussi celle de son logarithme, qui sera

$$\log p=\alpha-\log\frac{b}{a}=\alpha+\log\frac{a}{b}.$$

9. Exemple I. — Soit l'équation du second degré

$$a-bx+cx^2=0:$$

on aura donc

$$X=\frac{a}{x}+cx;$$

donc

$$X^2 = \frac{a^2}{x^2} + 2ac + c^2x^2,$$

$$X^3 = \frac{a^3}{x^3} + \frac{3a^2c}{x} + 3ac^2x + c^3x^3,$$

$$X^4 = \frac{a^4}{x^4} + \frac{4a^3c}{x^2} + 6a^2c^2 + 4ac^3x^2 + c^4x^4,$$

et ainsi de suite; donc

$$\alpha = \frac{2ac}{2b^2} + \frac{4.3.a^2c^2}{2.4.b^4} + \frac{6.5.4.a^3c^3}{2.3.6.b^6} + \ldots,$$

$$\beta = \frac{a}{b} + \frac{3a^2c}{3b^3} + \frac{5.4.a^3c^2}{2.5.b^5} + \frac{7.6.5.a^4c^3}{2.3.7.b^7} + \ldots,$$

$$\gamma = \frac{a^2}{2b^2} + \frac{4a^3c}{4b^4} + \frac{6.5.a^4c^2}{2.6.b^6} + \frac{8.7.6.a^6c^3}{2.3.8.b^8} + \ldots,$$

$$\ldots\ldots\ldots\ldots\ldots\ldots\ldots\ldots\ldots\ldots,$$

et par conséquent, en mettant x à la place de p,

$$\log x = \log\frac{a}{b} + \frac{ac}{b^2} + \frac{3a^2c^2}{2b^4} + \frac{5.4.a^3c^3}{2.3.b^6} + \ldots,$$

$$x = \frac{a}{b} + \frac{a^2c}{b^3} + \frac{4a^3c^2}{2b^5} + \frac{6.5.a^4c^3}{2.3.b^7} + \ldots,$$

$$\frac{x^2}{2} = \frac{a^2}{2b^2} + \frac{a^3c}{b^4} + \frac{5a^4c^2}{2b^6} + \frac{7.6.a^5c^3}{2.3.b^8} + \ldots,$$

$$\frac{x^3}{3} = \frac{a^3}{3b^3} + \frac{a^4c}{b^5} + \frac{6a^5c^2}{2b^7} + \frac{8.7.a^6c^3}{2.3.b^9} + \ldots,$$

et ainsi de suite; de sorte qu'on aura, en général,

$$\frac{x^m}{m} = \frac{a^m}{mb^m} + \frac{a^{m+1}c}{b^{m+2}} + \frac{(m+3)a^{m+2}c^2}{2b^{m+4}} + \frac{(m+5)(m+4)a^{m+3}c^3}{2.3.b^{m+6}} + \ldots.$$

En effet, cette équation, étant résolue, donne

$$x = \frac{b}{2c} \pm \frac{\sqrt{b^2-4ac}}{2c};$$

or, en réduisant en série le radical $\sqrt{b^2-4ac}$, on a

$$b-\frac{2ac}{b}-\frac{(2ac)^2}{2b^3}-\frac{1.3(2ac)^3}{2.3.b^5}-\frac{1.3.5(2ac)^4}{2.3.4.b^7}-\ldots,$$

ou bien

$$b-2\left(\frac{ac}{b}+\frac{a^2c^2}{b^3}+\frac{4a^3c^3}{2b^5}+\frac{6.5.a^4c^4}{2.3.b^7}+\ldots\right);$$

de sorte que les deux valeurs de x seront

$$\frac{b}{c}-\frac{a}{b}-\frac{a^2c}{b^3}-\frac{4a^3c^2}{2b^5}-\frac{6.5.a^4c^3}{2.3.b^7}-\ldots,$$

$$\frac{a}{b}+\frac{a^2c}{b^3}+\frac{4a^3c^2}{2b^5}+\frac{6.5.a^4c^3}{2.3.b^7}+\ldots;$$

or, cette dernière est précisément la même que celle que nous avons trouvée plus haut.

10. Comme toute la difficulté se réduit (8) à trouver les coefficients α, β, γ,... des puissances négatives de x dans la série

$$\frac{X}{b}+\frac{X^2}{2b^2}+\frac{X^3}{3b^3}+\ldots,$$

tâchons de rendre la recherche de ces coefficients aussi facile et en même temps aussi générale qu'il est possible. Pour cela, je remarque que

$$\frac{X}{b}+\frac{X^2}{2b^2}+\frac{X^3}{3b^3}+\ldots=-\log\left(1-\frac{X}{b}\right);$$

de sorte que, comme

$$X=\frac{a}{x}+cx-dx^2+ex^3-\ldots,$$

si l'on fait, pour abréger,

$$\xi=\frac{cx-dx^2+ex^3-\ldots}{b},$$

on aura

$$\frac{X}{b} + \frac{X^2}{2b^2} + \frac{X^3}{3b^3} + \ldots = -\log\left(1 - \frac{a}{bx} - \xi\right)$$

$$= -\log\left(1 - \frac{a}{bx}\right) - \log\left(1 - \frac{\xi}{1 - \frac{a}{bx}}\right);$$

de sorte qu'en réduisant ces deux logarithmes en série on aura

$$\frac{X}{b} + \frac{X^2}{2b^2} + \frac{X^3}{3b^3} + \ldots = \frac{a}{bx} + \frac{a^2}{2b^2x^2} + \frac{a^3}{3b^3x^3} + \ldots$$

$$+ \frac{\xi}{1 - \frac{a}{bx}} + \frac{\xi^2}{2\left(1 - \frac{a}{bx}\right)^2} + \frac{\xi^3}{3\left(1 - \frac{a}{bx}\right)^3} + \ldots,$$

et, par conséquent (8),

$$(\text{E}) \left\{ \begin{aligned} &\frac{a}{bx} + \frac{a^2}{2b^2x^2} + \ldots + \frac{\xi}{1 - \frac{a}{bx}} + \ldots = \log\frac{bp}{a} + \frac{p}{x} + \frac{p^2}{2x^2} + \frac{p^3}{3x^3} + \ldots \\ &\qquad + x\left(\frac{1}{q} + \frac{1}{r} + \ldots\right) + \frac{x^2}{2}\left(\frac{1}{q^2} + \frac{1}{r^2} + \ldots\right) \\ &\qquad + \frac{x^3}{3}\left(\frac{1}{q^3} + \frac{1}{r^3} + \ldots\right) + \ldots \end{aligned} \right.$$

Or, nous avons déjà vu plus haut (3) qu'on a, en réduisant en série,

$$\frac{1}{1 - \frac{a}{bx}} = 1 + \frac{a}{bx} + \frac{a^2}{b^2x^2} + \frac{a^3}{b^3x^3} + \ldots,$$

$$\frac{1}{\left(1 - \frac{a}{bx}\right)^2} = 1 + \frac{2a}{bx} + \frac{3a^2}{b^2x^2} + \frac{4a^3}{b^3x^3} + \ldots,$$

$$\frac{1}{\left(1 - \frac{a}{bx}\right)^3} = \frac{1}{2}\left(1.2 + \frac{2.3.a}{bx} + \frac{3.4.a^2}{b^2x^2} + \ldots\right),$$

et ainsi de suite.

Donc, si l'on suppose, en général,

$$\xi = \varpi + \varpi_1 x + \varpi_2 x^2 + \varpi_3 x^3 + \ldots,$$

$$\xi^2 = \rho + \rho_1 x + \rho_2 x^2 + \rho_3 x^3 + \ldots,$$

$$\xi^3 = \sigma + \sigma_1 x + \sigma_2 x^2 + \sigma_3 x^3 + \ldots,$$

$$\ldots\ldots\ldots\ldots\ldots\ldots\ldots\ldots,$$

on trouvera, en faisant abstraction des termes qui renfermeraient des puissances positives de x,

$$\frac{\xi}{1-\frac{a}{bx}} = \varpi + \varpi_1\frac{a}{b} + \varpi_2\frac{a^2}{b^2} + \varpi_3\frac{a^3}{b^3} + \ldots$$
$$+ \frac{1}{x}\left(\varpi\frac{a}{b} + \varpi_1\frac{a^2}{b^2} + \varpi_2\frac{a^3}{b^3} + \ldots\right)$$
$$+ \frac{1}{x^2}\left(\varpi\frac{a^2}{b^2} + \varpi_1\frac{a^3}{b^3} + \varpi_2\frac{a^4}{b^4} + \ldots\right)$$
$$\ldots\ldots\ldots\ldots\ldots\ldots\ldots\ldots\ldots,$$

$$\frac{\xi^2}{2\left(1-\frac{a}{bx}\right)^2} = \frac{1}{2}\left(\rho + 2\rho_1\frac{a}{b} + 3\rho_2\frac{a^2}{b^2} + 4\rho_3\frac{a^3}{b^3} + \ldots\right)$$
$$+ \frac{1}{2x}\left(2\rho\frac{a}{b} + 3\rho_1\frac{a^2}{b^2} + 4\rho_2\frac{a^3}{b^3} + \ldots\right)$$
$$+ \frac{1}{2x^2}\left(3\rho\frac{a^2}{b^2} + 4\rho_1\frac{a^3}{b^3} + 5\rho_2\frac{a^4}{b^4} + \ldots\right)$$
$$\ldots\ldots\ldots\ldots\ldots\ldots\ldots\ldots\ldots,$$

$$\frac{\xi^3}{3\left(1-\frac{a}{bx}\right)^3} = \frac{1}{2.3}\left(1.2.\sigma + 2.3.\sigma_1\frac{a}{b} + 3.4.\sigma_2\frac{a^2}{b^2} + \ldots\right)$$
$$+ \frac{1}{2.3.x}\left(2.3.\sigma\frac{a}{b} + 3.4.\sigma_1\frac{a^2}{b^2} + 4.5.\sigma_2\frac{a^3}{b^3} + \ldots\right)$$
$$+ \frac{1}{2.3.x^2}\left(3.4.\sigma\frac{a^2}{b^2} + 4.5.\sigma_1\frac{a^3}{b^3} + 5.6.\sigma_2\frac{a^4}{b^4} + \ldots\right)$$
$$\ldots\ldots\ldots\ldots\ldots\ldots\ldots\ldots\ldots,$$

et ainsi de suite.

Donc enfin, substituant ces valeurs dans l'équation (E) et comparant les termes affectés de x^0, x^{-1}, x^{-2},..., à cause de $\log\frac{bp}{a} = \log p - \log\frac{a}{b}$, on trouvera

$$\log p = \log\frac{a}{b} + \varpi + \varpi_1\frac{a}{b} + \varpi_2\frac{a^2}{b^2} + \varpi_3\frac{a^3}{b^3} + \ldots)$$
$$+ \frac{1}{2}\left(\rho + 2\rho_1\frac{a}{b} + 3\rho_2\frac{a^2}{b^2} + 4\rho_3\frac{a^3}{b^3} + \ldots\right)$$

$$+\frac{1}{2.3}\left(1.2.\sigma + 2.3.\sigma_1\frac{a}{b} + 3.4.\sigma_2\frac{a^2}{b^2}+\ldots\right)$$

$$+\frac{1}{2.3.4}\left(1.2.3.\tau + 2.3.4.\tau_1\frac{a}{b} + 3.4.5.\tau_2\frac{a^2}{b^2}+\ldots\right)$$

$$\ldots\ldots\ldots\ldots\ldots\ldots\ldots\ldots\ldots\ldots\ldots\ldots,$$

$$p = \frac{a}{b} + \varpi\frac{a}{b} + \varpi_1\frac{a^2}{b^2} + \varpi_2\frac{a^3}{b^3}+\ldots$$

$$+\frac{1}{2}\left(2\rho\frac{a}{b} + 3\rho_1\frac{a^2}{b^2} + 4\rho_2\frac{a^3}{b^3}+\ldots\right)$$

$$+\frac{1}{2.3}\left(2.3.\sigma\frac{a}{b} + 3.4.\sigma_1\frac{a^2}{b^2} + 4.5.\sigma_2\frac{a^3}{b^3}+\ldots\right)$$

$$\ldots\ldots\ldots\ldots\ldots\ldots\ldots\ldots\ldots\ldots\ldots\ldots,$$

$$p^2 = \frac{a^2}{b^2} + 2\left(\varpi\frac{a^2}{b^2} + \varpi_1\frac{a^3}{b^3} + \varpi_2\frac{a^4}{b^4}+\ldots\right)$$

$$+\frac{2}{2}\left(3\rho\frac{a^2}{b^2} + 4\rho_1\frac{a^3}{b^3} + 5\rho_2\frac{a^4}{b^4}+\ldots\right)$$

$$+\frac{2}{2.3}\left(3.4.\sigma\frac{a^2}{b^2} + 4.5.\sigma_1\frac{a^3}{b^3} + 5.6.\sigma_2\frac{a^4}{b^4}+\ldots\right)$$

$$\ldots\ldots\ldots\ldots\ldots\ldots\ldots\ldots\ldots\ldots\ldots\ldots,$$

$$p^3 = \frac{a^3}{b^3} + 3\left(\varpi\frac{a^3}{b^3} + \varpi_1\frac{a^4}{b^4} + \varpi_2\frac{a^5}{b^5}+\ldots\right)$$

$$+\frac{3}{2}\left(4\rho\frac{a^3}{b^3} + 5\rho_1\frac{a^4}{b^4} + 6\rho_2\frac{a^5}{b^5}+\ldots\right)$$

$$+\frac{3}{2.3}\left(4.5.\sigma\frac{a^3}{b^3} + 5.6.\sigma_1\frac{a^4}{b^4} + 6.7.\sigma_2\frac{a^5}{b^5}+\ldots\right)$$

$$\ldots\ldots\ldots\ldots\ldots\ldots\ldots\ldots\ldots\ldots\ldots\ldots,$$

et ainsi de suite.

11. Maintenant, puisqu'on a supposé

$$\xi = \varpi + \varpi_1 x + \varpi_2 x^2 + \ldots,$$

$$\xi^2 = \rho + \rho_1 x + \rho_2 x^2 + \ldots,$$

$$\xi^3 = \sigma + \sigma_1 x + \sigma_2 x^2 + \ldots,$$

et ainsi de suite, il est facile de voir qu'on aura, en faisant $x = \frac{a}{b}$,

$$\log p = \log x + \xi + \frac{1}{2}\frac{d(\xi^2 x)}{dx} + \frac{1}{2.3}\frac{d^2(\xi^3 x^2)}{dx^2} + \ldots,$$

$$p = x + \xi x + \frac{1}{2}\frac{d(\xi^2 x^2)}{dx} + \frac{1}{2.3}\frac{d^2(\xi^3 x^3)}{dx^2} + \ldots,$$

$$p^2 = x^2 + 2\left[\xi x^2 + \frac{1}{2}\frac{d(\xi^2 x^3)}{dx} + \frac{1}{2.3}\frac{d^2(\xi^3 x^4)}{dx^2} + \ldots\right],$$

$$p^3 = x^3 + 3\left[\xi x^3 + \frac{1}{2}\frac{d(\xi^2 x^4)}{dx} + \frac{1}{2.3}\frac{d^2(\xi^3 x^5)}{dx^2} + \ldots\right],$$

. . . . ,

et, en général,

(F) $$p^m = x^m + m\left[\xi x^m + \frac{1}{2}\frac{d(\xi^2 x^{m+1})}{dx} + \frac{1}{2.3}\frac{d^2(\xi^3 x^{m+2})}{dx^2} + \ldots\right].$$

Ainsi, p sera une des racines de l'équation

$$0 = a - bx + cx^2 - dx^3 + \ldots,$$

ou bien, à cause de

$$\xi = \frac{cx - dx^2 + \ldots}{b},$$

de l'équation

(G) $$a - bx + bx\xi = 0,$$

ξ étant une fonction de x.

12. Exemple II. — Soit, par exemple, l'équation

$$a - bx + cx^n = 0;$$

on aura, dans ce cas,

$$bx\xi = cx^n,$$

et, par conséquent,

$$\xi = \frac{cx^{n-1}}{b};$$

donc, en nommant p une des racines de cette équation, on aura, en général,

$$p^m = x^m + m\left(\frac{c}{b}x^{m+n-1} + \frac{c^2}{2b^2}\frac{dx^{m+2n-1}}{dx} + \frac{c^3}{2.3.b^3}\frac{d^2x^{m+3n-1}}{dx^2} + \ldots\right)$$

en mettant, après les différentiations, $\frac{a}{b}$ à la place de x; ainsi l'on aura (en changeant p en x)

$$x^m = \frac{a^m}{b^m} + m\left[\frac{ca^{m+n-1}}{b^{m+n}} + \frac{(m+2n-1)c^2a^{m+2n-2}}{2b^{m+2n}} + \frac{(m+3n-1)(m+3n-2)c^3a^{m+3n-3}}{2.3.b^{m+3n}} + \frac{(m+4n-1)(m+4n-2)(m+4n-3)c^4a^{m+4n-4}}{2.3.4.b^{m+4n}} + \ldots\right].$$

Si l'on fait $x = \frac{1}{y}$, en sorte qu'on ait l'équation

$$ay^n - by^{n-1} + c = 0,$$

on aura $y^m = x^{-m}$; ainsi il n'y aura qu'à faire m négatif dans la formule précédente pour avoir

$$y^m = \frac{b^m}{a^m} - m\left[\frac{cb^{m-n}}{a^{m-n+1}} - \frac{(m-2n+1)c^2b^{m-2n}}{2a^{m-2n+2}} + \frac{(m-3n+1)(m-3n+2)c^3b^{m-3n}}{2.3.a^{m-3n+3}} - \ldots\right].$$

Je dois remarquer, à l'égard de cette dernière formule, qu'elle a déjà été trouvée par M. Lambert, qui me l'a communiquée il y a quelque temps sans démonstration.

13. Exemple III. — Soit l'équation à quatre termes

$$a - bx + cx^n - x^r = 0;$$

on fera

$$bx\xi = cx^n - x^r,$$

et, par conséquent,

$$\xi = \frac{cx^{n-1} - x^{r-1}}{b};$$

donc

$$\xi^2 = \frac{c^2x^{2n-2} - 2cx^{n+r-2} + x^{2r-2}}{b^2},$$

$$\xi^3 = \frac{c^3x^{3n-3} - 3c^2x^{2n+r-3} + 3cx^{n+2r-3} - x^{3r-3}}{b^3},$$

et ainsi de suite.

Donc, en mettant x à la place de p,

$$x^m = \frac{a^m}{b^m} + m\left(\frac{ca^{m+n-1}}{b^{m+n}} - \frac{a^{m+r-1}}{b^{m+r}}\right)$$
$$+ \frac{m}{2}\left[\frac{(m+2n-1)\,c^2 a^{m+2n-2}}{b^{m+2n}} - 2\,\frac{(m+n+r-1)ca^{m+n+r-2}}{b^{m+n+r}} + \frac{(m+2r-1)\,a^{m+2r-2}}{b^{m+2r}}\right]$$
$$+ \frac{m}{2.3}\left[\frac{(m+3n-1)(m+3n-2)\,c^3 a^{m+3n-3}}{b^{m+3n}} - 3\,\frac{(m+2n+r-1)(m+2n+r-2)\,c^2 a^{m+2n+r-3}}{b^{m+2n+r}} + 3\,\frac{(m+n+2r-1)(m+n+2r-2)\,ca^{m+n+2r-3}}{b^{m+n+2r}} - \frac{(m+3r-1)(m+2r-2)\,a^{m+3r-3}}{b^{m+3r}}\right]$$

....

14. Exemple IV. — Soit l'équation générale

$$a - bx + cx^2 - dx^3 + ex^4 - fx^5 + \ldots = 0;$$

on aura

$$bx\xi = cx^2 - dx^3 + ex^4 - fx^5 + \ldots,$$

et, par conséquent,

$$\xi = \frac{cx - dx^2 + ex^3 - fx^4 + \ldots}{b},$$
$$\xi^2 = \frac{c^2x^2 - 2cdx^3 + (d^2 + 2ce)x^4 - \ldots}{b^2},$$
$$\xi^3 = \frac{c^3x^3 - 3cdx^4 + \ldots}{b^3},$$
$$\xi^4 = \frac{c^4x^4 - \ldots}{b^4},$$

....

Donc

$$x^m = \frac{a^m}{b^m}$$
$$+ m\left(\frac{a^{m+1}c}{b^{m+2}} - \frac{a^{m+2}d}{b^{m+3}} + \frac{a^{m+3}e}{b^{m+4}} - \frac{a^{m+4}f}{b^{m+5}} + \ldots\right)$$
$$+ \frac{m}{2}\left[\frac{(m+3)\,a^{m+2}c^2}{b^{m+4}} - \frac{(m+4)\,a^{m+3}.2cd}{b^{m+5}} + \frac{(m+5)\,a^{m+4}(d^2+2ce)}{b^{m+6}} - \ldots\right]$$

$$+\frac{m}{2.3}\left[\frac{(m+5)(m+4)a^{m+3}c^3}{b^{m+6}}-\frac{(m+6)(m+5)a^{m+4}.3cd}{b^{m+7}}+\ldots\right]$$

$$+\frac{m}{2.3.4}\left[\frac{(m+7)(m+6)(m+5)a^{m+4}c^4}{b^{m+8}}-\ldots\right],$$

$$\ldots\ldots\ldots\ldots\ldots\ldots\ldots\ldots\ldots\ldots\ldots\ldots$$

Si m est égal à 1, on aura

$$x=\frac{a}{b}+\frac{a^2c}{b^3}-\frac{a^3d}{b^4}+\frac{a^4e}{b^5}-\frac{a^5f}{b^6}+\ldots$$

$$+\frac{2a^3c^2}{b^5}-\frac{5a^4cd}{b^6}+\frac{3a^5(d^2+2ce)}{b^7}-\ldots$$

$$+\frac{5a^4c^3}{b^7}-\frac{21a^5cd}{b^8}+\ldots$$

$$+\frac{14a^5c^4}{b^9}+\ldots$$

$$\ldots\ldots\ldots\ldots\ldots;$$

c'est la formule connue de Newton pour le retour des suites.

15. Considérons maintenant l'équation générale

$$\alpha-x+\varphi(x)=0,$$

$\varphi(x)$ étant une fonction quelconque de x; comparant cette équation avec l'équation

$$a-bx+bx\xi=0$$

du n° **11**, ou bien

$$\frac{a}{b}-x+x\xi=0,$$

on aura

$$\alpha=\frac{a}{b}\quad\text{et}\quad\xi=\frac{\varphi(x)}{x}:$$

donc, si l'on dénote par p une des racines de l'équation proposée, on aura, par la formule (F) du numéro cité,

$$p^m=x^m+m\left[x^{m-1}\varphi(x)+\frac{1}{2}\frac{dx^{m-1}[\varphi(x)]^2}{dx}+\frac{1}{2.3}\frac{d^2x^{m-1}[\varphi(x)]^3}{dx^2}+\ldots\right],$$

en faisant, après les différentiations, $x=\alpha$.

Or, puisque $mx^{m-1} = \frac{d(x^m)}{dx}$, il est visible que la formule précédente peut se mettre sous cette forme

$$p^m = x^m + \frac{d(x^m)}{dx}\varphi(x) + \frac{1}{2}\,\frac{d\frac{d(x^m)}{dx}[\varphi(x)]^2}{dx} + \frac{1}{2.3}\,\frac{d^2\frac{d(x^m)}{dx}[\varphi(x)]^3}{dx} + \ldots.$$

D'où il est facile de conclure qu'une fonction quelconque de p, comme $\psi(p)$, sera exprimée de la manière suivante

$$\psi(p) = \psi(x) + \frac{d\psi(x)}{dx}\varphi(x) + \frac{1}{2}\,\frac{d\frac{d\psi(x)}{dx}[\varphi(x)]^2}{dx} + \frac{1}{2.3}\,\frac{d^2\frac{d\psi(x)}{dx}[\varphi(x)]^3}{dx^2} + \ldots,$$

pourvu qu'on change, comme nous l'avons dit, x en α après avoir exécuté les différentiations indiquées, ce qui fournit le théorème suivant, qui est très-remarquable par sa simplicité et par sa généralité.

16. Théorème. — *Soit l'équation*

$$(\text{H}) \qquad \alpha - x + \varphi(x) = 0,$$

$\varphi(x)$ étant une fonction quelconque de x. Que p soit une des racines de cette équation, c'est-à-dire une des valeurs de x, et qu'on demande la valeur d'une fonction quelconque de p comme $\psi(p)$. Qu'on dénote, pour plus de simplicité, la quantité $\frac{d\psi(x)}{dx}$ par $\psi'(x)$, et je dis qu'on aura, en général,

$$(\text{I}) \quad \left\{ \begin{aligned} \psi(p) &= \psi(x) + \varphi(x)\psi'(x) + \frac{1}{2}\,\frac{d[\varphi(x)]^2\psi'(x)}{dx} \\ &\quad + \frac{1}{2.3}\,\frac{d^2[\varphi(x)]^3\psi'(x)}{dx^2} + \frac{1}{2.3.4}\,\frac{d^3[\varphi(x)]^4\psi'(x)}{dx^3} + \ldots, \end{aligned} \right.$$

où il faudra changer x en α après les différentiations.

17. Si l'on fait $x = \alpha y$, en sorte que l'équation (H) devienne

$$1 - y + \frac{\varphi(\alpha y)}{\alpha} = 0,$$

et que q soit la valeur de y, on aura l'expression d'une fonction quelconque $\psi(q)$, en mettant dans la formule (I) q à la place de p, y à la place de x, $\frac{\varphi(\alpha y)}{\alpha}$ à la place de $\varphi(y)$, et faisant ensuite $y=1$ après les différentiations.

Donc, puisque $q=y=\frac{x}{\alpha}$, on aura

$$\text{(K)}\quad \left\{ \begin{aligned} \psi\left(\frac{x}{\alpha}\right) &= \psi(y) + \frac{\varphi(\alpha y)\psi'(y)}{\alpha} + \frac{1}{2\alpha^2}\frac{d\varphi(\alpha y)^2\psi'(y)}{dy} \\ &+ \frac{1}{2.3.\alpha^3}\frac{d^2\varphi(\alpha y)^3\psi'(y)}{dy^2} + \frac{1}{2.3.4.\alpha^4}\frac{d^3\varphi(\alpha y)^4\psi'(y)}{dy^3} + \ldots, \end{aligned} \right.$$

où la variable y doit être supposée égale à 1 après toutes les différentiations.

18. Donc, comme $\psi(y)=\int\psi'(y)\,dy$, si l'on prend la fraction

$$\frac{\psi'(y)}{z\left[1 - z\frac{\varphi(\alpha y)}{\alpha}\right]}$$

et qu'on la développe suivant les puissances de z, ce qui donnera

$$\frac{\psi'(y)}{z} + \frac{\varphi(\alpha y)\psi'(y)}{\alpha} + z\frac{[\varphi(\alpha y)]^2\psi'(y)}{\alpha^2} + z^2\frac{[\varphi(\alpha y)]^3\psi'(y)}{\alpha^3} + \ldots,$$

qu'ensuite on y change $\frac{1}{z}$ en $\int dy$, z en $\frac{1}{2}\frac{d}{dy}$, z^2 en $\frac{1}{2.3}\frac{d^2}{dy^2}$, z^3 en $\frac{1}{2.3.4}\frac{d^3}{dy^3}$, et ainsi des autres puissances de z; et qu'après avoir exécuté les différentiations indiquées de cette manière on fasse $y=1$, on aura la valeur de $\psi\left(\frac{x}{\alpha}\right)$, x étant une des racines de l'équation (H),

$$\alpha - x + \varphi x = 0.$$

Ainsi l'on pourra faire en sorte que la série qui représente la valeur de $\psi\left(\frac{x}{\alpha}\right)$ soit ordonnée par rapport à telle lettre qu'on voudra; car pour cela il n'y aura qu'à ordonner, par rapport à cette même lettre, la série résultante de la fraction $\dfrac{1}{1 - z\dfrac{\varphi(\alpha x)}{\alpha}}$, comme on va le voir dans les Exemples suivants.

19. Exemple V. — Reprenons l'équation générale de l'Exemple IV, savoir

$$0 = a - bx + cx^2 - dx^3 + ex^4 - fx^5 + \ldots,$$

et comparant avec l'équation (H), on aura, après avoir divisé par b,

$$\alpha = \frac{a}{b}, \quad \varphi(x) = \frac{cx^2 - dx^3 + ex^4 - fx^5 + \ldots}{b}.$$

Donc

$$\frac{\varphi(\alpha y)}{\alpha} = \frac{ca y^2}{b^2} - \frac{da^2 y^3}{b^3} + \frac{ea^3 y^4}{b^4} - \frac{fa^4 y^5}{b^5} + \ldots,$$

de sorte que la fraction

$$\frac{1}{1 - z\dfrac{\varphi(\alpha y)}{\alpha}}$$

sera

$$\frac{1}{1 - z\dfrac{ca y^2}{b^2} + z\dfrac{da^2 y^3}{b^3} - z\dfrac{ea^3 y^4}{b^4} + \ldots}.$$

Réduisons cette fraction en série, et supposons d'abord que la série soit ordonnée par rapport à la lettre b, il est clair qu'à cause que les dimensions de y et $\frac{1}{b}$ sont partout les mêmes, cette série sera de la forme suivante

$$1 + \frac{P y^2}{b^2} - \frac{Q y^3}{b^3} + \frac{R y^4}{b^4} - \frac{S y^5}{b^5} + \ldots,$$

de sorte qu'en multipliant en croix et comparant les termes, on trouvera

$$\begin{aligned}
P &= acz,\\
Q &= a^2 dz,\\
R &= a^3 ez + aczP,\\
S &= a^4 fz + a^2 dzP + aczQ,\\
T &= a^5 gz + a^3 ezP + a^2 dzQ + aczR,\\
&\ldots\ldots\ldots\ldots\ldots\ldots\ldots\ldots
\end{aligned}$$

Or, si l'on développe ces valeurs en les ordonnant par rapport aux puissances de z, il est facile de voir qu'elles seront exprimées de cette manière

$$\begin{aligned}
P &= Az,\\
Q &= Bz,\\
R &= Cz + C_1 z^2,\\
S &= Dz + D_1 z^2,\\
T &= Ez + E_1 z^2 + E_2 z^3,\\
&\dots\dots\dots\dots,
\end{aligned}$$

et l'on trouvera

$$\begin{array}{lll}
A = ac, & & \\
B = a^2 d, & & \\
C = a^3 e, & C_1 = acA, & \\
D = a^4 f, & D_1 = a^2 dA + acB, & \\
E = a^5 g, & E_1 = a^3 eA + a^2 dB + acC, & E_2 = acC_1, \\
\dots\dots, & \dots\dots\dots\dots, & \dots\dots
\end{array}$$

Donc, on aura,

$$\frac{\psi'(y)}{z\left[1 - \frac{z\varphi(\alpha y)}{\alpha}\right]} = \frac{\psi'(y)}{z} + \frac{A}{b^2} y^2 \psi'(y) - \frac{B}{b^3} y^3 \psi'(y) + \frac{C + C_1 z}{b^4} y^4 \psi'(y)$$

$$- \frac{D + D_1 z}{b^5} y^5 \psi'(y) + \frac{E + E_1 z + E_2 z^2}{b^6} y^6 \psi'(y) - \dots.$$

Donc, changeant $\frac{1}{z}$ en $\int dy$, z en $\frac{1}{2}\frac{d}{dy}, \dots$ (18), on aura

$$\begin{aligned}
\psi\left(\frac{bx}{a}\right) = \psi(y)&\\
&+ \frac{A}{b^2} y^2 \psi'(y)\\
&- \frac{B}{b^3} y^3 \psi'(y)\\
&+ \frac{C}{b^4} y^4 \psi'(y) + \frac{C_1}{b^4}\cdot\frac{1}{2}\frac{d[y^4\psi'(y)]}{dy}\\
&- \frac{D}{b^5} y^5 \psi'(y) + \frac{D_1}{b^5}\cdot\frac{1}{2}\frac{d[y^5\psi'(y)]}{dy}\\
&+ \frac{E}{b^6} y^6 \psi'(y) + \frac{E_1}{b^6}\cdot\frac{1}{2}\frac{d[y^6\psi'(y)]}{dy} + \frac{E_2}{b^6}\cdot\frac{1}{2.3}\frac{d^2[y^6\psi'(y)]}{dy^2}\\
&\dots\dots\dots\dots\dots\dots,
\end{aligned}$$

où il n'y aura plus qu'à faire $y = 1$, après avoir exécuté les différentiations qui ne sont qu'indiquées.

Or, comme les coefficients A, B, C,... ne renferment point la lettre b, il est clair que cette série sera ordonnée relativement aux puissances négatives de b.

Si l'on fait $\psi(y)=y^m$, ce qui donne $\psi'(y)=my^{m-1}$, on aura

$$\frac{b^m x^m}{a^m}=1+\frac{mA}{b^2}-\frac{mB}{b^3}+\frac{mC+\frac{m(m+3)}{2}C_1}{b^4}-\frac{mD+\frac{m(m+4)}{2}D_1}{b^5}$$
$$+\frac{mE+\frac{m(m+5)}{2}E_1+\frac{m(m+4)(m+5)}{2.3}E_2}{b^6}-\ldots.$$

Et si l'on fait $\psi(y)=\log y$, d'où $\psi'(y)=\frac{1}{y}$, on aura

$$\log\frac{bx}{a}=1+\frac{A}{b^2}-\frac{B}{b^3}+\frac{C+\frac{3}{2}C_1}{b^4}-\frac{D+\frac{4}{2}D_1}{b^5}+\frac{E+\frac{5}{2}E_1+\frac{4.5}{2.3}E_2}{b^6}-\ldots.$$

20. Les séries que nous venons de trouver sont ordonnées relativement aux puissances de b; si l'on voulait qu'elles le fussent relativement à celles de a, il n'y aura qu'à ordonner de cette manière la série résultante de la fraction

$$\frac{1}{1-z\frac{cay^2}{b^2}+z\frac{da^2y^3}{b^3}-z\frac{ea^3y^4}{b^4}+\ldots}.$$

Or, comme chaque puissance de a y est toujours multipliée par une pareille puissance de $\frac{y}{b}$, il est clair que la série aura cette forme

$$1+P\frac{ay}{b}+Q\frac{a^2y^2}{b^2}+R\frac{a^3y^3}{b^3}+S\frac{a^4y^4}{b^4}+\ldots;$$

on trouvera

$$P=\frac{czy}{b},$$

$$Q=P\frac{czy}{b}-\frac{dzy}{b},$$

$$R=Q\frac{czy}{b}-P\frac{dzy}{b}+\frac{ezy}{b},$$

$$S=R\frac{czy}{b}-Q\frac{dzy}{b}+P\frac{ezy}{b}-\frac{fzy}{b},$$

....

Or, en développant ces valeurs suivant les dimensions de $\frac{zy}{b}$, elles se trouveront exprimées de cette manière

$$P = A\frac{zy}{b},$$

$$Q = B\frac{zy}{b} + B_1\left(\frac{zy}{b}\right)^2,$$

$$R = C\frac{zy}{b} + C_1\left(\frac{zy}{b}\right)^2 + C_2\left(\frac{zy}{b}\right)^3,$$

$$S = D\frac{zy}{b} + D_1\left(\frac{zy}{b}\right)^2 + D_2\left(\frac{zy}{b}\right)^3 + D_3\left(\frac{zy}{b}\right)^4,$$

$$\dots\dots\dots\dots\dots\dots\dots\dots$$

De sorte que l'on aura

$$A = c,$$
$$B = -d,$$
$$C = e,$$
$$D = -f,$$
$$\dots\dots,$$
$$B_1 = cA,$$
$$C_1 = -dA + cB,$$
$$D_1 = eA - dB + cC,$$
$$\dots\dots\dots\dots,$$
$$C_2 = cB_1,$$
$$D_2 = -dB_1 + cC_1,$$
$$\dots\dots\dots\dots,$$
$$D_3 = cC_2,$$
$$\dots\dots$$

Donc, on aura,

$$\frac{\psi'(y)}{z\left[1 - \frac{z\varphi(\alpha y)}{\alpha}\right]} = \frac{\psi'(y)}{z} + a\frac{Ay^2}{b^2}\psi'(y)$$
$$+ a^2\left(\frac{By^3}{b^3} + \frac{B_1 zy^4}{b^4}\right)\psi'(y)$$
$$+ a^3\left(\frac{Cy^4}{b^4} + \frac{C_1 zy^5}{b^5} + \frac{C_2 z^2 y^6}{b^6}\right)\psi'(y)$$
$$+ a^4\left(\frac{Dy^5}{b^5} + \frac{D_1 zy^6}{b^6} + \frac{D_2 z^2 y^7}{b^7} + \frac{D_3 z^3 y^8}{b^8}\right)\psi'(y)$$
$$\dots\dots\dots\dots\dots\dots\dots\dots\dots\dots$$

D'où l'on déduira (18) la formule générale

$$
\begin{aligned}
\psi\left(\frac{bx}{a}\right) = \psi(y)& \\
&+ a\frac{A}{b^2}y^2\psi'(y) \\
&+ a^2\left[\frac{B}{b^3}y^3\psi'(y) + \frac{B_1}{b^4}\cdot\frac{1}{2}\frac{d[y^4\psi'(y)]}{dy}\right] \\
&+ a^3\left[\frac{C}{b^4}y^4\psi'(y) + \frac{C_1}{b^5}\cdot\frac{1}{2}\frac{d[y^5\psi'(y)]}{dy} + \frac{C_2}{b^6}\cdot\frac{1}{2.3}\frac{d^2[y^6\psi'(y)]}{dy^2}\right] \\
&+ a^4\left[\frac{D}{b^5}y^5\psi'(y) + \frac{D_1}{b^6}\cdot\frac{1}{2}\frac{d[y^6\psi'(y)]}{dy} + \frac{D_2}{b^7}\cdot\frac{1}{2.3}\frac{d^2[y^7\psi'(y)]}{dy^2}\right. \\
&\qquad\left. + \frac{D_3}{b^8}\cdot\frac{1}{2.3.4}\frac{d^3[y^8\psi'(y)]}{dy^3}\right] \\
&\ldots\ldots\ldots\ldots\ldots\ldots\ldots\ldots\ldots\ldots,
\end{aligned}
$$

où il faudra faire $y = 1$.

Soient, par exemple,

$$\psi(y) = y^m \quad \text{et} \quad \psi'(y) = my^{m-1},$$

on trouvera

$$
\begin{aligned}
\frac{b^m x^m}{a^m} = 1& \\
&+ \frac{mA}{b}\frac{a}{b} \\
&+ \left[\frac{mB}{b} + \frac{m(m+3)B_1}{2b^2}\right]\frac{a^2}{b^2} \\
&+ \left[\frac{mC}{b} + \frac{m(m+4)C_1}{2b^2} + \frac{m(m+4)(m+5)C_2}{2.3.b^3}\right]\frac{a^3}{b^3} \\
&+ \left[\frac{mD}{b} + \frac{m(m+5)D_1}{2b^2} + \frac{m(m+5)(m+6)D_2}{2.3.b^3}\right. \\
&\qquad\left. + \frac{m(m+5)(m+6)(m+7)D_3}{2.3.4.b^4}\right]\frac{a^4}{b^4} \\
&\ldots\ldots\ldots\ldots\ldots\ldots\ldots\ldots\ldots\ldots
\end{aligned}
$$

Donc, si $m = 1$, on aura, en multipliant par $\frac{a}{b}$,

$$\begin{aligned} x = & \frac{a}{b} \\ & + \frac{A}{b}\frac{a^2}{b^2} \\ & + \left[\frac{B}{b} + \frac{4B_1}{2b^2}\right]\frac{a^3}{b^3} \\ & + \left[\frac{C}{b} + \frac{5C_1}{2b^2} + \frac{5.6.C_2}{2.3.b^3}\right]\frac{a^4}{b^4} \\ & + \left[\frac{D}{b} + \frac{6D_1}{2b^2} + \frac{6.7.D_2}{2.3.b^3} + \frac{6.7.8.D_3}{2.3.4.b^4}\right]\frac{a^5}{b^5} \\ & \ldots\ldots\ldots\ldots\ldots\ldots \end{aligned}$$

Et si l'on fait $\psi(y) = \log y$, on trouvera, à cause de $\log y = 0$ lorsque $y = 1$,

$$\begin{aligned} \log\frac{bx}{a} = & \frac{A}{b}\frac{a}{b} \\ & + \left(\frac{B}{b} + \frac{3B_1}{2b^2}\right)\frac{a^2}{b^2} \\ & + \left(\frac{C}{b} + \frac{4C_1}{2b^2} + \frac{4.5.C_2}{2.3.b^3}\right)\frac{a^3}{b^3} \\ & + \left(\frac{D}{b} + \frac{5D_1}{2b^2} + \frac{5.6.D_2}{2.3.b^3} + \frac{5.6.7.D_3}{2.3.4.b^4}\right)\frac{a^4}{b^4} \\ & \ldots\ldots\ldots\ldots\ldots\ldots \end{aligned}$$

Au reste, les valeurs de x^m que nous venons de trouver dans ce numéro et dans le précédent sont les mêmes pour le fond que celle que nous avons déjà trouvée plus haut dans l'Exemple IV; mais ces valeurs, et surtout la dernière, sont mises ici sous une forme plus simple et plus commode, par laquelle on voit clairement la loi de la série, en sorte qu'il est très-aisé d'en calculer les différents termes et de la continuer autant qu'on voudra.

21. Exemple VI. — Soit proposée l'équation

$$0 = \alpha - x + \beta x^p + \gamma x^{p+q} + \delta x^{p+2q} + \varepsilon x^{p+3q} + \ldots;$$

en la comparant avec l'équation (H) du n° 16, on aura

$$\varphi(x) = \beta x^p + \gamma x^{p+q} + \delta x^{p+2q} + \varepsilon x^{p+3q} + \ldots,$$

donc

$$\frac{\varphi(\alpha y)}{\alpha} = \beta \alpha^{p-1} y^p + \gamma \alpha^{p+q-1} y^{p+q} + \delta \alpha^{p+2q-1} y^{p+2q} + \ldots$$

et

$$\frac{1}{1 - z\frac{\varphi(\alpha y)}{\alpha}} = \frac{1}{1 - \beta \alpha^{p-1} y^p z - \gamma \alpha^{p+q-1} y^{p+q} z - \ldots}.$$

Faisons, pour plus de simplicité,

$$\alpha^{p-q-1} y^{p-q} z = u,$$

et l'on aura la fraction

$$\frac{1}{1 - \beta u (\alpha y)^q - \gamma u (\alpha y)^{2q} - \delta u (\alpha y)^{3q} - \ldots},$$

laquelle, étant développée suivant les puissances de αy, deviendra

$$1 + P(\alpha y)^q + Q(\alpha y)^{2q} + R(\alpha y)^{3q} + S(\alpha y)^{4q} + \ldots,$$

où l'on aura

$$\begin{aligned} P &= \beta u, \\ Q &= P\beta u + \gamma u, \\ R &= Q\beta u + P\gamma u + \delta u, \\ S &= R\beta u + Q\gamma u + P\delta u + \varepsilon u, \\ &\ldots\ldots\ldots\ldots\ldots\ldots, \end{aligned}$$

et, développant de nouveau ces valeurs suivant les puissances de u,

$$\begin{aligned} P &= Au, \\ Q &= Bu + B_1 u^2, \\ R &= Cu + C_1 u^2 + C_2 u^3, \\ S &= Du + D_1 u^2 + D_2 u^3 + D_3 u^4, \\ T &= Eu + E_1 u^2 + E_2 u^3 + E_3 u^4 + E_4 u^5, \\ &\ldots\ldots\ldots\ldots\ldots\ldots, \end{aligned}$$

les coefficients A, B,... étant déterminés de la manière suivante

$$\begin{array}{lllll}
A=\beta, & & & & \\
B=\gamma, & B_1=\beta A, & & & \\
C=\delta, & C_1=\gamma A+\beta B, & C_2=\beta B_1, & & \\
D=\varepsilon, & D_1=\delta A+\gamma B+\beta C, & D_2=\gamma B_1+\beta C_1, & D_3=\beta C_2, & \\
E=\zeta, & E_1=\varepsilon A+\delta B+\gamma C+\beta D, & E_2=\delta B_1+\gamma C_1+\beta D_1, & E_3=\gamma C_2+\beta D_2, & E_4=\beta D_3. \\
\ldots, & \ldots\ldots, & \ldots\ldots, & \ldots\ldots, & \ldots
\end{array}$$

Ainsi, remettant à la place de u sa valeur $\alpha^{p-q-1}y^{p-q}z$, on aura

$$\begin{aligned}
\frac{\psi'(y)}{z\left[1-z\dfrac{\varphi(\alpha y)}{\alpha}\right]}
&=\frac{\psi'(y)}{z}+A\alpha^{p-1}y^p\psi'(y)\\
&\quad+B\alpha^{p+q-1}y^{p+q}\psi'(y)+B_1\alpha^{2p-2}zy^{2p}\psi'(y)\\
&\quad+C\alpha^{p+2q-1}y^{p+2q}\psi'(y)+C_1\alpha^{2p+q-2}zy^{2p+q}\psi'(y)+C_2\alpha^{3p-3}z^2y^{3p}\psi'(y)\\
&\quad\ldots\ldots\ldots\ldots\ldots\ldots\ldots\ldots\ldots
\end{aligned}$$

Donc, pratiquant les transformations enseignées dans le n° 18, on aura la valeur de $\psi\left(\dfrac{x}{\alpha}\right)$ exprimée par la série suivante, dans laquelle il faudra se souvenir de faire $y=1$ après toutes les différentiations,

$$\begin{aligned}
\psi\left(\frac{x}{\alpha}\right)&=\psi(y)\\
&\quad+A\alpha^{p-1}y^p\psi'(y)\\
&\quad+B\alpha^{p+q-1}y^{p+q}\psi'(y)+B_1\alpha^{2p-2}\cdot\frac{1}{2}\,\frac{d[y^{2p}\psi'(y)]}{dy}\\
&\quad+C\alpha^{p+2q-1}y^{p+2q}\psi'(y)+C_1\alpha^{2p+q-2}\cdot\frac{1}{2}\,\frac{d[y^{2p+q}\psi'(y)]}{dy}\\
&\qquad+C_2\alpha^{3p-3}\cdot\frac{1}{2.3}\,\frac{d^2[y^{3p}\psi'(y)]}{dy^2}\\
&\quad+D\alpha^{p+3q-1}y^{p+3q}\psi'(y)+D_1\alpha^{2p+2q-2}\cdot\frac{1}{2}\,\frac{d[y^{2p+2q}\psi'(y)]}{dy}\\
&\quad+D_2\alpha^{3p+q-3}\cdot\frac{1}{2.3}\,\frac{d^2[y^{3p+q}\psi'(y)]}{dy^2}+D_3\alpha^{4p-4}\cdot\frac{1}{2.3.4}\,\frac{d^3[y^{4p}\psi'(y)]}{dy^3}
\end{aligned}$$

$$+ \mathrm{E}\alpha^{p+4q-1} y^{p+4q}\psi'(y) + \mathrm{E}_1 \alpha^{2p+3q-2} \cdot \frac{1}{2} \frac{d[y^{2p+3q}\psi'(y)]}{dy}$$

$$+ \mathrm{E}_2 \alpha^{3p+2q-3} \cdot \frac{1}{2.3} \frac{d^2[y^{3p+2q}\psi'(y)]}{dy^2} + \mathrm{E}_3 \alpha^{4p+q-4} \cdot \frac{1}{2.3.4} \frac{d^3[y^{4p+q}\psi'(y)]}{dy^3}$$

$$+ \mathrm{E}_4 \alpha^{5p-5} \cdot \frac{1}{2.3.4.5} \frac{d^4[y^{5p}\psi'(y)]}{dy^4}$$

....

Si l'on fait $\psi(y) = y^m$, et par conséquent $\psi'(y) = my^{m-1}$, on trouvera, en faisant $y = 1$,

$$\frac{x^m}{\alpha^m} = 1$$

$$+ m\mathrm{A}\alpha^{p-1}$$

$$+ m\mathrm{B}\alpha^{p+q-1} + \frac{m(m+2p-1)}{2}\mathrm{B}_1\alpha^{2p-2}$$

$$+ m\mathrm{C}\alpha^{p+2q-1} + \frac{m(m+2p+q-1)}{2}\mathrm{C}_1\alpha^{2p+q-2} + \frac{m(m+3p-1)(m+3p-2)}{2.3}\mathrm{C}_2\alpha^{3p-3}$$

$$+ m\mathrm{D}\alpha^{p+3q-1} + \frac{m(m+2p+2q-1)}{2}\mathrm{D}_1\alpha^{2p+2q-2}$$

$$+ \frac{m(m+3p+q-1)(m+3p+q-2)}{2.3}\mathrm{D}_2\alpha^{3p+q-3}$$

$$+ \frac{m(m+4p-1)(m+4p-2)(m+4p-3)}{2.3.4}\mathrm{D}_3\alpha^{4p-4}$$

$$+ m\mathrm{E}\alpha^{p+4q-1} + \frac{m(m+2p+3q-1)}{2}\mathrm{E}_1\alpha^{2p+3q-2}$$

$$+ \frac{m(m+3p+2q-1)(m+3p+2q-2)}{2.3}\mathrm{E}_2\alpha^{3p+2q-3}$$

$$+ \frac{m(m+4p+q-1)(m+4p+q-2)(m+4p+q-3)}{2.3.4}\mathrm{E}_3\alpha^{4p+q-4}$$

$$+ \frac{m(m+5p-1)(m+5p-2)(m+5p-3)(m+5p-4)}{2.3.4.5}\mathrm{E}_4\alpha^{5p-5}$$

....

Et si l'on fait $\psi(y) = \log y$, on aura, à cause de $\log y = 0$,

$$\log\frac{x}{\alpha} = A\alpha^{p-1}$$
$$+ B\alpha^{p+q-1} + \frac{2p-1}{2}B_1\alpha^{2p-2}$$
$$+ C\alpha^{p+2q-1} + \frac{2p+q-1}{2}C_1\alpha^{2p+q-2} + \frac{(3p-1)(3p-2)}{2.3}C_2\alpha^{3p-3}$$
$$+ D\alpha^{p+3q-1} + \frac{2p+2q-1}{2}D_1\alpha^{2p+2q-2} + \frac{(3p+q-1)(3p+q-2)}{2.3}D_2\alpha^{3p+q-3}$$
$$+ \frac{(4p-1)(4p-2)(4p-3)}{2.3.4}D_3\alpha^{4p-4}$$
$$+ E\alpha^{p+4q-1} + \frac{2p+3q-1}{2}E_1\alpha^{2p+3q-2}$$
$$+ \frac{(3p+2q-1)(3p+2q-2)}{2.3}E_2\alpha^{3p+2q-3}$$
$$+ \frac{(4p+q-1)(4p+q-2)(4p+q-3)}{2.3.4}E_3\alpha^{4p+q-4}$$
$$+ \frac{(5p-1)(5p-2)(5p-3)(5p-4)}{2.3.4.5}E_4\alpha^{5p-5}$$
$$\cdots\cdots\cdots\cdots\cdots\cdots\cdots\cdots\cdots\cdots\cdots\cdots$$

22. Exemple VII. — Si l'on avait l'équation

$$0 = \alpha - x^r + \beta x^p + \gamma x^{p+q} + \delta x^{p+2q} + \varepsilon x^{p+3q} + \ldots,$$

on pourrait la ramener à celle de l'Exemple précédent en faisant $x^r = t$, ce qui la changerait en celle-ci

$$0 = \alpha - t + \beta t^{\frac{p}{r}} + \gamma t^{\frac{p+q}{r}} + \delta t^{\frac{p+2q}{r}} + \varepsilon t^{\frac{p+3q}{r}} + \ldots,$$

laquelle est, comme on voit, dans le cas dont nous parlons; de sorte qu'il n'y aura qu'à changer dans les formules précédentes x en t, p en $\frac{p}{r}$ et q en $\frac{q}{r}$ pour les appliquer à l'équation dont il s'agit ici.

Supposons, pour plus de simplicité, $\alpha = \rho^r$, et l'on aura, en mettant x^r à la place de t et conservant les mêmes valeurs des coefficients A, B, B',...,

$$\begin{aligned}
\psi\left(\frac{x^r}{\rho^r}\right) &= \psi(y) \\
&+ \mathrm{A}\rho^{p-r} y^{\frac{p}{r}} \psi'(y) \\
&+ \mathrm{B}\rho^{p+q-r} y^{\frac{p+q}{r}} \psi'(y) + \mathrm{B}'\rho^{2p-2r} \cdot \frac{1}{2} \frac{d y^{\frac{2p}{r}} \psi'(y)}{dy} \\
&+ \mathrm{C}\rho^{p+2q-r} y^{\frac{p+2q}{r}} \psi'(y) + \mathrm{C}_1 \rho^{2p+q-2r} \cdot \frac{1}{2} \frac{d\left[y^{\frac{2p+q}{r}} \psi'(y)\right]}{dy} \\
&+ \mathrm{C}_2 \rho^{3p-3r} \cdot \frac{1}{2.3} \frac{d^2\left[y^{\frac{3p}{r}} \psi'(y)\right]}{dy^2} \\
&+ \mathrm{D}\rho^{p+3q-r} y^{\frac{p+3q}{r}} \psi'(y) + \mathrm{D}_1 \rho^{2p+2q-2r} \cdot \frac{1}{2} \frac{d\left[y^{\frac{2p+2q}{r}} \psi'(y)\right]}{dy} \\
&+ \mathrm{D}_2 \rho^{3p+q-3r} \cdot \frac{1}{2.3} \frac{d^2\left[y^{\frac{3p+q}{r}} \psi'(y)\right]}{dy^2} + \mathrm{D}_3 \rho^{4p-4r} \cdot \frac{1}{2.3.4} \frac{d^3\left[y^{\frac{4p}{r}} \psi'(y)\right]}{dy^2} \\
&\ldots\ldots\ldots\ldots\ldots\ldots\ldots\ldots\ldots\ldots,
\end{aligned}$$

où il faudra faire $y = 1$ après les différentiations.

Si l'on suppose $\psi(y) = y^{\frac{m}{r}}$, on aura

$$\psi\left(\frac{x^r}{\rho^r}\right) = \frac{x^m}{\rho^m};$$

donc on trouvera

$$\begin{aligned}
\left(\frac{x}{\rho}\right)^m &= 1 \\
&+ \frac{m}{r} \mathrm{A}\rho^{p-r} \\
&+ \frac{m}{r} \mathrm{B}\rho^{p+q-r} + \frac{m(m+2p-r)}{2r^2} \mathrm{B}_1 \rho^{2p-2r} \\
&+ \frac{m}{r} \mathrm{C}\rho^{p+2q-r} + \frac{m(m+2p+q-r)}{2r^2} \mathrm{C}_1 \rho^{2p+q-2r} \\
&+ \frac{m(m+3p-r)(m+3p-2r)}{2.3.r^3} \mathrm{C}_2 \rho^{3p-3r}
\end{aligned}$$

$$+\frac{m}{r}\,\mathrm{D}\rho^{p+3q-r}+\frac{m(m+2p+2q-r)}{2r^2}\,\mathrm{D}_1\rho^{2p+2q-2r}$$

$$+\frac{m(m+3p+q-r)(m+3p+q-2r)}{2.3.r^3}\,\mathrm{D}_2\rho^{3p+q-3r}$$

$$+\frac{m(m+4p-r)(m+4p-2r)(m+4p-3r)}{2.3.4.r^4}\,\mathrm{D}_3\rho^{4p-4r}$$

$$\cdots\cdots\cdots\cdots\cdots\cdots\cdots\cdots\cdots\cdots$$

Et si l'on suppose $\psi(y)=\log y$, ce qui donne

$$\psi\left(\frac{x^r}{\rho^r}\right)=\log\frac{x^r}{\rho^r}=r\log\frac{x}{\rho},$$

on aura, en divisant par r,

$$\log\frac{x}{\rho}=\frac{1}{r}\,\mathrm{A}\rho^{p-r}$$

$$+\frac{1}{r}\,\mathrm{B}\rho^{p+q-r}+\frac{2p-r}{2r^2}\,\mathrm{B}_1\rho^{2p-2r}$$

$$+\frac{1}{r}\,\mathrm{C}\rho^{p+q-r}+\frac{2p+q-r}{2r^2}\,\mathrm{C}_1\rho^{2p+q-2r}+\frac{(3p-r)(3p-2r)}{2.3.r^3}\,\mathrm{C}_2\rho^{3p-3r}$$

$$+\frac{1}{r}\,\mathrm{D}\rho^{p+3q-r}+\frac{2p+2q-r}{2r^2}\,\mathrm{D}_1\rho^{2p+2q-2r}$$

$$+\frac{(3p+q-r)(3p+q-2r)}{2.3.r^3}\,\mathrm{D}_2\rho^{3p+q-3r}$$

$$+\frac{(4p-r)(4p-2r)(4p-3r)}{2.3.4.r^4}\,\mathrm{D}_3\rho^{4p-4r}$$

$$\cdots\cdots\cdots\cdots\cdots\cdots\cdots\cdots\cdots\cdots$$

23. Les formules que nous venons de trouver dans les deux derniers Exemples doivent être bien remarquées, tant à cause de leur généralité que parce qu'elles peuvent être très-utiles dans la recherche des différentes racines des équations; ce qui fera l'objet du § III.

Mais, avant d'y passer, nous croyons devoir encore faire une observation touchant les coefficients A, B, B_1,...; c'est que ces coefficients ne dépendent nullement de la quantité α, mais seulement des autres quantités β, γ, δ,...; de sorte que nos séries seront toujours d'elles-mêmes ordonnées relativement à la lettre α, quelle que soit la fonction de $\frac{x}{\alpha}$ qu'elles expriment, puisque la variable γ doit toujours être supposée égale à l'unité.

De plus, ces coefficients, une fois trouvés, serviront pour toutes les fonctions possibles de $\frac{x}{\alpha}$, et, comme leur loi est assez simple, il sera facile de les calculer aussi loin qu'on voudra; on trouvera, par exemple,

$$\begin{array}{lllll}
A=\beta, & & & & \\
B=\gamma, & B_1=\beta^2, & & & \\
C=\delta, & C_1=2\beta\gamma, & C_2=\beta^3, & & \\
D=\varepsilon, & D_1=2\beta\delta+\gamma^2, & D_2=3\beta^2\gamma, & D_3=\beta^4, & \\
E=\zeta, & E_1=2\beta\varepsilon+2\delta\gamma, & E_2=3\beta^2\delta+3\beta\gamma^2, & E_3=4\beta^3\gamma, & E_4=\beta^5, \\
\ldots\ldots, & \ldots\ldots\ldots\ldots\ldots, & \ldots\ldots\ldots\ldots\ldots, & \ldots\ldots\ldots\ldots\ldots &
\end{array}$$

§ III. — *Manière de trouver par les séries toutes les racines d'une équation quelconque.*

24. Nous avons vu, dans le § II, comment on peut trouver, par les séries, l'expression d'une des racines d'une équation de degré quelconque; nous allons voir, dans celui-ci, de quelle manière on peut parvenir à trouver toutes les autres racines que la même équation peut renfermer. Pour cela, il est nécessaire de faire quelques observations générales sur la nature des différentes racines d'une même équation et sur la manière de les distinguer l'une de l'autre.

Considérons l'équation générale

$$0=a-bx+cx^2-dx^3+ex^4-\ldots,$$

laquelle soit d'un degré quelconque m, et qui ait tous ses termes, en sorte qu'aucun des coefficients $a, b, c,\ldots$ ne soit nul; supposons que l'on ait trouvé l'expression de chacune des racines de cette équation, dont le nombre sera m; il est clair que ces expressions seront des fonctions de a,

b, c,...; mais il faut voir à quel caractère on pourra distinguer ces différentes fonctions l'une de l'autre.

Je remarque d'abord que, si l'on suppose $a = 0$ dans l'équation proposée, elle devient

$$0 = -bx + cx^2 - dx^3 + ex^4 - \ldots,$$

de sorte qu'elle se décompose en ces deux-ci

$$0 = x,$$
$$0 = -b + cx - dx^2 + ex^3 - \ldots,$$

d'où l'on voit que la supposition de $a = 0$ doit rendre nulle une des racines de l'équation; par conséquent, parmi les fonctions qui expriment ces racines il doit y en avoir une qui s'évanouisse en faisant $a = 0$; et il est clair qu'il ne doit y en avoir qu'une seule qui ait cette propriété, puisque l'évanouissement de a ne réduit à zéro qu'une seule racine.

En conservant la supposition de $a = 0$, et faisant maintenant abstraction de la racine $x = 0$ que nous avons déjà trouvée, les autres racines seront déterminées par l'équation

$$0 = -b + cx - dx^2 + ex^3 - \ldots.$$

Supposons de plus $b = 0$, et l'équation précédente se décomposera de nouveau en ces deux-ci

$$0 = x,$$
$$0 = c - dx + ex^2 - \ldots,$$

ainsi cette supposition fera évanouir une nouvelle racine; de sorte que parmi les fonctions qui représentent ces racines, il faudra qu'il y en ait une qui s'évanouisse en faisant $a = 0$ et $b = 0$.

En continuant le même raisonnement, on verra que parmi les fonctions dont il s'agit il y en aura aussi une qui s'évanouira par la supposition de

$$a = 0, \quad b = 0, \quad c = 0,$$

une qui s'évanouira par la supposition de

$$a = 0,\quad b = 0,\quad c = 0,\quad d = 0,$$

et ainsi de suite.

25. Comme il est indifférent dans quel ordre les termes d'une équation soient disposés, nous supposerons toujours dans la suite qu'ils le soient de manière que les exposants de l'inconnue forment une progression arithmétique ascendante; ainsi, par premier terme d'une équation il faudra entendre celui où l'inconnue ne se trouve pas, par second terme celui où l'inconnue se trouve au premier degré, et ainsi de suite; cela posé, nous appellerons en général première racine d'une équation celle qui devient nulle lorsque le premier terme de cette équation est supposé nul; seconde racine celle qui devient nulle lorsqu'on suppose nuls à la fois les deux premiers termes à la fois; troisième racine celle qui devient nulle lorsqu'on suppose nuls à la fois les trois premiers termes; et ainsi de suite.

De cette manière, on pourra toujours distinguer les différentes racines d'une équation entre elles; et si l'on a plusieurs expressions des racines d'une même équation, on pourra reconnaître si ces expressions représentent la même racine ou des racines différentes.

26. Nous venons de voir que la supposition de $a = 0$ et de $b = 0$ doit rendre nulles deux des racines de l'équation proposée, lesquelles seront déjà par cette condition même distinguées de toutes les autres; donc, si l'on suppose d'abord $b = 0$, il est visible qu'en faisant ensuite $a = 0$, les deux racines dont il s'agit s'évanouiront toutes deux en même temps; or, voici comment on pourra, dans ce cas, distinguer ces mêmes racines l'une de l'autre. En faisant $b = 0$, l'équation proposée devient

$$0 = a + cx^2 - dx^3 + ex^4 - \ldots;$$

maintenant, au lieu de supposer a nul, supposons-le seulement infiniment petit, il est clair que les deux racines dont il s'agit devront aussi devenir infiniment petites (autrement elles ne s'évanouiraient pas lorsque $a = 0$); ainsi, en faisant x infiniment petit et négligeant ce qu'il faut négliger en vertu de cette supposition, l'équation précédente deviendra

$$a + cx^2 = 0,$$

laquelle donne les deux racines

$$+\sqrt{-\frac{a}{c}} \quad \text{et} \quad -\sqrt{-\frac{a}{c}};$$

ce qui fournit un nouveau caractère pour distinguer les deux premières racines de l'équation proposée, tant entre elles que de toutes les autres. Ainsi, il faudra que les fonctions qui représentent ces deux racines soient telles, qu'en y faisant $b = 0$ et a infiniment petit, elles deviennent les deux racines de l'équation $a + cx^2 = 0$.

On démontrera de même que les fonctions qui représentent les trois premières racines doivent être telles, qu'en y supposant à la fois $b = 0$, $c = 0$ et a infiniment petit, elles deviennent les trois racines de l'équation $a - dx^3 = 0$, et ainsi de suite.

De plus, comme la seconde et la troisième racine deviennent nulles en faisant $b = 0$ et $c = 0$, après avoir déjà supposé $a = 0$ (numéro précédent), si l'on fait d'abord $c = 0$, il est visible que la supposition de $b = 0$ rendra nulles ces deux racines en même temps; par conséquent, si l'on suppose seulement b infiniment petit, ces mêmes racines deviendront aussi infiniment petites; mais si dans l'équation

$$0 = -b + cx - dx^2 + ex^3 - \ldots,$$

dont on a déjà séparé la première racine par la supposition de $a = 0$ (numéro précédent), on fait $c = 0$, et b et x infiniment petits, elle se réduit à celle-ci

$$-b - dx^2 = 0;$$

ainsi, il faudra que les fonctions qui représentent la seconde et la troisième racine de l'équation proposée soient telles, qu'en y faisant $a = 0$, $c = 0$ et b infiniment petit, elles deviennent les racines de l'équation

$$-b - dx^2 = 0;$$

ce qui peut servir encore à reconnaître ces racines et à les distinguer de toutes les autres.

Pareillement, si l'on fait $c = 0$, $d = 0$ et b infiniment petit (a étant toujours supposé nul), on verra que les fonctions qui représentent la seconde, la troisième et la quatrième racine de l'équation proposée doivent devenir les racines de l'équation

$$-b + ex^3 = 0,$$

et ainsi de suite.

En procédant de la même manière, on prouvera aussi que la troisième et la quatrième racine de l'équation proposée doivent être exprimées par des fonctions telles, qu'en y supposant d'abord $a = 0$, $b = 0$, et ensuite $d = 0$ et c infiniment petit, elles deviennent les racines de l'équation

$$c + ex^2 = 0,$$

et ainsi des autres.

Cette méthode de distinguer les racines d'une équation est plus générale que celle du n° **24**, laquelle ne saurait être employée dans bien des cas, surtout lorsqu'il manque dans l'équation quelqu'un des termes intermédiaires, parce qu'alors l'évanouissement d'une seule lettre fait évanouir plusieurs racines à la fois, comme nous venons de le voir.

Après ces réflexions sur la manière de distinguer les différentes racines d'une équation, voyons la méthode qu'on peut employer pour les trouver; pour la faire mieux comprendre, nous l'appliquerons d'abord aux équations que nous avons déjà examinées dans le § III.

Problème I.

27. *On demande les deux racines de l'équation*

$$a - bx + cx^2 = 0.$$

Première Solution. — Nous avons déjà trouvé, dans le n° 9, que l'une des valeurs de x peut s'exprimer par cette série

$$\frac{a}{b} + \frac{a^2 c}{b^3} + \frac{4\,a^3 c^2}{2 b^5} + \ldots;$$

or, avant de chercher l'autre valeur, il est bon d'examiner quelle est la racine qui est représentée par cette série; pour cet effet, je suppose d'abord, suivant la méthode du n° 24, $a = 0$, et comme je vois que cette supposition détruit tous les termes de la série dont il s'agit, j'en conclus que cette série exprime la première racine de l'équation proposée; de sorte que c'est la seconde qui reste encore à trouver.

Pour y parvenir, je donne à la proposée cette forme

$$b - cx - \frac{a}{x} = 0,$$

qui peut se rapporter, comme on voit, à l'équation du n° 12; en y faisant $n = -1$, et changeant a en b, b en c et c en $-a$. De cette manière, on aura, par la formule du même numéro (en y faisant $m = 1$), x égal à la série

$$\frac{b}{c} - \frac{a}{b} - \frac{a^2c}{b^3} - \frac{4a^3c^2}{b^5} - \frac{5.6.a^4c^3}{2.3.b^7} - \ldots$$

Or, en faisant d'abord $a = 0$, cette suite se réduit à son premier terme $\frac{b}{c}$, lequel s'évanouit ensuite lorsqu'on suppose $b = 0$; donc (25), cette série exprimera nécessairement la seconde racine de l'équation proposée; c'est ce qui s'accorde avec ce que nous avons trouvé dans le n° 9 par la résolution même de l'équation proposée.

Donc, en général, si l'on nomme x_1 et x_2 la première et la seconde racine de l'équation

$$a - bx + cx^2 = 0,$$

on aura, par les articles cités,

$$x_1^m = \frac{a^m}{b^m} + \frac{ma^{m+1}c}{b^{m+2}} + \frac{m(m+3)a^{m+2}c^2}{2b^{m+4}} + \frac{m(m+4)(m+5)a^{m+3}c^3}{2.3.b^{m+6}} + \ldots,$$

$$x_2^m = \frac{b^m}{c^m} - \frac{mb^{m-2}a}{c^{m-1}} + \frac{m(m-3)b^{m-4}a^2}{2c^{m-2}} - \frac{m(m-4)(m-5)b^{m-6}c^3}{2.3.c^{m-3}} + \ldots,$$

et si l'on veut avoir les logarithmes de x_1 et x_2, on aura

$$\log x_1 = \log\frac{a}{b} + \frac{ac}{b^2} + \frac{3a^2c^2}{2b^4} + \frac{4.5.a^3c^3}{2.3.b^6} + \frac{5.6.7.a^4c^4}{2.3.4.b^8} + \ldots,$$

$$\log x_2 = \log\frac{b}{c} - \frac{ac}{b^2} - \frac{3a^2c^2}{2b^4} - \frac{4.5.a^3c^3}{2.3.b^6} - \frac{5.6.7.a^4c^4}{2.3.4.b^8} - \ldots,$$

Seconde Solution. — Je fais $x^2 = t$, et par conséquent $x = \sqrt{t}$, ce qui réduit l'équation proposée à celle-ci

$$a + ct - b\sqrt{t} = 0,$$

laquelle peut se comparer de nouveau avec celle du n° **12**, en y changeant b en $-c$, c en $-b$, x en t, et faisant $n = \frac{1}{2}$; ainsi, faisant pour plus de simplicité $\sqrt{\frac{-a}{c}} = \rho$, on aura

$$\begin{aligned} t^m = \rho^{2m} - 2m\rho^{2m+1}\left(\frac{b}{2a}\right) + \frac{2m.2m}{2}\rho^{2m+2}\left(\frac{b}{2a}\right)^2 \\ - \frac{2m(2m-1)(2m+1)}{2.3}\rho^{2m+3}\left(\frac{b}{2a}\right)^3 \\ + \frac{2m(2m-2)(2m)(2m+2)}{2.3.4}\rho^{2m+4}\left(\frac{b}{2a}\right)^4 \\ - \frac{2m(2m-3)(2m-1)(2m+1)(2m+3)}{2.3.4.5}\rho^{2m+5}\left(\frac{b}{2a}\right)^5 \\ \cdots\cdots\cdots\cdots\cdots\cdots\cdots\cdots \end{aligned}$$

Or, x étant égal à $\sqrt{t}$, il n'y aura qu'à faire $m = \frac{1}{2}$ pour avoir

$$x = \rho - \rho^2\left(\frac{b}{2a}\right) + \frac{1}{2}\rho^3\left(\frac{b}{2a}\right)^2 - \frac{1.1.3}{2.3.4}\rho^5\left(\frac{b}{2a}\right)^4 + \frac{1.1.3.3.5}{2.3.4.5.6}\rho^7\left(\frac{b}{2a}\right)^6 - \cdots$$

Mais, puisque $\rho = \sqrt{\frac{-a}{c}}$, il est clair que la valeur de ρ sera également positive et négative; de sorte qu'en substituant cette valeur on aura pour x la double série

$$\frac{b}{c} \pm \left(1 - \frac{1}{2}\frac{b^2}{4ac} - \frac{1.1.3}{2.3.4}\frac{b^4}{2^4a^2c^2} - \frac{1.1.3.3.5}{2.3.4.5.6}\frac{b^6}{2^6a^3c^3} - \cdots\right)\sqrt{\frac{-a}{c}},$$

laquelle représentera par conséquent les deux racines de l'équation

$$a - bx + cx^2 = 0.$$

En effet, en faisant $b = 0$, les deux séries se réduisent à

$$\pm\sqrt{\frac{-a}{c}};$$

ce qui montre (26) que ces séries représentent effectivement la première et la seconde racine de l'équation dont il s'agit. C'est aussi de quoi on peut se convaincre facilement *à posteriori* en résolvant en série le radical $\sqrt{b^2 - 4ac}$ qui entre dans l'expression de x (9), mais en prenant $-4ac$ pour le premier terme du binôme et b^2 pour le second.

Donc, faisant

$$\rho = \pm\sqrt{\frac{-a}{c}},$$

on aura, en général, dans l'équation

$$a - bx + cx^2 = 0$$

cette double valeur de x^m, savoir

$$x^m = \rho^m \left[1 - \frac{m^2}{2}\frac{b^2}{4ac} + \frac{m^2(m^2-4)}{2.3.4}\frac{b^4}{2^4a^2c^2} - \frac{m^2(m^2-4)(m^2-16)}{2.3.4.5.6}\frac{b^6}{2^6a^3c^3} + \ldots \right]$$
$$- m\rho^{m+1}\frac{b}{2a}\left[1 - \frac{m^2-1}{2.3}\frac{b^2}{4ac} + \frac{(m^2-1)(m^2-9)}{2.3.4.5}\frac{b^4}{2^4a^2c^2} - \frac{(m^2-1)(m^2-9)(m^2-25)}{2.3.4.5.6.7}\frac{b^6}{2^6a^3c^3} + \ldots \right].$$

Et si l'on veut avoir le logarithme de x, on trouvera

$$\log x = \log\rho - \rho\frac{b}{2a}\left(1 + \frac{1.1}{2.3}\frac{b^2}{4ac} + \frac{1.1.3.3}{2.3.4.5}\frac{b^4}{2^4a^2c^2} + \frac{1.1.3.3.5.5}{2.3.4.5.6.7}\frac{b^6}{2^6a^3c^3} + \ldots\right).$$

Remarque. — Les séries trouvées dans la première solution ont l'avantage de ne renfermer que des quantités rationnelles, au lieu que celles de la seconde solution renferment la quantité irrationnelle

$$\sqrt{-\frac{a}{c}},$$

laquelle devient même imaginaire lorsque a et c sont de même signe, quoique d'ailleurs les racines de l'équation puissent être réelles; de sorte qu'à cet égard les séries de la première solution paraissent préférables, puisqu'elles se présentent toujours sous une forme réelle; cependant ni les unes ni les autres ne peuvent être regardées comme bonnes, à moins qu'elles ne soient convergentes; c'est ce que nous examinerons plus bas, § IV.

28. Pour peu qu'on ait fait d'attention à la manière dont nous avons résolu le Problème précédent, on verra qu'en général, quelle que soit l'équation proposée, on pourra toujours trouver autant de différentes séries pour exprimer les racines de cette équation, que l'on pourra faire de combinaisons deux à deux des termes de la même équation; et que de plus chacune de ces séries sera simple, ou double, ou triple, etc., suivant qu'elle répondra à une combinaison où les exposants de x dans les deux termes différeront l'un de l'autre de l'unité, ou de deux unités, ou de trois, etc.

En effet, il est évident qu'on peut trouver autant de séries pour la valeur de x qu'il y a de manières de comparer l'équation proposée à la formule générale

$$\alpha - x + \varphi(x) = 0$$

du n° 16; or, comme on peut prendre pour $\varphi(x)$ une fonction quelconque de x, il s'ensuit qu'on pourra prendre, pour les deux premiers termes $\alpha - x$ de cette formule, deux quelconques des termes de la proposée à volonté; et qu'ainsi la comparaison pourra se faire d'autant de manières différentes qu'il y aura de combinaisons possibles des termes de cette équation pris deux à deux.

29. Soient en général

$$Mx^{\mu} - Nx^{\mu+\nu}$$

deux termes quelconques de l'équation proposée; et soit désignée par X la totalité des autres termes, en sorte que l'équation soit mise sous cette forme

$$Mx^{\mu} - Nx^{\mu+\nu} + X = 0.$$

On divisera d'abord par Nx^{μ}, ce qui la réduira à celle-ci

$$\frac{M}{N} - x^{\nu} + \frac{Xx^{-\mu}}{N} = 0;$$

ensuite on fera $x^{\nu} = t$, et par conséquent

$$x = \sqrt[\nu]{t},$$

et désignant par T la fonction de t, dans laquelle se changera la quantité X par la substitution de $\sqrt[\nu]{t}$ à la place de x, on aura la transformée

$$\frac{M}{N} - t + \frac{Tt^{-\frac{\mu}{\nu}}}{N} = 0,$$

laquelle rentre évidemment dans la formule générale

$$\alpha - x + \varphi(x) = 0,$$

en faisant

$$\alpha = \frac{M}{N}, \quad x = t, \quad \varphi(x) = \varphi(t) = \frac{Tt^{-\frac{\mu}{\nu}}}{N}.$$

On aura donc (16), en mettant t ou x^{ν} à la place de p,

$$\psi(x^{\nu}) = \psi(t) + \frac{Tt^{-\frac{\mu}{\nu}}\psi'(t)}{N} + \frac{1}{2N^2}\frac{d\left[T^2 t^{-\frac{2\mu}{\nu}}\psi'(t)\right]}{dt}$$

$$+ \frac{1}{2.3.N^3}\frac{d^2\left[T^3 t^{-\frac{3\mu}{\nu}}\psi'(t)\right]}{dt^2} + \ldots,$$

où il faudra faire $t = \frac{M}{N}$, après avoir exécuté les différentiations indiquées.

Donc, faisant $\psi(t) = t^{\frac{1}{\nu}}$, et par conséquent

$$\psi'(t) = \frac{t^{\frac{1-\nu}{\nu}}}{\nu},$$

pour avoir $\psi(x^\nu) = x$, on aura

$$(\text{L})\ x = t^{\frac{1}{\nu}} + \frac{1}{\nu \text{N}} \text{T} t^{\frac{1-\mu-\nu}{\nu}} + \frac{1}{\nu \text{N}^2} \frac{d\left(\text{T}^2 t^{\frac{1-2\mu-\nu}{\nu}}\right)}{dt} + \frac{1}{\nu \text{N}^3} \frac{d^2\left(\text{T}^3 t^{\frac{1-3\mu-\nu}{\nu}}\right)}{dt^2} + \ldots.$$

C'est l'expression de la racine x qui résultera de la combinaison des termes $\text{M}x^\mu - \text{N}x^{\mu+\nu}$ de l'équation proposée.

30. Maintenant il est visible que l'expression de x que nous venons de trouver contiendra nécessairement le radical $\sqrt[\nu]{\frac{\text{M}}{\text{N}}}$ qui proviendra de la substitution de $\frac{\text{M}}{\text{N}}$ à la place de t, et il est facile de se convaincre que cette expression ne contiendra point d'autre radical; car, puisque X est une fonction rationnelle de x, T sera aussi une fonction rationnelle de $\sqrt[\nu]{t}$, et par conséquent toute la série qui exprime la valeur de x sera une fonction rationnelle de $\sqrt[\nu]{t}$, c'est-à-dire de $\sqrt[\nu]{\frac{\text{M}}{\text{N}}}$.

Or, on sait que le radical $\sqrt[\nu]{\frac{\text{M}}{\text{N}}}$ a ν valeurs différentes qui sont les racines de l'équation

$$\text{M} - \text{N}x^\nu = 0,$$

et qui (par le théorème connu de Cotes), peuvent se représenter, en général, par la formule

$$\left(\cos\frac{\lambda \times 360^\circ}{\nu} + \sqrt{-1}\sin\frac{\lambda \times 360^\circ}{\nu}\right)\sqrt[\nu]{\frac{\text{M}}{\text{N}}},$$

λ étant successivement égal à 1, 2, 3,..., jusqu'à ν.

Donc, si l'on substitue cette quantité à la place de $\sqrt[\nu]{\frac{\text{M}}{\text{N}}}$, la série qui représentera la valeur de x se transformera en ν séries qui donneront autant de différentes expressions de x.

31. Je dis présentement que les ν séries ou expressions de x qui résultent de la considération des termes $\text{M}x^\mu - \text{N}x^{\mu+\nu}$ de l'équation proposée, c'est-à-dire celles qu'on trouve en prenant ces deux termes pour les premiers de la formule générale (H), représentent nécessairement ν racines différentes de cette équation, et qu'en particulier (25) elles représentent les racines $\mu^{\text{ième}}$, $(\mu+1)^{\text{ième}}$, $(\mu+2)^{\text{ième}}$,..., jusqu'à la $(\mu+\nu-1)^{\text{ième}}$ de la même équation.

Pour le prouver, il suffit de faire voir, suivant la méthode du n° 26, qu'en supposant dans l'expression générale de x de la formule (L) les coefficients des termes de l'équation proposée où les exposants de x seraient moindres que μ, chacun égal à zéro, comme aussi chacun des coefficients des termes intermédiaires entre les deux Mx^μ et $Nx^{\mu+\nu}$, et faisant en même temps M infiniment petit, cette expression se réduira à celle-ci $\sqrt[\nu]{\frac{M}{N}}$, qui est la racine générale de l'équation

$$M - Nx^\nu = 0.$$

Or, après la destruction des termes dont nous venons de parler, il est clair que la quantité X ne renfermera plus que des puissances de x plus grandes que $x^{\mu+\nu}$, et qu'ainsi la quantité T ne renfermera que des puissances de t plus grandes que $t^{\frac{\mu+\nu}{\nu}}$; d'où il est facile de voir que les fonctions

$$Tt^{\frac{1-\mu-\nu}{\nu}}, \quad \frac{d\left(T^2 t^{\frac{1-2\mu-\nu}{\nu}}\right)}{dt}, \ldots$$

de la formule (L) ne seront plus composées que des puissances de t plus grandes que $t^{\frac{1}{\nu}}$; donc, faisant $t = \frac{M}{N}$, et supposant ensuite M infiniment petit, c'est-à-dire t infiniment petit, il est évident que toutes ces puissances de t s'évanouiront vis-à-vis du premier terme $t^{\frac{1}{\nu}}$ de l'expression de x, laquelle se réduira par conséquent à $t^{\frac{1}{\nu}}$ ou à $\left(\frac{M}{N}\right)^{\frac{1}{\nu}}$, à cause de $t = \frac{M}{N}$.

32. De là il est aisé de conclure que, pour trouver toutes les racines d'une équation donnée, par le moyen de nos séries, il n'y aura qu'à com-

biner le premier terme de cette équation avec le dernier, ou immédiatement ce qui donnera une série qui renfermera toutes les racines, ou moyennant les termes intermédiaires, c'est-à-dire en combinant d'abord le premier terme avec quelqu'un des suivants, ensuite celui-ci avec le dernier, ou avec quelqu'un de ceux qui le précèdent, et ainsi de suite jusqu'à ce qu'on arrive au dernier terme [par cette expression *de combiner deux termes de l'équation proposée,* nous entendons qu'il faut prendre ces deux termes pour les deux premiers de notre formule générale (H); nous nous servirons aussi dans la suite de cette même expression abrégée]. Chacune de ces combinaisons donnera une série simple, ou double, ou triple, etc., qui représentera par conséquent une, ou deux, ou trois, etc., racines, suivant l'intervalle qu'il y aura entre les deux termes; de sorte que, quels que soient les termes que l'on comparera successivement ensemble, on obtiendra toujours autant de racines ni plus ni moins que l'équation en doit avoir.

33. Il est bon de remarquer que les séries qu'on trouvera en combinant deux termes quelconques de l'équation proposée auront autant de valeurs réelles et autant d'imaginaires qu'il y aura de racines réelles et d'imaginaires dans l'équation qu'on pourra faire en égalant ces deux termes à zéro (30); de plus, il est clair que l'on ne trouvera de séries toutes rationnelles que lorsqu'on combinera des termes tels que

$$Mx^{\mu} - Nx^{\mu+1};$$

ainsi, si l'équation a tous ses termes, on pourra, en combinant chaque terme avec celui qui le suit immédiatement, trouver des séries toutes rationnelles pour l'expression de chacune de ses racines; mais s'il manque quelque terme dans l'équation, comme si l'on suppose que le terme Mx^{μ} soit suivi immédiatement du terme $-Nx^{\mu+\nu}$, en sorte qu'il manque $\nu - 1$ termes intermédiaires, alors la combinaison de ces deux termes consécutifs donnera une série qui renfermera le radical

$$\sqrt[\nu]{\frac{M}{N}},$$

et qui représentera par conséquent les différentes racines qu'on aurait trouvées par la considération de tous les termes intermédiaires si ces termes n'avaient pas manqué.

Donc on aura dans ce cas autant de séries imaginaires que le radical

$$\sqrt[\nu]{\frac{M}{N}}$$

aura de valeurs imaginaires, c'est-à-dire qu'il y aura de racines imaginaires dans l'équation

$$x^\nu - \frac{M}{N} = 0.$$

Or, on sait que dans une équation qui manque de quelques-uns de ses termes, il y a nécessairement autant de racines imaginaires qu'il y en aurait dans l'équation qu'on pourrait faire, en égalant à zéro la somme des deux termes de cette équation entre lesquels devraient se trouver les termes manquants; de sorte qu'en supposant, comme plus haut, que le terme Mx^μ soit suivi immédiatement du terme $-Nx^{\mu+\nu}$, il y aura nécessairement dans l'équation autant de racines imaginaires qu'il y en a dans l'équation

$$Mx^\mu - Nx^{\mu+\nu} = 0,$$

ou bien

$$\frac{M}{N} - x^\nu = 0.$$

De là il s'ensuit qu'en combinant deux à deux tous les termes consécutifs d'une équation quelconque, on ne trouvera jamais d'expressions imaginaires pour les racines que lorsqu'il y aura réellement des racines imaginaires dans l'équation. Il n'en est pas de même lorsqu'on combine des termes qui ne sont pas immédiatement consécutifs; dans ce cas, il arrivera souvent que les racines se présenteront sous une forme imaginaire, quoiqu'elles soient d'ailleurs réelles, comme nous l'avons déjà vu dans la Remarque qui est à la fin du Problème précédent.

34. Enfin, il résulte de ce que nous avons dit dans le n° 31, que les

séries trouvées dans les différents Exemples du § II ne représentent que les premières racines des équations proposées, puisque toutes ces séries ont été trouvées par la combinaison des deux premiers termes des mêmes équations; ainsi, pour trouver les autres racines, il n'y aura qu'à combiner le second terme, ou immédiatement avec le dernier, ou avec quelqu'un des intermédiaires, et ensuite celui-ci avec le dernier, comme nous l'avons expliqué dans le numéro cité.

Problème II.

35. *On demande toutes les racines de l'équation*

$$a - bx + cx^n = 0,$$

n étant un nombre entier positif.

Première Solution. — En combinant d'abord les deux premiers termes de cette équation,

$$a - bx,$$

on trouvera pour x la même série que nous avons déjà trouvée dans l'Exemple II du n° **12**; cette valeur de x sera donc la première racine de l'équation proposée (numéro précédent) que nous nommerons x_1; ainsi l'on aura, en général,

$$x_1^m = \frac{a^m}{b^m}\left[1 + \frac{mca^{n-1}}{b^n} + \frac{m(m+2n-1)c^2a^{2n-2}}{2b^{2n}} + \frac{m(m+3n-1)(m+3n-2)c^3a^{3n-3}}{2.3.b^{3n}} + \ldots\right].$$

Pour trouver maintenant les autres $n-1$ racines de la même équation, il faudra combiner les deux termes $-bx+cx^n$; c'est pourquoi nous mettrons d'abord (**29**) l'équation sous cette forme

$$\frac{b}{c} - x^{n-1} - \frac{ax^{-1}}{c} = 0;$$

et ensuite sous celle-ci

$$\frac{b}{c} - t - \frac{at^{\frac{1}{1-n}}}{c} = 0,$$

en faisant $t = x^{n-1}$, et par conséquent $x = t^{\frac{1}{n-1}}$.

Or, cette équation étant de la même forme que la précédente en x, on pourra faire usage de la même formule pour en tirer la valeur de t; on mettra donc b à la place de a, c à la place de b, $-a$ à la place de c, et changeant x en t, et n en $\frac{1}{1-n}$, on aura, en général,

$$t^m = \frac{b^m}{c^m}\left[1 - \frac{mab^{\frac{n}{1-n}}}{c^{\frac{1}{1-n}}} + \frac{m\left(m + \frac{1+n}{1-n}\right)a^2 b^{\frac{2n}{1-n}}}{2c^{\frac{2}{1-n}}} - \frac{m\left(m+\frac{2+n}{1-n}\right)\left(m+\frac{1+2n}{1-n}\right)a^3 b^{\frac{3n}{1-n}}}{2.3.c^{\frac{3}{1-n}}} + \ldots\right].$$

Or, puisque $t = x^{n-1}$, mettons $\frac{m}{n-1}$ à la place de m, et faisant, pour plus de simplicité,

$$\left(\frac{b}{c}\right)^{\frac{1}{n-1}} = \rho,$$

nous aurons

$$x^m = \rho^m\left[1 - \frac{ma}{(n-1)b\rho} + \frac{m(m-n-1)a^2}{2(n-1)^2 b^2\rho^2} - \frac{m(m-n-2)(m-2n-1)}{2.3.(n-1)^3 b^3\rho^3} + \ldots\right].$$

Or, puisque la quantité ρ est égale à la racine $(n-1)^{\text{ième}}$ de $\frac{b}{c}$, elle aura $n-1$ valeurs différentes, qui pourront s'exprimer en général de cette manière

$$\rho = \left(\cos\frac{\lambda \times 360^\circ}{n-1} + \sin\frac{\lambda\times 360^\circ}{n-1}\sqrt{-1}\right)\sqrt[n-1]{\frac{b}{c}},$$

λ étant égal à 1, ou 2, ou 3, ou..., jusqu'à $n-1$.

Donc, substituant cette expression de ρ dans la formule précédente, on aura $n-1$ valeurs différentes de x^m; ce seront les valeurs de x_2^m, $x_3^m, \ldots, x_n^m$, et désignant par $x_2, x_3, \ldots, x_n$ la seconde, la troisième, etc., jusqu'à la $n^{ième}$ racine de l'équation proposée.

Ainsi l'on aura chacune des n racines de cette équation, et même une puissance quelconque de ces racines. On pourra trouver aussi par nos formules une fonction quelconque de ces racines; c'est sur quoi il ne parait pas nécessaire d'entrer ici dans un plus grand détail.

Seconde Solution. — Prenons maintenant les deux termes extrêmes $a+cx^n$, et cette combinaison nous donnera immédiatement toutes les n racines de l'équation proposée.

Pour cela, on mettra l'équation sous cette forme

$$\frac{a}{c}+x^n-\frac{bx}{c}=0,$$

et l'on fera ensuite $x^n=t$, et par conséquent $x=t^{\frac{1}{n}}$, pour avoir celle-ci

$$\frac{a}{c}+t-\frac{bt^{\frac{1}{n}}}{c}=0.$$

Cette équation pouvant se rapporter à l'équation primitive

$$a-bx+cx^n=0,$$

on pourra déduire aisément la valeur de t^m de celle de x_1^m trouvée ci-dessus, en changeant seulement x_1 en t, b en $-c$, c en $-b$, et n en $\frac{1}{n}$. Ainsi l'on aura sur-le-champ

$$t^m=\frac{a^m}{(-c)^m}\left[1-\frac{mba^{\frac{1-n}{n}}}{(-c)^{\frac{1}{n}}}+\frac{m\left(m+\frac{2-n}{n}\right)b^2a^{\frac{2-2n}{n}}}{2(-c)^{\frac{2}{n}}}\right.$$
$$\left.-\frac{m\left(m+\frac{3-n}{n}\right)\left(m+\frac{3-2n}{n}\right)b^3a^{\frac{3-3n}{n}}}{2.3.(-c)^{\frac{3}{n}}}+\ldots\right].$$

Or, $t = x^n$; donc, si l'on met $\frac{m}{n}$ à la place de m, et qu'on fasse, pour abréger,

$$\left(\frac{a}{-c}\right)^{\frac{1}{n}} = \rho,$$

on aura

$$x^m = \rho^m \left[1 - \frac{mb\rho}{na} + \frac{m(m+2-n)b^2\rho^2}{2n^2a^2} - \frac{m(m+3-n)(m+3-2n)b^3\rho^3}{2.3.n^3a^3} + \ldots \right].$$

Mais on a, en général,

$$\rho = \left(\cos\frac{\lambda \times 360^\circ}{n} + \sin\frac{\lambda \times 360^\circ}{n}\sqrt{-1}\right)\sqrt[n]{\frac{a}{-c}},$$

λ étant égal à 1, ou 2, ou 3, ou..., jusqu'à n; donc, substituant cette valeur de ρ dans l'expression précédente, on aura n valeurs différentes de x^m, qui seront celles de $x_1^m, x_2^m, x_3^m, \ldots, x_n^m$.

Problème III.

36. *On demande toutes les racines de l'équation*

$$a - bx + cx^n - ex^s = 0,$$

n et s étant des nombres entiers positifs, et $s > n$.

Première Solution. — 1° Puisque cette équation peut se rapporter à celle de l'Exemple VI du n° **21**, en faisant

$$\alpha = \frac{a}{b}, \quad \beta = \frac{c}{b}, \quad \gamma = -\frac{e}{b}, \quad \delta = 0, \ldots,$$

$$p = n, \quad q = s - n,$$

il n'y aura qu'à faire ces substitutions dans les formules de cet Exemple, et l'on aura sur-le-champ l'expression d'une fonction quelconque de $\frac{x}{\alpha}$, où x sera nécessairement la première racine de l'équation proposée (34).

2° Pour trouver maintenant les autres racines, on prendra les deux termes $-bx+cx^n$ pour les premiers de la formule générale, en donnant à l'équation cette forme

$$b - cx^{n-1} - ax^{-1} + ex^{s-1} = 0.$$

On fera ensuite $x^{n-1} = t$, ce qui la ramènera à la même forme que celle de l'Exemple cité; ou bien, ce qui revient au même, on comparera cette équation à celle de l'Exemple VII, en faisant

$$\alpha = \frac{b}{c}, \quad \beta = \frac{-a}{c}, \quad \gamma = \frac{e}{c}, \quad \delta = 0, \ldots,$$

$$r = n-1, \quad p = -1, \quad q = s;$$

et l'on aura sur-le-champ la valeur d'une fonction quelconque de $\frac{x}{\rho}$,

$$\rho \text{ étant } = \sqrt[r]{\alpha} = \left(\frac{b}{c}\right)^{\frac{1}{n-1}};$$

ainsi, donnant à ρ les r valeurs que cette quantité peut avoir, et qui s'expriment, en général, de cette manière

$$\rho = \left(\cos\frac{\lambda \times 360^\circ}{r} + \sin\frac{\lambda \times 360^\circ}{r}\sqrt{-1}\right)\sqrt[r]{\alpha},$$

λ étant égal à 1, ou 2, ou 3, etc., jusqu'à r, on aura r ou $n-1$ formules différentes qui se rapporteront à la seconde, ou à la troisième, etc., jusqu'à la $n^{\text{ième}}$ racine inclusivement de l'équation dont il s'agit.

3° On prendra enfin les deux derniers termes $cx^n - ex^s$ pour les premiers, en écrivant l'équation ainsi

$$c - ex^{s-n} - bx^{1-n} + ax^{-n} = 0;$$

laquelle étant comparée de même à l'équation de l'Exemple VII, on aura

$$\alpha = \frac{c}{e}, \quad \beta = -\frac{b}{e}, \quad \gamma = \frac{a}{e}, \quad \delta = 0, \ldots,$$

$$s-n = r, \quad 1-n = p, \quad q = 1;$$

et l'on trouvera l'expression d'une fonction quelconque de $\frac{x}{\rho}$,

$$\rho \text{ étant toujours } = \sqrt[r]{\alpha} = \left(\frac{c}{e}\right)^{\frac{1}{s-n}},$$

dans laquelle mettant successivement les r ou $s-n$ valeurs différentes de ρ, on aura autant d'expressions différentes qui se rapporteront aux $s-n$ dernières racines de l'équation.

Ainsi l'on aura trois formules dont la première se rapportera à la première racine, la seconde comprendra les $n-1$ racines suivantes, et la troisième renfermera les $s-n$ dernières racines; de sorte qu'on connaîtra par ce moyen, non-seulement la valeur de chacune des s racines de l'équation proposée, mais aussi une fonction quelconque de chacune de ces racines.

Seconde Solution. — Dans la Solution précédente nous avons considéré deux à deux les termes consécutifs de l'équation proposée; or, la combinaison des termes qui ne sont pas immédiatement voisins nous donnera encore d'autres Solutions.

Et d'abord il est clair qu'après avoir combiné les deux premiers termes $a - bx$, comme nous l'avons fait ci-dessus pour avoir la première racine de l'équation, on peut combiner immédiatement le terme $-bx$ avec le dernier $-ex^s$ pour avoir les autres racines. Pour cela on regardera donc ces deux termes comme les premiers, en écrivant l'équation ainsi

$$b + ex^{s-1} - ax^{-1} - cx^{n-s} = 0,$$

laquelle, étant comparée à celle de l'Exemple VII, donnera

$$\alpha = \frac{b}{e}, \quad \beta = -\frac{a}{e}, \quad \gamma = -\frac{c}{e}, \quad \delta = 0, \ldots,$$
$$r = s-1, \quad p = -1, \quad q = n-s+1;$$

de sorte qu'en substituant ces valeurs, on aura l'expression générale d'une fonction quelconque de $\frac{x}{\rho}$,

$$\rho \text{ étant } = \alpha^{\frac{1}{r}} = \left(\frac{b}{e}\right)^{\frac{1}{s-1}};$$

donc, mettant pour ρ chacune de ses valeurs particulières, qui sont au nombre de $s - 1$, on aura autant d'expressions différentes qui se rapporteront aux $s - 1$ racines cherchées.

Ainsi, en combinant la formule du 1° de la Solution précédente avec celle dont nous venons de parler, on trouvera la valeur d'une fonction quelconque de chacune des s racines de l'équation proposée.

Troisième Solution. — Combinons maintenant le premier terme a de l'équation avec le terme cx^n, c'est-à-dire, prenons ces deux termes pour les deux premiers de notre formule générale, et rapportant l'équation sous ce point de vue à la formule de l'Exemple VII, on aura

$$\alpha = \frac{a}{c}, \quad \beta = -\frac{b}{c}, \quad \gamma = -\frac{e}{c}, \quad \delta = 0, \ldots,$$
$$r = n, \quad p = 1, \quad q = s - 1,$$

ce qui, étant substitué, donnera une formule qui exprimera, en général, une fonction quelconque de $\frac{x}{\rho}$,

$$\rho \text{ étant } = \sqrt[n]{\alpha} = \left(\frac{a}{c}\right)^{\frac{1}{n}};$$

donc, introduisant à la place de ρ chacune des n valeurs différentes que cette quantité peut avoir, on aura autant de formules particulières qui se rapporteront aux n premières racines de l'équation proposée.

Pour trouver les $s - n$ racines restantes, il faudra combiner le terme cx^n avec le dernier terme $-ex^s$; or, cette combinaison ayant déjà été faite dans le 3° de la première Solution, il n'y aura qu'à emprunter ici la formule trouvée dans cet endroit.

Donc on n'aura en tout que deux formules générales comme dans la Solution précédente; et l'on pourra, par le moyen de ces formules, trouver non-seulement chaque racine en particulier, mais aussi une fonction quelconque de chaque racine.

Quatrième Solution. — Il reste encore une combinaison à faire, c'est celle des deux termes extrêmes a et $-ex^s$, laquelle donnera immédiatement toutes les s racines de l'équation.

En rapportant donc sous ce point de vue l'équation proposée à celle de l'Exemple VII, on aura

$$\alpha = \frac{a}{e}, \quad \beta = -\frac{b}{e}, \quad \gamma = \frac{c}{e}, \quad \delta = 0, \ldots,$$

$$r = s, \quad p = 1, \quad q = n - 1,$$

et l'on trouvera une formule générale pour l'expression d'une fonction quelconque de $\frac{x}{\rho}$, où

$$\rho = \sqrt[r]{\alpha} = \left(\frac{a}{e}\right)^{\frac{1}{s}};$$

de sorte qu'en y substituant successivement les s valeurs de ρ, on aura autant de formules particulières, dont chacune se rapportera à une des racines de l'équation dont il s'agit. Ainsi une seule formule générale suffira dans ce cas pour trouver la valeur d'une fonction quelconque de chacune de ces racines.

Comme nous avons épuisé toutes les combinaisons possibles des termes de l'équation proposée, pris deux à deux, on ne pourra pas trouver d'autres solutions que celles que nous venons de donner, au moins par nos formules; ainsi nous ne nous arrêterons pas davantage sur cette matière, les Exemples donnés ci-dessus nous paraissant suffisants pour faire voir clairement l'application de notre méthode.

§ IV. — *Sur la convergence ou divergence des séries qui représentent des fonctions quelconques des racines des équations.*

37. Il ne suffit pas de pouvoir exprimer les racines des équations, ou leurs fonctions quelconques, par des séries régulières, et dont la loi soit bien développée; il faut surtout pouvoir reconnaître par la loi même de ces séries si elles sont convergentes à l'infini ou non; car il est clair que pour qu'une série puisse être regardée comme représentant réellement la valeur d'une quantité cherchée, il faut qu'elle soit convergente à son extrémité, c'est-à-dire que ses derniers termes soient infiniment petits, de sorte que l'erreur puisse devenir moindre qu'aucune quantité donnée. Voyons donc comment on pourra reconnaître si cette condition a lieu ou non dans les séries des paragraphes précédents.

Pour rendre notre recherche aussi générale qu'il est possible, nous considérerons l'équation générale (H) du n° 16, savoir

$$\alpha - x + \varphi(x) = 0,$$

laquelle donne en général (n° 17, formule K)

$$\psi\left(\frac{x}{\alpha}\right) = \psi(y) + \frac{\varphi(\alpha y)\psi'(y)}{\alpha} + \frac{1}{2\alpha^2}\frac{d[\varphi(\alpha y)^2\psi'(y)]}{dy} + \frac{1}{2.3.\alpha^3}\frac{d^2[\varphi(\alpha y)^3\psi'(y)]}{dy^2} + \ldots,$$

la variable y devant être faite égale à 1 après les différentiations.

Soit donc

$$\frac{1}{1.2.3\ldots i.\alpha^i}\frac{d^{i-1}[\varphi(\alpha y)^i\psi'(y)]}{dy^{i-1}}$$

un terme quelconque de cette série, dont le quantième soit $i+1$; et supposons que la fonction $\varphi(x)$ soit représentée par une suite quelconque de puissances de x, en sorte que l'on ait

$$\varphi(x) = Ax^a + Bx^b + Cx^c + \ldots,$$

A, B, C,... étant des coefficients quelconques, et $a, b, c, \ldots$ des exposants aussi quelconques; on aura donc de même

$$\varphi(\alpha y) = A\alpha^a y^a + B\alpha^b y^b + C\alpha^c y^c + \ldots,$$

par conséquent un terme quelconque de la puissance $i^{ième}$ de cette quantité, c'est-à-dire de la valeur de $\varphi(\alpha y)^i$ sera, comme on sait,

$$\frac{1.2.3\ldots i}{1.2.3\ldots m \times 1.2.3\ldots n \times 1.2.3\ldots p \times \ldots} A^m B^n C^p \ldots (\alpha y)^{am+bn+cp+\ldots},$$

m, n, p,... étant des nombres entiers positifs, tels que

$$m + n + p + \ldots = i.$$

Supposons de plus que la fonction $\psi'(y)$ soit aussi représentée par une suite de termes tels que $\mathrm{F}y^f$; et multipliant la quantité précédente par $\mathrm{F}y^f$, on aura pour un terme quelconque de la valeur de $\varphi(\alpha y)^i\,\psi'(y)$, l'expression

$$\frac{1.2.3\ldots i \times \mathrm{F}.\mathrm{A}^m\,\mathrm{B}^n\,\mathrm{C}^p\ldots\alpha^u}{1.2.3\ldots m \times 1.2.3\ldots n \times 1.2.3\ldots p \times \ldots}\, y^{u+f},$$

en faisant pour plus de simplicité

$$ma + nb + pc + \ldots = u.$$

Donc, différentiant cette quantité $i - 1$ fois, en faisant y variable et dy constant, et divisant ensuite par $1.2.3\ldots i.\alpha^i\,dy^{i-1}$, on aura pour la valeur d'un terme quelconque de

$$\frac{1}{1.2.3\ldots i.\alpha^i}\;\frac{d^{i-1}[\varphi(\alpha y)^i\,\psi'(y)]}{dy^{i-1}},$$

après y avoir fait $y = 1$, la quantité

$$\frac{(u+f)(u+f-1)(u+f-2)\ldots(u+f-i+2)}{1.2.3\ldots m \times 1.2.3\ldots n \times 1.2.3\ldots p \times \ldots}\,\mathrm{F}.\mathrm{A}^m\,\mathrm{B}^n\,\mathrm{C}^p\ldots\alpha^{u-i}.$$

Ainsi la difficulté se réduit maintenant à voir ce que cette quantité devient lorsqu'on suppose i infiniment grand.

38. Pour cet effet, je remarque que l'on a, en prenant ϖ pour le rapport de la circonférence au rayon,

$$\begin{aligned}&\log 1 + \log 2 + \log 3 + \log 4 + \ldots + \log x\\ &\quad = \left(x + \frac{1}{2}\right)\log x - x + \frac{1}{2}\log\varpi + \frac{1}{12x} - \frac{1}{360x^3} + \ldots,\end{aligned}$$

comme MM. Stirling, Moivre et d'autres Géomètres l'ont démontré (*voyez* surtout le *Calcul différentiel* de M. Euler); de sorte que, lorsque x est infiniment grand, on a, sans erreur sensible,

$$\log 1 + \log 2 + \log 3 + \ldots + \log x = \left(x + \frac{1}{2}\right)\log x - x + \frac{1}{2}\log \varpi$$
$$= \left(x + \frac{1}{2}\right)\log x - \log e^x + \frac{1}{2}\log \varpi,$$

d'où, en passant des logarithmes aux nombres, on tire dans la même hypothèse

$$1.2.3\ldots x = \frac{\sqrt{\varpi}\, x^{x+\frac{1}{2}}}{e^x}.$$

On a de plus, en général, quels que soient x et y,

$$\log x + \log(x-1) + \log(x-2) + \ldots + \log(x-y+1)$$
$$= \left(x + \frac{1}{2}\right)\log x - x + \frac{1}{12x} - \frac{1}{360x^3} + \ldots$$
$$- \left(x - y + \frac{1}{2}\right)\log(x-y) + x - y - \frac{1}{12(x-y)} + \frac{1}{360(x-y)^3} + \ldots,$$

de sorte qu'en supposant x et y infiniment grands, on aura

$$\log x + \log(x-1) + \log(x-2) + \ldots + \log(x-y+1)$$
$$= \left(x + \frac{1}{2}\right)\log x - \left(x - y + \frac{1}{2}\right)\log(x-y) - y,$$

et par conséquent, en passant des logarithmes aux nombres,

$$x(x-1)(x-2)\ldots(x-y+1) = \frac{x^{x+\frac{1}{2}}\, e^{-y}}{(x-y)^{x-y+\frac{1}{2}}}.$$

De là il s'ensuit, pour le dire en passant, que le coefficient du $(y+1)^{\text{ième}}$ terme du binôme élevé à la puissance x sera, lorsque x et y sont très-grands,

$$\frac{x^{x+\frac{1}{2}}}{\sqrt{\varpi} \times (x-y)^{x-y+\frac{1}{2}} \times y^{y+\frac{1}{2}}};$$

de sorte qu'en faisant $y = px$ ce coefficient deviendra, en divisant le haut et le bas par $x^{x+\frac{1}{2}}$,

$$\frac{1}{\sqrt{\varpi}(1-p)^{x+\frac{1}{2}}\left(\frac{p}{1-p}\right)^{y}\sqrt{y}}.$$

39. Cela posé, puisque

$$m+n+p+\ldots=i,$$

et

$$am+bn+cp+\ldots=u,$$

il est clair qu'en supposant i infiniment grand, m, n, p,..., u le seront aussi, de sorte qu'on aura

$$1.2.3\ldots m=\frac{\sqrt{\varpi}\,m^{m+\frac{1}{2}}}{e^{m}},$$

et ainsi des autres.

De plus en faisant, pour abréger, $g=f+1$, on aura

$$\begin{aligned}&(u+f)(u+f-1)(u+f-2)\ldots(u+f-i+2)\\&=\frac{(u+g)(u+g-1)(u+g-2)\ldots(u+g-i+1)}{u+g}\\&=\frac{(u+g)^{u+g-\frac{1}{2}}}{(u+g-i)^{u+g-i+\frac{1}{2}}e^{i}}.\end{aligned}$$

De sorte qu'on aura, lorsque $i=\infty$,

$$\begin{aligned}&\frac{(u+f)(u+f-1)(u+f-2)\ldots(u+f-i+2)}{1.2.3\ldots m\times1.2.3\ldots n\times1.2.3\ldots p\times\ldots}\\&=\frac{(u+g)^{u+g-\frac{1}{2}}}{\varpi^{\frac{\lambda}{2}}(u+g-i)^{u+g-i+\frac{1}{2}}m^{m+\frac{1}{2}}n^{n+\frac{1}{2}}p^{p+\frac{1}{2}}\ldots},\end{aligned}$$

λ étant le nombre des quantités m, n, p,..., c'est-à-dire le nombre des termes de la fonction $\varphi(x)$.

Donc, faisant, pour abréger,

$$V=\frac{(u+g)^{2g-1}}{\varpi^{\lambda}(u+g-i)^{2g+1}mnp\ldots},$$

la quantité proposée

$$\frac{(u+f)(u+f-1)(u+f-2)\dots(u+f-i+2)}{1.2.3\dots m\times 1.2.3\dots n\times 1.2.3\dots p\times\dots}\mathrm{F}\mathrm{A}^m\mathrm{B}^n\mathrm{C}^p\dots\alpha^{u-i}$$

deviendra, lorsque $i=\infty$,

$$\mathrm{F}\sqrt{\mathrm{V}}\times\frac{(u+g)^u\mathrm{A}^m\mathrm{B}^n\mathrm{C}^p\dots\alpha^{u-i}}{(u+g-i)^{u-i}m^m n^n p^p\dots}.$$

40. Supposons maintenant

$$\frac{m}{i}=\mu,\quad \frac{n}{i}=\nu,\quad \frac{p}{i}=\pi,\dots,\quad \frac{u}{i}=\upsilon,$$

et l'on aura, à cause de $m+n+p+\dots=i$ et $am+bn+cp+\dots=u$,

$$\mu+\nu+\pi+\dots=1,$$
$$\mu a+\nu b+\pi c+\dots=\upsilon,$$

d'où l'on voit que les nombres μ, ν, π,... seront des fractions plus petites que l'unité; donc, faisant ces substitutions dans l'expression

$$\frac{(u+g)^u\mathrm{A}^m\mathrm{B}^n\mathrm{C}^p\dots\alpha^{u-i}}{(u-i+g)^{u-i}m^m n^n p^p\dots},$$

elle deviendra, en divisant le haut et le bas par i^u,

$$\left[\frac{\left(\upsilon+\frac{g}{i}\right)^{\upsilon}\mathrm{A}^{\mu}\mathrm{B}^{\nu}\mathrm{C}^{\pi}\dots\alpha^{\upsilon-1}}{\left(\upsilon-1+\frac{g}{i}\right)^{\upsilon-1}\mu^{\mu}\nu^{\nu}\pi^{\pi}\dots}\right]^i,$$

ou bien, en négligeant le terme $\frac{g}{i}$ qui devient nul lorsque $i=\infty$,

$$\left[\frac{\upsilon^{\upsilon}\alpha^{\upsilon-1}\mathrm{A}^{\mu}\mathrm{B}^{\nu}\mathrm{C}^{\pi}\dots}{(\upsilon-1)^{\upsilon-1}\mu^{\mu}\nu^{\nu}\pi^{\pi}\dots}\right]^i.$$

Par les mêmes substitutions la quantité V deviendra, en divisant le haut et le bas par i^{2g-1},

$$\frac{\left(\upsilon+\frac{g}{i}\right)^{2g-1}}{i^{\lambda+2}\varpi^{\lambda}\left(\upsilon-1+\frac{g}{i}\right)^{2g+1}\mu\nu\pi\dots},$$

ou bien, en négligeant le terme infiniment petit $\frac{g}{i}$, et remettant pour g sa valeur $f+1$,

$$\frac{\upsilon^{2f+1}}{i^{\lambda+2}\varpi^{\lambda}(\upsilon-1)^{2f+3}\mu\nu\pi\ldots}.$$

41. Donc, si l'on fait

$$M=\frac{\upsilon^{2f+1}}{\varpi^{\lambda}(\upsilon-1)^{2f+3}\mu\nu\pi\ldots},$$

$$N=\upsilon\left(\frac{\upsilon\alpha}{\upsilon-1}\right)^{\upsilon-1}\left(\frac{A}{\mu}\right)^{\mu}\left(\frac{B}{\nu}\right)^{\nu}\left(\frac{C}{\pi}\right)^{\pi}\ldots,$$

on aura, pour un terme quelconque de la valeur de

$$\frac{1}{1.2.3\ldots i.\alpha^{i}}\frac{d^{i-1}[\varphi(\alpha y)^{i}\psi'(y)]}{dy^{i-1}}$$

lorsque i est infiniment grand, cette expression fort simple

$$\frac{F\sqrt{M}.N^{i}}{i^{\frac{\lambda+2}{2}}}$$

dans laquelle λ est le nombre des termes de la fonction $\varphi(x)$, et où μ, ν, π,... sont des nombres quelconques positifs, tels que

$$\mu+\nu+\pi+\ldots=1$$

et

$$a\mu+b\nu+c\pi+\ldots=\upsilon.$$

Ainsi cette quantité sera infinie ou nulle, suivant que N aura une valeur, soit positive ou négative, plus grande que l'unité, ou non.

D'où il est aisé de conclure que la série qui représentera la valeur de $\psi\left(\frac{x}{\alpha}\right)$ (**37**), sera convergente si l'on a, abstraction faite du signe,

$$N = \text{ ou } < 1;$$

autrement elle sera divergente.

Or, comme la quantité N dépend seulement des coefficients A, B, C,... et des exposants a, b, c,... qui entrent dans l'expression de la fonction

$\varphi(x)$, et nullement de ceux qui appartiennent à la fonction $\psi(x)$, et qui sont F, f,..., il s'ensuit que si la série qui exprime la valeur d'une fonction quelconque de $\frac{x}{\alpha}$ est convergente, elle le sera aussi pour toute autre fonction de $\frac{x}{\alpha}$.

42. Au reste, il est bon de remarquer que, quoique les coefficients A, B, C,... puissent être positifs ou négatifs, ainsi que la quantité α; cependant, comme il ne s'agit ici que de la valeur absolue de la quantité (37)

$$\frac{(u+f)\ldots(u+f-i+2)}{1.2\ldots m \times 1.2\ldots n \times \ldots} \mathrm{F}\mathrm{A}^m \mathrm{B}^n \mathrm{C}^p \ldots \alpha^{u-i},$$

il est indifférent de les prendre positivement ou négativement; ainsi, pour éviter les imaginaires dans la valeur de N, nous supposerons que les coefficients A, B, C,... soient pris positivement, à cause que μ, ν, π,... doivent être positifs par leur nature, et à l'égard de α nous supposerons qu'il soit pris en sorte que $\frac{\upsilon\alpha}{\upsilon-1}$ soit positif; par ce moyen, quels que soient les nombres μ, ν, π,..., υ, la valeur de N sera toujours sous une forme réelle.

43. Supposons que la fonction $\varphi(x)$ ne renferme qu'un seul terme $\mathrm{A}x^a$, en sorte que l'équation soit

$$\alpha - x + \mathrm{A}x^a = 0,$$

dans ce cas on aura

$$\mathrm{N} = \upsilon \left(\frac{\upsilon\alpha}{\upsilon-1}\right)^{\upsilon-1} \left(\frac{\mathrm{A}}{\mu}\right)^{\mu}$$

et

$$\mu = 1, \quad a\mu = \upsilon;$$

donc

$$\mu = 1, \quad \upsilon = a;$$

donc

$$\mathrm{N} = a\left(\frac{\alpha a}{a-1}\right)^{a-1} \mathrm{A};$$

donc la série sera convergente si l'on a

$$\mathrm{A} = \text{ou} < \frac{1}{a}\left(\frac{a-1}{\alpha a}\right)^{a-1}.$$

Ce cas est celui du Problème II, § III; or, dans la première Solution, on a d'abord

$$\alpha = \frac{a}{b}, \quad A = \frac{c}{b}, \quad a = n;$$

donc la première série de cette Solution, c'est-à-dire celle qui se rapporte à la première racine, sera convergente si l'on a

$$\frac{c}{b} = \text{ou} < \frac{1}{n}\left[\frac{(n-1)b}{an}\right]^{n-1},$$

c'est-à-dire (abstraction faite des signes)

$$\frac{a^{n-1}c}{b^n} = \text{ou} < \frac{(n-1)^{n-1}}{n^n},$$

en prenant a, b et c positivement.

Soit $n = 2$, on aura cette condition

$$\frac{ac}{b^2} = \text{ou} < \frac{1}{2^2},$$

c'est-à-dire $b^2 =$ ou $> 4ac$; or, c'est précisément la condition qui rend convergente la série provenant du développement du radical $\sqrt{b^2 - 4ac}$, et qui est la même que celle que nous avons trouvée par notre méthode (9).

Dans la seconde série de la même Solution, on a, en comparant l'équation

$$\frac{b}{c} - t - \frac{a}{c} t^{\frac{1}{1-n}} = 0$$

à la formule générale ci-dessus,

$$\alpha = \frac{b}{c}, \quad A = -\frac{a}{c}, \quad a = \frac{1}{1-n};$$

donc la condition de la convergence de cette série sera (abstraction faite des signes)

$$\frac{a}{c} = \text{ou} < (1-n)\left(\frac{nc}{b}\right)^{\frac{n}{1-n}},$$

ou bien

$$\frac{ca^{n-1}}{b^n} = \text{ou} < \frac{(n-1)^{n-1}}{n^n},$$

qui est la même condition que la précédente.

Dans la seconde Solution on aura, en comparant l'équation

$$\frac{a}{c} + t - \frac{bt^{\frac{1}{n}}}{c} = 0$$

à la même formule générale,

$$\alpha = -\frac{a}{c}, \quad \text{A} = \frac{b}{c} \quad \text{et} \quad a = \frac{1}{n};$$

d'où la condition de la convergence des séries de cette Solution sera, abstraction faite des signes,

$$\frac{b}{c} = \text{ou} < n\left[\frac{(n-1)c}{a}\right]^{\frac{1-n}{n}},$$

laquelle se réduit à celle-ci

$$\frac{ca^{n-1}}{b^n} = \text{ou} > \frac{(n-1)^{n-1}}{n^n},$$

qui est l'opposée de celle que nous avons trouvée pour la première Solution.

Donc :

1° Si dans l'équation

$$a - bx + cx^n = 0,$$

on a (abstraction faite des signes de a, b, c)

$$\frac{a^{n-1}c}{b^n} = \text{ou} < \frac{(n-1)^{n-1}}{n^n},$$

il faudra employer la première Solution du Problème II, laquelle donnera toujours des séries convergentes, et par conséquent vraies pour toutes les racines; de sorte que ces racines seront réelles ou imaginaires, suivant que les séries qui les représentent le seront.

Donc (33) l'équation proposée aura dans ce cas autant de racines réelles et autant d'imaginaires qu'il y en aura de telles dans les équations qu'on pourra faire en combinant ensemble deux termes consécutifs de cette équation, et les égalant à zéro; c'est-à-dire dans les équations

$$a - bx = 0 \quad \text{et} \quad b - cx^{n-1} = 0,$$

d'où l'on voit qu'il y en aura toujours au moins une de réelle.

2° Si l'on a

$$\frac{a^{n-1}c}{b^n} = \text{ou} > \frac{(n-1)^{n-1}}{n^n},$$

alors il faudra employer la seconde Solution dont les séries seront nécessairement convergentes; de sorte que dans ce cas l'équation aura autant de racines réelles et autant d'imaginaires qu'il y en aura de telles dans l'équation qu'on fera en égalant à zéro le premier et le dernier terme de la proposée, c'est-à-dire dans l'équation

$$a + cx^n = 0.$$

44. Si l'on avait l'équation

$$a - bx^m + cx^{m+n} = 0,$$

il n'y aurait qu'à faire, comme dans le n° **22**, $x^m = t$, ce qui la changerait en celle-ci

$$a - bt + ct^{\frac{m+n}{m}} = 0,$$

qui est dans le cas de l'équation du numéro précédent. Ainsi, mettant $\frac{m+n}{m}$ à la place de n, on trouvera que la première Solution sera bonne lorsqu'on aura

$$\frac{a^{\frac{n}{m}}c}{b^{\frac{m+n}{m}}} = \text{ou} < \frac{\left(\frac{n}{m}\right)^{\frac{n}{m}}}{\left(\frac{m+n}{m}\right)^{\frac{m+n}{m}}},$$

savoir, en élevant les deux membres à la puissance m,

$$\frac{a^n c^m}{b^{m+n}} = \text{ ou } < \frac{m^m n^n}{(m+n)^{m+n}},$$

et que la seconde sera bonne lorsqu'on aura

$$\frac{a^n c^m}{b^{m+n}} = \text{ ou } > \frac{m^m n^n}{(m+n)^{m+n}},$$

de sorte que, dans le premier cas, l'équation aura autant de racines réelles et autant d'imaginaires qu'il y en aura de telles dans les deux équations

$$a - bx^m = 0 \quad \text{et} \quad b - cx^n = 0,$$

et que, dans le second, le nombre des racines réelles et des imaginaires sera le même (33) que dans l'équation

$$a + cx^{m+n} = 0.$$

45. Si l'on avait

$$\frac{a^n c^m}{b^{m+n}} = \frac{m^m n^n}{(m+n)^{m+n}},$$

alors les deux conditions seraient les mêmes; de sorte qu'il faudrait dire que l'équation aurait dans ce cas autant de racines réelles et autant d'imaginaires qu'il y en aurait de telles dans les équations

$$a - bx^m = 0 \quad \text{et} \quad b - cx^n = 0,$$

et dans l'équation

$$a + cx^{m+n} = 0;$$

donc, s'il arrive que le nombre des racines imaginaires de ces deux équations-là soit différent de celui de cette équation-ci, il s'ensuivra qu'il y aura dans la proposée autant de racines égales qu'il y aura plus de racines imaginaires d'un côté que de l'autre; car les racines égales étant les limites entre les racines réelles et les imaginaires, peuvent être regardées en quelque sorte comme appartenant aux unes ou aux autres.

46. Nous avons vu (41) que, pour que la série soit convergente, il faut que N ne soit pas > 1; on cherchera donc dans chaque cas la plus grande valeur de N, en regardant les quantités μ, ν, π,... comme variables, et si elle ne se trouve pas plus grande que l'unité, on en conclura que la série est convergente; sinon elle sera divergente.

Faisons varier seulement μ et ν, et l'on aura

$$\frac{dN}{N} = du \log \frac{\alpha u}{u-1} + d\mu \left(\log \frac{A}{\mu} - 1\right) + d\nu \left(\log \frac{B}{\nu} - 1\right);$$

mais il faut que

$$\mu + \nu + \pi + \ldots = 1 \quad \text{et} \quad a\mu + b\nu + c\pi + \ldots = u;$$

donc

$$d\mu + d\nu = 0, \quad a d\mu + b d\nu = du;$$

d'où

$$d\mu = \frac{du}{a-b}, \quad d\nu = \frac{du}{b-a};$$

donc, substituant ces valeurs, et égalant la différentielle dN à zéro, on aura

$$\log \frac{\alpha u}{u-1} + \frac{\log \frac{A}{\mu} - \log \frac{B}{\nu}}{a-b} = 0,$$

d'où l'on tire

$$\left(\frac{\alpha u}{u-1}\right)^a \frac{A}{\mu} = \left(\frac{\alpha u}{u-1}\right)^b \frac{B}{\nu}.$$

On trouverait de même, en faisant varier μ et π,

$$\left(\frac{\alpha u}{u-1}\right)^a \frac{A}{\mu} = \left(\frac{\alpha u}{u-1}\right)^c \frac{C}{\pi},$$

et ainsi de suite; de sorte que les conditions du maximum ou minimum seront renfermées dans ces équations

$$\left(\frac{\alpha u}{u-1}\right)^a \frac{A}{\mu} = \left(\frac{\alpha u}{u-1}\right)^b \frac{B}{\nu} = \left(\frac{\alpha u}{u-1}\right)^c \frac{C}{\pi} = \ldots$$

On aura donc, en prenant un coefficient quelconque λ,

$$\mu = \lambda A \left(\frac{\alpha\upsilon}{\upsilon - 1}\right)^a,$$

$$\nu = \lambda B \left(\frac{\alpha\upsilon}{\upsilon - 1}\right)^b,$$

$$\pi = \lambda C \left(\frac{\alpha\upsilon}{\upsilon - 1}\right)^c,$$

$$\ldots\ldots\ldots\ldots\ldots,$$

donc, substituant ces valeurs dans les équations

$$\mu + \nu + \pi + \ldots = 1, \quad \mu a + \nu b + \pi c + \ldots = \upsilon,$$

on aura

$$\lambda \left[A \left(\frac{\alpha\upsilon}{\upsilon - 1}\right)^a + B \left(\frac{\alpha\upsilon}{\upsilon - 1}\right)^b + C \left(\frac{\alpha\upsilon}{\upsilon - 1}\right)^c + \ldots \right] = 1,$$

$$\lambda \left[Aa \left(\frac{\alpha\upsilon}{\upsilon - 1}\right)^a + Bb \left(\frac{\alpha\upsilon}{\upsilon - 1}\right)^b + Cc \left(\frac{\alpha\upsilon}{\upsilon - 1}\right)^c + \ldots \right] = \upsilon,$$

d'où l'on tire, en chassant λ,

$$A(a - \upsilon)\left(\frac{\alpha\upsilon}{\upsilon - 1}\right)^a + B(b - \upsilon)\left(\frac{\alpha\upsilon}{\upsilon - 1}\right)^b + C(c - \upsilon)\left(\frac{\alpha\upsilon}{\upsilon - 1}\right)^c + \ldots = 0,$$

équation par laquelle on déterminera υ, après quoi on aura

$$\lambda = \frac{1}{A\left(\frac{\alpha\upsilon}{\upsilon - 1}\right)^a + B\left(\frac{\alpha\upsilon}{\upsilon - 1}\right)^b + C\left(\frac{\alpha\upsilon}{\upsilon - 1}\right)^c + \ldots},$$

et ensuite μ, ν, π,... par les formules précédentes.

Ainsi l'on pourra toujours, par ce moyen, juger de la convergence ou de la divergence de chaque série.

SUR LA

FORCE DES RESSORTS PLIÉS.

SUR LA

FORCE DES RESSORTS PLIÉS (*).

(*Mémoires de l'Académie royale des Sciences et Belles-Lettres de Berlin*, t. XXV, 1771.)

On sait que la force d'un ressort plié s'affaiblit toujours à mesure que le ressort se débande, mais on ignore la loi suivant laquelle se fait cet affaiblissement: or, c'est de cette loi que dépend la figure des fusées que l'on applique aux montres et à la plupart des horloges à ressort, et dont la propriété est de maintenir l'action du ressort dans l'égalité au moyen de la différente grandeur des rayons qui forment la rainure spirale; car, selon que la corde qui se désentortille se trouve appliquée à une plus grande distance de l'axe de la fusée, l'action du ressort devient aussi plus grande, et il faut que cette augmentation compense exactement la diminution de force que le ressort souffre en se déroulant. Dans les ressorts qui agissent en s'allongeant ou en se raccourcissant, il paraît que la force est proportionnelle à la quantité dont ils se dilatent ou se contractent, ou du moins à une fonction donnée de cette quantité; mais ce principe n'a pas lieu dans les lames élastiques inextensibles et pliées en spirale telles que celles qu'on applique aux horloges: le seul principe qu'on puisse employer pour ces sortes de ressorts est que la force avec laquelle le ressort résiste à être courbé est toujours proportionnelle à l'angle même de courbure; et c'est d'après ce principe que de très-grands Géomètres ont déterminé la courbe qu'une lame élastique doit former

(*) Lu le 20 septembre 1770.

lorsqu'elle est bandée par des forces quelconques données. Or, voici le Problème qu'il faut résoudre pour pouvoir connaître la loi de la force des ressorts pliés :

Une lame à ressort de longueur donnée et fixe par une de ses extrémités étant bandée par des forces quelconques qui agissent sur l'autre extrémité, et qui la retiennent dans une position donnée, déterminer la quantité et la direction de ces forces.

Ce Problème n'a encore été résolu, que je sache, par aucun Géomètre; c'est ce qui m'a déterminé à en faire l'objet de ce Mémoire. La seule restriction que j'y mettrai, c'est que la lame soit uniformément épaisse, et que sa figure primitive et naturelle soit la ligne droite. Ce n'est pas que le calcul ne puisse s'appliquer à des ressorts de figure et d'épaisseur quelconques, mais les équations qu'on aurait seraient trop compliquées pour qu'on en pût tirer quelque lumière.

§ I.

Le principe ordinaire d'après lequel on résout le Problème de la courbe élastique est, que la force du ressort à chaque point doit être proportionnelle à la somme des moments de toutes les puissances tendantes. Or, quoique ce principe paraisse n'avoir pas besoin de démonstration, cependant, comme un très-grand Géomètre a cru pouvoir le révoquer en doute par cette considération qu'un ressort ne devant être regardé ni comme un corps parfaitement flexible, ni comme un corps absolument inflexible, on ne saurait se former une idée nette des moments des forces tendantes, moments qui, selon lui, ne peuvent avoir lieu que dans des corps absolument inflexibles. Je vais tâcher d'abord d'établir la vérité de ce principe d'une manière aussi simple que rigoureuse.

Imaginons plusieurs verges droites et inflexibles AB, BC, CD, DE,... (*fig.* 1), lesquelles soient jointes l'une à l'autre par des charnières à ressort aux points B, C, D,..., et dont la première BA soit fixée horizontalement au point A, et la dernière EF soit chargée au point F d'un poids quelconque P; on propose de trouver la figure du polygone ABCDEF.

Pour cela, je remarque que, quelle que soit la manière dont le ressort en B agit sur les deux verges AB, BC pour les étendre en ligne droite, on peut toujours substituer à l'action de ce ressort celle d'un autre ressort C*c*, qui serait attaché d'un côté au point C de la verge BC et de l'autre au

Fig. 1.

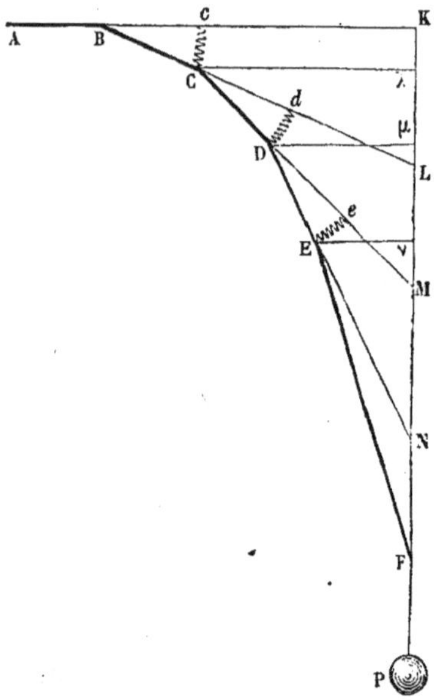

point *c* de la verge AB prolongée en *c* en sorte que BC = B*c*, et qui aurait une force de contraction équivalente à la force du ressort de la charnière B. On pourra de même substituer aux ressorts des autres charnières C, D,... des ressorts D*d*, E*e*,... qui agissent sur les points D, E,... des verges CD, DE,... et sur les points *d*, *e*,... des verges BC, CD,... prolongées en *d*, *e*,..., de manière que CD = C*d*, DE = D*e*,.... Cela posé, soit AB = BC = B*c* = CD = C*d*... = 1, et soit F la force du ressort en B, F′ en C, F″ en D,...; soit R la force du ressort C*c*, R′ celle du ressort D*d*, R″ celle du ressort E*e*,...; enfin, soit l'angle CB*c* = φ, l'angle DC*d* = φ', l'angle ED*e* = φ'',..., et *a* la distance BK du point fixe B à la verticale KP suivant laquelle agit le poids tendant, *a*′ la distance Cλ du point C à la même verticale, *a*″ la distance Dμ,.... Il est évident que le ressort C*c* agissant obliquement sur les lignes BC, B*c*, ne fait sur chacune de ces lignes qu'un effort égal à R cos φ pour les rapprocher l'une de l'autre, et comme cet effort doit être égal à celui du ressort placé en B, on aura $R\cos\varphi = F$; on prouvera de la même manière qu'on aura $R'\cos\varphi' = F'$, $R''\cos\varphi'' = F''$,.... Considérons maintenant les deux verges BC, Bc comme mobiles en B et tirées l'une vers l'autre par le ressort Cc placé entre deux; qu'on prolonge ces deux verges jusqu'à la ligne verticale PK, et qu'on joigne les deux extrémités K et L par un ressort KL qui ait une force dilatative capable de faire équilibre à la force contractive du ressort Cc, il est aisé de prouver que si l'on nomme ρ la force du ressort KL, on aura (à cause de $BC = Bc = 1$, $BK = a$ et KL perpendiculaire à BK) $\rho a = R\cos\varphi$; donc, si l'on suppose que la force dilatative ρ devienne contractive, le ressort KL sera équivalent au ressort Cc, et par conséquent aussi au ressort de la charnière B, pourvu que la force ρ soit telle que

$$\rho a = R\cos\varphi = F.$$

On peut prouver de même que l'on peut substituer au ressort Dd un autre ressort ML qui agisse aux extrémités M et L des verges BC, CD prolongées jusqu'à la verticale PK, et que la force de ce ressort que je dénoterai par ρ' devra être déterminée par l'équation

$$\rho' a' = R'\cos\varphi' = F'.$$

Nommant pareillement ρ'' la force d'un ressort qu'on imaginerait placé aux extrémités M et N des verges prolongées CD, DE, et qui serait équivalent au ressort Ee, on trouverait l'équation

$$\rho'' a'' = R''\cos\varphi'' = F'',$$

et ainsi de suite. On aura donc par ce moyen un assemblage de verges AK, BL, CM, DN,... dont la première est fixe en A, et dont les autres sont mobiles autour des points B, C, D,..., et dont les extrémités K, L, M, N,... sont unies par des ressorts KL, LM, MN,... disposés en ligne droite, et qui sont en équilibre tant entre eux qu'avec le poids P. Or il est visible que cet équilibre ne saurait subsister à moins que les forces ρ, ρ', ρ'',... des ressorts ne soient égales entre elles et égales aussi à la force du poids P; c'est pourquoi on aura nécessairement

$$\rho = P,\quad \rho' = P,\quad \rho'' = P,\ldots,$$

donc

$$F = aP, \quad F' = a'P, \quad F'' = a''P, \ldots,$$

c'est-à-dire que les forces des ressorts qui agissent à chacun des angles du polygone ABCD... doivent être proportionnelles aux moments du poids tendant par rapport à chacun de ces angles.

S'il y avait plusieurs puissances tendantes, alors on démontrerait par un raisonnement semblable que le ressort à chaque angle du polygone devrait être proportionnel à la somme des moments de toutes les puissances. Supposons maintenant que les verges qui forment le polygone élastique deviennent infiniment petites et que leur nombre augmente à l'infini, il est clair que le polygone se changera en une courbe continue, et que l'on aura le cas d'une lame élastique pliée, dans laquelle il faudra par conséquent que l'action du ressort à chaque point soit proportionnelle à la somme des moments des forces tendantes par rapport à ce point, comme on l'a toujours supposé.

A l'égard de l'action du ressort, c'est-à-dire de la force avec laquelle il tend à se débander, on convient généralement qu'elle est en raison de l'angle de courbure, c'est-à-dire en raison inverse du rayon osculateur; ainsi il faudra que la somme des moments des forces tendantes par rapport à chaque point de la courbe élastique soit réciproquement proportionnelle au rayon osculateur lorsque l'élasticité absolue est partout la même, et lorsque l'élasticité est variable, il faudra que la somme des moments dont il s'agit soit en raison directe de l'élasticité absolue et en raison inverse du rayon osculateur.

§ II.

Soit donc ABC (*fig.* 2) une lame élastique fixée par une de ses extrémités C, et courbée par des puissances quelconques qui agissent sur l'autre extrémité A. Ayant tiré par ce point A la tangente PAN, et par un point quelconque B de la courbe l'ordonnée BM, perpendiculaire à la droite AN, que nous prendrons pour l'axe des abscisses, on fera $AM = x$, $MB = y$, l'arc AB égal à s, le rayon de courbure en B égal à ρ, l'angle que la tangente en B fait avec la tangente AN, c'est-à-dire l'amplitude de l'arc AB, égal à φ, l'abscisse AN égale à a, l'ordonnée CN égale à b,

Fig. 2.

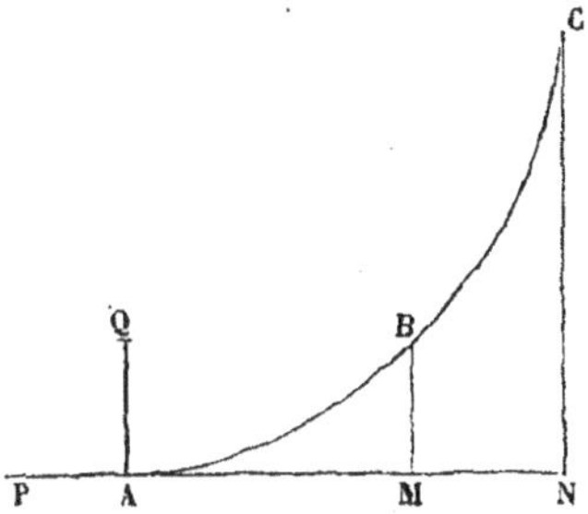

l'arc AC, c'est-à-dire la longueur de la lame, égal à l, et l'angle que la tangente en C fait avec AN, c'est-à-dire l'amplitude totale de l'arc AC, égal à m; on aura

$$dy = \sin\varphi\, ds, \quad dx = \cos\varphi\, ds, \quad \frac{ds}{\rho} = d\varphi;$$

par conséquent

$$\rho = \frac{ds}{d\varphi}, \quad y = \int \sin\varphi\, ds, \quad x = \int \cos\varphi\, ds,$$

ces intégrales étant prises de manière qu'elles soient nulles lorsque $\varphi = 0$.

Cela posé, on peut réduire, en général, toutes les forces qui agissent au point A à deux forces uniques dont l'une, que j'appellerai P, agisse suivant la direction AP, et l'autre, que j'appellerai Q, agisse suivant AQ perpendiculaire à AP; or, il est clair que la force P donne, par rapport au point B, le moment Py, et que la force Q donne, par rapport au même point, le moment Qx; donc on aura, par la nature de la courbe élastique (paragraphe précédent), l'équation

$$Py + Qx = \frac{2K^2}{\rho},$$

$2K^2$ étant un coefficient constant qui dépend de l'élasticité absolue de la lame.

Substituons dans cette équation à la place de x, y et ρ leurs valeurs en φ, nous aurons

$$P\int \sin\varphi\, ds + Q\int \cos\varphi\, ds = \frac{2K^2 d\varphi}{ds},$$

où l'on remarquera qu'en faisant $\varphi = 0$, on aura

$$\int \sin\varphi\, ds = 0, \quad \int \cos\varphi\, ds = 0,$$

et par conséquent aussi

$$\frac{d\varphi}{ds} = 0.$$

Différentions maintenant cette équation en prenant ds constant, et l'on aura celle-ci

$$P \sin\varphi + Q \cos\varphi = \frac{2 K^2 d^2\varphi}{ds^2},$$

laquelle, étant multipliée par $d\varphi$ et ensuite intégrée, donnera

$$C - P\cos\varphi + Q \sin\varphi = \frac{K^2 d\varphi^2}{ds^2},$$

C étant une constante arbitraire qu'on déterminera par la condition qu'en faisant $\varphi = 0$, on ait $\frac{d\varphi}{ds} = 0$; c'est pourquoi on aura

$$C = P.$$

On aura donc

$$ds = \frac{K d\varphi}{\sqrt{P - P\cos\varphi + Q\sin\varphi}},$$

et de là

$$dy = \frac{K \sin\varphi\, d\varphi}{\sqrt{P - P\cos\varphi + Q\sin\varphi}},$$

$$dx = \frac{K \cos\varphi\, d\varphi}{\sqrt{P - P\cos\varphi + Q\sin\varphi}}.$$

Maintenant, si l'on pouvait intégrer ces trois équations, il est évident qu'en faisant, après l'intégration, $s = l$, $x = a$, $y = b$ et $\varphi = m$, on aurait trois équations par lesquelles on pourrait déterminer les forces P, Q et l'amplitude m, les quantités l, a et b étant données, et le Problème serait résolu; mais il est aisé de voir que l'intégration dont il s'agit dépend en général de la rectification des sections coniques, et qu'ainsi elle échappe à toutes les méthodes connues.

Il y a cependant un cas où l'intégration réussit, c'est celui où $Q = 0$; nous allons l'examiner dans le paragraphe suivant.

§ III.

Supposons $Q = 0$, en sorte que la lame AC ne soit tirée au point A que par la force P, suivant la direction de la tangente AP; on aura, dans ce cas.

$$ds = \frac{K}{\sqrt{P}} \frac{d\varphi}{\sqrt{1 - \cos\varphi}},$$

$$dy = \frac{K}{\sqrt{P}} \frac{\sin\varphi \, d\varphi}{\sqrt{1 - \cos\varphi}},$$

$$dx = \frac{K}{\sqrt{P}} \frac{\cos\varphi \, d\varphi}{\sqrt{1 - \cos\varphi}}.$$

Faisons, pour plus de simplicité, $\frac{K\sqrt{2}}{\sqrt{P}} = f$, et mettons $2z$ à la place de φ; on aura, à cause de $\cos 2z = 1 - 2\sin^2 z$, $\sin 2z = 2 \sin z \cos z$, on aura, dis-je,

$$ds = \frac{f\,dz}{\sin z},$$

$$dy = 2f \cos z \, dz,$$

$$dx = \frac{f\,dz}{\sin z} - 2f \sin z \, dz,$$

d'où l'on tire par l'intégration

$$s = f \log \sqrt{\frac{1 - \cos z}{1 + \cos z}} + A,$$

$$y = 2f \sin z + B,$$

$$x = s + 2f \cos z + C,$$

A, B, C étant des constantes qui doivent être déterminées en sorte que s, x et y soient nuls lorsque $z = 0$; ce qui donnera $B = 0$, $C = -2f$ et $A = -f \log 0$, c'est-à-dire $A = \infty$.

D'où l'on voit que ce cas ne saurait avoir lieu à moins que l'angle z ne soit infiniment petit, pour que l'arc s puisse être fini; de sorte que la courbure de la lame sera infiniment petite.

Or, puisque $Q = 0$ donne $\varphi = 0$, il est clair que Q très-petit donnera aussi φ très-petit; donc, faisant $\varphi = Qu$ et supposant Q très-petit, les équations du paragraphe précédent deviendront, à cause de $\sin\varphi = Qu$ et $\cos\varphi = 1 - \frac{Q^2u^2}{2}$, à très-peu près,

$$ds = \frac{K\,du}{\sqrt{u + \frac{P}{2}u^2}},$$

$$dy = \frac{QK\,u\,du}{\sqrt{u + \frac{P}{2}u^2}},$$

$$dx = ds - \frac{KQ^2u^2\,du}{2\sqrt{u + \frac{P}{2}u^2}},$$

équations intégrables par les logarithmes lorsque P est positif, et par les arcs de cercle lorsque P est négatif.

Considérons ce dernier cas, et faisons, pour plus de simplicité, $u = \frac{\cos z - 1}{P}$, on trouvera

$$ds = \frac{K\sqrt{2}}{\sqrt{-P}}\,dz,$$

$$dy = \frac{QK\sqrt{2}}{P\sqrt{-P}}(\cos z - 1)\,dz,$$

$$dx = ds + \frac{Q^2K\sqrt{2}}{2P^2\sqrt{-P}}\left(\frac{\cos 2z}{2} - 2\cos z + \frac{3}{2}\right)dz,$$

d'où, en intégrant en sorte que s, x et y soient nuls lorsque $z = 0$, on aura

$$s = \frac{K\sqrt{2}}{\sqrt{-P}}\,z,$$

$$y = \frac{QK\sqrt{2}}{P\sqrt{-P}}(\sin z - z),$$

$$x = s + \frac{Q^2K\sqrt{2}}{2P^2\sqrt{-P}}\left(\frac{\sin 2z}{4} - 2\sin z + \frac{3z}{2}\right),$$

où il faudra faire maintenant $s=l$, $y=b$, $x=a$, et z tel que $\cos z=\frac{Pm}{Q}+1$; de sorte qu'on aura

$$1+\frac{Pm}{Q}=\cos\frac{l\sqrt{-P}}{K\sqrt{2}},$$

$$b=\frac{QK\sqrt{2}}{P\sqrt{-P}}\left(\sin\frac{l\sqrt{-P}}{K\sqrt{2}}-\frac{l\sqrt{-P}}{K\sqrt{2}}\right),$$

$$a=l+\frac{Q^2K\sqrt{2}}{2P^2\sqrt{-P}}\left(\frac{1}{4}\sin\frac{2l\sqrt{-P}}{K\sqrt{2}}-2\sin\frac{l\sqrt{-P}}{K\sqrt{2}}+\frac{3l\sqrt{-P}}{2K\sqrt{2}}\right).$$

§ IV.

Comme la position des coordonnées $AN=a$ et $NC=b$ (*fig.* 2) dépend de celle de la tangente AN au point A de la courbe élastique ABC, il sera bon d'introduire à leur place la corde AC et l'angle ACT qu'elle fait avec la tangente CT au point C où la lame élastique est supposée fixe. Soient donc (*fig.* 3) $AC=r$ et $ACT=\alpha$, l'angle CTN sera égal à la valeur

Fig. 3.

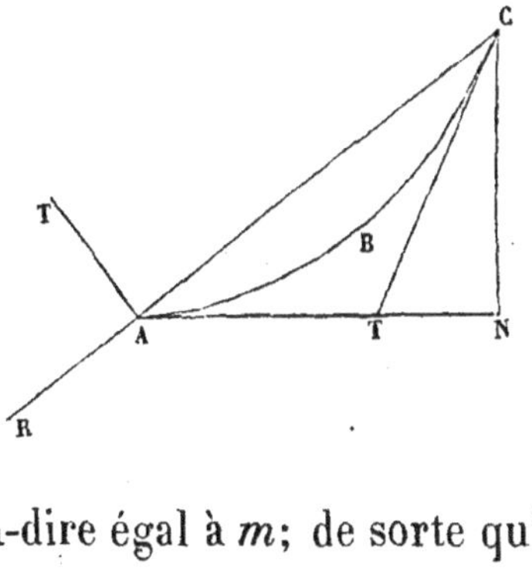

de φ au point C, c'est-à-dire égal à m; de sorte qu'on aura

$$\text{angle CAN}=m-\alpha,$$

et de là

$$a=r\cos(m-\alpha),\quad b=r\sin(m-\alpha).$$

Changeons aussi les deux forces P et Q, qui agissent suivant AP et AQ, en deux autres qui agissent suivant AR, c'est-à-dire dans la direction de la corde CA prolongée et suivant AT perpendiculaire à AR; et nommant la première de ces forces R et la seconde T, on aura

$$P = R\cos(m-\alpha) + T\sin(m-\alpha),$$
$$Q = -R\sin(m-\alpha) + T\cos(m-\alpha);$$

ou bien, en faisant pour plus de simplicité

$$R = p\cos q, \quad T = p\sin q,$$

en sorte que

$$p = \sqrt{R^2 + T^2}, \quad \operatorname{tang} q = \frac{T}{R},$$

on aura

$$P = p\cos(q+\alpha-m),$$
$$Q = p\sin(q+\alpha-m).$$

Ainsi il n'y aura qu'à faire ces substitutions dans les équations trouvées ci-dessus, et chassant ensuite m, on aura deux équations par lesquelles on pourra déterminer p et q, c'est-à-dire R et T par l, r et α.

§ V.

Pour rendre le calcul plus simple, nous remarquerons d'abord que Q devant être par l'hypothèse une quantité très-petite, il faudra aussi que b soit très-petite; donc on aura tant $\sin(m-\alpha)$ que $\sin(q+\alpha-m)$ très-petits: mais m est aussi un angle très-petit du même ordre que Q; donc les angles α, m et q seront tous très-petits du même ordre, de sorte qu'on aura à très-peu près

$$a = r\left[1 - \frac{(m-\alpha)^2}{2}\right],$$
$$b = r(m-\alpha),$$
$$P = p\left[1 - \frac{(q+\alpha-m)^2}{2}\right],$$
$$Q = p(q+\alpha-m);$$

par conséquent, si l'on substitue ces valeurs dans les équations du § III et qu'on fasse, pour abréger,

$$\omega = \frac{l\sqrt{-P}}{K\sqrt{2}},$$

on aura, en négligeant ce qu'on doit négliger,

$$1 + \frac{m}{q+\alpha-m} = \cos\omega,$$

$$\frac{r}{l}(m-\alpha) = (q+\alpha-m)\left(\frac{\sin\omega}{\omega} - 1\right),$$

$$\frac{r}{l}\left[1 - \frac{(m-\alpha)^2}{2}\right] = 1 + \frac{(q+\alpha-m)^2}{2}\left(\frac{\sin 2\omega}{4\omega} - \frac{2\sin\omega}{\omega} + \frac{3}{2}\right).$$

Or, cette dernière équation donne, en négligeant les quantités très-petites au-dessus du second ordre,

$$\frac{r}{l} = 1 + \frac{(m-\alpha)^2}{2} + \frac{(q+\alpha-m)^2}{2}\left(\frac{\sin 2\omega}{4\omega} - \frac{2\sin\omega}{\omega} + \frac{3}{2}\right),$$

de sorte que la seconde équation deviendra celle-ci

$$m - \alpha = (q+\alpha-m)\left(\frac{\sin\omega}{\omega} - 1\right);$$

or la première donne

$$m = (q+\alpha)\left(1 - \frac{1}{\cos\omega}\right),$$

et cette valeur étant substituée dans l'équation précédente, on aura

$$\frac{q}{\alpha} = \frac{\sin\omega}{\omega\cos\omega - \sin\omega},$$

$$\frac{m}{\alpha} = \frac{\omega(\cos\omega - 1)}{\omega\cos\omega - \sin\omega};$$

donc, faisant ces substitutions dans l'équation qui donne la valeur de $\frac{l}{r}$, on aura

$$\frac{\frac{l}{r} - 1}{\alpha^2} = \frac{(\sin\omega - \omega)^2 + \frac{\omega\sin 2\omega}{4} - 2\omega\sin\omega + \frac{3\omega^2}{2}}{2(\omega\cos\omega - \sin\omega)^2}.$$

Ainsi, en supposant l et r donnés, la dernière équation donnera d'abord ω en α, d'où l'on connaîtra aussi p en α à cause de $p = -\frac{2K^2\omega^2}{l^2}$; ensuite les deux autres équations donneront m et q.

§ VI.

Puisque nous avons supposé q très-petit, les deux forces R et T (§ IV) deviendront $R=p$ et $T=pq$, c'est-à-dire

$$R=-\frac{2K^2\omega^2}{l^2} \quad \text{et} \quad T=-\frac{2K^2\omega^2}{l^2}q;$$

ainsi l'on connaîtra les deux forces T et R pour chaque angle α.

Supposons que la force perpendiculaire T soit nulle; il faudra donc que $q=0$; donc aussi $\sin\omega=0$, pourvu que ω ne soit pas égal à zéro; autrement le dénominateur $\omega\cos\omega-\sin\omega$ le deviendrait aussi; donc on aura $\omega=\mu\pi$, π étant l'angle de 180 degrés et μ un nombre quelconque entier positif ou négatif excepté zéro. Donc on aura, dans ce cas,

$$R=-\frac{2K^2\mu^2\pi^2}{l^2};$$

d'où il s'ensuit que si le ressort n'est tendu que par une seule force AR qui agisse dans la direction de la corde AC, il faudra que cette force soit dirigée de A vers C, et qu'elle ne soit pas moindre que $\frac{2K^2\mu^2\pi^2}{l^2}$, c'est-à-dire moindre que $\frac{2K^2\pi^2}{l^2}$, pour qu'elle puisse produire dans le ressort une très-petite courbure quelconque; et toute force qui sera moindre que $\frac{2K^2\pi^2}{l^2}$ ne produira absolument aucun effet dans la lame élastique. M. Euler a déjà fait cette curieuse remarque, et il en déduit des conséquences relatives à la force des colonnes dans un excellent Mémoire sur ce sujet, auquel nous nous contenterons ici de renvoyer. (*Mémoires de l'Académie Royale des Sciences et Belles-Lettres de Berlin*, t. XIII, année 1757.)

Or, puisqu'en faisant $\omega=\pi$ la force T disparaît, supposons $\omega=\pi-t$, t étant un angle fort petit, et l'on aura

$$\sin\omega=\sin t=t, \quad \cos\omega=-\cos t=-1+\frac{t^2}{2};$$

donc, en négligeant ce qu'on doit négliger dans les équations du § V, on aura

$$\frac{q}{\alpha}=\frac{t}{\pi},\quad \frac{\frac{l}{r}-1}{\alpha^2}=\frac{5}{4}+\frac{3t}{4\pi};$$

d'où l'on aura

$$\frac{\frac{l}{r}-1}{\alpha^2}=\frac{5}{4}+\frac{3q}{4\alpha},$$

et de là

$$q=\frac{4\left(\frac{l}{r}-1\right)}{3\alpha}-\frac{5\alpha}{3};$$

donc

$$T=\frac{2K^2\pi^2}{3l^2}\left[5\alpha-\frac{4\left(\frac{l}{r}-1\right)}{\alpha}\right].$$

Ainsi, tant que l'angle α sera égal à $2\sqrt{\frac{\frac{l}{r}-1}{5}}$, la force perpendiculaire T (*fig.* 3, p. 86) sera nulle; mais lorsqu'on augmentera ou diminuera cet angle α, c'est-à-dire l'angle ACT, le ressort exercera perpendiculairement à la corde AC une force T qu'on pourra déterminer par la formule précédente, pourvu que α soit fort petit.

§ VII.

Prenons maintenant dans la tangente CT un point quelconque C' (*fig.* 4) et, ayant tiré la ligne C'AR', réduisons les forces P et Q, qui

Fig. 4.

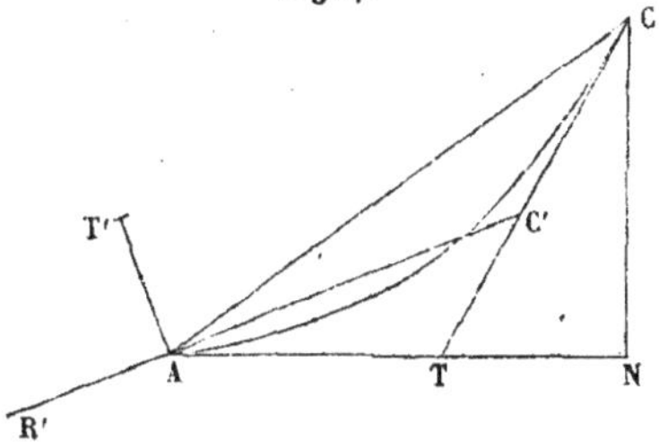

agissent au point A (§ II), à deux autres R' et T', dont l'une R' tire suivant la direction AR′ et l'autre T′ suivant la direction AT′ perpendiculaire à AR′; il est facile de trouver par une méthode semblable à celle du § IV que, si l'on nomme α' l'angle AC′T, et qu'on fasse

$$R' = p'\cos q', \quad T' = p'\sin q',$$

on aura

$$P = p'\cos(q' + \alpha' - m),$$

$$Q = p'\sin(q' + \alpha' - m).$$

Soient, de plus, la ligne $AC' = r'$ et la ligne donnée $CC' = h$, on aura d'abord

$$AC = r = \sqrt{h^2 + r'^2 + 2hr'\cos\alpha'}$$

et

$$\sin\alpha : \sin\alpha' = r' : r, \quad \text{d'où} \quad \sin\alpha = \frac{r'\sin\alpha'}{r};$$

ainsi, ayant r et α en r' et α', on aura aussi a et b en r' et α', en substituant les valeurs de r et α dans les formules du § IV,

$$a = r\cos(m - \alpha), \quad b = r\sin(m - \alpha).$$

Or, comme les angles α et m sont supposés très-petits de l'ordre de la force Q, il est clair que les trois angles α', q' et m seront tous très-petits du même ordre; ainsi l'on aura à très-peu près

$$P = p'\left[1 - \frac{(q' + \alpha' - m)^2}{2}\right], \quad Q = p'(q' + \alpha' - m),$$

$$r = h + r' - \frac{hr'\alpha'^2}{2(h + r')}, \qquad \alpha = \frac{r'\alpha'}{r} = \frac{r'\alpha'}{h + r'},$$

et de là

$$a = h + r' - \frac{hr'\alpha'^2}{2(h + r')} - \frac{(h + r')}{2}\left(m - \frac{r'\alpha'}{h + r'}\right)^2,$$

$$b = (h + r')\left(m - \frac{r'\alpha'}{h + r'}\right).$$

De sorte qu'en faisant ces substitutions dans les équations du § III, et supposant, comme plus haut,

$$\omega' = \frac{l\sqrt{-p'}}{K\sqrt{2}},$$

on aura

$$1+\frac{m}{q'+\alpha'-m}=\cos\omega',$$

$$\frac{(h+r')\,m-r'\alpha'}{l}=(q'+\alpha'-m)\left(\frac{\sin\omega'}{\omega'}-1\right),$$

$$\frac{h+r'}{l}\left[1-\frac{hr'\alpha'^2+[m(h+r')-r'\alpha']^2}{2(h+r')^2}\right]$$
$$=1+\frac{(q'+\alpha'-m)^2}{2}\left(\frac{\sin 2\omega'}{4\omega'}-\frac{2\sin\omega'}{\omega'}+\frac{3}{2}\right).$$

Supposons maintenant $h+r'=l$, et les équations précédentes deviendront celles-ci

$$1+\frac{m}{q'+\alpha'-m}=\cos\omega',$$

$$\frac{lm-r'\alpha'}{l}=(q'+\alpha'-m)\left(\frac{\sin\omega'}{\omega'}-1\right),$$

$$-\frac{hr'\alpha'^2+(ml-r'\alpha')^2}{l^2}=(q'+\alpha'-m)^2\left(\frac{\sin 2\omega'}{4\omega'}-\frac{2\sin\omega'}{\omega'}+\frac{3}{2}\right).$$

Les deux premières donnent d'abord

$$\frac{m}{\alpha'}=\frac{r'}{l}\,\frac{\omega'(\cos\omega'-1)}{\omega'\cos\omega'-\sin\omega'},$$

$$\frac{q'}{\alpha'}=\frac{\left(\frac{r'}{l}-1\right)\omega'\cos\omega'+\sin\omega'}{\omega'\cos\omega'-\sin\omega'},$$

et ces valeurs étant substituées dans la troisième, on aura, à cause de $h=l-r'$,

$$\frac{r'}{l}=\frac{(\omega'\cos\omega'-\sin\omega')^2+\frac{\omega'\sin 2\omega'}{4}-2\omega'\sin\omega'+\frac{3\omega'^2}{2}}{(\omega'\cos\omega'-\sin\omega')^2-(\sin\omega'-\omega')^2}.$$

Ainsi, dans ce cas, l'angle ω' sera donné par la seule quantité $\frac{r'}{l}$, et par conséquent la quantité $\frac{q'}{\alpha'}$ deviendra aussi une fonction de $\frac{r'}{l}$; et comme $p'=-\frac{2K^2\omega'^2}{l^2}$, il s'ensuit que la force T', qui est à très-peu près égale à $p'q'$, sera toujours exprimée par une fonction donnée de $\frac{r'}{l}$ multipliée par $\frac{\alpha'}{l^2}$.

Donc, si l'on a une lame élastique ABC, fixée en C (*fig.* 5), et dont la position naturelle et libre soit la droite CA', et que l'extrémité A' de cette

Fig. 5.

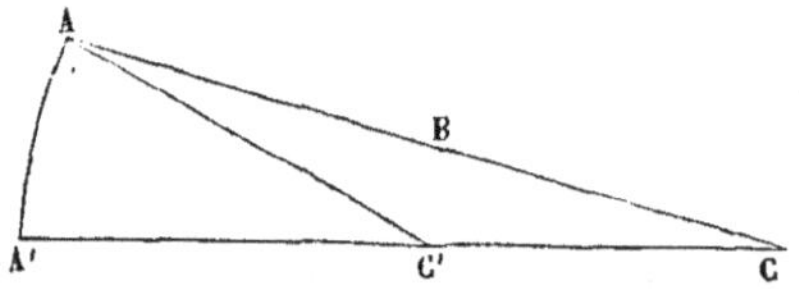

lame soit forcée de décrire autour du point C', pris dans la droite CA', l'arc très-petit A'A, en sorte qu'elle vienne dans la situation ABC, on fera $CA' = l$, $A'C = r'$, $A'C'A = \alpha$, et l'on trouvera par les formules précédentes les deux forces p' et $p'q'$ que la lame, dans l'état forcé ABC, exercera à l'extrémité A, la première de ces forces agissant suivant la direction du rayon AC', et la seconde suivant celle de la tangente en A. Et comme on a ici l et r' constants pendant que α varie, il s'ensuit que ω sera constant aussi, et qu'ainsi la force tangentielle T sera toujours proportionnelle à l'arc AA'; d'où il s'ensuit que si un corps était attaché à l'extrémité A, ce corps ferait autour du point A' des oscillations isochrones, dont on pourra déterminer la durée par les équations ci-dessus.

On pourrait se servir utilement de cette propriété des lames élastiques dans les balanciers des montres si l'on voulait se contenter de leur faire

Fig. 6.

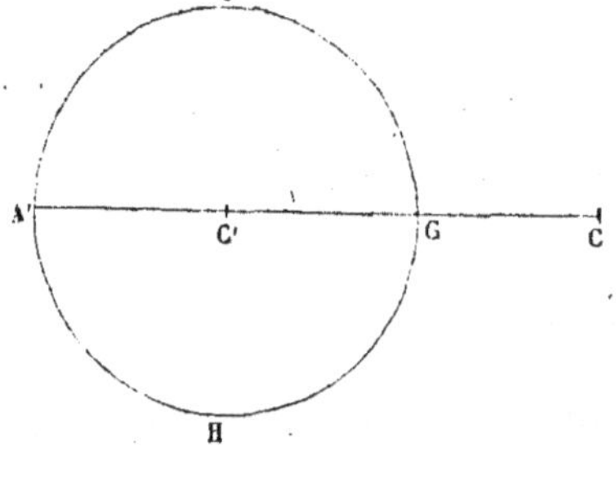

faire des oscillations très-petites; car, supposant (*fig.* 6) que A'FGH soit le balancier dont C′ soit le centre, il n'y aura qu'à fixer une lame élastique d'une longueur quelconque A′C, d'un côté à un point fixe C et de l'autre au point A′ de la circonférence du balancier, et l'on sera assuré que ses vibrations seront isochrones, au moins tant qu'elles seront très-petites, ce que personne, que je sache, n'avait encore démontré en toute rigueur. (*Voyez* le XXXVIe Mémoire des *Opuscules* de M. d'Alembert.)

§ VIII.

Nous avons supposé jusqu'ici que la courbure du ressort devait être très-petite; voyons maintenant comment on peut résoudre le Problème, en général, quelle que puisse être la figure de la lame élastique. Or, comme les équations trouvées dans le § II sont absolument inintégrables, il est impossible de déterminer les forces P et Q en l, a et b, ou bien les forces R et T en l, r et α (§ IV) par des équations finies; mais peut-être pourrait-on les déterminer par des équations différentielles qui donneraient les variations de T et de R répondantes à celles de r et α; c'est ce qu'il est bon d'examiner.

Reprenons donc les trois équations du § II, et, mettant d'abord à la place de P et Q les valeurs trouvées dans le § IV, elles se changeront en celles-ci

$$ds = \frac{K\,d\varphi}{\sqrt{p}\sqrt{\cos(q+\alpha-m)-\cos(q+\alpha-m+\varphi)}},$$

$$dy = \frac{K\sin\varphi\,d\varphi}{\sqrt{p}\sqrt{\cos(q+\alpha-m)-\cos(q+\alpha-m+\varphi)}},$$

$$dx = \frac{K\cos\varphi\,d\varphi}{\sqrt{p}\sqrt{\cos(q+\alpha-m)-\cos(q+\alpha-m+\varphi)}}.$$

La seconde de ces équations étant multipliée par $\sin(q+\alpha-m)$ et ensuite retranchée de la troisième multipliée par $\cos(q+\alpha-m)$, on aura

$$\cos(q+\alpha-m)\,dx - \sin(q+\alpha-m)\,dy$$
$$= \frac{K\cos(q+\alpha-m+\varphi)\,d\varphi}{\sqrt{p}\sqrt{\cos(q+\alpha-m)-\cos(q+\alpha-m+\varphi)}}.$$

De même, en multipliant la seconde par $\cos(q+\alpha-m)$ et l'ajoutant à la troisième multipliée par $\sin(q+\alpha-m)$, on aura

$$\cos(q+\alpha-m)\,dy+\sin(q+\alpha-m)\,dx = \frac{\mathrm{K}\sin(q+\alpha-m+\varphi)\,d\varphi}{\sqrt{p}\sqrt{\cos(q+\alpha-m)-\cos(q+\alpha-m+\varphi)}},$$

équation qui est absolument intégrable et dont l'intégrale, prise en sorte que x et y s'évanouissent lorsque $\varphi=0$, est celle-ci

$$y\cos(q+\alpha-m)+x\sin(q+\alpha-m) = 2\,\frac{\mathrm{K}\sqrt{\cos(q+\alpha-m)-\cos(q+\alpha-m+\varphi)}}{\sqrt{p}} \quad (*).$$

Ainsi il faudra combiner cette équation avec ces deux-ci

$$s=\frac{\mathrm{K}}{\sqrt{p}}\int\frac{d\varphi}{\sqrt{\cos(q+\alpha-m)-\cos(q+\alpha-m+\varphi)}},$$

$$x\cos(q+\alpha-m)-y\sin(q+\alpha-m) = \frac{\mathrm{K}}{\sqrt{p}}\int\frac{\cos(q+\alpha-m+\varphi)\,d\varphi}{\sqrt{\cos(q+\alpha-m)-\cos(q+\alpha-m+\varphi)}}.$$

Soit, pour abréger, $q+\alpha-m=n$, et supposons que les intégrales

$$\int\frac{d\varphi}{\sqrt{\cos n-\cos(n+\varphi)}} \quad \text{et} \quad \int\frac{\cos(n+\varphi)\,d\varphi}{\sqrt{\cos n-\cos(n+\varphi)}},$$

prises en sorte qu'elles soient nulles lorsque $\varphi=0$, deviennent A et B lorsque $\varphi=m$, et l'on aura, en faisant $x=a$, $y=b$, $s=l$ et $\varphi=m$, ces trois équations

$$\frac{\sqrt{p}}{2\mathrm{K}}[b\cos(q+\alpha-m)+a\sin(q+\alpha-m)]=\sqrt{\cos(q+\alpha-m)-\cos(q+\alpha)},$$

$$\frac{l\sqrt{p}}{\mathrm{K}}=\mathrm{A},$$

$$\frac{\sqrt{p}}{\mathrm{K}}[a\cos(q+\alpha-m)-b\sin(q+\alpha-m)]=\mathrm{B},$$

(*) Dans le texte primitif, le facteur 2 se trouve placé au dénominateur de cette formule; l'inadvertance commise ici par l'illustre Auteur a pour effet d'altérer les résultats qui suivent. Nous avons cru devoir faire les rectifications nécessaires pour l'exactitude des formules.

(*Note de l'Éditeur.*)

ou bien, en substituant pour a et b les valeurs du § IV,

$$\frac{l\sqrt{p}}{\mathrm{K}} = \mathrm{A},$$

$$\frac{r\sqrt{p}}{\mathrm{K}}\cos q = \mathrm{B},$$

$$\frac{r\sqrt{p}}{2\mathrm{K}}\sin q = \sqrt{\cos(q+\alpha-m)-\cos(q+\alpha)}.$$

Maintenant, puisque l'on a

$$\mathrm{A} = \int\frac{d\varphi}{\sqrt{\cos n - \cos(n+\varphi)}},$$

$$\mathrm{B} = \int\frac{\cos(n+\varphi)\,d\varphi}{\sqrt{\cos n - \cos(n+\varphi)}},$$

si l'on fait varier dans ces expressions tant φ que n, on aura

$$d\mathrm{A} = \frac{d\varphi}{\sqrt{\cos n - \cos(n+\varphi)}} + \frac{\sin n\,dn}{2}\int\frac{d\varphi}{[\cos n - \cos(n+\varphi)]^{\frac{3}{2}}}$$
$$- \frac{dn}{2}\int\frac{\sin(n+\varphi)\,d\varphi}{[\cos n - \cos(n+\varphi)]^{\frac{3}{2}}},$$

$$d\mathrm{B} = \frac{\cos(n+\varphi)\,d\varphi}{\sqrt{\cos n - \cos(n+\varphi)}} + \frac{\sin n\,dn}{2}\int\frac{\cos(n+\varphi)\,d\varphi}{[\cos n - \cos(n+\varphi)]^{\frac{3}{2}}}$$
$$- dn\int\frac{\sin(n+\varphi)\,d\varphi}{\sqrt{\cos n - \cos(n+\varphi)}} - \frac{dn}{2}\int\frac{\sin(n+\varphi)\cos(n+\varphi)\,d\varphi}{[(\cos n - \cos(n+\varphi)]^{\frac{3}{2}}}.$$

Or

$$\frac{1}{2}\int\frac{\sin(n+\varphi)\,d\varphi}{[\cos n - \cos(n+\varphi)]^{\frac{3}{2}}} = \frac{-1}{\sqrt{\cos n - \cos(n+\varphi)}},$$

$$\int\frac{\sin(n+\varphi)\,d\varphi}{\sqrt{\cos n - \cos(n+\varphi)}} + \frac{1}{2}\int\frac{\sin(n+\varphi)\cos(n+\varphi)\,d\varphi}{[\cos n - \cos(n+\varphi)]^{\frac{3}{2}}}$$
$$= -\frac{\cos(n+\varphi)}{\sqrt{\cos n - \cos(n+\varphi)}}.$$

Donc on aura

$$dA = \frac{dn + d\varphi}{\sqrt{\cos n - \cos(n+\varphi)}} + \frac{\sin n \, dn}{2} \int \frac{d\varphi}{[\cos n - \cos(n+\varphi)]^{\frac{3}{2}}},$$

$$dB = \frac{\cos(n+\varphi)\,(dn + d\varphi)}{\sqrt{\cos n - \cos(n+\varphi)}} + \frac{\sin n \, dn}{2} \int \frac{\cos(n+\varphi)\, d\varphi}{[\cos n - \cos(n+\varphi)]^{\frac{3}{2}}}.$$

Supposons, pour plus de simplicité,

$$F = \int \frac{d\varphi}{[\cos n - \cos(n+\varphi)]^{\frac{3}{2}}}, \quad G = \int \frac{\cos(n+\varphi)\, d\varphi}{[\cos n - \cos(n+\varphi)]^{\frac{3}{2}}},$$

et comme on ne peut pas trouver les valeurs de F et G par l'intégration, il faut tâcher de les déterminer par le moyen des quantités A, B.

Pour cela, je remarque que l'on a :

1° $$\frac{d\varphi}{\sqrt{\cos n - \cos(n+\varphi)}} = \frac{\cos n \, d\varphi}{[\cos n - \cos(n+\varphi)]^{\frac{3}{2}}} - \frac{\cos(n+\varphi)\, d\varphi}{[\cos n - \cos(n+\varphi)]^{\frac{3}{2}}};$$

d'où, en intégrant, on aura

$$A = F \cos n - G.$$

2° $$\frac{\cos(n+\varphi)\, d\varphi}{\sqrt{\cos n - \cos(n+\varphi)}} = \frac{\cos n \cos(n+\varphi)\, d\varphi}{[\cos n - \cos(n+\varphi)]^{\frac{3}{2}}} - \frac{\cos^2(n+\varphi)\, d\varphi}{[\cos n - \cos(n+\varphi)]^{\frac{2}{2}}},$$

et

$$d\frac{\sin(n+\varphi)}{\sqrt{\cos n - \cos(n+\varphi)}} = \frac{\cos(n+\varphi)\, d\varphi}{\sqrt{\cos n - \cos(n+\varphi)}} - \frac{\sin^2(n+\varphi)\, d\varphi}{2[\cos n - \cos(n+\varphi)]^{\frac{3}{2}}};$$

par conséquent

$$2d\frac{\sin(n+\varphi)}{\sqrt{\cos n - \cos(n+\varphi)}}$$
$$= \frac{\cos n \cos(n+\varphi)\, d\varphi}{[\cos n - \cos(n+\varphi)]^{\frac{3}{2}}} + \frac{\cos(n+\varphi)\, d\varphi}{\sqrt{\cos n - \cos(n+\varphi)}} - \frac{d\varphi}{[\cos n - \cos(n+\varphi)]^{\frac{3}{2}}}.$$

Donc, en intégrant, on aura

$$\frac{2\sin(n+\varphi)}{\sqrt{\cos n - \cos(n+\varphi)}} = G \cos n + B - F.$$

Ainsi, combinant cette équation avec la précédente

$$A = F\cos n - G,$$

on tirera

$$F = \frac{B - A\cos n - \dfrac{2\sin(n+\varphi)}{\sqrt{\cos n - \cos(n+\varphi)}}}{\sin^2 n},$$

$$G = \frac{B\cos n - A - \dfrac{2\cos n\sin(n+\varphi)}{\sqrt{\cos n - \cos(n+\varphi)}}}{\sin^2 n}.$$

Donc, substituant ces valeurs dans les expressions de dA et de dB trouvées ci-dessus, on aura

$$dA = \frac{dn + d\varphi}{\sqrt{\cos n - \cos(n+\varphi)}} - \frac{\sin(n+\varphi)\,dn}{\sin n\sqrt{\cos n - \cos(n+\varphi)}} + \frac{(B - A\cos n)\,dn}{2\sin n},$$

$$dB = \frac{\cos(n+\varphi)(dn + d\varphi)}{\sqrt{\cos n - \cos(n+\varphi)}} - \frac{\cos n\sin(n+\varphi)\,dn}{\sin n\sqrt{\cos n - \cos(n+\varphi)}} + \frac{(B\cos n - A)\,dn}{2\sin n}.$$

Donc, remettant à la place de n sa valeur $q + \alpha - m$, et faisant $\varphi = m$, on aura

$$\begin{aligned} dA = {} & \frac{dq + d\alpha}{\sqrt{\cos(q+\alpha-m) - \cos(q+\alpha)}} \\ & - \frac{\sin(q+\alpha)(dq + d\alpha - dm)}{\sin(q+\alpha-m)\sqrt{\cos(q+\alpha-m) - \cos(q+\alpha)}} \\ & + \frac{B - A\cos(q+\alpha-m)}{2\sin(q+\alpha-m)}(dq + d\alpha - dm), \end{aligned}$$

$$\begin{aligned} dB = {} & \frac{\cos(q+\alpha)(dq + d\alpha)}{\sqrt{\cos(q+\alpha-m) - \cos(q+\alpha)}} \\ & - \frac{\cos(q+\alpha-m)\sin(q+\alpha)(dq + d\alpha - dm)}{\sin(q+\alpha-m)\sqrt{\cos(q+\alpha-m) - \cos(q+\alpha)}} \\ & + \frac{B\cos(q+\alpha-m) - A}{2\sin(q+\alpha-m)}(dq + d\alpha - dm). \end{aligned}$$

Donc, faisant pour plus de simplicité $\alpha - m = \beta$, on aura enfin ces trois équations

$$\frac{r\sqrt{p}}{2K}\sin q = \sqrt{\cos(q+\beta) - \cos(q+\alpha)},$$

$$d\left(\frac{l\sqrt{p}}{K}\right) = \frac{dq + d\alpha}{\sqrt{\cos(q+\beta) - \cos(q+\alpha)}}$$
$$- \frac{\sin(q+\alpha)(dq + d\beta)}{\sin(q+\beta)\sqrt{\cos(q+\beta) - \cos(q+\alpha)}}$$
$$+ \frac{r\cos q - l\cos(q+\beta)}{2K\sin(q+\beta)}\sqrt{p}(dq + d\beta),$$

$$d\left(\frac{r\sqrt{p}}{K}\cos q\right) = \frac{\cos(q+\alpha)(dq + d\alpha)}{\sqrt{\cos(q+\beta) - \cos(q+\alpha)}}$$
$$- \frac{\cos(q+\beta)\sin(q+\alpha)(dq + d\beta)}{\sin(q+\beta)\sqrt{\cos(q+\beta) - \cos(q+\alpha)}}$$
$$+ \frac{r\cos q\cos(q+\beta) - l}{2K\sin(q+\beta)}\sqrt{p}(dq + d\beta).$$

§ IX.

Telles sont les équations par lesquelles on doit déterminer les forces $R = p\cos q$ et $T = p\sin q$, que la lame élastique ABC, fixe en C (*fig.* 3, p. 86), exerce à l'extrémité A, en supposant donnés la longueur l de la lame ABC, la corde $AC = r$ et l'angle $TCA = \alpha$. Pour faciliter le calcul, on prendra la valeur de $\cos(q+\beta)$ de la première équation et on la substituera dans les deux autres, lesquelles deviendront par là

$$d\left(\frac{l\sqrt{p}}{K}\right) = \frac{2K(dq + d\alpha)}{r\sqrt{p}\sin q}$$
$$+ \left\{\frac{2K\sin(q+\alpha)}{r\sqrt{p}\sin q} - \frac{r\sqrt{p}\cos q}{2K} + \frac{l\sqrt{p}}{2K}\left[\frac{r^2 p\sin^2 q}{4K^2} + \cos(q+\alpha)\right]\right\}$$
$$\times \frac{8K^2 r\sqrt{p}\sin q\, d(r\sqrt{p}\sin q) + 16K^4 d\cos(q+\alpha)}{16K^4 - [r^2 p\sin^2 q + 4K^2\cos(q+\alpha)]^2},$$

$$d\left(\frac{r\sqrt{p}}{K}\cos q\right) = \frac{2K\cos(q+\alpha)(dq+d\alpha)}{r\sqrt{p}\sin q}$$

$$+\left\{\frac{l\sqrt{p}}{2K}+\left[\frac{2K\sin(q+\alpha)}{r\sqrt{p}\sin q}-\frac{r\sqrt{p}\cos q}{2K}\right]\left[\frac{r^2 p\sin^2 q}{4K^2}+\cos(q+\alpha)\right]\right\}$$

$$\times\frac{8K^2 r\sqrt{p}\sin q\, d(r\sqrt{p}\sin q)+16K^4 d\cos(q+\alpha)}{16K^4-[r^2 p\sin^2 q+4K^2\cos(q+\alpha)]^2}.$$

Ces équations sont, comme on voit, trop compliquées pour qu'on puisse en tirer quelque lumière sur la loi des forces tendantes R et T; cependant elles pourraient servir à déterminer la vraie figure de la fusée au moins par une équation différentielle.

Pour cela on supposera que C (*fig*. 3, p. 86) soit le centre du barillet ou tambour, où le ressort est renfermé, et à la circonférence duquel l'extrémité mobile A est attachée; de cette manière r sera le rayon du tambour qui est constant, et α sera l'angle que le tambour aura parcouru en tournant autour de son axe pour bander le ressort; de sorte que $r\alpha$ sera égal à la longueur de la corde désentortillée d'autour du tambour et entortillée autour de la fusée; donc, si l'on considère la courbe qui, par sa révolution autour de son axe, produirait le solide dont on doit faire la fusée, et qu'on nomme y l'ordonnée de cette courbe et ds l'élément de l'arc, on aura $\int y\,ds$ pour la portion de surface de la fusée qui sera couverte par la corde et qui devra par conséquent être égale à la longueur αr de la corde entortillée à la fusée, cette longueur étant divisée par le diamètre même de la corde; ainsi, nommant e le diamètre ou l'épaisseur de la corde, on aura d'abord

$$\alpha = \frac{\int y\,ds}{er}.$$

Maintenant il est clair que la corde ne sera tendue par le ressort qu'avec une force égale à $T = p\sin q$, l'autre force R ne faisant que presser la surface du tambour au point où l'extrémité du ressort est attachée; donc le moment de la force du ressort pour faire tourner la fusée sera

$Ty = yp \sin q$, lequel devant être constant, on aura l'équation

$$yp \sin q = g;$$

ainsi, il n'y aura qu'à substituer dans les deux équations précédentes $\frac{g}{y \sin q}$ à la place de p et $\frac{\int y\,ds}{er}$ à la place de α, et chassant ensuite la variable q, on aura une équation entre y et ds, qui déterminera la nature de la courbe de la fusée.

§ X.

Dans les recherches précédentes nous avons supposé que le ressort étant fixe par une de ses extrémités, l'autre était retenue dans une position donnée par deux forces appliquées à cette extrémité, et nous avons cherché la valeur de ces forces; mais si l'on voulait que la tangente à cette même extrémité fût aussi donnée, alors il faudrait qu'une troisième force agît sur la lame, et qu'elle fût appliquée à quelque distance de l'extrémité dont il s'agit pour qu'elle pût avoir quelque moment par rapport à cette extrémité.

Ainsi l'on imaginera qu'une verge inflexible AP (*fig.* 2, p. 82) soit jointe à la lame élastique en A, et que cette verge soit tirée au point P par une nouvelle force M, dont la direction soit perpendiculaire à AP, c'est-à-dire parallèle à la force Q qui agit suivant AQ (§ II); et il résultera de ces deux forces M et Q une force unique $M + Q$ agissant perpendiculairement à la verge AP, et à une distance du point A égale à $\frac{M}{M+Q}$ AP. Or la force P donne, comme nous l'avons vu dans le paragraphe cité, le moment Py par rapport au point B, et la force $M + Q$ donnera par rapport au même point le moment $(M+Q)\left(\frac{M}{M+Q}\,AP + x\right)$, c'est-à-dire, en faisant $AP = c$ et $M + Q = N$, le moment $Mc + Nx$; d'où il s'ensuit qu'on aura pour l'équation de la lame élastique

$$Mc + Nx + Py = \frac{2K^2}{\rho}.$$

Donc, faisant les mêmes substitutions que dans le § II, on aura

$$\mathrm{M}c + \mathrm{N}\int \cos\varphi\, ds + \mathrm{P}\int \sin\varphi\, ds = \frac{2\mathrm{K}^2 d\varphi}{ds},$$

de sorte que lorsque $\varphi = 0$, on aura ici

$$\frac{2\mathrm{K}^2 d\varphi}{ds} = \mathrm{M}c.$$

Cette équation étant différentiée, et ensuite multipliée par $\frac{d\varphi}{ds}$ et intégrée de nouveau, donnera

$$\mathrm{C} - \mathrm{P}\cos\varphi + \mathrm{N}\sin\varphi = \frac{\mathrm{K}^2 d\varphi^2}{ds^2},$$

où la constante C doit être déterminée par la condition qu'en faisant $\varphi = 0$ on ait $\frac{d\varphi}{ds} = \frac{\mathrm{M}c}{2\mathrm{K}^2}$; ainsi l'on aura

$$\mathrm{C} = \mathrm{P} + \frac{\mathrm{M}^2 c^2}{4\mathrm{K}^2};$$

donc

$$ds = \frac{\mathrm{K}\, d\varphi}{\sqrt{\frac{\mathrm{M}^2c^2}{4\mathrm{K}^2} + \mathrm{P}(1-\cos\varphi) + \mathrm{N}\sin\varphi}},$$

$$dy = \frac{\mathrm{K}\sin\varphi\, d\varphi}{\sqrt{\frac{\mathrm{M}^2c^2}{4\mathrm{K}^2} + \mathrm{P}(1-\cos\varphi) + \mathrm{N}\sin\varphi}},$$

$$dx = \frac{\mathrm{K}\cos\varphi\, d\varphi}{\sqrt{\frac{\mathrm{M}^2c^2}{4\mathrm{K}^2} + \mathrm{P}(1-\cos\varphi) + \mathrm{N}\sin\varphi}},$$

équations qui ne diffèrent de celles du § II que par le terme constant $\frac{\mathrm{M}c^2}{4\mathrm{K}^2}$.

§ XI.

Si les quantités P et N étaient nulles, c'est-à-dire si la force tangentielle s'évanouissait et que les deux forces perpendiculaires fussent égales entre elles et de direction contraire, alors la lame élastique prendrait la figure d'un cercle, car on aurait, dans ce cas,

$$ds = \frac{2K^2 d\varphi}{Mc}, \quad dy = \frac{2K^2 \sin\varphi\, d\varphi}{Mc}, \quad dx = \frac{2K^2 \cos\varphi\, d\varphi}{Mc};$$

d'où l'on tirerait par l'intégration

$$s = \frac{2K^2}{Mc}\varphi, \quad y = \frac{2K^2}{Mc}(1 - \cos\varphi), \quad x = \frac{2K^2}{Mc}\sin\varphi,$$

ce qui montre que la courbe est un cercle dont le rayon est $\frac{2K^2}{Mc}$.

Donc, si les quantités P et N, au lieu d'être nulles, étaient seulement très-petites vis-à-vis de la quantité $\frac{2K^2}{Mc}$, la courbe serait à très-peu près circulaire, et elle ne serait autre chose qu'une espèce de spirale fort peu différente d'un cercle.

Comme ce cas mérite d'être examiné en détail, nous allons en faire l'objet du paragraphe suivant.

§ XII.

Supposons donc P et N très-petites vis-à-vis de $\frac{M^2c^2}{4K^2}$, et la quantité radicale

$$\frac{K}{\sqrt{\frac{M^2c^2}{4K^2} + P(1 - \cos\varphi) + N\sin\varphi}}$$

deviendra à très-peu près

$$\frac{2K^2}{Mc}\left[1 - \frac{2K^2P}{M^2c^2}(1 - \cos\varphi) - \frac{2K^2N}{M^2c^2}\sin\varphi\right].$$

Soit, pour abréger,

$$\frac{2K^2}{Mc} = R, \quad \frac{2K^2P}{M^2c^2} = T, \quad \frac{2K^2N}{M^2c^2} = V,$$

et les équations du § X deviendront celles-ci

$$ds = R[1 - T(1 - \cos\varphi) - V\sin\varphi]\,d\varphi,$$
$$dy = R[1 - T(1 - \cos\varphi) - V\sin\varphi]\sin\varphi\,d\varphi,$$
$$dx = R[1 - T(1 - \cos\varphi) - V\sin\varphi]\cos\varphi\,d\varphi,$$

lesquelles étant intégrées en sorte que x, y et s soient nuls lorsque $\varphi = 0$, on aura

$$s = R[\varphi - T(\varphi - \sin\varphi) - V(1 - \cos\varphi)],$$
$$y = R\left[1 - \cos\varphi - T\left(\frac{3}{4} - \cos\varphi + \frac{1}{4}\cos 2\varphi\right) - V\left(\frac{\varphi}{2} - \frac{1}{4}\sin 2\varphi\right)\right],$$
$$x = R\left[\sin\varphi + T\left(\frac{\varphi}{2} - \sin\varphi + \frac{1}{4}\sin 2\varphi\right) - V\left(\frac{1}{4} - \frac{1}{4}\cos 2\varphi\right)\right].$$

De sorte qu'en faisant $s = l$, $y = b$, $x = a$ et $\varphi = m$ (§ II), on aura ces trois équations

$$l = R[(m - T(m - \sin m) - V(1 - \cos m)],$$
$$b = R\left[1 - \cos m - T\left(\frac{3}{4} - \cos m + \frac{1}{4}\cos 2m\right) - V\left(\frac{m}{2} - \frac{1}{4}\sin 2m\right)\right],$$
$$a = R\left[\sin m + T\left(\frac{m}{2} - \sin m + \frac{1}{4}\sin 2m\right) - V\left(\frac{1}{4} - \frac{1}{4}\cos 2m\right)\right].$$

§ XIII.

Maintenant, si l'on tire par les extrémités A et C (*fig.* 7) de la lame élastique les perpendiculaires AH et CH aux tangentes AN, CT, il est clair

Fig. 7.

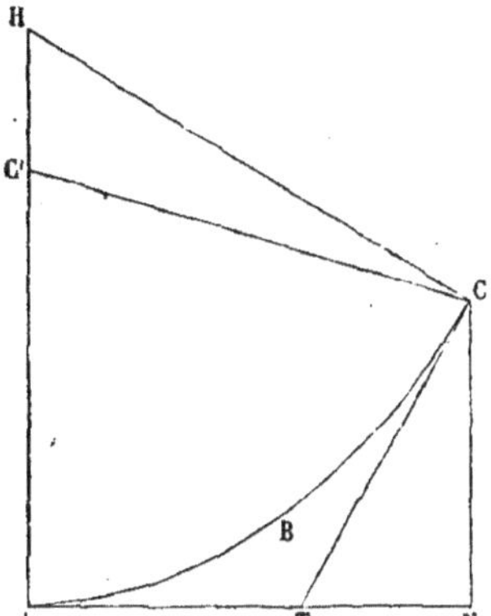

que l'angle AHC sera égal à m; de sorte que si l'on fait $AH = p$, $CH = q$, on aura

$$AN = a = q \sin m \quad \text{et} \quad NC = b = p - q\cos m,$$

et les équations du paragraphe précédent donneront celles-ci

$$R = \frac{l}{m - T(m - \sin m) - V(1 - \cos m)},$$

$$\frac{p - q\cos m}{l} = \frac{1 - \cos m - T\left(\frac{3}{4} - \cos m + \frac{1}{4}\cos 2m\right) - V\left(\frac{m}{2} - \frac{1}{4}\sin 2m\right)}{m - T(m - \sin m) - V(1 - \cos m)},$$

$$\frac{q\sin m}{l} = \frac{\sin m + T\left(\frac{m}{2} - \sin m + \frac{1}{4}\sin 2m\right) - V\left(\frac{1}{4} - \frac{1}{4}\cos 2m\right)}{m - T(m - \sin m) - V(1 - \cos m)}.$$

Si l'on fait $T = 0$ et $V = 0$, on a

$$\frac{p - q\cos m}{l} = \frac{1 - \cos m}{m}, \quad \frac{q\sin m}{l} = \frac{\sin m}{m},$$

d'où l'on tire

$$p = q = \frac{l}{m}.$$

Donc, tant que V et T seront très-petits, on aura

$$p = \frac{l(1 + t)}{m}, \quad q = \frac{l(1 + u)}{m},$$

t et u étant des quantités très-petites de l'ordre V et T. Donc, si l'on substitue ces valeurs dans la seconde et la troisième des équations précédentes, et qu'après avoir multiplié en croix, en négligeant les quantités très-petites du second ordre, on fasse, pour abréger,

$$\lambda = \sin m\left(\frac{m\sin m}{2} - 1 + \cos m\right),$$

$$\mu = (1 - \cos m)^2 - \frac{m}{2}(m - \sin m\cos m),$$

$$\nu = \frac{m}{2}(m + \sin m\cos m) - \sin^2 m,$$

$$\rho = (1 - \cos m)\sin m - \frac{m}{2}(m + 1 - 2\sin^2 m),$$

on aura

$$(t - u\cos m)\,m = \lambda T + \mu V,$$

$$um\sin m = \nu T + \rho V,$$

d'où, en faisant encore

$$\sigma = \frac{\sin^3 m(1-\cos m)}{2} - \frac{\sin m}{4}(m+1-2\sin^2 m)\left(\frac{m\sin m}{2} - 1 + \cos m\right)$$
$$-(1-\cos m)^2(\sin m\cos m + m)$$
$$+\frac{m}{4}(m^2 - \sin^2 m\cos^2 m) - \frac{\sin^2 m}{2}(m - \sin m\cos m),$$

on aura

$$\mathrm{T} = \frac{\rho(t-u\cos m) - \mu u\sin m}{\sigma},$$

$$\mathrm{V} = \frac{\lambda u\sin m - \nu(t-u\cos m)}{\sigma},$$

et de là on trouvera aussi R par la première équation.

Ainsi, connaissant R, T et V, on aura

$$\mathrm{M}c = \frac{2\mathrm{K}^2}{\mathrm{R}},\quad \mathrm{P} = \frac{2\mathrm{K}^2\mathrm{T}}{\mathrm{R}^2},\quad \mathrm{N} = \mathrm{M}+\mathrm{Q} = \frac{2\mathrm{K}^2\mathrm{V}}{\mathrm{R}^2}.$$

§ XIV.

Donc, si l'on suppose que C′ (*fig.* 7, p. 104) soit le centre du tambour ou barillet dont le rayon soit C′A, et que le ressort CA soit fixé par l'extrémité C d'une manière quelconque à l'axe du barillet, et que par l'autre extrémité A il soit fixement appliqué à la circonférence du barillet, en sorte que la courbe du ressort touche la circonférence du barillet au point A; nommant α l'angle parcouru par le barillet en tournant autour de son axe depuis la ligne fixe CC′, c'est-à-dire l'angle AC′C, et faisant le rayon du barillet AC′ égal à r, la ligne CC′ égale à ρ et l'angle C′CH égal à A, on aura

$$m = \alpha - \mathrm{A},\quad q = \frac{\rho\sin\alpha}{\sin(\alpha-\mathrm{A})},\quad p = r + \frac{\rho\sin\mathrm{A}}{\sin(\alpha-\mathrm{A})}.$$

Ainsi, substituant ces valeurs dans les formules du paragraphe précédent, on trouvera la valeur de la force tangentielle P en α, et de là on pourra déduire la figure de la fusée comme dans le § IX en faisant

$$\alpha = \frac{\int y\,ds}{ar} \quad\text{et}\quad y = \frac{g}{\mathrm{T}}.$$

Il faut cependant observer que, comme nous avons vu dans le paragraphe cité que p et q doivent être à très-peu près égaux à $\frac{l}{m}$, il faudra que l'angle A soit très-petit et que r et ρ soient à très-peu près égaux à $\frac{l}{m}$; d'où l'on voit que pour que ce cas ait lieu il faut que l'extrémité fixe C du ressort soit fort près de la circonférence du barillet et que la tangente en C soit presque perpendiculaire au rayon CC'.

§ XV.

Au reste, la condition que p et q soient presque égaux à $\frac{l}{m}$ ne serait pas nécessaire si l'on supposait que les quantités l et m fussent très-grandes du même ordre; car alors les quantités T et V pourraient être supposées très-petites de l'ordre de $\frac{1}{m}$, et l'on aurait dans cette hypothèse (§ XIII) les équations

$$R = \frac{l}{m}, \quad \frac{p - q\cos m}{l} = \frac{1 - \cos m - \frac{Vm}{2}}{m}, \quad \frac{q\sin m}{l} = \frac{\sin m + \frac{Tm}{2}}{m}.$$

d'où l'on tire

$$T = \frac{2\left(\frac{m}{l}q - 1\right)\sin m}{m};$$

$$V = -\frac{2\left(\frac{m}{l}p - 1\right) - \left(\frac{m}{l}q - 1\right)\cos m}{m},$$

de sorte que $P = \frac{2K^2T}{R^2}$ et $N = \frac{2K^2V}{R^2}$ seront des quantités fort petites, comme on l'a supposé dans les calculs du § XII.

Ce cas aura donc lieu lorsque le ressort sera fort long et qu'il fera un très-grand nombre de tours en forme de spirale. Ainsi, si l'on suppose qu'un pareil ressort soit appliqué à un balancier dont le centre soit C' (*fig.* 7, p. 104), et que l'une des extrémités du ressort étant arrêtée en C, l'autre soit fixée perpendiculairement au rayon C'A du balancier, on nommera ρ et r, comme dans le § XIV, les distances données CC′ et AC′, A l'angle donné C′CH et α l'angle variable AC′C, et l'on aura

$$p = r + \frac{\rho \sin A}{\sin(\alpha - A)}, \quad q = \frac{\rho \sin \alpha}{\sin(\alpha - A)} \quad \text{et} \quad m = \mu\varpi + \alpha - A,$$

ϖ étant la circonférence du cercle et μ dénotant le nombre des tours que le ressort fait autour de C′ et qui doit être fort grand.

Donc la force tangentielle P, qui tend à faire tourner le balancier, sera à très-peu près, en faisant $\lambda = \frac{\mu\varpi}{l}$,

$$P = \frac{K^2[\lambda^3\rho \sin \alpha - \lambda^2 \sin(\alpha - A)]}{\mu\varpi},$$

d'où l'on voit que cette force sera nulle lorsque

$$\lambda\rho \sin \alpha = \sin(\alpha - A);$$

ainsi, dénotant par ω la valeur de α qui répond à cette équation, en sorte que l'on ait

$$\operatorname{tang}\omega = \frac{\sin A}{\cos A - \lambda\rho},$$

et supposant en général $\alpha = \omega + \psi$, on aura

$$P = \frac{K^2\lambda^2[\lambda\rho \cos\omega - \cos(\omega - A)] \sin\psi}{\mu\varpi},$$

et le moment pour faire tourner le balancier sera Pr.

Donc, si l'on nomme H le moment d'inertie du balancier, et qu'on fasse, pour abréger,

$$\frac{K^2\lambda^2 r[\lambda\rho \cos\omega - \cos(\omega - A)]}{\mu\varpi H} = \Pi,$$

on aura, pour le mouvement du balancier, l'équation

$$\frac{d^2\psi}{dt^2} = -\Pi \sin\psi,$$

qui est la même que celle du mouvement d'un pendule simple dont la longueur serait $\frac{g}{\text{H}}$, g étant la force de la gravité; de sorte que le balancier fera des oscillations semblables à celles d'un tel pendule, et le point de repos sera où $\psi = 0$, c'est-à-dire où l'angle α sera égal à ω.

Ainsi, plus la longueur du ressort et le nombre de ses tours augmenteront, plus le mouvement du balancier approchera de celui d'un pendule simple circulaire, de sorte que le mouvement du pendule peut être regardé comme la limite, et l'asymptote de celui d'un balancier mû par un ressort spiral, pourvu que le ressort soit d'une épaisseur uniforme et que son état libre soit la ligne droite.

§ XVI.

Si l'on voulait que l'extrémité A (*fig.* 7, p. 104) du ressort fût attachée à l'axe même du balancier, comme on le pratique ordinairement, alors les forces P et Q (§ X) seraient détruites, et la force M serait celle qui agirait sur le balancier pour le faire tourner avec un moment égal à $Mc = \frac{2K^2}{R}$.

Ainsi, dans le cas du paragraphe précédent, ce moment serait $2K^2\frac{m}{l}$; par conséquent il serait presque constant, de sorte qu'il n'en résulterait point de mouvement oscillatoire. Cette manière de faire agir le ressort conviendrait donc beaucoup au ressort moteur qui fait tourner le barillet; car son action étant par ce moyen presque constante, la fusée ne serait plus nécessaire.

Au reste, il faut toujours se souvenir que ces conclusions sont fondées sur l'hypothèse que la lame du ressort soit naturellement droite et que sa longueur soit très-grande; c'est ce qui fait qu'elles n'ont pas lieu dans les ressorts ordinaires qu'on applique aux horloges, mais il n'est pas impossible qu'elles puissent être d'usage dans quelques occasions.

§ XVII.

Si l'on ne voulait pas adopter l'hypothèse que nous avons faite ci-dessus, que les forces P et N soient très-petites, il faudrait revenir aux équations générales du § X et en déduire des équations différentielles entre les forces M, N et P par une méthode analogue à celle du § VIII.

Pour cela on fera

$$P = p\cos q,\quad N = p\sin q,\quad \frac{M^2c^2}{4K^2} + P = pr,$$

et, supposant ensuite

$$(x\sin q + y\cos q)\frac{\sqrt{p}}{K} = X,\quad (x\cos q - y\sin q)\frac{\sqrt{p}}{K} = Y,\quad \frac{s\sqrt{p}}{K} = Z,$$

on trouvera, en ayant soin d'ajouter les constantes nécessaires pour que x, y et z s'évanouissent lorsque $\varphi = 0$, et faisant, pour plus de simplicité, $q + \varphi = u$, on trouvera, dis-je, ces trois équations

$$\frac{X}{2} = \sqrt{r - \cos u} - \sqrt{r - \cos q},$$

$$dY = \frac{\cos u\,du}{\sqrt{r - \cos u}} - \frac{\cos q\,dq}{\sqrt{r - \cos q}} - \frac{dr}{1 - r^2}\left(\frac{rY - Z}{2} - \frac{r\sin u}{\sqrt{r - \cos u}} + \frac{r\sin q}{\sqrt{r - \cos q}}\right),$$

$$dZ = \frac{du}{\sqrt{r - \cos u}} - \frac{dq}{\sqrt{r - \cos q}} - \frac{dr}{1 - r^2}\left(\frac{Y - rZ}{2} - \frac{\sin u}{\sqrt{r - \cos u}} + \frac{\sin q}{\sqrt{r - \cos q}}\right),$$

dans lesquelles on pourra faire $x = a$, $y = b$, $s = l$ et $\varphi = m$, comme dans le paragraphe cité.

SUR LE

PROBLÈME DE KÉPLER.

SUR LE

PROBLÈME DE KÉPLER (*).

(*Mémoires de l'Académie royale des Sciences et Belles-Lettres de Berlin*, t. XXV, 1771.)

Ce Problème consiste, comme on sait, à couper l'aire elliptique en raison donnée, et sert principalement à déterminer l'anomalie vraie des planètes par leur anomalie moyenne. Depuis Képler, qui a le premier essayé de le résoudre, plusieurs savants Géomètres s'y sont appliqués et en ont donné différentes solutions qu'on peut ranger dans trois classes. Les unes sont simplement arithmétiques et sont fondées sur la règle de fausse position : ce sont celles dont les Astronomes se servent ordinairement dans le calcul des éléments des planètes; les autres sont géométriques ou mécaniques, et dépendent de l'intersection des courbes : celles-ci sont plutôt de simple curiosité que d'usage dans l'Astronomie; la troisième classe enfin comprend les solutions algébriques, qui donnent l'expression analytique de l'anomalie vraie par l'anomalie moyenne, aussi bien que celle du rayon vecteur de l'orbite, expressions qui sont d'un usage continuel et indispensable dans la théorie des perturbations des corps célestes.

L'équation, par laquelle on doit déterminer la relation qui a lieu entre l'anomalie moyenne et l'anomalie vraie, est transcendante et ne peut par conséquent être résolue que par approximation, de sorte qu'on est obligé d'avoir recours aux suites infinies : or on ne peut déterminer di-

(*) Lu à l'Académie le 1er novembre 1770.

rectement que l'anomalie moyenne par l'anomalie vraie; et pour avoir l'expression de celle-ci par le moyen de celle-là, il faut employer la méthode du retour des suites, qui est non-seulement longue et pénible, mais qui a aussi l'inconvénient de donner des séries irrégulières où l'on ne saurait connaître la loi des termes. J'ai donné, dans un Mémoire imprimé dans le volume de l'année 1768 (*), une méthode particulière pour résoudre, par le moyen des séries, toutes les équations, soit algébriques ou transcendantes; comme cette méthode joint à l'avantage de la facilité et de la simplicité du calcul celui de donner toujours des séries régulières et dont le terme général soit connu, j'ai cru qu'il ne serait pas inutile d'en faire l'application au fameux Problème de Képler, et de fournir par là aux Astronomes des formules plus générales que celles qu'ils ont eues jusqu'à présent pour la solution de ce Problème : c'est là l'objet du présent Mémoire

I.

Soit ABD une demi-ellipse dont le grand axe AD est égal à $2a$, le demi-petit axe CB égal à ma, la demi-excentricité CF égale à $na = a\sqrt{1-m^2}$,

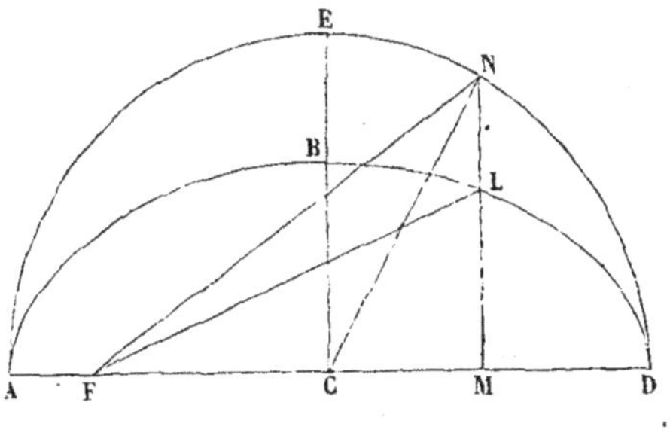

en sorte que $n = \sqrt{1-m^2}$; soit de plus le rayon vecteur FL égal à ar, l'angle de l'anomalie vraie DFL égal à u, le rapport de l'aire entière de l'ellipse à l'aire DFL comme l'angle de quatre droits, que je nomme ϖ, à l'angle t qui sera par conséquent l'angle de l'anomalie moyenne; il s'agit de déterminer tant r que u par t.

Pour cela on décrira sur le grand axe AD le demi-cercle AED, et ayant

(*) *Œuvres de Lagrange*, t. III, p. 5.

mené par le point L la droite NLM perpendiculaire à AD, et tiré par N les droites NF et NC, on considérera que par la nature de l'ellipse l'aire elliptique DFL a à l'aire DFN la même proportion que l'aire entière de l'ellipse a à l'aire entière du cercle, laquelle est $\frac{a^2\varpi}{2}$, de sorte qu'on aura aussi

$$\varpi : t = \frac{a^2\varpi}{2} : \mathrm{DFN},$$

et par conséquent

$$t = \frac{2\,\mathrm{DFN}}{a^2}.$$

Or, nommant x l'angle DCN qu'on appelle, d'après Képler, l'*anomalie de l'excentrique*, on aura

$$\mathrm{CM} = a\cos x, \quad \mathrm{MN} = a\sin x \quad \text{et} \quad \mathrm{ML} = ma\sin x;$$

donc

$$\mathrm{DFN} = \mathrm{DCN} + \mathrm{FCN} = \mathrm{DCN} + \frac{\mathrm{FC}\times\mathrm{MN}}{2} = \frac{a^2 x}{2} + \frac{na^2\sin x}{2},$$

donc

$$t = x + n\sin x.$$

Maintenant on aura

$$\mathrm{FL} = ar = \sqrt{\overline{\mathrm{FM}}^2 + \overline{\mathrm{ML}}^2} = a\sqrt{(n+\cos x)^2 + m^2\sin^2 x},$$

et, à cause de $m^2 = 1 - n^2$,

$$ar = a\sqrt{1 + 2n\cos x + n^2\cos^2 x} = a(1 + n\cos x);$$

donc

$$r = 1 + n\cos x.$$

De là on aura

$$\sin u = \frac{\mathrm{ML}}{\mathrm{LF}} = \frac{m\sin x}{1 + n\cos x},$$

$$\cos u = \frac{\mathrm{FM}}{\mathrm{LF}} = \frac{n + \cos x}{1 + n\cos x};$$

donc

$$\frac{\sin u}{1 + \cos u} = \frac{m}{1+n}\,\frac{\sin x}{1 + \cos x},$$

ou bien

$$\mathrm{tang}\,\frac{1}{2}u = \frac{m}{1+n}\,\mathrm{tang}\,\frac{1}{2}x.$$

Si l'on voulait avoir l'expression de l'angle u, on différentierait cette équation, ce qui donnerait

$$\frac{du}{\cos^2\frac{1}{2}u} = \frac{m}{1+n}\,\frac{dx}{\cos^2\frac{1}{2}x},$$

ou bien

$$\frac{du}{1+\cos u} = \frac{m}{1+n}\,\frac{dx}{1+\cos x},$$

et, substituant pour $1+\cos u$ sa valeur $(1+n)\dfrac{1+\cos x}{1+n\cos x}$, on aurait

$$du = \frac{m\,dx}{1+n\cos x}.$$

Ainsi l'on aura d'abord x en t, et ensuite r et u en x.

II.

Il faut donc commencer par tirer la valeur de x de l'équation

$$t = x + n\sin x,$$

ce qui ne peut se faire que par approximation; or, de toutes les méthodes connues d'approximation, je crois que la plus simple et la plus générale est celle que j'ai exposée dans mon Mémoire sur la résolution des équations littérales. J'ai prouvé dans ce Mémoire que si l'on a une équation quelconque, telle que

$$\alpha - x + \varphi(x) = 0$$

[$\varphi(x)$ dénotant une fonction quelconque de x], et qu'on veuille avoir la valeur d'une autre fonction quelconque de x, telle que $\psi(x)$, faisant $\dfrac{d\psi(x)}{dx} = \psi'(x)$, la série

$$\psi(x) + \varphi(x)\,\psi'(x) + \frac{1}{2}\,\frac{d[\varphi(x)]^2\,\psi'(x)}{dx} + \frac{1}{2.3}\,\frac{d^2[\varphi(x)]^3\,\psi'(x)}{dx^2} + \ldots$$

exprimera la fonction cherchée, en y mettant après les différentiations, α à la place de x. D'où il suit qu'ayant l'équation

$$t = x + \varphi(x),$$

on trouvera

$$\psi(x)=\psi(t)-\varphi(t)\,\psi'(t)+\frac{1}{2}\frac{d[\varphi(t)]^2\psi'(t)}{dt}-\frac{1}{2.3}\frac{d^2[\varphi(t)]^3\psi'(t)}{dt^2}+\ldots.$$

Ainsi, faisant $\varphi(x)=n\sin x$, notre équation

$$t=x+n\sin x$$

donnera sur-le-champ

$$\psi(x)=\psi(t)-n\sin t\,\psi'(t)+\frac{n^2}{2}\frac{d\sin^2 t\,\psi'(t)}{dt}-\frac{n^3}{2.3}\frac{d^2\sin^3 t\,\psi'(t)}{dt^2}+\ldots,$$

de sorte qu'il n'y aura plus qu'à exécuter les différentiations indiquées en prenant dt constant.

III.

Supposons premièrement $\psi(x)=x$ pour avoir la valeur de x en t, et l'on aura $\psi(t)=t$, $\psi'(t)=1$, et par conséquent

$$x=t-n\sin t+\frac{n^2}{2}\frac{d\sin^2 t}{dt}-\frac{n^3}{2.3}\frac{d^2\sin^3 t}{dt^2}+\ldots.$$

Pour pouvoir trouver facilement les valeurs des différentielles des puissances de $\sin t$, il sera à propos de réduire ces puissances en simples sinus ou cosinus d'angles multiples de t. Or on sait que

$$2\sin^2 t=\frac{2}{2}-\cos 2t,$$

$$4\sin^3 t=3\sin t-\sin 3t,$$

$$8\sin^4 t=\frac{4.3}{2.2}-4\cos 2t+\cos 4t,$$

$$16\sin^5 t=\frac{5.4}{2}\sin t-5\sin 3t+\sin 5t,$$

$$32\sin^6 t=\frac{6.5.4}{2.2.3}-\frac{6.5}{2}\cos 2t+6\cos 4t-\cos 6t,$$

....

Donc, substituant ces valeurs dans la formule précédente et faisant les différentiations indiquées, on aura

$$\begin{aligned}
x = t - n\sin t &+ \frac{n^2}{2\times 2}\,2\sin 2t \\
&+ \frac{n^3}{4\times 2.3}(3\sin t - 3^2\sin 3t) \\
&- \frac{n^4}{8\times 2.3.4}(4.2^3.\sin 2t - 4^3\sin 4t) \\
&- \frac{n^5}{16\times 2.3.4.5}\left(\frac{5.4}{2}\sin t - 5.3^4.\sin 3t + 5^4\sin 5t\right) \\
&+ \frac{n^6}{32\times 2.3.4.5.6}\left(\frac{6.5}{2}\,2^5\sin 2t - 6.4^5.\sin 4t + 6^5\sin 6t\right) \\
&+ \frac{n^7}{64\times 2.3\ldots 7}\left(\frac{7.6.5}{2.3}\sin t - \frac{7.6}{2}\,3^6\sin 3t + 7.5^6.\sin 5t - 7^6\sin 7t\right) \\
&\ldots\ldots\ldots\ldots\ldots\ldots\ldots\ldots\ldots\ldots\ldots\ldots
\end{aligned}$$

Ainsi l'on connaîtra l'anomalie de l'excentrique x par l'anomalie moyenne t, ensuite de quoi on pourra trouver le rayon vecteur r et l'anomalie vraie u par les formules

$$r = 1 + n\cos x \quad \text{et} \quad \tang\frac{1}{2}u = \frac{m}{1+n}\tang\frac{1}{2}x;$$

mais on peut aussi trouver les valeurs de r et de $\tang\frac{1}{2}u$ directement de la manière suivante.

IV.

Il est clair que pour avoir la valeur de

$$r = 1 + n\cos x,$$

il n'y aura qu'à faire dans la formule générale de l'Article II $\psi(x) = n\cos x$, ce qui donnera $\psi(t) = n\cos t$ et $\psi'(t) = -n\sin t$, de sorte qu'on aura sur-le-champ

$$r = 1 + n\cos t + n^2\sin^2 t - \frac{n^3}{2}\frac{d\sin^3 t}{dt} + \frac{n^4}{2.3}\frac{d^2\sin^4 t}{dt^2} - \ldots.$$

Donc, substituant les valeurs de $\sin^2 t$, $\sin^3 t$,... en sinus et cosinus d'angles multiples de t, et exécutant les différentiations indiquées, on aura

$$\begin{aligned}
r = 1 + n\cos t - \frac{n^2}{2}(-1+\cos 2t) \\
- \frac{n^3}{4\times 2}(3\cos t - 3\cos 3t) \\
+ \frac{n^4}{8\times 2.3}(4.2^2.\cos 2t - 4^2\cos 4t) \\
+ \frac{n^5}{16\times 2.3.4}\left(\frac{5.4}{2}\cos t - 5.3^3.\cos 3t + 5^3\cos 5t\right) \\
- \frac{n^6}{32\times 2.3.4.5}\left(\frac{6.5}{2}2^4\cos 2t - 6.4^4.\cos 4t + 6^4\cos 6t\right) \\
- \frac{n^7}{64\times 2.3\ldots 7}\left(\frac{7.6.5}{2.3}\cos t - \frac{7.6}{2}3^5\cos 3t + 7.5^5.\cos 5t - 7^5\cos 7t\right) \\
\ldots\ldots\ldots\ldots\ldots\ldots\ldots\ldots\ldots
\end{aligned}$$

V.

De même, pour avoir la valeur de $\tang\frac{1}{2}u$, on fera

$$\psi(x) = \frac{m}{1+n}\tang\frac{1}{2}x = \tang\frac{1}{2}u;$$

par conséquent aussi

$$\psi(t) = \frac{m}{1+n}\tang\frac{1}{2}t,$$

ce qui donnera

$$\psi'(t) = \frac{m}{1+n}\frac{1}{2\cos^2\frac{1}{2}t} = \frac{m}{1+n}\frac{1}{1+\cos t} = \frac{m}{1+n}\frac{1-\cos t}{\sin^2 t}.$$

Donc, substituant ces valeurs dans la formule de l'Article II, on aura

$$\begin{aligned}
\tang\frac{1}{2}u = \frac{m}{1+n}\Bigg[\tang\frac{1}{2}t - n\frac{1-\cos t}{\sin t} + \frac{n^2}{2}\frac{d(1-\cos t)}{dt} \\
- \frac{n^3}{2.3}\frac{d^2(1-\cos t)\sin t}{dt^2} + \frac{n^4}{2.3.4}\frac{d^3(1-\cos t)\sin^2 t}{dt^3} \\
- \frac{n^5}{2.3.4.5}\frac{d^4(1-\cos t)\sin^3 t}{dt^4} + \ldots\Bigg];
\end{aligned}$$

or

$$\frac{1-\cos t}{\sin t}=\tang\frac{1}{2}t,\qquad \cos t=\frac{d\sin t}{dt},$$

$$\sin t\cos t=\frac{1}{2}\frac{d\sin^2 t}{dt},\qquad \sin^2 t\cos t=\frac{1}{3}\frac{d\sin^3 t}{dt},\dots,$$

de sorte que l'équation précédente deviendra

$$\begin{aligned}\tang\frac{1}{2}u=\frac{m}{1+n}\Big[&(1-n)\tang\frac{1}{2}t\\ &-\left(\frac{n^2}{2}+\frac{n^3}{2.3}\right)\frac{d^2\sin t}{dt^2}+\left(\frac{n^3}{2\times 2.3}+\frac{n^4}{2.3.4}\right)\frac{d^3\sin^2 t}{dt^3}\\ &-\left(\frac{n^4}{3\times 2.3.4}+\frac{n^5}{2.3.4.5}\right)\frac{d^4\sin^3 t}{dt^4}+\dots\Big],\end{aligned}$$

d'où l'on aura

$$\begin{aligned}\tang\frac{1}{2}u=\frac{m}{1+n}\Big[&(1-n)\tang\frac{1}{2}t\\ &+\frac{n^2}{2}\left(1+\frac{n}{3}\right)\sin t-\frac{n^2}{2\times 2.3}\left(\frac{1}{2}+\frac{n}{4}\right)2^3\sin 2t\\ &-\frac{n^4}{4\times 2.3.4}\left(\frac{1}{3}+\frac{n}{5}\right)(3\sin t-3^4\sin 3t)\\ &+\frac{n^5}{8\times 2.3.4.5}\left(\frac{1}{4}+\frac{n}{6}\right)(4.2^5.\sin 2t-4^5\sin 4t)\\ &+\frac{n^6}{16\times 2.3\dots 6}\left(\frac{1}{5}+\frac{n}{7}\right)\left(\frac{5.4}{2}\sin t-5.3^6.\sin 3t+5^6\sin 5t\right)\\ &\dots\dots\dots\dots\dots\dots\Big].\end{aligned}$$

VI.

Si l'on voulait avoir la valeur de l'angle même u, il faudrait faire (Article II)

$$\psi(x)=m\int\frac{dx}{1+n\cos x}=u;$$

donc

$$\psi(t)=m\int\frac{dt}{1+n\cos t}\quad\text{et}\quad \psi'(t)=\frac{m}{1+n\cos t};$$

or

$$\frac{1}{1+n\cos t}=1-n\cos t+n^2\cos^2 t-n^3\cos^3 t+n^4\cos^4 t-\ldots;$$

donc, substituant ces valeurs dans la formule de l'Article II, et ordonnant les termes par rapport à n, on aura

$$\begin{aligned}u=m\Big\{\,t&-n\left(\int\cos t\,dt+\sin t\right)\\&+n^2\left(\int\cos^2 t\,dt+\cos t\sin t+\frac{1}{2}\frac{d\sin^2 t}{dt}\right)\\&-n^3\left[\int\cos^3 t\,dt+\cos^2 t\sin t+\frac{1}{2}\frac{d(\cos t\sin^2 t)}{dt}+\frac{1}{2.3}\frac{d^2\sin^3 t}{dt^2}\right]\\&+n^4\left[\int\cos^4 t\,dt+\cos^3 t\sin t+\frac{1}{2}\frac{d(\cos^2 t\sin^2 t)}{dt}\right.\\&\qquad\left.+\frac{1}{2.3}\frac{d^2(\cos t\sin^3 t)}{dt^2}+\frac{1}{2.3.4}\frac{d^3\sin^4 t}{dt^3}\right]+\ldots\Big\},\end{aligned}$$

et il ne s'agira plus que d'exécuter les intégrations et les différentiations indiquées, ce qui sera facile dès qu'on aura réduit les produits des sinus et cosinus de t à des sinus et cosinus d'angles multiples de t.

Mais, pour rendre le calcul plus simple, il est bon de faire en sorte que l'expression de u ne contienne que des puissances de $\sin t$; c'est pourquoi on changera la quantité $\frac{1}{1+n\cos t}$ en celle-ci (Article I)

$$\frac{1-n\cos t}{1-n^2\cos^2 t}=\frac{1-n\cos t}{1-n^2+n^2\sin t}=\frac{1-n\cos t}{m^2+n^2\sin^2 t},$$

laquelle, étant ensuite réduite en série, donnera

$$\begin{aligned}\frac{1}{1+n\cos t}=\frac{1}{m^2}-\frac{n\cos t}{m^2}-\frac{n^2\sin^2 t}{m^4}+\frac{n^3\sin^2 t\cos t}{m^4}\\+\frac{n^4\sin^4 t}{m^6}-\frac{n^5\sin^4 t\cos t}{m^6}-\frac{n^6\sin^6 t}{m^8}+\ldots,\end{aligned}$$

de sorte qu'on trouvera, après quelques réductions fort simples,

$$u = \frac{t}{m} - \frac{2n}{m}\sin t$$

$$- \frac{n^2}{2}\left(\frac{2}{m^3}\int \sin^2 t\, dt - \frac{4}{2m}\,\frac{d\sin^2 t}{dt}\right)$$

$$+ \frac{n^3}{3}\left(\frac{4}{m^3}\sin^3 t - \frac{6}{2.3.m}\,\frac{d^2\sin^3 t}{dt^2}\right)$$

$$+ \frac{n^4}{4}\left(\frac{4}{m^5}\int \sin^4 t\, dt - \frac{6}{2m^3}\,\frac{d\sin^4 t}{dt} + \frac{8}{2.3.4.m}\,\frac{d^3\sin^4 t}{dt^3}\right)$$

$$- \frac{n^5}{5}\left(\frac{6}{m^5}\sin^5 t - \frac{8}{2.3.m^3}\,\frac{d^2\sin^5 t}{dt^2} + \frac{10}{2.3.4.5.m}\,\frac{d^4\sin^5 t}{dt^4}\right)$$

$$- \frac{n^6}{6}\left(\frac{6}{m^7}\int \sin^6 t\, dt - \frac{8}{2m^5}\,\frac{d\sin^6 t}{dt} + \frac{10}{2.3.4.m^3}\,\frac{d^3\sin^6 t}{dt^3} - \frac{12}{2.3.4.5.6.m}\,\frac{d^5\sin^6 t}{dt^5}\right)$$

$$+ \frac{n^7}{7}\left(\frac{8}{m^7}\sin^7 t - \frac{10}{2.3.m^5}\,\frac{d^2\sin^7 t}{dt^2} + \frac{12}{2.3.4.5.m^3}\,\frac{d^4\sin^7 t}{dt^4}\right.$$

$$\left. - \frac{14}{2.3.4.5.6.7.m}\,\frac{d^6\sin^7 t}{dt^6}\right)$$

. . . .

Réduisant maintenant les puissances de $\sin t$ en sinus et cosinus de multiples de t par les formules de l'Article III, et exécutant les intégrations et les différentiations indiquées, on aura

$$u = \frac{t}{m} - \frac{2n}{m}\sin t$$

$$- \frac{n^2}{2.2}\left[\frac{2.2}{2m^3}\,t - \left(\frac{2}{2m^3} + \frac{4.2}{2m}\right)\sin 2t\right]$$

$$+ \frac{n^3}{4.3}\left[3\left(\frac{4}{m^3} + \frac{6}{2.3.m}\right)\sin t - \left(\frac{4}{m^3} + \frac{6.3^2}{2.3.m}\right)\sin 3t\right]$$

$$+ \frac{n^4}{8.4}\left[\frac{4.4.3}{2.2.m^5}\,t - 4\left(\frac{4}{2m^5} + \frac{6.2}{2m^3} + \frac{8.2^3}{2.3.4.m}\right)\sin 2t\right.$$

$$\left. + \left(\frac{4}{4m^5} + \frac{6.4}{2m^3} + \frac{8.4^3}{2.3.4.m}\right)\sin 4t\right]$$

$$- \frac{n^5}{16.5}\left[\frac{5.4}{2}\left(\frac{6}{m^5} + \frac{8}{2.3.m^3} + \frac{10}{2.3.4.5.m}\right)\sin t\right.$$
$$- 5\left(\frac{6}{m^5} + \frac{8.3^2}{2.3.m^3} + \frac{10.3^4}{2.3.4.5.m}\right)\sin 3t$$
$$\left. + \left(\frac{6}{m^5} + \frac{8.5^2}{2.3.m^3} + \frac{10.5^4}{2.3.4.5.m}\right)\sin 5t\right]$$
$$- \frac{n^6}{32.6}\left[\frac{6.6.5.4}{2.2.3.m^7}t - \frac{6.5}{2}\left(\frac{6}{2m^7} + \frac{8.2}{2m^5} + \frac{10.2^3}{2.3.4.m^3} + \frac{12.2^5}{2.3\ldots6.m}\right)\sin 2t\right.$$
$$+ 6\left(\frac{6}{4m^7} + \frac{8.4}{2m^5} + \frac{10.4^3}{2.3.4.m^3} + \frac{12.4^5}{2.3\ldots6.m}\right)\sin 4t$$
$$\left. - \left(\frac{6}{6m^7} + \frac{8.6}{2m^5} + \frac{10.6^3}{2.3.4.m^3} + \frac{12.6^5}{2.3\ldots6.m}\right)\sin 6t\right]$$

....

VII.

Nous avons donné plus haut (Article V) la valeur de $\tang \frac{1}{2}u$; si l'on voulait aussi avoir celle du logarithme de la même tangente, on la trouverait avec la même facilité en faisant

$$\psi(x) = \log \tang \frac{1}{2}u = \log\left(\frac{m}{1+n}\tang \frac{1}{2}x\right),$$

et par conséquent

$$\psi(t) = \log \frac{m}{1+n} + \log \tang \frac{1}{2}t \quad \text{et} \quad \psi'(t) = \frac{1}{\sin t};$$

ce qui étant substitué dans la formule de l'Article II, on aurait

$$\log \tang \frac{1}{2}u = \log \frac{m}{1+n} + \log \tang \frac{1}{2}t - n + \frac{n^2}{2}\frac{d\sin t}{dt}$$
$$- \frac{n^3}{2.3}\frac{d^2\sin^2 t}{dt^2} + \frac{n^4}{2.3.4}\frac{d^3\sin^3 t}{dt^3} - \ldots,$$

c'est-à-dire, en réduisant les puissances de $\sin t$ en sinus et cosinus de multiples de t, et exécutant les différentiations indiquées,

$$\begin{aligned}\log\operatorname{tang}\frac{1}{2}u = \log\frac{m}{1+n} &+ \log\operatorname{tang}\frac{1}{2}t - n\\ &+ \frac{n^2}{2}\cos t\\ &- \frac{n^3}{2\times 2.3}2^2\cos 2t\\ &- \frac{n^4}{4\times 2.3.4}(3\cos t - 3^3\cos 3t)\\ &+ \frac{n^5}{8\times 2.3.4.5}(4.2^4.\cos 2t - 4^4\cos 4t)\\ &+ \frac{n^6}{16\times 2.3.4.5.6}\left(\frac{5.4}{2}\cos t - 5.3^5.\cos 3t + 5^5\cos 5t\right)\\ &- \frac{n^7}{32\times 2.3\ldots 7}\left(\frac{6.5}{2}2^6\cos 2t - 6.4^6.\cos 4t + 6^6\cos 6t\right)\\ &\ldots\ldots\ldots\ldots\ldots\ldots\ldots\ldots\end{aligned}$$

VIII.

Les séries que nous venons de trouver dans les Articles précédents sont ordonnées par rapport aux puissances de l'excentricité n; or, comme leur loi est assez claire, il ne serait pas difficile de les ordonner par rapport aux sinus ou cosinus des angles multiples de t, ainsi qu'on le pratique communément; cependant, pour ne rien laisser à désirer sur ce sujet, je vais donner ici d'autres séries équivalentes à celles-là, et disposées de cette dernière manière.

Pour y parvenir je remarque (comme je l'ai déjà fait dans le Mémoire cité, n° 17) que, si l'on prend la fraction

$$\frac{\psi'(t)}{z[1+z\varphi(t)]},$$

qu'on la développe suivant les puissances de z, ce qui donne

$$\frac{\psi'(t)}{z} - \varphi(t)\psi'(t) + z[\varphi(t)]^2\psi'(t) - z^2[\varphi(t)]^3\psi'(t) + \ldots,$$

et qu'ensuite on change $\frac{1}{z}$ en $\int dt$, z en $\frac{1}{2}\frac{d}{dt}$, z^2 en $\frac{1}{2.3}\frac{d^2}{dt^2}, \ldots$, et ainsi des autres puissances de z, on aura la valeur de la fonction $\psi(x)$ (Article II).

Supposons que les fonctions $\varphi(t)$ et $\psi(t)$ soient exprimées par des sinus et des cosinus de t, il est facile de voir qu'en employant les exponentielles imaginaires, on pourra toujours développer la fraction $\frac{\psi'(t)}{z[1+z\varphi(t)]}$ en une série de cette forme

$$\begin{aligned}&M + M' e^{t\sqrt{-1}} + M'' e^{2t\sqrt{-1}} + M''' e^{3t\sqrt{-1}} + \ldots\\ &\quad + N' e^{-t\sqrt{-1}} + N'' e^{-2t\sqrt{-1}} + N''' e^{-3t\sqrt{-1}} + \ldots,\end{aligned}$$

où les coefficients M, M', M'', ..., N', N'', ... seront des fonctions de z. Donc, dès qu'on aura développé ces coefficients suivant les puissances de z, il n'y aura qu'à mettre, dans M, t à la place de $\frac{1}{z}$, et zéro à la place de z, z^2, ...; dans M', $\frac{1}{\sqrt{-1}}$ à la place de $\frac{1}{z}$, $\frac{\sqrt{-1}}{2}$ à la place de z, $\frac{(\sqrt{-1})^2}{2.3}$ à la place de z^2, $\frac{(\sqrt{-1})^3}{2.3.4}$ à la place de z^3, ...; dans M'', $\frac{1}{2\sqrt{-1}}$ à la place de $\frac{1}{z}$, $\frac{2\sqrt{-1}}{2}$ à la place de z, $\frac{(2\sqrt{-1})^2}{2.3}$ à la place de z^2, ...; et en général dans $M^{(r)}$, $\frac{1}{r\sqrt{-1}}$ à la place de $\frac{1}{z}$, $\frac{r\sqrt{-1}}{2}$ à la place de z, $\frac{(r\sqrt{-1})^2}{2.3}$ à la place de z^2, ...: on fera les mêmes substitutions dans N', N'', ..., $N^{(r)}$, mais en prenant $\sqrt{-1}$ avec le signe $-$; et nommant P, P', P'', P''', ... les quantités dans lesquelles se changeront les coefficients M, M', M'', ..., et Q', Q'', Q''', ... celles dans lesquelles se changeront les coefficients N', N'', N''', ..., on aura pour la valeur de $\psi(x)$ cette expression

$$\begin{aligned}\psi(x) = P &+ P' e^{t\sqrt{-1}} + P'' e^{2t\sqrt{-1}} + P''' e^{3t\sqrt{-1}} + \ldots\\ &+ Q' e^{-t\sqrt{-1}} + Q'' e^{-2t\sqrt{-1}} + Q''' e^{-3t\sqrt{-1}} + \ldots,\end{aligned}$$

laquelle se réduira facilement à une série de sinus ou cosinus d'angles multiples de t.

IX.

Soit, comme plus haut, $\varphi(t) = n \sin t$, et la fraction qu'il s'agira de développer, pour avoir la valeur de $\psi(x)$, sera

$$\frac{\psi'(t)}{z(1 + nz\sin t)}.$$

Or, comme

$$\sin t = \frac{e^{t\sqrt{-1}} - e^{-t\sqrt{-1}}}{2\sqrt{-1}},$$

on aura

$$\frac{1}{1 + nz\sin t} = \frac{1}{1 + \frac{nz}{2\sqrt{-1}}\left(e^{t\sqrt{-1}} - e^{-t\sqrt{-1}}\right)};$$

cette fraction peut se partager en celles-ci

$$\alpha + \beta\left(\frac{1}{p + qe^{t\sqrt{-1}}} + \frac{1}{p - qe^{-t\sqrt{-1}}}\right),$$

en faisant

$$p^2 - q^2 = 1, \quad pq = \frac{nz}{2\sqrt{-1}}; \quad \alpha(p^2 - q^2) + 2p\beta = 1, \quad \alpha pq + \beta q = 0;$$

d'où l'on tire

$$\alpha = -\frac{1}{p^2 + q^2}, \quad \beta = \frac{p}{p^2 + q^2},$$

$$p + q\sqrt{-1} = \sqrt{1 + nz},$$

$$p - q\sqrt{-1} = \sqrt{1 - nz},$$

et par conséquent

$$p = \frac{\sqrt{1 + nz} + \sqrt{1 - nz}}{2},$$

$$q = \frac{\sqrt{1 + nz} - \sqrt{1 - nz}}{2\sqrt{-1}}.$$

Maintenant on aura

$$\frac{1}{p + qe^{t\sqrt{-1}}} = \frac{1}{p} - \frac{qe^{t\sqrt{-1}}}{p^2} + \frac{q^2e^{2t\sqrt{-1}}}{p^3} - \frac{q^3e^{3t\sqrt{-1}}}{p^4} + \ldots,$$

et de même

$$\frac{1}{p - qe^{-t\sqrt{-1}}} = \frac{1}{p} + \frac{qe^{-t\sqrt{-1}}}{p^2} + \frac{q^2e^{-2t\sqrt{-1}}}{p^3} + \frac{q^3e^{-3t\sqrt{-1}}}{p^4} + \ldots;$$

donc la fraction $\frac{1}{1 + nz\sin t}$ deviendra

$$\frac{1}{p^2 + q^2}\left(1 - \frac{q}{p}e^{t\sqrt{-1}} + \frac{q^2}{p^2}e^{2t\sqrt{-1}} - \frac{q^3}{p^3}e^{3t\sqrt{-1}} + \ldots \right.$$
$$\left. + \frac{q}{p}e^{-t\sqrt{-1}} + \frac{q^2}{p^2}e^{-2t\sqrt{-1}} + \frac{q^3}{p^3}e^{-3t\sqrt{-1}} + \ldots\right),$$

où l'on aura

$$p^2+q^2=\sqrt{1-n^2z^2},$$

$$\frac{q}{p}=\frac{\sqrt{1+nz}-\sqrt{1-nz}}{(\sqrt{1+nz}+\sqrt{1-nz})\sqrt{-1}}=\frac{nz}{1+\sqrt{1-n^2z^2}}\,\frac{1}{\sqrt{-1}}.$$

De sorte que si l'on fait, pour abréger,

$$Z=\frac{z}{1+\sqrt{1-n^2z^2}},$$

et qu'on remarque que

$$\frac{1}{Z}\frac{dZ}{dz}=\frac{1}{z\sqrt{1-n^2z^2}};$$

on aura

$$\begin{aligned}\frac{1}{z(1+nz\sin t)}=\frac{dZ}{dz}\Bigg(&\frac{1}{Z}-\frac{n}{\sqrt{-1}}e^{t\sqrt{-1}}+\frac{n^2Z}{(\sqrt{-1})^2}e^{2t\sqrt{-1}}-\frac{n^3Z^2}{(\sqrt{-1})^3}e^{3t\sqrt{-1}}+\ldots\\&+\frac{n}{\sqrt{-1}}e^{-t\sqrt{-1}}+\frac{n^2Z}{(\sqrt{-1})^2}e^{-2t\sqrt{-1}}+\frac{n^3Z^2}{(\sqrt{-1})^3}e^{-3t\sqrt{-1}}+\ldots\Bigg),\end{aligned}$$

et il ne s'agira plus que de développer, suivant les puissances de z, les quantités $\frac{1}{Z}\frac{dZ}{dz}$, $\frac{dZ}{dz}$, $Z\frac{dZ}{dz}$, ...

Considérons, en général, la quantité

$$Z^{r-1}\frac{dZ}{dz}=\frac{1}{r}\frac{d(Z^r)}{dz},$$

et faisant $Z^r=y$, en sorte que

$$Z^{r-1}\frac{dZ}{dz}=\frac{1}{r}\frac{dy}{dz},$$

j'aurai

$$\frac{dy}{y}=\frac{r\,dZ}{Z}=\frac{r\,dz}{z\sqrt{1-n^2z^2}};$$

d'où je tire, en multipliant les deux membres de cette équation en croix et différentiant après les avoir carrés,

$$r^2y\,dz^2-(1-2n^2z^2)\,z\,dy\,dz-(1-n^2z^2)\,z^2d^2y=0,$$

équation par laquelle on pourra déterminer commodément y en z. Or il est facile de voir, par la nature de la quantité Z, que la valeur de $y = Z^r$, développée suivant les puissances de z, sera de cette forme

$$y = Az^r + n^2 B z^{r+2} + n^4 C z^{r+4} + \ldots,$$

où le premier coefficient A sera $\frac{1}{2^r}$. Substituant donc cette série à la place de y, et égalant à zéro les termes homogènes, on aura

$$r(r+1)A + [r^2 - (r+2)^2]B = 0,$$

$$(r+2)(r+3)B + [r^2 - (r+4)^2]C = 0,$$

$$(r+4)(r+5)C + [r^2 - (r+6)^2]D = 0,$$

$$\ldots\ldots\ldots\ldots\ldots\ldots,$$

d'où l'on tire

$$B = \frac{r(r+1)A}{4(r+1)},$$

$$C = \frac{(r+2)(r+3)B}{4.2.(r+2)},$$

$$D = \frac{(r+4)(r+5)C}{4.3.(r+3)},$$

$$\ldots\ldots\ldots\ldots\ldots\ldots,$$

et par conséquent, à cause de $A = \frac{1}{2^r}$,

$$A = \frac{1}{2^r},$$

$$B = \frac{r}{2^{r+2}},$$

$$C = \frac{r(r+3)}{2.2^{r+4}},$$

$$D = \frac{r(r+4)(r+5)}{2.3.2^{r+6}},$$

$$\ldots\ldots\ldots\ldots\ldots\ldots$$

Donc

$$Z^r = \frac{1}{2^r}\left[z^r + r\left(\frac{n}{2}\right)^2 z^{r+2} + \frac{r(r+3)}{2}\left(\frac{n}{2}\right)^4 z^{r+4} + \frac{r(r+4)(r+5)}{2.3}\left(\frac{n}{2}\right)^6 z^{r+6} + \ldots\right],$$

et de là

$$Z^{r-1}\frac{dZ}{dz}=\frac{1}{2^r}\left[z^{r-1}+(r+2)\left(\frac{n}{2}\right)^2 z^{r+1}+\frac{(r+3)(r+4)}{2}\left(\frac{n}{2}\right)^4 z^{r+3}\right.$$
$$\left.+\frac{(r+4)(r+5)(r+6)}{2.3}\left(\frac{n}{2}\right)^6 z^{r+5}+\ldots\right];$$

de sorte qu'en faisant successivement $r=0,\ 1,\ 2,\ldots$, on aura

$$\frac{1}{Z}\frac{dZ}{dz}=\frac{1}{z}+2\left(\frac{n}{2}\right)^2 z+\frac{3.4}{2}\left(\frac{n}{2}\right)^4 z^3+\frac{4.5.6}{2.3}\left(\frac{n}{2}\right)^6 z^5+\ldots,$$
$$\frac{dZ}{dz}=\frac{1}{2}\left[1+3\left(\frac{n}{2}\right)^2 z^2+\frac{4.5}{2}\left(\frac{n}{2}\right)^4 z^4+\frac{5.6.7}{2.3}\left(\frac{n}{2}\right)^6 z^6+\ldots\right],$$
$$Z\frac{dZ}{dz}=\frac{1}{2^2}\left[z+4\left(\frac{n}{2}\right)^2 z^3+\frac{5.6}{2}\left(\frac{n}{2}\right)^4 z^5+\frac{6.7.8}{2.3}\left(\frac{n}{2}\right)^6 z^7+\ldots\right],$$
$$Z^2\frac{dZ}{dz}=\frac{1}{2^3}\left[z^2+5\left(\frac{n}{2}\right)^2 z^4+\frac{6.7}{2}\left(\frac{n}{2}\right)^4 z^6+\frac{7.8.9}{2.3}\left(\frac{n}{2}\right)^6 z^8+\ldots\right],$$
$$\ldots\ldots\ldots\ldots\ldots\ldots\ldots\ldots\ldots\ldots\ldots\ldots\ldots\ldots$$

X.

Reprenons le cas de l'Article III, où l'on demande l'anomalie de l'excentrique x par l'anomalie moyenne t. On fera donc $\psi(x)=x$ et $\psi(t)=t$, $\psi'(t)=1$, ce qui donnera la fraction

$$\frac{1}{z(1+nz\sin t)},$$

qui peut se développer en une série de cette forme

$$\mathrm{M}+\mathrm{M}'e^{t\sqrt{-1}}+\mathrm{M}''e^{2t\sqrt{-1}}+\mathrm{M}'''e^{3t\sqrt{-1}}+\ldots$$
$$+\mathrm{N}'e^{-t\sqrt{-1}}+\mathrm{N}''e^{-2t\sqrt{-1}}+\mathrm{N}'''e^{-3t\sqrt{-1}}+\ldots,$$

où l'on aura (Article précédent)

$$\mathrm{M}=\frac{1}{Z}\frac{dZ}{dz},\quad \mathrm{M}'=-\frac{n}{\sqrt{-1}}\frac{dZ}{dz},\quad \mathrm{M}''=\frac{n^2}{(\sqrt{-1})^2}Z\frac{dZ}{dz},\ldots,$$
$$\mathrm{N}'=\frac{n}{\sqrt{-1}}\frac{dZ}{dz},\quad \mathrm{N}''=\frac{n^2}{(\sqrt{-1})^2}Z\frac{dZ}{dz},\ldots$$

Donc, substituant pour $\frac{1}{Z}\frac{dZ}{dz}$, $\frac{dZ}{dz}$, $Z\frac{dZ}{dz}$, ... les valeurs trouvées dans le même Article, et faisant les réductions enseignées dans l'Article VIII, on aura

$$x = t - \frac{n\mathrm{A}'}{2\sqrt{-1}}\left(e^{t\sqrt{-1}} - e^{-t\sqrt{-1}}\right) + \frac{n^2\mathrm{A}''}{2^2\sqrt{-1}}\left(e^{2t\sqrt{-1}} - e^{-2t\sqrt{-1}}\right)$$
$$- \frac{n^3\mathrm{A}'''}{2^3\sqrt{-1}}\left(e^{3t\sqrt{-1}} - e^{-3t\sqrt{-1}}\right) + \ldots,$$

ou bien

$$x = t - 2\left(\frac{n}{2}\right)\mathrm{A}'\sin t + 2\left(\frac{n}{2}\right)^2\mathrm{A}''\sin 2t - 2\left(\frac{n}{2}\right)^3\mathrm{A}'''\sin 3t + 2\left(\frac{n}{2}\right)^4\mathrm{A}^{\mathrm{IV}}\sin 4t - \ldots,$$

où les coefficients A′, A″, ... seront déterminés ainsi

$$\mathrm{A}' = 1 - 3\left(\frac{n}{2}\right)^2\frac{1}{2.3} + \frac{4.5}{2}\left(\frac{n}{2}\right)^4\frac{1}{2.3.4.5} - \ldots,$$
$$\mathrm{A}'' = \frac{2}{2} - 4\left(\frac{n}{2}\right)^2\frac{2^3}{2.3.4} + \frac{5.6}{2}\left(\frac{n}{2}\right)^4\frac{2^5}{2.3\ldots6} - \ldots,$$
$$\mathrm{A}''' = \frac{3^2}{2.3} - 5\left(\frac{n}{2}\right)^2\frac{3^4}{2.3.4.5} + \frac{6.7}{2}\left(\frac{n}{2}\right)^4\frac{3^6}{2.3\ldots7} - \ldots,$$
$$\ldots\ldots\ldots\ldots\ldots\ldots\ldots\ldots\ldots\ldots\ldots\ldots,$$

c'est-à-dire, en faisant $\frac{n}{2} = \nu$,

$$\mathrm{A}' = 1 - \frac{\nu^2}{2} + \frac{\nu^4}{2^2.3} - \frac{\nu^6}{2^2.3^2.4} + \ldots,$$
$$\mathrm{A}'' = \frac{2}{2} - \frac{2^3\nu^2}{2.3} + \frac{2^5\nu^4}{2^2.3.4} - \frac{2^7\nu^6}{2^2.3^2.4.5} + \ldots,$$
$$\mathrm{A}''' = \frac{3^2}{2.3} - \frac{3^4\nu^2}{2.3.4} + \frac{3^6\nu^4}{2^2.3.4.5} - \frac{3^8\nu^6}{2^2.3^2.4.5.6} + \ldots,$$
$$\mathrm{A}^{\mathrm{IV}} = \frac{4^3}{2.3.4} - \frac{4^5\nu^2}{2.3.4.5} + \frac{4^7\nu^4}{2^2.3.4.5.6} - \frac{4^9\nu^6}{2^2.3^2.4.5.6.7} + \ldots,$$
$$\ldots\ldots\ldots\ldots\ldots\ldots\ldots\ldots\ldots\ldots\ldots\ldots$$

XI.

Pour avoir de la même manière la valeur du rayon vecteur

$$ar = a(1 + n\cos x),$$

on fera, comme dans l'Article IV,

$$\psi(t) = n\cos t \quad \text{et} \quad \psi'(t) = -n\sin t,$$

d'où l'on aura la fraction

$$\frac{-n\sin t}{z(1 + nz\sin t)},$$

laquelle peut se réduire à ces deux-ci

$$-\frac{1}{z^2} + \frac{1}{z^2(1 + nz\sin t)},$$

de sorte qu'on aura (Article IX) une série de cette forme

$$\begin{aligned} &M + M'e^{t\sqrt{-1}} + M''e^{2t\sqrt{-1}} + M'''e^{3t\sqrt{-1}} + \ldots \\ &+ N'e^{-t\sqrt{-1}} + N''e^{-2t\sqrt{-1}} + N'''e^{-3t\sqrt{-1}} + \ldots, \end{aligned}$$

dans laquelle

$$M = \frac{1}{Zz}\frac{dZ}{dz} - \frac{1}{z^2}, \quad M' = -\frac{n}{z\sqrt{-1}}\frac{dZ}{dz}, \quad M'' = \frac{n^2 Z}{z(\sqrt{-1})^2}\frac{dZ}{dz}, \ldots,$$

$$N' = \frac{n}{z\sqrt{-1}}\frac{dZ}{dz}, \qquad N'' = \frac{n^2 Z}{z(\sqrt{-1})^2}\frac{dZ}{dz}, \ldots.$$

Donc, substituant les valeurs de $\frac{1}{Zz}\frac{dZ}{dz}$, $\frac{1}{z}\frac{dZ}{dz}$, ... en z et faisant les réductions convenables (Article VIII), on aura, pour la valeur de r, la série

$$\begin{aligned} r = B &+ \frac{nB'}{2}\left(e^{t\sqrt{-1}} + e^{-t\sqrt{-1}}\right) - \frac{n^2 B''}{2^2}\left(e^{2t\sqrt{-1}} + e^{-2t\sqrt{-1}}\right) \\ &+ \frac{n^3 B'''}{2^3}\left(e^{3t\sqrt{-1}} + e^{-3t\sqrt{-1}}\right) - \ldots, \end{aligned}$$

ou bien

$$r = \mathrm{B} + 2\left(\frac{n}{2}\right)\mathrm{B}'\cos t - 2\left(\frac{n}{2}\right)^2\mathrm{B}''\cos 2t$$
$$+ 2\left(\frac{n}{2}\right)^3\mathrm{B}'''\cos 3t - 2\left(\frac{n}{2}\right)^4\mathrm{B}^{\mathrm{IV}}\cos 4t + \ldots,$$

dans laquelle on aura les valeurs suivantes des coefficients

$$\mathrm{B} = 1 + 2\left(\frac{n}{2}\right)^2,$$
$$\mathrm{B}' = 1 - 3\left(\frac{n}{2}\right)^2\frac{1}{2} + \frac{4.5}{2}\left(\frac{n}{2}\right)^4\frac{1}{2.3.4} - \ldots,$$
$$\mathrm{B}'' = 1 - 4\left(\frac{n}{2}\right)^2\frac{2^2}{2.3} + \frac{5.6}{2}\left(\frac{n}{2}\right)^4\frac{2^4}{2.3.4.5} - \ldots,$$
$$\mathrm{B}''' = \frac{3}{2} - 5\left(\frac{n}{2}\right)^2\frac{3^3}{2.3.4} + \frac{6.7}{2}\left(\frac{n}{2}\right)^4\frac{3^5}{2.3.4.5.6} - \ldots,$$
$$\ldots\ldots\ldots\ldots\ldots\ldots\ldots\ldots\ldots,$$

ou bien, en faisant $\frac{n}{2} = \nu$,

$$\mathrm{B} = 1 + 2\nu^2,$$
$$\mathrm{B}' = 1 - \frac{3\nu^2}{2} + \frac{5\nu^4}{2^2.3} - \frac{7\nu^6}{2^2.3^2.4} + \ldots,$$
$$\mathrm{B}'' = 1 - \frac{4.2^2.\nu^2}{2.3} + \frac{6.2^4.\nu^4}{2^2.3.4} - \frac{8.2^6.\nu^6}{2^2.3^2.4.5} + \ldots,$$
$$\mathrm{B}''' = \frac{3}{2} - \frac{5.3^3.\nu^2}{2.3.4} + \frac{7.3^5.\nu^4}{2^2.3.4.5} - \frac{9.3^7.\nu^6}{2^2.3^2.4.5.6} + \ldots,$$
$$\mathrm{B}^{\mathrm{IV}} = \frac{4^2}{2.3} - \frac{6.4^4.\nu^2}{2.3.4.5} + \frac{8.4^6.\nu^4}{2^2.3.4.5.6} - \frac{10.4^8.\nu^6}{2^2.3^2.4.5.6.7} + \ldots,$$
$$\ldots\ldots\ldots\ldots\ldots\ldots\ldots\ldots\ldots$$

XII.

Voyons maintenant comment on pourra trouver, par la même méthode, la valeur de l'angle u de l'anomalie vraie; pour cela il faudra faire, comme dans l'Article VI,

$$\psi(t) = m\int\frac{dt}{1 + n\cos t} \quad \text{et} \quad \psi'(t) = \frac{m}{1 + n\cos t},$$

ce qui donnera (Article VIII) la fraction suivante

$$\frac{m}{z(1+nz\sin t)(1+n\cos t)}.$$

Or on a déjà trouvé (Article IX)

$$\frac{1}{z(1+nz\sin t)}=\frac{dZ}{dz}\left[\frac{1}{Z}-\frac{n}{\sqrt{-1}}e^{t\sqrt{-1}}+\frac{n^2Z}{(\sqrt{-1})^2}e^{2t\sqrt{-1}}-\ldots\right.$$
$$\left.+\frac{n}{\sqrt{-1}}e^{-t\sqrt{-1}}+\frac{n^2Z}{(\sqrt{-1})^2}e^{-2t\sqrt{-1}}+\ldots\right],$$

et l'on trouvera, de la même manière, en mettant m à la place de $\sqrt{1-n^2}$,

$$\frac{1}{1+n\cos t}=\frac{1}{m}\left[1-\frac{n}{1+m}e^{t\sqrt{-1}}+\frac{n^2}{(1+m)^2}e^{2t\sqrt{-1}}-\ldots\right.$$
$$\left.-\frac{n}{1+m}e^{-t\sqrt{-1}}+\frac{n^2}{(1+m)^2}e^{-2t\sqrt{-1}}-\ldots\right].$$

Donc, multipliant ces deux séries l'une par l'autre, on aura la valeur de la fraction

$$\frac{m}{z(1+nz\sin t)(1+n\cos t)},$$

laquelle sera exprimée de cette manière

$$\mathrm{M}+\mathrm{M}'e^{t\sqrt{-1}}+\mathrm{M}''e^{2t\sqrt{-1}}+\mathrm{M}'''e^{3t\sqrt{-1}}+\ldots$$
$$+\mathrm{N}'e^{-t\sqrt{-1}}+\mathrm{N}''e^{-2t\sqrt{-1}}+\mathrm{N}'''e^{-3t\sqrt{-1}}+\ldots,$$

en supposant, pour abréger,

$$\mathrm{M}=\frac{1}{Z}\frac{dZ}{dz}\left[1+\frac{n^4Z^2}{(1+m)^2(\sqrt{-1})^2}+\frac{n^6Z^4}{(1+m)^4(\sqrt{-1})^4}+\ldots\right],$$

$$\mathrm{M}'=\frac{n}{Z}\frac{dZ}{dz}\left[-\frac{1}{1+m}-\frac{Z}{\sqrt{-1}}-\frac{n^2Z^2}{(1+m)(\sqrt{-1})^2}-\frac{n^4Z^3}{(1+m)^2(\sqrt{-1})^3}-\ldots\right.$$
$$\left.+\frac{n^2Z}{(1+m)^2\sqrt{-1}}-\frac{n^4Z^2}{(1+m)^3(\sqrt{-1})^2}+\frac{n^6Z^3}{(1+m)^4(\sqrt{-1})^3}-\ldots\right],$$

$$M'' = \frac{n^2}{Z}\frac{dZ}{dz}\left[\frac{1}{(1+m)^2} + \frac{Z}{(1+m)\sqrt{-1}} + \frac{Z^2}{(\sqrt{-1})^2}\right.$$
$$+ \frac{n^2Z^3}{(1+m)(\sqrt{-1})^3} + \frac{n^4Z^4}{(1+m)^2(\sqrt{-1})^4} + \frac{n^6Z^5}{(1+m)^3(\sqrt{-1})^5} + \ldots$$
$$\left. - \frac{n^2Z}{(1+m)^3\sqrt{-1}} + \frac{n^4Z^2}{(1+m)^4(\sqrt{-1})^2} - \frac{n^6Z^3}{(1+m)^5(\sqrt{-1})^3} + \ldots\right],$$

$$M''' = \frac{n^3}{Z}\frac{dZ}{dz}\left[-\frac{1}{(1+m)^3} - \frac{Z}{(1+m)^2\sqrt{-1}} - \frac{Z^2}{(1+m)(\sqrt{-1})^2} - \frac{Z^3}{(\sqrt{-1})^3}\right.$$
$$- \frac{n^2Z^4}{(1+m)(\sqrt{-1})^4} - \frac{n^4Z^5}{(1+m)^2(\sqrt{-1})^5} - \frac{n^6Z^6}{(1+m)^3(\sqrt{-1})^6} - \ldots$$
$$\left. + \frac{n^2Z}{(1+m)^4\sqrt{-1}} - \frac{n^4Z^2}{(1+m)^5(\sqrt{-1})^2} + \frac{n^6Z^3}{(1+m)^6(\sqrt{-1})^3} - \ldots\right],$$

. . . .

$$N' = \frac{n}{Z}\frac{dZ}{dz}\left[-\frac{1}{1+m} + \frac{Z}{\sqrt{-1}} - \frac{n^2Z^2}{(1+m)(\sqrt{-1})^2} + \frac{n^4Z^3}{(1+m)^2(\sqrt{-1})^3} - \ldots\right.$$
$$\left. - \frac{n^2Z}{(1+m)^2\sqrt{-1}} - \frac{n^4Z^2}{(1+m)^3(\sqrt{-1})^2} - \frac{n^6Z^3}{(1+m)^4(\sqrt{-1})^3} - \ldots\right];$$

$$N'' = \frac{n^2}{Z}\frac{dZ}{dz}\left[\frac{1}{(1+m)^2} - \frac{Z}{(1+m)\sqrt{-1}} + \frac{Z^2}{(\sqrt{-1})^2}\right.$$
$$- \frac{n^2Z^3}{(1+m)(\sqrt{-1})^3} + \frac{n^4Z^4}{(1+m)^2(\sqrt{-1})^4} - \frac{n^6Z^5}{(1+m)^3(\sqrt{-1})^5} + \ldots$$
$$\left. + \frac{n^2Z}{(1+m)^3\sqrt{-1}} + \frac{n^4Z^2}{(1+m)^4(\sqrt{-1})^2} + \frac{n^6Z^3}{(1+m)^5(\sqrt{-1})^3} + \ldots\right];$$

$$N''' = \frac{n^3}{Z}\frac{dZ}{dz}\left[-\frac{1}{(1+m)^3} + \frac{Z}{(1+m)^2\sqrt{-1}} - \frac{Z^2}{(1+m)(\sqrt{-1})^2} + \frac{Z^3}{(\sqrt{-1})^3}\right.$$
$$- \frac{n^2Z^4}{(1+m)(\sqrt{-1})^4} + \frac{n^4Z^5}{(1+m)^2(\sqrt{-1})^5} - \frac{n^6Z^6}{(1+m)^3(\sqrt{-1})^6} + \ldots$$
$$\left. - \frac{n^2Z}{(1+m)^4\sqrt{-1}} - \frac{n^4Z^2}{(1+m)^5(\sqrt{-1})^2} - \frac{n^6Z^3}{(1+m)^6(\sqrt{-1})^3} - \ldots\right],$$

. . . .

Faisant les substitutions et les réductions convenables (Article VIII), on trouvera, pour la valeur de l'anomalie vraie u, une expression de cette forme

$$u = t - \frac{nK'}{\sqrt{-1}}\left(e^{t\sqrt{-1}} - e^{-t\sqrt{-1}}\right) + \frac{n^2K''}{\sqrt{-1}}\left(e^{2t\sqrt{-1}} - e^{-2t\sqrt{-1}}\right)$$
$$- \frac{n^3K'''}{\sqrt{-1}}\left(e^{3t\sqrt{-1}} - e^{-3t\sqrt{-1}}\right) + \ldots,$$

c'est-à-dire,

$$u = t - 2nK'\sin t + 2n^2K''\sin 2t - 2n^3K'''\sin 3t + 2n^4K^{\text{IV}}\sin 4t - \ldots,$$

dans laquelle les coefficients K', K'', K''',... seront tels, que si l'on fait, en général,

$$P = \frac{1}{\rho} - \rho\left(\frac{n}{2}\right)^2 + \frac{\rho^3}{2^2}\left(\frac{n}{2}\right)^4 - \frac{\rho^5}{2^2.3^2}\left(\frac{n}{2}\right)^6 + \ldots,$$
$$Q = 1 - \frac{\rho^2}{2}\left(\frac{n}{2}\right)^2 + \frac{\rho^4}{2^2.3}\left(\frac{n}{2}\right)^4 - \frac{\rho^6}{2^2.3^2.4}\left(\frac{n}{2}\right)^6 + \ldots,$$
$$R = \rho - \frac{\rho^3}{2.3}\left(\frac{n}{2}\right)^2 + \frac{\rho^5}{2^2.3.4}\left(\frac{n}{2}\right)^4 - \frac{\rho^7}{2^2.3^2.4.5}\left(\frac{n}{2}\right)^6 + \ldots,$$
$$S = \rho^2 - \frac{\rho^4}{2.3.4}\left(\frac{n}{2}\right)^2 + \frac{\rho^6}{2^2.3.4.5}\left(\frac{n}{2}\right)^4 - \frac{\rho^8}{2^2.3^2.4.5.6}\left(\frac{n}{2}\right)^6 + \ldots,$$
$$\ldots\ldots\ldots\ldots\ldots\ldots\ldots\ldots\ldots\ldots,$$

et qu'on dénote par P', P'', P''',..., Q', Q'', Q''',..., R', R'', R''',... les valeurs de P, Q, R,... qui répondent à $\rho = 1, 2, 3,\ldots$, on aura

$$K' = \frac{P'}{1+m} + \left[1 - \frac{n^2}{(1+m)^2}\right]\frac{Q'}{2} + n^2\left[1 + \frac{n^2}{(1+m)^2}\right]\frac{R'}{2^2(1+m)}$$
$$+ n^4\left[1 - \frac{n^2}{(1+m)^2}\right]\frac{S'}{2^3(1+m)^2} + n^6\left[1 + \frac{n^2}{(1+m)^2}\right]\frac{T'}{2^4(1+m)^3} + \ldots,$$

$$K'' = \frac{P''}{(1+m)^2} + \left[1 - \frac{n^2}{(1+m)^2}\right]\frac{Q''}{2(1+m)} + \left[1 + \frac{n^4}{(1+m)^4}\right]\frac{R''}{2^2}$$
$$+ n^2\left[1 - \frac{n^4}{(1+m)^4}\right]\frac{S''}{2^3(1+m)} + n^4\left[1 + \frac{n^4}{(1+m)^4}\right]\frac{T''}{2^4(1+m)^2}$$
$$+ n^6\left[1 - \frac{n^4}{(1+m)^4}\right]\frac{V''}{2^5(1+m)^3} + \ldots,$$

$$K''' = \frac{P'''}{(1+m)^3} + \left[1 - \frac{n^2}{(1+m)^2}\right]\frac{Q'''}{2(1+m)^2} + \left[1 + \frac{n^4}{(1+m)^4}\right]\frac{R'''}{2^2(1+m)}$$
$$+ \left[1 - \frac{n^6}{(1+m)^6}\right]\frac{S'''}{2^3} + n^2\left[1 + \frac{n^6}{(1+m)^6}\right]\frac{T'''}{2^4(1+m)}$$
$$+ n^4\left[1 - \frac{n^6}{(1+m)^6}\right]\frac{V'''}{2^5(1+m)^2} + n^6\left[1 + \frac{n^6}{(1+m)^6}\right]\frac{X'''}{2^6(1+m)^3} + \ldots,$$

. . . .

XIII.

Les valeurs des coefficients K', K'', K''',... dépendent, comme on voit, de l'excentricité n et du rapport $1:m$ du grand axe au petit axe de l'ellipse; or, si l'on suppose l'excentricité fort petite, ce qui est nécessaire pour que les séries soient convergentes, et qu'on veuille que les valeurs des coefficients soient exprimées par des séries ordonnées suivant les puissances de n, il faudra mettre à la place de m sa valeur $\sqrt{1-n^2}$ et développer ensuite ce radical suivant les méthodes ordinaires; donc, comme les expressions des coefficients dont il s'agit ne renferment d'autres fonctions de m que les puissances de $\frac{1}{1+m}$, il est bon de voir comment il faut s'y prendre pour réduire facilement en série chacune des puissances de

$$\frac{1}{1+m} = \frac{1}{1+\sqrt{1-n^2}}.$$

Qu'on demande donc, en général, la valeur de $\frac{1}{(1+m)^r}$; il est facile de voir que cette valeur sera la même que celle de Z^r que nous avons donnée dans l'Article IX, en y faisant seulement $z = 1$, ce qui rend

$$Z = \frac{1}{1+\sqrt{1-n^2}} = \frac{1}{1+m};$$

ainsi l'on aura sur-le-champ

$$\frac{1}{(1+m)^r} = \frac{1}{2^r}\left[1 + r\left(\frac{n}{2}\right)^2 + \frac{r(r+3)}{2}\left(\frac{n}{2}\right)^4 + \frac{r(r+4)(r+5)}{2.3}\left(\frac{n}{2}\right)^6\right.$$
$$\left. + \frac{r(r+5)(r+6)(r+7)}{2.3.4}\left(\frac{n}{2}\right)^8 + \ldots\right];$$

de sorte qu'en faisant successivement $r=1, 2, 3,\ldots$, et supposant, pour plus de simplicité, $\frac{n}{2}=\nu$, on aura

$$\frac{1}{1+m}=\frac{1}{2}\left(1+\nu^2+\frac{4\nu^4}{2}+\frac{5.6.\nu^6}{2.3}+\frac{6.7.8.\nu^8}{2.3.4}+\ldots\right),$$

$$\frac{1}{(1+m)^2}=\frac{1}{4}\left(1+2\nu^2+\frac{2.5.\nu^4}{2}+\frac{2.6.7.\nu^6}{2.3}+\frac{2.7.8.9.\nu^8}{2.3.4}+\ldots\right),$$

$$\frac{1}{(1+m)^3}=\frac{1}{8}\left(1+3\nu^2+\frac{3.6.\nu^4}{2}+\frac{3.7.8.\nu^6}{2.3}+\frac{3.8.9.10.\nu^8}{2.3.4}+\ldots\right),$$

$$\frac{1}{(1+m)^4}=\frac{1}{16}\left(1+4\nu^2+\frac{4.7.\nu^4}{2}+\frac{4.8.9.\nu^6}{2.3}+\frac{4.9.10.11.\nu^8}{2.3.4}+\ldots\right),$$

....

Ainsi il n'y aura qu'à substituer ces valeurs dans les expressions de K', K'', K''',..., et après avoir fait les multiplications nécessaires, on pourra facilement ordonner les termes par rapport aux puissances de n.

XIV.

Il est clair que la méthode employée dans ce Mémoire peut servir aussi à résoudre avec facilité les équations de la forme

$$t=x+a\sin mx+b\cos mx+c\sin nx+f\cos nx+\ldots,$$

ou de celle-ci

$$t=x+ae^{mx}+be^{nx}+ce^{px}+\ldots$$

(lorsque les coefficients $a, b, c,\ldots$ sont fort petits), et d'autres équations semblables qu'on ne pourrait résoudre par les méthodes connues que d'une manière indirecte et très-laborieuse.

Supposons, par exemple, qu'on demande la valeur de x en t par l'équation

$$t=x+ae^{mx},$$

on fera, dans la formule générale de l'Article II,

$$\varphi(x)=ae^{mx} \quad \text{et} \quad \psi(x)=x,\quad \psi(t)=t,\quad \psi'(t)=1,$$

et l'on aura

$$x = t - ae^{mt} + \frac{a^2}{2}\frac{d\,e^{2mt}}{dt} - \frac{a^3}{2.3}\frac{d^2 e^{3mt}}{dt^2} + \ldots,$$

c'est-à-dire,

$$x = t - ae^{mt} + \frac{2ma^2}{2}e^{2mt} - \frac{3^2 m^2 a^3}{2.3}e^{3mt} + \frac{4^3 m^3 a^4}{2.3.4}e^{4mt} - \ldots;$$

donc, si l'on fait $t = 0$, en sorte qu'il s'agisse de déterminer x par l'équation

$$x + ae^{mx} = 0,$$

on aura

$$x = -a\left(1 - \frac{2ma}{2} + \frac{(3ma)^2}{2.3} - \frac{(4ma)^3}{2.3.4} + \ldots\right).$$

Ainsi, si l'on avait la série

$$1 + \frac{2\alpha}{2} + \frac{(3\alpha)^2}{2.3} + \frac{(4\alpha)^3}{2.3.4} + \ldots,$$

et qu'on en demandât la somme, il faudrait tirer la valeur de x de l'équation $x - e^{\alpha x} = 0$, et ce serait la somme cherchée.

SUR

L'ÉLIMINATION DES INCONNUES

DANS LES ÉQUATIONS.

SUR

L'ÉLIMINATION DES INCONNUES

DANS LES ÉQUATIONS (*).

(*Mémoires de l'Académie royale des Sciences et Belles-Lettres de Berlin*, t. XXV, 1771.)

Lorsqu'on a deux équations qui renferment la même inconnue élevée à des degrés quelconques, on peut toujours, par les règles ordinaires de l'Algèbre, éliminer cette inconnue; mais on risque de tomber dans un inconvénient : c'est que l'équation résultante de l'élimination monte à un degré plus élevé qu'elle ne doit. Plusieurs habiles Géomètres ont senti cet inconvénient et ont donné des moyens de l'éviter; c'est ce que MM. Euler, Cramer, Bezout et d'autres ont fait par des méthodes qui leur sont propres, et qu'on peut voir dans les *Mémoires* de cette Académie pour les années 1748 et 1764, dans ceux de l'Académie des Sciences de Paris pour l'année 1764, dans l'Ouvrage de M. Cramer qui a pour titre : *Introduction à l'analyse des lignes courbes*, et ailleurs.

La méthode que je vais exposer ici a l'avantage de réduire l'élimination des inconnues à des formules générales et très-simples dont les Analystes pourront faire usage au besoin.

(*) Lu à l'Académie le 29 octobre 1767.

I.

Soient

$$\text{(A)}\qquad 1 + Ax + Bx^2 + Cx^3 + Dx^4 + \ldots = 0,$$

$$\text{(B)}\qquad 1 + \frac{a}{x} + \frac{b}{x^2} + \frac{c}{x^3} + \frac{d}{x^4} + \ldots = 0,$$

les deux équations proposées, dont la première soit d'un degré quelconque m, et la seconde aussi d'un degré quelconque n. Il est évident que quelles que soient les équations données elles peuvent toujours se mettre sous les deux formes précédentes; car pour cela il n'y a qu'à les diviser, l'une par le coefficient tout connu du dernier terme, et l'autre par la plus haute puissance de l'inconnue.

Je suppose que $1-\alpha x$, $1-\beta x$, $1-\gamma x$, $1-\delta x$,... soient les facteurs de l'équation (A), en sorte que $\frac{1}{\alpha}, \frac{1}{\beta}, \frac{1}{\gamma}, \frac{1}{\delta}, \ldots$ soient les racines de cette équation; j'aurai donc

$$1 + Ax + Bx^2 + Cx^3 + Dx^4 + \ldots = (1-\alpha x)(1-\beta x)(1-\gamma x)(1-\delta x)\ldots,$$

et, prenant les logarithmes de part et d'autre,

$$\begin{aligned}&\log(1 + Ax + Bx^2 + Cx^3 + Dx^4 + \ldots)\\ &\quad = \log(1-\alpha x) + \log(1-\beta x) + \log(1-\gamma x) + \log(1-\delta x) + \ldots\end{aligned}$$

Or on sait que

$$\log(1+z) = z - \frac{z^2}{2} + \frac{z^3}{3} - \frac{z^4}{4} + \ldots,$$

donc on aura aussi

$$\left.\begin{aligned}&x\,(A + Bx + Cx^2 + Dx^3 + \ldots)\\ &-\frac{x^2}{2}(A + Bx + Cx^2 + Dx^3 + \ldots)^2\\ &+\frac{x^3}{3}(A + Bx + Cx^2 + Dx^3 + \ldots)^3\\ &\ldots\ldots\ldots\ldots\ldots\ldots\end{aligned}\right\} = \left\{\begin{aligned}&-x\,(\alpha + \beta + \gamma + \delta + \ldots)\\ &-\frac{x^2}{2}(\alpha^2 + \beta^2 + \gamma^2 + \delta^2 + \ldots)\\ &-\frac{x^3}{3}(\alpha^3 + \beta^3 + \gamma^3 + \delta^3 + \ldots)\\ &\ldots\ldots\ldots\ldots\ldots\ldots\end{aligned}\right.$$

On sait de plus que le carré, le cube, etc., de tout polynôme, tel que $A + Bx + Cx^2 + \ldots$, est aussi un polynôme de la même forme, mais dont le nombre des termes est double, triple, etc., de sorte qu'on peut supposer

$$(A + Bx + Cx^2 + Dx^3 + \ldots)^2 = A' + B'x + C'x^2 + D'x^3 + \ldots,$$

$$(A + Bx + Cx^2 + Dx^3 + \ldots)^3 = A'' + B''x + C''x^2 + D''x^3 + \ldots,$$

et ainsi de suite, les coefficients $A', B', C', \ldots, A'', B'', C'', \ldots$ étant aisés à trouver par la formation actuelle de ces puissances ou par d'autres moyens que nous indiquerons dans la suite.

Donc, si l'on substitue ces valeurs et qu'on fasse, pour abréger,

$$\alpha + \beta + \gamma + \delta + \ldots = -P,$$

$$\alpha^2 + \beta^2 + \gamma^2 + \delta^2 + \ldots = -2Q,$$

$$\alpha^3 + \beta^3 + \gamma^3 + \delta^3 + \ldots = -3R,$$

$$\ldots\ldots\ldots\ldots\ldots\ldots,$$

on aura, en ordonnant les termes par rapport aux dimensions de x,

$$Ax + \left(B - \frac{A'}{2}\right)x^2 + \left(C - \frac{B'}{2} + \frac{A''}{3}\right)x^3 + \left(D - \frac{C'}{2} + \frac{B''}{3} - \frac{A'''}{4}\right)x^4 + \ldots$$
$$= Px + Qx^2 + Rx^3 + Sx^4 + \ldots,$$

d'où l'on tire, à cause que l'équation doit être identique,

$$P = A,$$

$$Q = B - \frac{A'}{2},$$

$$R = C - \frac{B'}{2} + \frac{A''}{3},$$

$$S = D - \frac{C'}{2} + \frac{B''}{3} - \frac{A'''}{4},$$

$$\ldots\ldots\ldots\ldots\ldots\ldots$$

Cela posé, je substitue successivement dans l'équation (B) les valeurs de x résultant de l'équation (A), savoir $\frac{1}{\alpha}, \frac{1}{\beta}, \frac{1}{\gamma}, \ldots$, dont le nombre

est m; j'aurai les m équations suivantes

$$(C)\quad \left\{\begin{array}{l} 1 + a\alpha + b\alpha^2 + c\alpha^3 + d\alpha^4 + \ldots = 0, \\ 1 + a\beta + b\beta^2 + c\beta^3 + d\beta^4 + \ldots = 0, \\ 1 + a\gamma + b\gamma^2 + c\gamma^3 + d\gamma^4 + \ldots = 0, \\ \ldots\ldots\ldots\ldots\ldots\ldots\ldots\ldots\ldots\ldots \end{array}\right.$$

Or il est clair que, pour que les deux équations (A) et (B) aient lieu en même temps, il faut nécessairement qu'une quelconque des m équations (C) ait lieu; donc, comme il n'y a pas de raison pour que l'une de ces équations doive plutôt avoir lieu que l'autre, il faudra que l'on ait une équation qui renferme toutes les équations (C) et qui ne puisse être vraie qu'en supposant que l'une quelconque de ces dernières équations le soit; d'où il s'ensuit que l'équation dont il s'agit ne saurait être que le produit de toutes les équations (C), et cette équation sera par conséquent celle qui doit résulter de l'élimination de l'inconnue x dans les deux équations proposées (A) et (B).

Donc, si l'on représente l'équation dont nous parlons par $\Pi = 0$, on aura

$$\begin{aligned} \Pi = & (1 + a\alpha + b\alpha^2 + c\alpha^3 + d\alpha^4 + \ldots) \\ & \times (1 + a\beta + b\beta^2 + c\beta^3 + d\beta^4 + \ldots) \\ & \times (1 + a\gamma + b\gamma^2 + c\gamma^3 + d\gamma^4 + \ldots) \\ & \times (1 + a\delta + b\delta^2 + c\delta^3 + d\delta^4 + \ldots) \\ & \ldots\ldots\ldots\ldots\ldots\ldots\ldots\ldots\ldots\ldots, \end{aligned}$$

le nombre des facteurs étant m. Ainsi la difficulté se réduit à trouver la valeur de Π sans connaître les racines α, β, γ, ...

Prenons les logarithmes des deux membres, et nous aurons

$$\begin{aligned} \log \Pi = & \log(1 + a\alpha + b\alpha^2 + c\alpha^3 + d\alpha^4 + \ldots) \\ & + \log(1 + a\beta + b\beta^2 + c\beta^3 + d\beta^4 + \ldots) \\ & + \log(1 + a\gamma + b\gamma^2 + c\gamma^3 + d\gamma^4 + \ldots) \\ & + \log(1 + a\delta + b\delta^2 + c\delta^3 + d\delta^4 + \ldots) \\ & \ldots\ldots\ldots\ldots\ldots\ldots\ldots\ldots\ldots\ldots \end{aligned}$$

Mais on a

$$\begin{aligned}\log(1 + a\alpha + b\alpha^2 + c\alpha^3 + d\alpha^4 + \ldots)\\ = \alpha\,(a + b\alpha + c\alpha^2 + d\alpha^3 + \ldots)\\ - \frac{\alpha^2}{2}(a + b\alpha + c\alpha^2 + d\alpha^3 + \ldots)\\ + \frac{\alpha^3}{3}(a + b\alpha + c\alpha^2 + d\alpha^3 + \ldots)\\ \ldots\ldots\ldots\ldots\ldots\ldots\ldots\ldots\end{aligned}$$

Donc, si l'on suppose que a', b', c',..., a'', b'', c'',... soient des quantités formées de a, b, c,..., comme les quantités A′, B′, C′,..., A″, B″, C″,... le sont de A, B, C,..., on aura

$$\begin{aligned}\log(1 + a\alpha + b\alpha^2 + c\alpha^3 + \ldots)\\ = \alpha\,(a + b\alpha + c\alpha^2 + d\alpha^3 + \ldots)\\ - \frac{\alpha^2}{2}(a' + b'\alpha + c'\alpha^2 + d'\alpha^3 + \ldots)\\ + \frac{\alpha^3}{3}(a'' + b''\alpha + c''\alpha^2 + d''\alpha^3 + \ldots)\\ \ldots\ldots\ldots\ldots\ldots\ldots\ldots\ldots,\end{aligned}$$

ou bien en faisant, pour abréger,

$$\begin{aligned}p &= a,\\ q &= b - \frac{a'}{2},\\ r &= c - \frac{b'}{2} + \frac{a''}{3},\\ s &= d - \frac{c'}{2} + \frac{b''}{3} - \frac{a'''}{4},\\ &\ldots\ldots\ldots\ldots\ldots,\end{aligned}$$

on aura

$$\log(1 + a\alpha + b\alpha^2 + c\alpha^3 + d\alpha^4 + \ldots) = p\alpha + q\alpha^2 + r\alpha^3 + s\alpha^4 + \ldots.$$

On trouvera de la même manière

$$\log(1 + a\beta + b\beta^2 + c\beta^3 + d\beta^4 + \ldots) = p\beta + q\beta^2 + r\beta^3 + s\beta^4 + \ldots,$$
$$\log(1 + a\gamma + b\gamma^2 + c\gamma^3 + d\gamma^4 + \ldots) = p\gamma + q\gamma^2 + r\gamma^3 + s\gamma^4 + \ldots,$$

et ainsi des autres.

Donc, ajoutant ensemble toutes ces quantités, et mettant à la place de $\alpha+\beta+\gamma+\ldots$, $\alpha^2+\beta^2+\gamma^2+\ldots$, $\alpha^3+\beta^3+\gamma^3+\ldots$, les quantités $-P$, $-2Q$, $-3R,\ldots$, on aura

$$\log\Pi = -pP - 2qQ - 3rR - \ldots.$$

Soit encore, pour abréger,

$$\varphi = pP + 2qQ + 3rR + \ldots,$$

et l'on aura

$$\log\Pi = -\varphi, \quad \text{d'où} \quad \Pi = e^{-\varphi},$$

et résolvant en série la quantité exponentielle $e^{-\varphi}$, il viendra enfin

$$\Pi = 1 - \varphi + \frac{\varphi^2}{2} - \frac{\varphi^3}{2.3} + \ldots.$$

Ainsi le Problème est résolu.

II.

Comme la quantité Π est le produit de m facteurs tels que

$$1+a\alpha+b\alpha^2+c\alpha^3+\ldots,\quad 1+a\beta+b\beta^2+c\beta^3+\ldots,\quad 1+a\gamma+b\gamma^2+c\gamma^3+\ldots,$$

il est visible qu'elle ne peut contenir d'autres produits des quantités a, b, $c,\ldots$ que ceux dont les dimensions ne passent pas le nombre m; d'où il s'ensuit :

1° Que l'équation $\Pi = 0$, ou bien

$$(D) \qquad 1 - \varphi + \frac{\varphi^2}{2} - \frac{\varphi^3}{2.3} + \ldots = 0,$$

ne doit contenir aucun terme dans lequel les quantités a, b, $c,\ldots$ forment ensemble des produits de plus de m dimensions.

Or, si l'on met $\frac{1}{x}$ au lieu de x dans les équations (B) et (A), elles deviennent celles-ci

$$1 + ax + bx^2 + cx^3 + dx^4 + \ldots = 0,$$

$$1 + \frac{A}{x} + \frac{B}{x^2} + \frac{C}{x^3} + \frac{D}{x^4} + \ldots = 0,$$

lesquelles ne diffèrent des équations (A) et (B) qu'en ce que les coefficients A, B, C,... sont changés en a, b, c,... et l'exposant m en n, et *vice versâ;* donc, si l'on fait sur ces équations les mêmes raisonnements et les mêmes opérations que nous avons faites sur les équations (A) et (B), on parviendra à une équation finale qui sera la même que l'équation (D) ci-dessus, à la seule différence près que a, b, c,... seront au lieu de A, B, C,..., et réciproquement; et l'on prouvera de même, à l'égard de cette équation, que les quantités A, B, C,... ne sauraient former ensemble des produits de plus de n dimensions.

Or, en changeant A, B, C,... en a, b, c,..., on ne fait que changer P, Q, R,... en p, q, r,..., et *vice versâ*, comme on le voit par les expressions de ces quantités: donc, comme

$$\varphi = pP + 2qQ + 3rR + \ldots,$$

il s'ensuit que l'équation finale dont il s'agit sera exactement la même que l'équation (D); d'où je conclus:

2° Que l'équation

$$1 - \varphi + \frac{\varphi^2}{2} - \frac{\varphi^3}{2.3} + \ldots = 0,$$

ne doit pas non plus contenir aucun terme où les quantités A, B, C,... se trouvent formant ensemble des produits de plus de n dimensions.

III.

Voici donc à quoi se réduit notre méthode d'élimination. Étant proposées les équations

$$1 + Ax + Bx^2 + Cx^3 + Dx^4 + \ldots = 0,$$

$$1 + \frac{a}{x} + \frac{b}{x^2} + \frac{c}{x^3} + \frac{d}{x^4} + \ldots = 0,$$

dont la première soit du degré m, et la seconde du degré n, on commencera par former les quantités A′, B′, C′, D′,..., A″, B″, C″, D″,..., A‴, B‴, C‴, D‴,..., lesquelles sont les coefficients des séries qui expriment le carré, le cube, la quatrième puissance, etc., de la série

$$A + Bx + Cx^2 + Dx^3 + \ldots,$$

et l'on poussera cette opération jusqu'à la $n^{ième}$ puissance. On formera ensuite de la même manière les quantités a', b', c', d',..., a'', b'', c'', d'',..., a''', b''', c''', d''',... jusqu'à la puissance m; et pour cela il suffira de changer, dans les valeurs correspondantes de A', B', C',..., A'', B'', C'',..., les quantités A, B, C, D,... en a, b, c, d,....

Ayant ainsi toutes ces quantités, on les substituera dans la quantité

$$\begin{aligned}\varphi = Aa &+ 2\left(B - \frac{A'}{2}\right)\left(b - \frac{a'}{2}\right)\\ &+ 3\left(C - \frac{B'}{2} + \frac{A''}{3}\right)\left(c - \frac{b'}{2} + \frac{a''}{3}\right)\\ &+ 4\left(D - \frac{C'}{2} + \frac{B''}{3} - \frac{A'''}{4}\right)\left(d - \frac{c'}{2} + \frac{b''}{3} - \frac{a'''}{4}\right)\\ &\ldots\ldots\ldots\ldots\ldots\ldots\ldots\ldots,\end{aligned}$$

et l'on fera ensuite l'équation

$$1 - \varphi + \frac{\varphi^2}{2} - \frac{\varphi^3}{2.3} + \frac{\varphi^4}{2.3.4} - \ldots = 0,$$

en observant de rejeter tous les termes qui contiendraient des produits de A, B, C,... de plus de n dimensions, ou des produits de a, b, c,... de plus de m dimensions; on aura, par ce moyen, l'équation qui résulte de l'élimination de l'inconnue x dans les deux équations proposées.

IV.

A l'égard des coefficients A', B', C',..., A'', B'', C'',..., on doit les déterminer à l'ordinaire par la formation des différentes puissances de $A + Bx + Cx^2 + \ldots$; mais, comme le calcul des puissances fort hautes serait assez laborieux, on peut l'abréger par la formule suivante, dont la démonstration se tire du calcul différentiel.

Soit, en général,

$$(A + Bx + Cx^2 + Dx^3 + Ex^4 + \ldots)^n = P + Qx + Rx^2 + Sx^3 + Tx^4 + \ldots,$$

on aura

$$P = A^n,$$

$$Q = \frac{nBP}{A},$$

$$R = \frac{(n-1)BQ + 2nCP}{2A},$$

$$S = \frac{(n-2)BR + (2n-1)CQ + 3nDP}{3A},$$

$$T = \frac{(n-3)BS + (2n-2)CR + (3n-1)DQ + 4nEP}{4A},$$

$$\ldots\ldots\ldots\ldots\ldots\ldots\ldots\ldots\ldots\ldots;$$

et il est très-aisé de voir la loi de cette série, et de la continuer autant qu'on voudra.

Si l'on ne voulait pas faire dépendre les coefficients P, Q, R,... les uns des autres, on pourrait les déterminer immédiatement de la manière suivante.

Qu'on cherche, par exemple, le coefficient de x^m dans la puissance n du polynôme

$$A + Bx + Cx^2 + Dx^3 + \ldots,$$

je dis :

1° Que ce coefficient sera formé de tous les termes qui peuvent être représentés par $A^p B^q C^r D^s \ldots$, $p, q, r, s, \ldots$ étant des nombres entiers positifs, et tels que

$$p + q + r + s + \ldots = n \quad \text{et} \quad q + 2r + 3s + \ldots = m;$$

2° Que chacun de ses termes aura pour coefficient numérique

$$\frac{1.2.3.4.5\ldots n}{(1.2.3\ldots p)(1.2.3\ldots q)(1.2.3\ldots r)\ldots}.$$

La démonstration de ce théorème est aisée à tirer de la théorie des combinaisons, et nous ne croyons pas devoir nous y arrêter.

V.

Exemple I. — Que l'on ait à éliminer x des deux équations

$$1 + Ax + Bx^2 = 0,$$

$$1 + \frac{a}{x} + \frac{b}{x^2} = 0,$$

on trouvera, en faisant le carré de $A + Bx$,

$$A' = A^2, \quad B' = 2AB, \quad C' = B^2,$$

et de même

$$a' = a^2, \quad b' = 2ab, \quad c' = b^2,$$

donc

$$\begin{aligned}\varphi &= Aa + 2\left(B - \frac{A^2}{2}\right)\left(b - \frac{a^2}{2}\right) + 3ABab + B^2b^2,\\ &= Aa + 2Bb - A^2b - Ba^2 + \frac{A^2a^2}{2} + 3ABab + B^2b^2.\end{aligned}$$

Donc, en négligeant les produits de A et B, aussi bien que ceux de a et b, qui seraient de plus de deux dimensions, on aura

$$\begin{aligned}&\varphi^2 = A^2a^2 + 4ABab + 4B^2b^2,\\ &\varphi^3 = 0,\\ &\varphi^4 = 0,\\ &\ldots\ldots\end{aligned}$$

Substituant donc ces valeurs dans l'équation

$$1 - \varphi + \frac{\varphi^2}{2} - \ldots = 0,$$

on aura

$$1 - Aa - 2Bb + A^2b + Ba^2 - ABab + B^2b^2 = 0.$$

VI.

Au reste, on peut encore trouver la valeur de φ d'une manière plus simple sans être obligé de calculer les quantités $A', B', C', \ldots, A'', B'', C'', \ldots$.

Pour cela, on remarquera que

$$\varphi = Pp + 2Qq + 3Rr + 4Ss + \ldots,$$

de sorte que la difficulté se réduit à trouver les quantités P, Q, R,... et p, q, r,....

Or il est facile de voir par l'Article I que

$$\log(1 + Ax + Bx^2 + Cx^3 + \ldots) = Px + Qx^2 + Rx^3 + Sx^4 + \ldots.$$

Qu'on différentie cette équation en faisant varier x, et l'on aura, après avoir divisé par dx,

$$\frac{A + 2Bx + 3Cx^2 + \ldots}{1 + Ax + Bx^2 + Cx^3 + \ldots} = P + 2Qx + 3Rx^2 + 4Sx^3 + \ldots.$$

Donc, multipliant en croix et comparant les termes, on aura

$$\begin{aligned} A &= P, \\ 2B &= 2Q + AP, \\ 3C &= 3R + 2AQ + BP, \\ 4D &= 4S + 3AR + 2BQ + CP, \\ &\ldots\ldots\ldots\ldots\ldots\ldots\ldots, \end{aligned}$$

d'où l'on tire

$$\begin{aligned} P &= A, \\ Q &= \frac{2B - AP}{2}, \\ R &= \frac{3C - 2AQ - BP}{3}, \\ S &= \frac{4D - 3AR - 2BQ - CP}{4}, \\ &\ldots\ldots\ldots\ldots\ldots\ldots\ldots \end{aligned}$$

Ayant déterminé ainsi les quantités P, Q, R,... par les quantités A, B, C,..., on changera ces dernières en a, b, c,..., et l'on aura les valeurs des quantités p, q, r,....

On se souviendra seulement de rejeter dans les expressions de P, Q, R,... les termes où A, B, C,... formeraient des produits de plus de n dimensions, et dans celles de p, q, r,... les termes où a, b, c,... formeraient des produits de plus de m dimensions.

VII.

Si l'on met, pour plus de simplicité, $2Q$, $3R$, $4S$,... au lieu de Q, R, S,..., et de même $2q$, $3r$, $4s$,... à la place de q, r, s,..., la valeur de φ deviendra

$$\varphi = Pp + \frac{Qq}{2} + \frac{Rr}{3} + \frac{Ss}{4} + \ldots,$$

et l'on aura pour la détermination de P, Q, R,... les formules suivantes

$$\begin{aligned}
P &= A,\\
Q &= 2B - AP,\\
R &= 3C - BP - AQ,\\
S &= 4D - CP - BQ - AR,\\
T &= 5E - DP - CQ - BR - AS,\\
&\ldots\ldots\ldots\ldots\ldots\ldots\ldots\ldots
\end{aligned}$$

Il en sera de même pour les quantités p, q, r,..., en changeant seulement A en a, B en b, C en c,..., et l'équation sera, comme ci-dessus,

$$1 - \varphi + \frac{\varphi^2}{2} - \frac{\varphi^3}{2.3} + \ldots = 0,$$

dans laquelle il ne faudra conserver que les termes où les dimensions des produits de A, B, C,... seront égales ou plus petites que n, et ceux où les dimensions des produits de a, b, c,... seront égales ou plus petites que m.

VIII.

Exemple II. — On propose d'éliminer x des équations

$$1 + Ax + Bx^2 + Cx^3 = 0,$$

$$1 + \frac{a}{x} + \frac{b}{x^2} + \frac{c}{x^3} = 0.$$

On trouvera d'abord

$$P = A,$$

$$Q = 2B - A^2,$$

$$R = 3C - 3AB + A^3,$$

$$S = -4AC - 2B^2 + 4A^2B,$$

$$T = -5BC + 5A^2C + 5AB^2,$$

$$U = -3C^2 + 12ABC + 2B^3,$$

$$V = 7AC^2 + 7B^2C,$$

$$W = 8BC^2;$$

donc on aura

$$\begin{aligned}\varphi = Aa &+ \frac{1}{2}(2B - A^2)(2b - a^2)\\ &+ \frac{1}{3}(3C - 3AB + A^3)(3c - 3ab + a^3)\\ &+ \frac{1}{4}(-4AC - 2B^2 + 4A^2B)(-4ac - 2b^2 + 4a^2b)\\ &+ \frac{1}{5}(-5BC + 5A^2C + 5AB^2)(-5bc + 5a^2c + 5ab^2)\\ &+ \frac{1}{6}(-3C^2 + 12ABC + 2B^3)(-3c^2 + 12abc + 2b^3)\\ &+ \frac{1}{7}(7AC^2 + 7B^2C)(7ac^2 + 7b^2c)\\ &+ \frac{1}{8}8BC^2 \times 8bc^2.\end{aligned}$$

Or, en rejetant les termes où A, B, C et a, b, c sont des produits de plus de deux dimensions, et ordonnant les autres par rapport aux dimensions de ces mêmes quantités, on aurait

$$\begin{aligned}\varphi &= Aa + 2Bb + 3Cc\\ &\quad - Ba^2 - 3Cab - bA^2 - 3cAB\\ &\quad + \frac{A^2a^2}{2} + 3ABab + (2AC + B^2)(2ac + b^2) + 5BCbc + \frac{3}{2}C^2c^2,\end{aligned}$$

d'où je tire, en ne conservant que les produits de trois ou d'un moindre nombre de dimensions,

$$\varphi^2 = (\mathrm{A}a + 2\mathrm{B}b + 3\mathrm{C}c)^2$$
$$+ 2(\mathrm{A}a + 2\mathrm{B}b + 3\mathrm{C}c)\Big[-\mathrm{B}a^2 - 3\mathrm{C}ab - b\mathrm{A}^2 - 3c\mathrm{AB} + \frac{\mathrm{A}^2a^2}{2} + 3\mathrm{AB}ab$$
$$+ (2\mathrm{AC} + \mathrm{B}^2)(2ac + b^2) + 5\mathrm{BC}bc + \frac{3}{2}\mathrm{C}^2c^2\Big]$$
$$+ 2(\mathrm{B}a^2 + 3\mathrm{C}ab)(b\mathrm{A}^2 + 3c\mathrm{AB}),$$

et

$$\varphi^3 = (\mathrm{A}a + 2\mathrm{B}b + 3\mathrm{C}c)^3,$$
$$\varphi^4 = 0,$$

de sorte que l'équation sera

$$1 - \mathrm{A}a - \frac{1}{2}(2\mathrm{B} - \mathrm{A}^2)(2b - a^2)$$
$$- \frac{1}{3}(3\mathrm{C} - 3\mathrm{AB} + \mathrm{A}^3)(3c - 3ab + a^3)$$
$$- \frac{1}{4}(-4\mathrm{AC} - 2\mathrm{B}^2 + 4\mathrm{A}^2\mathrm{B})(-4ac - 2b^2 + 4a^2b)$$
$$- \frac{1}{5}(-5\mathrm{BC} + 5\mathrm{A}^2\mathrm{C} + 5\mathrm{AB}^2)(-5bc + 5a^2c + 5ab^2)$$
$$- \frac{1}{6}(-3\mathrm{C}^2 + 12\mathrm{ABC} + 2\mathrm{B}^3)(-3c^2 + 12abc + 2b^3)$$
$$- \frac{1}{7}(7\mathrm{AC}^2 + 7\mathrm{B}^2\mathrm{C})(7ac^2 + 7b^2c) - 8\mathrm{BC}^2bc^2$$
$$+ (\mathrm{A}a + 2\mathrm{B}b + 3\mathrm{C}c)\Big[\frac{\mathrm{A}a + 2\mathrm{B}b + 3\mathrm{C}c}{2} - \mathrm{B}a^2 - 3\mathrm{C}ab - b\mathrm{A}^2 - 3c\mathrm{AB} + \frac{\mathrm{A}^2a^2}{2}$$
$$+ 3\mathrm{AB}ab + (2\mathrm{AC} + \mathrm{B}^2)(2ac + b^2) + 5\mathrm{BC}bc + \frac{3}{2}\mathrm{C}^2c^2\Big]$$
$$+ (\mathrm{B}a^2 + 3\mathrm{C}ab)(b\mathrm{A}^2 + 3c\mathrm{AB}) - \frac{1}{2.3}(\mathrm{A}a + 2\mathrm{B}b + 3\mathrm{C}c)^3 = 0.$$

NOUVELLES RÉFLEXIONS

SUR

LES TAUTOCHRONES.

NOUVELLES RÉFLEXIONS

SUR

LES TAUTOCHRONES.

(*Nouveaux Mémoires de l'Académie royale des Sciences et Belles-Lettres de Berlin*, année 1770.)

Depuis Huyghens, qui le premier a trouvé que la cycloïde était la courbe *tautochrone* pour les corps pesants dans le vide, les Géomètres se sont appliqués à chercher des méthodes directes et générales pour déterminer les courbes qui jouissent de la même propriété dans des hypothèses quelconques de pesanteur et de résistance.

Les premières solutions analytiques qui aient paru de ce Problème sont, je crois, celles que MM. Jean Bernoulli et Euler ont données : le premier, dans les *Mémoires de l'Académie des Sciences de Paris*, pour l'année 1730, et le second, dans le tome IV des anciens *Commentaires de Pétersbourg*. Ces solutions sont fondées sur la considération des fonctions de dimension nulle de deux variables, et il faut avouer qu'elles sont aussi simples et aussi directes qu'on peut le désirer; mais comme ces solutions exigent qu'on ait l'expression de la vitesse, elles ont l'inconvénient de ne pouvoir être applicables qu'aux cas où l'équation différentielle de la vitesse est intégrable. Pour suppléer à ce défaut, il fallait trouver une méthode qui fût indépendante de l'intégration de l'équation qui donne la vitesse, et c'est à quoi M. Fontaine est parvenu par le moyen d'un calcul particulier qui consiste à faire varier les mêmes quantités de deux manières différentes, et qui a quelque rapport à celui dont les Géomètres du siècle passé se sont servis pour résoudre les Problèmes des *trajectoires* et quelques autres du même genre.

La solution de M. Fontaine parut d'abord si satisfaisante, *qu'on ne parla plus de tautochrones*, comme cet Auteur le dit lui-même dans ses *Œuvres* imprimées en 1764, page 15; mais le Mémoire que je lus à l'Académie sur ce sujet, en 1767 (*), réveilla l'attention des Géomètres, et fit voir que la matière n'était pas encore si épuisée qu'on l'avait cru. Ayant envisagé la question des *tautochrones* sous un point de vue un peu différent de celui sous lequel on l'avait toujours considérée avant moi, je suis parvenu à une formule générale et très-simple, qui donne l'expression de la force nécessaire pour produire le tautochronisme, et qui renferme non-seulement tous les cas déjà connus, mais encore une infinité d'autres dans lesquels on ignorait que le Problème fût résoluble. Un grand Géomètre, à qui je communiquai cette formule, mais en supprimant l'analyse qui m'y avait conduit, la trouva assez importante pour mériter qu'il en cherchât la démonstration; et c'est ce qui a occasionné les savantes et ingénieuses recherches qu'il a faites sur la même matière et qui se trouvent dans nos *Mémoires* pour l'année 1765; mais mon travail n'a pas été jugé si favorablement par M. Fontaine, qui vient de m'attaquer dans un Mémoire imprimé dans le volume de l'Académie des Sciences de Paris, pour l'année 1768. Je m'attendais, avec raison, à trouver dans ce Mémoire des objections solides et dignes du nom de cet illustre adversaire; mais j'ai été bien surpris de n'y trouver que quelques expressions peu obligeantes, sans aucune raison bonne ou mauvaise. Comme la simple lecture de son Mémoire et du mien peut suffire pour me mettre à couvert de ses critiques, je les passerai entièrement sous silence, et je me contenterai d'exposer dans ce Mémoire quelques réflexions que j'ai faites à cette occasion, tant sur ma solution de 1767 que sur la nouvelle solution de M. Fontaine de 1768. Je commencerai par donner la solution d'un Problème qui n'a pas encore été résolu, et qui sert à jeter un grand

(*) *Œuvres de Lagrange*, t. II, p. 317.

jour sur celui des *tautochrones;* je résoudrai ensuite ce dernier Problème dans toute sa généralité; du moins je donnerai les formules les plus générales qu'on puisse désirer sur cet objet; de là je passerai à examiner la solution que M. Fontaine donne pour générale, et je ferai voir qu'elle est incomplète, et même illusoire à certains égards.

Problème I.

Soit a l'espace total que peut parcourir un corps qui part d'un point donné avec une certaine vitesse, et qui est continuellement retardé dans sa marche par une force variable p; soient de plus x un espace quelconque parcouru pendant le temps t, u la vitesse du corps au bout de ce temps, et L *une fonction quelconque donnée de x et de a : on demande par quelle fonction de u et de x doit être exprimée la force p, pour que le temps t soit égal à une fonction quelconque de* L.

1. On aura d'abord, par les principes de mécanique, l'équation

$$udu + pdx = 0 \tag{A}$$

qui est, comme on voit, une équation différentielle du premier ordre à deux variables x et u, p étant par l'hypothèse du Problème une fonction de x et u. Ainsi il y aura une fonction de x et u, que nous désignerons par R, par laquelle cette équation étant multipliée deviendra intégrable; de sorte qu'on aura l'équation finie

$$\int R(udu + pdx) = \text{const.}$$

Pour déterminer cette constante, on remarquera que par l'hypothèse du Problème il faut que la vitesse u soit nulle au bout de l'espace a; d'où il s'ensuit que si l'on nomme A ce que devient la quantité $\int R(udu + pdx)$ lorsqu'on y fait $x = a$ et $u = 0$, on aura

$$\int R(udu + pdx) = A. \tag{B}$$

Maintenant, comme le premier membre de cette équation est une fonction finie de u et x sans a, et que le second est une fonction finie de a seul, il est clair que si l'on y fait varier à la fois les trois quantités x, u et a, et qu'on suppose $dA = B\,da$, on aura cette équation différentielle à trois variables

$$\text{(C)} \qquad R(u\,du + p\,dx) = B\,da,$$

de sorte qu'en regardant u comme une fonction de x et a donnée par l'équation (B), on aura

$$\frac{du}{dx} = -\frac{p}{u}, \quad \frac{du}{da} = \frac{B}{Ru}.$$

2. Cela posé, considérons le temps t que le corps met à parcourir l'espace x; on aura, comme on sait,

$$t = \int \frac{dx}{u},$$

où il faudra mettre à la place de u sa valeur en x et a donnée par l'équation (B), après quoi on intégrera en regardant a comme constante, ce qui donnera pour t une fonction de x et a.

Supposons maintenant qu'on différentie cette valeur de t en y faisant varier à la fois x et a, et l'on aura, en regardant u comme une fonction de x et a,

$$dt = \frac{dx}{u} - da \int \frac{1}{u^2} \frac{du}{da}\,dx,$$

ou bien, en substituant pour $\frac{du}{da}$ sa valeur $\frac{B}{Ru}$, et mettant la quantité B qui est une fonction de a seul hors du signe $\int$,

$$\text{(D)} \qquad dt = \frac{dx}{u} - B\,da \int \frac{dx}{Ru^3}.$$

3. Or, L étant (hypothèse) une fonction donnée de x et a, on aura

$$dL = M\,dx + N\,da,$$

et comme t doit être une fonction quelconque de L, on aura donc aussi L égale à une fonction quelconque de t, que nous désignerons par T;

donc, différentiant et supposant $d\text{T} = \text{S}dt$, on aura

$$\text{S}dt = \text{M}dx + \text{N}da;$$

or, cette équation doit être identique avec l'équation (D); donc on aura, par la comparaison des termes affectés de dx et de da,

$$\frac{\text{M}}{\text{S}} = \frac{1}{u}, \quad \frac{\text{N}}{\text{S}} = -\text{B}\int\frac{dx}{\text{R}u^3},$$

et par conséquent

$$\frac{\text{N}}{\text{M}} = -\text{B}u\int\frac{dx}{\text{R}u^3}.$$

Soit, pour abréger, $\frac{\text{N}}{\text{M}} = \text{X}$, et l'on aura, en divisant par u,

$$\frac{\text{X}}{u} = -\text{B}\int\frac{dx}{\text{R}u^3},$$

et différentiant, dans l'hypothèse de x et u seuls variables et de a constante,

$$\frac{u\,d\text{X} - \text{X}\,du}{u^2} = -\text{B}\frac{dx}{\text{R}u^3};$$

d'où l'on tire

$$\text{R} = \frac{\text{B}}{\text{X}u\frac{du}{dx} - u^2\frac{d\text{X}}{dx}};$$

mais on a $\frac{du}{dx} = -\frac{p}{u}$ (1), donc

$$\text{R} = -\frac{\text{B}}{p\text{X} + u^2\frac{d\text{X}}{dx}}.$$

Cette quantité R est, comme on voit, une fonction de u, x et a, parce que B est une fonction de a, X une fonction de a et x, et p une fonction de x et u; or, a étant donné en x et u par l'équation (B), on pourra réduire la quantité R à n'être qu'une fonction de x et u, et dans cet état ce sera le multiplicateur qui doit rendre intégrable la différentielle $udu + pdx$ (1); on pourra donc substituer cette valeur de R dans l'équation (C), et, comme cette équation n'est autre chose que la différentielle de l'équation finie (B), il est clair qu'on pourra remettre dans R la quantité a à la place de sa valeur en u et x; d'où il s'ensuit qu'on peut mettre immédiatement dans l'équation (C) l'expression de R trouvée ci-dessus, dans laquelle les trois quantités u, x et a entrent à la fois, ce qui donnera, en divisant les deux membres par B, cette équation différentielle à trois variables

$$\frac{u\,du + p\,dx}{pX + u^2\dfrac{dX}{dx}} + da = 0,$$

par laquelle on pourra déterminer l'une de ces variables par les deux autres.

4. Soit, pour plus de simplicité,

$$r = pX + u^2\frac{dX}{dx},$$

en sorte que l'équation précédente devienne

$$\text{(E)} \qquad \frac{u}{r}\,du + \frac{p}{r}\,dx + da = 0.$$

Or, pour que cette équation soit possible, il faut, comme on sait, qu'on ait cette condition

$$\frac{u}{r}\,\frac{d\frac{p}{r}}{da} - \frac{p}{r}\,\frac{d\frac{u}{r}}{da} + \frac{d\frac{u}{r}}{dx} - \frac{d\frac{p}{r}}{du} = 0.$$

Mais a ne peut être contenu que dans r, parce qu'on suppose que p soit une fonction de x et u seulement; donc on aura

$$\frac{d\frac{p}{r}}{da} = -\frac{p}{r^2}\,\frac{dr}{da}, \quad \frac{d\frac{u}{r}}{da} = -\frac{u}{r^2}\,\frac{dr}{da},$$

donc

$$\frac{u}{r}\,\frac{d\frac{p}{r}}{da} - \frac{p}{r}\,\frac{d\frac{u}{r}}{da} = 0;$$

de sorte que l'équation de condition se réduira à celle-ci

$$\text{(F)} \qquad \frac{d\frac{u}{r}}{dx} - \frac{d\frac{p}{r}}{du} = 0.$$

Il faudra donc que cette équation ait lieu en même temps que l'équation (E), sans cependant qu'il en résulte aucune nouvelle détermination entre les trois variables x, u et a. Or, c'est ce qui ne peut arriver que dans ces deux cas : 1° si l'équation (F) est absolument identique; 2° si la même équation (F) est renfermée dans l'équation (E). Nous allons examiner ces cas l'un après l'autre.

5. *Premier cas, où l'équation de condition est identique.* — Dans ce cas, il faudra qu'en regardant a comme constante, la quantité $\frac{u}{r}\,du + \frac{p}{r}\,dx$ soit une différentielle exacte d'une fonction de u et x, car la condition de l'intégrabilité de la différentielle $\frac{u}{r}\,du + \frac{p}{r}\,dx$ est

$$\frac{d\frac{u}{r}}{dx} = \frac{d\frac{p}{r}}{du},$$

qui est précisément la même que l'équation (F); donc, mettant au lieu de p sa valeur en r, laquelle est $\frac{r}{X} - \frac{u^2}{X}\frac{dX}{dx}$, il faudra que la différentielle

$$\frac{u\,du}{r} + \left(\frac{1}{X} - \frac{u^2}{rX}\frac{dX}{dx}\right)dx,$$

c'est-à-dire,

$$\frac{u^2}{r}\left(\frac{du}{u} - \frac{dX}{X}\right) + \frac{dx}{X},$$

soit intégrable; or, à cause que X est une fonction de x et a sans u, et que a est regardé ici comme constante, il est clair que le terme $\frac{dx}{X}$ sera intégrable de lui-même, de sorte qu'il faudra aussi que les termes restant $\frac{u^2}{r}\left(\frac{du}{u} - \frac{dX}{X}\right)$ le soient; ce qui ne saurait être à moins que $\frac{u^2}{r}$ ne soit une fonction de $\log u - \log X$ ou bien de $\frac{u}{X}$.

On aura donc aussi $\frac{r}{u^2}$ égal à une fonction de $\frac{u}{X}$, qu'on pourra désigner par $\varphi\left(\frac{u}{X}\right)$; donc

$$r = u^2\,\varphi\left(\frac{u}{X}\right),$$

et par conséquent

$$p = u^2\left[\frac{\varphi\left(\frac{u}{X}\right)}{X} - \frac{1}{X}\frac{dX}{dx}\right].$$

Or, comme la quantité a est traitée comme constante, elle pourra entrer comme telle dans la fonction indéterminée $\varphi\left(\frac{u}{X}\right)$; mais, à cause que p ne doit être qu'une fonction de u et de x, il faudra que a disparaisse de l'expression de p. Nous verrons plus bas comment on peut satisfaire à cette condition.

6. *Second cas, où l'équation de condition n'est pas identique.* — Ce cas aura lieu lorsque les deux équations (E) et (F) seront identiques l'une avec l'autre; donc, comme l'équation (F) est finie et que l'équation (E) contient les différentielles premières dx, du, da, il faudra que celle-là soit l'intégrale de celle-ci.

Or l'équation de condition (F) se réduit à celle-ci

$$\text{(F)} \qquad \frac{dr}{dx} - \frac{p}{u}\frac{dr}{du} + \frac{r}{u}\frac{dp}{du} = 0.$$

Donc si l'on fait, pour abréger,

$$q = \frac{dr}{dx} - \frac{p}{u}\frac{dr}{du} + \frac{r}{u}\frac{dp}{du},$$

en sorte qu'on ait $q = 0$, et qu'on différentie cette équation dans l'hypothèse de u, x et a variables, on aura

$$\frac{dq}{dx}dx + \frac{dq}{du}du + \frac{dq}{da}da = 0,$$

qui devra être identique avec l'équation (E); or celle-ci donne

$$du = -\frac{p\,dx}{u} - \frac{r\,da}{u};$$

donc, substituant cette valeur, on aura

$$\left(\frac{dq}{dx} - \frac{p}{u}\frac{dq}{du}\right)dx + \left(\frac{dq}{da} - \frac{r}{u}\frac{dq}{du}\right)da = 0,$$

équation qui devra être identique; de sorte qu'il faudra que les coefficients de dx et de du soient chacun égal à zéro en particulier, ce qui donnera ces deux équations-ci

$$\text{(G)} \qquad \frac{dq}{dx} - \frac{p}{u}\frac{dq}{du} = 0,$$

$$\text{(H)} \qquad \frac{dq}{da} - \frac{r}{u}\frac{dq}{du} = 0,$$

qui devront avoir lieu en même temps que l'équation (F).

Donc, supposant la fonction X connue en x et a, on pourra, par le moyen de ces trois équations, éliminer a, et il en restera deux qui ne contiendront que les variables finies x et u, avec la quantité p et ses différentielles

$$\frac{dp}{dx}, \frac{dp}{du}, \frac{d^2p}{dx^2}, \frac{d^2p}{dx\,du}, \frac{d^2p}{du^2}.$$

Ces deux équations devront donc être identiques chacune en particulier, de sorte qu'on pourra les différentier à volonté en prenant x ou u constante, comme on voudra. On pourra donc, par leur moyen, chasser la quantité p et ses différentielles, et il restera une équation finie entre u et x qui devra aussi être identique. Ainsi, ayant trouvé cette dernière équation en x et en u, on verra si elle est identique, auquel cas le Problème sera résoluble, et l'on pourra avoir facilement la valeur de p en x et en u; mais si elle ne l'est pas, ce sera une marque que les deux équations (E) et (F) ne sauraient être identiques entre elles, et qu'ainsi le Problème ne pourra pas se résoudre dans cette hypothèse.

7. Corollaire I. — Considérons l'expression générale de p que nous avons trouvée dans le premier cas, et supposons que le terme tout constant de la fonction $\varphi\left(\frac{u}{X}\right)$ soit une fonction quelconque de a que je dé-

signerai par $\frac{1}{\alpha}$, en sorte que les autres termes de la même fonction renferment chacun une puissance de u; il est clair que la valeur de p contiendra le terme

$$u^2\left(\frac{1}{\alpha X} - \frac{1}{X}\frac{dX}{dx}\right),$$

et qu'il n'y aura aucun autre terme que celui-ci qui renferme le carré u^2. Donc, pour que l'expression de p ne renferme point la quantité a, il faudra que le coefficient

$$\frac{1}{\alpha X} - \frac{1}{X}\frac{dX}{dx}$$

ne la renferme pas non plus, et par conséquent qu'il soit une fonction de x sans a. Soit donc ω cette fonction, en sorte que l'on ait

$$\frac{1}{\alpha X} - \frac{1}{X}\frac{dX}{dx} = \omega,$$

et intégrant dans l'hypothèse de a constante et de x variable, on aura

$$X = \frac{e^{-\int\omega dx}\int e^{\int\omega dx}dx}{\alpha},$$

mais

$$e^{-\int\omega dx}\int e^{\int\omega dx}dx$$

est une fonction de x seulement; donc, dénotant par ξ cette fonction, on aura

$$X = \frac{\xi}{\alpha}.$$

Substituant donc cette valeur dans l'expression de p, elle deviendra

$$p = u^2\left[\frac{\varphi\left(\frac{\alpha u}{\xi}\right)}{\xi}\alpha - \frac{1}{\xi}\frac{d\xi}{dx}\right].$$

Donc, il faudra que la fonction $\varphi\left(\frac{\alpha u}{\xi}\right)$ soit telle, que $\alpha\varphi\left(\frac{\alpha u}{\xi}\right)$ ne contienne point a, mais qu'elle contienne seulement $\frac{u}{\xi}$. Prenant donc une fonction quelconque de $\frac{u}{\xi}$ telle que $\varphi\left(\frac{u}{\xi}\right)$, et la mettant à la place de $\alpha\varphi\left(\frac{\alpha u}{\xi}\right)$, on aura, en général,

$$p = u^2\left[\frac{\varphi\left(\frac{u}{\xi}\right)}{\xi} - \frac{1}{\xi}\frac{d\xi}{dx}\right].$$

8. Corollaire II. — Substituons maintenant cette valeur de p dans l'équation (E) du n° 4, et l'on aura, à cause de $X = \frac{\xi}{\alpha}$, l'équation

$$\frac{\frac{du}{u} - \frac{d\xi}{\xi}}{\varphi\left(\frac{u}{\xi}\right)} + \frac{dx}{\xi} + \frac{d\alpha}{\alpha} = 0,$$

dont l'intégrale est

$$\Phi\left(\frac{u}{\xi}\right) + \int\frac{dx}{\xi} + \int\frac{d\alpha}{\alpha} = 0.$$

Or, il faut qu'en faisant $x = a$ on ait $u = 0$; donc, si l'on nomme K la valeur de $\Phi\left(\frac{u}{\xi}\right)$ lorsque $u = 0$, valeur qui sera constante et indépendante de a, parce que $\Phi\left(\frac{u}{\xi}\right)$ est censée ne pas contenir a, on aura, en faisant $x = a$,

$$K + \int\frac{dx}{\xi} + \int\frac{d\alpha}{\alpha} = 0,$$

d'où, à cause de $da = dx$, il s'ensuit qu'on aura aussi

$$\frac{1}{\xi} + \frac{1}{\alpha} = 0 \quad \text{et} \quad \alpha = -\xi;$$

c'est-à-dire que α devra être une fonction de a semblable à la fonction ξ de x, mais prise négativement.

9. Corollaire III. — Donc, si l'on prend pour α une fonction de a semblable à la fonction de x qui est dénotée par ξ, on aura

$$X = -\frac{\xi}{\alpha};$$

donc (3)

$$\frac{N}{M} = -\frac{\xi}{\alpha},$$

et par conséquent

$$N = -\frac{M\xi}{\alpha};$$

donc

$$dL = M\left(dx - \frac{\xi\, da}{\alpha}\right) = M\xi\left(\frac{dx}{\xi} - \frac{da}{\alpha}\right),$$

de sorte que $M\xi$ devra être une fonction de

$$\int \frac{dx}{\xi} - \int \frac{da}{\alpha},$$

et par conséquent L sera aussi une fonction de

$$\int \frac{dx}{\xi} - \int \frac{da}{\alpha},$$

ou bien une fonction de

$$\frac{e^{\int \frac{dx}{\xi}}}{e^{\int \frac{da}{\alpha}}},$$

et comme t est supposé une fonction quelconque de L, il s'ensuit que le temps t sera aussi une fonction quelconque de

$$\frac{e^{\int \frac{dx}{\xi}}}{e^{\int \frac{da}{\alpha}}},$$

d'où je conclus que le premier cas de la solution précédente ne peut avoir lieu que lorsque le temps t est supposé une fonction quelconque de dimension nulle de deux fonctions semblables, l'une de x et l'autre de a.

10. Corollaire IV. — Si le temps t n'est pas une fonction de x et de a telle que nous venons de le dire, alors l'équation de condition $q = 0$ ne pourra pas être identique, et le Problème ne sera résoluble que lorsque

cette équation sera renfermée dans l'équation différentielle (E), ce qui donnera, comme nous l'avons vu (6), les deux équations finies

$$\frac{dq}{dx} - \frac{p}{u}\frac{dq}{du} = 0, \quad \frac{dq}{da} - \frac{r}{u}\frac{dq}{du} = 0.$$

Substituons au lieu de r sa valeur $pX + u^2 \dfrac{dX}{dx}$ (4), et comme X est une fonction de x et de a sans u, et que p en est une de x et de u sans a, on aura d'abord

$$\frac{dr}{dx} = X\frac{dp}{dx} + \frac{dX}{dx}p + \frac{d^2X}{dx^2}u^2,$$

$$\frac{dr}{du} = X\frac{dp}{du} + 2\frac{dX}{dx}u,$$

d'où l'on trouvera

$$q = X\frac{dp}{dx} - \frac{dX}{dx}\left(p - u\frac{dp}{du}\right) + \frac{d^2X}{dx^2}u^2,$$

ensuite

$$\frac{dq}{dx} = X\frac{d^2p}{dx^2} + \frac{dX}{dx}u\frac{d^2p}{dx\,du} - \frac{d^2X}{dx^2}\left(p - u\frac{dp}{du}\right) + \frac{d^3X}{dx^3}u^2,$$

$$\frac{dq}{du} = X\frac{d^2p}{dx\,du} + \frac{dX}{dx}u\frac{d^2p}{du^2} + 2\frac{d^2X}{dx^2}u,$$

$$\frac{dq}{da} = \frac{dX}{da}\frac{dp}{dx} - \frac{d^2X}{da\,dx}\left(p - u\frac{dp}{du}\right) + \frac{d^3X}{dx^2da}u^2.$$

Ainsi l'on aura les trois équations

$$\text{(F)} \qquad X\frac{dp}{dx} + \frac{dX}{dx}\left(u\frac{dp}{du} - p\right) + \frac{d^2X}{dx^2}u^2 = 0,$$

$$\text{(G)} \qquad \left\{\begin{aligned} &X\frac{d^2p}{dx^2} + \frac{dX}{dx}u\frac{d^2p}{dx\,du} - \frac{d^2X}{dx^2}\left(p - u\frac{dp}{du}\right) + \frac{d^3X}{dx^3}u^2 \\ &\qquad - p\left(\frac{X}{u}\frac{d^2p}{dx\,du} + \frac{dX}{dx}\frac{d^2p}{du^2} + 2\frac{d^2X}{dx^2}\right) = 0, \end{aligned}\right.$$

$$\text{(H)} \qquad \left\{\begin{aligned} &\frac{dX}{da}\frac{dp}{dx} + \frac{d^2X}{dx\,da}\left(u\frac{dp}{du} - p\right) + \frac{d^3X}{dx^2da}u^2 \\ &\qquad - \left(Xp + \frac{dX}{dx}u^2\right)\left(\frac{X}{u}\frac{d^2p}{dx\,du} + \frac{dX}{dx}\frac{d^2p}{du^2} + 2\frac{d^2X}{dx^2}\right) = 0, \end{aligned}\right.$$

qui devront être identiques entre elles. On traitera donc ces trois équations comme nous l'avons dit (6); mais il arrivera bien souvent qu'elles ne pourront pas avoir lieu à la fois, et alors la solution du Problème sera impossible.

11. Scolie. — On a supposé dans le Problème précédent que le temps t, employé à parcourir l'espace x, devait être exprimé par une fonction quelconque de la quantité L, qui est une fonction donnée de a et de x; d'où il s'ensuit que le temps t sera constant lorsqu'il y aura entre x et a la relation donnée par l'équation $L = \text{const.}$

Ainsi l'on pourra résoudre le Problème suivant :

Trouver la loi de la force accélératrice nécessaire pour que le corps mette toujours le même temps à parcourir un espace quelconque qui ait une relation donnée avec l'espace total.

Problème II.

On demande l'expression générale de la force accélératrice nécessaire pour le tautochronisme.

12. En conservant les dénominations du Problème I, la question se réduit à trouver quelle fonction de u et de x on doit prendre pour p, pour que l'expression de t soit telle qu'en y faisant $x = a$ elle devienne indépendante de a. Donc, en regardant (comme on l'a fait dans le Problème précédent) t comme une fonction quelconque d'une fonction donnée L de x et a, il est clair que le Problème sera résolu dans toute sa généralité si l'on fait en sorte que L soit une fonction quelconque de x et de a telle que a disparaisse lorsqu'on fait $x = a$. Ainsi la quantité L ne sera pas donnée tout à fait; mais il faudra seulement qu'elle soit assujettie à la condition dont nous venons de parler. Or nous avons supposé (3)

$$dL = M\,dx + N\,da;$$

donc, faisant $x = a$, on aura

$$dL = (M + N)\,da,$$

et comme dans cette supposition on veut que la quantité L devienne indépendante de a, il faudra que l'on ait

$$M + N = 0;$$

donc on aura, en faisant $x = a$,

$$M = -N \quad \text{et} \quad \frac{N}{M} = X = -1.$$

De sorte qu'on pourra prendre pour X toute fonction de x et de a telle qu'elle devienne égale à -1 lorsqu'on y fait $x = a$.

Mais il faut remarquer que t doit être égal à zéro lorsque $x = 0$ (hypothèse); donc si, en faisant $t = 0$, on a $T = K$ (3); il faudra aussi que L devienne égal à K lorsque $x = 0$, de sorte qu'en supposant seulement x infiniment petit on aura nécessairement

$$L = K + Cx^m,$$

K étant une constante indépendante de a, C étant une fonction de a et m un nombre quelconque positif; donc on aura aussi, en différentiant,

$$dL = mCx^{m-1}dx + x^m \frac{dC}{da} da,$$

et par conséquent

$$M = mCx^{m-1}, \quad N = x^m \frac{dC}{da} \quad \text{et} \quad X = \frac{x}{mC} \frac{dC}{da};$$

d'où l'on voit que la quantité X doit être telle qu'elle devienne égale à xD lorsque x est infiniment petit, D étant une constante quelconque. Donc il faudra que X soit égal à zéro lorsque $x = 0$, et que $\frac{dX}{dx}$ soit en même temps une quantité finie quelconque.

Voilà les seules conditions auxquelles la fonction L doive être assujettie dans le cas du tautochronisme; à ces limitations près, la fonction L pourra donc être regardée comme indéterminée, et la solution du Problème sera renfermée dans celle du Problème précédent. Or nous avons vu que ce dernier Problème est résoluble dans deux cas, lorsque l'équation de condition (F) est identique et lorsqu'elle est renfermée dans l'équation différentielle (E); il en sera de même du Problème des tautochrones, de sorte qu'on aura ces deux solutions :

13. Première Solution. — En supposant l'équation de condition identique, nous avons trouvé pour p l'expression générale (5 et 7)

$$p = u^2\left[\frac{\varphi\left(\frac{u}{\xi}\right)}{\xi} - \frac{1}{\xi}\frac{d\xi}{dx}\right],$$

et comme on a dans ce cas (9)

$$X = -\frac{\xi}{\alpha},$$

α étant une fonction de a semblable à la fonction ξ de x, il est clair qu'en faisant $x = a$ on aura $\xi = \alpha$ et par conséquent $X = -1$. Donc l'expression précédente de p sera toujours propre à produire le tautochronisme, quelle que soit la fonction de $\frac{u}{\xi}$ désignée par $\varphi\left(\frac{u}{\xi}\right)$, et quelle que soit aussi la fonction ξ de x, pourvu que celle-ci soit telle qu'on ait $\xi = 0$ et $\frac{d\xi}{dx}$ égal à une quantité quelconque finie lorsque $x = 0$ (12). Cette solution est la même que celle que j'ai donnée dans mon Mémoire de 1767 (*), en la déduisant de la supposition que l'expression du temps soit une fonction quelconque de dimension nulle de deux fonctions semblables, l'une de a et l'autre de x. Cette supposition pouvait paraître alors trop limitée; mais, après ce que nous venons de démontrer, on voit qu'elle est aussi générale que la question le permet, au moins tant que l'équation de condition doit être identique, ce qui est le cas le plus naturel et en même temps le plus général.

14. Seconde Solution. — Si l'équation de condition n'est pas identique il faut voir si elle peut être renfermée dans l'équation différentielle même, auquel cas le Problème sera encore résoluble, autrement il ne le

(*) *Œuvres de Lagrange*, t. II, p. 317.

sera pas. On aura donc, dans ce cas (6), les trois équations

$$q=0,$$

$$\frac{dq}{dx}-\frac{p}{u}\frac{dq}{du}=0,$$

$$\frac{dq}{da}-\frac{r}{u}\frac{dq}{du}=0,$$

c'est-à-dire (10)

$$X\frac{dp}{dx}+\frac{dX}{dx}\left(u\frac{dp}{du}-p\right)+\frac{d^2X}{dx^2}u^2=0,$$

$$X\frac{d^2p}{dx^2}+\frac{dX}{dx}u\frac{d^2p}{dx\,du}+\frac{d^2X}{dx^2}\left(u\frac{dp}{du}-p\right)+\frac{d^3X}{dx^3}u^2$$
$$-p\left(\frac{X}{u}\frac{d^2p}{du\,dx}+\frac{dX}{dx}\frac{d^2p}{du^2}+\frac{d^2X}{dx^2}\right)=0,$$

$$\frac{dX}{da}\frac{dp}{dx}+\frac{d^2X}{dx\,da}\left(u\frac{dp}{du}-p\right)+\frac{d^3X}{dx^2da}u^2$$
$$-\left(Xp+\frac{dX}{dx}u^2\right)\left(\frac{X}{u}\frac{d^2p}{du\,dx}+\frac{dX}{dx}\frac{d^2p}{du^2}+2\frac{d^2X}{dx^2}\right)=0.$$

De sorte qu'il faudra que la valeur de p en x et u soit telle qu'elle satisfasse à la fois à ces trois équations, en prenant pour X une fonction quelconque de x et de a telle que $X=-1$ lorsque $x=a$, et que $X=0$, et $\frac{dX}{dx}$ soit égal à une *quantité finie* lorsque $x=0$.

Or, il est clair que la recherche de la valeur de p par le moyen de ces trois équations sera très-difficile, et qu'ainsi la solution précédente peut être regardée comme plus curieuse qu'utile; mais elle peut être beaucoup simplifiée par la considération suivante.

15. Troisième Solution. — La Solution précédente est fondée sur la supposition que l'équation de condition $q=0$ soit identique avec l'équation différentielle (E); or, pour que cette identité ait lieu, il faut que l'équation $q=0$ exprime la même relation entre les trois quantités u, x et a, qui est exprimée par l'équation différentielle (E). Donc, si l'on imagine qu'on tire de cette dernière équation la valeur de a en u et x, et qu'on la substitue dans celle-ci, $q=0$, il faudra que l'équation qui en

résultera soit identique. Or on a (**10**)

$$q = X\frac{dp}{dx} + \frac{dX}{dx}\left(u\frac{dp}{du} - p\right) + \frac{d^2X}{dx^2}u^2,$$

où p est supposé une fonction de x et u sans a, et X une fonction de x et a sans u; ainsi il ne s'agira que de substituer dans la quantité X, et dans ses différentielles $\frac{dX}{dx}$, $\frac{d^2X}{dx^2}$ à la place de a sa valeur en u et x qui est supposée donnée par l'équation (E); or, la quantité X étant indéterminée, on pourra la regarder d'abord comme une fonction de x et u sans a, et alors l'équation $q = 0$ devra être identique.

16. Il faudra seulement observer :

1° Que la quantité X devra être égale à -1 lorsque $u = 0$, quel que soit x; car il faut que X soit égal à -1 lorsque $x = a$; mais on a (hypothèse) $u = 0$ lorsque $x = a$; donc il faudra que X soit égal à -1 en y faisant $x = a$ et $u = 0$; et comme la quantité X regardée comme une fonction de u et x est supposée ne pas contenir a, il est clair que cette quantité ne pourra pas devenir égale à -1 en faisant $u = 0$ et $x = a$, à moins qu'elle ne le devienne aussi quel que soit x.

2° Qu'en faisant $x = 0$ et u tout ce qu'on voudra, la quantité X devra devenir nulle, et la quantité $\frac{dX}{dx} - \frac{p}{u}\frac{dX}{du}$ finie; car la quantité X regardée comme une fonction de x et de a doit être de la forme Dx lorsque x est très-petit (**12**), D étant une fonction de a; donc, mettant à la place de a sa valeur en u et x, et faisant x nul, la quantité D deviendra une fonction de u; on aura donc, lorsque x est infiniment petit,

$$X = Dx,$$

et différentiant

$$\frac{dX}{dx}dx + \frac{dX}{du}du = D + x\frac{dD}{du}du,$$

et mettant à la place de du sa valeur $-\frac{p\,dx}{u}$,

$$\frac{dX}{dx} - \frac{p}{u}\frac{dX}{du} = D - \frac{xp}{u}\frac{dD}{du};$$

donc, faisant maintenant $x = 0$, on aura

$$X = 0 \quad \text{et} \quad \frac{dX}{dx} - \frac{p}{u}\frac{dX}{du} = D.$$

17. Cela posé, si l'on considère X comme une fonction de x et a et qu'on suppose

$$dX = P\,dx + Q\,da, \quad dP = R\,dx + S\,da,$$

on aura

$$\frac{dX}{dx} = P \quad \text{et} \quad \frac{d^2X}{dx^2} = R,$$

de sorte que la quantité q deviendra

$$q = X\frac{dp}{dx} + P\left(u\frac{dp}{du} - p\right) + Ru^2.$$

Regardons maintenant la quantité X comme une fonction de x et u, et l'on aura aussi

$$dX = T\,dx + V\,du,$$
$$dT = W\,dx + Y\,du,$$
$$dV = Y\,dx + Z\,du;$$

or on a, par l'équation (E),

$$du = -\frac{p\,dx}{u} - \frac{r\,da}{u},$$

donc

$$dX = \left(T - \frac{pV}{u}\right)dx - \frac{rV}{u}du;$$

donc

$$P = T - \frac{pV}{u};$$

différentions maintenant cette valeur de P, et l'on aura

$$dP = W\,dx + Y\,du - V\,d\frac{p}{u} - \frac{p}{u}(Y\,dx + Z\,du),$$

c'est-à-dire

$$dP = \left(W - \frac{V}{u}\frac{dp}{dx} - Y\frac{p}{u}\right)dx + \left(Y - \frac{V}{u}\frac{dp}{du} + \frac{Vp}{u^2} - \frac{pZ}{u}\right)du,$$

à cause de

$$d\frac{p}{u} = \frac{1}{u}\left(\frac{dp}{dx}\,dx + \frac{dp}{du}\,du\right) - \frac{p\,du}{u^2},$$

et mettant pour du sa valeur $-\dfrac{p\,dx}{u} - \dfrac{r\,da}{u}$,

$$dP = \left(W - \frac{V}{u}\frac{dp}{dx} - \frac{2Y}{u}p + \frac{Vp}{u^2}\frac{dp}{du} - \frac{Vp^2}{u^4} + \frac{Zp^2}{u^2}\right)dx$$
$$- \frac{r}{u}\left(Y - \frac{V}{u}\frac{dp}{du} + \frac{Vp}{u^3} - \frac{pZ}{u}\right)da,$$

de sorte qu'on aura

$$R = W - \frac{V}{u}\left(\frac{dp}{dx} - \frac{p}{u}\frac{dp}{du} + \frac{p^2}{u^3}\right) + \frac{Zp^2}{u^2} - \frac{2Yp}{u}.$$

Substituant donc dans q les valeurs de P et de R que nous venons de trouver, on aura

$$q = X\frac{dp}{dx} + \left(T - \frac{pV}{u}\right)\left(u\frac{dp}{du} - p\right) + Wu^2$$
$$- \frac{V}{u}\left(u^2\frac{dp}{dx} - up\frac{dp}{du} + \frac{p^2}{u^2}\right) + Zp^2 - 2Yup,$$

c'est-à-dire

$$q = X\frac{dp}{dx} + T\left(u\frac{dp}{du} - p\right) - Vu\frac{dp}{dx} + Wu^2 + Zp^2 - 2Yup.$$

Or, puisque X est regardé maintenant comme une fonction de x et u, on aura

$$T = \frac{dX}{dx},\quad V = \frac{dX}{du},\quad W = \frac{d^2X}{dx^2},\quad Y = \frac{d^2X}{dx\,du},\quad Z = \frac{d^2X}{du^2},$$

donc, substituant ces valeurs, on aura pour l'équation de condition

$$\text{(I)}\quad X\frac{dp}{dx} + \frac{dX}{dx}\left(u\frac{dp}{du} - p\right) - \frac{dX}{du}u\frac{dp}{dx} + \frac{d^2X}{dx^2}u^2 + \frac{dX}{du^2}p^2 - 2\frac{d^2X}{dx\,du}pu = 0,$$

et cette équation suffira pour la solution du Problème.

18. Donc, si l'on veut que p soit exprimé par $\xi + V$, V étant une

fonction donnée de u, et ξ une fonction inconnue de x, on substituera dans l'équation précédente cette valeur de p, ce qui donnera

$$X\frac{d\xi}{dx}+\frac{dX}{dx}\left(u\frac{dV}{du}-V-\xi\right)+\frac{dX}{du}u\frac{d\xi}{dx}$$
$$+\frac{d^2X}{dx^2}u^2+\frac{d^2X}{du^2}(\xi+V)^2-2\frac{d^2X}{du\,dx}(\xi+V)u=0.$$

Et l'on tâchera de déterminer par cette équation les quantités ξ et X, en sorte que ξ soit une fonction quelconque de x seul, et que X soit une fonction de x et de u assujettie aux conditions énoncées dans le n° **16**.

19. Corollaire. — Si l'on suppose que la quantité X soit donnée dans l'équation (I), on pourra en tirer la valeur de p. Pour cela, je remarque que cette équation peut se réduire à celle-ci

$$\frac{d\dfrac{u}{Xp-\dfrac{dX}{du}pu+\dfrac{dX}{dx}u^2}}{dx}-\frac{d\dfrac{p}{Xp-\dfrac{dX}{du}pu+\dfrac{dX}{dx}u^2}}{du}=0,$$

ce qui est aisé à vérifier par la différentiation, de sorte qu'il faudra que la quantité

$$\frac{u\,du+p\,dx}{p\left(X-u\dfrac{dX}{du}\right)+u^2\dfrac{dX}{dx}}$$

soit une différentielle complète d'une fonction de x et de u.

En effet, pour que l'équation (E) du n° 4 soit possible en regardant p et X comme des fonctions de x et de u, il est clair qu'il faut que $\dfrac{u\,du+p\,dx}{r}$ soit une différentielle complète. Or on a, en mettant P à la place de $\dfrac{dX}{dx}$ (17),

$$r=pX+Pu^2;$$

mais on a, par le même numéro,

$$P=T-\frac{pV}{u}=\frac{dX}{dx}-\frac{p}{u}\frac{dX}{du};$$

donc

$$r = p\left(X - u\frac{dX}{du}\right) + u^2\frac{dX}{dx}.$$

Maintenant, si l'on tire la valeur de p de cette équation, on aura

$$p = \frac{r - u^2\dfrac{dX}{dx}}{X - u\dfrac{dX}{du}},$$

et cette valeur étant substituée dans la quantité $\dfrac{u\,du + p\,dx}{r}$, on aura celle-ci

$$\frac{u\,du}{r} + \frac{dx - \dfrac{u^2}{r}\dfrac{dX}{dx}dx}{X - u\dfrac{dX}{du}},$$

ou bien

$$\frac{dx}{X - u\dfrac{dX}{dx}} + \frac{X u\,du - u^2\left(\dfrac{dX}{du}du + \dfrac{dX}{dx}dx\right)}{r\left(X - u\dfrac{dX}{du}\right)},$$

c'est-à-dire, à cause de $dX = \dfrac{dX}{du}du + \dfrac{dX}{dx}dx$,

$$\frac{dx}{X - u\dfrac{dX}{dx}} + \frac{uX^2}{r\left(X - u\dfrac{dX}{du}\right)}d\frac{u}{X},$$

laquelle devra donc être une différentielle complète.

Soit

$$\frac{u}{X} = y;$$

tirant de cette équation la valeur de u, elle sera exprimée en x et y, de sorte que, substituant cette valeur dans la quantité précédente, on aura une quantité de la forme

$$Y\,dx + \frac{Z}{r}dy,$$

où Y et Z seront des fonctions données de x et y, et où r sera une fonction inconnue des mêmes variables, laquelle devra être telle, que la quantité dont il s'agit soit une différentielle complète. D'où il s'ensuit qu'on aura

$$\frac{Z}{r} = \int \frac{dY}{dy} dx + \varphi(y),$$

$\varphi(y)$ étant une fonction quelconque de y, et par conséquent

$$r = \frac{Z}{\varphi(y) + \int \frac{dY}{dy} dx}.$$

Ayant r, on aura p par la formule ci-dessus, de sorte qu'en remettant $\frac{u}{X}$ à la place de y, on aura p en x et u.

20. Scolie. — Au reste, puisque l'on a

$$dt = \frac{dx}{u} \quad \text{et} \quad u\,du + p\,dx = 0,$$

on aura aussi

$$dt = \frac{dx}{u} + X(u\,du + p\,dx),$$

X étant une quantité quelconque; donc on pourra déterminer X en sorte que la quantité dt ou

$$\left(\frac{1}{u} + pX\right) dx + Xu\,du$$

soit intégrable; alors le temps t deviendra une fonction de x et de u; or t doit être égal à zéro lorsque $x = 0$, et pour avoir le temps total il faudra faire $u = 0$; donc si l'on veut que le tautochronisme ait lieu, il faudra que l'intégrale de

$$\left(\frac{1}{u} + pX\right) dx + Xu\,du$$

soit une telle fonction de x et de u, qu'elle s'évanouisse lorsque $x = 0$ et qu'elle devienne constante, c'est-à-dire indépendante de x lorsque $u = 0$.

Or c'est ce qui aura lieu si l'on a $u\mathrm{X}=0$ lorsque $x=0$, et $\frac{1}{u}+p\mathrm{X}=0$ lorsque $u=0$. Maintenant, pour que

$$\left(\frac{1}{u}+p\mathrm{X}\right)dx+\mathrm{X}u\,du$$

soit intégrable, il faut que l'on ait

$$\frac{1}{u}+p\mathrm{X}=\int\frac{d(\mathrm{X}u)}{dx}du=\int\frac{d\mathrm{X}}{dx}u\,du;$$

donc on aura, en général,

$$p=\frac{\int\frac{d\mathrm{X}}{dx}u\,du-\frac{1}{u}}{\mathrm{X}},$$

X étant une fonction quelconque de x et de u telle que l'on ait $\mathrm{X}=0$ lorsque $x=0$, et $\int\frac{d\mathrm{X}}{dx}u\,du=0$ lorsque $u=0$.

Soit, par exemple,

$$\mathrm{X}=\xi\mathrm{V},$$

ξ étant une fonction de x telle qu'elle soit égale à zéro lorsque $x=0$, et V une fonction de u; on aura donc

$$\frac{d\mathrm{X}}{dx}=\mathrm{V}\frac{d\xi}{dx}\quad\text{et}\quad\int\frac{d\mathrm{X}}{dx}u\,du=\frac{d\xi}{dx}\int\mathrm{V}u\,du,$$

de sorte que V devra être tel que $\int\mathrm{V}u\,du$ soit nul lorsque $u=0$; de cette manière on aura, en général,

$$p=\frac{1}{\xi}\frac{d\xi}{dx}\frac{\int\mathrm{V}u\,du}{\mathrm{V}}-\frac{1}{\xi\mathrm{V}u}.$$

Supposons $\mathrm{V}=u^m$, on aura

$$\int\mathrm{V}u\,du=\frac{u^{m+2}}{m+2};$$

d'où l'on voit que $m+2$ doit être plus grand que zéro, c'est-à-dire $m>-2$. Faisons donc $m+2=n$, n étant un nombre quelconque positif, on aura

$$V = u^{n-2}, \qquad \int V u\, du = \frac{u^n}{n},$$

et l'expression de p sera

$$p = \frac{1}{n\xi}\frac{d\xi}{dx}u^2 - \frac{1}{\xi u^{n-1}}.$$

Si l'on fait $n = 1$, on aura

$$p = \frac{1}{\xi}\frac{d\xi}{dx}u^2 - \frac{1}{\xi}.$$

Ce qui pourrait servir, ce semble, à déterminer les tautochrones dans les milieux résistants comme les carrés des vitesses; mais il faut remarquer que le coefficient de u^2 dans l'expression de p que nous venons de trouver ne peut jamais être constant; car supposant $\frac{1}{\xi}\frac{d\xi}{dx} = K$, on aurait $\xi = he^{Kx}$, ce qui n'est pas nul lorsque $x = 0$, contre l'hypothèse; donc la formule précédente ne pourra avoir lieu que lorsqu'on supposera la densité du milieu variable.

La solution que nous venons de donner est analogue à celle que nous avons déjà donnée à la fin de notre Mémoire de 1767. M. d'Alembert en a donné de son côté une pareille, qu'il a accompagnée d'un grand nombre de remarques très-intéressantes, et qui lui sont propres; c'est pourquoi nous ne nous arrêterons pas davantage sur ce sujet.

Remarques sur la solution du Problème des tautochrones, donnée par M. Fontaine dans les Mémoires de l'Académie des Sciences de Paris, *pour l'année* 1768.

21. M. Fontaine réduit la solution de ce Problème à deux équations qui, en faisant $S = 0$, pour avoir le cas du tautochronisme, se réduisent à celles-ci (p. 468) :

$$\alpha\frac{dp}{dx} - p\frac{d\alpha}{dx} + \frac{d\alpha}{dx}\frac{dp}{du}u + \frac{d^2\alpha}{dx^2}u^2 = 0,$$

$$\frac{d\alpha}{dx}\frac{d^2p}{du^2} + 2\frac{d^2\alpha}{dx^2} = 0,$$

où p est la force retardatrice le long de l'arc x, force qu'il suppose être la somme de deux fonctions, l'une de x et l'autre de u, en sorte que l'on ait $\frac{d^2p}{dx\,du}=0$, et α est une fonction de dimension nulle de x et de a, laquelle doit être égale à zéro lorsque $x=0$, et égale à 1 lorsque $x=a$ (p. 466).

22. Je remarquerai d'abord que la supposition que α soit une fonction de dimension nulle de x et a est trop limitée; aussi M. Fontaine s'en écarte-t-il dans le premier exemple qu'il donne et où il trouve

$$\alpha=\frac{e^{-hx}-1}{e^{-ha}-1},$$

qui n'est pas, comme on voit, une fonction de dimension nulle de x et de a. Cette méprise n'influe à la vérité en rien sur sa solution, mais elle peut servir, ce me semble, à inspirer au lecteur quelque défiance sur l'exactitude de ses calculs.

23. Considérons maintenant les deux équations de M. Fontaine. Il est clair que la première est la même que l'équation que nous avons désignée par (F) dans le n° 9, en y mettant α à la place de X, de sorte que cette équation de M. Fontaine n'est autre chose que l'équation de condition nécessaire pour que l'équation différentielle

$$\frac{u\,du+p\,dx}{p\alpha+u^2\frac{d\alpha}{dx}}+da=0$$

soit possible; et c'est ce qu'on peut aisément vérifier par le calcul (n°s 4 et suivants).

Or nous avons vu dans le Problème II que la condition du tautochronisme n'exige autre chose sinon que l'équation dont il s'agit soit possible en prenant pour X ou α une fonction quelconque de x et de a telle qu'elle soit nulle lorsque $x=0$, et égale à -1 lorsque $x=a$. Ainsi la première équation de M. Fontaine suffit pour la solution du Problème, et il n'est nullement nécessaire, comme cet Auteur le prétend (p. 467), d'en chercher encore une autre.

Quant aux conditions auxquelles notre théorie exige que la quantité X soit soumise, elles s'accordent aussi avec celles que M. Fontaine exige dans la fonction α, à cela près que nous avons trouvé que la quantité X devait être égale à -1 lorsque $x=a$, et que M. Fontaine suppose que la fonction α soit égale à 1 lorsque $x=a$; mais il faut observer que, comme l'équation de M. Fontaine dont nous venons de parler contient la quantité α ou ses différentielles dans tous les termes, on y peut supposer également α positif ou négatif; ainsi, si l'on met dans notre équation (F) $-\alpha$ à la place de X, on aura également l'équation de M. Fontaine, et alors les conditions de α et de X seront les mêmes chez lui et chez nous.

24. Si donc M. Fontaine s'en était tenu à sa première équation, il aurait pu en tirer une solution générale du Problème des tautochrones; mais il aurait dû, pour cela, distinguer les deux cas où cette équation est identique et où elle ne l'est pas, comme nous l'avons fait dans les Problèmes précédents. Or nous avons vu que le premier cas ne peut avoir lieu que lorsque la force p est exprimée ainsi

$$p=u^2\left[\frac{\varphi\left(\frac{u}{\xi}\right)}{\xi}-\frac{1}{\xi}\frac{d\xi}{dx}\right],$$

ce qui revient à notre Solution de 1767, où nous étions parti de la supposition que le temps devait être une fonction de dimension nulle de deux fonctions pareilles, l'une de x et l'autre de a (13).

Ainsi, en supposant que l'équation de M. Fontaine doive être identique, il est clair que sa Solution ne saurait être plus générale que la mienne de 1767; mais ma Solution a sur la sienne l'avantage de présenter dans une seule formule générale tous les cas dans lesquels le Problème est résoluble, et c'est en quoi consiste principalement le mérite de cette Solution, si elle en a quelqu'un.

Mais si l'on veut que l'équation de M. Fontaine ne soit pas identique, alors on aura encore deux autres équations analogues à celles que nous avons données dans le n° 14, de sorte que dans ce cas on aura nécessairement trois équations qui seront les mêmes que celles du numéro cité, en y mettant simplement α à la place de X.

En général, soit la première équation de M. Fontaine représentée par

$$q=0,$$

on aura nécessairement, dans le cas où cette équation n'est pas identique, les deux équations

$$\frac{dq}{dx}-\frac{p}{u}\frac{dq}{du}=0,\quad \frac{dq}{da}-\frac{r}{u}\frac{dq}{du}=0,$$

où (4)

$$r=p\alpha+u^2\frac{d\alpha}{dx};$$

et ces deux équations devront être identiques avec l'équation $q=0$; autrement, le cas dont il s'agit ne pourra pas avoir lieu.

25. Voyons maintenant ce que donne la seconde équation de M. Fontaine. Il est facile de voir que cette équation se réduit à celle-ci

$$\frac{dq}{du}=0,$$

à cause que M. Fontaine suppose $\frac{d^2p}{dx\,du}=0$ et que α ne doit point contenir u; de sorte qu'on aura, suivant M. Fontaine,

$$q=0 \quad \text{et} \quad \frac{dq}{du}=0.$$

Or je dis que cela ne saurait avoir lieu que lorsque l'équation $q=0$ est identique; car si cette équation n'est pas identique, il faudra que l'on ait en même temps, comme nous venons de le dire ci-dessus,

$$\frac{dq}{dx}-\frac{p}{u}\frac{dq}{du}=0 \quad \text{et} \quad \frac{dq}{da}-\frac{r}{u}\frac{dq}{du}=0;$$

donc si l'on fait $\frac{dq}{du}=0$, il faudra faire aussi $\frac{dq}{dx}=0$ et $\frac{dq}{da}=0$, ce qui exige que l'équation $q=0$ soit identique, c'est-à-dire qu'elle n'exprime aucune relation entre les trois variables x, u et a.

De là, et de ce que nous avons dit plus haut, il s'ensuit que les deux équations que M. Fontaine donne pour la solution générale du Problème des tautochrones ne sauraient jamais fournir une solution plus générale que celle qui est renfermée dans ma formule de 1767, que M. Fontaine accuse d'être trop particulière. Aussi l'application que M. Fontaine prétend faire de ses équations au cas où la force p serait exprimée par

$$\sigma + gu + hu^2 + ku^3,$$

g, h et k étant des constantes et σ une fonction de x, est illusoire et fautive, comme il est facile de s'en convaincre, avec un peu de réflexion, d'après les remarques que nous venons de faire sur ce sujet.

26. Je dois remarquer encore, quoique ceci n'ait aucun rapport au Problème des tautochrones, que M. Fontaine ne s'exprime pas exactement quand il dit qu'il a *appris aux Géomètres* les conditions qui rendent possibles les équations différentielles du premier degré à trois variables. Il me semble que les Géomètres les connaissaient longtemps avant que M. Fontaine fût en état de les leur enseigner. Car on trouve dans un Mémoire de M. Nicolas Bernoulli *sur les Trajectoires*, imprimé en partie dans les *Actes de Leipsic* de l'année 1720, en partie dans le tome VII des Suppléments, qui a paru en 1721, et réimprimé ensuite dans le second volume des *Œuvres* de M. Jean Bernoulli, on trouve, dis-je, dans ce Mémoire, le Théorème suivant :

Si l'on a l'équation $dx = p\,dy + q\,da$, *p et q étant des fonctions de x, y et a, et qu'on suppose, en général,* $dp = \mathrm{T}\,dx + \mathrm{S}\,dy + \mathrm{R}\,da$, *on aura nécessairement, en regardant a comme constante, l'équation*

$$dq = \mathrm{R}\,dy + \mathrm{T}q\,dy,$$

laquelle servira à déterminer q. (*Voyez* les pages 311 et 312 des Suppléments cités à la page 443 du tome II des *Œuvres* de M. Jean Bernoulli.)

Or si l'on suppose qu'en regardant a comme constante on ait, en général,

$$dq = \mathrm{P}\,dx + \mathrm{Q}\,dy,$$

et qu'on mette au lieu de dx sa valeur $p\,dy$, on aura

$$dq = (Pp + Q)\,dy,$$

ce qui, étant substitué dans l'équation de M. Bernoulli, donnera celle-ci

$$Pp + Q = R + Tq,$$

qui est l'équation de condition de M. Fontaine.

On voit par là que ce Théorème n'était pas nouveau le 19 novembre 1738, lorsque M. Fontaine le publia à Paris, comme il le dit à la page 28 du Recueil de ses Œuvres. On doit dire la même chose du Théorème de M. Fontaine qui concerne les fonctions où les variables remplissent partout le même nombre de dimensions; car on voit que M. Euler avait déjà fait usage de ce Théorème dans le second volume de sa *Mécanique* imprimée en 1736, pages 49, 252 et 224. Je ne nie pas, au reste, que M. Fontaine n'ait trouvé ces Théorèmes de lui-même : du moins je suis persuadé qu'il était aussi en état que personne de les trouver; mais on ne saurait disconvenir, ce me semble, qu'il n'ait été prévenu là-dessus par MM. Bernoulli et Euler.

DÉMONSTRATION

D'UN

THÉORÈME D'ARITHMÉTIQUE.

24.

DÉMONSTRATION

D'UN

THÉORÈME D'ARITHMÉTIQUE.

(*Nouveaux Mémoires de l'Académie royale des Sciences et Belles-Lettres de Berlin*, année 1770.)

C'est un Théorème connu depuis longtemps que *tout nombre entier non carré peut toujours se décomposer en deux, ou trois, ou quatre carrés entiers;* mais personne, que je sache, n'en a encore donné la démonstration. M. Bachet de Méziriac est le premier qui ait fait mention de ce Théorème; il paraît qu'il y a été conduit par la question 31e du IVe Livre de Diophante, où le Théorème dont nous parlons est en quelque sorte tacitement supposé; mais M. Bachet s'est contenté de s'assurer de la vérité de ce Théorème par induction, en examinant successivement tous les nombres entiers depuis 1 jusqu'à 325; et quant à la démonstration générale, il avoue qu'il n'avait pas encore pu y parvenir. « *Mihi sane* (dit-il dans son Commentaire à la question citée) *perfecta id demonstratione assequi nondum licuit, quam qui proferet maximas ei habebo gratias, præsertim cum non solum in hac quæstione sed et in nonnullis libri quinti hoc supponere videatur Diophantus.* » Je ne connais, jusqu'à présent, que deux Auteurs qui se soient appliqués à cette recherche, savoir M. Fermat et M. Euler. Dans les Notes que le premier a ajoutées au Commentaire de Bachet sur Diophante, il annonce un grand Ouvrage qu'il avait dessein de composer sur la théorie des nombres, et il promet d'y démontrer cette proposition générale : que tout nombre est, ou triangulaire, ou composé de deux ou de trois nombres triangulaires; qu'il est, ou carré, ou composé de deux, ou de trois, ou de quatre carrés, et ainsi de suite; mais cet Ouvrage n'a jamais paru, et dans tout ce qui nous reste des écrits de ce grand Géomètre, on ne trouve absolument rien qui puisse fournir la moindre lumière pour la démonstration dont il s'agit. A l'égard de M. Euler, si son travail sur ce sujet n'a pas eu tout le succès qu'on pourrait désirer, on lui a du moins l'obligation d'avoir ouvert la route qu'il faut suivre dans ces sortes de recherches. On peut voir dans le tome V des *Nouveaux Commentaires de Pétersbourg* le résultat des tentatives ingénieuses que ce grand Géomètre a faites pour parvenir à démontrer le Théorème de M. Bachet.

M. Euler fait voir que le produit de deux, ou de plusieurs nombres, dont chacun serait composé de quatre carrés entiers, sera aussi toujours composé de quatre, ou d'un moindre nombre de carrés entiers; d'où il suit d'abord que si le Théorème proposé peut être démontré pour tous les nombres premiers, il le sera aussi pour tous les autres nombres. M. Euler démontre, de plus, qu'un nombre premier quelconque étant proposé, on peut toujours trouver deux ou trois nombres carrés dont la somme soit divisible par ce nombre sans que chacun des carrés en particulier le soit, et que ces nombres carrés peuvent toujours être supposés tels que le quotient de la division de leur somme par le nombre premier donné soit moindre que ce même nombre. De là M. Euler conclut, avec raison, que le Théorème en question serait démontré pour tous les nombres premiers si l'on pouvait seulement démontrer cette autre proposition, savoir, que lorsque le produit de deux nombres est la somme de quatre ou d'un moindre nombre de carrés, et que l'un des nombres produisants est pareillement la somme de quatre ou d'un moindre nombre de carrés, l'autre produisant le sera de même. « *Si summa quatuor quadratorum* (dit-il, page 55 du volume cité) $a^2 + b^2 + c^2 + d^2$ *fuerit divisibilis per summam quatuor quadratorum* $p^2 + q^2 + r^2 + s^2$, *tum quotum non solum in fractis sed etiam in integris esse summam quatuor quadratorum, est Theorema elegantissimum Fermatii, cujus demonstratio cum ipso nobis est erepta; fateor me adhuc hanc demonstrationem invenire non potuisse,* etc. »

C'est donc cette dernière proposition seule qu'il s'agit de démontrer. Or pour cela nous n'aurons pas besoin de supposer que le diviseur soit aussi représenté par la somme de quatre carrés, et nous démontrerons, en général, que tout nombre premier qui est diviseur d'un nombre quelconque composé de quatre ou d'un moindre nombre de carrés, sans l'être de chacun des carrés en particulier, est nécessairement aussi composé de quatre ou d'un moindre nombre de carrés; après quoi il n'y aura plus rien à désirer pour la démonstration complète du Théorème général de Bachet, que nous nous sommes proposé de donner dans ce Mémoire.

Lemme.

Les nombres qui sont la somme de deux carrés premiers entre eux n'admettent d'autres diviseurs que ceux qui sont pareillement la somme de deux carrés.

Cette proposition, qui est de M. Fermat, a été démontrée par M. Euler dans un Mémoire imprimé dans le tome IV des *Nouveaux Commentaires de Pétersbourg*.

Corollaire I. — *Si deux nombres égaux chacun à la somme de deux carrés, tels que* p^2+q^2 *et* r^2+s^2, *sont divisibles par un même nombre* ρ, *et que les quatre carrés* p^2, q^2, r^2, s^2 *n'aient aucun diviseur commun, je dis que les deux quotients* $\frac{p^2+q^2}{\rho}$ *et* $\frac{r^2+s^2}{\rho}$ *seront aussi chacun égaux à la somme de deux carrés.*

Car soit m la plus grande commune mesure de p et q, et n la plus grande commune mesure de r et s, de sorte qu'en faisant

$$p=mp',\quad q=mq',\quad r=nr',\quad s=ns'$$

les nombres p' et q' soient premiers entre eux, comme aussi les nombres r' et s' entre eux; on aura donc les deux nombres $m^2(p'^2+q'^2)$ et $n^2(r'^2+s'^2)$ qui seront divisibles à la fois par ρ. Or je remarque d'abord que m et n seront premiers entre eux; autrement les quatre nombres p, q, r et s auraient une commune mesure, ce qui est contre l'hypothèse. Maintenant soit μ la plus grande commune mesure entre m^2 et ρ, en sorte que l'on ait $\rho = \mu\rho'$, et que ρ' soit premier à $\frac{m^2}{\mu}$; donc m^2 sera divisible par μ, et il faudra que $p'^2 + q'^2$ le soit par ρ', de sorte qu'on aura

$$\frac{p^2+q^2}{\rho} = \frac{m^2}{\mu}\,\frac{p'^2+q'^2}{\rho'};$$

or p' et q' étant premiers entre eux, il suit du Lemme précédent que tant le diviseur ρ' que le quotient seront la somme de deux carrés; ainsi l'on aura

$$\frac{p'^2+q'^2}{\rho'} = \alpha^2+\beta^2.$$

Soit de plus ν^2 le plus grand facteur carré du nombre μ, en sorte que $\mu = \nu^2\mu'$, μ' étant un nombre qui ne soit divisible par aucun carré, et il est clair que m^2 ne pourra être divisible par μ à moins que m ne le soit par $\nu\mu'$; soit donc $m = \mathrm{K}\nu\mu'$, et l'on aura

$$\frac{m^2}{\mu} = \mathrm{K}^2\mu'.$$

Or $n^2(r'^2+s'^2)$ doit être aussi divisible par $\rho = \mu\rho'$; donc μ divisera $n^2(r'^2+s'^2)$; mais μ divise déjà m^2; donc, puisque m^2 et n^2 sont premiers entre eux, il s'ensuit que μ sera aussi premier à n^2; par conséquent il faudra que μ divise $r'^2+s'^2$; et comme $\mu = \nu^2\mu'$, μ' sera aussi un diviseur de $r'^2+s'^2$; donc, puisque r' et s' sont premiers entre eux, le diviseur μ' sera égal à la somme de deux carrés par le Lemme. Faisant donc $\mu' = \gamma^2+\delta^2$, on aura

$$\frac{m^2}{\mu} = \mathrm{K}^2(\gamma^2+\delta^2);$$

et de là

$$\frac{p^2+q^2}{\rho} = \mathrm{K}^2(\gamma^2+\delta^2)(\alpha^2+\beta^2) = \mathrm{K}^2(\gamma\alpha+\delta\beta)^2 + \mathrm{K}^2(\gamma\beta-\delta\alpha)^2,$$

c'est-à-dire égal à la somme de deux carrés. On démontrera de la même manière que le quotient $\frac{r^2+s^2}{\rho}$ sera aussi égal à la somme de deux carrés.

Corollaire II. — *Si la somme de deux carrés est divisible par une autre somme de deux carrés, le quotient sera toujours égal à la somme de deux carrés.*

Car soit $a^2 + b^2$ divisible par $c^2 + d^2$, et si les nombres a, b, c, d ont une commune mesure, dénotons-la par l, en sorte que l'on ait

$$a = lp, \quad b = lq, \quad c = lr, \quad d = ls,$$

et que p, q, r, s n'aient aucun commun diviseur; donc on aura

$$\frac{a^2 + b^2}{c^2 + d^2} = \frac{p^2 + q^2}{r^2 + s^2};$$

de sorte que $p^2 + q^2$ sera divisible par $r^2 + s^2$; or, faisant $r^2 + s^2 = \rho$, on aura par le Corollaire précédent $\frac{p^2 + q^2}{\rho}$ égal à la somme de deux carrés; donc, etc.

Théorème I.

Si la somme de quatre carrés est divisible par un nombre premier plus grand que la racine carrée de la même somme, ce nombre sera nécessairement égal à la somme de quatre carrés.

Car soit $p^2 + q^2 + r^2 + s^2$ divisible par A, A étant un nombre premier, en sorte que l'on ait

$$Aa = p^2 + q^2 + r^2 + s^2,$$

et comme on suppose que le diviseur A est plus grand que

$$\sqrt{p^2 + q^2 + r^2 + s^2},$$

il est clair que le quotient a sera plus petit que la même racine, de sorte qu'on aura $a < A$.

Cela posé, si les nombres p, q, r et s ont un diviseur commun d, il est clair que la somme de leurs carrés sera divisible par d^2, et qu'ainsi il faudra que Aa le soit aussi; or d^2 étant plus petit que Aa, d sera plus petit que $\sqrt{Aa} < A$, à cause de $A < a$; donc, puisque A est premier (hypothèse), il est clair que A et d seront premiers entre eux; d'où il s'ensuit que Aa ne pourra être divisible par d^2 à moins que a ne le soit; ainsi, divisant tant le nombre a que chacun des carrés p^2, q^2,... par d^2, on aura une équation de la même forme que la précédente, où le coefficient a sera toujours plus petit que A et où les quatre carrés p^2, q^2, r^2, s^2 n'auront plus de commun diviseur.

Considérons donc l'équation

$$Aa = p^2 + q^2 + r^2 + s^2$$

comme déjà réduite à cet état, et si le nombre $p^2 + q^2$ n'est pas premier à a, soit ρ leur plus grande commune mesure, en sorte que l'on ait

$$a = b\rho \quad \text{et} \quad p^2 + q^2 = t\rho,$$

b et t étant premiers entre eux; on aura donc

$$Ab\rho = t\rho + r^2 + s^2,$$

d'où l'on voit que $r^2 + s^2$ doit être aussi divisible par ρ, de sorte que, nommant le quotient u, l'équation deviendra

$$Ab = t + u;$$

or, puisque ρ divise tant $p^2 + q^2$ que $r^2 + s^2$, et que p, q, r et s n'ont aucun diviseur commun, il s'ensuit du Corollaire I du Lemme précédent que les quotients $\frac{p^2 + q^2}{\rho} = t$ et $\frac{r^2 + s^2}{\rho} = u$ seront l'un et l'autre la somme de deux carrés; ainsi l'on aura

$$t = m^2 + n^2 \quad \text{et} \quad u = h^2 + l^2;$$

donc, multipliant toute l'équation par t, on aura

$$Abt = t^2 + tu,$$

ou bien, en faisant $x = mh + nl$ et $y = ml - nh$, en sorte que $tu = x^2 + y^2$, on aura cette équation-ci

$$Abt = t^2 + x^2 + y^2.$$

Maintenant, comme b et t sont premiers entre eux, on peut toujours trouver deux multiples de b et t tels que leur somme ou leur différence soit égale à un nombre quelconque donné, et de plus on peut supposer que l'un de ces multiples soit moindre que $\frac{bt}{2}$ [*voyez* le Lemme I du Mémoire sur les Problèmes indéterminés, qui est imprimé dans le tome XXIV des *Mémoires de l'Académie royale des Sciences et Belles-Lettres de Berlin*, pour l'année 1768 (*)]; ainsi l'on peut faire

$$x = \alpha t + \gamma b \quad \text{et} \quad y = \beta t + \delta b,$$

α, β, γ et δ étant des nombres entiers positifs ou négatifs, et l'on peut supposer en même temps que α et β, pris positivement, soient l'un et l'autre plus petits que $\frac{b}{2}$. Qu'on fasse donc cette substitution dans l'équation précédente, elle deviendra

$$Abt = t^2(1 + \alpha^2 + \beta^2) + 2\alpha\gamma\, tb + 2\beta\delta\, tb + \gamma^2 b^2 + \delta^2 b^2,$$

où l'on voit que tous les termes sont multipliés par b, à l'exception de ceux-ci

$$t^2(1 + \alpha^2 + \beta^2);$$

ainsi, pour que cette équation puisse subsister en nombres entiers comme il le faut, il est nécessaire que $t^2(1 + \alpha^2 + \beta^2)$ soit aussi divisible par b; mais b et t sont premiers entre eux, donc il faudra que b divise $1 + \alpha^2 + \beta^2$, de sorte qu'en nommant le quotient a' on aura

$$a'b = 1 + \alpha^2 + \beta^2;$$

et comme α et β sont chacun plus petits que $\frac{b}{2}$, $1 + \alpha^2 + \beta^2$ sera plus petit que $\frac{b^2}{2} + 1$; par conséquent a' sera plus petit que $\frac{b}{2} + \frac{1}{b}$.

Or, mettant dans l'équation ci-dessus $a'b$ à la place de $1 + \alpha^2 + \beta^2$, et divisant ensuite par b, on aura

$$At = a't^2 + 2\alpha\gamma t + 2\beta\delta t + (\gamma^2 + \delta^2)b,$$

(*) *OEuvres de Lagrange*, t. II, p. 659.

où je remarque encore que tous les termes étant multipliés par t, excepté ceux-ci

$$(\gamma^2+\delta^2)\,b,$$

il faudra que le nombre $(\gamma^2+\delta^2)\,b$ soit divisible par t, et comme b et t sont premiers entre eux, il faudra que $\gamma^2+\delta^2$ soit divisible par t.

Si l'on multiplie l'équation que nous venons de trouver par a', elle pourra se mettre sous cette forme

$$Aa't=(a't+\alpha\gamma+\beta\delta)^2+(\gamma^2+\delta^2)\,a'b-(\alpha\gamma+\beta\delta)^2,$$

ou bien sous celle-ci

$$Aa't=(a't+\alpha\gamma+\beta\delta)^2+\gamma^2(a'b-\alpha^2)+\delta^2(a'b-\beta^2)-2\alpha\beta\gamma\delta;$$

mais on a

$$a'b=1+\alpha^2+\beta^2,$$

donc l'équation précédente deviendra

$$Aa't=(a't+\alpha\gamma+\beta\delta)^2+\gamma^2(1+\beta^2)+\delta^2(1+\alpha^2)-2\alpha\beta\gamma\delta,$$

c'est-à-dire

$$Aa't=(a't+\alpha\gamma+\beta\delta)^2+(\beta\gamma-\alpha\delta)^2+\gamma^2+\delta^2.$$

Or nous avons dit ci-dessus que $\gamma^2+\delta^2$ doit être divisible par t, donc il faudra aussi que le nombre

$$(a't+\alpha\gamma+\beta\delta)^2+(\beta\gamma-\alpha\delta)^2$$

le soit; mais on a

$$t=m^2+n^2,$$

donc, par le Corollaire II du Lemme, chacun des deux quotients sera nécessairement la somme de deux carrés; de sorte qu'on aura

$$\gamma^2+\delta^2=t(p'^2+q'^2) \quad \text{et} \quad (a't+\alpha\gamma+\beta\delta)^2+(\beta\gamma-\alpha\delta)^2=t(r'^2+s'^2).$$

Donc on aura, après avoir divisé toute l'équation par t,

$$Aa'=p'^2+q'^2+r'^2+s'^2.$$

Il s'ensuit de là que si Aa est la somme de quatre carrés, Aa' sera aussi la somme de quatre carrés, a' étant plus petit que $\frac{b}{2}+\frac{1}{b}$ et $a=b\rho$; ainsi si a est plus grand que 1, a' sera nécessairement plus petit que a; et, si a' est encore plus grand que 1, on prouvera de la même manière que Aa'' sera aussi la somme de quatre carrés, a'' étant plus petit que a'; et ainsi de suite; donc comme les nombres $a, a', a'', \ldots$ sont des nombres entiers, dont aucun ne peut être égal à zéro (à cause que ces nombres sont des diviseurs des nombres $1+\alpha^2+\beta^2$, $1+\alpha'^2+\beta'^2, \ldots$ qui, comme on voit, ne peuvent jamais devenir nuls), et que ces nombres vont en diminuant, il est clair qu'on parviendra nécessairement à un de ces nombres qui sera égal à l'unité, et alors on aura A égal à la somme de quatre carrés entiers.

Corollaire. — *Si un nombre premier quelconque est un diviseur de la somme de quatre carrés qui n'aient point de commun diviseur, ce nombre sera aussi la somme de quatre carrés.*

Car nommant, comme ci-dessus, A le nombre premier donné et $p^2+q^2+r^2+s^2$ le nombre composé de quatre carrés qui est divisible par A, il est clair que, si chacune des racines p, q, r, s était moindre que $\frac{A}{2}$, on aurait

$$p^2+q^2+r^2+s^2<4\left(\frac{A}{2}\right)^2<A^2;$$

de sorte que A serait plus grand que $\sqrt{p^2+q^2+r^2+s^2}$ comme on l'a supposé dans le Théorème précédent; donc, etc.

Or je dis que quels que soient les nombres $p, q, \ldots$, on peut toujours les réduire à être moindres que $\frac{A}{2}$; car soit, par exemple, $p>\frac{A}{2}$, il est visible que si $p^2+q^2+r^2+s^2$ est divisible par A, $(p-mA)^2+q^2+r^2+s^2$ le sera aussi, de même que $(mA-p)^2+q^2+r^2+s^2$, quel que soit le nombre m; or on peut toujours prendre m tel que $p-mA$ ou $mA-p$ soit moindre que $\frac{A}{2}$; donc il n'y aura qu'à mettre au lieu de p le nombre

$p - m\text{A}$ ou $m\text{A} - p$; et l'on fera la même chose par rapport aux autres nombres s'ils se trouvent plus grands que $\frac{\text{A}}{2}$.

Si p était divisible par A on aurait

$$p - m\text{A} = 0;$$

de sorte que dans ce cas il faudrait mettre o à la place de p; il en serait de même à l'égard de q s'il était aussi divisible par A, et ainsi des autres; mais comme on suppose que p, q, r et s n'ont aucun diviseur commun, ils ne peuvent pas être tous divisibles à la fois par A, et même il ne pourra pas y en avoir plus de deux qui le soient; autrement il faudrait que tous quatre le fussent; de sorte qu'il n'y a pas à craindre que, par ces réductions, le dividende $p^2 + q^2 + r^2 + s^2$ devienne nul.

Remarque. — Au reste il est clair que la démonstration du Théorème précédent n'en subsistera pas moins si l'on suppose qu'un ou deux des quatre carrés qui composent le dividende soient nuls; d'ailleurs il peut aussi arriver qu'un ou deux des quatre carrés qu'on trouvera pour le diviseur A soient nuls; donc, en général, *tout nombre premier qui divisera la somme de quatre ou d'un moindre nombre de carrés entiers, pourvu qu'ils n'aient entre eux aucun diviseur commun, sera nécessairement égal à la somme de quatre ou d'un moindre nombre de carrés entiers.*

Théorème II.

Si A *est un nombre premier et que* B *et* C *soient des nombres quelconques positifs ou négatifs non divisibles par* A, *je dis qu'on pourra toujours trouver deux nombres* p *et* q *tels que le nombre* $p^2 - \text{B}q^2 - \text{C}$ *soit divisible par* A.

Car : 1° Si l'on peut trouver un nombre q tel que $\text{B}q^2 + \text{C}$ soit divisible par A, il n'y aura alors qu'à prendre p divisible par A, ou bien $p = 0$;

2° S'il n'y a aucun nombre qui étant pris pour q puisse rendre $\text{B}q^2 + \text{C}$ divisible par A, faisons, pour abréger, $\text{B}q^2 + \text{C} = b$, et supposant

$$\text{P} = p^{\text{A}-3} + bp^{\text{A}-5} + b^2 p^{\text{A}-7} + \ldots + b^{\frac{\text{A}-3}{2}},$$

on aura

$$(p^2 - Bq^2 - C)P = p^{A-1} - b^{\frac{A-1}{2}} = p^{A-1} - 1 - \left(b^{\frac{A-1}{2}} - 1\right);$$

multiplions cette équation par $b^{\frac{A-1}{2}} + 1$ que nous supposerons égal à Q, et l'on aura

$$(p^2 - Bq^2 - C)PQ = Q(p^{A-1} - 1) - (b^{A-1} - 1).$$

Or, par le Théorème connu de Fermat, que M. Euler a démontré dans les *Commentaires de Pétersbourg*, on sait que si A est un nombre premier quelconque et a un autre nombre quelconque non divisible par A, $a^{A-1} - 1$ sera toujours divisible par A. Donc, si l'on suppose que p ne soit pas divisible par A, on aura les deux nombres $p^{A-1} - 1$ et $b^{A-1} - 1$ divisibles à la fois par A, à cause que b n'est jamais divisible par A, quel que soit q (hypothèse). Donc le nombre $(p^2 - Bq^2 - C)PQ$ sera divisible par A, de sorte que, si ni P ni Q n'étaient divisibles par A, il faudrait que $p^2 - Bq^2 - C$ le fût, à cause que A est un nombre premier par l'hypothèse. Ainsi la difficulté se réduit à prouver que l'on peut toujours prendre p et q tels que ni P ni Q ne soient pas divisibles par A, p ne l'étant pas non plus.

Pour cela je remarque d'abord que, quelle que soit la valeur de q, on peut toujours trouver une valeur de p plus petite que A et par conséquent non divisible par A, telle que P ne soit pas divisible par A. Car si l'on substitue successivement dans l'expression de P les nombres 1, 2, 3,... jusqu'à A − 2 inclusivement à la place de p, et qu'on nomme P', P'', P''',..., $P^{(A-2)}$ les valeurs résultantes de P, on aura, par la théorie connue des différences,

$$P' - (A-3)P'' + \frac{(A-3)(A-4)}{2}P''' - \ldots + P^{(A-2)} = 1.2.3.4\ldots(A-3).$$

Or, si tous les nombres P', P'', P''',... jusqu'à $P^{(A-2)}$ étaient divisibles par A, il faudrait que le nombre 1.2.3...(A − 3) le fût aussi; ce qui ne pouvant être à cause que A est premier, il s'ensuit que parmi les nombres P', P'',..., $P^{(A-2)}$ il s'en trouvera nécessairement quelqu'un qui ne sera pas divisible par A; donc, etc.

Ainsi il ne reste plus qu'à prouver que l'on peut toujours prendre q tel que Q ou $(Bq^2+C)^{\frac{A-1}{2}}+1$ ne soit pas divisible par A.

Soit, pour plus de simplicité, $\frac{A-1}{2}=m$, et l'on aura

$$Q=B^m q^{A-1}+mB^{m-1}q^{A-3}C+\frac{m(m-1)}{2}B^{m-2}q^{A-5}C^2+\ldots+mBq^2C^{m-1}+C^m+1.$$

Or si C^m+1 n'est pas divisible par A, il est clair qu'il n'y aura qu'à prendre q divisible par A, ou bien $q=0$; car alors Q ne sera pas divisible par A.

Mais si C^m+1 est divisible par A, alors pour que Q ne le soit pas, il faudra que q ne le soit pas, et que la quantité

$$B^m q^{A-3}+mB^{m-1}q^{A-5}C+\frac{m(m-1)}{2}B^{m-2}q^{A-7}C^2+\ldots+mBC^{m-1}$$

ne le soit pas non plus; or on peut démontrer, comme plus haut, qu'il doit nécessairement exister une valeur de q plus petite que A et par conséquent non divisible par A, telle que la quantité dont il s'agit ne le soit pas. Car nommant R cette quantité, et désignant par R', R'', R''',..., $R^{(A-2)}$ les valeurs de R qui résulteraient de la substitution des nombres 1, 2, 3,..., $A-2$ à la place de q, on aura

$$R'-(A-3)R''+\frac{(A-3)(A-4)}{2}R'''-\ldots+R^{(A-2)}=1.2.3\ldots(A-3)B^m.$$

Or comme A est premier et que B n'est pas divisible par A, il est clair que le nombre $1.2.3\ldots(A-3)B^m$ ne le sera pas non plus; donc, etc.

Corollaire I. — Si l'on fait $B=-1$ et $C=-1$, on aura le nombre p^2+q^2+1 qui sera divisible par A; d'où il s'ensuit qu'*étant donné un nombre premier quelconque on peut toujours trouver un nombre égal à la somme de trois carrés entiers dont l'un soit même l'unité, lequel soit divisible par le nombre premier donné.*

Ce Théorème a déjà été démontré par M. Euler d'une autre manière, dans le tome V des *Nouveaux Commentaires de Pétersbourg;* mais pour ne rien laisser à désirer à nos lecteurs nous avons cru devoir le démontrer de nouveau, d'autant plus que notre démonstration a l'avantage d'avoir une très-grande généralité.

Corollaire II. — Combinant donc le Théorème précédent avec celui de la Remarque qui est après le Théorème I, on en déduira celle-ci : que *tout nombre premier est nécessairement égal à la somme de quatre ou d'un moindre nombre de carrés entiers*. D'où il est aisé de conclure que *tout nombre entier est aussi égal à la somme de quatre ou d'un moindre nombre de carrés entiers;* car on sait que le produit de deux, ou de plusieurs nombres égaux chacun à la somme de quatre, ou d'un moindre nombre de carrés, est aussi nécessairement égal à la somme de quatre, ou d'un moindre nombre de carrés; en effet on a

$$\begin{aligned}(p^2+q^2+r^2+s^2)&(p'^2+q'^2+r'^2+s'^2)\\ &=(pp'-qq'-rr'+ss')^2+(pq'+qp'-rs'-sr')^2\\ &\quad+(pr'+qs'+rp'+sq')^2+(qr'-ps'+sp'-rq')^2,\end{aligned}$$

et même plus généralement

$$\begin{aligned}(p^2-Bq^2-Cr^2+BCs^2)&(p'^2-Bq'^2-Cr'^2+BCs'^2)\\ &=[pp'+Bqq'\pm C(rr'+Bss')]^2-B[pq'+qp'\pm C(rs'+sr')]^2\\ &\quad-C[pr'-Bqs'\pm(rp'-Bsq')]^2+BC[qr'-ps'\pm(sp'-rq')]^2.\end{aligned}$$

RÉFLEXIONS

SUR LA

RÉSOLUTION ALGÉBRIQUE DES ÉQUATIONS.

RÉFLEXIONS

SUR LA

RÉSOLUTION ALGÉBRIQUE DES ÉQUATIONS (*).

[*Nouveaux Mémoires de l'Académie royale des Sciences et Belles-Lettres de Berlin*, années 1770 et 1771 (**).]

La théorie des équations est de toutes les parties de l'Analyse celle qu'on eût cru devoir acquérir les plus grands degrés de perfection et par son importance et par la rapidité des progrès que les premiers inventeurs y ont faits; mais quoique les Géomètres qui sont venus depuis n'aient cessé de s'y appliquer, il s'en faut beaucoup que leurs efforts aient eu le succès qu'on pouvait désirer. On a à la vérité épuisé presque tout ce qui concerne la nature des équations, leur transformation, les conditions nécessaires pour que deux ou plusieurs racines deviennent égales, ou aient entre elles un relation donnée, et la manière de trouver ces racines, la forme des racines imaginaires, et la méthode de trouver la valeur de celles qui, quoique réelles, se présentent sous une forme imaginaire, etc. On a aussi découvert des règles générales pour reconnaître si toutes les racines d'une équation sont réelles ou non, et pour savoir dans le premier cas combien il doit y en avoir de positives et de négatives; mais on n'a jusqu'à présent aucune règle générale pour connaître

(*) Ce Mémoire a été lu à l'Académie dans le courant de l'année 1771.

(**) Les deux premières Sections de ce Mémoire ont été insérées dans le volume de 1770, les suivantes dans le volume de 1771. (*Note de l'Éditeur.*)

le nombre des racines imaginaires dans les équations qui doivent en contenir, et moins encore pour savoir combien il doit y en avoir de réelles positives et de réelles négatives, lorsqu'on connaît d'ailleurs le nombre des réelles et des imaginaires; on n'a pas même une règle pour pouvoir s'assurer si une équation quelconque proposée doit contenir quelques racines réelles ou non, à moins que l'équation ne soit d'un degré impair, ou que son dernier terme ne soit négatif.

Ce n'est pas qu'on ne puisse toujours trouver le nombre des racines imaginaires et des racines réelles positives, ou négatives, lorsqu'on connaît la valeur numérique des coefficients de l'équation proposée; les méthodes que j'ai données ailleurs, tant pour cet objet que pour approcher autant que l'on veut de la valeur de chaque racine, ne laissent, ce me semble, rien à désirer; mais il s'agit ici des équations littérales, et la question est de trouver les conditions qui doivent avoir lieu entre les différents coefficients d'une équation d'un degré donné, suivant la qualité de ses racines.

A l'égard de la résolution des équations littérales, on n'est guère plus avancé qu'on ne l'était du temps de Cardan, qui le premier a publié celle des équations du troisième et du quatrième degré. Les premiers succès des Analystes italiens dans cette matière paraissent avoir été le terme des découvertes qu'on y pouvait faire; du moins est-il certain que toutes les tentatives qu'on a faites jusqu'à présent pour reculer les limites de cette partie de l'Algèbre n'ont encore servi qu'à trouver de nouvelles méthodes pour les équations du troisième et du quatrième degré, dont aucune ne paraît applicable, en général, aux équations d'un degré plus élevé.

Je me propose dans ce Mémoire d'examiner les différentes méthodes que l'on a trouvées jusqu'à présent pour la résolution algébrique des équations, de les réduire à des principes généraux, et de faire voir *à priori* pourquoi ces méthodes réussissent pour le troisième et le quatrième degré, et sont en défaut pour les degrés ultérieurs.

Cet examen aura un double avantage : d'un côté il servira à répandre une plus grande lumière sur les résolutions connues du troisième et du quatrième degré; de l'autre il sera utile à ceux qui voudront s'occuper de la résolution des degrés supérieurs, en leur fournissant différentes vues pour cet objet et en leur épargnant surtout un grand nombre de pas et de tentatives inutiles.

SECTION PREMIÈRE.

DE LA RÉSOLUTION DES ÉQUATIONS DU TROISIÈME DEGRÉ.

1. Comme la résolution des équations du second degré est très-facile, et n'est d'ailleurs remarquable que par son extrême simplicité, j'entrerai d'abord en matière par les équations du troisième degré, lesquelles demandent pour être résolues des artifices particuliers qui ne se présentent pas naturellement.

Soit donc l'équation générale du troisième degré

$$x^3 + mx^2 + nx + p = 0,$$

et comme on sait qu'on peut toujours faire disparaître le second terme de toute équation en augmentant ses racines du coefficient du second terme divisé par l'exposant du premier, on pourra supposer d'abord, pour plus de simplicité, $m = 0$, ce qui réduira la proposée à la forme

$$x^3 + nx + p = 0.$$

C'est dans cet état que les équations du troisième degré ont été d'abord traitées par Scipio Ferreo et par Tartalea, à qui l'on doit leur résolution; mais on ignore le chemin qui les y a conduits. La méthode la plus naturelle pour y parvenir me paraît celle que Hudde a imaginée, et qui consiste à représenter la racine par la somme de deux indéterminées qui permettent de partager l'équation en deux parties propres à faire en sorte que les deux indéterminées ne dépendent que d'une équation résoluble à la manière de celles du second degré.

Suivant cette méthode on fera donc $x = y + z$, ce qui étant substitué dans la proposée la réduira à celle-ci

$$y^3 + 3y^2z + 3yz^2 + z^3 + n(y+z) + p = 0,$$

qu'on peut mettre sous cette forme plus simple

$$y^3 + z^3 + p + (y+z)(3yz+n) = 0.$$

Qu'on fasse maintenant ces deux équations séparées

$$y^3 + z^3 + p = 0,$$
$$3yz + n = 0,$$

on aura

$$z = -\frac{n}{3y},$$

et, substituant dans la première,

$$y^3 - \frac{n^3}{27y^3} + p = 0,$$

c'est-à-dire

$$y^6 + py^3 - \frac{n^3}{27} = 0.$$

Cette équation est à la vérité du sixième degré, mais comme elle ne renferme que deux différentes puissances de l'inconnue, dont l'une a un exposant double de celui de l'autre, il est clair qu'elle peut se résoudre comme celles du second degré. En effet, on aura d'abord

$$y^3 = -\frac{p}{2} \pm \sqrt{\frac{p^2}{4} + \frac{n^3}{27}},$$

et de là

$$y = \sqrt[3]{-\frac{p}{2} \pm \sqrt{\frac{p^2}{4} + \frac{n^3}{27}}}.$$

Ainsi l'on connaîtra y et z, et de là on aura

$$x = y + z = y - \frac{n}{3y}.$$

2. Il se présente différentes remarques à faire sur cette solution. D'abord il est clair que la quantité y doit avoir six valeurs, puisqu'elle dépend d'une équation du sixième degré; de sorte que la quantité x aura aussi six valeurs; mais comme x est la racine d'une équation du troisième degré, on sait qu'elle ne peut avoir que trois valeurs différentes;

donc il faudra que les six valeurs dont il s'agit se réduisent à trois, dont chacune soit double. C'est aussi de quoi on peut se convaincre par le calcul, en éliminant y des deux équations

$$y^6 + py^3 - \frac{n^3}{27} = 0, \quad x = y - \frac{n}{3y}.$$

Supposons, pour plus de généralité,

$$x = y - \frac{k}{y} \quad \text{ou bien} \quad y^2 - xy - k = 0,$$

on aura donc

$$y^2 = xy + k,$$

et de là

$$y^3 = xy^2 + ky = y(x^2 + k) + kx,$$

$$y^6 = y^2(x^2 + k)^2 + 2kx(x^2 + k)y + k^2x^2$$
$$= yx(x^2 + k)(x^2 + 3k) + kx^4 + 3k^2x^2 + k^3.$$

Substituant donc ces valeurs de y^3 et y^6, on aura

$$y(x^2 + k)(x^3 + 3kx + p) + kx(x^3 + 3kx + p) + k^3 - \frac{n^3}{27} = 0.$$

Soit, pour abréger,

$$\frac{n^3}{27} - k^3 = h \quad \text{et} \quad x^3 + 3kx + p = X,$$

on aura

$$[y(x^2 + k) + kx]X - h = 0,$$

d'où

$$y = \frac{\frac{h}{X} - kx}{x^2 + k},$$

de sorte qu'en substituant maintenant cette valeur de y dans l'équation

$$y^2 - xy - k = 0,$$

on aura

$$\left(\frac{h}{X} - kx\right)^2 - x\left(\frac{h}{X} - kx\right)(x^2 + k) - k(x^2 + k)^2 = 0,$$

ce qui se réduit à

$$h^3 X^2 + hXx(x^2 + 3k) - h^2 = 0,$$

ou bien, à cause de $x(x^2 + 3k) = X - p$, à

$$\frac{n^3}{27} X^2 - hpX - h^2 = 0,$$

c'est-à-dire à

$$\left(X - \frac{27\,hp}{2\,n^3}\right)^2 - \frac{27\,h^2}{n^3}\left(1 + \frac{27\,p^2}{4\,n^3}\right) = 0.$$

Maintenant il est clair qu'en faisant $k = \frac{n}{3}$ pour avoir $x = y - \frac{n}{3y}$, on aura $h = 0$, ce qui réduira l'équation précédente à

$$X^2 = 0,$$

savoir

$$(x^3 + nx + p)^2 = 0,$$

équation qui aura les mêmes racines que la proposée, mais dont chacune sera double.

De là il s'ensuit que la résolution d'une équation du troisième degré est, à proprement parler, la résolution d'une équation du sixième degré, inconvénient qui n'a pas lieu dans le second degré, dont la résolution est tout à fait propre à ce degré, mais qui devient encore plus considérable pour les équations des degrés supérieurs, comme on le verra plus bas.

3. Puis donc que parmi les six valeurs de y il n'y en a que trois qui donnent des valeurs différentes de x, il s'agit maintenant de distinguer ces valeurs. Pour cela il faut trouver l'expression particulière de chacune des six valeurs de y; et si l'on nomme 1, α et β les trois racines cubiques de l'unité, c'est-à-dire les trois racines de l'équation $x^3 - 1 = 0$, il est facile de voir que les six valeurs de y seront, en faisant, pour abréger, $\frac{p^2}{4} + \frac{n^3}{27} = q$,

$$\sqrt[3]{-\frac{p}{2} \pm \sqrt{q}}, \quad \alpha\sqrt[3]{-\frac{p}{2} \pm \sqrt{q}}, \quad \beta\sqrt[3]{-\frac{p}{2} \pm \sqrt{q}};$$

de là les valeurs correspondantes de $z = -\frac{n}{3y}$ seront, à cause de

$$\sqrt[3]{-\frac{p}{2} \pm \sqrt{q}}\sqrt[3]{-\frac{p}{2} \mp \sqrt{q}} = \sqrt[3]{\frac{p^2}{4} - q} = -\frac{n}{3},$$

et par conséquent

$$\sqrt[3]{-\frac{p}{2} \mp \sqrt{q}} = -\frac{n}{3\sqrt[3]{-\frac{p}{2} \pm \sqrt{q}}},$$

ces valeurs seront, dis-je,

$$\sqrt[3]{-\frac{p}{2} \mp \sqrt{q}}, \quad \frac{1}{\alpha}\sqrt[3]{-\frac{p}{2} \mp \sqrt{q}}, \quad \frac{1}{\beta}\sqrt[3]{-\frac{p}{2} \mp \sqrt{q}}.$$

Or, sans connaître même les valeurs de α et de β, il est facile de s'assurer que $\alpha\beta$ doit être égal à 1; car puisque 1, α et β sont les trois racines de l'équation $x^3 - 1 = 0$, on aura donc leur produit $1 . \alpha . \beta$ égal au dernier terme 1; donc $\alpha\beta = 1$; donc $\frac{1}{\alpha} = \beta$ et $\frac{1}{\beta} = \alpha$; de sorte que les trois valeurs ci-dessus deviendront

$$\sqrt[3]{-\frac{p}{2} \mp \sqrt{q}}, \quad \beta\sqrt[3]{-\frac{p}{2} \mp \sqrt{q}}, \quad \alpha\sqrt[3]{-\frac{p}{2} \mp \sqrt{q}}.$$

Donc, puisque $x = y + z$, on aura, en ajoutant ensemble les valeurs correspondantes de y et de z,

$$\sqrt[3]{-\frac{p}{2} \pm \sqrt{q}} + \sqrt[3]{-\frac{p}{2} \mp \sqrt{q}},$$

$$\alpha\sqrt[3]{-\frac{p}{2} \pm \sqrt{q}} + \beta\sqrt[3]{-\frac{p}{2} \mp \sqrt{q}},$$

$$\beta\sqrt[3]{-\frac{p}{2} \pm \sqrt{q}} + \alpha\sqrt[3]{-\frac{p}{2} \mp \sqrt{q}},$$

où il est facile de voir que, des signes ambigus de $\sqrt{q}$ soit qu'on prenne le supérieur ou l'inférieur, on aura toujours les trois mêmes valeurs de x.

De là il s'ensuit donc que l'on peut prendre indifféremment le radical $\sqrt{q}$ en plus ou en moins, et que les trois racines de l'équation proposée résulteront immédiatement des trois valeurs du radical cubique $\sqrt[3]{-\frac{p}{2} \pm \sqrt{q}}$.

4. Nous avons fait voir (2) que la résolution de toute équation du troisième degré appartient essentiellement à une équation du sixième degré; cependant si l'on voulait délivrer l'équation

$$x = \sqrt[3]{-\frac{p}{2} + \sqrt{q}} + \sqrt[3]{-\frac{p}{2} - \sqrt{q}}$$

des radicaux, on tomberait dans une équation du neuvième degré; car en prenant d'abord les cubes on aurait

$$x^3 = -p + 3x\sqrt[3]{\frac{p^2}{4} - q},$$

et prenant de nouveau les cubes, après avoir fait passer dans le premier membre le terme $-p$, on aurait

$$(x^3 + p)^3 = 27\left(\frac{p^2}{4} - q\right)x^3,$$

c'est-à-dire, à cause de $\frac{p^2}{4} - q = -\frac{n^3}{27}$,

$$x^9 + 3px^6 + (3p^2 + n^3)x^3 + p^3 = 0.$$

Mais il faut remarquer que cette équation renferme, outre les trois racines de la proposée $x^3 + nx + p = 0$, encore six autres étrangères; en effet elle peut se décomposer en ces trois-ci

$$x^3 + nx + p = 0,$$
$$x^3 + \alpha nx + p = 0,$$
$$x^3 + \beta nx + p = 0,$$

dont les deux dernières sont, comme on voit, différentes de la proposée; ainsi l'on ne peut rien conclure de cette équation pour le degré auquel doit se rapporter la résolution des équations du troisième degré, comme nous l'avons fait plus haut (2), d'après l'équation $X^2 = 0$, laquelle renferme toutes les mêmes racines que la proposée.

5. L'équation du sixième degré

$$y^6 + py^3 - \frac{n^3}{27} = 0$$

s'appelle la *réduite* du troisième degré, parce que c'est à sa résolution que se réduit celle de la proposée

$$x^3 + nx + p = 0.$$

Or nous avons déjà vu plus haut comment les racines de cette dernière équation dépendent des racines de celle-là; voyons réciproquement comment les racines de la *réduite* dépendent de celles de la proposée; mais pour rendre cette recherche plus générale et plus lumineuse il sera bon de considérer une équation qui ait tous ses termes telle que

$$x^3 + mx^2 + nx + p = 0,$$

et dont les racines soient représentées généralement par a, b, c. On commencera donc par faire évanouir le second terme en supposant $x = x' - \frac{m}{3}$, et, faisant, pour abréger,

$$n' = n - \frac{m^2}{3}, \quad p' = p - \frac{mn}{3} + \frac{2m^3}{27},$$

on aura la transformée

$$x'^3 + n'x' + p' = 0,$$

qui a la forme requise. Faisant maintenant $x' = y - \frac{n'}{3y}$, on aura la réduite

$$y^6 + p'y^3 - \frac{n'^3}{27} = 0;$$

d'où, en nommant r la racine cubique de

$$-\frac{p'}{2} + \sqrt{\frac{p'^2}{4} + \frac{n'^3}{27}},$$

on aura ces trois valeurs de y, savoir

$$y = r,\quad y = \alpha r,\quad y = \beta r,$$

lesquelles donneront les trois racines

$$x' = r - \frac{n'}{3r},\quad x' = \alpha r - \frac{n'}{3\alpha r},\quad x' = \beta r - \frac{n'}{3\beta r};$$

d'où, à cause de $x = x' - \frac{m}{3}$, on aura, en faisant, pour abréger, $\frac{n'}{3r} = s$, ces trois valeurs de x, savoir

$$-\frac{m}{3} + r - s,\quad -\frac{m}{3} + \alpha r - \frac{s}{\alpha},\quad -\frac{m}{3} + \beta r - \frac{s}{\beta};$$

donc

$$a = -\frac{m}{3} + r - s,$$

$$b = -\frac{m}{3} + \alpha r - \frac{s}{\alpha},$$

$$c = -\frac{m}{3} + \beta r - \frac{s}{\beta}.$$

Retranchant successivement la seconde et la troisième de ces équations de la première, on aura

$$a - b = (1 - \alpha)\left(r + \frac{s}{\alpha}\right),$$

$$a - c = (1 - \beta)\left(r + \frac{s}{\beta}\right),$$

d'où l'on tire

$$\frac{\alpha(a - b)}{1 - \alpha} = \alpha r + s,$$

$$\frac{\beta(a - c)}{1 - \beta} = \beta r + s;$$

et retranchant de nouveau l'une de l'autre, ensuite divisant par $\alpha - \beta$, il viendra

$$r = \frac{\frac{\alpha(a - b)}{1 - \alpha} - \frac{\beta(a - c)}{1 - \beta}}{\alpha - \beta},$$

c'est-à-dire

$$r = \frac{a}{(1-\alpha)(1-\beta)} + \frac{\alpha b}{(\alpha-1)(\alpha-\beta)} + \frac{\beta c}{(\beta-1)(\beta-\alpha)}.$$

Or, 1, α et β étant (hypothèse) les trois racines de l'équation $x^3 - 1 = 0$, on aura

$$x^3 - 1 = (x-1)(x-\alpha)(x-\beta),$$

et différentiant

$$3x^2 = (x-\alpha)(x-\beta) + (x-1)(x-\beta) + (x-1)(x-\alpha);$$

de sorte qu'en faisant successivement $x = 1, \alpha, \beta$, on aura

$$3 = (1-\alpha)(1-\beta),$$
$$3\alpha^2 = (\alpha-1)(\alpha-\beta),$$
$$3\beta^2 = (\beta-1)(\beta-\alpha);$$

donc, substituant ces valeurs dans l'expression précédente de r, on aura

$$r = \frac{a}{3} + \frac{b}{3\alpha} + \frac{c}{3\beta},$$

ou bien, à cause de $\alpha\beta = 1$,

$$r = \frac{a + \beta b + \alpha c}{3}.$$

Telle est donc la valeur de r, et par conséquent aussi de y; de sorte qu'on aura en changeant, ce qui est permis, α en β et *vice versâ*

$$y = \frac{a + \alpha b + \beta c}{3}.$$

6. On voit d'abord par cette expression de y pourquoi la *réduite* est nécessairement du sixième degré; car comme cette réduite ne dépend pas immédiatement des racines a, b, c de la proposée, mais seulement des coefficients m, n, p, où les trois racines entrent également, il est clair que dans l'expression de y on doit pouvoir échanger à volonté les quantités a, b, c entre elles; par conséquent la quantité y devra avoir autant de valeurs différentes que l'on en pourra former par toutes les

permutations possibles dont les trois racines a, b, c sont susceptibles; or on sait par la théorie des combinaisons que le nombre des permutations, c'est-à-dire des arrangements différents de trois choses, est $3.2.1$; donc la réduite en y doit être aussi du degré $3.2.1$, c'est-à-dire du sixième.

Il y a plus : la même expression de y montre aussi pourquoi la réduite est résoluble à la manière des équations du second degré; car il est clair que cela vient de ce que cette équation ne renferme que les puissances y^3 et y^6, c'est-à-dire des puissances dont les exposants sont multiples de 3; en sorte que, si r est une des valeurs de y, il faut que αr et βr en soient aussi à cause de $\alpha^3 = 1$ et $\beta^3 = 1$; or c'est ce qui a lieu dans l'expression de y trouvée ci-dessus. Pour le faire voir plus aisément nous remarquerons que $\beta = \alpha^2$, car, puisqu'on a $\alpha\beta = 1$ et $\alpha^3 - 1 = 0$, on aura aussi $\alpha\beta = \alpha^3$, et de là $\beta = \alpha^2$; de sorte que l'expression de y pourra se mettre sous cette forme

$$y = \frac{a + \alpha b + \alpha^2 c}{3},$$

d'où, en faisant toutes les permutations possibles des quantités a, b, c, on tire les six valeurs suivantes

$$\frac{a + \alpha b + \alpha^2 c}{3},$$

$$\frac{a + \alpha c + \alpha^2 b}{3},$$

$$\frac{b + \alpha a + \alpha^2 c}{3},$$

$$\frac{b + \alpha c + \alpha^2 a}{3},$$

$$\frac{c + \alpha b + \alpha^2 a}{3},$$

$$\frac{c + \alpha a + \alpha^2 b}{3},$$

qui seront donc les six racines de la réduite. Maintenant si l'on multiplie la première par α, et ensuite par β ou par α^2, on aura, à cause de $\alpha^3 = 1$, ces deux-ci

$$\frac{c+\alpha a+\alpha^2 b}{3} \quad \text{et} \quad \frac{b+\alpha c+\alpha^2 a}{3},$$

qui sont la sixième et la quatrième; et si l'on multiplie de même la seconde par α et par α^2, on aura

$$\frac{b+\alpha a+\alpha^2 c}{3} \quad \text{et} \quad \frac{c+\alpha b+\alpha^2 a}{3},$$

qui sont la troisième et la cinquième. Il en sera de même si l'on multiplie la troisième et la quatrième, ou la cinquième et la sixième par α et par α^2, car on aura par là également toutes les autres.

7. Cela nous conduit à une méthode directe pour trouver la réduite d'où dépend la résolution des équations du troisième degré; car soit

$$x^3+mx^2+nx+p=0$$

l'équation proposée dont les racines soient a, b, c, et supposons que les racines de la réduite soient représentées généralement par une fonction du premier degré des racines a, b, c, telle que

$$Aa+Bb+Cc,$$

A, B, C étant des coefficients indépendants des quantités a, b, c; en faisant toutes les permutations possibles des quantités a, b, c, on aura ces quantités

$$\begin{gathered}Aa+Bb+Cc,\\ Aa+Bc+Cb,\\ Ab+Ba+Cc,\\ Ab+Bc+Ca,\\ Ac+Bb+Ca,\\ Ac+Ba+Cb,\end{gathered}$$

qui seront les six racines de la réduite. Or, pour que cette équation n'ait que des puissances dont les exposants soient multiples de 3, il faut, comme nous l'avons vu plus haut, que, nommant r une de ses racines,

αr et βr ou $\alpha^2 r$ en soient aussi; donc, prenant la quantité

$$Aa + Bb + Cc$$

pour r, il faudra que la quantité

$$\alpha Aa + \alpha Bb + \alpha Cc$$

soit égale à une des cinq autres quantités ci-dessus; or elle ne saurait devenir égale à

$$Aa + Bc + Cb$$

ni à

$$Ab + Ba + Cc$$

qu'en faisant $\alpha = 1$, car dans le premier cas on aurait

$$\alpha A = A,$$

et dans le second

$$\alpha C = C;$$

mais en la comparant à la quantité

$$Ab + Bc + Ca,$$

on aura

$$\alpha A = C, \quad \alpha B = A \quad \text{et} \quad \alpha C = B,$$

d'où l'on tire

$$C = \alpha A, \quad B = \alpha^2 A \quad \text{et} \quad \alpha^3 A = A,$$

c'est-à-dire

$$\alpha^3 = 1;$$

ce qui montre que α doit être en effet une des racines de l'équation

$$x^3 - 1 = 0;$$

ainsi en faisant, pour plus de simplicité, $A = 1$, on aura

$$A = 1, \quad B = \alpha \quad \text{et} \quad C = \alpha^2,$$

ce qui donne les mêmes formules qu'on a trouvées plus haut en faisant abstraction du dénominateur 3.

Faisant donc, pour abréger,

$$r = a + \alpha b + \alpha^2 c,$$
$$s = a + \alpha c + \alpha^2 b,$$

on aura r, αr, $\alpha^2 r$ et s, αs, $\alpha^2 s$ pour les six racines de la transformée; or, nommant y l'inconnue de cette équation, on trouvera d'abord que le produit des trois facteurs $y - r$, $y - \alpha r$, $y - \alpha^2 r$ sera $y^3 - r^3$, et que de même le produit des trois autres sera $y^3 - s^3$, de sorte que le produit total, c'est-à-dire la réduite elle-même, sera représentée par

$$y^6 - (r^3 + s^3)y^3 + r^3 s^3 = 0,$$

qui a la forme demandée. Il ne s'agit donc plus maintenant que de trouver les valeurs de $r^3 + s^3$ et de $r^3 s^3$: or, en élevant au cube la quantité r et faisant attention que $\alpha^3 = 1$, on trouve

$$r^3 = a^3 + b^3 + c^3 + 6abc + 3\alpha(a^2 b + b^2 c + c^2 a) + 3\alpha^2(ab^2 + bc^2 + ca^2),$$

et par conséquent, en changeant b en c, on aura de même

$$s^3 = a^3 + b^3 + c^3 + 6abc + 3\alpha(a^2 c + c^2 b + b^2 a) + 3\alpha^2(c^2 a + b^2 c + a^2 b).$$

Soit, pour plus de simplicité,

$$a^3 + b^3 + c^3 + 6abc = \mathrm{L},$$
$$a^2 b + b^2 c + c^2 a = \mathrm{M},$$
$$a^2 c + b^2 a + c^2 b = \mathrm{N},$$

on aura donc

$$r^3 = \mathrm{L} + 3\alpha \mathrm{M} + 3\alpha^2 \mathrm{N},$$
$$s^3 = \mathrm{L} + 3\alpha \mathrm{N} + 3\alpha^2 \mathrm{M},$$

donc

$$r^3 + s^3 = 2\mathrm{L} + 3(\alpha + \alpha^2)(\mathrm{M} + \mathrm{N});$$

mais comme 1, α et α^2 sont les trois racines de l'équation $x^3 - 1 = 0$ qui manque du second terme, on doit avoir

$$1 + \alpha + \alpha^2 = 0;$$

donc

$$r^3 + s^3 = 2\mathrm{L} - 3(\mathrm{M} + \mathrm{N}).$$

Multipliant ensuite les valeurs de r^3 et s^3 ensemble, on aura

$$r^3s^3 = L^2 + 9(M^2 + N^2) + 3(\alpha + \alpha^2)[L(M+N) + 3MN],$$

où bien, à cause de $\alpha + \alpha^2 = -1$,

$$r^3s^3 = L[L - 3(M+N)] + 9[(M+N)^2 - 3MN];$$

or il est facile de voir que les quantités L, M + N et MN doivent être données par les coefficients m, n, p de la proposée, et cela sans extraction de racines, ce qui suit de ce que ces quantités ne changent point, quelques permutations des quantités a, b, c qu'on y fasse, de sorte qu'elles ne peuvent avoir chacune qu'une valeur unique.

8. En effet, ayant

$$-m = a + b + c, \quad n = ab + ac + bc, \quad -p = abc,$$

on aura d'abord par les règles connues

$$a^2 + b^2 + c^2 = m^2 - 2n, \quad a^3 + b^3 + c^3 = -m^3 + 3mn - 3p,$$

et l'on trouvera de là

$$a^3b^3 + a^3c^3 + b^3c^3 = n^3 - 3mnp + 3p^2;$$

donc

$$L = -m^3 + 3mn - 9p,$$
$$M + N = 3p - mn,$$
$$MN = n^3 + p(m^3 - 6mn) + 9p^2;$$

d'où l'on trouvera

$$r^3 + s^3 = -2m^3 + 9mn - 27p,$$
$$r^3s^3 = m^6 - 9m^4n + 27m^2n^2 - 27n^3 = (m^2 - 3n)^3,$$

de sorte que notre réduite sera

$$y^6 + (2m^3 - 9mn + 27p)y^3 + (m^2 - 3n)^3 = 0,$$

qui revient au même que celle qu'on a trouvée plus haut (5), en faisant seulement attention que l'inconnue y de celle-ci est triple de l'inconnue y

de celle-là. Résolvant donc cette équation à la manière de celles du second degré, ou bien faisant, pour abréger, $y^3 = z$, en sorte que l'on ait

$$z^2 + (2m^3 - 9mn + 27p)z + (m^2 - 3n)^3 = 0,$$

et nommant z' et z'' les racines de cette équation du second degré, on aura

$$y^3 = z', \quad y^3 = z'',$$

donc

$$y = \sqrt[3]{z'} \quad \text{ou} \quad y = \sqrt[3]{z''};$$

par conséquent, puisqu'on a supposé que r et s étaient deux valeurs de y, on aura

$$r = a + \alpha b + \alpha^2 c = \sqrt[3]{z'},$$

$$s = a + \alpha c + \alpha^2 b = \sqrt[3]{z''},$$

équations qui étant combinées avec l'équation

$$a + b + c = -m$$

serviront à trouver les trois racines a, b, c; en effet on aura, à cause de $\alpha^3 = 1$ et de $1 + \alpha + \alpha^2 = 0$,

$$a = \frac{-m + \sqrt[3]{z'} + \sqrt[3]{z''}}{3},$$

$$b = \frac{-m + \alpha^2\sqrt[3]{z'} + \alpha\sqrt[3]{z''}}{3},$$

$$c = \frac{-m + \alpha\sqrt[3]{z'} + \alpha^2\sqrt[3]{z''}}{3},$$

ce qui s'accorde avec ce qu'on a trouvé plus haut.

9. Il est à propos de remarquer encore, pour éclaircir davantage cette matière, que les quantités M et N du n° 7 sont telles que l'une devient toujours l'autre en y faisant une permutation quelconque entre les trois racines a, b, c, de sorte que ces quantités M et N ne peuvent être que les racines d'une équation du second degré. En effet, nommant t l'inconnue de cette équation, il est clair qu'elle aura nécessairement cette forme

$$t^2 - (\mathrm{M} + \mathrm{N})t + \mathrm{MN} = 0;$$

donc, substituant pour M + N et MN leurs valeurs trouvées ci-dessus (8), on aura

$$t^2 - (3p - mn)t + n^3 + (m^3 - 6mn)p + 9p^2 = 0.$$

Ainsi l'on aura, par la résolution de cette équation, les valeurs de M et N; et comme d'ailleurs la quantité L est déjà donnée, puisqu'on a

$$L = -m^3 + 3mn - 9p,$$

on aura les valeurs de r^3 et de s^3 (7), ou bien celles de z' et z'' (8), lesquelles seront donc

$$z' = L + 3\alpha M + 3\alpha^2 N,$$

$$z'' = L + 3\alpha N + 3\alpha^2 M,$$

et moyennant ces valeurs on aura celles des racines a, b, c, comme on l'a vu tantôt.

Au reste cette propriété des fonctions M et N fait voir clairement pourquoi la quantité

$$z = y^3 = (a + \alpha b + \alpha^2 c)^3$$

ne dépend que d'une équation du second degré, de sorte que l'équation en y ne peut renfermer que les puissances y^3 et y^6.

10. La résolution des équations du troisième degré que nous venons d'examiner est appelée communément la *Règle de Cardan*, et elle est la seule que les Analystes connaissent. Mais il y a encore une autre méthode qui est due à M. Tschirnaus, et qui, quoique moins simple que celle de Cardan, a cependant l'avantage d'être plus directe et plus générale. Cette méthode est exposée dans les *Acta Eruditorum* de l'année 1683, et elle consiste à faire disparaître autant de termes intermédiaires que l'on veut d'une équation quelconque; l'Auteur la propose comme générale pour cet objet, et nous verrons qu'elle l'est en effet, mais qu'elle demande souvent la résolution d'équations d'un degré supérieur à celui de la proposée, ce qui empêche qu'elle ne réussisse au delà du quatrième degré.

M. Tschirnaus remarque que comme on peut faire évanouir un terme quelconque d'une équation dont x est l'inconnue, par la supposition de

$$x = y + a,$$

y étant une nouvelle inconnue et a une quantité indéterminée, de même on pourra en faire évanouir deux quelconques en supposant

$$x^2 = bx + a + y,$$

ou trois en supposant

$$x^3 = cx^2 + bx + a + y,$$

et ainsi de suite, $a, b, c, \ldots$ étant tous des coefficients indéterminés dont le nombre doit être égal à celui des termes qu'on veut faire évanouir, afin que l'on ait autant d'inconnues que de conditions à remplir.

Ainsi il n'y aura qu'à éliminer l'inconnue x de l'équation proposée par le moyen de la nouvelle équation qu'on a supposée, et l'on aura une équation en y qui sera toujours du même degré que la proposée, et dans laquelle on pourra supposer autant de termes égaux à zéro qu'il y a d'indéterminées $a, b, c, \ldots$.

Prenons donc l'équation du troisième degré

$$x^3 + mx^2 + nx + p = 0,$$

et supposons

$$x^2 = bx + a + y,$$

pour qu'on soit en état d'éliminer dans la transformée les deux termes intermédiaires; on aura donc

$$x^3 = bx^2 + ax + yx,$$

et, en substituant la valeur de x^2,

$$x^3 = (b^2 + a + y)x + b(a + y);$$

donc, substituant ces valeurs dans la proposée, on aura

$$\text{(A)} \qquad (b^2 + mb + n + a + y)x + (b + m)(a + y) + p = 0,$$

d'où l'on tire

$$x = -\frac{(b + m)(a + y) + p}{b^2 + mb + n + a + y},$$

valeur qui étant substituée dans l'équation

$$x^2 = bx + a + y$$

donnera celle-ci, où je fais, pour plus de simplicité, $b + m = c$, $b^2 + mb + n = d$,

$$[c(a+y)+p]^2 + b[c(a+y)+p](d+a+y) - (a+y)(d+a+y)^2 = 0,$$

c'est-à-dire, en ordonnant les termes par rapport aux puissances de $a+y$, et remettant les valeurs de c et d,

$$\text{(B)} \left\{ \begin{aligned} &(y+a)^3 - (mb + m^2 - 2n)(y+a)^2 \\ &\quad + [nb^2 + (mn - 3p)b + n^2 - 2mp](y+a) - p(b^3 + mb^2 + nb + p) = 0, \end{aligned} \right.$$

de sorte qu'en développant les puissances de $y + a$, on aura l'équation

$$y^3 + Ay^2 + By + C = 0,$$

dans laquelle

$$A = 3a - mb - m^2 + 2n,$$

$$B = 3a^2 - 2a(mb + m^2 - 2n) + nb^2 + (mn - 3p)b + n^2 - 2mp,$$

$$\begin{aligned} C = a^3 - (mb + m^2 - 2n)a^2 + [nb^2 + (mn - 3p)b + n^2 - 2mp]a \\ - p(b^3 + mb^2 + nb + p). \end{aligned}$$

Maintenant on peut faire évanouir le second et le troisième terme en supposant $A = 0$ et $B = 0$, ce qui donnera ces deux équations

$$3a - mb - m^2 + 2n = 0,$$

$$3a^2 - 2a(mb + m^2 - 2n) + nb^2 + (mn - 3p)b + n^2 - 2mp = 0,$$

par lesquelles on pourra déterminer a et b; et l'équation en y sera réduite à la forme

$$y^3 + C = 0,$$

laquelle donne sur-le-champ ces trois racines

$$y = -\sqrt[3]{C}, \quad y = -\alpha\sqrt[3]{C}, \quad y = -\alpha^2\sqrt[3]{C},$$

1, α et α^2 étant les racines de l'équation $x^3 - 1 = 0$. Ainsi mettant d'abord dans l'expression de x trouvée ci-dessus les valeurs de a et b qui résultent des équations précédentes, et ensuite pour y les trois racines de l'équation $y^3 + C = 0$, on aura tout d'un coup les trois racines x de l'équation proposée.

Or, comme des deux équations qui doivent donner a et b la première est du premier degré et la seconde du second, il est visible que la détermination de ces quantités ne dépendra que d'une équation du degré 1.2, c'est-à-dire du second degré; en effet, on aura d'abord

$$a = \frac{mb + m^2 - 2n}{3},$$

et, substituant cette valeur dans la seconde équation, on aura

$$(m^2 - 3n)b^2 + (2m^3 - 7mn + 9p)b + m^4 - 4m^2n + 6mp + n^2 = 0,$$

d'où l'on tirera deux valeurs de b qui pourront être employées indifféremment, parce qu'elles donneront toujours les mêmes valeurs de x.

Cette méthode a donc l'avantage de conduire immédiatement à une réduite du second degré, au lieu que par la méthode ordinaire on tombe dans une réduite du sixième; mais la résolution qu'elle donne n'est pas pour cela exempte de l'inconvénient que nous avons remarqué dans la résolution de Cardan, et qui consiste en ce que cette résolution est plutôt celle d'une équation du sixième degré que d'une équation du troisième (2). En effet, puisque la quantité y a trois valeurs, et que les quantités b et a en ont chacune deux, il est visible qu'il doit résulter six valeurs de x, lesquelles ne peuvent être par conséquent que les racines d'une équation du sixième degré; il est vrai que ces six valeurs se réduiront à trois, dont chacune sera double, comme il est facile de le démontrer, et comme nous l'avons déjà fait voir à l'égard de la formule de Cardan.

11. Il y a une remarque importante à faire touchant cette méthode de M. Tschirnaus, c'est que, dès qu'on a trouvé les valeurs de a, de b et de y, on ne doit pas prendre indifféremment pour x une des racines de l'équation supposée

$$x^2 - bx - a - y = 0,$$

ainsi que l'Auteur le fait; car, pour que cela fût permis, il faudrait que cette équation renfermât deux des racines de la proposée, et par conséquent que b fût la somme de ces deux racines; or, comme il n'y a pas plus de raison pour que b soit la somme de deux quelconques des trois racines de la proposée que de deux autres quelconques, il s'ensuit que b devrait avoir autant de valeurs différentes qu'il y a de manières de prendre les trois racines deux à deux, c'est-à-dire trois valeurs, à cause que le nombre des combinaisons de trois choses prises deux à deux est $\frac{3.2}{2} = 3$; au lieu que nous avons vu que la quantité b n'a que deux valeurs, puisqu'elle ne dépend que d'une équation du second degré.

L'esprit de la méthode que nous examinons consiste à faire en sorte que l'équation supposée ait une racine commune avec la proposée; ainsi, quand on a déterminé les valeurs de a, b et y en sorte que cette condition ait lieu, il faut prendre pour la valeur de x celle des racines de l'équation

$$x^2 - bx - a - y = 0,$$

qui sera commune à l'équation proposée

$$x^3 + mx^2 + nx + p = 0;$$

pour cela il n'y aura qu'à chercher le plus grand diviseur commun de ces deux équations, et ce diviseur, où x sera nécessairement linéaire, donnera une valeur de x qui sera aussi une des racines de la proposée; or il est facile de comprendre que cette valeur de x ne peut être que celle que nous avons trouvée en éliminant successivement les puissances plus hautes de x des deux équations données.

En effet, la méthode ordinaire d'élimination, suivant laquelle on fait disparaître successivement les plus hautes puissances de l'inconnue en déduisant, des deux équations données où la même inconnue se trouve élevée à des puissances quelconques, une suite d'autres équations où le plus haut degré de l'inconnue est successivement moindre, jusqu'à ce qu'on arrive à une équation où l'inconnue ne se trouve plus, et qui est le résultat de l'élimination; cette méthode, dis-je, revient dans le fond à la même que celle qui sert à trouver le plus grand commun diviseur des deux quantités qui forment les premiers membres des deux équations données; les restes que l'on aura par les divisions successives qu'il faudra faire donneront, étant égalés à zéro, les mêmes équations que celles qui proviennent de l'élimination; le dernier reste où l'inconnue ne se trouve plus devra être égal à zéro pour que les deux quantités proposées aient un diviseur commun du premier degré, lequel sera par conséquent l'avant-dernier reste où l'inconnue ne sera que linéaire; de sorte qu'en égalant aussi à zéro cet avant-dernier reste on aura une valeur de l'inconnue qui sera la racine commune des deux équations.

Dans l'Exemple du n° 10 les équations (A) et (B) sont celles que l'on aurait en faisant égal à zéro l'avant-dernier et le dernier reste; par conséquent la valeur de x tirée de l'équation (A) est la seule qui puisse donner en même temps une racine de l'équation proposée.

12. A l'occasion de cette remarque, nous croyons devoir encore en faire une autre touchant la manière de faire en sorte que deux équations aient plus d'une racine commune; il est évident que si l'on veut qu'elles aient deux racines communes il faudra qu'elles soient divisibles exactement par un facteur du second degré; par conséquent, en cherchant le plus grand commun diviseur des deux quantités qui forment les premiers membres des équations proposées, dès qu'on sera parvenu à un reste où l'inconnue se trouvera au second degré, il faudra, pour que ce reste soit un diviseur commun des deux équations, que le reste suivant soit nul de lui-même; or ce dernier reste ne renfermera que deux termes, l'un où l'inconnue ne se trouvera pas, et l'autre où elle se trouvera à la première dimension; c'est pourquoi il faudra faire chacun de ces termes en particulier égal à zéro, ce qui donnera deux équations contenant les conditions nécessaires pour qu'il y ait dans les proposées deux racines communes. Ce serait la même chose si l'on voulait employer la voie de l'élimination; alors il faudrait s'arrêter à l'équation où l'inconnue serait au premier degré, et vérifier cette équation indépendamment de l'inconnue, en égalant à zéro l'un et l'autre des deux termes dont elle serait compo-

sée; moyennant quoi l'équation précédente du second degré renfermerait les deux racines communes aux deux équations proposées.

On voit par là comment il faudrait s'y prendre pour trouver les conditions qui donnent trois racines communes, ou davantage, à deux équations données; mais dès qu'on aura trouvé la condition nécessaire pour que ces deux équations aient une racine commune, on pourra aisément en déduire celles qui rendront deux ou plusieurs racines communes.

Pour cela, supposons que les deux équations données qui renferment une même inconnue x soient représentées, en général, par

$$P = 0 \quad \text{et} \quad Q = 0;$$

si, au lieu de prendre $P = 0$, je prends $P = y$, et que j'élimine ensuite x des deux équations, j'en aurai une en y que je représenterai par

$$y^m + ay^{m-1} + \ldots + py^2 + qy + r = 0;$$

or, pour que les deux équations $P = 0$ et $Q = 0$ aient une racine commune en sorte qu'elles puissent subsister à la fois, il faut que y ait une valeur égale à zéro; donc

$$r = 0$$

sera la condition nécessaire pour l'existence d'une racine commune à ces deux équations; mais si l'on veut qu'elles aient deux racines communes, alors il faudra que y ait deux valeurs égales à zéro; par conséquent on aura les deux conditions

$$r = 0 \quad \text{et} \quad q = 0;$$

de même, s'il devait y avoir trois racines communes, il faudrait que y eût trois valeurs égales à zéro, ce qui donnerait les trois conditions

$$r = 0, \quad q = 0 \quad \text{et} \quad p = 0,$$

et ainsi de suite.

Je remarque maintenant que pour changer l'équation $P = 0$ en $P = y$, ou $P - y = 0$, il n'y a qu'à diminuer le dernier terme de l'équation $P = 0$ de la quantité y; de sorte que si l'on suppose

$$P = x^n + \alpha x^{n-1} + \ldots + \rho,$$

il n'y aura qu'à écrire $\rho - y$ à la place de ρ; or l'équation

$$y^m + ay^{m-1} + \ldots + py^2 + qy + r = 0$$

est celle qui résulte de l'élimination de x dans les deux équations $P = y$ et $Q = 0$ (hypothèse); par conséquent, en y faisant $y = 0$, l'équation $r = 0$ sera celle qui résultera de l'élimination de x dans les équations $P = 0$ et $Q = 0$; donc, ayant l'équation $r = 0$, il n'y aura qu'à y substituer $\rho - y$ à la place de ρ pour avoir immédiatement l'équation

$$y^m + ay^{m-1} + \ldots + py^2 + qy + r = 0;$$

mais on sait que si r est une fonction de ρ et qu'on veuille y substituer $\rho - y$ à la place de ρ, on aura, en employant les différentiations, la transformée

$$r - \frac{dr}{d\rho} y + \frac{1}{2} \frac{d^2 r}{d\rho^2} y^2 - \frac{1}{2.3} \frac{d^3 r}{d\rho^3} y^3 + \ldots;$$

donc on aura, par la comparaison des termes,

$$q = -\frac{dr}{d\rho}, \quad p = \frac{1}{2} \frac{d^2 r}{d\rho^2}, \ldots,$$

d'où je tire cette conclusion, que si

$$r = 0$$

est la condition nécessaire pour que les équations $P = 0$ et $Q = 0$ aient une racine commune, on aura, pour les conditions de deux racines communes,

$$r = 0 \quad \text{et} \quad \frac{dr}{d\rho} = 0;$$

pour trois racines communes,

$$r = 0, \quad \frac{dr}{d\rho} = 0 \quad \text{et} \quad \frac{d^2 r}{d\rho^2} = 0,$$

et ainsi de suite, ρ étant le dernier terme de l'une des équations proposées.

13. Il est clair au reste que les racines de l'équation en y ne sont autre chose que les valeurs de P qui résultent en substituant à la place de x chacune des racines de l'autre équation $Q=0$, que nous désignerons par x', x'', x''',...; donc, si l'on suppose que P', P'', P''',... soient les valeurs de P qui viendraient de ces substitutions, c'est-à-dire où l'on aurait mis x', x'', x''',... à la place de x, on aura

$$\pm r = P'P''P'''\ldots;$$

d'où l'on voit que l'équation $r=0$, résultante de l'élimination de l'inconnue x des deux équations $P=0$ et $Q=0$, n'est autre chose que le produit de toutes les équations particulières

$$P'=0,\quad P''=0,\quad P'''=0,\ldots;$$

or ce produit $P'P''P'''$... peut toujours se trouver sans connaître les racines de l'équation $Q=0$, comme il est facile de s'en convaincre en considérant que le produit en question demeurera toujours le même, quelque permutation qu'on y fasse entre les racines x', x'', x''',..., c'est-à-dire entre les quantités P', P'', P''',... qui sont des fonctions semblables de ces racines; de sorte qu'il doit être donné par une équation linéaire et sans extraction de racines. En effet, les multiplications des quantités P', P'', P''',... étant faites, on trouvera toujours que les différentes fonctions de x', x'', x''',... qui entreront dans le produit total seront exprimables par les seuls coefficients de l'équation $Q=0$, dont x', x'', x''',... sont les racines. On peut consulter là-dessus l'*Introduction à l'Analyse des lignes courbes* de M. Cramer, où l'on trouvera des règles pour calculer toutes les fonctions dont il s'agit, et avoir par conséquent la valeur du produit $P'P''P'''$...; nous avons aussi traité ce sujet dans un Mémoire particulier, où nous avons donné des formules générales pour trouver immédiatement la valeur du même produit, sans passer par les différentes opérations que la méthode de M. Cramer exige (*); ainsi nous ne nous arrêterons pas davantage là-dessus. Nous nous contenterons seulement de re-

(*) *Œuvres de Lagrange*, t. III, p. 141.

marquer que, de ce que l'équation résultante de l'élimination de x par le moyen des équations $P=0$ et $Q=0$ peut être représentée par

$$P'P''P'''\ldots=0,$$

il s'ensuit que cette équation doit être telle, que les coefficients de l'équation $P=0$ y forment partout des produits d'autant de dimensions qu'il y a de quantités P', P'', P''',... ou de racines x', x'', x''',... dans l'équation $Q=0$, c'est-à-dire autant qu'il y a d'unités dans le degré de cette dernière équation; il en sera de même des coefficients de l'équation $Q=0$, qui devront former partout dans la même équation résultante de l'élimination des produits d'autant de dimensions qu'il y a d'unités dans l'exposant du degré de l'autre équation $P=0$.

14. D'où l'on peut conclure, en général, que, suivant la méthode de M. Tschirnaus, on aura toujours une transformée en y du même degré que l'équation proposée, et que dans cette transformée les quantités y, a, b, c,... (y compris l'unité, coefficient de la plus haute puissance de x dans l'équation supposée) formeront partout des produits du même nombre de dimensions, c'est-à-dire d'autant de dimensions qu'il y a d'unités dans le degré de la proposée.

Ainsi, supposant que l'équation proposée dont x est l'inconnue soit du degré m, et qu'on prenne une équation *subsidiaire* telle que

$$y+a+bx+cx^2+\ldots=x^r,$$

on aura une transformée en y du degré m qui, étant représentée par

$$y^m+Ay^{m-1}+By^{m-2}+Cy^{m-3}+\ldots=0,$$

sera telle que le coefficient A sera une fonction linéaire de a, b, c,..., que le coefficient B sera une fonction de deux dimensions des mêmes quantités, que le coefficient C en sera une de trois dimensions, et ainsi de suite.

Et en général le coefficient du terme $n^{ième}$ sera toujours une fonction rationnelle et entière de a, b, c,... de $n-1$ dimensions. Ainsi, prenant autant d'indéterminées a, b, c,... qu'il y a de termes à faire disparaître, il est clair que pour faire disparaître le second terme on n'aura qu'à résoudre une équation du premier degré à une seule inconnue; pour faire disparaître le second terme et le troisième il faudra résoudre deux équations à deux inconnues, l'une du premier degré et l'autre du second, ce qui donnera toujours une équation finale du second, comme nous l'avons vu plus haut; pour faire disparaître le second terme, le troisième et le quatrième, on aura à résoudre trois équations à autant d'inconnues, dont l'une sera du premier degré, la seconde du second degré et la troisième du troisième degré, en sorte que l'équation finale sera, en général, du degré $1.2.3 = 6$.

En général, pour faire disparaître à la fois les termes $p^{ième}$, $q^{ième}$, $r^{ième}$,..., on aura à résoudre autant d'équations qu'il y aura de ces termes, avec un même nombre d'inconnues, et ces équations seront des degrés $p-1$, $q-1$, $r-1$,..., en sorte que l'équation finale montera, en général, au degré $(p-1)(q-1)(r-1)$.... Donc, pour chasser par cette méthode tous les termes intermédiaires de la transformée

$$y^m + Ay^{m-1} + By^{m-2} + \ldots + M = 0,$$

en sorte qu'elle se réduise à la forme $y^m + M = 0$ qui est toujours résoluble, on tombera, en général, dans une équation du degré $1.2.3\ldots(m-1)$, qui sera par conséquent toujours plus haut que le degré m de la proposée, excepté le seul cas où $m = 3$.

15. Revenons maintenant à la résolution du troisième degré trouvée d'après la méthode de M. Tschirnaus, et voyons *à priori*, et indépendamment de la théorie de l'élimination que nous venons d'expliquer, la raison pourquoi cette méthode conduit directement à une réduite du second degré, tandis que la méthode ordinaire mène à une réduite du sixième. Pour cela je considère l'équation subsidiaire

$$x^2 = bx + a + y,$$

dans laquelle y doit être déterminé par une équation du troisième degré à deux termes telle que

$$y^3 + C = 0,$$

dont les racines sont

$$y = -\sqrt[3]{C},\quad y = -\alpha\sqrt[3]{C},\quad y = -\alpha^2\sqrt[3]{C};$$

et je remarque que ces trois racines devant répondre aux trois valeurs de x qui sont les racines de la proposée

$$x^3 + mx^2 + nx + p = 0,$$

on aura donc, en désignant ces dernières racines par x', x'', x''', les trois équations suivantes

$$(C)\qquad \begin{cases} x'^2 = bx' + a - \sqrt[3]{C}, \\ x''^2 = bx'' + a - \alpha\sqrt[3]{C}, \\ x'''^2 = bx''' + a - \alpha^2\sqrt[3]{C}, \end{cases}$$

d'où l'on pourra tirer les valeurs de a et b, après avoir chassé $\sqrt[3]{C}$; pour cet effet, il n'y a qu'à ajouter ensemble les trois équations dont il s'agit, après avoir multiplié la seconde par α et la troisième par α^2; car on aura, à cause de $\alpha^4 = \alpha$ et de $1 + \alpha + \alpha^2 = 0$, comme on l'a déjà vu plus haut, on aura, dis-je,

$$x'^2 + \alpha x''^2 + \alpha^2 x'''^2 = b(x' + \alpha x'' + \alpha^2 x'''),$$

d'où l'on tire

$$b = \frac{x'^2 + \alpha x''^2 + \alpha^2 x'''^2}{x' + \alpha x'' + \alpha^2 x'''}.$$

Cette expression de b doit nous faire juger immédiatement du degré de l'équation par laquelle la quantité b doit être déterminée; en effet, il est clair que cette équation doit avoir autant de racines qu'il peut y avoir de valeurs de b; or les différentes valeurs de b ne peuvent venir que des permutations qu'on peut faire entre les racines x', x'', x'''; et ces permutations sont au nombre de six, comme nous l'avons déjà remarqué plus haut (*voyez* les n°s 6 et suivants, où les lettres a, b, c désignent les mêmes quantités qui sont nommées ici x', x'', x'''); ainsi la quantité b

pourra avoir en tout six valeurs, qui seront

$$\frac{x'^2 + \alpha x''^2 + \alpha^2 x'''^2}{x' + \alpha x'' + \alpha^2 x'''},$$

$$\frac{x'^2 + \alpha x'''^2 + \alpha^2 x''^2}{x' + \alpha x''' + \alpha^2 x''},$$

$$\frac{x''^2 + \alpha x'''^2 + \alpha^2 x'^2}{x'' + \alpha x''' + \alpha^2 x'},$$

$$\frac{x''^2 + \alpha x'^2 + \alpha^2 x'''^2}{x'' + \alpha x' + \alpha^2 x'''},$$

$$\frac{x'''^2 + \alpha x'^2 + \alpha^2 x''^2}{x''' + \alpha x' + \alpha^2 x''},$$

$$\frac{x'''^2 + \alpha x''^2 + \alpha^2 x'^2}{x''' + \alpha x'' + \alpha^2 x'},$$

de sorte que, généralement parlant, l'équation en b devrait être du sixième degré; mais j'observe que des six valeurs précédentes la première, la troisième et la cinquième sont égales, ainsi que la seconde, la quatrième et la sixième. En effet, en multipliant le numérateur et le dénominateur de la première par α, ce qui ne la change pas, elle devient la cinquième, à cause de $\alpha^3 = 1$ et de $\alpha^4 = \alpha$; et multipliant par α^2, elle devient la troisième; de même, en multipliant le haut et le bas de la seconde par α, on aura la quatrième, et en multipliant par α^2, on aura la sixième. Donc l'équation en b du sixième degré aura nécessairement trois racines égales entre elles et trois autres aussi égales entre elles; ce qui l'abaissera au second degré, puisqu'elle ne pourra être que le cube d'une équation du second degré; et voilà pourquoi la quantité b est donnée simplement par une équation du second degré, comme nous l'avons vu ci-dessus (**10**).

A l'égard de la quantité a, si l'on ajoute ensemble les trois équations (C), on aura, à cause de $1 + \alpha + \alpha^2 = 0$,

$$x'^2 + x''^2 + x'''^2 = b(x' + x'' + x''') + 3a;$$

mais on a

$$x' + x'' + x''' = -m \quad \text{et} \quad x'^2 + x''^2 + x'''^2 = m^2 - 2n;$$

donc

$$m^2 - 2n = -bm + 3a,$$

et de là

$$a = \frac{bm + m^2 - 2n}{3};$$

de sorte qu'en connaissant la valeur de b on connaîtra aussitôt celle de a.

16. La formule

$$\frac{x'^2 + \alpha x''^2 + \alpha^2 x'''^2}{x' + \alpha x'' + \alpha^2 x'''},$$

qui exprime la valeur de b, est donc très-remarquable en ce que, quelques permutations qu'on y fasse entre les quantités x', x'', x''', elle ne peut que demeurer la même, ou se changer en cette autre-ci

$$\frac{x'^2 + \alpha x'''^2 + \alpha^2 x''^2}{x' + \alpha x''' + \alpha^2 x''};$$

de sorte que ces deux quantités ne peuvent être que les racines d'une équation du second degré; on pourrait trouver *à priori* cette équation en cherchant la somme et le produit des deux quantités dont il s'agit, et il en résulterait après le calcul achevé une équation telle que l'équation en b qu'on a trouvée plus haut (**10**).

On peut encore remarquer que si l'on multiplie ensemble les deux dénominateurs

$$x' + \alpha x'' + \alpha^2 x''' \quad \text{et} \quad x' + \alpha x''' + \alpha^2 x'',$$

on aura pour produit

$$x'^2 + x''^2 + x'''^2 + (\alpha + \alpha^2)(x'x'' + x'x''' + x''x''');$$

mais

$$x'^2 + x''^2 + x'''^2 = m^2 - 2n, \quad x'x'' + x'x''' + x''x''' = n \quad \text{et} \quad \alpha + \alpha^2 = -1;$$

de sorte que ce produit deviendra $m^2 - 3n$. De plus, si l'on multiplie le numérateur

$$x'^2 + \alpha x''^2 + \alpha^2 x'''^2$$

par le dénominateur

$$x' + \alpha x''' + \alpha^2 x'',$$

on aura pour produit la quantité

$$x'^3 + x''^3 + x'''^3 + \alpha(x'^2 x''' + x''^2 x' + x'''^2 x'') + \alpha^2(x'^2 x'' + x''^2 x''' + x'''^2 x'),$$

laquelle (à cause que x', x'', x''' sont les mêmes racines que nous avons nommées ailleurs a, b, c) se réduit (**7**) à

$$\mathrm{L} - 6x'x''x''' + \alpha\mathrm{M} + \alpha^2\mathrm{N},$$

ou bien à

$$\mathrm{L} + 6p + \alpha\mathrm{M} + \alpha^2\mathrm{N},$$

puisque $x'x''x''' = -p$; de sorte que la fraction

$$\frac{x'^2 + \alpha x''^2 + \alpha^2 x'''^2}{x' + \alpha x'' + \alpha^2 x'''}$$

deviendra, en multipliant le haut et le bas par $x' + \alpha x''' + \alpha^2 x''$, celle-ci

$$\frac{\mathrm{L} + 6p + \alpha\mathrm{M} + \alpha^2\mathrm{N}}{m^2 - 3n};$$

et de même l'autre fraction

$$\frac{x'^2 + \alpha x'''^2 + \alpha^2 x''^2}{x' + \alpha x''' + \alpha^2 x''}$$

deviendra, en multipliant le haut et le bas par $x' + \alpha x'' + \alpha^2 x'''$,

$$\frac{\mathrm{L} + 6p + \alpha\mathrm{N} + \alpha^2\mathrm{M}}{m^2 - 3n}.$$

Mais dans le numéro cité on avait

$$r^3 = \mathrm{L} + 3\alpha\mathrm{M} + 3\alpha^2\mathrm{N} \quad \text{et} \quad s^3 = \mathrm{L} + 3\alpha\mathrm{N} + 3\alpha^2\mathrm{M};$$

donc

$$\alpha\mathrm{M} + \alpha^2\mathrm{N} = \frac{r^3 - \mathrm{L}}{3} \quad \text{et} \quad \alpha\mathrm{N} + \alpha^2\mathrm{M} = \frac{s^3 - \mathrm{L}}{3};$$

par conséquent les deux fractions dont il s'agit seront

$$\frac{r^3 + 2\mathrm{L} + 18p}{3(m^2 - 3n)} \quad \text{et} \quad \frac{s^3 + 2\mathrm{L} + 18p}{3(m^2 - 3n)},$$

ou bien (8)

$$\frac{z'+2L+18p}{3(m^2-3n)} \quad \text{et} \quad \frac{z''+2L+18p}{3(m^2-3n)},$$

z' et z'' étant les racines de l'équation

$$z^2+(2m^3-9mn+27p)z+(m^2-3n)^3=0$$

qui est la réduite que donne la méthode de Cardan.

Ce qui fait voir clairement la liaison et l'analogie de cette méthode avec celle de Tschirnaus.

17. L'expression de x trouvée (10) d'après la méthode de Tschirnaus peut se mettre évidemment sous cette forme

$$x=\frac{f+gy}{k+y},$$

f, g et k étant des indéterminées et y la racine d'une équation du troisième degré à deux termes telle que

$$y^3+h=0.$$

Ainsi il n'y aurait qu'à éliminer y par le moyen de ces deux équations, dont la première donne

$$y=\frac{f-kx}{x-g},$$

ce qui étant substitué dans la seconde, il vient

$$h+\left(\frac{f-kx}{x-g}\right)^3=0,$$

équation du troisième degré qu'on pourra comparer avec la proposée; et cette comparaison servira à déterminer les quantités f, g, k, h, dont une restera arbitraire et pourra être prise à volonté.

Cette méthode de résoudre les équations du troisième degré a déjà été employée par M. Bezout dans un excellent Mémoire qu'il a donné sur cette matière dans le volume des *Mémoires de l'Académie des Sciences* de

Paris, pour l'année 1762, et dans lequel l'Auteur a fait un usage utile et heureux de ces substitutions pour résoudre une classe très-étendue d'équations de tous les degrés. Nous nous contenterons de remarquer ici que si l'on voulait savoir d'avance ce que l'on peut se promettre des substitutions dont il s'agit pour la résolution des équations du troisième degré, il n'y aurait qu'à chercher *à priori* le degré et la forme de l'équation qui donnera l'un des coefficients f, ou g, etc.; pour cela on considérera que, puisque $y^3 + h = 0$, on aura ces trois valeurs de y, savoir $-\sqrt[3]{h}$, $-\alpha\sqrt[3]{h}$, $-\alpha^2\sqrt[3]{h}$, lesquelles étant substituées dans l'expression de

$$x = \frac{f + gy}{k + y}$$

donneront les trois valeurs de x, savoir x', x'', x'''.

Ainsi prenant l'équation

$$x(k + y) = f + gy,$$

ou bien

$$kx - f + (x - g)y = 0,$$

on en déduira ces trois-ci

$$kx' - f - (x' - g)\sqrt[3]{h} = 0,$$
$$kx'' - f - \alpha(x'' - g)\sqrt[3]{h} = 0,$$
$$kx''' - f - \alpha^2(x''' - g)\sqrt[3]{h} = 0,$$

qui étant d'abord ajoutées ensemble donnent, à cause de $x' + x'' + x''' = -m$ et $1 + \alpha + \alpha^2 = 0$,

$$mk + 3f + (x' + \alpha x'' + \alpha^2 x''')\sqrt[3]{h} = 0;$$

de plus, multipliant la seconde par α et la troisième par α^2, et les ajoutant ensuite toutes trois ensemble, on aura

$$k(x' + \alpha x'' + \alpha^2 x''') - (x' + \alpha^2 x'' + \alpha x''')\sqrt[3]{h} = 0.$$

Celle-ci donne

$$\sqrt[3]{h} = \frac{k(x' + \alpha x'' + \alpha^2 x''')}{x' + \alpha x''' + \alpha^2 x''},$$

et, cette valeur étant substituée dans la première, on aura en divisant par k

$$m + \frac{3f}{k} + \frac{(x' + \alpha x'' + \alpha^2 x''')^2}{x' + \alpha x''' + \alpha^2 x''} = 0,$$

d'où l'on tire

$$\frac{f}{k} = -\frac{m}{3} - \frac{(x' + \alpha x'' + \alpha^2 x''')^2}{3(x' + \alpha x''' + \alpha^2 x'')}.$$

Il est d'abord facile de voir par cette expression que la quantité $\frac{f}{k}$ ne peut avoir que deux valeurs différentes, et que par conséquent elle ne pourra être donnée que par une équation du second degré; car la fraction

$$\frac{(x' + \alpha x'' + \alpha^2 x''')^2}{x' + \alpha x''' + \alpha^2 x''}$$

ne peut que demeurer la même, ou se changer dans la fraction

$$\frac{(x' + \alpha x''' + \alpha^2 x'')^2}{x' + \alpha x'' + \alpha^2 x'''},$$

en faisant telle permutation que l'on voudra entre les trois racines x', x'', x'''. C'est ce qu'on comprendra encore plus aisément en multipliant le haut et le bas de la première fraction par

$$x' + \alpha x'' + \alpha^2 x''',$$

et le haut et le bas de la seconde par

$$x' + \alpha x''' + \alpha^2 x'';$$

car alors elles deviendront (16)

$$\frac{(x' + \alpha x'' + \alpha^2 x''')^3}{m^2 - 3n} \quad \text{et} \quad \frac{(x' + \alpha x''' + \alpha^2 x'')^3}{m^2 - 3n},$$

c'est-à-dire (7)

$$\frac{r^3}{m^2 - 3n} \quad \text{et} \quad \frac{s^3}{m^2 - 3n},$$

ou bien

$$\frac{z'}{m^2 - 3n} \quad \text{et} \quad \frac{z''}{m^2 - 3n},$$

de sorte que les deux valeurs de $\frac{f}{k}$ seront

$$-\frac{m}{3}-\frac{z'}{3(m^2-3n)} \quad \text{et} \quad -\frac{m}{3}-\frac{z''}{3(m^2-3n)},$$

z' et z'' étant les racines de l'équation en z donnée ci-dessus.

18. Reprenons l'expression de x

$$\frac{f+gy}{k+y},$$

et comme y est un radical donné par l'équation $y^3+h=0$, faisons évanouir ce radical du dénominateur $k+y$ en multipliant le haut et le bas de la fraction par k^2-ky+y^2, ce qui la changera en celle-ci

$$\frac{k^2f+(k^2g-kf)y+(f-kg)y^2+gy^3}{k^3+y^3},$$

c'est-à-dire, en substituant $-h$ à la place de y^3,

$$\frac{k^2f-hg+(k^2g-kf)y+(f-kg)y^2}{k^3-h},$$

quantité qu'on peut réduire à cette forme plus simple

$$a+by+cy^2,$$

de sorte que l'on aura, en général,

$$x=a+by+cy^2,$$

a, b, c étant des coefficients indéterminés et y la racine d'une équation du troisième degré à deux termes telle que $y^3+h=0$.

Cette expression de x est la même que MM. Euler et Bezout ont adoptée pour exprimer les racines des équations du troisième degré, et que ces Auteurs croient pouvoir étendre, en général, aux équations de tous les degrés. *Voyez* les *Nouveaux Commentaires de Pétersbourg*, tome IX, et les *Mémoires de l'Académie des Sciences* de Paris, pour l'année 1765.

Pour résoudre donc les équations du troisième degré d'après cette méthode, il n'y a qu'à éliminer y par le moyen des deux équations

$$x = a + by + cy^2 \quad \text{et} \quad y^3 + h = 0,$$

ce qui donnera nécessairement une équation en x du troisième degré, comme on peut s'en assurer par la théorie de l'élimination que nous avons donnée plus haut; cette équation étant ensuite comparée terme à terme avec la proposée donnera trois équations par lesquelles on pourra déterminer trois des quatre indéterminées a, b, c, h, la quatrième pouvant être prise à volonté. M. Bezout fait d'abord, pour plus de simplicité, $h = -1$; mais M. Euler conserve dans le calcul toutes les indéterminées, et il prend ensuite égale à l'unité celle qui lui paraît devoir donner un résultat plus simple; c'est toute la différence qui se trouve entre les procédés de ces deux Auteurs.

19. Pour apprécier cette méthode *à priori*, nous allons chercher d'après nos principes la forme et le degré des équations finales qui serviront à la détermination des coefficients $a, b, \ldots$; et comme l'équation $y^3 + h = 0$ donne les trois racines $-\sqrt[3]{h}$, $-\alpha\sqrt[3]{h}$, $-\alpha^2\sqrt[3]{h}$, il est clair qu'on aura sur-le-champ les trois équations

$$\begin{aligned} x' &= a - b\sqrt[3]{h} + c\sqrt[3]{h^2}, \\ x'' &= a - \alpha b\sqrt[3]{h} + \alpha^2 c\sqrt[3]{h^2}, \\ x''' &= a - \alpha^2 b\sqrt[3]{h} + \alpha c\sqrt[3]{h^2}, \end{aligned}$$

qui étant ajoutées ensemble donneront d'abord

$$a = x' + x'' + x''' = -m;$$

ensuite, multipliant la seconde par α^2, la troisième par α et les ajoutant toutes trois, on aura

$$x' + \alpha^2 x'' + \alpha x''' = -3b\sqrt[3]{h};$$

enfin, multipliant la seconde par α, la troisième par α^2 et les ajoutant de même, on aura

$$x' + \alpha x'' + \alpha^2 x''' = 3c\sqrt[3]{h^2}.$$

Si l'on fait $h = -1$, on aura

$$b = \frac{x' + \alpha x''' + \alpha^2 x''}{3},$$

$$c = \frac{x' + \alpha x'' + \alpha^2 x'''}{3}.$$

Or ces expressions sont les mêmes que celles que nous avons trouvées plus haut pour les racines de la réduite du troisième degré d'après la règle de Cardan ; de sorte qu'on peut conclure d'abord que les quantités b et c seront données par une même équation du sixième degré résoluble à la manière de celles du second, et qui sera (5)

$$y^6 + \left(p - \frac{mn}{3} + \frac{2m^3}{27}\right) y^3 - \frac{1}{27}\left(n - \frac{m^2}{3}\right)^3 = 0;$$

c'est aussi ce que M. Bezout a trouvé d'après son calcul.

Mais si, au lieu de supposer avec M. Bezout $h = -1$, on fait avec M. Euler $b = 1$, on aura

$$x' + \alpha x''' + \alpha^2 x'' = -3\sqrt[3]{h} \quad \text{et} \quad x' + \alpha x'' + \alpha^2 x''' = 3c\sqrt[3]{h^2};$$

la première étant élevée au cube donnera

$$-h = \frac{1}{27}(x' + \alpha x''' + \alpha^2 x'')^3,$$

ou bien, en adoptant les dénominations du n° 8,

$$-h = \frac{s^3}{27} = \frac{z''}{27},$$

d'où l'on voit d'abord que la quantité $-h$ sera donnée par une simple équation du second degré, dont les racines seront $\frac{z'}{27}$ et $\frac{z''}{27}$. Ayant trouvé h, il n'y aura qu'à multiplier la première équation par la seconde pour avoir

$$-9ch = (x' + \alpha x'' + \alpha^2 x''')(x' + \alpha x''' + \alpha^2 x''),$$

ce qui se réduit (16) à

$$-9ch = m^2 - 3n,$$

d'où

$$c = \frac{3n - m^2}{9h}.$$

20. Telles sont les principales méthodes qu'on a trouvées jusqu'à présent pour résoudre les équations du troisième degré. Par l'analyse que nous venons d'en faire il est visible que ces méthodes reviennent toutes au même pour le fond, puisqu'elles consistent à trouver des réduites dont les racines soient représentées en général par $x' + \alpha x'' + \alpha^2 x'''$, ou par $(x' + \alpha x'' + \alpha^2 x''')^3$, ou bien, ce qui est la même chose, par des quantités proportionnelles à celles-ci. Dans le cas où la racine de la *réduite* est $x' + \alpha x'' + \alpha^2 x'''$, cette réduite est du sixième degré, résoluble à la manière du second parce qu'elle ne renferme que la troisième et la sixième puissance de l'inconnue. Nous en avons donné la raison dans le n° 6. Dans l'autre cas, où la racine de la *réduite* est $(x' + \alpha x'' + \alpha^2 x''')^3$, cette réduite ne peut être que du second degré, ce qui suit nécessairement du cas précédent, et que nous avons aussi démontré d'une manière directe (9).

21. Avant de terminer cette Section nous dirons un mot de la résolution de l'équation

$$x^3 - 1 = 0,$$

dont nous avons supposé les racines 1, α et β; et nous ferons en même temps quelques remarques sur la résolution générale de l'équation

$$x^n - 1 = 0,$$

lesquelles pourront nous être utiles dans la suite.

Il est d'abord clair que l'unité est une des racines de l'équation $x^3 - 1 = 0$, de sorte que pour trouver les deux autres il n'y aura qu'à diviser d'abord cette équation par $x - 1$, ce qui donnera celle-ci

$$x^2 - x + 1 = 0,$$

d'où l'on tire

$$x = \frac{-1 \pm \sqrt{-3}}{2}.$$

Ainsi l'on aura

$$\alpha = \frac{-1+\sqrt{-3}}{2} \quad \text{et} \quad \beta = \frac{-1-\sqrt{-3}}{2},$$

et il est facile de se convaincre que β est en effet égal à α^2, comme nous l'avons déjà trouvé *à priori;* car faisant le carré de α on a

$$\frac{1-2\sqrt{-3}-3}{4} = \frac{-1-\sqrt{-3}}{2} = \beta.$$

En général, soit l'équation à deux termes

$$x^n - 1 = 0;$$

on remarquera d'abord que si n est un nombre composé, en sorte que $n = pq$, la résolution de cette équation se réduira toujours à celle de deux équations semblables, l'une du degré p et l'autre du degré q. Car, faisant $x^q = y$, on aura $x^n = y^p$, et par conséquent

$$y^p - 1 = 0.$$

Supposons donc qu'on ait résolu cette équation du degré p et que α soit une des racines, on aura ensuite

$$x^q - \alpha = 0,$$

ou bien, faisant $x = t\sqrt[q]{\alpha}$,

$$t^q - 1 = 0;$$

et cette nouvelle équation étant résolue, on aura la valeur de t et par conséquent celle de x.

De là on voit que la difficulté de résoudre l'équation $x^n - 1 = 0$, lorsque n est un nombre composé, se réduit à résoudre autant de pareilles équations que n a de facteurs simples, et dont les degrés soient ces mêmes facteurs de n.

Ainsi toute la difficulté consiste à résoudre l'équation $x^n - 1 = 0$ lorsque n est un nombre premier.

Considérons, en général, le cas où n est impair, en sorte que l'équation à résoudre soit

$$x^{2p+1} - 1 = 0;$$

puisque l'unité est toujours une des valeurs de x, on pourra diviser par $x-1$, et le quotient sera

$$x^{2p}+x^{2p-1}+x^{2p-2}+\ldots+x^2+x+1=0.$$

Or cette équation qui est du degré $2p$ peut toujours s'abaisser au degré p, car, en la divisant par x^p et mettant ensemble les termes qui sont également éloignés de celui du milieu, on aura

$$x^p+\frac{1}{x^p}+x^{p-1}+\frac{1}{x^{p-1}}+\ldots+x^2+\frac{1}{x^2}+x+\frac{1}{x}+1=0.$$

Qu'on fasse $x+\frac{1}{x}=y$ et élevant y au carré, au cube, etc., on trouvera

$$y^2=x^2+\frac{1}{x^2}+2,\quad y^3=x^3+\frac{1}{x^3}+3\left(x+\frac{1}{x}\right),\ldots;$$

donc

$$x^2+\frac{1}{x^2}=y^2-2,\quad x^3+\frac{1}{x^3}=y^3-3y,$$

et, en général,

$$x^r+\frac{1}{x^r}=y^r-ry^{r-2}+\frac{r(r-3)}{2}y^{r-4}-\frac{r(r-4)(r-5)}{2.3}y^{r-6}+\ldots,$$

en ne continuant la série que tant que l'on aura des puissances positives de y.

Faisant donc ces substitutions dans l'équation ci-dessus, on aura une transformée en y où toutes les puissances de y seront positives et où la plus haute sera y^p, de sorte que l'équation ne sera plus que du degré $p^{ième}$.

Donc, si l'on peut résoudre cette dernière équation, on aura p valeurs de y, dont chacune donnera ensuite deux valeurs de x par la résolution de l'équation quadratique

$$x^2-xy+1=0;$$

moyennant quoi on aura $2p$ valeurs de x, auxquelles joignant la première racine $x=1$, on aura toutes les racines de l'équation

$$x^{2p+1}-1=0.$$

Ainsi l'on pourra avoir par l'extraction de la seule racine carrée les racines des équations

$$x^2 - 1 = 0, \quad x^3 - 1 = 0 \quad \text{et} \quad x^5 - 1 = 0;$$

par conséquent on pourra résoudre de même toute équation

$$x^n - 1 = 0,$$

lorsque n ne contiendra d'autres facteurs simples que 2, 3 et 5, c'est-à-dire lorsque n sera de la forme $2^\lambda.3^\mu.5^\nu$. En admettant la résolution des équations du troisième degré, on pourra résoudre encore l'équation

$$x^7 - 1 = 0,$$

et par conséquent toute équation

$$x^n - 1 = 0,$$

lorsque n sera de la forme $2^\lambda.3^\mu.5^\nu.7^\varpi$.

Mais on ne saurait aller plus loin, puisque, le nombre premier qui suit 7 étant 11, il faudrait pouvoir résoudre l'équation

$$x^{11} - 1 = 0,$$

ce qui demanderait la résolution d'une équation du cinquième degré.

Cependant on peut toujours exprimer les racines de toute équation $x^n - 1 = 0$, quel que soit n, par la division de la circonférence du cercle en n parties, comme on le verra ci-après.

22. La méthode que nous avons employée pour abaisser l'équation

$$x^{2p} + x^{2p-1} + \ldots + x + 1 = 0$$

au degré p peut s'appliquer, en général, à toute équation d'un degré pair, et où les coefficients des termes équidistants de celui du milieu sont les mêmes; car prenant l'équation

$$x^{2p} + ax^{2p-1} + bx^{2p-2} + \ldots + bx^2 + ax + 1 = 0,$$

et la divisant par x^p, elle pourra se mettre sous la forme

$$x^p + \frac{1}{x^p} + a\left(x^{p-1} + \frac{1}{x^{p-1}}\right) + b\left(x^{p-2} + \frac{1}{x^{p-2}}\right) + \ldots = 0,$$

de sorte qu'on y pourra faire usage des substitutions

$$x + \frac{1}{x} = y, \quad x^2 + \frac{1}{x^2} = y^2 - 2, \ldots,$$

au moyen desquelles la transformée en y ne sera que du degré $p^{ième}$.

Si l'on avait l'équation du degré impair $2p+1$,

$$x^{2p+1} + ax^{2p} + bx^{2p-1} + \ldots + hx^{p+1} + hx^p + \ldots + bx^2 + ax + 1 = 0,$$

on la disposerait d'abord ainsi

$$x^{2p+1} + 1 + ax(x^{2p-1} + 1) + bx^2(x^{2p-3} + 1) + \ldots + hx^p(x+1) = 0,$$

où l'on voit que chaque terme est divisible par $x+1$, et, la division faite, on aura

$$\left.\begin{array}{l} x^{2p} + x^{2p-1} + x^{2p-2} + x^{2p-3} + \ldots + 1 \\ + ax(x^{2p-2} + x^{2p-3} + \ldots + 1) \\ + bx^2(x^{2p-4} + x^{2p-5} + \ldots + 1) \\ \ldots\ldots\ldots\ldots\ldots\ldots\ldots\ldots \\ + hx^p \end{array}\right\} = 0,$$

équation qui, étant ordonnée par rapport aux puissances de x, se trouvera dans le cas de l'équation ci-dessus et pourra par conséquent s'abaisser par la même méthode au degré p.

M. de Moivre est, je crois, le premier qui ait remarqué cette propriété des équations dont nous parlons, et il a donné dans ses *Miscellanea analytica* la formule générale de la transformée dont le degré n'est que la moitié de celui de la proposée. Nous donnerons plus bas la raison *à priori* pourquoi ces sortes d'équations sont susceptibles d'une pareille réduction.

23. Reprenons la formule trouvée dans le n° **21**, savoir

$$x^r + \frac{1}{x^r} = y^r - ry^{r-2} + \frac{r(r-3)}{2}y^{r-4} - \ldots,$$

et remarquons que, par les théorèmes connus de la multisection angulaire, la quantité

$$y^r - ry^{r-2} + \frac{r(r-3)}{2}y^{r-4} - \ldots$$

représente, dans un cercle dont le rayon est égal à 1, la corde du complément à 180ᵈ d'un arc r^{uple} de celui dont la corde du complément serait y; de sorte qu'en nommant ce dernier arc 2φ on aura

$$y = 2\cos\varphi \quad \text{et} \quad y^r - ry^{r-2} + \frac{r(r-3)}{2}y^{r-4} - \ldots = 2\cos r\varphi,$$

les cordes des compléments étant, comme on sait, égales aux doubles des cosinus de la moitié des angles.

Ainsi faisant $x + \frac{1}{x} = 2\cos\varphi$, on aura, en général, $x^n + \frac{1}{x^n} = 2\cos n\varphi$; par conséquent les deux équations

$$x^2 - 2x\cos\varphi + 1 = 0,$$
$$x^{2n} - 2x^n\cos n\varphi + 1 = 0$$

subsisteront à la fois, quel que soit le nombre n, en sorte que la première sera nécessairement un diviseur de la seconde; c'est le fondement du fameux théorème de M. Cotes.

Maintenant, si l'on résout ces deux équations à la manière des équations quadratiques, on aura ces deux-ci

$$x = \cos\varphi \pm \sin\varphi\sqrt{-1},$$
$$x^n = \cos n\varphi \pm \sin n\varphi\sqrt{-1},$$

où il est facile de prouver que les signes ambigus doivent être les mêmes dans l'une et l'autre; car supposant φ très-petit, on aura, aux infiniment petits du second ordre près,

$$\cos\varphi = 1, \quad \sin\varphi = \varphi, \quad \text{et de même} \quad \cos n\varphi = 1, \quad \sin n\varphi = n\varphi,$$

de sorte que les deux équations deviendront

$$x = 1 \pm \varphi\sqrt{-1},$$
$$x^n = 1 \pm n\varphi\sqrt{-1};$$

or, en élevant la première à la puissance n, et négligeant le carré et les puissances plus hautes de φ, on aurait

$$x^n = 1 \pm n\varphi\sqrt{-1},$$

valeur qui devant être la même que celle qui est donnée par la seconde équation, on en conclura l'identité des signes ambigus + ou − dans les deux équations. Faisant donc abstraction de l'ambiguïté des signes, il est clair que

$$x = \cos\varphi + \sin\varphi\sqrt{-1}$$

sera la résolution de l'équation

$$x^n - \cos n\varphi - \sin n\varphi\sqrt{-1} = 0.$$

Donc, si l'on suppose $\sin n\varphi = 0$ et $\cos n\varphi = 1$, ce qui donne $n\varphi = 360^d$ ou $= 720^d$, ou, en général, égal à $m \times 360^d$, m étant un nombre entier quelconque, on aura l'équation

$$x^n - 1 = 0,$$

dont la résolution sera, à cause de $\varphi = \frac{m}{n} \times 360^d$,

$$x = \cos\left(\frac{m}{n} \times 360^d\right) + \sin\left(\frac{m}{n} \times 360^d\right)\sqrt{-1}.$$

Cette expression est générale pour chacune des racines de l'équation proposée $x^n - 1 = 0$, et on les aura toutes en faisant successivement $m = 1$, 2, 3,..., jusqu'à n inclusivement; il serait inutile de faire $m > n$, puisqu'il en résulterait de nouveau les mêmes valeurs que lorsque $m < n$.

24. Nous remarquerons d'abord sur cette solution que toutes les racines de l'équation $x^n - 1 = 0$ doivent être différentes entre elles, puisque dans la circonférence il n'y a pas deux arcs différents qui aient un même sinus et un même cosinus à la fois. De plus il est facile de voir que toutes les racines seront imaginaires, à l'exception de la dernière qui répond à $m = n$ et qui sera toujours égale à 1, et de celle qui répon-

dra à $m = \frac{n}{2}$, lorsque n sera pair, laquelle sera égale à -1; car pour que la partie imaginaire de l'expression de x disparaisse, il faut que l'on ait

$$\sin\left(\frac{m}{n} \times 360^d\right) = 0,$$

ce qui n'arrive que lorsque l'arc est égal à 360^d ou à 180^d; de sorte qu'on aura ou $\frac{m}{n} = 1$ ou $= \frac{1}{2}$, et par conséquent ou $m = n$ ou $m = \frac{n}{2}$; dans le premier cas la partie réelle $\cos\left(\frac{m}{n} \times 360^d\right)$ deviendra $\cos 360^d = 1$; et dans le second elle deviendra $\cos 180^d = -1$.

Maintenant, si l'on fait

$$\alpha = \cos\frac{360^d}{n} + \sin\frac{360^d}{n}\sqrt{-1},$$

on aura par les formules ci-dessus

$$\alpha^m = \cos\left(\frac{m}{n} \times 360^d\right) + \sin\left(\frac{m}{n} \times 360^d\right)\sqrt{-1};$$

de sorte que les différentes racines de $x^n - 1 = 0$ seront toutes exprimées par les puissances de la quantité α; et qu'ainsi ces racines seront α, α^2, $\alpha^3, \ldots, \alpha^n$, dont la dernière α^n sera toujours égale à 1, ce qui est évident par l'équation même $x^n - 1 = 0$, laquelle doit donner $\alpha^n - 1 = 0$, et dont celle qui sera représentée par $\alpha^{\frac{n}{2}}$, lorsque n est pair, sera égale à -1, comme on l'a vu plus haut.

Il est bon d'observer ici que si n est un nombre premier, on pourra toujours représenter toutes les racines de $x^n - 1 = 0$ par les puissances successives d'une quelconque de ces mêmes racines, la dernière seule exceptée; car soit, par exemple, $n = 3$, les racines seront α, α^2, α^3; si l'on prend à la place de α la racine suivante α^2, on aura les trois racines α^2, α^4, α^6; mais, à cause de $\alpha^3 = 1$, il est clair que $\alpha^4 = \alpha$ et que $\alpha^6 = \alpha^3$; de sorte que ces racines seront α^2, α, α^3, les mêmes qu'auparavant; de même, si $n = 5$, les racines seront α, α^2, α^3, α^4, α^5; et si l'on prend la racine α^2 au lieu de la racine α, on aura celles-ci α^2, α^4, α^6, α^8, α^{10}, lesquelles, à cause de $\alpha^5 = 1$, deviennent α^2, α^4, α, α^3, α^5; que si l'on prend à la place de α la racine α^3, on trouvera de même, en rabattant des exposants de α qui surpassent 5 le nombre 5 autant de fois que l'on peut, on trouvera, dis-je, les racines α^3, α, α^4, α^2, α^5; enfin, prenant pour α la racine α^4, on trouvera celles-ci α^4, α^3, α^2, α, α^5; de sorte qu'on aura toujours les mêmes racines, mais dans un ordre différent.

En général, soit α^m une quelconque des n racines α, α^2, $\alpha^3, \ldots, \alpha^n$, m étant plus petit que n, et n étant un nombre premier; prenant cette racine à la place de α, on aura celles-ci α^m, α^{2m}, $\alpha^{3m}, \ldots, \alpha^{nm}$; or, si l'on retranche des exposants $2m$, $3m$, $4m, \ldots$, lorsqu'ils surpassent n, le plus grand multiple de n qu'ils contiennent, et qu'on dénote les restes par p, q, $r, \ldots$, on aura les racines α^m, α^p, α^q, $\alpha^r, \ldots, \alpha^n$; et je dis que les nombres $m, p, q, r, \ldots, n$, dont aucun n'est plus grand que n, seront nécessairement tous différents entre eux; car si deux quelconques comme p et r étaient égaux, comme ces nombres ne sont que les restes des nombres $2m$, $4m$, après en avoir retranché les plus grands multiples de n, il est clair qu'il faudrait que la différence de ces derniers $2m$, $4m$, fût divisible par n; ce qui ne se peut tant que n est premier et $m < n$. Donc, puisque les nombres $m, p, q, r, \ldots$, dont le nombre est $n - 1$, sont tous différents entre eux et tous moindres que n, il est clair qu'ils ne peuvent être autre chose que les nombres $1, 2, 3, \ldots, n-1$; par conséquent les racines α^m, α^p, α^q, $\alpha^r, \ldots, \alpha^n$ seront les mêmes que les racines α, α^2, $\alpha^3, \ldots, \alpha^n$. Il est facile de voir que la démonstration précédente n'en subsistera pas moins lorsque n ne sera pas premier, pourvu que l'on prenne m premier à n; mais si m n'est pas premier à n, et que leur plus grande mesure soit l, on verra aisément que tous les nombres m, p, q, $r, \ldots$ seront mesurés par l; de sorte que ces nombres ne pourront être que des multiples de l moindres que n.

De là il est aisé de conclure, en général, que l'on peut représenter toutes les racines α, α^2, $\alpha^3, \ldots, \alpha^n$ de l'équation $x^n - 1 = 0$ par les puissances 1re, 2e, $3^e, \ldots, n^{ième}$ d'une quelconque de ces racines comme α^m, pourvu que m soit premier à n; mais que si m n'est pas premier à n, en sorte que leur plus grande mesure soit l, on n'aura de cette manière que les seules racines $\alpha^l, \alpha^{2l}, \alpha^{3l}, \ldots, \alpha^n$, donc chacune se trouvera répétée autant de fois qu'il y a d'unités dans $\frac{n}{l}$; et il est facile de voir par les formules ci-dessus que ces dernières racines seront aussi celles de l'équation $x^f - 1 = 0$, en supposant $lf = n$.

Or, comme les racines de l'équation $x^n - 1 = 0$ sont représentées par

$$\alpha, \alpha^2, \alpha^3, \ldots, \alpha^n,$$

et que $\alpha^n = 1$, il est clair qu'on pourra les représenter aussi, si l'on veut, par

$$\frac{1}{\alpha}, \frac{1}{\alpha^2}, \frac{1}{\alpha^3}, \ldots, \frac{1}{\alpha^n},$$

puisqu'on aura $\frac{1}{\alpha} = \alpha^{n-1}, \frac{1}{\alpha^2} = \alpha^{n-2}, \ldots$.

De plus, à cause que l'équation $x^n - 1 = 0$ manque du second terme, il est clair qu'on aura toujours, en général,

$$\alpha + \alpha^2 + \alpha^3 + \ldots + \alpha^n = 0,$$

et de même

$$\frac{1}{\alpha} + \frac{1}{\alpha^2} + \frac{1}{\alpha^3} + \ldots + \frac{1}{\alpha^n} = 0.$$

Et lorsque n est un nombre composé comme lf, on aura en particulier

$$\alpha^l + \alpha^{2l} + \alpha^{3l} + \ldots + \alpha^n = 0,$$

$$\frac{1}{\alpha^f} + \frac{1}{\alpha^{2l}} + \frac{1}{\alpha^{3f}} + \ldots + \frac{1}{\alpha^n} = 0,$$

et de même

$$\alpha^f + \alpha^{2f} + \alpha^{3f} + \ldots + \alpha^n = 0,$$

$$\frac{1}{\alpha^f} + \frac{1}{\alpha^{2f}} + \frac{1}{\alpha^{3f}} + \ldots + \frac{1}{\alpha^n} = 0;$$

c'est-à-dire que les sommes des puissances tant positives que négatives de α dont les exposants sont divisibles par l ou par f seront égales à zéro; par conséquent aussi la somme des puissances dont les exposants ne seront point divisibles par l sera nulle, comme aussi la somme de celles dont les exposants ne seront point divisibles par f. Ces différentes remarques pourront nous être utiles dans la suite.

25. Maintenant voici les valeurs de α pour les équations $x^n - 1 = 0$ depuis $n = 1$ jusqu'à $n = 6$:

$$n = 2 \begin{cases} \alpha = -1, \\ \alpha^2 = 1; \end{cases}$$

$$n = 3 \begin{cases} \alpha = \dfrac{-1+\sqrt{-3}}{2}, \\ \alpha^2 = \dfrac{-1-\sqrt{-3}}{2}, \\ \alpha^3 = 1; \end{cases}$$

$$n = 4 \begin{cases} \alpha = \sqrt{-1}, \\ \alpha^2 = -1, \\ \alpha^3 = -\sqrt{-1}, \\ \alpha^4 = 1; \end{cases}$$

$$n = 5 \begin{cases} \alpha = \dfrac{\sqrt{5}-1}{4} + \dfrac{\sqrt{10+2\sqrt{5}}}{4}\sqrt{-1}, \\ \alpha^2 = -\dfrac{\sqrt{5}+1}{4} + \dfrac{\sqrt{10-2\sqrt{5}}}{4}\sqrt{-1}, \\ \alpha^3 = -\dfrac{\sqrt{5}+1}{4} - \dfrac{\sqrt{10-2\sqrt{5}}}{4}\sqrt{-1}, \\ \alpha^4 = \dfrac{\sqrt{5}-1}{4} - \dfrac{\sqrt{10+2\sqrt{5}}}{4}\sqrt{-1}, \\ \alpha^5 = 1; \end{cases}$$

$$n = 6 \begin{cases} \alpha = \dfrac{1+\sqrt{-3}}{2}, \\ \alpha^2 = \dfrac{-1+\sqrt{-3}}{2}, \\ \alpha^3 = -1, \\ \alpha^4 = \dfrac{-1-\sqrt{-3}}{2}, \\ \alpha^5 = \dfrac{1-\sqrt{-3}}{2}, \\ \alpha^6 = 1. \end{cases}$$

Si l'on voulait avoir la valeur de α pour l'équation

$$x^7 - 1 = 0,$$

il faudrait, comme on l'a dit plus haut, résoudre une équation du troisième degré. En effet, en faisant $p = 3$ dans les formules du n° **21**, on trouvera cette transformée en y

$$y^3 + y^2 - 2y - 1 = 0,$$

qui, étant du troisième degré, aura toujours une racine réelle; et cette racine étant substituée dans l'équation

$$x^2 - xy + 1 = 0,$$

on en tirera x, ou

$$\alpha = \frac{y + \sqrt{y^2 - 4}}{2}.$$

Quant aux équations

$$x^8 - 1 = 0, \quad x^9 - 1 = 0 \quad \text{et} \quad x^{10} - 1 = 0,$$

on en pourra aussi exprimer la racine α par de simples radicaux carrés; mais l'équation

$$x^{11} - 1 = 0$$

exigerait la résolution de l'équation du cinquième degré

$$y^5 + y^4 - 4y^3 - 3y^2 + 3y + 1 = 0,$$

laquelle étant supposée, on aura pour α la même expression en y que ci-dessus.

SECTION SECONDE.

DE LA RÉSOLUTION DES ÉQUATIONS DU QUATRIÈME DEGRÉ.

26. On sait que Louis Ferrari, contemporain et même disciple de Cardan, est le premier qui ait trouvé une règle générale pour la résolution des équations du quatrième degré. Sa méthode consiste à partager l'équation proposée en deux membres, et à ajouter à l'un et à l'autre une même quantité telle, qu'on puisse extraire séparément la racine carrée des deux membres de l'équation, en sorte qu'elle soit par là abaissée au second degré. Cette méthode, qu'on peut regarder comme la plus ingénieuse de toutes celles qui ont été inventées depuis pour le même objet, a été adoptée par tous les Analystes qui ont précédé Descartes; mais cet illustre Géomètre a cru devoir lui en substituer une autre moins simple à la vérité et moins directe, mais à quelques égards plus conforme à la nature des équations: c'est celle que la plupart des Auteurs suivent aujourd'hui. Nous commencerons donc par examiner ces deux méthodes l'une après l'autre; ensuite nous viendrons aux méthodes connues pour la résolution de ces sortes d'équations, parmi lesquelles on doit surtout distinguer celles de M. Tschirnaus et de MM. Euler et Bezout.

Je suppose d'abord avec Ferrari que l'équation du quatrième degré qu'il s'agit de résoudre soit privée de son second terme, ce qu'on sait d'ailleurs être toujours possible, en sorte que cette équation soit représentée ainsi

$$x^4 + nx^2 + px + q = 0.$$

Qu'on fasse passer dans le second membre tous les termes excepté le premier, et qu'ensuite on ajoute à l'un et l'autre membre la quantité $2yx^2 + y^2$, y étant une indéterminée, on aura

$$x^4 + 2yx^2 + y^2 = (2y - n)x^2 - px + y^2 - q,$$

équation où le premier membre est évidemment le carré de $x^2 + y$, de sorte qu'il ne s'agira plus que de rendre aussi carré le second; or pour cela il faut, comme on sait, que le carré de la moitié du coefficient du second terme $-px$ soit égal au produit des coefficients des deux autres, ce qui donne cette condition

$$\frac{p^2}{4} = (2y - n)(y^2 - q),$$

laquelle produit l'équation cubique

$$y^3 - \frac{n}{2}y^2 - qy + \frac{4nq - p^2}{8} = 0.$$

Supposant donc la résolution de cette équation en sorte qu'on connaisse une valeur de y, le second membre de la proposée deviendra

$$(2y-n)\left[x-\frac{p}{2(2y-n)}\right]^2;$$

donc, tirant la racine carrée des deux membres, on aura

$$x^2+y=\left[x-\frac{p}{2(2y-n)}\right]\sqrt{2y-n},$$

équation où l'inconnue x ne monte qu'au second degré, et qui n'a par conséquent plus de difficulté. Faisons, pour plus de simplicité,

$$z=\sqrt{2y-n},$$

on aura

$$x^2-zx+y+\frac{p}{2z}=0,$$

d'où l'on tire sur-le-champ

$$x=\frac{z+\sqrt{z^2-\frac{2p}{z}-4y}}{2},$$

ou bien, en remettant la valeur de z,

$$x=\frac{\sqrt{2y-n}+\sqrt{-2y-n-\frac{2p}{\sqrt{2y-n}}}}{2},$$

et cette expression donnera à la fois les quatre racines de la proposée en prenant successivement les deux radicaux carrés en plus et en moins.

27. Nous remarquerons d'abord que cette méthode ne demande pas absolument l'évanouissement du second terme dans l'équation proposée, et qu'elle peut tout aussi bien s'appliquer aux équations complètes telles que

$$x^4+mx^3+nx^2+px+q=0,$$

en supposant que le premier membre ne soit pas simplement le carré de x^2+y, mais celui de $x^2+\frac{mx}{2}+y$; en effet, en faisant passer comme ci-devant les trois derniers termes dans le second membre et ajoutant de part et d'autre la quantité

$$\left(2y+\frac{m^2}{4}\right)x^2+myx+y^2,$$

on aura l'équation

$$\left(x^2+\frac{mx}{2}+y\right)^2=\left(2y+\frac{m^2}{4}-n\right)x^2+(my-p)x+y^2-q.$$

On fera donc, pour rendre aussi le second membre carré,

$$\left(\frac{my-p}{2}\right)^2=\left(2y+\frac{m^2}{4}-n\right)(y^2-q),$$

d'où l'on tire l'équation cubique

$$y^3-\frac{n}{2}y^2+\frac{mp-4q}{4}y+\frac{(4n-m^2)q-p^2}{8}=0.$$

La valeur de y étant déterminée par cette équation, que nous appellerons dorénavant la *réduite*, si l'on fait, pour plus de simplicité,

$$z=\sqrt{2y+\frac{m^2}{4}-n},$$

on aura

$$\left(x^2+\frac{mx}{2}+y\right)^2=z^2\left(x+\frac{my-p}{2z^2}\right)^2,$$

et, tirant la racine carrée des deux membres,

$$x^2+\frac{mx}{2}+y=zx+\frac{my-p}{2z},$$

ou bien

$$x^2+\left(\frac{m}{2}-z\right)x+y-\frac{my-p}{2z}=0,$$

d'où enfin

$$x=\frac{1}{2}\left[z-\frac{m}{2}+\sqrt{z^2-mz+\frac{m^2}{4}-4y+\frac{2(my-p)}{z}}\right],$$

et, remettant la valeur de z,

$$x = \frac{1}{2}\left(-\frac{m}{2} + \sqrt{2y + \frac{m^2}{4} - n} + \sqrt{-2y + \frac{m^2}{2} - n - \frac{\frac{1}{4}m^3 - mn + 2p}{\sqrt{2y + \frac{m^2}{4} - n}}}\right),$$

expression qui donnera pareillement les quatre racines de la proposée, en prenant successivement chacun des deux radicaux carrés qui y entrent en plus et en moins.

28. Puisque la réduite en y est du troisième degré, elle aura nécessairement trois racines, dont chacune pourra être également substituée dans l'expression de x, de sorte qu'à cause de l'ambiguïté des deux signes radicaux que cette expression contient, il en résultera douze valeurs de x; d'où il est aisé de conclure que la résolution précédente est essentiellement celle d'une équation du douzième degré.

Pour trouver cette équation, il faudra éliminer y de l'expression de x et en faire disparaître ensuite tous les radicaux, ou bien on pourra remonter d'abord à l'équation rationnelle

$$\left(x^2 + \frac{mx}{2} + y\right)^2 = z^2\left(x + \frac{my - p}{2z^2}\right)^2,$$

et il n'y aura plus qu'à en éliminer x après y avoir substitué pour z^2 sa valeur

$$2y + \frac{m^2}{4} - n.$$

Supposons pour plus de généralité que la valeur de z^2, au lieu d'être simplement $2y + \frac{m^2}{4} - n$, soit

$$k\left(2y + \frac{m^2}{4} - n\right);$$

il est évident que le coefficient k ne peut aucunement changer le degré auquel doit monter l'équation en x après l'élimination de y; on aura de cette manière l'équation

$$\left(x^2+\frac{mx}{2}+y\right)^2=k\left(2y+\frac{m^2}{4}-n\right)x^2+(my-p)x+\frac{(my-p)^2}{4k\left(2y+\dfrac{m^2}{4}-n\right)};$$

ou bien, à cause de

$$\frac{(my-p)^2}{4}=\left(2y+\frac{m^2}{4}-n\right)(y^2-q),$$

en vertu de l'équation en y,

$$\left(x^2+\frac{mx}{2}+y\right)^2=k\left(2y+\frac{m^2}{4}-n\right)x^2+(my-p)x+\frac{y^2-q}{k},$$

c'est-à-dire

$$x^4+mx^3+\left[kn+(1-k)\left(2y+\frac{m^2}{4}\right)\right]x^2+px+\frac{q+(k-1)y^2}{k}=0.$$

Soit, pour abréger,

$$x^4+mx^3+nx^2+px+q=\mathrm{X},$$

et, faisant $k-1=h$, l'équation précédente deviendra celle-ci

$$\mathrm{X}+h\left[\left(n-\frac{m^2}{4}-2y\right)x^2+\frac{y^2-q}{k}\right]=0,$$

d'où il ne s'agira plus que d'éliminer y par le moyen de l'équation

$$y^3-\frac{n}{2}y^2+\frac{mp-4q}{4}y+\frac{(4n-m^2)q-p^2}{8}=0.$$

Nommons y', y'', y''' les trois racines de cette dernière équation, et l'équation en x résultant de l'élimination de l'inconnue y pourra être représentée (**13**) par le produit des trois quantités

$$\mathrm{X}+h\left[\left(n-\frac{m^2}{4}-2y'\right)x^2+\frac{y'^2-q}{k}\right],$$

$$\mathrm{X}+h\left[\left(n-\frac{m^2}{4}-2y''\right)x^2+\frac{y''^2-q}{k}\right],$$

$$\mathrm{X}+h\left[\left(n-\frac{m^2}{4}-2y'''\right)x^2+\frac{y'''^2-q}{k}\right],$$

ce produit étant égalé à zéro. Faisons, pour abréger,

$$A = X + h\left[\left(n - \frac{m^2}{4}\right)x^2 - \frac{q}{k}\right],$$

$$B = -2hx^2,$$

$$C = \frac{h}{k},$$

et, supposant

$$\alpha = y' + y'' + y''',$$

$$\beta = y'y'' + y'y''' + y''y''',$$

$$\gamma = y'^2 + y''^2 + y'''^2,$$

$$\delta = y'y''y''',$$

$$\varepsilon = y'^2y''^2 + y'^2y'''^2 + y''^2y'''^2,$$

on trouvera, pour le produit dont il s'agit,

$$A^3 + A^2B\alpha + A^2C\gamma + AB^2\beta + ABC(\alpha\beta - 3\delta) + AC^2\varepsilon + B^3\delta + B^2C\alpha\delta + BC^2\beta\delta + C^3\delta^2.$$

Mais faisant encore, pour abréger,

$$a = \frac{n}{2}, \quad b = \frac{mp - 4q}{4}, \quad c = \frac{p^2 - (4n - m^2)q}{8},$$

en sorte que l'équation en y soit représentée par

$$y^3 - ay^2 + by - c = 0,$$

on aura, comme on sait, par la nature des équations,

$$\alpha = a, \quad \beta = b, \quad \delta = c,$$

et de là

$$\gamma = a^2 - 2b, \quad \varepsilon = b^2 - 2ac.$$

Donc l'équation cherchée, résultant de l'élimination de y dans ces deux-ci

$$A + By + Cy^2 = 0,$$

$$y^3 - ay^2 + by - c = 0,$$

sera

$$A^3 + aA^2B + (a^2 - 2b)A^2C + bAB^2 + (ab - 3c)ABC$$
$$+ (b^2 - 2ac)AC^2 + cB^3 + acB^2C + bcBC^2 + c^2C^3 = 0.$$

Si l'on remet maintenant dans cette équation les valeurs de A, B, C et de a, b, c, on aura une équation en x qui montera au douzième degré, puisque A contient toutes les puissances de x jusqu'à la quatrième inclusivement, que B contient simplement x^2, et que les autres quantités ne renferment point x.

Ainsi la résolution de cette équation du douzième degré sera comme ci-dessus

$$x = \frac{1}{2}\left(z - \frac{m}{2} \pm \sqrt{z^2 - mz + \frac{m^2}{4} - 4y + \frac{2my - p}{z}}\right),$$

en supposant

$$z = \pm\sqrt{2y + \frac{m^2}{4} - nk};$$

et il n'y aura point ici de racines superflues, puisque les trois valeurs de y, combinées avec les signes ambigus des deux radicaux, donneront précisément les douze racines de l'équation dont il s'agit.

Faisons à présent $k = 1$ pour avoir le cas du n° 27; donc $h = 0$, et par conséquent

$$A = X = x^4 + mx^3 + nx^2 + px + q, \quad B = 0, \quad C = 0;$$

ainsi l'équation dont il s'agit se réduira à $A^3 = 0$, c'est-à-dire à celle-ci

$$(x^4 + mx^3 + nx^2 + px + q)^3 = 0,$$

qui n'est autre chose, comme on voit, que l'équation proposée élevée au cube, de sorte qu'elle doit avoir les mêmes racines que cette dernière, mais chacune triple.

On voit par là bien clairement la raison pourquoi l'expression trouvée pour la racine d'une équation du quatrième degré renferme réellement douze racines, qui se réduisent cependant à quatre, puisque chacune d'elles en a deux autres qui lui sont égales. De plus la démonstration précédente fait voir que les racines égales ne viennent que de l'élimination de y, et nullement de l'ambiguïté des radicaux, puisque c'est l'élimination de y qui fait monter dans l'équation résultante la quantité X au cube; d'où l'on peut conclure d'abord que, quelque valeur de y que l'on emploie dans l'expression de x, on aura toujours les mêmes quatre racines.

29. Mais, pour éclaircir encore davantage cette matière, on remarquera que, dès que la réduite en y a lieu, ce qui peut arriver de trois manières différentes à cause qu'elle a trois racines, on peut donner à la proposée la forme

$$\left(x^2 + \frac{mn}{2} + y\right)^2 - z^2\left(x + \frac{my - p}{2z^2}\right)^2 = 0,$$

comme on l'a fait au n° **27**; par où l'on voit qu'elle n'est autre chose que le produit de ces deux-ci

$$x^2 + \frac{mx}{2} + y + z\left(x + \frac{my - p}{2z^2}\right) = 0,$$

$$x^2 + \frac{mx}{2} + y - z\left(x + \frac{my - p}{2z^2}\right) = 0,$$

c'est-à-dire

$$x^2 + \left(\frac{m}{2} + z\right)x + y + \frac{my - p}{2z} = 0,$$

$$x^2 + \left(\frac{m}{2} - z\right)x + y - \frac{my - p}{2z} = 0,$$

de sorte que leur résolution donnera toujours les mêmes quatre racines de la proposée, quelle que soit la racine qu'on substituera à y.

Nommons maintenant a, b, c, d les quatre racines de la proposée; et il faudra que deux de ces racines soient renfermées dans l'une des deux équations précédentes, et que les deux autres le soient dans l'autre; de sorte qu'on aura, par la nature des équations,

$$a + b = -\frac{m}{2} - z, \quad ab = y + \frac{my - p}{2z},$$

$$c + d = -\frac{m}{2} + z, \quad cd = y - \frac{my - p}{2z},$$

d'où l'on tire

$$z = \frac{c + d - a - b}{2}, \quad y = \frac{ab + cd}{2}.$$

Cette valeur de y nous fait voir d'abord pourquoi la réduite en y est du troisième degré. En effet il est visible que la quantité y doit avoir autant de valeurs différentes qu'on en pourra former par toutes les permutations possibles des racines a, b, c, d dans l'expression $\frac{ab+cd}{2}$; on ne peut avoir de cette manière que les trois quantités suivantes

$$\frac{ab+cd}{2}, \quad \frac{ac+bd}{2}, \quad \frac{ad+cb}{2},$$

de sorte que l'équation dont y sera la racine, devra donner chacune de ces trois quantités et, par conséquent, devra être du troisième degré.

30. On peut donc déduire de cette remarque une manière directe de parvenir à la réduite du quatrième degré, et par son moyen à la résolution générale de ce degré. Car, puisque la combinaison $ab+cd$ des quatre racines a, b, c, d est telle qu'elle n'admet que trois variations, savoir

$$ab+cd, \quad ac+bd, \quad ad+cb,$$

il s'ensuit d'abord que si l'on fait

$$ab+cd=u,$$

on aura une équation en u du troisième degré, dont les racines seront

$$ab+cd, \quad ac+bd, \quad ad+bc,$$

qui sera par conséquent de cette forme

$$u^3-Au^2+Bu-C=0,$$

où l'on aura, par la nature des équations,

$$A=ab+cd+ac+bd+ad+cb,$$
$$B=(ab+cd)(ac+bd)+(ab+cd)(ad+cb)+(ac+bd)(ad+cb),$$
$$C=(ab+cd)(ac+bd)(ad+cb),$$

c'est-à-dire

$$A=ab+ac+ad+bc+bd+cd,$$
$$B=a^2(bc+bd+cd)+b^2(ac+ad+cd)+c^2(ab+ad+bd)+d^2(ab+ac+bc),$$
$$C=abcd(a^2+b^2+c^2+d^2)+a^2b^2c^2+a^2b^2d^2+a^2c^2d^2+b^2c^2d^2.$$

Or il est facile de voir que ces valeurs de A, B, C doivent être données par les coefficients m, n, p, q de la proposée, et cela sans aucune extraction de racines, puisqu'elles demeurent les mêmes, quelque permutation qu'on fasse entre les racines a, b, c, d de cette équation; d'où il suit que chacune d'elles ne peut avoir qu'une seule et même valeur. En effet, ayant

$$\begin{aligned} -m &= a+b+c+d, \\ n &= ab+ac+ad+bc+bd+cd, \\ -p &= abc+abd+acd+bcd, \\ q &= abcd, \end{aligned}$$

on aura d'abord

$$A = n;$$

ensuite, pour trouver B, on observera que

$$a(bc+bd+cd) = -p-bcd,$$

et de même

$$b(ac+ad+cd) = -p-acd,$$

et ainsi des autres, de sorte qu'on aura

$$B = (a+b+c+d)(-p) - 4abcd,$$

c'est-à-dire

$$B = mp - 4q.$$

Enfin, pour avoir C, on remarquera que

$$a^2+b^2+c^2+d^2 = m^2-2n;$$

en sorte que la partie $abcd(a^2+b^2+c^2+d^2)$ deviendra $(m^2-2n)q$; et, pour avoir l'autre partie, on fera le carré de p et l'on en déduira

$$\begin{aligned} a^2b^2c^2+a^2b^2d^2+a^2c^2d^2+b^2c^2d^2 &= p^2-2abcd(ab+ac+bc+ad+bd+cd) \\ &= p^2-2nq, \end{aligned}$$

de sorte que l'on aura

$$C = (m^2-4n)q+p^2.$$

Moyennant quoi notre réduite sera

$$u^3-nu^2+(mp-4q)u-(m^2-4n)q-p^2 = 0,$$

qui est la même que celle en y du n° **27**, en supposant $u = 2y$.

31. Voyons maintenant comment, en connaissant une des valeurs de u, on pourra trouver les quatre racines a, b, c, d. Puisque

$$u = ab + cd \quad \text{et} \quad abcd = q,$$

il est clair que les deux quantités ab et cd seront les racines de cette équation du second degré

$$t^2 - ut + q = 0,$$

de sorte qu'en nommant t' et t'' ces deux racines on connaîtra les deux produits

$$ab = t' \quad \text{et} \quad cd = t'';$$

de plus on a

$$-p = ab(c+d) + cd(a+b) = t'(c+d) + t''(a+b),$$

et comme

$$a + b + c + d = -m,$$

on aura

$$a + b = \frac{p - mt'}{t' - t''}, \quad c + d = \frac{p - mt''}{t'' - t'};$$

donc, puisque

$$ab = t' \quad \text{et} \quad cd = t'',$$

il est clair que a et b seront les racines de cette équation du second degré

$$x^2 - \frac{p - mt'}{t' - t''}x + t' = 0,$$

et que c et d seront celles de l'équation

$$x^2 - \frac{p - mt''}{t'' - t'}x + t'' = 0.$$

On voit par là qu'il suffit de connaître une des racines de la réduite en u pour avoir les quatre racines a, b, c, d de la proposée, et que chacune des racines de cette réduite donnera toujours les mêmes quatre racines a, b, c, d; car si, au lieu de prendre $u = ab + cd$, on eût pris $u = ac + bd$ ou $u = ad + bc$, il n'y eût eu d'autre changement dans nos formules sinon que b eût été changé en c ou en d, et *vice versâ*.

32. On pourrait résoudre encore l'équation du quatrième degré d'une manière plus simple à l'aide de la réduite dont la racine serait (29)

$$z = \frac{c + d - a - b}{2} \quad \text{ou bien} \quad s = c + d - a - b,$$

en faisant, pour plus de simplicité, $s = 2z$. Pour savoir d'abord de quel degré et de quelle forme doit être cette équation, il n'y a qu'à faire dans la quantité $c + d - a - b$ toutes les permutations possibles entre les lettres a, b, c, d, et il en résultera les six suivantes

$$a + b - c - d,$$
$$a + c - b - d,$$
$$a + d - c - b,$$
$$c + d - a - b,$$
$$b + d - a - c,$$
$$b + c - a - d,$$

qui seront donc les racines de la réduite en s, de sorte que cette réduite sera nécessairement du sixième degré; mais, comme les six quantités précédentes sont deux à deux égales et de signes contraires, il s'ensuit que la réduite ne pourra contenir que des puissances paires de l'inconnue s, en sorte qu'elle sera résoluble à la manière des équations du troisième degré.

Donc, si l'on fait $s^2 = t$, on aura une réduite en t du troisième degré et dont les trois racines seront

$$(a + b - c - d)^2, \quad (a + c - b - d)^2, \quad (a + d - b - c)^2.$$

Ainsi l'on pourra trouver cette équation en cherchant la valeur de ses coefficients, comme nous l'avons fait plus haut à l'égard de la réduite en u (30); mais, sans entreprendre un nouveau calcul pour cet objet, il suffira de remarquer que le carré de $a + b - c - d$ est

$$a^2 + b^2 + c^2 + d^2 + 2ab + 2cd - 2ac - 2ad - 2bc - 2bd;$$

mais on a

$$ab + ac + ad + bc + bd + cd = n,$$

$$a^2 + b^2 + c^2 + d^2 = m^2 - 2n;$$

donc, puisque

$$(a + b - c - d)^2 = s^2 = t,$$

on aura

$$t = m^2 - 4n + 4(ab + cd),$$

c'est-à-dire

$$t = m^2 - 4n + 4u;$$

de sorte que, pour avoir la réduite cherchée en t, il n'y aura qu'à substituer, dans celle en u du n° 30, $\frac{t - m^2 + 4n}{4}$ à la place de u; et l'on aura celle-ci

$$t^3 - (3m^2 - 8n)t^2 + (3m^4 - 16m^2n + 16n^2 + 16mp - 64q)t - (m^3 - 4mn + 8p)^2 = 0.$$

Maintenant, si l'on suppose que t', t'' et t''' soient les trois racines de cette équation, on aura (hypothèse)

$$(a + b - c - d)^2 = t', \quad (a + c - b - d)^2 = t'', \quad (a + d - b - c)^2 = t''';$$

d'où, en tirant la racine carrée, on aura

$$a + b - c - d = \sqrt{t'}, \quad a + c - b - d = \sqrt{t''}, \quad a + d - b - c = \sqrt{t'''};$$

combinant ces trois équations avec l'équation

$$a + b + c + d = -m,$$

on en tirera les valeurs de chacune des quatre racines a, b, c, d; on aura donc

$$a = \frac{-m + \sqrt{t'} + \sqrt{t''} + \sqrt{t'''}}{4},$$

$$b = \frac{-m + \sqrt{t'} - \sqrt{t''} - \sqrt{t'''}}{4},$$

$$c = \frac{-m - \sqrt{t'} + \sqrt{t''} - \sqrt{t'''}}{4},$$

$$d = \frac{-m - \sqrt{t'} - \sqrt{t''} + \sqrt{t'''}}{4}.$$

De cette manière on aura donc les quatre racines de la proposée, sans être obligé de résoudre aucune autre équation que la réduite en t. Mais il se présente ici une difficulté, c'est que, comme chaque radical $\sqrt{t'}$, $\sqrt{t''}$, $\sqrt{t'''}$ peut être pris également en plus et en moins, les expressions précédentes renfermeront encore ces quatre quantités-ci

$$\frac{-m+\sqrt{t'}+\sqrt{t''}-\sqrt{t'''}}{4},$$

$$\frac{-m+\sqrt{t'}-\sqrt{t''}+\sqrt{t'''}}{4},$$

$$\frac{-m-\sqrt{t'}+\sqrt{t''}+\sqrt{t'''}}{4},$$

$$\frac{-m-\sqrt{t'}-\sqrt{t''}-\sqrt{t'''}}{4},$$

qui ne sont pas les valeurs des racines a, b, c, d, mais celles de leurs compléments à la somme

$$a+b+c+d=-m.$$

Pour résoudre cette difficulté, je remarque qu'il n'est pas nécessaire de savoir précisément quel signe on doit donner à la valeur de chacun des radicaux dont il s'agit, mais qu'il suffit de savoir si ces valeurs doivent être prises, l'une positive et les deux autres positives ou négatives, ou bien l'une négative et les deux autres positives ou négatives; car il est facile de voir que les expressions des racines a, b, c, d, trouvées ci-dessus, donneront toujours les mêmes quatre racines en changeant à la fois les signes de deux quelconques des radicaux $\sqrt{t'}$, $\sqrt{t''}$, $\sqrt{t'''}$, et conservant celui du troisième. De sorte que tout se réduit à connaître le signe que doit avoir le produit des trois valeurs de $\sqrt{t'}$, $\sqrt{t''}$, $\sqrt{t'''}$. Or, par l'équation en t, on aura

$$t't''t'''=(m^3-4mn+8p)^2,$$

d'où l'on tire

$$m^3 - 4mn + 8p = \sqrt{t'}\sqrt{t''}\sqrt{t'''} \; (*).$$

Donc, si l'on dénote par θ', θ'', θ''' les valeurs des radicaux $\sqrt{t'}$, $\sqrt{t''}$, $\sqrt{t'''}$ prises positivement, en sorte que l'on ait

$$\sqrt{t'} = \pm\theta', \quad \sqrt{t''} = \pm\theta'', \quad \sqrt{t'''} = \pm\theta''',$$

il faudra, lorsque $m^3 - 4mn + 8p$ est une quantité positive, prendre, ou

$$\sqrt{t'} = \theta' \quad \text{et} \quad \sqrt{t''} = \pm\theta'', \quad \sqrt{t'''} = \pm\theta''',$$

ou

$$\sqrt{t''} = \theta'' \quad \text{et} \quad \sqrt{t'} = \pm\theta', \quad \sqrt{t'''} = \pm\theta''',$$

ou

$$\sqrt{t'''} = \theta''' \quad \text{et} \quad \sqrt{t'} = \pm\theta', \quad \sqrt{t''} = \pm\theta'',$$

les signes ambigus devant être les mêmes pour les quantités θ'', θ''', ou θ', θ''', ou θ', θ'', et l'on aura dans ce cas pour les quatre racines de la proposée les valeurs suivantes

$$\frac{-m + \theta' + \theta'' + \theta'''}{4},$$
$$\frac{-m + \theta' - \theta'' - \theta'''}{4},$$
$$\frac{-m - \theta' + \theta'' - \theta'''}{4},$$
$$\frac{-m - \theta' - \theta'' + \theta'''}{4}.$$

(*) Cette formule a été obtenue en extrayant la racine carrée des deux membres de la précédente, et celle-ci indique seulement que le produit des radicaux $\sqrt{t'}$, $\sqrt{t''}$, $\sqrt{t'''}$ est égal à $\pm(m^3 - 4mn + 8p)$. Lagrange remplace le signe ambigu $\pm$ par $+$, mais c'est le signe $-$ qu'il fallait prendre; en effet, les radicaux $\sqrt{t'}$, $\sqrt{t''}$, $\sqrt{t'''}$ représentent les valeurs des quantités

$$a + b - c - d, \quad a + c - b - d, \quad a + d - b - c,$$

qui ont pour produit la fonction symétrique

$$(a+b+c+d)^3 - 4(a+b+c+d)(ab+ac+ad+bc+bd+cd) + 8(abc+abd+acd+bcd),$$

dont la valeur est $-m^3 + 4mn - 8p$. On a donc

$$\sqrt{t'}\sqrt{t''}\sqrt{t'''} = -m^3 + 4mn - 8p,$$

quels que soient les coefficients m, n, p, réels ou imaginaires. Cette relation détermine complétement dans tous les cas l'un des radicaux $\sqrt{t'}$, $\sqrt{t''}$, $\sqrt{t'''}$ quand les valeurs des deux autres ont été fixées. (*Note de l'Éditeur.*)

Au contraire, si $m^3 - 4mn + 8p$ est une quantité négative, il faudra alors prendre, ou

$$\sqrt{t'} = -\theta' \quad \text{et} \quad \sqrt{t''} = \pm\theta'', \quad \sqrt{t'''} = \pm\theta''',$$

ou

$$\sqrt{t''} = -\theta'' \quad \text{et} \quad \sqrt{t'} = \pm\theta', \quad \sqrt{t'''} = \pm\theta''',$$

ou

$$\sqrt{t'''} = -\theta''' \quad \text{et} \quad \sqrt{t'} = \pm\theta', \quad \sqrt{t''} = \pm\theta'';$$

ce qui donnera, pour les quatre racines cherchées, ces valeurs

$$\frac{-m + \theta' + \theta'' - \theta'''}{4},$$
$$\frac{-m + \theta' - \theta'' + \theta'''}{4},$$
$$\frac{-m - \theta' + \theta'' + \theta'''}{4},$$
$$\frac{-m - \theta' - \theta'' - \theta'''}{4}.$$

33. La méthode de Ferrari, que nous venons d'examiner, nous a conduits à décomposer l'équation du quatrième degré

$$x^4 + mx^3 + nx^2 + px + q = 0$$

en ces deux-ci du second degré (29)

$$x^2 + \left(\frac{m}{2} + z\right)x + y + \frac{my - p}{2z} = 0,$$
$$x^2 + \left(\frac{m}{2} - z\right)x + y - \frac{my - p}{2z} = 0,$$

de la résolution desquelles on peut tirer les quatre racines de la proposée, comme on l'a vu plus haut; on pourrait aussi obtenir cette décomposition d'une manière plus simple et plus directe, en supposant d'abord que l'équation proposée soit le produit de deux équations du second degré telles que

$$x^2 + fx + g = 0, \quad x^2 + hx + k = 0,$$

et déterminant ensuite les coefficients f, g, h, k par la comparaison des termes homologues; c'est ce qu'a fait Descartes, et ce qui a donné naissance à la méthode des indéterminées dont il est regardé comme l'auteur. Multipliant donc les deux équations précédentes l'une par l'autre, on aura celle-ci

$$x^4+(f+h)x^3+(fh+g+k)x^2+(fk+gh)x+gk=0,$$

laquelle étant comparée terme à terme avec la proposée

$$x^4+mx^3+nx^2+px+q=0$$

donnera les quatre équations

$$f+h=m,\quad fh+g+k=n,\quad fk+gh=p,\quad gk=q,$$

lesquelles serviront à déterminer les quatre inconnues f, g, h, k.

34. Supposons d'abord, avec Descartes, que le second terme de la proposée soit évanoui, c'est-à-dire que l'on ait $m=0$; on aura donc $f+h=0$ et par conséquent $h=-f$, de sorte que dans ce cas la proposée ne pourra venir que de la multiplication de deux équations telles que

$$x^2+fx+g=0,\quad x^2-fx+k=0,$$

et l'on aura alors pour la détermination des trois coefficients f, g, k les équations

$$g+k-f^2=n,\quad (k-g)f=p,\quad gk=q;$$

les deux premières donnent

$$g=\frac{n+f^2-\dfrac{p}{f}}{2},\quad k=\frac{n+f^2+\dfrac{p}{f}}{2};$$

et, ces valeurs étant substituées dans la dernière, on aura

$$(n+f^2)^2-\frac{p^2}{f^2}=4q,$$

ou bien, en multipliant par f^2 et ordonnant les termes par rapport à f,

$$f^6 + 2nf^4 + (n^2 - 4q)f^2 - p^2 = 0,$$

équation du sixième degré, mais qui est résoluble à la manière de celles du troisième, à cause qu'elle ne renferme que des puissances paires de l'inconnue.

Telle est la méthode de Descartes pour les équations du quatrième degré. Il est vrai que cet Auteur suppose d'abord que les équations composantes soient représentées par

$$x^2 + fx + \frac{f^2}{2} + \frac{n}{2} - \frac{p}{2f} = 0, \quad x^2 - fx + \frac{f^2}{2} + \frac{n}{2} + \frac{p}{2f} = 0,$$

ainsi qu'il résulte de la substitution des valeurs de g et de k trouvées ci-dessus; mais il est naturel de croire qu'il n'a trouvé ces formules que par une analyse semblable à celle que nous venons de donner, comme on peut le voir dans le *Commentaire* de Schooten et dans la Lettre de Hudde sur *la réduction des équations*.

35. Il est visible que la Solution précédente revient au même que celle des n°s 26 et suivants, et que les inconnues f et z expriment la même quantité dans les deux Solutions lorsque $m = 0$. Ainsi les principales remarques qu'on a faites sur la Solution de Ferrari pourront s'appliquer aussi à celle de Descartes, sans qu'il soit nécessaire d'entrer là-dessus dans un nouveau détail; mais il est bon, de plus, d'examiner en particulier le principe de cette dernière Solution et de chercher *à priori* les conséquences qui peuvent en résulter.

Ce principe consiste, comme nous venons de le voir, à supposer que l'équation proposée soit divisible par une équation du second degré telle que

$$x^2 + fx + g = 0,$$

c'est-à-dire qu'elle ait deux racines communes avec cette dernière. Ainsi l'on pourra trouver les conditions nécessaires pour cela par la méthode du n° 12. En effet, en divisant le quinôme

$$x^4 + mx^3 + nx^2 + px + q$$

par le trinôme

$$x^2 + fx + g,$$

on trouvera le quotient

$$x^2 + (m - f)x + n - g - f(m - f),$$

et le reste

$$[p - g(m - f) - f[n - g - f(m - f)]]\,x + q - g[n - g - f(m - f)],$$

de sorte que, pour que la division puisse se faire exactement, il faudra que le reste soit nul indépendamment de x, ce qui donnera ces deux équations

$$p - g(m - f) - f[n - g - f(m - f)] = 0,$$
$$q - g[n - g - f(m - f)] = 0,$$

au moyen desquelles on pourra déterminer f et g. La première de ces équations donnera d'abord

$$g = \frac{p - nf + mf^2 - f^3}{m - 2f},$$

et, cette valeur étant substituée dans la seconde, on aura

$$q - (n - mf + f^2)\frac{p - nf + mf^2 - f^3}{m - 2f} + \frac{(p - nf + mf^2 - f^3)^2}{(m - 2f)^2} = 0,$$

ou bien

$$(f^3 - mf^2 + nf - p)^2 - (f^3 - mf^2 + nf - p)(f^2 - mf + n)(2f - m) + q(2f - m)^2 = 0,$$

qui, étant ordonnée par rapport à f, sera en changeant les signes

$$f^6 - 3mf^5 + (3m^2 + 2n)f^4 - m(m^2 + 4n)f^3 + (2m^2n + mp + n^2 - 4q)f^2$$
$$- m(mp + n^2 - 4q)f + mnp - m^2q - p^2 = 0,$$

la même que celle qu'on tirerait des quatre équations de condition du n° 33.

Cette équation est, comme on voit, du sixième degré, ayant tous ses termes; mais en faisant $m = 0$ tous les termes qui renferment des puissances impaires de l'inconnue s'évanouissent, de sorte que l'équation devient résoluble à la manière de celles du troisième degré; c'est le cas que nous avons déjà considéré dans le n° 34. Mais il n'est pas même nécessaire de supposer $m=0$ pour anéantir tous les termes où l'inconnue se trouve élevée à des puissances impaires; il suffit pour cela de faire disparaître le second terme en supposant, suivant la méthode connue,

$$f=l+\frac{3m}{6}=l+\frac{m}{2},$$

et l'on verra que tous les autres termes s'évanouiront en même temps, de sorte qu'on aura une équation en l qui ne renfermera que des puissances de l^2, laquelle sera

$$l^6-\left(\frac{3m^2}{4}-2n\right)l^4+\left(\frac{3m^4}{16}-m^2n+mp+n^2-4q\right)l^2-\left(\frac{m^3}{8}-\frac{mn}{2}+p\right)^2=0,$$

équation qui est la même que la réduite en t du n° 32, en y faisant $t=4l^2$, de sorte que, comme on a supposé dans le même numéro $t=s^2$ et $s=2z$, on aura $l=z$; d'où l'on voit que la quantité $l=f-\frac{m}{2}$ dans les formules précédentes sera la même que la quantité z des nos 27 et suivants, et cela sans supposer $m=0$, ce qui sert à montrer d'autant mieux la liaison des solutions que nous venons d'examiner.

36. Voyons maintenant la raison pourquoi la méthode de Descartes conduit à une réduite du sixième degré telle que, en y faisant évanouir le second terme, tous ceux qui renferment des puissances impaires de l'inconnue s'évanouissent aussi, comme nous venons de le trouver; pour cela on considérera que, puisque l'équation du second degré $x^2+fx+g=0$ doit être un diviseur exact de la proposée dont les racines sont a, b, c, d, il faut nécessairement que la même équation renferme deux quelconques de ces quatre racines. Ainsi l'on aura

$$-f=a+b,\quad g=ab,$$

ou

$$-f=a+c,\quad g=ac,$$

ou

$$-f=a+d,\quad g=ad,$$

ou

$$-f = b + c, \quad g = bc,$$

ou

$$-f = b + d, \quad g = bd,$$

ou enfin

$$-f = c + d, \quad g = cd;$$

d'où l'on voit que l'équation en f doit être du sixième degré aussi bien que l'équation en g, c'est-à-dire du degré dont l'exposant sera égal au nombre des combinaisons de quatre choses prises deux à deux, nombre qu'on sait être $\frac{4.3}{2} = 6$. On pourrait donc par ce moyen trouver directement tant l'équation en f que celle en g en cherchant la valeur de chacun de leurs coefficients, comme nous l'avons déjà pratiqué dans plusieurs occasions. Pour cela on représenterait d'abord l'équation en f par la forme générale

$$f^6 + Af^5 + Bf^4 + Cf^3 + Df^2 + Ef + F = 0,$$

et comme les racines de cette équation doivent être

$$-a-b, \quad -a-c, \quad -a-d, \quad -b-c, \quad -b-d, \quad -c-d,$$

on aurait

$$\begin{aligned} A &= a + b + a + c + a + d + b + c + b + d + c + d \\ &= 3(a + b + c + d) = -3m, \end{aligned}$$

$$\begin{aligned} B &= (a + b)(a + c + a + d + b + c + b + d + c + d) \\ &+ (a + c)(a + d + b + c + b + d + c + d) \\ &+ (a + d)(b + c + b + d + c + d) \\ &+ (b + c)(b + d + c + d) \\ &+ (b + d)(c + d) \\ &= 3(a^2 + b^2 + c^2 + d^2) + 8(ab + ac + ad + bc + bd + cd), \\ &= 3(m^2 - 2n) + 8n = 3m^2 + 2n, \end{aligned}$$

et ainsi de suite.

Maintenant, si l'on voulait faire évanouir le second terme de cette équation en f, il faudrait, suivant la règle connue, augmenter toutes les racines de $\frac{A}{6}$, c'est-à-dire mettre, à la place de f, $l - \frac{A}{6}$, ce qui donnerait une transformée en l où

$$l = f + \frac{A}{6} = f + \frac{a+b+c+d}{2},$$

puisque

$$A = 3(a+b+c+d),$$

de sorte que les racines de cette transformée seraient

$$\frac{a+b+c+d}{2} - a - b,$$

$$\frac{a+b+c+d}{2} - a - c,$$

$$\ldots\ldots\ldots\ldots\ldots,$$

c'est-à-dire

$$\frac{a+b-c-d}{2},$$

$$\frac{a+c-b-d}{2},$$

$$\frac{a+d-b-c}{2},$$

$$\frac{b+c-a-d}{2},$$

$$\frac{b+d-a-c}{2},$$

$$\frac{c+d-a-b}{2},$$

où l'on voit que chaque racine a sa compagne négative; en sorte que, si l'on en prend les carrés et qu'on regarde l^2 comme l'inconnue, elle ne pourra avoir que trois valeurs différentes, savoir

$$\left(\frac{a+b-c-d}{2}\right)^2,$$

$$\left(\frac{a+c-b-d}{2}\right)^2,$$

$$\left(\frac{a+d-b-c}{2}\right)^2,$$

d'où il s'ensuit que l'équation en l, étant ordonnée par rapport à l^2, montera au troisième degré, c'est-à-dire qu'elle sera du sixième, ayant toutes les puissances de l'inconnue paires, comme nous l'avons trouvé plus haut par une autre voie : c'est à cette circonstance heureuse qu'on doit la résolution des équations du quatrième degré. On voit aussi par là la raison pourquoi, dans le numéro précédent, l'équation en l est la même que celle en z, car il est clair (32) que les valeurs de z sont les mêmes que celles que nous venons de trouver pour l.

37. On peut encore remarquer que, puisque l'on a

$$-m = a + b + c + d,$$

et que les valeurs de f sont

$$-a-b,\quad -a-c,\quad -a-d,\quad -b-c,\quad -b-d,\quad -c-d,$$

on aura les mêmes valeurs pour la quantité $m-f$; d'où il s'ensuit que l'équation en f doit être telle, qu'elle demeure la même en y substituant $m-f$ à la place de f; donc, si l'on fait $f=\frac{m}{2}+l$, ce qui donne $m-f=\frac{m}{2}-l$, il faudra que la transformée en l soit telle, qu'elle demeure la même en y changeant l en $-l$; par conséquent elle ne devra renfermer que des puissances paires de l.

Or, si l'on substitue cette valeur de f dans l'expression de g du n° 35, on a

$$g=\frac{l^2}{2}+\frac{ml}{4}+\frac{4n-m^2}{8}+\frac{4nm-m^3-8p}{16l};$$

et les deux facteurs

$$x^2+fx+g=0,\quad x^2+(m-f)x+n-g-f(m-f)=0,$$

dans lesquels a été décomposée l'équation

$$x^4+mx^3+nx^2+px+q=0,$$

deviendront

$$x^2+\left(\frac{m}{2}+l\right)x+\frac{l^2}{2}+\frac{ml}{4}+\frac{4n-m^2}{8}+\frac{4nm-m^3-8p}{16l}=0,$$

$$x^2+\left(\frac{m}{2}-l\right)x+\frac{l^2}{2}-\frac{ml}{4}+\frac{4n-m^2}{8}-\frac{4nm-m^3-8p}{16l}=0,$$

équations qui sont les mêmes que celles du nº 29 en faisant $l=z$ et en substituant dans ces dernières à la place de y sa valeur en z, laquelle est (**28**)

$$y=\frac{4z^2+4n-m^2}{8}.$$

Les méthodes que nous venons d'analyser renferment, si je ne me trompe, toutes les méthodes connues pour la résolution des équations du quatrième degré; il en faut seulement excepter celles de MM. Tschirnaus, Euler et Bezout, lesquelles méritent un examen particulier; c'est l'objet qu'il nous reste à remplir dans cette Section.

38. Et d'abord il est clair que pour pouvoir résoudre l'équation du quatrième degré, suivant la méthode de M. Tschirnaus, il n'est pas nécessaire de faire disparaître tous les termes intermédiaires, comme dans celles du troisième, mais qu'il suffit d'y faire disparaitre le second et le quatrième terme où l'inconnue se trouve élevée à des puissances impaires; car alors on aura une équation résoluble à la manière de celles du second degré. Pour cela on prendra donc, comme on a fait pour le troisième degré (**10**), l'équation subsidiaire

$$x^2=bx+a+y,$$

qui contient deux indéterminées a et b; et éliminant par son moyen l'inconnue x de l'équation proposée

$$x^4+mx^3+nx^2+px+q=0,$$

on aura (**14**) une transformée en y du quatrième degré, dans laquelle le coefficient de y^3 sera une fonction de a et b de la première dimension, celui de y^2 une fonction de a et b de la seconde dimension, celui de y

une fonction de a et b de la troisième dimension, etc. De sorte que, pour faire disparaître à la fois le second et le quatrième terme, il faudra déterminer les quantités a et b en sorte qu'elles satisfassent à deux équations, l'une du premier degré et l'autre du troisième, ce qui donnera une réduite en a ou en b du troisième degré; d'où l'on peut conclure que la méthode de M. Tschirnaus doit aussi réussir pour le quatrième degré : c'est ce qu'on va voir maintenant par le calcul.

39. Comme nous avons jusqu'ici fait usage des lettres a, b, c, d pour représenter les quatre racines de l'équation proposée, pour éviter toute confusion nous prendrons d'autres lettres pour les coefficients de l'équation subsidiaire, et nous représenterons cette équation ainsi

$$x^2 + fx + g + y = 0.$$

Or, puisqu'il faut, par la nature de la méthode dont il s'agit (11), que cette équation ait une racine commune avec la proposée, il n'y aura qu'à faire en sorte qu'elles aient un diviseur commun où x se trouve à la première dimension. On divisera donc d'abord le quinôme

$$x^4 + mx^3 + nx^2 + px + q$$

par le trinôme

$$x^2 + fx + g + y,$$

et faisant pour un moment $g + y = g'$, on trouvera, comme ci-dessus (35), le reste

$$[p - g'(m - 2f) - nf + mf^2 - f^3]x + q - g'(n - mf + f^2) + g'^2,$$

lequel, ne contenant que la première dimension de x, devra par conséquent être le diviseur commun des deux polynômes; ainsi il faudra que ce reste divise exactement le diviseur précédent $x^2 + fx + g'$, c'est-à-dire que la valeur de x tirée de l'équation

$$[p - g'(m - 2f) - nf + mf^2 - f^3]x + q - g'(n - mf + f^2) + g'^2 = 0$$

satisfasse aussi à l'équation

$$x^2 + fx + g' = 0.$$

On aura donc

$$x = \frac{q - g'(n - mf + f^2) + g'^2}{f^3 - mf^2 + nf - p + (m - 2f)g'},$$

et substituant cette valeur dans $x^2 + fx + g' = 0$, on aura

$$\begin{aligned}&[q - g'(n - mf + f^2) + g'^2]^2\\ &\quad + f[q - g'(n - mf + f^2) + g'^2][f^3 - mf^2 + nf - p + (m - 2f)g']\\ &\qquad\qquad + g'[f^3 - mf^2 + nf - p + (m - 2f)g']^2 = 0,\end{aligned}$$

où il ne s'agira plus que de remettre $g + y$ à la place de g' et de développer les termes en les ordonnant par rapport à y.

Soient, pour abréger,

$$\begin{aligned}F &= f^3 - mf^2 + nf - p,\\ G &= f^2 - mf + n,\\ H &= 2f - m,\end{aligned}$$

et l'équation précédente deviendra

$$(q - Gg' + g'^2)^2 + f(q - Gg' + g'^2)(F - Hg') + g'(F - Hg')^2 = 0,$$

laquelle étant d'abord ordonnée par rapport à g' devient

$$\begin{aligned}&g'^4 - (2G + fH - H^2)g'^3 + (G^2 + 2q + fF + fGH - 2FH)g'^2\\ &\qquad - (2qG + fqH + fFG - F^2)g' + q^2 + qfF = 0,\end{aligned}$$

et en remettant les valeurs de F, G, H,

$$\begin{aligned}&g'^4 - (mf + 2n - m^2)g'^3 + [nf^2 - (mn - 3p)f + n^2 - 2mp + 2q]g'^2\\ &\quad - [pf^3 - (mp - 4q)f^2 + (np - 3mq)f - p^2 + 2nq]g'\\ &\qquad\qquad + q(f^4 - mf^3 + nf^2 - pf + q) = 0.\end{aligned}$$

Faisons maintenant

$$\begin{aligned}A &= mf + 2n - m^2,\\ B &= nf^2 - (mn - 3p)f + n^2 - 2mp + 2q,\\ C &= pf^3 - (mp - 4q)f^2 + (np - 3mq)f - p^2 + 2nq,\\ D &= q(f^4 - mf^3 + nf^2 - pf + q),\end{aligned}$$

pour avoir l'équation

$$g'^4 - Ag'^3 + Bg'^2 - Cg' + D = 0,$$

et remettant maintenant $g + y$ à la place de g', on aura, après avoir ordonné les termes par rapport à y, cette transformée

$$\begin{aligned} &y^4 + (4g - A)y^3 + (6g^2 - 3gA + B)y^2 \\ &\quad + (4g^3 - 3Ag^2 + 2Bg - C)y + g^4 - Ag^3 + Bg^2 - Cg + D = 0, \end{aligned}$$

dans laquelle on est maître de faire évanouir deux termes à volonté en déterminant convenablement les quantités f et g.

Faisons donc évanouir, comme nous nous le sommes proposé, le second et le quatrième terme; on aura pour cet effet les équations

$$\begin{aligned} &4g - A = 0, \\ &4g^3 - 3Ag^2 + 2Bg - C = 0, \end{aligned}$$

dont la première donne

$$g = \frac{A}{4},$$

ce qui étant substitué dans la seconde, on aura, en ôtant les fractions,

$$A^3 - 4AB + 8C = 0,$$

équation qui, en remettant pour A, B, C leurs valeurs en f, montera au troisième degré, et deviendra, après avoir ordonné les termes,

$$\begin{aligned} &(m^3 - 4mn + 8p)f^3 - (3m^4 - 14m^2n + 8n^2 + 2mp - 32q)f^2 \\ &\quad + [m^5 - 16m^3n + 20m^2p + 16m(n^2 - 2q) - 16np]f \\ &\quad\quad - m^6 + 6m^4n - 8m^3np - 8m^2(n^2 - q) + 8mn^2p - 8p^2 = 0. \end{aligned}$$

Ayant donc déterminé f par cette équation, l'équation en y deviendra, à cause de $g = \frac{A}{4}$,

$$y^4 - \left(\frac{3A^2}{8} - B\right)y^2 - \frac{3A^4}{256} + \frac{A^2B}{16} - \frac{AC}{4} + D = 0,$$

ou bien, en mettant à la place de C sa valeur $\frac{AB}{2} - \frac{A^3}{8}$,

$$y^4 - \left(\frac{3A^2}{8} - B\right)y^2 + \frac{5A^4}{256} - \frac{A^2B}{16} + D = 0,$$

laquelle est, comme on voit, résoluble à la manière de celles du second degré. Ainsi l'on connaîtra f et y; après quoi on aura sur-le-champ

$$x = \frac{q-(n-mf+f^2)\left(\frac{A}{4}+y\right)+\left(\frac{A}{4}+y\right)^2}{f^3-mf^2+nf-p+(m-2f)\left(\frac{A}{4}+y\right)};$$

et les quatre valeurs de y tirées de l'équation précédente donneront toujours les quatre mêmes racines de la proposée, quelle que soit la racine f qu'on emploie; ce qu'on pourrait démontrer, s'il en était besoin, d'une manière analogue à celle du n° **28**.

40. Si l'on voulait savoir *à priori* pourquoi la réduite en f que nous venons de trouver ci-dessus est nécessairement du troisième degré, il faudrait chercher quelle fonction des racines a, b, c, d doit être la valeur de f. Pour cela on reprendra l'équation subsidiaire

$$x^2+fx+g+y=0,$$

et l'on y substituera successivement a, b, c, d à la place de x, et à la place de y les quatre racines de l'équation en y ci-dessus; mais il n'est pas nécessaire de connaître la valeur de ces dernières racines, il suffit de considérer que, comme l'équation ne contient aucune puissance impaire de y, ses racines doivent être deux à deux égales et de signes contraires; en sorte qu'on pourra les représenter par y', $-y'$, y'', $-y''$. Faisant donc ces substitutions dans l'équation $x^2+fx+g+y=0$, on aura ces quatre-ci

$$a^2+fa+g+y'=0,$$
$$b^2+fb+g-y'=0,$$
$$c^2+fc+g+y''=0,$$
$$d^2+fd+g-y''=0;$$

d'où, chassant d'abord y' et y'', on tire

$$a^2+b^2+f(a+b)+2g=0,$$
$$c^2+d^2+f(c+d)+2g=0,$$

et chassant ensuite g, on aura

$$f = -\frac{a^2+b^2-c^2-d^2}{a+b-c-d}.$$

Or, pour avoir toutes les valeurs de f, il n'y aura qu'à faire entre les quatre racines a, b, c, d toutes les permutations possibles, et l'on n'obtiendra que ces trois valeurs différentes

$$\frac{a^2+b^2-c^2-d^2}{a+b-c-d},$$

$$\frac{a^2+c^2-b^2-d^2}{a+c-b-d},$$

$$\frac{a^2+d^2-b^2-c^2}{a+d-b-c},$$

qui seront les racines de la réduite en y, laquelle ne pourra être par conséquent que du troisième degré. On pourrait même remonter de là à l'équation en y, comme nous l'avons déjà pratiqué plusieurs fois; et l'on trouverait la même équation qu'on a vue ci-dessus.

Au reste, pour pouvoir mieux comparer la réduite en f dont nous parlons, avec celles que nous avons trouvées plus haut d'après les solutions de Ferrari et de Descartes, on remarquera que

$$a^2+b^2-c^2-d^2 = \frac{(a+b)^2-(c+d)^2+(a-b)^2-(c-d)^2}{2};$$

or

$$(a+b)^2-(c+d)^2 = (a+b+c+d)(a+b-c-d)$$
$$= -m(a+b-c-d),$$

et

$$(a-b)^2-(c-d)^2 = (a+c-b-d)(a+d-b-c);$$

mais on trouve par le calcul

$$(a+b-c-d)(a+c-b-d)(a+d-b-c) = -m^3+4mn-8p,$$

donc on aura

$$a^2+b^2-c^2-d^2 = \frac{1}{2}\left[-m(a+b-c-d) - \frac{m^3-4mn+8p}{a+b-c-d}\right];$$

par conséquent

$$f = -\frac{a^2+b^2-c^2-d^2}{a+b-c-d} = \frac{m}{2} + \frac{m^3-4mn+8p}{2(a+b-c-d)^2}.$$

Or nous avons trouvé (32) que la réduite en t a pour racines les différentes valeurs de $(a+b-c-d)^2$; donc on aura, en général,

$$f = \frac{m}{2} + \frac{m^3-4mn+8p}{2t},$$

d'où l'on voit que la réduite en f n'est autre chose qu'une transformation de la réduite en t du numéro cité.

41. Après avoir vu comment la méthode de Tschirnaus peut s'appliquer aux équations du quatrième degré en faisant évanouir deux termes de la proposée, il ne sera pas inutile de voir encore ce qui en résulterait si l'on voulait faire évanouir à la fois tous les termes intermédiaires, comme on a fait pour le troisième degré.

On aurait donc trois termes à faire disparaître, savoir le second, le troisième et le quatrième, ce qui exigerait une équation subsidiaire qui contînt trois indéterminées, et qui fût de cette forme

$$x^3 + fx^2 + gx + h + y = 0.$$

On éliminerait donc x par le moyen de cette équation et de la proposée

$$x^4 + mx^3 + nx^2 + px + q = 0,$$

et l'on aurait une transformée en y du quatrième degré, telle que

$$y^4 + Ay^3 + By^2 + Cy + D = 0,$$

dans laquelle il faudrait supposer $A = 0$, $B = 0$, $C = 0$, pour avoir l'équation à deux termes

$$y^4 + D = 0.$$

Or, de ce que nous avons démontré, en général, dans le nº 14, il s'ensuit que A sera une fonction d'une dimension des trois indéterminées f, g, h, que B sera une fonction de deux dimensions, et C une fonction de trois dimensions des mêmes quantités; de sorte que l'on aura, pour la détermination des inconnues f, g, h, ces trois équations

$$A = 0, \quad B = 0, \quad C = 0,$$

dont la première sera du premier degré, la seconde du second, et la troisième du troisième degré; d'où il est facile de voir qu'on aura par l'élimination une équation finale en f, ou g, ou h, qui sera du degré 1.2.3, c'est-à-dire du sixième. Il paraît donc par là que la méthode dont il s'agit ne saurait réussir, puisqu'elle conduit à une réduite d'un degré supérieur à la proposée; mais il pourrait se faire que cette réduite du sixième degré pût s'abaisser à un degré inférieur; c'est ce qu'il est bon d'examiner *à priori* avant d'entreprendre le calcul que nous venons d'indiquer.

42. Pour cet effet il faut chercher quelle fonction des racines a, b, c, d devra être l'indéterminée f, par exemple, pour que la transformée en y se réduise à la forme

$$y^4 + D = 0.$$

Or cette équation en y donne ces quatre racines (**25**)

$$y = \pm \sqrt[4]{-D},$$
$$y = \pm \sqrt{-1}\sqrt[4]{-D};$$

ainsi, en faisant pour plus de simplicité $\sqrt[4]{-D} = k$, il n'y aura qu'à mettre successivement dans l'équation subsidiaire

$$x^3 + fx^2 + gx + h + y = 0,$$

a, b, c, d à la place de x, et k, $-k$, $k\sqrt{-1}$, $-k\sqrt{-1}$ à la place de y, et l'on aura ces quatre-ci

$$a^3 + a^2 f + ag + h + k = 0,$$
$$b^3 + b^2 f + bg + h - k = 0,$$
$$c^3 + c^2 f + cg + h + k\sqrt{-1} = 0,$$
$$d^3 + d^2 f + dg + h - k\sqrt{-1} = 0,$$

d'où l'on pourra tirer les valeurs de f, g, h et k.

Si l'on ajoute ensemble les deux premières et les deux dernières, on aura ces deux-ci

$$a^3 + b^3 + (a^2 + b^2)f + (a + b)g + 2h = 0,$$
$$c^3 + d^3 + (c^2 + d^2)f + (c + d)g + 2h = 0,$$

qui, étant retranchées l'une de l'autre, donnent

$$a^3 + b^3 - c^3 - d^3 + (a^2 + b^2 - c^2 - d^2)f + (a + b - c - d)g = 0,$$

où il n'y a plus que deux inconnues f et g.

Qu'on retranche maintenant les deux premières l'une de l'autre, comme aussi les deux dernières, on aura ces deux-ci

$$a^3 - b^3 + (a^2 - b^2)f + (a - b)g + 2k = 0,$$
$$c^3 - d^3 + (c^2 - d^2)f + (c - d)g + 2k\sqrt{-1} = 0,$$

dont la seconde étant multipliée par $\sqrt{-1}$, et ensuite ajoutée à la première, on aura

$$a^3 - b^3 + (c^3 - d^3)\sqrt{-1} + [a^2 - b^2 + (c^2 - d^2)\sqrt{-1}]f + [a - b + (c - d)\sqrt{-1}]g = 0,$$

équation qui, étant combinée avec celle qu'on a trouvée ci-dessus, servira à déterminer f et g.

Chassant g, on aura une équation en f qui donnera

$$f = -\frac{(a^3 + b^3 - c^3 - d^3)[a - b + (c - d)\sqrt{-1}] - [a^3 - b^3 + (c^3 - d^3)\sqrt{-1}](a + b - c - d)}{(a^2 + b^2 - c^2 - d^2)[a - b + (c - d)\sqrt{-1}] - [a^2 - b^2 + (c^2 - d^2)\sqrt{-1}](a + b - c - d)},$$

d'où l'on pourra déduire facilement toutes les différentes valeurs dont la quantité f est susceptible, en faisant toutes les permutations possibles entre les quatre racines a, b, c, d. De cette manière, si l'on fait, pour abréger,

$$M = (a^3 + b^3 - c^3 - d^3)(a - b) - (a^3 - b^3)(a + b - c - d),$$
$$N = (a^3 + b^3 - c^3 - d^3)(c - d) - (c^3 - d^3)(a + b - c - d),$$
$$P = (a^2 + b^2 - c^2 - d^2)(a - b) - (a^2 - b^2)(a + b - c - d),$$
$$Q = (a^2 + b^2 - c^2 - d^2)(c - d) - (c^2 - d^2)(a + b - c - d),$$

$$M' = (a^3 + c^3 - b^3 - d^3)(a - c) - (a^3 - c^3)(a + c - b - d),$$
$$N' = (a^3 + c^3 - b^3 - d^3)(b - d) - (b^3 - d^3)(a + c - b - d),$$
$$P' = (a^2 + c^2 - b^2 - d^2)(a - c) - (a^2 - c^2)(a + c - b - d),$$
$$Q' = (a^2 + c^2 - b^2 - d^2)(b - d) - (b^2 - d^2)(a + c - b - d),$$

$$M'' = (a^3 + d^3 - b^3 - c^3)(a - d) - (a^3 - d^3)(a + d - b - c),$$
$$N'' = (a^3 + d^3 - b^3 - c^3)(b - c) - (b^3 - d^3)(a + d - b - c),$$
$$P'' = (a^2 + d^2 - b^2 - c^2)(a - d) - (a^2 - d^2)(a + d - b - c),$$
$$Q'' = (a^2 + d^2 - b^2 - c^2)(b - c) - (b^2 - c^2)(a + d - b - c),$$

on trouvera les six valeurs suivantes

$$-\frac{M + N\sqrt{-1}}{P + Q\sqrt{-1}}, \quad -\frac{M - N\sqrt{-1}}{P - Q\sqrt{-1}},$$
$$-\frac{M' + N'\sqrt{-1}}{P' + Q'\sqrt{-1}}, \quad -\frac{M' - N'\sqrt{-1}}{P' - Q'\sqrt{-1}},$$
$$-\frac{M'' + N''\sqrt{-1}}{P'' + Q''\sqrt{-1}}, \quad -\frac{M'' - N''\sqrt{-1}}{P'' - Q''\sqrt{-1}},$$

qui seront donc les racines de l'équation en f; d'où l'on voit que cette équation montera en effet au sixième degré, comme nous l'avons déjà conclu par une autre voie.

43. Il s'agit maintenant de voir si cette équation du sixième degré peut s'abaisser à un degré inférieur; or c'est ce qui doit avoir lieu en effet, comme je vais le prouver, d'après la forme que je viens de trouver pour les six racines de l'équation en question. Car supposons que les deux racines

$$-\frac{M + N\sqrt{-1}}{P + Q\sqrt{-1}} \quad \text{et} \quad -\frac{M - N\sqrt{-1}}{P - Q\sqrt{-1}}$$

soient représentées par l'équation du second degré

$$f^2 + tf + u = 0,$$

on aura donc par la nature des équations

$$t = \frac{M + N\sqrt{-1}}{P + Q\sqrt{-1}} + \frac{M - N\sqrt{-1}}{P - Q\sqrt{-1}} \quad \text{et} \quad u = \frac{M + N\sqrt{-1}}{P + Q\sqrt{-1}} \times \frac{M - N\sqrt{-1}}{P - Q\sqrt{-1}},$$

c'est-à-dire

$$t = \frac{2(MP + NQ)}{P^2 + Q^2} \quad \text{et} \quad u = \frac{M^2 + N^2}{P^2 + Q^2}.$$

Or je dis que les quantités t et u ne peuvent dépendre que d'équations du troisième degré telles que

$$t^3 - Et^2 + Ft - G = 0,$$
$$u^3 - Hu^2 + Ku - L = 0,$$

les coefficients E, F, G, H, K, L étant des fonctions rationnelles des coefficients m, n, p, q de la proposée. De sorte que, nommant t', t'', t''' les trois racines de la première équation, et u', u'', u''' les racines correspondantes de la seconde, on aura ces trois équations en f

$$f^2 + t'f + u' = 0,$$
$$f^2 + t''f + u'' = 0,$$
$$f^2 + t'''f + u''' = 0,$$

dans lesquelles pourra se décomposer l'équation du sixième degré en f dont nous venons de parler.

Pour démontrer cette proposition, il n'y a qu'à chercher de combien de valeurs différentes sont susceptibles les quantités t et u, c'est-à-dire les fonctions

$$\frac{MP + NQ}{P^2 + Q^2} \quad \text{et} \quad \frac{M^2 + N^2}{P^2 + Q^2}$$

des racines a, b, c, d de la proposée, en supposant que l'on fasse entre ces racines toutes les permutations possibles; car il est clair que les valeurs qui en résulteront seront les racines des équations en t et en u. Pour cela je remarque d'abord que le nombre total des permutations des quatre quantités a, b, c, d, doit être, suivant les règles connues, $4.3.2.1 = 24$; de sorte que, généralement parlant, les équations en t et en u devraient monter au vingt-quatrième degré. Mais il arrive ici que parmi les permutations dont il s'agit il y en a plusieurs qui redonnent les mêmes valeurs de t et u, et qui, par conséquent, doivent être rejetées.

En effet :

1° Lorsqu'on échange a en b, il est visible que les quantités N et Q demeurent les mêmes, et que les quantités M et P changent simplement de signes, de sorte que les quantités t et u doivent demeurer les mêmes; d'où il est facile de conclure que parmi les vingt-quatre valeurs de t et de u répondant aux vingt-quatre permutations des lettres a, b, c, d, il doit y en avoir douze égales à douze autres, ce qui réduit déjà le nombre des valeurs utiles de t et u à la moitié.

2° Lorsqu'on échange c en d, les quantités M et P demeurent les mêmes, et les quantités N et Q changent simplement de signe, ce qui ne produit aucun changement dans les valeurs de t et u; donc, comme ces permutations sont indépendantes des précédentes, il s'ensuit, par une raison semblable, que les douze valeurs de t et u se réduiront à six.

3° Enfin, si l'on échange a en c et b en d à la fois, on verra aisément que les quantités M et N se changeront l'une dans l'autre en changeant de signe, et qu'il en sera de même des quantités P et Q; mais il est clair que ces changements ne feront point varier les quantités t et u. Ainsi, comme ces nouvelles permutations sont aussi indépendantes des précédentes, on en conclura que les six valeurs de t et u se réduiront à trois, en sorte que, parmi les vingt-quatre valeurs de t et u, il ne s'en trouvera effectivement que trois différentes entre elles, dont chacune sera répétée huit fois.

Il y a encore, à la vérité, un échange qui ne produit aucune variation dans les quantités t et u : c'est celui de a en d et b en c à la fois; mais il ne doit pas entrer en ligne de compte, parce qu'il est déjà renfermé dans les précédents.

De là on peut conclure que les équations en t et u du vingt-quatrième degré ne pourront renfermer que trois racines différentes, dont chacune en aura sept autres d'égales, de sorte que ces équations ne seront autre chose que des équations du troisième degré élevées à la huitième puissance.

44. Nous venons donc de voir *à priori* que les valeurs différentes de t ne peuvent être qu'au nombre de trois, ainsi que celles de u; or il est facile de trouver que ces valeurs seront, pour la quantité t,

$$\frac{2(MP+NQ)}{P^2+Q^2},\quad \frac{2(M'P'+N'Q')}{P'^2+Q'^2},\quad \frac{2(M''P''+N''Q'')}{P''^2+Q''^2},$$

et pour la quantité u,

$$\frac{M^2+N^2}{P^2+Q^2},\quad \frac{M'^2+N'^2}{P'^2+Q'^2},\quad \frac{M''^2+N''^2}{P''^2+Q''^2},$$

de sorte qu'on aura (43)

$$t'=\frac{2(MP+NQ)}{P^2+Q^2},\quad t''=\frac{2(M'P'+N'Q')}{P'^2+Q'^2},\quad t'''=\frac{2(M''P''+N''Q'')}{P''^2+Q''^2},$$

et

$$u'=\frac{M^2+N^2}{P^2+Q^2},\quad u''=\frac{M'^2+N'^2}{P'^2+Q'^2},\quad u'''=\frac{M''^2+N''^2}{P''^2+Q''^2}.$$

Effectivement, si l'on met ces valeurs dans les coefficients E, F,... des équations en t et en u, lesquels doivent être, comme on sait, exprimés ainsi

$$E=t'+t''+t''',\quad F=t't''+t't'''+t''t''',\quad G=t't''t''',$$
$$H=u'+u''+u''',\quad K=u'u''+u'u'''+u''u''',\quad L=u'u''u''',$$

on aura des fonctions de a, b, c, d, qui demeureront les mêmes, quelque permutation qu'on fasse entre les quantités a, b, c, d, et qui pourront par conséquent s'exprimer par des fonctions rationnelles des coefficients m, n, p, q de la proposée dont les quantités a, b, c, d sont les racines. De sorte qu'on pourra par ce moyen trouver directement les valeurs des coefficients dont il s'agit, comme nous l'avons déjà pratiqué plusieurs fois dans le cours de ces recherches.

Au reste, dès qu'on connaîtra les trois racines t', t'', t''' de l'équation en t, on pourra par leur moyen trouver les racines correspondantes u', u'', u''' de l'équation en u, sans être obligé de résoudre aucune équation. Car si l'on prend ces trois expressions

$$u'+u''+u''',$$
$$t'u'+t''u''+t'''u''',$$
$$t'^2u'+t''^2u''+t'''^2u''',$$

et qu'on y mette à la place de t', t'', t''' et u', u'', u''' leurs valeurs ci-dessus en a, b, c, d, on verra aisément que les fonctions résultant de a, b, c, d seront telles, qu'elles ne changeront point de forme, quelque permutation qu'on y fasse entre les quantités a, b, c, d, de sorte qu'elles seront toujours exprimables par des fonctions rationnelles des coefficients m, n, p, q de l'équation proposée. Ainsi l'on pourra trouver les valeurs des expressions dont il s'agit, moyennant quoi on aura trois équations par lesquelles on déterminera aisément les trois inconnues u', u'', u'''. (*Voyez* la Section quatrième.)

45. Nous étant donc assurés *à priori* que la *réduite* du sixième degré, à laquelle doit conduire la méthode en question, pourra toujours s'abaisser au troisième, voyons maintenant le procédé du calcul que cette méthode exige. On reprendra donc l'équation subsidiaire (**40**)

$$x^3 + fx^2 + gx + h + y = 0,$$

et l'on cherchera par la méthode ordinaire (**11**) les conditions nécessaires pour que cette équation ait une racine commune avec la proposée

$$x^4 + mx^3 + nx^2 + px + q = 0.$$

On divisera donc d'abord le polynôme

$$x^4 + mx^3 + nx^2 + px + q$$

par le polynôme

$$x^3 + fx^2 + gx + h',$$

en faisant pour plus de simplicité $h' = h + y$, et, abstraction faite du quotient, on aura ce reste

$$\text{M}x^2 + \text{N}'x + \text{P}',$$

en supposant

$$\begin{aligned} \text{M} &= n - g - f(m - f), \\ \text{N}' &= p - h' - g(m - f), \\ \text{P}' &= q - h'(m - f). \end{aligned}$$

On divisera maintenant le quatrinôme $x^3 + fx^2 + gx + h'$ par le trinôme

$Mx^2 + N'x + P'$, et l'on aura ce nouveau reste

$$\left(g - \frac{P' + N'f}{M} + \frac{N'^2}{M^2}\right) x + h' - \frac{P'f}{M} + \frac{N'P'}{M^2} = 0;$$

qui, ne renfermant que la première puissance de x, devra par conséquent être le diviseur commun cherché. Faisant donc ce diviseur égal à zéro, on en tirera

$$x = -\frac{M^2 h' - MP'f + N'P'}{M^2 g - M(P' + N'f) + N'^2},$$

valeur qui, étant substituée dans l'équation

$$Mx^2 + N'x + P' = 0,$$

donnera les conditions cherchées.

Faisons maintenant

$$N = p - h - g(m - f),$$
$$P = q - h(m - f),$$

et, à cause de $h' = h + y$, on aura

$$N' = N - y,$$
$$P' = P - (m - f) y;$$

donc, substituant ces valeurs dans l'expression de x, et supposant de plus

$$Q = M^2 h - MPf + NP,$$
$$R = M^2 + (Mf - N) f - P,$$
$$S = M^2 g - M(P + Nf) + N^2,$$
$$T = Mm - 2N,$$

on aura

$$x = -\frac{Q + Ry + (m - f) y^2}{S + Ty + y^2},$$

et l'équation de condition sera

$$M[Q + Ry + (m - f) y^2]^2 + (y - N)[Q + Ry + (m - f) y^2](S + Ty + y^2)$$
$$+ [P - (m - f) y](S + Ty + y^2) = 0,$$

laquelle, étant développée et ordonnée par rapport aux puissances de y, se trouvera, après les réductions, de la forme

$$y^4 + Ay^3 + By^2 + Cy + D = 0,$$

comme nous l'avons déjà montré plus haut.

Dans cette équation en y les coefficients A, B, C, D seront des fonctions rationnelles et entières des trois indéterminées f, g, h, et les dimensions de ces indéterminées ne passeront pas le premier degré dans le coefficient A, le second degré dans le coefficient B, et ainsi de suite, conformément à ce qu'on a déjà prouvé *à priori*. Ainsi, pour réduire l'équation précédente à deux termes, on fera

$$A = 0, \quad B = 0, \quad C = 0,$$

équations d'où l'on tirera d'abord les valeurs de g et h en f, et ensuite une équation finale en f qui sera du sixième degré, mais qui sera réductible au troisième, comme on l'a démontré ci-dessus; car, en divisant cette équation par une équation du second degré telle que

$$f^2 + tf + u = 0,$$

on trouvera, pour que la division puisse se faire exactement, deux équations de condition entre t et u, à l'aide desquelles on pourra d'abord déterminer u en t, et ensuite on aura une équation finale en t qui ne sera que du troisième degré. Résolvant donc cette équation du troisième degré, on connaîtra t et de là u; après quoi on aura f par la résolution de l'équation ci-dessus du second degré, et de là g et h par des équations linéaires. Ainsi l'on connaîtra la valeur de tous les coefficients D, Q, R, S, T.

Or l'équation en y, étant réduite à celle-ci

$$y^4 + D = 0$$

par l'évanouissement des termes intermédiaires, donnera les quatre valeurs de y

$$\pm\sqrt[4]{-D} \quad \text{et} \quad \pm\sqrt[4]{-D}\sqrt{-1},$$

lesquelles, étant substituées successivement dans l'expression de x ci-dessus, donneront les quatre racines de la proposée. Au reste, comme ce calcul conduit à des formules assez compliquées, nous nous contentons de l'indiquer, et nous allons plutôt chercher des moyens de le simplifier.

46. Puisque la racine x est de la forme

$$x = -\frac{Q + Ry + (m - f)y^2}{S + Ty + y^2},$$

la quantité y devant être déterminée par l'équation à deux termes

$$y^4 + D = 0,$$

il est facile de voir qu'on peut réduire l'expression de x à cette forme plus simple

$$x = a + by + cy^2 + dy^3,$$

a, b, c, d étant des coefficients dépendants de Q, R,.... Car si l'on multiplie d'abord le haut et le bas de la fraction

$$\frac{Q + Ry + (m - f)y^2}{S + Ty + y^2}$$

par $S - Ty + y^2$, le dénominateur de la nouvelle fraction deviendra

$$(S + y^2)^2 - T^2y^2, \quad \text{c'est-à-dire} \quad S^2 + (2S - T^2)y^2 + y^4,$$

et, en mettant $-D$ à la place de y^4,

$$S^2 - D + (2S - T^2)y^2;$$

donc, multipliant encore tant le numérateur que le dénominateur par $S^2 - D - (2S - T^2)y^2$, le nouveau dénominateur sera

$$(S^2 - D)^2 - (2S - T^2)^2y^4,$$

ou bien, à cause de $y^4 = -D$,

$$(S^2 - D)^2 + D(2S - T^2)^2,$$

où il n'y aura plus de y. Ainsi l'on pourra faire évanouir y du dénominateur de l'expression de x en le multipliant, aussi bien que le numérateur, par

$$(S - Ty + y^2)[S^2 - D - (2S - T^2)y^2];$$

or par ce moyen le numérateur deviendra un polynôme où y montera au sixième degré; donc, en y substituant $-D$ à la place de y^4, $-Dy$ à la place de y^5 et $-Dy^2$ à celle de y^6, il ne s'y trouvera plus que les puissances y, y^2 et y^3, en sorte que l'expression de x sera de la forme

$$a + by + cy^2 + dy^3.$$

Maintenant, comme la substitution des valeurs de y tirées de l'équation $y^4 + D = 0$ doit donner les quatre racines x de la proposée

$$x^4 + mx^3 + nx^2 + px + q = 0,$$

on pourra regarder cette équation comme résultant de l'élimination de y dans ces deux-ci

$$x = a + by + cy^2 + dy^3 \quad \text{et} \quad y^4 + D = 0,$$

et la comparaison des termes homologues donnera quatre équations par lesquelles on pourra déterminer quatre quelconques des cinq coefficients a, b, c, d et D, le cinquième pouvant toujours être pris à volonté.

C'est la méthode que MM. Euler et Bezout ont proposée pour la résolution des équations du quatrième degré dans les Mémoires cités ci-dessus (18).

M. Euler fait $c = 1$, et il trouve par l'élimination des trois autres indéterminées a, b, d une réduite en D du troisième degré. M. Bezout, au contraire, fait d'abord $D = -1$, et il trouve une réduite en c du sixième degré résoluble à la manière des équations du troisième, parce qu'elle ne contient aucune puissance impaire de l'inconnue. M. Bezout fait voir en même temps que, si au lieu de chercher c on cherchait b ou d, on tomberait dans une réduite du vingt-quatrième degré, avec des exposants multiples de 4, et par conséquent résoluble à la manière des équations du sixième degré. Il fait voir de plus que si l'on cherche une réduite dont bd soit la racine, elle ne sera que du troisième degré; et par là il démontre que la réduite en b ou en d ne renfermera que les difficultés du troisième degré, puisqu'elle pourra, à l'aide de l'équation en bd, se décomposer en trois équations du huitième degré avec des exposants multiples de 4, lesquelles seront par conséquent résolubles à la manière de celles du second.

Nous nous contentons d'indiquer ici ces résultats, puisque le lecteur peut aisément les trouver de lui-même s'il n'est pas à portée de consulter les Mémoires cités; mais nous allons chercher *à priori* la raison de ces résultats, comme nous l'avons pratiqué jusqu'ici.

47. Nommons x', x'', x''', x^{IV} les quatre valeurs de x, c'est-à-dire les racines de la proposée, et les quatre valeurs de y tirées de l'équation $y^4 + \text{D} = 0$ étant $\pm\sqrt[4]{-\text{D}}$, $\pm\sqrt[4]{-\text{D}}\sqrt{-1}$, on aura, par la substitution successive de ces valeurs dans l'équation

$$x = a + by + cy^2 + dy^3,$$

ces quatre-ci

$$x' = a + b\sqrt[4]{-\text{D}} + c\sqrt[4]{\text{D}^2} + d\sqrt[4]{-\text{D}^3},$$

$$x'' = a - b\sqrt[4]{-\text{D}} + c\sqrt[4]{\text{D}^2} - d\sqrt[4]{-\text{D}^3},$$

$$x''' = a + b\sqrt[4]{-\text{D}}\sqrt{-1} - c\sqrt[4]{\text{D}^2} - d\sqrt[4]{-\text{D}^3}\sqrt{-1},$$

$$x^{\text{IV}} = a - b\sqrt[4]{-\text{D}}\sqrt{-1} - c\sqrt[4]{\text{D}^2} + d\sqrt[4]{-\text{D}^3}\sqrt{-1}.$$

Si l'on ajoute d'abord ensemble ces quatre équations on aura

$$x' + x'' + x''' + x^{\text{IV}} = 4a = -m,$$

d'où

$$a = \frac{-m}{4}.$$

Ensuite, si l'on fait deux sommes à part des deux premières et des deux dernières, on aura

$$x' + x'' = 2a + 2c\sqrt[4]{\text{D}^2},$$

$$x''' + x^{\text{IV}} = 2a - 2c\sqrt[4]{\text{D}^2},$$

d'où l'on tire

$$c\sqrt[4]{\text{D}^2} = c\sqrt{-\text{D}} = \frac{x' + x'' - x''' - x^{\text{IV}}}{4}.$$

Donc, faisant avec M. Euler $c = 1$, on aura

$$-D = \frac{(x' + x'' - x''' - x^{IV})^2}{16}.$$

Et il est facile de conclure de cette expression de D que l'équation en D sera effectivement du troisième degré, comme M. Euler l'a trouvé, car elle ne sera autre chose que la réduite en t trouvée plus haut (**32**), dans laquelle on mettrait $-16D$ à la place de t, puisqu'on a fait

$$t = s^2 = (a + b - c - d)^2,$$

a, b, c, d désignant dans ce numéro-là les quantités que nous dénotons maintenant par x', x'', x''', x^{IV}, c'est-à-dire les quatre racines de la proposée.

Mais si M. Euler, au lieu de supposer $c = 1$, avait supposé $b = 1$, sa réduite en D n'aurait plus été du troisième degré, mais elle serait montée au sixième.

Car, si des quatre équations ci-dessus on prend la différence des deux premières et la différence des deux dernières, on a ces deux-ci

$$x' - x'' = 2b\sqrt[4]{-D} + 2d\sqrt[4]{-D^3},$$
$$x''' - x^{IV} = \left[2b\sqrt[4]{-D} - 2d\sqrt[4]{-D^3}\right]\sqrt{-1},$$

d'où l'on tire

$$b\sqrt[4]{-D} = \frac{x' - x'' - (x''' - x^{IV})\sqrt{-1}}{4},$$
$$d\sqrt[4]{-D^3} = \frac{x' - x'' + (x''' - x^{IV})\sqrt{-1}}{4}.$$

De sorte qu'en faisant $b = 1$ et prenant les quatrièmes puissances on aura

$$-D = \left[\frac{x' - x'' - (x''' - x^{IV})\sqrt{-1}}{4}\right]^4,$$

quantité qui doit dépendre d'une équation du sixième degré, comme on le verra dans un moment.

48. Si l'on fait avec M. Bezout $D = -1$, on aura par les formules précédentes

$$c = \frac{x' - x'' + x''' - x^{\text{IV}}}{4},$$

d'où l'on peut conclure d'abord que la réduite en c sera du sixième degré avec tous les exposants pairs, ainsi que cet Auteur l'a trouvé; car il est évident que la valeur de $-D$, dans l'hypothèse de M. Euler, est la même que celle de c^2 dans l'hypothèse présente, de sorte qu'en mettant $-c^2$ à la place de D dans la réduite de M. Euler on aura la réduite de M. Bezout en c, laquelle sera par conséquent du sixième degré, résoluble à la manière des équations du troisième. Au reste, cette réduite en c sera la même que celle en z du n° 29, en y substituant $-2c$ à la place de z.

Voyons maintenant quelle devra être la forme des réduites en b et en d, en faisant toujours avec M. Bezout $D = -1$. On aura dans cette hypothèse, par les formules du numéro précédent,

$$b = \frac{x' - x'' - (x''' - x^{\text{IV}})\sqrt{-1}}{4},$$

$$d = \frac{x' - x'' + (x''' - x^{\text{IV}})\sqrt{-1}}{4},$$

d'où l'on tirera toutes les valeurs de b et de d en faisant toutes les permutations possibles entre les quatre racines x', x'', x''', x^{IV}, et l'on pourra juger, par le nombre et la forme de ces valeurs, du degré et de la nature des équations par lesquelles les quantités b et d doivent être déterminées. Donc :

1° L'équation en b sera la même que l'équation en d, puisque la valeur de d résulte de celle de b en échangeant entre elles les deux racines x''', x^{IV}, de sorte que les valeurs de b et de d seront les racines d'une même équation;

2° Cette équation sera en général du degré 4.3.2.1, c'est-à-dire du vingt-quatrième, puisqu'il y a autant de permutations possibles entre les quatre quantités x', x'', x''', x^{IV};

3° Cette équation du vingt-quatrième degré aura tous les exposants multiples de 4, car il est facile de voir que, b étant une de ses racines,

$-b$, $b\sqrt{-1}$, et $-b\sqrt{-1}$ en seront aussi. En effet, prenant comme plus haut

$$b = \frac{x' - x'' - (x''' - x^{\text{IV}})\sqrt{-1}}{4},$$

il est visible que la quantité b deviendra $-b$ en échangeant x' en x'' et x''' en x^{IV}, qu'elle deviendra $b\sqrt{-1}$ en échangeant x' en x''' et x'' en x^{IV}, et qu'enfin elle deviendra $-b\sqrt{-1}$ en échangeant x' en x^{IV} et x'' en x'''. Donc il faudra que l'équation en b demeure la même en y prenant b négatif et en y mettant $\pm b\sqrt{-1}$ à la place de b, ce qui exige qu'elle ne contienne aucune puissance impaire de b ni aucune puissance pairement impaire. D'où il s'ensuit qu'en faisant $b^4 = v$ on aura une réduite en v du sixième degré. Et l'on remarquera que cette réduite en v sera la même que celle en $-D$ dans l'hypothèse de $b = 1$ (numéro précédent); car il est visible que la valeur de $-D$ est la même que celle de b^4 ci-dessus.

On pourrait démontrer ici, par une méthode semblable à celle dont nous avons fait usage dans le n° 42, que cette équation en v pourra se décomposer en trois équations du second degré au moyen d'une réduite du troisième; mais on peut le prouver d'une manière plus simple que voici.

Je fais le produit des quantités b et d, j'ai

$$bd = \frac{(x' - x'')^2 + (x''' - x^{\text{IV}})^2}{16};$$

or

$$\begin{aligned}(x' - x'')^2 + (x''' - x^{\text{IV}})^2 &= x'^2 + x''^2 + x'''^2 + x^{\text{IV}2} - 2(x'x'' + x'''x^{\text{IV}}) \\ &= m^2 - 2n - 2(x'x'' + x'''x^{\text{IV}}),\end{aligned}$$

et il est clair que la quantité $x'x'' + x'''x^{\text{IV}}$ est la même que la quantité u du n° 30 que nous avons vu dépendre d'une équation du troisième degré; d'où il s'ensuit que l'équation en bd sera aussi du troisième degré. Et comme

$$bd = \frac{m^2 - 2n - 2u}{16},$$

on aura cette équation en bd, en substituant, dans l'équation en u du numéro cité, $\frac{m^2 - 2n - 16bd}{2}$ à la place de u.

Supposons maintenant que ρ', ρ'', ρ''' soient les racines de cette équation en bd, on aura (numéro cité)

$$\rho' = \frac{m^2 - 2n}{16} - \frac{x'x'' + x'''x^{\text{IV}}}{8} = bd,$$

$$\rho'' = \frac{m^2 - 2n}{16} - \frac{x'x''' + x''x^{\text{IV}}}{8},$$

$$\rho''' = \frac{m^2 - 2n}{16} - \frac{x'x^{\text{IV}} + x''x'''}{8};$$

or, si l'on multiplie ensemble les deux équations

$$x' - x'' = 2(b + d), \quad x''' - x^{\text{IV}} = 2(b - d)\sqrt{-1}$$

du n° 48, on a

$$x'x''' + x''x^{\text{IV}} - x''x''' - x'x^{\text{IV}} = 4(b^2 - d^2)\sqrt{-1};$$

donc

$$4(b^2 - d^2)\sqrt{-1} = 8(\rho''' - \rho''),$$

et, prenant les carrés,

$$b^4 - 2b^2d^2 + d^4 = -4(\rho''' - \rho'')^2;$$

mais on a déjà $bd = \rho'$; donc

$$b^4 + d^4 = 2\rho'^2 - 4(\rho''' - \rho'')^2,$$

et, à cause de $d = \frac{\rho'}{b}$,

$$b^4 + \frac{\rho'^4}{b^4} = 2\rho'^2 - 4(\rho''' - \rho'')^2;$$

donc

$$b^8 - 2[\rho'^2 - 2(\rho''' - \rho'')^2]b^4 + \rho'^4 = 0,$$

équation du huitième degré, résoluble à la manière de celles du deuxième, ce qui s'accorde avec le résultat de M. Bezout.

Au reste, il est à propos de remarquer, touchant la réduite en b, qu'en représentant (25) par 1, α, α^2, α^3 les quatre racines de l'équation $x^4 - 1 = 0$, on aura

$$b = \frac{x' + \alpha x^{\text{IV}} + \alpha^2 x'' + \alpha^3 x'''}{4},$$

ou bien, ce qui revient au même, en échangeant x^{IV} en x'', x'' en x''' et x''' en x^{IV},

$$b = \frac{x' + \alpha x'' + \alpha^2 x''' + \alpha^3 x^{\text{IV}}}{4},$$

expression analogue à celle qu'on a trouvée pour la réduite du troisième degré (n°s 6 et 19), ce qui sert à faire voir l'analogie entre la résolution du quatrième degré déduite de cette dernière méthode et celle de la résolution des équations du troisième degré.

49. Si l'on reprend les équations du n° 46,

$$x = a + by + cy^2 + dy^3,$$
$$y^4 + D = 0,$$

et qu'on y suppose $y^2 = z$, on aura ces deux-ci

$$x = (a + cz) + (b + dz)\sqrt{z},$$
$$z^2 + D = 0,$$

dont la première, étant délivrée de l'irrationnalité, devient

$$(x - a - cz)^2 - (b + dz)^2 z = 0,$$

laquelle, à cause de $z^2 = -D$, se réduira à cette forme

$$x^2 + (f + gz)x + h + kz = 0.$$

De cette manière on aura donc les deux équations

$$z^2 + D = 0,$$
$$x^2 + (f + gz)x + h + kz = 0,$$

qui, par l'élimination de z, donneront une équation du quatrième degré comparable à la proposée

$$x^4 + mx^3 + nx^2 + px + q = 0;$$

de sorte que, par la comparaison des termes analogues, on pourra déterminer quatre des cinq coefficients f, g, h, k et D, le cinquième demeurant à volonté.

Cette méthode revient à la même que celle que M. Bezout a donnée à la fin de son Mémoire de 1762 *sur les équations*, et qu'il a redonnée dans le Mémoire de 1765, page 548, comme un exemple d'une méthode générale qui s'étend à toutes les équations dont le degré est marqué par un nombre composé. Dans le premier de ces endroits l'Auteur suppose d'abord $g = -1$, et il trouve une équation finale en k du troisième degré. Dans le second il fait $D = -1$, et il parvient à une équation finale en g du sixième degré avec des exposants pairs, et par conséquent résoluble à la manière des équations du troisième degré.

Pour voir la raison de ces résultats, il n'y a qu'à remarquer que, puisque $z = \pm\sqrt{-D}$, on aura ces deux équations

$$x^2 + (f + g\sqrt{-D})x + h + k\sqrt{-D} = 0,$$
$$x^2 + (f - g\sqrt{-D})x + h - k\sqrt{-D} = 0,$$

dont le produit doit donner l'équation proposée; de sorte qu'il faudra que l'une de ces équations renferme deux des racines de la proposée, et que l'autre en renferme les deux autres. Ainsi l'on aura, par la nature des équations,

$$-f - g\sqrt{-D} = x' + x'', \quad h + k\sqrt{-D} = x'x'',$$
$$-f + g\sqrt{-D} = x''' + x^{\text{IV}}, \quad h - k\sqrt{-D} = x'''x^{\text{IV}};$$

donc

$$-2g\sqrt{-D} = x' + x'' - x''' - x^{\text{IV}},$$
$$2k\sqrt{-D} = x'x'' - x'''x^{\text{IV}}.$$

Si l'on fait d'abord $g = -1$, et qu'on substitue la valeur de $\sqrt{-D}$ tirée de la première équation dans la seconde, on aura

$$k = \frac{x'x'' - x'''x^{\text{IV}}}{x' + x'' - x''' - x^{\text{IV}}};$$

et de là on peut conclure que l'équation en k ne sera que du troisième degré; car, quelque permutation qu'on fasse entre les quatre racines x', x'', x''', x^{IV}, on n'aura jamais que ces trois valeurs différentes de k,

$$\frac{x'x'' - x'''x^{\text{IV}}}{x' + x'' - x''' - x^{\text{IV}}},$$

$$\frac{x'x''' - x''x^{\text{IV}}}{x' + x''' - x'' - x^{\text{IV}}},$$

$$\frac{x'x^{\text{IV}} - x''x'''}{x' + x^{\text{IV}} - x'' - x'''},$$

d'après lesquelles valeurs on pourrait, si l'on voulait, trouver directement l'équation même en k.

Si l'on fait $D = -1$, on aura

$$g = \frac{x^{\text{IV}} + x''' - x' - x''}{2},$$

en sorte que la quantité g sera la même que la quantité z du n° 29, et qu'on y pourra appliquer les conséquences trouvées au n° 32. Si, dans cette hypothèse de $D = -1$, on cherchait k au lieu de g, on aurait

$$k = \frac{x'x'' - x'''x^{\text{IV}}}{2},$$

et l'équation en k serait aussi du sixième degré avec tous ses exposants pairs, ses racines étant

$$\frac{x'x'' - x'''x^{\text{IV}}}{2}, \quad \frac{x'x''' - x''x^{\text{IV}}}{2}, \quad \frac{x'x^{\text{IV}} - x''x'''}{2},$$

$$\frac{x''x''' - x'x^{\text{IV}}}{2}, \quad \frac{x''x^{\text{IV}} - x'x'''}{2}, \quad \frac{x'''x^{\text{IV}} - x'x''}{2}.$$

Au reste, cette équation en k pourrait se dériver aisément de l'équation en u du n° 30; car puisque

$$k = \frac{x'x'' - x'''x^{\text{IV}}}{2} \quad \text{et} \quad u = x'x'' + x'''x^{\text{IV}}$$

(il faut se souvenir que x', x'', x''', x^{IV} désignent ici les mêmes quantités que a, b, c, d dans le numéro cité, c'est-à-dire les racines de la proposée), on aura

$$u^2 - 4k^2 = 4x'x''x'''x^{\text{IV}} = 4q;$$

donc

$$u = 2\sqrt{q + k^2}.$$

Ainsi, si dans l'équation en u on substitue cette valeur, et qu'on fasse ensuite disparaître l'irrationnalité, on aura une équation en k du sixième degré, dont tous les exposants seront multiples de 2.

50. Nous terminerons ici notre analyse des méthodes qui concernent la résolution des équations du quatrième degré. Non-seulement nous avons rapproché ces méthodes les unes des autres, et montré leur liaison et leur dépendance mutuelle; nous avons encore, ce qui était le point principal, donné la raison *à priori* pourquoi elles conduisent, les unes à des *réduites* du troisième degré, les autres à des réduites du sixième, mais qui peuvent s'abaisser au troisième; et l'on a dû voir que cela vient en général de ce que les racines de ces *réduites* sont des fonctions des quantités x', x'', x''', x^{IV}, telles, qu'en faisant toutes les permutations possibles entre ces quatre quantités, elles ne peuvent recevoir que trois valeurs différentes comme la fonction $x'x'' + x'''x^{\text{IV}}$, ou six valeurs, mais deux à deux égales et de signes contraires, comme la fonction $x' + x'' - x''' - x^{\text{IV}}$, ou bien six valeurs telles, qu'en les partageant en trois couples et prenant la somme ou le produit des valeurs de chaque couple, ces trois sommes ou ces trois produits soient toujours les mêmes, quelque permutation qu'on fasse entre les quantités x', x'', x''', x^{IV}, comme la fonction trouvée au nº 42. C'est uniquement de l'existence de telles fonctions que dépend la résolution générale des équations du quatrième degré (*).

(*) La longueur déjà trop grande de ce Mémoire nous oblige d'en réserver la suite pour le volume de 1771, auquel il appartient naturellement. On y trouvera une Analyse générale des méthodes de MM. Tschirnaus, Euler et Bezout, faite par des principes analogues à ceux que nous avons suivis jusqu'ici, et d'après laquelle on sera en état de connaître *à priori* les résultats qu'on doit attendre de l'application de ces méthodes aux équations qui passent le quatrième degré. On y trouvera aussi des remarques générales sur la résolution et la réduction des équations, lesquelles serviront à jeter un nouveau jour sur cette partie de l'Algèbre.

SECTION TROISIÈME.

DE LA RÉSOLUTION DES ÉQUATIONS DU CINQUIÈME DEGRÉ ET DES DEGRÉS ULTÉRIEURS.

Le Problème de la résolution des équations des degrés supérieurs au quatrième est un de ceux dont on n'a pas encore pu venir à bout, quoique d'ailleurs rien n'en démontre l'impossibilité. Je ne connais jusqu'à présent que deux méthodes qui paraissent donner quelque espérance de succès. Ce sont, l'une celle de M. Tschirnaus, publiée dans les *Actes de Leipsic* de 1683, et l'autre celle que MM. Euler et Bezout ont proposée presque en même temps, le premier dans les *Nouveaux Commentaires de Pétersbourg*, tome IX, et le second dans les *Mémoires de l'Académie des Sciences de Paris* pour l'année 1765. Ces méthodes ont l'avantage de donner la résolution des équations du troisième et du quatrième degré d'une manière générale et uniforme, comme on l'a vu dans les Sections précédentes, avantage qui leur est particulier, et qui peut par conséquent être un préjugé pour leur succès dans les degrés plus élevés; mais les calculs qu'elles demandent dans les équations du cinquième degré et des degrés ultérieurs sont si longs et si compliqués, que le plus intrépide calculateur peut en être rebuté. En effet, pour appliquer, par exemple, la méthode de M. Tschirnaus au cinquième degré, il faudra résoudre quatre équations qui renferment quatre inconnues, et dont la première est du premier degré, la seconde du second, et ainsi de suite; de sorte que l'équation finale résultante de l'élimination de trois de ces inconnues doit monter, en général, au degré dont l'exposant sera $1.2.3.4$, c'est-à-dire au vingt-quatrième degré. Or, indépendamment du travail immense qui sera nécessaire pour parvenir à cette équation, il est clair que quand on l'aura trouvée on n'en sera guère plus avancé, à moins qu'on ne puisse la réduire à un degré moindre que le cinquième, réduction qui, si elle est possible, ne pourra être que le fruit d'un nouveau travail plus considérable que le premier.

Suivant la méthode de M. Euler, on parviendra aussi nécessairement à une réduite du vingt-quatrième degré; car quoique cette méthode paraisse promettre une réduite du quatrième degré seulement, par la raison qu'elle ne donne pour le troisième degré qu'une réduite du second, et pour le quatrième degré qu'une réduite du troisième; cependant M. Bezout remarque avec raison que c'est une simplification accidentelle qui, dans le quatrième degré, rabaisse la réduite de M. Euler au troisième degré, laquelle doit être, en général, du degré 2.3, c'est-à-dire du sixième, et que cette simplification n'a lieu que parce que l'exposant 4 est un nombre composé. Nous en avons donné la raison *à priori* dans la Section précédente, et nous y avons aussi fait voir que M. Euler serait nécessairement tombé dans une réduite du sixième degré s'il avait cherché à déterminer par l'élimination une des deux autres inconnues qui entrent dans ses formules. Ainsi l'on n'a d'avance aucun fondement d'attendre, pour le cinquième degré, une réduite d'un degré moindre que le vingt-quatrième, par la méthode de M. Euler; et si cette équation est susceptible de quelque réduction, ce ne sera qu'à l'aide d'un grand nombre de tentatives et de calculs très-laborieux qu'on pourra s'en assurer.

Ces inconvénients doivent avoir lieu de même dans la méthode de M. Bezout, qui ne diffère point de celle de M. Euler, si ce n'est qu'elle donne des réduites plus élevées en apparence, les exposants y étant tous des multiples de l'exposant du degré de l'équation proposée. Ainsi, dans le cinquième degré, on a, d'après la méthode de M. Bezout, une réduite du cent vingtième degré avec des exposants multiples de 5; de sorte qu'elle équivaut à une équation du vingt-quatrième degré.

Ce savant Auteur pense à la vérité que cette réduite du cent vingtième degré, regardée comme une équation du vingt-quatrième degré, ne doit renfermer que les difficultés des degrés inférieurs au cinquième, et ses raisons sont : 1° que l'expression des racines des équations du cinquième degré ne peut renfermer d'autres radicaux que ceux de ce degré et des degrés inférieurs; 2° que par conséquent les racines de la réduite de ce degré ne doivent renfermer que les mêmes espèces de radicaux, c'est-à-dire des radicaux cinquièmes, quatrièmes, etc.; 3° que comme les racines de la réduite du cent vingtième degré doivent être les racines cinquièmes de celles d'une équation du vingt-quatrième degré, les radicaux cinquièmes seront mis en évidence par là, en sorte que les racines de cette équation du vingt-quatrième degré ne pourront plus renfermer que des radicaux inférieurs, et qu'ainsi sa résolution ne devra dépendre que des degrés inférieurs au cinquième. Mais cette conclusion, si j'ose le dire, me paraît un peu forcée, car j'avoue que je ne vois pas bien clairement ce qui pourrait empêcher que l'expression des racines de l'équation du vingt-quatrième degré dont il s'agit ne contînt encore des radicaux cinquièmes; du moins il n'est pas démontré que cela ne puisse absolument avoir lieu; ainsi il pourrait bien arriver que cette équation du vingt-quatrième degré renfermât encore toutes les difficultés de l'équation proposée du cinquième degré; auquel cas, après avoir trouvé cette équation par des calculs très-pénibles, on n'en serait que plus éloigné de la résolution de l'équation proposée.

Il résulte de ces réflexions qu'il est très-douteux que les méthodes dont nous venons de parler puissent donner la résolution complète des équations du cinquième degré, et à plus forte raison celle des degrés supérieurs; et cette incertitude, jointe à la longueur des calculs que ces méthodes exigent, doit rebuter d'avance tous ceux qui pourraient être tentés d'en faire usage pour résoudre un des Problèmes les plus célèbres et les plus importants de l'Algèbre. Aussi voyons-nous que les Auteurs mêmes de ces méthodes se sont contentés d'en faire l'application au troisième et au quatrième degré, et que personne n'a encore entrepris de pousser leur travail plus loin.

Il serait donc fort à souhaiter que l'on pût juger *à priori* du succès que l'on peut se promettre dans l'application de ces méthodes aux degrés supérieurs au quatrième; nous allons tâcher d'en donner les moyens par une analyse semblable à celle dont nous nous sommes servis jusqu'ici à l'égard des méthodes connues pour la résolution des équations du troisième et du quatrième degré.

51. Considérons en général l'équation du $\mu^{ième}$ degré

$$(a) \qquad x^\mu + mx^{\mu-1} + nx^{\mu-2} + px^{\mu-3} + \ldots = 0.$$

Suivant la méthode de M. Tschirnaus on prendra une équation subsidiaire, telle que

$$(b) \qquad x^\rho + fx^{\rho-1} + gx^{\rho-2} + \ldots + y = 0,$$

qui contient ρ indéterminées f, g,... avec une nouvelle inconnue y; on éliminera par le moyen de ces deux équations l'inconnue x, et l'on aura une transformée en y qui sera du même degré μ que la proposée, et qui aura cette forme

$$(c) \qquad y^\mu + A y^{\mu-1} + B y^{\mu-2} + C y^{\mu-3} + \ldots = 0,$$

où les coefficients A, B, C,... seront des fonctions rationnelles et entières des coefficients indéterminés, f, g,..., et où l'on aura, en particulier, A égal à une fonction de la première dimension, B égal à une fonction de la seconde dimension, et ainsi de suite (14).

Or, ayant ρ indéterminées, on pourra par leur moyen faire évanouir, dans la transformée en y, ρ termes à volonté, ou bien établir entre ces termes telles relations qu'on voudra, dépendantes de ρ équations, et par là rendre l'équation en y résoluble, ou au moins réductible à une équation de degré inférieur. La résolution de cette équation en y donnera sur-le-champ celle de l'équation proposée en x, car nous avons démontré (11) que l'équation en y renferme les conditions nécessaires pour que les deux équations d'où l'on a éliminé x aient une racine commune; de sorte que la valeur de x ne pourra être que la racine commune aux deux équations (a) et (b), qu'on trouvera en cherchant leur plus grand commun diviseur et l'égalant à zéro.

On fera pour cela l'opération ordinaire, qu'on continuera jusqu'à ce qu'on parvienne à un reste où x ne soit plus que linéaire : ce reste sera le diviseur cherché; ou bien, ce qui revient au même, on éliminera successivement des deux équations précédentes les puissances de x, jusqu'à ce qu'on arrive à une équation qui ne renferme que la première puissance de x, et il est aisé de prouver que cette équation sera de la forme

$$F + Gy + Hy^2 + \ldots + Ky^\lambda + (L + My + Ny^2 + \ldots + Ry^\lambda)x = 0;$$

d'où l'on aura

$$(d) \qquad x = -\frac{F + Gy + Hy^2 + \ldots + Ky^\lambda}{L + My + Ny^2 + \ldots + Ry^\lambda},$$

λ étant égal à $\frac{\mu}{2}$ si μ est pair, et égal à $\frac{\mu-1}{2}$ si μ est impair.

De cette manière on aura donc x exprimé par une fonction rationnelle de y, de sorte que si l'on connaît toutes les μ valeurs de y, on aura par leur substitution successive les μ valeurs correspondantes de x qui seront les racines de la proposée.

52. Cette méthode est, comme on voit, très-simple et très-générale; mais la difficulté est de pouvoir déterminer les indéterminées $f, g, h, \ldots,$ en sorte que la transformée en y soit résoluble.

La supposition la plus naturelle et en même temps la plus générale qu'on puisse faire pour cet objet, c'est d'égaler à zéro les coefficients A, B,... de tous les termes intermédiaires; en sorte que l'équation en y se réduise à cette forme

$$y^\mu + V = 0,$$

dont on peut toujours avoir immédiatement une ou deux racines suivant que μ est impair, ou pair, et dont les autres racines ne dépendent plus que d'une équation du degré $\frac{\mu-1}{2}$ ou $\frac{\mu-2}{2}$ (**21**), outre qu'on peut aussi les déterminer toutes directement par la division de la circonférence du cercle (**23**).

Il faudra donc prendre dans ce cas $\rho = \mu - 1$ pour avoir autant d'indéterminées que d'équations à remplir, et l'on tombera, en général, dans une équation finale du degré $1.2.3\ldots(\mu-1)$, comme on l'a prouvé dans le n° **14**.

Si l'exposant μ est un nombre composé, en sorte que l'on ait $\mu = \nu\varpi$, il est clair qu'on pourra, en faisant $y^\varpi = z$ et faisant disparaître tous les termes de l'équation en y dont l'exposant ne sera pas divisible par ϖ, réduire cette équation en une équation en z du degré inférieur ν. On aura donc, dans ce cas, $\nu(\varpi-1)$ termes à faire disparaître; par conséquent il faudra prendre $\rho=\nu(\varpi-1)$ pour avoir autant d'indéterminées, et de ce qu'on a démontré dans le nº **14** il est facile de conclure que l'équation finale qu'on aura dans ce cas sera, en général, du degré marqué par le nombre

$$1.2.3\ldots(\varpi-1)(\varpi+1)(\varpi+2)\ldots(2\varpi-1)(2\varpi+1)(2\varpi+2)\ldots(3\varpi-1)\ldots(\nu\varpi-1),$$

c'est-à-dire du degré

$$\frac{1.2.3.4\ldots(\mu-1)}{\varpi.2\varpi.3\varpi\ldots(\nu-1)\varpi},$$

ou bien de celui-ci

$$\frac{\nu(\nu+1)(\nu+2)\ldots(\mu-1)}{\varpi^{\nu-1}}.$$

Tels seront donc les degrés auxquels pourront monter les réduites qu'il faudra résoudre lorsqu'on voudra faire usage de la méthode de M. Tschirnaus; mais il peut se faire que ces réduites soient telles qu'elles puissent s'abaisser à des degrés moindres : c'est ce qu'il serait comme impossible de reconnaître *à posteriori*, c'est-à-dire par la forme même de ces réduites, mais on pourra s'en assurer *à priori* par la considération de leurs racines, regardées comme des fonctions de celles de l'équation proposée, et de l'équation transformée en y, ainsi qu'on va le voir.

53. Désignons, en général, par x', x'', x''', x^{IV}, ... les μ racines de l'équation proposée

$$x^\mu+mx^{\mu-1}+nx^{\mu-2}+\ldots=0,$$

et par y', y'', y''',... les μ racines de la transformée

$$y^\mu+Ay^{\mu-1}+By^{\mu-2}+\ldots+V=0;$$

substituant successivement ces racines dans l'équation subsidiaire

$$x^\rho+fx^{\rho-1}+gx^{\rho-2}+hx^{\rho-3}+\ldots+l+y=0,$$

on aura μ équations particulières par lesquelles on pourra déterminer les coefficients indéterminés f, g, h,...; et comme chacune des racines y', y'', y''',... peut répondre également à chacune des racines x', x'', x''',....

il s'ensuit que les inconnues f, g, h,... seront susceptibles de différentes valeurs, qu'on trouvera toutes en faisant toutes les combinaisons possibles des racines x', x'', x''',... avec les racines y', y'', y''',.... C'est par le nombre et la forme de ces différentes valeurs d'une même inconnue qu'on pourra juger du degré et de la nature de l'équation par laquelle elle doit être déterminée.

54. Supposons d'abord que tous les termes intermédiaires de la transformée en y doivent disparaître, en sorte qu'elle se réduise à la forme

$$y^\mu + V = 0;$$

pour cela il faudra faire dans l'équation subsidiaire $\rho = \mu - 1$ pour avoir $\mu - 1$ indéterminées (52), et comme l'équation $y^\mu + V = 0$ donne [en supposant pour plus de simplicité

$$u = \sqrt[\mu]{-V}$$

et désignant par $1, \alpha, \alpha^2, \ldots, \alpha^{\mu-1}$ les racines de l'équation $y^\mu - 1 = 0$ (24)], les racines $u, \alpha u, \alpha^2 u, \ldots, \alpha^{\mu-1} u$, on aura, en prenant ces racines pour $y', y'', y''',\ldots$ et les substituant, ainsi que les racines $x', x'', x''',\ldots$, dans l'équation subsidiaire, on aura, dis-je, ces μ équations

$$(e)\qquad \begin{cases} x'^{\mu-1} + f x'^{\mu-2} + g x'^{\mu-3} + \ldots + l + u = 0, \\ x''^{\mu-1} + f x''^{\mu-2} + g x''^{\mu-3} + \ldots + l + \alpha u = 0, \\ x'''^{\mu-1} + f x'''^{\mu-2} + g x'''^{\mu-3} + \ldots + l + \alpha^2 u = 0, \\ \ldots\ldots\ldots\ldots\ldots\ldots\ldots\ldots\ldots\ldots\ldots\ldots, \end{cases}$$

par lesquelles on pourra déterminer tant la quantité u que les $\mu - 1$ quantités $f, g, \ldots, l$.

Comme ces inconnues ne sont qu'au premier degré dans les équations précédentes, il est clair que le système de toutes ces équations ne donnera qu'une seule valeur déterminée pour chacune de ces inconnues. Or, supposons que l'on ait trouvé, par la méthode ordinaire d'élimination, la valeur de l'inconnue f (on fera les mêmes raisonnements pour chacune des autres indéterminées $g, h, \ldots, l$), il est visible que cette valeur sera exprimée par une fonction des μ racines $x', x'', x''',\ldots$ et de la racine α. Donc, si l'on y fait toutes les permutations possibles entre les μ racines x',

x'', x''',..., on aura toutes les valeurs particulières de f qui devront être les racines de l'équation en f.

Comme le nombre des permutations qui peuvent avoir lieu entre μ choses est exprimé en général par $1.2.3\ldots\mu$, il s'ensuit qu'on aura, généralement parlant, $1.2.3\ldots\mu$ valeurs particulières de f; mais, si parmi ces valeurs il s'en trouve d'égales entre elles, il est clair qu'on pourra les réduire à un plus petit nombre en faisant abstraction des valeurs égales, et nous allons faire voir qu'il n'y aura en effet que $1.2.3\ldots(\mu-1)$ valeurs différentes de f.

55. Pour cela il n'est pas nécessaire de chercher l'expression de f par le moyen des équations (e); il suffit d'examiner les variations dont le système de ces équations est susceptible par les permutations des racines x', x'', x''',... entre elles. Pour connaître ces variations, on commencera par supposer que la racine x' demeure à sa place, c'est-à-dire que la première équation reste la même, et l'on échangera successivement entre elles, dans les autres équations, les $\mu-1$ racines x'', x''', x^{iv},..., ce qui donnera $1.2.3\ldots(\mu-1)$ variations; ensuite on fera prendre à x' la place de x'' et *vice versâ*, ou, ce qui revient au même, on mettra dans la première équation αu à la place de u, et dans la seconde u à la place de αu, et l'on fera ensuite les mêmes échanges entre les $\mu-1$ racines x'', x''', x^{iv},..., ce qui donnera $1.2.3\ldots(\mu-1)$ nouvelles variations; on mettra encore x' à la place de x''', et *vice versâ*, ou bien on substituera $\alpha^2 u$ à la place de u dans la première équation, et u à la place de $\alpha^2 u$ dans la troisième, et l'on fera ensuite les mêmes échanges entre les racines x'', x''',..., ce qui donnera aussi $1.2.3\ldots(\mu-1)$ variations, et ainsi de suite. Par ce moyen on aura μ fois $1.2.3\ldots(\mu-1)$ variations, ce qui fait le nombre total $1.2.3\ldots\mu$ de toutes les variations possibles du système des équations (e).

Maintenant je remarque que dès qu'on aura trouvé les $1.2.3\ldots(\mu-1)$ variations qui ont lieu tant que x' demeure à sa place, on pourra en déduire sur-le-champ toutes les autres en ne faisant que substituer successivement dans toutes les équations (e), à la place de u, les quantités

αu, $\alpha^2 u$, $\alpha^3 u, \ldots$, $\alpha^{\mu-1} u$; c'est de quoi il est facile de se convaincre avec un peu d'attention en observant que

$$\alpha^\mu = 1, \quad \alpha^{\mu+1} = \alpha, \quad \alpha^{\mu+2} = \alpha^2, \ldots.$$

Or il est visible que ces substitutions de αu, $\alpha^2 u, \ldots$ à la place de u ne peuvent produire aucun changement dans la valeur de f; car, dès qu'on élimine u, il est indifférent quelle valeur on donne à cette quantité, et les résultats de l'élimination sont nécessairement indépendants de la valeur de u.

Donc il n'y aura proprement que les $1.2.3\ldots(\mu-1)$ variations, qui résultent des permutations entre les $\mu - 1$ racines x'', $x''', \ldots$, qui pourront donner des valeurs différentes pour f; de sorte que l'équation en f ne devra être que du degré $1.2.3\ldots(\mu-1)$, ce qui s'accorde avec ce que l'on a dit plus haut (**52**).

Mais voyons encore si cette équation ne sera pas susceptible de quelque réduction. Pour cela il faut distinguer le cas où l'exposant μ de la proposée est un nombre premier, et celui où cet exposant est un nombre composé.

56. Supposons que μ soit un nombre quelconque premier, et faisant abstraction, dans le système des équations (e), de la première équation, à cause qu'on peut regarder la quantité x' comme fixe, voyons quelles sont les variations dont ce système est susceptible en vertu des permutations entre les autres racines x'', $x''', \ldots$.

Pour cela on suivra une méthode semblable à celle du numéro précédent. On regardera d'abord la quantité x'' comme fixe et on cherchera les variations résultantes des $1.2.3\ldots(\mu-2)$ permutations entre les $\mu - 2$ autres racines x''', $x^{\text{IV}}, \ldots$; on mettra ensuite x'' à la place de x''' et réciproquement, ce qui revient au même que de mettre $\alpha^2 u$ à la place de αu dans la seconde équation, et αu à la place de $\alpha^2 u$ dans la troisième, et l'on cherchera de nouveau les $1.2.3\ldots(\mu-2)$ variations provenantes des permutations des autres racines x''', $x^{\text{IV}}, \ldots$; on mettra x'' à la place de x^{IV} et *vice versâ*, ou, ce qui revient au même, on substituera $\alpha^3 u$ à la place de αu dans la seconde équation, et αu à la place de $\alpha^3 u$ dans la quatrième, et l'on cherchera comme auparavant les $1.2.3...(\mu-2)$ variations provenantes des permutations entre les $\mu-2$ racines x''', x^{IV},..., et ainsi de suite. Ce procédé donnera $\mu-1$ fois $1.2.3...(\mu-2)$ variations, ce qui fera le nombre total des $1.2.3...(\mu-1)$ variations cherchées.

Or je dis que dès qu'on aura trouvé les $1.2.3...(\mu-2)$ variations, qui ont lieu tant que x'' demeure à sa place, et qu'on change celles des autres racines x''', x^{IV},..., on pourra en déduire immédiatement toutes les variations résultantes des permutations entre les $\mu-1$ racines x'', x''', x^{IV},... en substituant successivement α^2, α^3,..., $\alpha^{\mu-1}$ à la place de α dans toutes les équations (e); car par ce moyen le terme αu de la seconde équation se changera successivement en $\alpha^2 u$, $\alpha^3 u$,..., et les termes $\alpha^2 u$, $\alpha^3 u$,... des autres équations ne feront que s'échanger entre eux (à cause que μ est un nombre premier, comme on peut s'en convaincre par ce qui a été démontré dans le n° 24), échanges qui équivalent évidemment à ceux des racines x''', x^{IV},... entre elles.

D'où je conclus que quand on aura trouvé par le moyen des équations (e) l'expression de f en x', x'', x''',... et α, et qu'on voudra connaître les $1.2.3...(\mu-1)$ valeurs de f qui résultent des permutations des racines x'', x''', x^{IV},... entre elles, et qui doivent être les racines de l'équation en f du degré $1.2.3...(\mu-1)$ (numéro précédent), il suffira de chercher les $1.2.3...(\mu-2)$ valeurs de f provenantes des seules permutations entre les racines x''', x^{IV},... et d'y échanger ensuite successivement α en α^2, α^3, α^4,..., $\alpha^{\mu-1}$; ou bien, ce qui revient au même, on échangera d'abord dans l'expression de f la racine α en α^2, α^3, ..., $\alpha^{\mu-1}$, et ensuite on fera dans chacune de ces $\mu-1$ valeurs de f les $1.2.3...(\mu-2)$ permutations qui ont lieu entre les $\mu-2$ racines x'', x''',...; on aura par là les $1.2.3...(\mu-1)$ racines de l'équation en f.

57. Imaginons maintenant que les $\mu-1$ valeurs de f qui viennent de la substitution successive de α^2, α^3,..., $\alpha^{\mu-1}$ à la place de α soient les racines de l'équation du $(\mu-1)^{\text{ième}}$ degré

$$(f) \qquad f^{\mu-1}+\mathrm{F}f^{\mu-2}+\mathrm{G}f^{\mu-3}+\ldots=0,$$

et comme $1, \alpha, \alpha^2, \alpha^3,\ldots$ sont les racines de l'équation $y^\mu - 1 = 0$ (hypothèse), il est clair que $\alpha, \alpha^2, \alpha^3,\ldots$ seront les $\mu - 1$ racines de l'équation $\frac{y^\mu - 1}{y - 1} = 0$, savoir

$$(g) \qquad y^{\mu-1} + y^{\mu-2} + y^{\mu-3} + \ldots + 1 = 0.$$

Donc, si dans l'expression de f tirée des équations (e) on met, en général, y à la place de α, et qu'ensuite on élimine y par le moyen de l'équation (g), on aura nécessairement l'équation (f); d'où l'on voit que cette équation ne contiendra plus α, de sorte que les coefficients F, G,... ne seront que des fonctions de $x', x'', x''',\ldots$.

Or, ayant trouvé l'équation (f), il n'y aura plus qu'à faire dans les expressions des coefficients F, G,... toutes les permutations possibles entre les $\mu - 2$ racines $x''', x^{\text{IV}},\ldots$, et l'on aura par là $1.2.3\ldots(\mu - 2)$ équations en f dont chacune sera du $(\mu-1)^{ième}$ degré, et qui renfermeront par conséquent les $1.2.3\ldots(\mu - 1)$ racines de l'équation générale en f.

De là il est facile de conclure que chacun des coefficients F, G,... ne pourra dépendre que d'une équation du degré $1.2.3\ldots(\mu - 2)$. En effet, comme ces coefficients sont des fonctions des racines $x', x'', x''',\ldots$, il est clair que chacun d'eux, par exemple F, devra être déterminé par une équation qui ait autant de racines que ce coefficient aura de différentes valeurs en faisant toutes les permutations possibles entre les racines x', $x'', x''',\ldots$; mais on a démontré plus haut (55) que les permutations de la racine x' en chacune des autres ne changent point les valeurs de f; par conséquent elles ne changeront pas non plus celles de F, G,... qui sont des fonctions des racines de (f); de plus on a vu (56) qu'on peut suppléer aux permutations de la racine x'' en échangeant la racine α en $\alpha^2, \alpha^3,\ldots$, de sorte que comme les valeurs de F, G,... sont indépendantes de α, elles ne recevront aucun changement par les permutations de x''. Ainsi il n'y aura que les permutations des $\mu - 2$ racines $x''', x^{\text{IV}},\ldots$ entre elles, qui donneront des valeurs différentes de F, ainsi que de G, H,...; d'où il s'ensuit que le nombre de ces valeurs différentes sera simplement $1.2.3\ldots(\mu - 2)$; par conséquent chacun des coefficients

F, G, H,... sera donné par une équation d'un degré marqué par ce même nombre.

58. Donc la réduite en f, qu'on trouvera par la méthode de M. Tschirnaus, et que nous avons vu devoir être, en général, du degré $1.2.3\ldots(\mu-1)$, sera toujours décomposable, lorsque μ est un nombre premier, en $1.2.3\ldots(\mu-2)$ équations du degré $\mu-1$, telles que l'équation (f) ci-dessus, et cela par le moyen d'une équation du degré $1.2.3\ldots(\mu-2)$; car, quoique les coefficients F, G,... dépendent chacun d'une équation de ce dernier degré, cependant il suffira d'avoir l'équation en F, ou en G, etc., parce que les autres coefficients pourront toujours s'exprimer par des fonctions rationnelles de celui-là.

En effet, si l'on regarde l'équation (f) du degré $\mu-1$ comme un diviseur de la réduite en f du degré $1.2.3\ldots(\mu-1)$, on trouvera pour cela $\mu-1$ conditions par lesquelles on pourra déterminer, en général, les $\mu-2$ coefficients G, H,... en F, sans aucune extraction de racines, et ces valeurs étant ensuite substituées dans l'une des équations de condition, on aura l'équation même en F, laquelle ne devra pas passer le degré $1.2.3\ldots(\mu-2)$. Je dis qu'on peut déterminer, en général, les valeurs de G, H,... en F sans extraction de racines; cela est vrai tant qu'on ne donne à F aucune valeur particulière; mais lorsqu'on voudra substituer à la place de F les racines de l'équation en F pour avoir les valeurs correspondantes de G, H,..., s'il arrive que la racine substituée soit double, ou triple, ou, etc., les expressions rationnelles de G, H,... se trouveront en défaut, et ces quantités dépendront alors de la résolution d'une équation du second, ou du troisième, ou, etc., degré, comme nous le démontrerons plus bas (**102**).

On pourrait au reste trouver directement l'équation en F par le moyen de ses racines regardées comme des fonctions de x', x'', x''',...; on a vu différents exemples de cette méthode dans les Sections précédentes. Et, supposant cette équation en F connue, on pourra, par son moyen, déterminer directement les valeurs de G, H,... par la méthode qu'on trouvera dans la Section quatrième (**100**).

Maintenant il est visible que l'équation en F sera toujours d'un degré plus haut que la proposée, excepté le seul cas de $\mu = 3$; car, faisant $\mu = 3$, on a

$$1.2\ldots(\mu-2) = 1,$$

faisant $\mu = 5$, on a

$$1.2\ldots(\mu-2) = 1.2.3 = 6,$$

faisant $\mu = 7$, on a

$$1.2\ldots(\mu-2) = 1.2.3.4.5 = 120,$$

et ainsi de suite; donc, à moins que cette équation ne puisse encore s'abaisser à un degré moindre que μ, la solution de M. Tschirnaus ne sera d'aucun usage; or c'est ce qui me paraît presque impossible, en général. Il est vrai que, quoique le degré $1.2\ldots(\mu-2)$ de l'équation dont nous parlons soit plus élevé que le degré μ de la proposée, cette équation ne renfermera pas cependant des difficultés supérieures à celles des équations du degré μ; car, puisque ses $1.2.3\ldots(\mu-2)$ racines sont des fonctions connues des μ racines x', x'', x''',..., il est clair qu'elles ne seront pas indépendantes les unes des autres, mais qu'il y aura entre elles des relations exprimées par un nombre d'équations égal à la différence des exposants $1.2.3\ldots(\mu-2)$ et μ; de sorte que, supposant que l'on connaisse un nombre μ de ces racines, on connaîtra aussi par leur moyen toutes les autres.

D'où il s'ensuit que l'équation en F ne pourra renfermer dans le fond que les difficultés du degré μ; mais, par la même raison, il paraît aussi qu'elle devra toujours renfermer toutes les difficultés de ce degré, de sorte qu'on se trouvera ramené aux mêmes difficultés auxquelles la résolution générale de l'équation proposée est sujette.

59. Supposons présentement que l'exposant μ de la proposée soit un nombre composé : dans ce cas il faudra apporter quelque modification au raisonnement du n° 56, car, si dans les termes de la progression géométrique α, α^2, α^3,..., $\alpha^{\mu-1}$ on substituait indifféremment à la place de α les puissances α^2, α^3,..., $\alpha^{\mu-1}$, on ne retrouverait pas toujours les mêmes termes comme lorsque μ est un nombre premier; nous en avons donné

la raison dans le n° **24**, et nous y avons démontré aussi qu'il n'y a que les puissances de α dont l'exposant est un nombre premier à μ qui, étant substituées à la place de α dans les termes $\alpha, \alpha^2, \alpha^3, \ldots, \alpha^{\mu-1}$, puissent redonner les mêmes termes, de sorte qu'il faudra restreindre à ces seules puissances de α les résultats du n° **56**.

Donc, si l'on désigne, en général, par $\nu, \varpi, \rho, \ldots$ tous les nombres moindres que μ et premiers à μ, dont nous supposerons que le nombre soit $\lambda - 1$, on pourra, par les substitutions de $\alpha^\nu, \alpha^\varpi, \alpha^\rho, \ldots$ à la place de α dans l'expression de f, suppléer aux permutations de la racine x'' dans les racines $x^{(\nu+1)}, x^{(\varpi+1)}, x^{(\rho+1)}, \ldots$; par conséquent, si l'on suppose que les λ valeurs de f qui viennent de la substitution $\alpha^\nu, \alpha^\varpi, \alpha^\rho, \ldots$ à la place de α soient les racines de l'équation

$$(h) \qquad f^\lambda + Ff^{\lambda-1} + Gf^{\lambda-2} + \ldots = 0,$$

cette équation sera un diviseur de la réduite en f, et les coefficients F, G,... seront donnés chacun par une équation du degré $\frac{1.2.3\ldots(\mu-1)}{\lambda}$; de sorte que dans ce cas la réduite en f, trouvée par la méthode de M. Tschirnaus, et qui est du degré $1.2.3\ldots(\mu-1)$, sera résoluble en $\frac{1.2.3\ldots(\mu-1)}{\lambda}$ équations, chacune du degré λ, et cela moyennant une équation du degré

$$\frac{1.2.3\ldots(\mu-1)}{\lambda}.$$

Pour trouver l'équation (h) *à priori*, il n'y aura qu'à mettre y à la place de α dans l'expression de f, et ensuite éliminer y par le moyen de l'équation dont les racines seraient $\alpha, \alpha^\nu, \alpha^\varpi, \alpha^\rho, \ldots$; or voici comment on pourra avoir cette équation.

60. Considérons, en général, l'équation

$$y^\mu - 1 = 0,$$

dont les racines sont $1, \alpha, \alpha^2, \alpha^3, \ldots, \alpha^{\mu-1}$, et supposons que le nombre μ soit résolu dans les facteurs premiers $r, s, t, \ldots$, dont chacun soit contenu une ou plusieurs fois dans le nombre μ, il est facile de voir que les puissances de α, qu'il faudra exclure, pour avoir uniquement les puissances α, α^ν, α^ϖ, α^ρ,... dont les exposants sont premiers à μ, il est facile de voir, dis-je, que ces puissances seront celles dont les exposants seront des multiples des nombres $r, s, t, \ldots$; de plus il est clair, par ce qu'on a démontré dans le n° **24**, que ces mêmes puissances de α seront les racines des équations

$$y^{\frac{\mu}{r}} - 1 = 0, \quad y^{\frac{\mu}{s}} - 1 = 0, \quad y^{\frac{\mu}{t}} - 1 = 0, \ldots;$$

donc, si l'on fait pour plus de simplicité

$$\frac{\mu}{r} = \mu', \quad \frac{\mu}{s} = \mu'', \quad \frac{\mu}{t} = \mu''', \ldots,$$

et qu'on divise l'équation $y^\mu - 1 = 0$ successivement par celles-ci

$$y^{\mu'} - 1 = 0, \quad y^{\mu''} - 1 = 0, \quad y^{\mu'''} - 1 = 0, \ldots,$$

on aura les équations suivantes

$$\begin{array}{l}
y^{\mu-\mu'} + y^{\mu-2\mu'} + y^{\mu-3\mu'} + \ldots + 1 = 0,\\
y^{\mu-\mu''} + y^{\mu-2\mu''} + y^{\mu-3\mu''} + \ldots + 1 = 0,\\
y^{\mu-\mu'''} + y^{\mu-2\mu'''} + y^{\mu-3\mu'''} + \ldots + 1 = 0,\\
\ldots\ldots\ldots\ldots\ldots\ldots\ldots\ldots\ldots\ldots,
\end{array}$$

dont la première aura pour racines toutes les puissances de α jusqu'à $\alpha^{\mu-1}$, à l'exception de celles dont les exposants seront des multiples de r; la seconde, toutes les puissances de α, à l'exception de celles dont les exposants seront des multiples de s; la troisième, etc.; d'où l'on peut conclure que, si l'on cherche le plus grand commun diviseur de toutes ces équations, on aura l'équation cherchée, dont les racines seront les puissances α, α^ν, α^ϖ, α^ρ,..., et qui sera par conséquent de la forme

$$(i) \qquad y^\lambda + \beta y^{\lambda-1} + \gamma y^{\lambda-2} + \ldots + \gamma y^2 + \beta y + 1 = 0.$$

Ainsi, par exemple, si $\mu = 4$, on aura $r = 2$, $\mu' = 2$, et l'on aura cette seule équation

$$y^2 + 1 = 0,$$

dont les racines seront α et α^3.

Si $\mu = 6$, on aura $r = 2$, $s = 3$; donc $\mu' = 3$, $\mu'' = 2$, ce qui donnera ces deux équations

$$y^3 + 1 = 0,$$

$$y^4 + y^2 + 1 = 0,$$

dont le plus grand commun diviseur est

$$y^2 - y + 1 = 0,$$

équation dont les racines seront par conséquent α et α^5.

Si $\mu = 8$, on aura $r = 2$; donc $\mu' = 4$, et l'on aura cette seule équation

$$y^4 + 1 = 0,$$

dont les racines seront α, α^3, α^5, α^7, et ainsi de suite.

Quant à l'exposant λ, on peut le déterminer *à priori* d'après les facteurs du nombre μ, car on aura toujours

$$\lambda = \frac{\mu}{rst\ldots}(r-1)(s-1)(t-1)\ldots,$$

comme on peut le démontrer aisément en cherchant combien, parmi les nombres moindres que μ, il y en aura de premiers à μ. (*Voyez* les *Nouveaux Commentaires de Pétersbourg*, tome VIII.)

61. Ayant donc trouvé ainsi l'équation (i), on s'en servira pour éliminer y de l'expression de f, et il en résultera l'équation (h), dont tous les coefficients F, G,... seront des fonctions des racines x', x'',..., sans α, telles qu'elles ne seront susceptibles que de $\frac{1.2.3\ldots(\mu-1)}{\lambda}$ variations, par toutes les permutations possibles des racines x', x'',... entre elles; de sorte que chacune de ces fonctions sera donnée simplement par une équation du degré

$$\frac{1.2.3\ldots(\mu-1)}{\lambda},$$

comme on l'a déjà dit plus haut.

Il se peut au reste que ces équations en F, ou en G, etc., soient encore susceptibles de quelques réductions; c'est ce qui dépendra de la forme des fonctions de x', x'',... par lesquelles les quantités F, G,... seront exprimées; mais nous n'entrerons pas dans cette recherche, d'autant que dans le cas où l'exposant μ est un nombre composé on peut simplifier la Solution de M. Tschirnaus en ne faisant évanouir que quelques-uns des termes intermédiaires de la transformée (**52**).

62. Nous allons donc chercher *à priori* les résultats qu'on doit avoir dans ce cas, et nous supposerons, comme dans le numéro cité, que, μ étant égal à $\nu\varpi$, tous les termes de la transformée en y dont les exposants ne seront pas divisibles par ϖ disparaissent, en sorte que, faisant $y^\varpi = z$, l'équation (c) devienne

$$z^\nu + \mathrm{D}z^{\nu-1} + \mathrm{K}z^{\nu-2} + \ldots + \mathrm{V} = 0,$$

laquelle aura par conséquent ν racines que nous dénoterons par z', z'', z''',..., $z^{(\nu)}$; et comme l'équation $y^\varpi = z$ donne

$$y = \sqrt[\varpi]{z},$$

ou bien, en dénotant par 1, α, α^2,..., $\alpha^{\varpi-1}$ les ϖ racines de $y^\varpi - 1 = 0$,

$$y = \sqrt[\varpi]{z},\quad \alpha\sqrt[\varpi]{z},\quad \alpha^2\sqrt[\varpi]{z},\ \ldots,\quad \alpha^{\varpi-1}\sqrt[\varpi]{z},$$

on aura, en substituant successivement à la place de z les ν racines z', z'', z''',..., et faisant pour plus de simplicité

$$\zeta' = \sqrt[\varpi]{z'},\quad \zeta'' = \sqrt[\varpi]{z''},\quad \zeta''' = \sqrt[\varpi]{z'''},\ \ldots,$$

on aura, dis-je, ces μ valeurs de y

$$\begin{array}{lllll}
\zeta', & \alpha\zeta', & \alpha^2\zeta', & \alpha^3\zeta',\ \ldots, & \alpha^{\varpi-1}\zeta',\\
\zeta'', & \alpha\zeta'', & \alpha^2\zeta'', & \alpha^3\zeta'',\ \ldots. & \alpha^{\varpi-1}\zeta'',\\
\zeta''', & \alpha\zeta''', & \alpha^2\zeta''', & \alpha^3\zeta''',\ \ldots, & \alpha^{\varpi-1}\zeta''',\\
\ldots & \ldots & \ldots & \ldots & \ldots,\\
\zeta^{(\nu)}, & \alpha\zeta^{(\nu)}, & \alpha^2\zeta^{(\nu)}, & \alpha^3\zeta^{(\nu)},\ \ldots, & \alpha^{\varpi-1}\zeta^{(\nu)},
\end{array}$$

qui seront celles des racines y', y'', y''',..., $y^{(\mu)}$.

Substituant donc successivement ces valeurs à la place de y dans l'équation subsidiaire (b) du n° **51**, et mettant en même temps x', x'', x''',... à la place de x (**53**), on aura les μ équations suivantes

$$x'^{\rho} + f x'^{\rho-1} + g x'^{\rho-2} + \ldots + l + \zeta' = 0,$$
$$x''^{\rho} + f x''^{\rho-1} + g x''^{\rho-2} + \ldots + l + \alpha\zeta' = 0,$$
$$x'''^{\rho} + f x'''^{\rho-1} + g x'''^{\rho-2} + \ldots + l + \alpha^2\zeta' = 0,$$
$$\ldots\ldots\ldots\ldots\ldots\ldots\ldots\ldots\ldots;$$
$$[x^{(\varpi+1)}]^{\rho} + f[x^{(\varpi+1)}]^{\rho-1} + g[x^{(\varpi+1)}]^{\rho-2} + \ldots + l + \zeta'' = 0,$$
$$[x^{(\varpi+2)}]^{\rho} + f[x^{(\varpi+2)}]^{\rho-1} + g[x^{(\varpi+2)}]^{\rho-2} + \ldots + l + \alpha\zeta'' = 0,$$
$$[x^{(\varpi+3)}]^{\rho} + f[x^{(\varpi+3)}]^{\rho-1} + g[x^{(\varpi+3)}]^{\rho-2} + \ldots + l + \alpha^2\zeta'' = 0,$$
$$\ldots\ldots\ldots\ldots\ldots\ldots\ldots\ldots\ldots\ldots\ldots\ldots,$$
$$[x^{(2\varpi+1)}]^{\rho} + f[x^{(2\varpi+1)}]^{\rho-1} + g[x^{(2\varpi+1)}]^{\rho-2} + \ldots + l + \zeta''' = 0,$$
$$[x^{(2\varpi+2)}]^{\rho} + f[x^{(2\varpi+2)}]^{\rho-1} + g[x^{(2\varpi+2)}]^{\rho-2} + \ldots + l + \alpha\zeta''' = 0,$$
$$[x^{(2\varpi+3)}]^{\rho} + f[x^{(2\varpi+3)}]^{\rho-1} + g[x^{(2\varpi+3)}]^{\rho-2} + \ldots + l + \alpha^2\zeta''' = 0,$$
$$\ldots\ldots\ldots\ldots\ldots\ldots\ldots\ldots\ldots\ldots\ldots\ldots$$

Or, comme on doit supposer dans ce cas (**52**)

$$\rho = \nu(\varpi - 1) = \mu - \nu$$

pour que le nombre des indéterminées f, g,..., l soit aussi $\mu - \nu$, il est clair que, si dans les μ équations qu'on vient de trouver on élimine d'abord les ν quantités ζ', ζ'', ζ''',..., $\zeta^{(\nu)}$, il restera $\mu - \nu$ équations, qui serviront à déterminer les $\mu - \nu$ inconnues f, g,..., l.

Imaginons maintenant qu'on ait trouvé, par les règles ordinaires de l'élimination, l'expression de f (on appliquera les mêmes raisonnements aux autres indéterminées g,..., l); on cherchera toutes les valeurs différentes de f qui peuvent venir des permutations des μ racines x', x'',... entre elles, et l'on aura les racines de l'équation en f, laquelle sera par conséquent d'un degré égal au nombre de ces différentes valeurs.

Or les racines x', x'',... étant au nombre de μ, seront susceptibles en général de $1.2.3\ldots\mu$ permutations; mais il faudra défalquer de ce nombre les permutations qui ne produiront aucun changement dans l'expression de f.

Pour cela je remarque d'abord que si l'on suppose qu'on échange respectivement les racines x', x'',..., $x^{(\varpi)}$ en $x^{(\varpi+1)}$, $x^{(\varpi+2)}$,..., $x^{(2\varpi)}$, ou en $x^{(2\varpi+1)}$, $x^{(2\varpi+2)}$,..., $x^{(3\varpi)}$, ou, etc., il en résultera dans les équations précédentes les mêmes changements que si l'on échangeait ζ' en ζ'', ou en ζ''', ou, etc.; de sorte que les permutations des quantités ζ', ζ'', ζ''',... entre elles seront équivalentes aux permutations des racines x', $x^{(\varpi+1)}$, $x^{(2\varpi+1)}$,... entre elles, ces permutations étant combinées avec les permutations correspondantes et simultanées des racines x'', $x^{(\varpi+2)}$, $x^{(2\varpi+2)}$,... entre elles, avec celles des racines x''', $x^{(\varpi+3)}$, $x^{(2\varpi+3)}$,... entre elles, etc.

Or, comme dans la détermination des coefficients f, g,... on doit faire disparaître les quantités ζ', ζ'', ζ''',... par l'élimination, il sera indifférent que ces quantités soient mises les unes à la place des autres d'une manière quelconque; par conséquent il ne résultera de leurs permutations quelconques aucun changement dans les valeurs de f, g,...; donc, puisque ces quantités étant au nombre de ν sont susceptibles de $1.2.3\ldots\nu$ permutations, voilà autant de permutations entre les μ racines x', x'', x''',..., $x^{(\mu)}$ qui ne produiront aucun changement dans les valeurs de f, g,...; d'où il s'ensuit que, dans le nombre total $1.2.3\ldots\mu$ des valeurs particulières de f, chaque valeur se trouvera répétée $1.2.3\ldots\nu$ fois; par conséquent il ne pourra y avoir qu'un nombre de valeurs différentes de f exprimé par

$$\frac{1.2.3\ldots\mu}{1.2.3\ldots\nu}.$$

63. Maintenant si l'on considère les permutations des racines x', x'', x''',..., $x^{(\varpi)}$ entre elles, et qu'on considère en même temps les ϖ premières équations du n° 62, lesquelles renferment ces racines, on y pourra appliquer des raisonnements analogues à ceux du n° 55, et l'on en conclura que les échanges de la racine x' en les autres racines x'', x''',..., $x^{(\varpi)}$ ne produiront aucun changement dans les valeurs de f, g,..., puisque ces échanges donneront les mêmes résultats que l'on aurait en substituant successivement $\alpha\zeta'$, $\alpha^2\zeta'$, $\alpha^3\zeta'$,..., $\alpha^{\varpi-1}\zeta'$ à la place de ζ'.

Donc le nombre des valeurs différentes de f ne pourra être plus grand que

$$\frac{1.2.3\ldots\mu}{1.2.3\ldots\nu} \text{ divisé par } \varpi.$$

On tirera des conclusions semblables de la considération des ϖ racines $x^{(\varpi+1)}, x^{(\varpi+2)}, x^{(\varpi+3)}, \ldots, x^{(2\varpi)}$, comme aussi des racines $x^{(2\varpi+1)}, x^{(2\varpi+2)}, x^{(2\varpi+3)}, \ldots, x^{(3\varpi)}$, et ainsi des autres; et comme les combinaisons de ces racines entre elles sont totalement indépendantes, il s'ensuit qu'il faudra diviser le nombre $\frac{1.2.3\ldots\mu}{1.2.3\ldots\nu}$ autant de fois par ϖ qu'il y a de ces systèmes de ϖ racines chacun, c'est-à-dire ν fois, nombre des quantités $\zeta', \zeta'', \ldots, \zeta^{(\nu)}$.

Donc le nombre des valeurs différentes de f ne pourra être que

$$\frac{1.2.3\ldots\mu}{1.2.3\ldots\nu\varpi^{\nu}};$$

par conséquent l'équation en f ne devra monter qu'au degré marqué par ce même nombre.

C'est aussi ce qui s'accorde avec ce que l'on a trouvé à la fin du n° 52; en effet, il est clair que le nombre

$$\frac{1.2.3\ldots\mu}{1.2.3\ldots\nu\varpi^{\nu}}$$

se réduit d'abord à celui-ci

$$\frac{\nu(\nu+1)(\nu+2)\ldots\mu}{\nu\varpi^{\nu}},$$

et ensuite, à cause de $\mu = \nu\varpi$, à celui-ci

$$\frac{\nu(\nu+1)(\nu+2)\ldots(\mu-1)}{\varpi^{\nu-1}}.$$

64. La réduite en f sera donc, généralement parlant, du degré

$$\frac{\nu(\nu+1)(\nu+2)\ldots(\mu-1)}{\varpi^{\nu-1}};$$

mais cette équation pourra toujours s'abaisser à un degré inférieur par des considérations semblables à celles des n°s 57 et 59. En effet, si ϖ est un nombre premier, il est facile de prouver par des raisonnements analogues à celui du n° 56, que l'on pourra suppléer aux permutations des racines x', $x^{(\varpi+1)}$, $x^{(2\varpi+1)}$,... en x'', $x^{(\varpi+2)}$, $x^{(2\varpi+2)}$,... en x''', $x^{(\varpi+3)}$, $x^{(2\varpi+3)}$,... en, etc., en substituant successivement dans l'expression de f les puissances α^2, α^3,..., $\alpha^{\varpi-1}$ à la place de α; de sorte que si l'on met y au lieu de α dans l'expression de f, et qu'ensuite on élimine y par le moyen de l'équation

$$\frac{y^{\varpi}-1}{y-1}=0,$$

ou bien

$$y^{\varpi-1}+y^{\varpi-2}+y^{\varpi-3}+\ldots+1=0,$$

on aura une équation en f telle que

$$f^{\varpi-1}+\mathrm{F}f^{\varpi-2}+\mathrm{G}f^{\varpi-3}+\ldots=0,$$

laquelle sera un diviseur de la réduite en f; et les coefficients F, G,... seront déterminés chacun par une équation du degré

$$\frac{\nu(\nu+1)(\nu+2)\ldots(\mu-1)}{(\varpi-1)\varpi^{\nu-1}};$$

ce qui donnera autant de diviseurs de la même réduite, dont chacun sera du degré $\varpi-1$.

Si ν n'est pas un nombre premier, alors il faudra chercher, comme dans le n° 60, l'équation dont les racines seront les puissances de α qui auront pour exposant des nombres premiers à ν en y comprenant l'unité, et, désignant cette équation par

$$y^{\lambda}+\beta y^{\lambda-1}+\ldots+\beta y+1=0,$$

on éliminera, par son moyen, y de l'expression de f; on aura une équation en f telle que

$$f^{\lambda}+\mathrm{F}f^{\lambda-1}+\mathrm{G}f^{\lambda-2}+\ldots=0,$$

où chaque coefficient F, G,... ne dépendra que d'une équation du degré

$$\frac{\nu(\nu+1)(\nu+2)\ldots(\mu-1)}{\lambda\varpi^{\nu-1}};$$

de sorte que l'on aura par là autant de valeurs de F, G,..., et par conséquent autant d'équations en f du degré λ, lesquelles seront les diviseurs de la réduite en f.

Soit, par exemple, $\mu = 6$:

1° On pourra faire $\nu = 3$, $\varpi = 2$, et la réduite en f sera du degré $\frac{3.4.5}{2^2} = 15$; et, à cause de $\varpi - 1 = 1$, elle ne pourra plus s'abaisser par la méthode précédente.

2° On pourra faire $\nu = 2$, $\varpi = 3$, on aura $\frac{2.3.4.5}{3} = 40$ pour le degré de la réduite en f; et comme $\varpi - 1 = 2$, on pourra résoudre cette réduite en vingt équations du second degré chacune, moyennant une équation du vingtième degré.

65. Revenons maintenant aux formules du n° **51**; et il est clair que l'équation proposée (a) pourra être regardée à son tour comme le résultat de l'élimination de y faite par le moyen des équations (c) et (d). Ainsi, si l'on regarde les coefficients A, B, C,... de l'équation en y comme donnés et les coefficients F, G,... de l'expression de x en y comme indéterminés, on pourra, par la comparaison des termes de l'équation résultante de l'élimination de y avec ceux de la proposée, déterminer ces derniers coefficients, pourvu que leur nombre ne soit pas moindre que μ; ce qui ne sera point à craindre tant qu'on prendra $\lambda = \frac{\mu}{2}$ ou $\frac{\mu - 1}{2}$; et si l'équation en y est prise telle qu'elle soit résoluble, ce qui peut avoir lieu d'une infinité de manières différentes, on aura la résolution complète de la proposée; mais la difficulté consistera dans la détermination des coefficients indéterminés F, G,....

On facilitera cependant beaucoup cette détermination ainsi que l'élimination de y, si l'on change l'expression de x, donnée par l'équation (d), en une autre où l'inconnue y ne se trouve qu'au numérateur; c'est ce qui est toujours possible en multipliant le haut et le bas de la fraction

$$\frac{F + Gy + Hy^2 + \ldots + Ky^\lambda}{L + My + Ny^2 + \ldots + Ry^\lambda}$$

par un polynôme convenable en y, qu'on pourra trouver de la manière suivante.

On supposera

$$z = L + My + Ny^2 + \ldots + Ry^\lambda,$$

et comme y est déterminé par l'équation

$$y^\mu + Ay^{\mu-1} + By^{\mu-2} + \ldots = 0,$$

on éliminera y par le moyen de cette équation, ce qui donnera une équation en z du degré μ qu'on pourra représenter ainsi

$$z^\mu + \alpha z^{\mu-1} + \beta z^{\mu-2} + \gamma z^{\mu-3} + \ldots - \omega = 0,$$

où les coefficients α, β, γ,..., ω seront par conséquent des fonctions connues des A, B, C,... et L, M, N,....

Ainsi l'on aura

$$z(z^{\mu-1} + \alpha z^{\mu-2} + \beta z^{\mu-3} + \ldots) = \omega,$$

d'où l'on voit que la quantité z deviendra égale à ω, et par conséquent indépendante de y, étant multipliée par le polynôme

$$z^{\mu-1} + \alpha z^{\mu-2} + \beta z^{\mu-3} + \ldots.$$

De sorte que si l'on remet dans ce polynôme, à la place de z, sa valeur en y, on aura le polynôme cherché, dans lequel on pourra, si l'on veut, n'admettre que des puissances de y moindres que y^μ, parce qu'au moyen de l'équation

$$y^\mu + Ay^{\mu-1} + \ldots = 0$$

on pourra toujours faire rentrer les puissances de y supérieures à y^μ dans la classe des inférieures.

De cette manière on pourra donc ramener l'équation (d) à la forme

$$(k) \qquad x = a + by + cy^2 + \ldots + ky^{\mu-1},$$

de sorte qu'on pourra toujours regarder l'équation proposée (a)

$$x^\mu + mx^{\mu-1} + nx^{\mu-2} + \ldots = 0,$$

comme la résultante de l'élimination de y, faite par le moyen de l'équation (c)

$$y^{\mu} + Ay^{\mu-1} + By^{\mu-2} + \ldots + V = 0,$$

et de l'équation (k). On supposera donc les coefficients a, b, c,..., k, dont le nombre est μ, indéterminés, et l'équation provenante de l'élimination de y étant comparée terme à terme avec la proposée donnera μ conditions qui serviront à déterminer les quantités a, b, c,....

Si l'on réduit l'équation en y à deux termes tels que

$$y^{\mu} + V = 0,$$

la méthode précédente reviendra à celle de MM. Euler et Bezout, dont nous avons déjà fait mention plusieurs fois dans le cours de ce Mémoire.

Le détail où nous venons d'entrer sert à rapprocher cette méthode de celle de M. Tschirnaus, et à montrer leur analogie et dépendance mutuelle.

66. Comme tout se réduit à déterminer les inconnues a, b, c,..., k dont le nombre est μ, par la comparaison des termes de la proposée avec ceux de la résultante de l'élimination de y, nous remarquerons d'abord à l'égard de cette dernière, qu'elle sera nécessairement exprimée par une fonction rationnelle et entière des quantités a, b, c,..., k et x, où ces quantités rempliront partout le même nombre de dimensions μ, comme on peut aisément le conclure de la théorie d'élimination donnée dans le n° 13; d'où il s'ensuit qu'en ordonnant cette équation par rapport à x les coefficients de tous ces termes se trouveront être des fonctions rationnelles, entières et homogènes des quantités a, b, c,..., k, et dont les dimensions seront 0, 1, 2, 3,... pour les puissances x^{μ}, $x^{\mu-1}$, $x^{\mu-2}$,....

Ainsi le premier terme x^{μ} n'aura d'autre coefficient que l'unité, le second terme $x^{\mu-1}$ aura pour coefficient une quantité de la forme

$$\alpha a + \beta b + \gamma c + \ldots,$$

α, β, γ étant des coefficients numériques, le troisième terme $x^{\mu-2}$ aura pour coefficient une quantité de la forme

$$\alpha a^2 + \beta ab + \gamma b^2 + \delta ac + \ldots,$$

et ainsi des autres.

Égalant donc le coefficient du second terme à m, celui du troisième terme à n, et ainsi de suite, on aura μ équations entre les μ inconnues a, b, c,..., k, dont la première sera du premier degré seulement, la seconde, du second degré, la troisième, du troisième, et ainsi des autres; de sorte qu'en éliminant ces inconnues à l'exception d'une seule quelconque, on aura, en général, pour la détermination de celle-ci une équation finale du degré marqué par $1.2.3\ldots\mu$; ce qui est contraire au sentiment de M. Euler, mais ce qui s'accorde avec ce que M. Bezout a trouvé par induction.

67. Pour confirmer davantage cette conclusion sur le degré des équations en a, ou b, ou c,..., et pour voir en même temps dans quel cas ces équations sont susceptibles de simplification, nous allons chercher *à priori* l'expression des quantités a, b, c,... en x', x'', x''',..., racines de la proposée.

Faisons, comme dans le n° 54, $\sqrt[\mu]{-V} = u$, et désignant par 1, α, β, γ,... les μ racines de l'équation

$$y^\mu - 1 = 0,$$

on aura u, αu, βu, γu,... pour les μ racines de l'équation

$$y^\mu + V = 0;$$

donc, substituant successivement ces racines dans l'équation (k) du n° 65 à la place de y, et mettant en même temps les racines x', x'', x''',... à la place de x, on aura les μ équations suivantes

$$\begin{aligned}
x' &= a + bu + cu^2 + du^3 + \ldots + ku^{\mu-1},\\
x'' &= a + \alpha bu + \alpha^2 cu^2 + \alpha^3 du^3 + \ldots + \alpha^{\mu-1} ku^{\mu-1},\\
x''' &= a + \beta bu + \beta^2 cu^2 + \beta^3 du^3 + \ldots + \beta^{\mu-1} ku^{\mu-1},\\
x^{\text{IV}} &= a + \gamma bu + \gamma^2 cu^2 + \gamma^3 du^3 + \ldots + \gamma^{\mu-1} ku^{\mu-1},\\
&\ldots\ldots\ldots\ldots\ldots\ldots\ldots\ldots\ldots\ldots\ldots,
\end{aligned}$$

par lesquelles on pourra déterminer les μ racines inconnues a, b, c,....

Cette détermination n'a aucune difficulté; car puisque $1, \alpha, \beta, \gamma, \ldots$ sont les racines de l'équation $y^\mu - 1 = 0$, laquelle manque de tous ses termes intermédiaires, on aura, comme on sait,

$$1 + \alpha + \beta + \gamma + \ldots = 0,$$
$$1 + \alpha^2 + \beta^2 + \gamma^2 + \ldots = 0,$$
$$1 + \alpha^3 + \beta^3 + \gamma^3 + \ldots = 0,$$
$$\ldots\ldots\ldots\ldots\ldots\ldots,$$

c'est-à-dire que la somme de toutes les racines élevées chacune à une même puissance quelconque sera toujours nulle lorsque l'exposant de la puissance ne sera pas divisible par μ; et à l'égard des puissances dont l'exposant sera multiple de μ, il est visible, par l'équation même $y^\mu - 1 = 0$, qu'on aura $\alpha^\mu = 1$, $\alpha^{2\mu} = 1, \ldots$, et ainsi des autres racines.

Donc, si l'on ajoute ensemble les μ équations du numéro précédent, après les avoir multipliées respectivement par les μ racines correspondantes $1, \alpha, \beta, \ldots$ élevées successivement aux puissances $\mu^{ième}$, $(\mu - 1)^{ième}$, $(\mu - 2)^{ième}, \ldots$, jusqu'à la première inclusivement, on aura sur-le-champ

$$\mu a \;\;= x' + x'' + x''' + x^{\text{IV}} + \ldots,$$
$$\mu u b \;= x' + \alpha^{\mu-1} x'' + \beta^{\mu-1} x''' + \gamma^{\mu-1} x^{\text{IV}} + \ldots,$$
$$\mu u^2 c = x' + \alpha^{\mu-2} x'' + \beta^{\mu-2} x''' + \gamma^{\mu-2} x^{\text{IV}} + \ldots,$$
$$\mu u^3 d = x' + \alpha^{\mu-3} x'' + \beta^{\mu-3} x''' + \gamma^{\mu-3} x^{\text{IV}} + \ldots,$$
$$\ldots\ldots\ldots\ldots\ldots\ldots\ldots\ldots\ldots$$

On voit d'abord que la quantité a doit être donnée par une équation linéaire, puisqu'elle conserve la même valeur, quelque permutation qu'on fasse entre les racines $x', x'', \ldots$; en effet, à cause de

$$x' + x'' + x''' + \ldots = -m,$$

on aura $a = -\frac{m}{\mu}$.

Quant aux autres quantités $ub, u^2 c, u^3 d, \ldots$, chacune d'elles dépendra, en général, d'une équation d'un degré égal au nombre de toutes les permutations possibles entre les μ racines $x', x'', x''', \ldots$, nombre qui est, comme on sait, marqué par $1.2.3\ldots\mu$; car à chacune de ces permutations il répondra une valeur différente des quantités ub, u^2c, u^3d,...; mais ces valeurs peuvent avoir entre elles des relations telles, que l'équation dont elles seront les racines puisse s'abaisser à un degré inférieur; c'est ce que nous allons examiner.

68. Pour cela nous remarquerons d'abord que, comme la quantité u demeure indéterminée, on pourra lui donner telle valeur qu'on voudra; la supposition la plus simple est de faire, avec M. Bezout, $u = 1$, et par conséquent

$$V = -u^\mu = -1;$$

nous adopterons donc cette hypothèse et nous supposerons en même temps

$$k = \frac{a'}{\mu}, \quad h = \frac{a''}{\mu}, \ldots, \quad b = \frac{a^{(\mu-1)}}{\mu},$$

ce qui donnera ces formules plus simples

$$\begin{aligned}
a' &= x' + \alpha x'' + \beta x''' + \gamma x^{\text{IV}} + \ldots,\\
a'' &= x' + \alpha^2 x'' + \beta^2 x''' + \gamma^2 x^{\text{IV}} + \ldots,\\
a''' &= x' + \alpha^3 x'' + \beta^3 x''' + \gamma^3 x^{\text{IV}} + \ldots,\\
&\ldots\ldots\ldots\ldots\ldots\ldots\ldots\ldots,\\
a^{(\mu-1)} &= x' + \alpha^{\mu-1} x'' + \beta^{\mu-1} x''' + \gamma^{\mu-1} x^{\text{IV}} + \ldots.
\end{aligned}$$

Considérons l'expression de la quantité a', et comme les racines de l'équation $y^\mu - 1 = 0$, que nous avons désignées par 1, α, β, γ,..., peuvent s'exprimer (24) par 1, α, α^2, α^3,..., on aura $\beta = \alpha^2$, $\gamma = \alpha^3$,...; de sorte que l'on aura

$$a' = x' + \alpha x'' + \alpha^2 x''' + \alpha^3 x^{\text{IV}} + \ldots + \alpha^{\mu-1} x^{(\mu)},$$

et pour avoir les valeurs des autres quantités a'', a''',..., il n'y aura qu'à mettre, dans cette expression de a', à la place de α, ses puissances α^2, α^3,.... D'où, et de ce qui a été démontré plus haut (56), on peut d'abord conclure que, lorsque l'exposant μ de l'équation proposée est un nombre premier, les quantités a', a'', a''',... seront les racines d'une même équation; mais il n'en sera pas ainsi lorsque μ sera un nombre composé; c'est pourquoi il faudra, dans la suite, distinguer les deux cas, où μ est un nombre premier et où il n'est pas premier.

69. Supposons, en général,

$$t = x' + \alpha x'' + \alpha^2 x''' + \alpha^3 x^{\text{IV}} + \ldots + \alpha^{\mu-1} x^{(\mu)},$$

et voyons quelle doit être la nature de l'équation en t. Pour cela on cherchera toutes les valeurs particulières de t qui résultent des $1.2.3\ldots\mu$ permutations dont les μ racines $x', x'', \ldots$ sont susceptibles; et dans cette recherche on suivra une méthode analogue à celle du nº 55; ainsi l'on regardera d'abord la quantité x' comme fixe, et l'on fera varier la position des $\mu-1$ autres quantités, lesquelles étant susceptibles de $1.2.3\ldots(\mu-1)$ permutations donneront autant de valeurs particulières de t, que nous dénoterons par $t', t'', t''', \ldots$; maintenant on fera varier, dans l'expression de chacune de ces valeurs, la position de la quantité x' en la mettant successivement à la place de $x'', x''', \ldots$, ce qui donnera les $1.2.3\ldots\mu$ valeurs cherchées qui devront être les racines de l'équation en t.

Or on verra aisément que pour avoir toutes ces valeurs il n'y aura qu'à multiplier successivement chacune des valeurs $t', t'', t''', \ldots$ par $\alpha, \alpha^2, \alpha^3, \ldots, \alpha^{\mu-1}$; de sorte que les racines de l'équation en t seront exprimées ainsi

$$\begin{array}{llllll} t', & \alpha t', & \alpha^2 t', & \alpha^3 t', \ldots, & \alpha^{\mu-1} t', \\ t'', & \alpha t'', & \alpha^2 t'', & \alpha^3 t'', \ldots, & \alpha^{\mu-1} t'', \\ t''', & \alpha t''', & \alpha^2 t''', & \alpha^3 t''', \ldots, & \alpha^{\mu-1} t''', \\ \ldots & \ldots & \ldots & \ldots & \ldots, \end{array}$$

d'où il est facile de conclure que l'équation en t ne renfermera que des puissances de t dont les exposants seront multiples de μ.

De là il s'ensuit donc qu'en faisant $t^\mu = \theta$, en sorte que l'on ait

$$\theta = (x' + \alpha x'' + \alpha^2 x''' + \alpha^3 x^{\text{IV}} + \ldots)^\mu,$$

on aura une équation en θ du degré $1.2.3\ldots(\mu-1)$, dont les racines seront les valeurs de θ qui viennent des permutations des $\mu - 1$ racines x'', x''',... en faisant abstraction de la racine x'.

Cette conclusion a lieu quel que soit le nombre μ. Examinons maintenant à part les deux cas où μ est un nombre premier ou non.

70. Supposons d'abord que l'exposant μ soit un nombre premier, et nous remarquerons que pour trouver toutes les valeurs de θ il suffira de chercher celles qui viennent des permutations des $\mu - 2$ racines x''', x^{IV},... entre elles, et dont le nombre est par conséquent $1.2.3\ldots(\mu - 2)$, et de substituer successivement, dans l'expression de chacune de ces valeurs, $\alpha^2, \alpha^3, \ldots, \alpha^{\mu-1}$ à la place de α; c'est de quoi on peut se convaincre par un raisonnement analogue à celui du n° 56.

D'où il s'ensuit (57) que, si l'on suppose que les $\mu - 1$ valeurs de θ qui répondent aux substitutions de $\alpha^2, \alpha^3, \ldots, \alpha^{\mu-1}$ à la place de α dans l'expression précédente de θ soient les racines de cette équation du $(\mu - 1)^{ième}$ degré

$$\theta^{\mu-1} - T\theta^{\mu-2} + U\theta^{\mu-3} - X\theta^{\mu-4} + \ldots = 0,$$

les coefficients T, U, X,... seront donnés chacun par une équation du degré $1.2.3\ldots(\mu - 2)$; de sorte que l'équation en θ du degré $1.2.3\ldots(\mu - 1)$ sera décomposable en $1.2.3\ldots(\mu - 2)$ équations du $(\mu - 1)^{ième}$ degré chacune, au moyen d'une équation du degré $1.2.3\ldots(\mu - 2)$, car, ayant trouvé l'un des coefficients T, U, X,... par la résolution d'une équation de ce degré, il sera aisé d'avoir tous les autres.

71. Puisque les $\mu - 1$ racines de l'équation

$$\theta^{\mu-1} - T\theta^{\mu-2} + U\theta^{\mu-3} - X\theta^{\mu-4} + \ldots = 0$$

sont les valeurs de θ, c'est-à-dire de

$$(x' + \alpha x'' + \alpha^2 x''' + \ldots)^\mu,$$

que l'on aurait en supposant que α devînt successivement $\alpha^2, \alpha^3, \ldots, \alpha^{\mu-1}$, il s'ensuit de ce qui a été dit dans le n° 68 que les racines de cette équation exprimeront justement les valeurs des quantités a', a'', a''',... élevées à la puissance μ.

Donc, si l'on dénote ces racines par θ', θ'', θ''',..., $\theta^{(\mu-1)}$, on aura

$$b=\frac{\sqrt[\mu]{\theta'}}{\mu},\quad c=\frac{\sqrt[\mu]{\theta''}}{\mu},\quad d=\frac{\sqrt[\mu]{\theta'''}}{\mu},\cdots$$

Maintenant, pour trouver avec facilité l'équation dont il s'agit, on élèvera le polynôme

$$x'+\alpha x''+\alpha^2 x'''+\alpha^3 x^{\text{IV}}+\ldots$$

à la puissance μ, et, faisant attention que $\alpha^\mu=1$, $\alpha^{\mu-1}=\alpha$, ..., on aura pour θ une expression de cette forme

$$\theta=\xi+\alpha\xi'+\alpha^2\xi''+\alpha^3\xi'''+\ldots+\alpha^{\mu-1}\xi^{(\mu-1)},$$

où ξ, ξ', ξ'',... seront des fonctions des racines x', x'', x''',... sans α; on changera α en y et ensuite on éliminera y par le moyen de l'équation (g) du n° **57**; mais, si l'on ne veut pas employer la voie ordinaire de l'élimination, on s'y prendra de la manière suivante.

72. Puisque $\beta=\alpha^2$, $\gamma=\alpha^3$,... (**68**), on aura

$$\begin{aligned}\theta'&=\xi+\alpha\xi'+\alpha^2\xi''+\alpha^3\xi'''+\ldots+\alpha^{\mu-1}\xi^{(\mu-1)},\\ \theta''&=\xi+\beta\xi'+\beta^2\xi''+\beta^3\xi'''+\ldots+\beta^{\mu-1}\xi^{(\mu-1)},\\ \theta'''&=\xi+\gamma\xi'+\gamma^2\xi''+\gamma^3\xi'''+\ldots+\gamma^{\mu-1}\xi^{(\mu-1)},\\ &\ldots\ldots\ldots\ldots\ldots\ldots\ldots\ldots,\end{aligned}$$

α, β, γ,... étant avec 1 les racines de l'équation $y^\mu-1=0$.

Connaissant donc ainsi les racines de l'équation en θ, on pourra déterminer par leur moyen les valeurs des coefficients T, U, X,...; car on aura, comme on sait,

$$\begin{aligned}\mathrm{T}&=\theta'+\theta''+\theta'''+\ldots,\\ \mathrm{U}&=\theta'\theta''+\theta'\theta'''+\ldots,\\ &\ldots\ldots\ldots\ldots\end{aligned}$$

On facilitera beaucoup cette détermination si l'on cherche la somme des puissances premières, secondes, troisièmes, etc., jusqu'aux $\mu^{ièmes}$, des racines θ', θ'', θ''', ..., et pour cela il sera utile de faire entrer dans le calcul la quantité

$$\theta^0 = \xi + \xi' + \xi'' + \xi''' + \ldots + \xi^{(\mu-1)};$$

en sorte que les quantités θ^0, θ', θ'',... répondent aux racines 1, α, β,... de l'équation $y^\mu - 1 = 0$.

Or, si l'on élève successivement le polynôme

$$\xi + \alpha\xi' + \alpha^2\xi'' + \alpha^3\xi''' + \ldots + \alpha^{\mu-1}\xi^{(\mu-1)}$$

aux puissances seconde, troisième, etc., et qu'on dénote par ξ_2, ξ_3, ξ_4, ..., les termes de ces puissances qui ne seront point affectés de α, après avoir substitué partout 1 à la place de α^μ, α à la place de $\alpha^{\mu+1}$ et ainsi de suite; il est facile de voir, par les propriétés des quantités 1, α, β, γ,... (67), que les sommes des puissances premières, secondes, troisièmes, etc., des quantités θ^0, θ', θ'',... se réduiront à $\mu\xi$, $\mu\xi_2$, $\mu\xi_3$, ...

Or

$$\theta^0 = \xi + \xi' + \xi'' + \xi''' + \ldots + \xi^{(\mu-1)} = [x' + x'' + x''' + \ldots + x^{(\mu-1)}]^\mu = (-m)^\mu;$$

donc, si l'on retranche respectivement des quantités $\mu\xi$, $\mu\xi_2$, $\mu\xi_3$,... les puissances première, seconde, troisième, etc., de $(-m)^\mu$, les restes

$$\mu\xi - (-m)^\mu, \quad \mu\xi_2 - (-m)^{2\mu}, \quad \mu\xi_3 - (-m)^{3\mu}, \ldots$$

seront les sommes des $\mu - 1$ racines θ', θ'', θ''',... de leurs carrés, de leurs cubes, etc., de sorte qu'on aura, par les formules connues,

$$T = \mu\xi - (-m)^\mu,$$

$$U = \frac{T[\mu\xi - (-m)^\mu]}{2} - \frac{\mu\xi_2 - (-m)^{2\mu}}{2},$$

$$X = \frac{U[\mu\xi - (-m)^\mu]}{3} - \frac{T(\mu\xi_2 - (-m)^{2\mu}]}{3} + \frac{\mu\xi_3 - (-m)^{3\mu}}{3},$$

....

73. Maintenant, si l'on fait dans les expressions des quantités T, U, X,... toutes les permutations possibles entre les racines x', x'', x''', ..., on ne trouvera pour chacune de ces quantités que $1.2.3\ldots(\mu-2)$ valeurs différentes, lesquelles viendront uniquement des permutations entre les $\mu-2$ racines x''', x^{IV},...; ainsi l'on aura autant d'équations en θ, telles que

$$\theta^{\mu-1} - \mathrm{T}\theta^{\mu-2} + \mathrm{U}\theta^{\mu-3} - \ldots = 0,$$

lesquelles étant multipliées ensemble donneront une équation en θ du degré $1.2.3\ldots(\mu-1)$, et dont tous les coefficients seront déterminables par des fonctions rationnelles des coefficients m, n, p,... de l'équation proposée.

Cette équation en θ étant ainsi trouvée, si on la divise par une équation du degré $\mu-1$ telle que la précédente, on aura $\mu-1$ équations de condition entre les quantités T, U, X,... par lesquelles on pourra déterminer, par exemple, les valeurs de U, X,... en T, et l'on parviendra ensuite à une équation finale en T qui ne pourra monter qu'au degré $1.2.3\ldots(\mu-2)$.

En effet, puisque la quantité T n'est susceptible que de $1.2.3\ldots(\mu-2)$ valeurs différentes, si l'on appelle ces valeurs T', T'', T''',..., $\mathrm{T}^{(\nu)}$, en supposant, pour abréger,

$$\nu = 1.2.3\ldots(\mu-2),$$

on aura une équation en T, telle que

$$\mathrm{T}^{\nu} - \varpi\mathrm{T}^{\nu-1} + \rho\mathrm{T}^{\nu-2} - \sigma\mathrm{T}^{\nu-3} + \ldots = 0,$$

dont les racines seront T', T'', T''',..., en sorte qu'on pourra, si l'on veut, déterminer *à priori* les valeurs des coefficients ϖ, ρ, σ,... d'après celles des racines T', T'',....

De cette manière on aura donc l'équation en T directement et sans recourir à l'équation en θ du degré $\nu(\mu-1)$; et l'on pourra trouver aussi, indépendamment de cette dernière équation, les valeurs des autres coefficients U, X,... en T, comme nous le démontrerons plus bas dans la Section quatrième.

Concluons de tout ce qui précède que la méthode de MM. Euler et Bezout conduit nécessairement à une réduite du degré $1.2.3\ldots(\mu-1)$, laquelle, quand l'exposant μ de la proposée est un nombre premier, doit être décomposable en $1.2.3\ldots(\mu-2)$ facteurs du $(\mu-1)^{ième}$ degré chacun.

Ce résultat s'accorde, comme on voit, avec celui que l'on aurait par la méthode de M. Tschirnaus; ainsi l'on y pourra appliquer des remarques semblables à celles que nous avons faites dans le n° 58.

74. Pour éclaircir la théorie précédente par un exemple, prenons l'équation du cinquième degré

$$x^5 + mx^4 + nx^3 + px^2 + qx + r = 0,$$

dont les racines soient désignées par x', x'', x''', x^{IV}, x^{V}.

On supposera donc

$$x = a + by + cy^2 + dy^3 + ey^4,$$

et l'on regardera l'équation proposée comme le résultat de celle-ci et de l'équation à deux termes

$$y^5 + V = 0,$$

où bien, en faisant, comme dans le n° 68, $V = -1$,

$$y^5 - 1 = 0.$$

MM. Euler et Bezout ont donné dans leurs Mémoires sur ce sujet l'équation finale, qui doit résulter de l'élimination de y dans le cas de $m = 0$ et de $a = 0$, et dont la comparaison avec la proposée fournit les quatre équations nécessaires pour la détermination des coefficients b, c, d, e; mais ces savants Auteurs n'ont point donné le résultat qui doit provenir de ces quatre équations par l'élimination de trois quelconques des quatre inconnues qu'elles renferment, et cela à cause du travail immense que cette élimination demande. La méthode précédente fournit les moyens de trouver ce résultat *à priori*, et nous allons en donner un essai.

On aura d'abord (67)

$$a = -\frac{m}{5},$$

et ensuite (71)

$$b=\frac{\sqrt[5]{\theta'}}{5},\quad c=\frac{\sqrt[5]{\theta''}}{5},\quad d=\frac{\sqrt[5]{\theta'''}}{5},\quad e=\frac{\sqrt[5]{\theta^{\text{IV}}}}{5},$$

θ', θ'', θ''', θ^{IV} étant les quatre racines de l'équation

$$\theta^4-\mathrm{T}\theta^3+\mathrm{U}\theta^2-\mathrm{X}\theta+\mathrm{Y}=0,$$

laquelle sera un diviseur de l'équation du vingt-quatrième degré qu'on doit trouver pour la valeur de θ.

Maintenant, pour avoir la valeur des coefficients T, U, ..., il faudra élever le polynôme

$$x'+\alpha x''+\alpha^2 x'''+\alpha^3 x^{\text{IV}}+\alpha^4 x^{\text{V}}$$

à la cinquième puissance, ce qui donnera, à cause de $\alpha^5=1$, cet autre polynôme

$$\xi+\alpha\xi'+\alpha^2\xi''+\alpha^3\xi'''+\alpha^4\xi^{\text{IV}},$$

où

$$\begin{aligned}\xi = {} & x'^5+x''^5+x'''^5+x^{\text{IV}5}+x^{\text{V}5}+120\,x'x''x'''x^{\text{IV}}x^{\text{V}}\\ & +20\,[x'^3(x''x^{\text{V}}+x'''x^{\text{IV}})+x''^3(x'x'''+x^{\text{IV}}x^{\text{V}})+x'''^3(x'x^{\text{V}}+x''x^{\text{IV}})\\ & \qquad +x^{\text{IV}3}(x'x''+x'''x^{\text{V}})+x^{\text{V}3}(x'x^{\text{IV}}+x''x''')]\\ & +30\,[x'(x''^2x^{\text{V}2}+x'''^2x^{\text{IV}2})+x''(x'^2x'''^2+x^{\text{IV}2}x^{\text{V}2})+x'''(x'^2x^{\text{V}2}+x''^2x^{\text{IV}2})\\ & \qquad +x^{\text{IV}}(x'^2x''^2+x'''^2x^{\text{V}2})+x^{\text{V}}(x'^2x^{\text{IV}2}+x''^2x'''^2)],\end{aligned}$$

$$\xi'=5\,(x'^4x''+x''^4x'''+x'''^4x^{\text{IV}}+x^{\text{IV}4}x^{\text{V}}+x^{\text{V}4}x')+\ldots,$$

. . . .

Et l'on aura d'abord

$$\mathrm{T}=5\xi+m^5.$$

Or, en considérant l'expression de ξ, on voit que les termes

$$x'^5+x''^5+x'''^5+x^{\text{IV}5}+x^{\text{V}5}+120\,x'x''x'''x^{\text{IV}}x^{\text{V}}$$

peuvent s'exprimer immédiatement par les coefficients m, n,... de l'équation proposée; et il est facile de trouver que la valeur de ces termes sera

$$-m^5+5m^3n-5m^2p+5m(q-n^2)+5np-125r.$$

Donc, si l'on fait pour plus de simplicité

$$z = 2[x'^3(x''x^{\text{v}} + x'''x^{\text{iv}}) + x''^3(x'x''' + x^{\text{iv}}x^{\text{v}}) + x'''^3(x''x^{\text{iv}} + x'x^{\text{v}}) + x^{\text{iv}3}(x'''x^{\text{v}} + x'x'') + x^{\text{v}3}(x'x^{\text{iv}} + x''x''')]$$
$$+ 3[x'(x''^2x^{\text{v}2} + x'''^2x^{\text{iv}2}) + x''(x'^2x'''^2 + x^{\text{iv}2}x^{\text{v}2}) + x'''(x''^2x^{\text{iv}2} + x'^2x^{\text{v}2}) + x^{\text{iv}}(x'''^2x^{\text{v}2} + x'^2x''^2) + x^{\text{v}}(x'^2x^{\text{iv}2} + x''^2x'''^2)],$$

on aura

$$T = 50z - 4m^5 + 25[m^3n - m^2p + m(q - n^2) + np - 25r],$$

et l'on trouvera que la quantité z ne sera susceptible que des six valeurs suivantes, que nous désignerons par z', z'', z''', z^{IV}, z^{V}, z^{VI}:

$$z' = 2[x'^3(x''x^{\text{v}} + x'''x^{\text{iv}}) + x''^3(x'x''' + x^{\text{iv}}x^{\text{v}}) + x'''^3(x''x^{\text{iv}} + x'x^{\text{v}}) + x^{\text{iv}3}(x'''x^{\text{v}} + x'x'') + x^{\text{v}3}(x'x^{\text{iv}} + x''x''')]$$
$$+ 3[x'(x''^2x^{\text{v}2} + x'''^2x^{\text{iv}2}) + x''(x'^2x'''^2 + x^{\text{iv}2}x^{\text{v}2}) + x'''(x''^2x^{\text{iv}2} + x'^2x^{\text{v}2}) + x^{\text{iv}}(x'''^2x^{\text{v}2} + x'^2x''^2) + x^{\text{v}}(x'^2x^{\text{iv}2} + x''^2x'''^2)],$$

$$z'' = 2[x'^3(x''x^{\text{iv}} + x'''x^{\text{v}}) + x''^3(x'x''' + x^{\text{iv}}x^{\text{v}}) + x'''^3(x''x^{\text{v}} + x'x^{\text{iv}}) + x^{\text{v}3}(x'''x^{\text{iv}} + x'x'') + x^{\text{iv}3}(x'x^{\text{v}} + x''x''')]$$
$$+ 3[x'(x''^2x^{\text{iv}2} + x'''^2x^{\text{v}2}) + x''(x'^2x'''^2 + x^{\text{iv}2}x^{\text{v}2}) + x'''(x''^2x^{\text{v}2} + x'^2x^{\text{iv}2}) + x^{\text{v}}(x'''^2x^{\text{iv}2} + x'^2x''^2) + x^{\text{iv}}(x'^2x^{\text{v}2} + x''^2x'''^2)],$$

$$z''' = 2[x'^3(x''x^{\text{v}} + x'''x^{\text{iv}}) + x''^3(x'x^{\text{iv}} + x'''x^{\text{v}}) + x^{\text{iv}3}(x''x''' + x'x^{\text{v}}) + x'''^3(x^{\text{iv}}x^{\text{v}} + x'x'') + x^{\text{v}3}(x'x''' + x''x^{\text{iv}})]$$
$$+ 3[x'(x''^2x^{\text{v}2} + x'''^2x^{\text{iv}2}) + x''(x'^2x^{\text{iv}2} + x'''^2x^{\text{v}2}) + x^{\text{iv}}(x''^2x'''^2 + x'^2x^{\text{v}2}) + x'''(x^{\text{iv}2}x^{\text{v}2} + x'^2x''^2) + x^{\text{v}}(x'^2x'''^2 + x''^2x^{\text{iv}2})],$$

$$z^{\text{iv}} = 2[x'^3(x''x''' + x^{\text{iv}}x^{\text{v}}) + x''^3(x'x^{\text{iv}} + x'''x^{\text{v}}) + x^{\text{iv}3}(x''x^{\text{v}} + x'x''') + x^{\text{v}3}(x'''x^{\text{iv}} + x'x'') + x'''^3(x'x^{\text{v}} + x''x^{\text{iv}})]$$
$$+ 3[x'(x''^2x'''^2 + x^{\text{iv}2}x^{\text{v}2}) + x''(x'^2x^{\text{iv}2} + x'''^2x^{\text{v}2}) + x^{\text{iv}}(x''^2x^{\text{v}2} + x'^2x'''^2) + x^{\text{v}}(x'''^2x^{\text{iv}2} + x'^2x''^2) + x'''(x'^2x^{\text{v}2} + x''^2x^{\text{iv}2})],$$

$$z^{\text{v}} = 2[x'^3(x''x''' + x^{\text{iv}}x^{\text{v}}) + x''^3(x'x^{\text{v}} + x'''x^{\text{iv}}) + x^{\text{v}3}(x''x^{\text{iv}} + x'x''') + x^{\text{iv}3}(x'''x^{\text{v}} + x'x'') + x'''^3(x'x^{\text{iv}} + x''x^{\text{v}})]$$
$$+ 3[x'(x''^2x'''^2 + x^{\text{iv}2}x^{\text{v}2}) + x''(x'^2x^{\text{v}2} + x'''^2x^{\text{iv}2}) + x^{\text{v}}(x''^2x^{\text{iv}2} + x'^2x'''^2) + x^{\text{iv}}(x'''^2x^{\text{v}2} + x'^2x''^2) + x'''(x'^2x^{\text{iv}2} + x''^2x^{\text{v}2})],$$

$$z^{\text{VI}} = 2[x'^3(x''x^{\text{IV}} + x'''x^{\text{V}}) + x''^3(x'x^{\text{V}} + x'''x^{\text{IV}}) + x^{\text{V}3}(x''x''' + x'x^{\text{IV}}) + x'''^3(x^{\text{IV}}x^{\text{V}} + x'x'') + x^{\text{IV}3}(x'x''' + x''x^{\text{V}})]$$
$$+ 3[x'(x''^2x^{\text{IV}2} + x'''^2x^{\text{V}2}) + x''(x'^2x^{\text{V}2} + x'''^2x^{\text{IV}2}) + x^{\text{V}}(x''^2x'''^2 + x'^2x^{\text{IV}2}) + x'''(x^{\text{IV}2}x^{\text{V}2} + x'^2x''^2) + x^{\text{IV}}(x'^2x'''^2 + x''^2x^{\text{V}2})].$$

En effet, si l'on fait dans ces formules telles permutations que l'on voudra entre les racines x', x'', x''',..., on verra toujours renaitre les mêmes formules; d'où il s'ensuit que les six quantités z', z'', z''',... seront nécessairement les racines d'une équation du sixième degré, telle que

$$z^6 - \text{A}z^5 + \text{B}z^4 - \text{C}z^3 + \text{D}z^2 - \text{E}z + \text{F} = 0,$$

dont les coefficients A, B,... pourront par conséquent se déterminer par les règles connues.

On aura, par exemple,

$$\text{A} = z' + z'' + z''' + z^{\text{IV}} + z^{\text{V}} + z^{\text{VI}};$$

c'est-à-dire

$$\begin{aligned}
\text{A} = {} & 4x'^3(x''x''' + x''x^{\text{IV}} + x''x^{\text{V}} + x'''x^{\text{IV}} + x'''x^{\text{V}} + x^{\text{IV}}x^{\text{V}}) \\
& + 4x''^3(x'x''' + x'x^{\text{IV}} + x'x^{\text{V}} + x'''x^{\text{IV}} + x'''x^{\text{V}} + x^{\text{IV}}x^{\text{V}}) \\
& + 4x'''^3(x'x'' + x'x^{\text{IV}} + x'x^{\text{V}} + x''x^{\text{IV}} + x''x^{\text{V}} + x^{\text{IV}}x^{\text{V}}) \\
& + 4x^{\text{IV}3}(x'x'' + x'x''' + x'x^{\text{V}} + x''x''' + x''x^{\text{V}} + x'''x^{\text{V}}) \\
& + 4x^{\text{V}3}(x'x'' + x'x''' + x'x^{\text{IV}} + x''x''' + x''x^{\text{IV}} + x'''x^{\text{IV}}) \\
& + 6x'[(x''x''')^2 + (x''x^{\text{IV}})^2 + (x''x^{\text{V}})^2 + (x'''x^{\text{IV}})^2 + (x'''x^{\text{V}})^2 + (x^{\text{IV}}x^{\text{V}})^2] \\
& + 6x''[(x'x''')^2 + (x'x^{\text{IV}})^2 + (x'x^{\text{V}})^2 + (x'''x^{\text{IV}})^2 + (x'''x^{\text{V}})^2 + (x^{\text{IV}}x^{\text{V}})^2] \\
& + 6x'''[(x'x'')^2 + (x'x^{\text{IV}})^2 + (x'x^{\text{V}})^2 + (x''x^{\text{IV}})^2 + (x''x^{\text{V}})^2 + (x^{\text{IV}}x^{\text{V}})^2] \\
& + 6x^{\text{IV}}[(x'x'')^2 + (x'x''')^2 + (x'x^{\text{V}})^2 + (x''x''')^2 + (x''x^{\text{V}})^2 + (x'''x^{\text{V}})^2] \\
& + 6x^{\text{V}}[(x'x'')^2 + (x'x''')^2 + (x'x^{\text{IV}})^2 + (x''x''')^2 + (x''x^{\text{IV}})^2 + (x'''x^{\text{IV}})^2].
\end{aligned}$$

Or on a dans l'équation proposée

$$-m = x' + x'' + x''' + x^{\text{IV}} + x^{\text{V}},$$
$$n = x'x'' + x'x''' + x'x^{\text{IV}} + x'x^{\text{V}} + x''x''' + x''x^{\text{IV}} + x''x^{\text{V}} + x'''x^{\text{IV}} + x'''x^{\text{V}} + x^{\text{IV}}x^{\text{V}};$$

donc les cinq premiers membres de la valeur de A deviendront

$$\begin{aligned}
&4n\,(x'^3+x''^3+x'''^3+x^{\text{IV}3}+x^{\text{V}3})\\
&\quad+4m(x'^4+x''^4+x'''^4+x^{\text{IV}4}+x^{\text{V}4})+4(x'^5+x''^5+x'''^5+x^{\text{IV}5}+x^{\text{V}5})\\
&=4n(-m^3+3mn-3p)+4m(m^4-4m^2n+4mp-4q+2n^2)\\
&\quad+4[-m^5+5m^3n-5m^2p+5m(q-n^2)-5r+5np].
\end{aligned}$$

Pour trouver la valeur des cinq derniers membres de la quantité A, il faudra commencer par chercher celle de la quantité

$$\begin{aligned}
&(x'x'')^2+(x'x''')^2+(x'x^{\text{IV}})^2+(x'x^{\text{V}})^2+(x''x''')^2\\
&+(x''x^{\text{IV}})^2+(x''x^{\text{V}})^2+(x'''x^{\text{IV}})^2+(x'''x^{\text{V}})^2+(x^{\text{IV}}x^{\text{V}})^2,
\end{aligned}$$

que nous désignerons, pour abréger, par l; or, si l'on carre la valeur de n, on aura

$$\begin{aligned}
n^2=l&+2n\,(x'^2+x''^2+x'''^2+x^{\text{IV}2}+x^{\text{V}2})\\
&+2m(x'^3+x''^3+x'''^3+x^{\text{IV}3}+x^{\text{V}3})\\
&+\;\;2\;(x'^4+x''^4+x'''^4+x^{\text{IV}4}+x^{\text{V}4})\\
=l&+2n\,(m^2-2n)+2m(-m^3+3mn-3p)\\
&+\;\;2\;(m^4-4m^2n+4mp-4q+2n^2),
\end{aligned}$$

d'où

$$\begin{aligned}
l=n^2&-2n(m^2-2n)-2m(-m^3+3mn-3p)\\
&-2(m^4-4m^2n+4mp-4q+2n^2);
\end{aligned}$$

maintenant il est facile de trouver que la valeur des cinq derniers membres de A sera exprimée par

$$\begin{aligned}
&6l(x'+x''+x'''+x^{\text{IV}}+x^{\text{V}})\\
&\quad-6(m^2-2n)(x'^3+x''^3+x'''^3+x^{\text{IV}3}+x^{\text{V}3})+6(x'^5+x''^5+x'''^5+x^{\text{IV}5}+x^{\text{V}5})\\
&=-6lm-6(m^2-2n)(-m^3+3mn-3p)\\
&\quad+6[-m^5+5m^3n-5m^2p+5m(q-n^2)-5r+5np];
\end{aligned}$$

de sorte qu'en rassemblant toutes ces quantités on aura enfin

$$\begin{aligned}A = &-6mn(3n-2m^2)+2(8n+3m^2)(-m^3+3mn-3p)\\ &+16m(m^4-4m^2n+4mp-4q+2n^2)\\ &+10[-m^5+5m^3n-5m^2p+5m(q-n^2)-5r+5np].\end{aligned}$$

On pourra trouver d'une manière semblable la valeur de chacun des autres coefficients B, C,... de l'équation z, et l'on en abrégera beaucoup le calcul si l'on fait usage des règles données par M. Cramer à la fin de son *Introduction à l'Analyse des lignes courbes*, pour calculer la somme des produits des racines d'une équation quelconque, prises deux à deux, ou trois à trois, ou, etc., et élevées chacune à une puissance quelconque donnée; mais nous n'entrerons point ici dans ce détail qui, outre qu'il exigerait des calculs très-longs, ne saurait d'ailleurs jeter aucune lumière sur la résolution des équations du cinquième degré; car comme la réduite en z est du sixième degré, elle ne sera pas résoluble à moins qu'elle ne puisse s'abaisser à un degré inférieur au cinquième; or c'est ce qui ne me paraît guère possible d'après la forme des racines z', z'',... de cette équation.

75. Nous avons supposé depuis le n° 70 jusqu'ici, que l'exposant μ de l'équation proposée était un nombre premier; voyons maintenant ce qui doit arriver lorsque μ sera un nombre composé.

Dans ce cas il est facile de prouver par des raisonnements analogues à ceux du n° 59 que les conclusions du numéro cité et des numéros suivants n'auront lieu que tant qu'on ne substituera à la place de α que les puissances α^ν, α^ϖ, α^ρ,..., dont les exposants ν, ϖ, ρ,... sont des nombres premiers à μ; d'où il s'ensuit :

1° Qu'en désignant par $\lambda-1$ le nombre des exposants ν, ϖ, ρ,... dont il s'agit, l'équation en θ, qui est généralement du degré $1.2.3\ldots(\mu-1)$, sera décomposable en $\dfrac{1.2.3\ldots(\mu-1)}{\lambda}$ équations, chacune du degré λ, et telle que

$$\theta^\lambda - T\theta^{\lambda-1} + U\theta^{\lambda-2} - X\theta^{\lambda-3} + \ldots = 0,$$

les coefficients T, U, X,... étant donnés chacun par une équation du degré $\frac{1.2.3\ldots(\mu-1)}{\lambda}$.

2° Que les λ racines de cette équation en θ étant désignées par θ', θ'', θ''',..., les quantités $\frac{\sqrt[\mu]{\theta'}}{\mu}$, $\frac{\sqrt[\mu]{\theta''}}{\mu}$, $\frac{\sqrt[\mu]{\theta'''}}{\mu}$,... exprimeront les valeurs de ceux des coefficients k, h, g,..., c, b dont le rang, à commencer par k, sera marqué par les nombres 1, ν, ϖ, ρ,... premiers à μ; de sorte que tous ces coefficients seront donnés par une même équation.

3° Que pour appliquer la méthode du n° **71** à la recherche des coefficients T, V, X,..., il ne faudra pas se servir de l'équation (g) du n° **57** pour éliminer y, mais de l'équation (i) qu'on trouvera par la méthode du n° **60**, et dont les racines seront α, α^ν, α^ϖ, α^ρ,...; que, par conséquent, si l'on veut faire usage de la méthode du n° **72** pour trouver les coefficients dont il s'agit, il faudra d'abord chercher d'après l'équation (i) les sommes des racines α, α^ν, α^ϖ, α^ρ,..., de leurs carrés, de leurs cubes, etc., qu'on dénotera par S', S'', S''',...; ensuite ayant élevé successivement le polynôme

$$\xi + \alpha\xi' + \alpha^2\xi'' + \alpha^3\xi''' + \ldots + \alpha^{\mu-1}\xi^{(\mu-1)}$$

aux puissances deuxième, troisième, etc., et représentant ces puissances par

$$\begin{array}{l} \xi_2 + \alpha\xi'_2 + \alpha^2\xi''_2 + \alpha^3\xi'''_2 + \ldots, \\ \xi_3 + \alpha\xi'_3 + \alpha^2\xi''_3 + \alpha^3\xi'''_3 + \ldots, \\ \ldots\ldots\ldots\ldots\ldots\ldots\ldots\ldots, \end{array}$$

on aura les quantités

$$\begin{array}{l} \lambda\xi + S'\xi' + S''\xi'' + S'''\xi''' + \ldots, \\ \lambda\xi_2 + S'\xi'_2 + S''\xi''_2 + S'''\xi'''_2 + \ldots, \\ \lambda\xi_3 + S'\xi'_3 + S''\xi''_3 + S'''\xi'''_3 + \ldots, \\ \ldots\ldots\ldots\ldots\ldots\ldots\ldots\ldots \end{array}$$

pour les sommes des racines θ', θ'', θ''',... élevées aux puissances première, deuxième, troisième, etc., d'où il s'ensuit qu'on aura enfin par les formules connues

$$T = \lambda\xi + S'\xi' + S''\xi'' + S'''\xi''' + \ldots,$$

$$U = \frac{1}{2}T(\lambda\xi + S'\xi' + S''\xi'' + \ldots) - \frac{1}{2}(\lambda\xi_2 + S'\xi'_2 + S''\xi''_2 + \ldots),$$

$$X = \frac{1}{3}U(\lambda\xi + S'\xi' + S''\xi'' + \ldots) - \frac{1}{3}T(\lambda\xi_2 + S'\xi'_2 + S''\xi''_2 + \ldots)$$
$$+ \frac{1}{3}(\lambda\xi_3 + S'\xi'_3 + S''\xi''_3 + \ldots),$$

....

76. Pour trouver maintenant les valeurs des autres coefficients qui, dans la série k, h, g,..., c, b occupent des places marquées par des nombres commensurables à μ, supposons, en général, $\mu = \nu\varpi$, et que l'on cherche ceux des coefficients dont il s'agit dont l'exposant du rang sera multiple de ν; il est facile de voir par ce qui a été dit dans le nº 68, que si l'on exprime, pour plus de simplicité, ces coefficients par

$$\frac{a^{(\nu)}}{\mu}, \quad \frac{a^{(2\nu)}}{\mu}, \quad \frac{a^{(3\nu)}}{\mu}, \ldots,$$

et qu'on fasse $\alpha^\nu = \omega$, on aura

$$a^{(\nu)} = x' + \omega x'' + \omega^2 x''' + \omega^3 x^{\text{IV}} + \ldots + \omega^{\mu-1} x^{(\mu)};$$

et, pour avoir les autres quantités $a^{(2\nu)}$, $a^{(3\nu)}$,..., il n'y aura qu'à changer successivement ω en ω^2, ω^3,....

Soit, à l'imitation de ce qui a été fait dans le nº 69,

$$t = x' + \omega x'' + \omega^2 x''' + \omega^3 x^{\text{IV}} + \ldots + \omega^{\mu-1} x^{(\mu)},$$

et cherchons de même quelle doit être la nature de l'équation en t.

Pour cet effet on remarquera d'abord que, puisque $\omega = \alpha^\nu$, on aura

$$\omega^\varpi = \alpha^{\varpi\nu} = \alpha^\mu = 1;$$

et de là

$$\omega^{\varpi+1} = \omega, \quad \omega^{\varpi+2} = \omega^2, \ldots.$$

En général, puisque 1, α, α^2, α^3,..., $\alpha^{\mu-1}$ sont les racines de l'équation

$y^\mu - 1 = 0$, les puissances 1, ω, ω^2, $\omega^3, \ldots$, $\omega^{\varpi-1}$ seront les racines de l'équation $y^\varpi - 1 = 0$ (24).

Faisant donc rentrer les puissances de ω plus hautes que $\omega^{\varpi-1}$ dans la classe des inférieures, l'expression de t deviendra de cette forme

$$t = z' + \omega z'' + \omega^2 z''' + \omega^3 z^{\text{IV}} + \ldots + \omega^{\varpi-1} z^{(\varpi)},$$

en supposant

$$z' = x' + x^{(\varpi+1)} + x^{(2\varpi+1)} + \ldots + x^{(\mu-\varpi+1)},$$
$$z'' = x'' + x^{(\varpi+2)} + x^{(2\varpi+2)} + \ldots + x^{(\mu-\varpi+2)},$$
$$z''' = x''' + x^{(\varpi+3)} + x^{(2\varpi+3)} + \ldots + x^{(\mu-\varpi+3)},$$
$$\ldots\ldots\ldots\ldots\ldots\ldots\ldots\ldots\ldots\ldots,$$
$$z^{(\varpi)} = x^{(\varpi)} + x^{(2\varpi)} + x^{(3\varpi)} + \ldots + x^{(\mu)}.$$

77. En considérant maintenant l'équation en t dans toute sa généralité, il est clair qu'elle devrait être du degré $1.2.3\ldots\mu$, puisqu'il y a autant de permutations possibles entre les μ racines x', x'', x''', ..., et dont chacune doit donner une valeur particulière de t; mais si parmi ces valeurs il y en a d'égales, on pourra en faire abstraction et abaisser par là l'équation en t à un moindre degré; or c'est précisément ce qui a lieu dans le cas présent.

En effet, il est visible que la quantité z' demeurera toujours la même, quelque permutation qu'on fasse entre les ν racines x', $x^{(\varpi+1)}$, $x^{(2\varpi+1)}, \ldots$; donc, puisque ν choses admettent $1.2.3\ldots\nu$ permutations, il s'ensuit d'abord que les $1.2.3\ldots\mu$ valeurs de t seront telles que chacune se trouvera répétée $1.2.3\ldots\nu$ fois; en sorte que parmi ces valeurs il ne pourra y en avoir que $\frac{1.2.3\ldots\mu}{1.2.3\ldots\nu}$ de différentes entre elles.

Considérons ensuite la quantité z'', on prouvera de la même manière que chacune de ces dernières valeurs devra aussi se trouver répétée $1.2.3\ldots\nu$ fois, ce qui réduira le nombre des valeurs différentes de t à $\frac{1.2.3\ldots\mu}{(1.2.3\ldots\nu)^2}$.

En continuant le même raisonnement à l'égard des autres quantités z''', $z^{\text{IV}}, \ldots, z^{(\varpi)}$, on en conclura enfin que le nombre des valeurs différentes de t ne sera que $\frac{1.2.3\ldots\mu}{(1.2.3\ldots\nu)^\varpi}$; de sorte que l'équation en t ne montera qu'au degré $\frac{1.2.3\ldots\mu}{(1.2.3\ldots\nu)^\varpi}$.

78. Cela posé, si l'on compare maintenant l'expression précédente de t avec celle du n° 69, on verra aisément qu'elle est susceptible de remarques semblables, relativement aux permutations des quantités z', z'', z''',... entre elles; d'où l'on conclura :

1° Qu'en supposant ϖ égal à un nombre premier, l'équation en t ne renfermera que des puissances de t dont les exposants soient multiples de ϖ; de sorte qu'en faisant $t^\varpi = \theta$, on aura une équation en θ du degré $\frac{1.2.3\ldots\mu}{\varpi(1.2.3\ldots\nu)^\varpi}$;

2° Que cette équation sera toujours décomposable en $\frac{1.2.3\ldots\mu}{(\varpi-1)\varpi(1.2.3\ldots\nu)^\varpi}$ équations de la forme

$$\theta^{\varpi-1} - T\theta^{\varpi-2} + U\theta^{\varpi-3} - X\theta^{\varpi-4} + \ldots = 0,$$

où les coefficients T, U,... ne dépendront que d'une équation du degré $\frac{1.2.3\ldots\mu}{(\varpi-1)\varpi(1.2.3\ldots\nu)^\varpi}$;

3° Que, si l'on désigne par θ', θ'', θ''',... les $\varpi - 1$ racines de l'équation précédente, les quantités

$$\frac{\sqrt[\varpi]{\theta'}}{\mu}, \quad \frac{\sqrt[\varpi]{\theta''}}{\mu}, \quad \frac{\sqrt[\varpi]{\theta'''}}{\mu}, \ldots, \quad \frac{\sqrt[\varpi]{\theta^{(\varpi-1)}}}{\mu}$$

seront les valeurs de ceux des coefficients k, h, g,..., c, b qui occupent dans cette série les places $\nu^{ième}$, $(2\nu)^{ième}$, $(3\nu)^{ième}$,... jusqu'à la $(\mu-\nu)^{ième}$ inclusivement, ou, ce qui revient au même (à cause que le nombre de tous les coefficients a, b, c,..., k est μ), des coefficients qui occupent les mêmes places dans la série a, b, c,..., k;

4° Que, pour trouver les valeurs des coefficients T, U, X,..., on pourra se servir pareillement des méthodes des n^{os} **71** et **72**, en ayant seulement attention de mettre partout l'exposant ϖ à la place de l'exposant μ;

5° Que, si ϖ n'est pas un nombre premier, il faudra apporter aux conclusions précédentes des modifications relatives à la nature du nombre ϖ et qu'on trouvera aisément par des considérations semblables à celles qui ont fait l'objet du n° 75.

79. On voit donc, d'après ce qui précède, que, lorsque l'exposant μ de l'équation proposée est un nombre composé, les coefficients b, c, d,... ne peuvent pas être les racines d'une même équation, comme cela a lieu dans le cas où l'exposant μ est un nombre premier, mais que ces coefficients dépendent alors d'équations différentes suivant que leurs places dans la série a, b, c, d,... sont marquées par des nombres dont les plus grandes mesures avec le nombre μ sont différentes.

Cependant il ne sera pas nécessaire de chercher et de résoudre toutes ces différentes équations; car les coefficients dont il s'agit dépendent mutuellement les uns des autres, en sorte que dès que l'on aura trouvé la valeur d'un de ces coefficients on pourra en déduire aisément celles de tous les autres. En effet, si l'on suppose que l'on élimine y de l'équation (k) du n° 65 par le moyen de l'équation $y^\mu - 1 = 0$, et qu'on compare ensuite l'équation résultante terme à terme avec la proposée, on aura autant d'équations qu'il y a de coefficients indéterminés a, b, c,..., par lesquelles on pourra déterminer chacun de ces coefficients : or, à l'exception du premier coefficient a qui se trouvera donné par une équation où il n'y aura point d'autres inconnues, tous les autres coefficients inconnus b, c,... se trouveront mêlés entre eux, de manière que par la méthode ordinaire d'élimination on pourra déterminer la valeur de chacune de ces inconnues par une autre quelconque d'entre elles; sur quoi on fera des remarques semblables à celles du n° 58.

80. M. Bezout, dans le dessein de simplifier et de faciliter l'usage de sa méthode lorsque l'exposant de l'équation proposée est un nombre composé, a donné une seconde méthode qui paraît en quelque manière plus générale que la première, mais qui revient cependant à la même dans le fond, comme nous l'allons faire voir.

Suivant cette méthode, si l'exposant μ de l'équation proposée est représenté par le produit $\nu\varpi$ des deux nombres ν et ϖ, on prendra deux équations de cette forme

$$(l)\left\{\begin{array}{l} x^{\nu}-(a+by+cy^2+dy^3+\ldots+ky^{\varpi-1})\,x^{\nu-1} \\ \quad +(a'+b'y+c'y^2+d'y^3+\ldots+k'y^{\varpi-1})\,x^{\nu-2} \\ \quad -(a''+b''y+c''y^2+d''y^3+\ldots+k''y^{\varpi-1})\,x^{\nu-3} \\ \quad \ldots\ldots\ldots\ldots\ldots\ldots\ldots\ldots\ldots\ldots\ldots\ldots \\ \quad \pm[a^{(\nu-1)}+b^{(\nu-1)}y+c^{(\nu-1)}y^2+d^{(\nu-1)}y^3+\ldots+k^{(\nu-1)}y^{\varpi-1}]=0, \end{array}\right.$$

$$y^{\varpi}-1=0.$$

Et éliminant y on aura une équation finale en x du degré $\nu\varpi$ qu'on comparera terme à terme avec la proposée; ce qui donnera $\nu\varpi$ équations particulières entre les coefficients $a, b, c, \ldots, a', b', c', \ldots$, dont le nombre est aussi $\nu\varpi$; de sorte qu'on pourra par là déterminer chacun de ces coefficients.

Or, comme l'équation $y^{\varpi}-1=0$ donne ϖ valeurs de y, on aura, par la substitution successive de ces valeurs, autant d'équations en x, chacune du degré ν; d'où l'on tirera $\mu\nu$ valeurs de x, qui seront les racines de l'équation proposée.

Il est clair, par la théorie de l'élimination exposée dans le n° **13**, que l'équation résultante de l'élimination de y dans les deux équations ci-dessus ne sera autre chose que le produit de toutes les équations (l) que l'on aurait en y mettant à la place de y les ϖ racines de l'équation $y^{\varpi}-1=0$; d'où l'on voit que l'esprit de cette méthode consiste à décomposer l'équation proposée du degré $\nu\varpi$ en ϖ équations, chacune du $\nu^{ième}$ degré, et cela moyennant une équation du degré ϖ, de la forme $y^{\varpi}-1=0$.

Toute la difficulté consiste dans la détermination des coefficients inconnus $a, b, c, \ldots, a', b', c', \ldots$; c'est pourquoi il est bon de rechercher *à priori* quelle doit être la nature des équations par lesquelles ces quantités doivent se déterminer.

81. Supposons donc que l'équation proposée du degré $\mu=\nu\varpi$, et dont les racines sont x', x'', x''',..., soit le produit de ϖ équations telles que

$$\begin{aligned}
&x^{\nu} - z'\, x^{\nu-1} + u'\, x^{\nu-2} - v'\, x^{\nu-3} + \ldots = 0,\\
&x^{\nu} - z''\, x^{\nu-1} + u''\, x^{\nu-2} - v''\, x^{\nu-3} + \ldots = 0,\\
&x^{\nu} - z'''\, x^{\nu-1} + u'''\, x^{\nu-2} - v'''\, x^{\nu-3} + \ldots = 0,\\
&\ldots\ldots\ldots\ldots\ldots\ldots\ldots\ldots\ldots\ldots\ldots,\\
&x^{\nu} - z^{(\varpi)} x^{\nu-1} + u^{(\varpi)} x^{\nu-2} - v^{(\varpi)} x^{\nu-3} + \ldots = 0;
\end{aligned}$$

il faudra que chacune de ces équations renferme ν racines de la proposée; de sorte qu'en partageant la totalité des μ racines x', x'', x''',..., $x^{(\mu)}$ en ϖ systèmes de ν racines chacun, et tels par exemple que

$$\begin{array}{llll}
x', & x^{(\varpi+1)}, & x^{(2\varpi+1)}, \ldots, & x^{(\mu-\varpi+1)},\\
x'', & x^{(\varpi+2)}, & x^{(2\varpi+2)}, \ldots, & x^{(\mu-\varpi+2)},\\
x''', & x^{(\varpi+3)}, & x^{(2\varpi+3)}, \ldots, & x^{(\mu-\varpi+3)},\\
\ldots & \ldots & \ldots & \ldots,\\
x^{(\varpi)}, & x^{(2\varpi)}, & x^{(3\varpi)}, \ldots, & x^{(\mu)},
\end{array}$$

on aura par la nature des équations z' égal à la somme, u' égal à la somme des produits deux à deux, v' égal à la somme des produits trois à trois, etc., des racines x', $x^{(\varpi+1)}$, $x^{(2\varpi+1)}$,..., $x^{(\mu-\varpi+1)}$; de même on aura z'' égal à la somme, u'' égal à la somme des produits deux à deux, v'' égal à la somme des produits trois à trois, etc., des racines x'', $x^{(\varpi+2)}$, $x^{(2\varpi+2)}$,..., $x^{(\mu-\varpi+2)}$, et ainsi de suite.

Or, si l'on désigne par 1, ω, φ, ψ,... les ϖ racines de l'équation $y^{\varpi} - 1 = 0$, on aura (numéro précédent)

$$\begin{aligned}
&a + b + c + d + \ldots + k = z',\\
&a + b\omega + c\omega^2 + d\omega^3 + \ldots + k\omega^{\varpi-1} = z'',\\
&a + b\varphi + c\varphi^2 + d\varphi^3 + \ldots + k\varphi^{\varpi-1} = z''',\\
&\ldots\ldots\ldots\ldots\ldots\ldots\ldots\ldots\ldots\ldots,
\end{aligned}$$

et de même

$$\begin{aligned}
&a' + b' + c' + d' + \ldots + k' = u',\\
&a' + b'\omega + c'\omega^2 + d'\omega^3 + \ldots + k'\omega^{\varpi-1} = u'',\\
&a' + b'\varphi + c'\varphi^2 + d'\varphi^3 + \ldots + k'\varphi^{\varpi-1} = u''',\\
&\ldots\ldots\ldots\ldots\ldots\ldots\ldots\ldots\ldots\ldots,
\end{aligned}$$

et ainsi de suite.

Donc, puisque par la nature de l'équation $y^\varpi - 1 = 0$ qui manque de tous les termes intermédiaires on a

$$\begin{aligned}
&1 + \omega + \varphi + \psi + \ldots = 0,\\
&1 + \omega^2 + \varphi^2 + \psi^2 + \ldots = 0,\\
&1 + \omega^3 + \varphi^3 + \psi^3 + \ldots = 0,\\
&\ldots\ldots\ldots\ldots\ldots\ldots\ldots\ldots,
\end{aligned}$$

on pourra déterminer les valeurs des quantités $a, b, c, \ldots, k, a', b', c', \ldots, k'$, $a'', b'', c'', \ldots, k'', \ldots$ par une méthode semblable à celle du n° **67**; et il viendra

$$\begin{aligned}
&\varpi a = z' + z'' + z''' + \ldots + z^{(\varpi)},\\
&\varpi b = z' + \omega^{\varpi-1} z'' + \varphi^{\varpi-1} z''' + \ldots,\\
&\varpi c = z' + \omega^{\varpi-2} z'' + \varphi^{\varpi-2} z''' + \ldots,\\
&\ldots\ldots\ldots\ldots\ldots\ldots\ldots\ldots,
\end{aligned}$$

ensuite

$$\begin{aligned}
&\varpi a' = u' + u'' + u''' + \ldots + u^{(\varpi)},\\
&\varpi b' = u' + \omega^{\varpi-1} u'' + \varphi^{\varpi-1} u''' + \ldots,\\
&\varpi c' = u' + \omega^{\varpi-2} u'' + \varphi^{\varpi-2} u''' + \ldots,\\
&\ldots\ldots\ldots\ldots\ldots\ldots\ldots\ldots,
\end{aligned}$$

et ainsi de suite.

82. Examinons les valeurs des quantités $a, b, c, \ldots, k$, et il est d'abord clair que la valeur de ϖa sera égale à la somme de toutes les racines x', $x'', x''', \ldots, x^{(\mu)}$; de sorte que l'on aura $\varpi a = -m$; et par conséquent $a = -\frac{m}{\varpi}$.

Ensuite, si l'on met $\omega^2, \omega^3, \ldots$ à la place de $\varphi, \psi, \ldots$, en sorte que les racines de l'équation $y^\varpi - 1 = 0$ soient représentées par $1, \omega, \omega^2, \omega^3, \ldots, \omega^{\varpi-1}$ (**24**), on aura

$$\varpi k = z' + \omega z'' + \omega^2 z''' + \omega^3 z^{\text{IV}} + \ldots + \omega^{\varpi-1} z^{(\varpi)},$$

et pour avoir les valeurs des quantités $\varpi h, \varpi g, \ldots$ il n'y aura qu'à changer successivement, dans cette expression, la racine ω en $\omega^2, \omega^3, \ldots$.

Or l'expression précédente de ϖk est la même que celle de la quantité $a^{(\nu)}$ ou t du nº 76; par conséquent celles de ϖh, ϖg,... seront aussi les mêmes que celles des quantités $a^{(2\nu)}$, $a^{(3\nu)}$,... du même numéro; d'où il est facile de conclure que les coefficients a, b, c, d,... de l'équation (l) du nº 80, étant multipliés par ϖ, seront respectivement égaux à ceux des coefficients a, b, c,... de l'équation (k) du nº 65, qui occuperont dans la série a, b, c,..., les places marquées par les nombres 1, ν, 2ν, 3ν,..., $\mu - \nu$, chacun de ces coefficients étant multiplié par μ.

Ainsi l'on pourra appliquer sur-le-champ aux coefficients a, b, c,... de la formule ci-dessus les mêmes conclusions des nºs 76 et suivants.

83. Quant aux autres coefficients a', b', c',..., a'', b'', c'',... de la même formule (l) on pourra, si l'on veut, les faire dépendre des précédents, ou simplement d'un quelconque d'entre eux, par des considérations semblables à celles du nº 79; on peut aussi déterminer *à priori*, d'après les formules du nº 81, le degré et la forme de l'équation d'où chacun de ces coefficients doit dépendre immédiatement.

Pour cet effet il suffira de remarquer que les quantités u', u'', u''',... sont analogues aux quantités correspondantes z', z'', z''',... en ce que ces quantités sont des fonctions des mêmes racines, lesquelles ont la propriété de demeurer les mêmes, quelques permutations qu'on fasse entre ces racines; il en est de même des quantités v', v'', v''',...; d'où il s'ensuit que l'on pourra appliquer aux coefficients b', c', d',..., b'', c'', d'',... des raisonnements et des conclusions semblables à celles qui ont lieu pour les coefficients b, c, d,....

Mais à l'égard des coefficients a', a'',... il faudra les considérer à part, et après avoir prouvé par des raisonnements analogues à ceux du nº 77 que chacune de ces quantités ne pourra avoir que $\frac{1.2.3\ldots\mu}{(1.2.3\ldots\nu)^{\varpi}}$ valeurs différentes, on remarquera que ces quantités ne souffrant aucun changement par les permutations des quantités u', u'', u''',..., $u^{(\varpi)}$, ou v', v'', v''',..., $v^{(\varpi)}$, ou, etc., entre elles, il faudra encore diviser le nombre $\frac{1.2.3\ldots\mu}{(1.2.3\ldots\nu)^{\varpi}}$ par $1.2.3\ldots\varpi$ pour avoir celui des valeurs différentes de chacun des coefficients a', a'',...; d'où il s'ensuit que chacun de ces mêmes coefficients devra être déterminé par une équation particulière du degré

$$\frac{1.2.3\ldots\mu}{1.2.3\ldots\varpi(1.2.3\ldots\nu)^{\varpi}}.$$

84. Supposons que l'équation proposée soit d'un degré pair, et prenons $\varpi = 2$, en sorte que l'on ait $\mu = 2\nu$; dans ce cas l'équation $y^{\varpi} - 1 = 0$ deviendra

$$y^2 - 1 = 0,$$

laquelle donne les deux racines

$$y = 1 \quad \text{et} \quad y = -1;$$

et il faudra, suivant la méthode précédente, que l'équation proposée

$$x^{2\nu} + mx^{2\nu-1} + nx^{2\nu-2} + px^{2\nu-3} + \ldots = 0$$

soit formée du produit de ces deux-ci

$$x^{\nu} - (a+b)x^{\nu-1} + (a'+b')x^{\nu-2} - (a''+b'')x^{\nu-3} + \ldots = 0,$$
$$x^{\nu} - (a-b)x^{\nu-1} + (a'-b')x^{\nu-2} - (a''-b'')x^{\nu-3} + \ldots = 0.$$

Ainsi l'on aura

$$a = -\frac{m}{2} \quad \text{et} \quad b = \frac{z' - z''}{2},$$

où

$$z' = x' + x''' + x^{\text{v}} + \ldots + x^{(2\nu-1)},$$
$$z'' = x'' + x^{\text{IV}} + x^{\text{VI}} + \ldots + x^{(2\nu)}.$$

Et l'on trouvera que l'équation en b sera du degré

$$\frac{1.2.3\ldots 2\nu}{(1.2.3\ldots\nu)^2}, \quad \text{c'est-à-dire} \quad \frac{(\nu+1)(\nu+2)(\nu+3)\ldots 2\nu}{1.2.3\ldots\nu},$$

avec tous les exposants pairs.

Donc, si l'on suppose que l'équation proposée ait un diviseur du degré ν et tel que

$$x^{\nu} + m'x^{\nu-1} + n'x^{\nu-2} + p'x^{\nu-3} + \ldots = 0,$$

on trouvera pour m' une équation du degré

$$\frac{(\nu+1)(\nu+2)(\nu+3)\ldots(2\nu)}{1.2.3\ldots\nu},$$

ce qui s'accorde avec ce que l'on sait d'ailleurs, puisque ce nombre exprime celui des combinaisons de 2ν choses prises ν à ν.

Et comme en faisant

$$-m'=a+b=-\frac{m}{2}+b$$

on doit avoir une équation en b qui n'ait que des puissances paires, il s'ensuit que l'équation en m' sera telle que, si l'on y fait disparaître le second terme, tous les termes alternatifs disparaîtront en même temps, comme nous l'avons vu par rapport aux équations du quatrième degré (35).

85. Si l'équation proposée est du sixième degré, en sorte que $\nu=3$, et qu'on fasse $4b^2=\theta$, on aura une équation en θ du degré

$$\frac{4.5.6}{2\times1.2.3}=10.$$

M. Bezout pense que cette équation pourra se décomposer en deux équations, au moyen d'une équation du second degré : c'est de quoi je doute fort; en effet, les racines de l'équation en θ seront représentées par ces dix quantités, lesquelles renferment toutes les valeurs de $(z'-z'')^2$ qui peuvent résulter des permutations entre les six racines x', x'', x''',...

$$(x'+x''+x'''-x^{\text{IV}}-x^{\text{V}}-x^{\text{VI}})^2,$$
$$(x'+x''+x^{\text{IV}}-x'''-x^{\text{V}}-x^{\text{VI}})^2,$$
$$(x'+x''+x^{\text{V}}-x^{\text{IV}}-x'''-x^{\text{VI}})^2,$$
$$(x'+x''+x^{\text{VI}}-x^{\text{IV}}-x^{\text{V}}-x''')^2,$$
$$(x'+x^{\text{IV}}+x'''-x''-x^{\text{V}}-x^{\text{VI}})^2,$$
$$(x'+x^{\text{V}}+x'''-x^{\text{IV}}-x''-x^{\text{VI}})^2,$$
$$(x'+x^{\text{VI}}+x'''-x^{\text{IV}}-x^{\text{V}}-x'')^2,$$
$$(x'+x^{\text{IV}}+x^{\text{V}}-x''-x'''-x^{\text{VI}})^2,$$
$$(x'+x^{\text{IV}}+x^{\text{VI}}-x''-x'''-x^{\text{V}})^2,$$
$$(x'+x^{\text{V}}+x^{\text{VI}}-x''-x'''-x^{\text{IV}})^2.$$

Or, si l'on suppose que les deux facteurs de l'équation dont il s'agit soient représentés par

$$\theta^5 - f\theta^4 + g\theta^3 - h\theta^2 + i\theta - k = 0,$$
$$\theta^5 - f'\theta^4 + g'\theta^3 - h'\theta^2 + i'\theta - k' = 0,$$

il faudra que f soit égale à la somme de cinq des dix quantités précédentes, et que f' soit égale à la somme des cinq autres; et pour que les coefficients f et f' ne soient affectés que de radicaux du second degré, il faudra que ces deux coefficients soient les racines d'une équation du second degré telle que

$$y^2 - My + N = 0,$$

M et N étant des fonctions rationnelles des coefficients $m, n, p,\ldots$ de l'équation proposée; on aura donc

$$M = f + f' \quad \text{et} \quad N = ff';$$

de sorte que tant la somme que le produit des deux quantités f et f' devront être des fonctions rationnelles de $m, n, p,\ldots$ et par conséquent des fonctions des racines $x', x'', x''',\ldots$ telles, qu'elles ne changent point de valeur, quelque permutation qu'on fasse entre ces racines; or cette condition a bien lieu à l'égard de la somme $f + f'$, qui est égale à la somme de toutes les dix quantités ci-dessus; mais il n'en est pas de même à l'égard du produit ff'; car on peut s'assurer facilement que, de quelque manière qu'on partage la somme des dix racines précédentes en deux sommes partielles de cinq racines chacune, le produit de ces deux sommes partielles n'aura jamais la propriété de demeurer invariable dans toutes les permutations qu'on pourra faire des racines $x', x'', x''',\ldots$ entre elles.

On pourrait dire qu'il ne serait peut-être pas nécessaire que les deux quantités f et f' fussent les racines d'une même équation du second degré, et que l'une de ces quantités pourrait dépendre d'une équation et l'autre d'une autre; mais pour détruire cette exception il suffit de considérer que, supposant f déterminée par une équation du second degré telle que

$$f^2 - Mf + N = 0,$$

les deux racines de cette équation seront nécessairement égales chacune à la somme de cinq quelconques des dix quantités précédentes; et il faudra que ces deux sommes ajoutées ensemble produisent une quantité M qui ait la propriété de demeurer la même, quelque permutation qu'on fasse entre les racines x', x'', x''',...; ce qui ne saurait avoir lieu à moins que les deux sommes dont nous parlons ne renferment toutes les dix quantités en question; par conséquent, l'une étant la somme de cinq de ces quantités, l'autre devra être nécessairement celle des cinq autres.

SECTION QUATRIÈME.

CONCLUSION DES RÉFLEXIONS PRÉCÉDENTES, AVEC QUELQUES REMARQUES GÉNÉRALES SUR LA TRANSFORMATION DES ÉQUATIONS, ET SUR LEUR RÉDUCTION OU ABAISSEMENT A UN MOINDRE DEGRÉ.

86. On a dû voir par l'analyse que nous venons de donner des principales méthodes connues pour la résolution des équations, que ces méthodes se réduisent toutes à un même principe général, savoir à trouver des fonctions des racines de l'équation proposée, lesquelles soient telles: 1° que l'équation ou les équations par lesquelles elles seront données, c'est-à-dire dont elles seront les racines (équations qu'on nomme communément les *réduites*), se trouvent d'un degré moindre que celui de la proposée, ou soient au moins décomposables en d'autres équations d'un degré moindre que celui-là; 2° que l'on puisse en déduire aisément les valeurs des racines cherchées.

L'art de résoudre les équations consiste donc à découvrir des fonctions des racines, qui aient les propriétés que nous venons d'énoncer; mais est-il toujours possible de trouver de telles fonctions, pour les équations d'un degré quelconque, c'est-à-dire pour tel nombre de racines qu'on voudra? C'est sur quoi il paraît très-difficile de pouvoir prononcer en général.

A l'égard des équations qui ne passent pas le quatrième degré, les fonctions les plus simples qui donnent leur résolution peuvent être représentées par la formule générale

$$x' + yx'' + y^2 x''' + \ldots + y^{\mu-1} x^{(\mu)},$$

$x', x'', x''', \ldots, x^{(\mu)}$ étant les racines de l'équation proposée, qu'on suppose être du degré μ, et y étant une racine quelconque autre que l'unité de l'équation

$$y^\mu - 1 = 0,$$

c'est-à-dire une racine quelconque de l'équation

$$y^{\mu-1} + y^{\mu-2} + y^{\mu-3} + \ldots + 1 = 0,$$

comme il résulte de tout ce qu'on a exposé dans les deux premières Sections, touchant la résolution des équations du troisième et du quatrième degré.

Quant à celle des équations du second degré dont nous avons jusqu'à présent fait abstraction, il est visible qu'elle se rapporte aussi au même principe; car en faisant $\mu = 2$, on aura la fonction $x' + yx''$; et l'équation $y + 1 = 0$ donnant $y = -1$, cette fonction deviendra $x' - x''$, c'est-à-dire la différence des deux racines; or l'art de résoudre les équations du second degré consiste uniquement à faire évanouir le second terme pour avoir une réduite qui, ne contenant que le carré de l'inconnue, soit résoluble par la simple extraction de la racine carrée; et comme l'évanouissement du second terme dans une équation quelconque exige qu'on diminue les racines du coefficient de ce terme pris avec un signe contraire, et divisé par l'exposant du degré de l'équation, c'est-à-dire de la somme de toutes les racines divisée par le nombre de ces racines, il s'ensuit que la réduite du second degré aura pour racines les différences entre les racines de la proposée, divisées par 2, ou bien ces différences mêmes, en supposant qu'on augmente les racines de la réduite dans la raison de 1 à 2, ce qui ne change rien à la nature de cette équation.

Il semble donc qu'on pourrait conclure de là par induction que toute équation, de quelque degré qu'elle soit, sera aussi résoluble à l'aide d'une réduite dont les racines soient représentées par la même formule

$$x' + yx'' + y^2x''' + y^3x^{\text{IV}} + \ldots.$$

Mais, d'après ce que nous avons démontré dans la Section précédente à l'occasion des méthodes de MM. Euler et Bezout, lesquelles conduisent directement à de pareilles réduites, on a, ce semble, lieu de se convaincre d'avance que cette conclusion se trouvera en défaut dès le cinquième degré; d'où il s'ensuit que, si la résolution algébrique des équations des degrés supérieurs au quatrième n'est pas impossible, elle doit dépendre de quelques fonctions des racines, différentes de la précédente.

87. Comme jusqu'ici nous n'avons fait que chercher ces sortes de fonctions *à posteriori* et d'après les méthodes connues pour la résolution des équations, il est nécessaire de faire voir maintenant comment il faudrait s'y prendre pour les trouver *à priori* et sans supposer d'autres principes que ceux qui suivent immédiatement de la nature même des équations : c'est l'objet que je me propose principalement dans cette Section.

Je donnerai d'abord des règles directes et générales pour déterminer le degré et la nature de l'équation d'où une fonction quelconque proposée des racines d'une équation de degré donné devra dépendre; quoique cette matière ait déjà été traitée par d'habiles Géomètres, je crois qu'elle peut l'être encore d'une manière plus directe et plus générale, surtout dans le point de vue où nous l'envisageons ici, relativement à la résolution générale des équations.

Je ferai voir ensuite quelles sont les conditions nécessaires pour que l'équation dont il s'agit puisse admettre la résolution en supposant uniquement celle des équations des degrés inférieurs à celui de l'équation proposée; et je donnerai à cette occasion les vrais principes et, pour ainsi dire, la métaphysique de la résolution des équations du troisième et du quatrième degré.

Je traiterai enfin en peu de mots de la réduction des équations qui peuvent se décomposer en d'autres plus simples à cause de quelque relation particulière qu'il y a entre leurs racines, et je montrerai par quelques exemples comment on peut découvrir ces relations, et abaisser par là les équations proposées à des degrés moindres.

88. Nous ne considérerons ici que des fonctions rationnelles, et nous désignerons ces fonctions en général par la caractéristique f.

Ainsi $f[(x)]$ signifiera une fonction quelconque rationnelle de x; $f[(x)(y)]$ signifiera une fonction quelconque rationnelle de x et y; $f[(x)(y)(z)]$, une fonction quelconque rationnelle de x, y, z, et ainsi des autres.

Si dans une fonction donnée $f[(x)(y)]$ on a $y=x$, en sorte qu'il en résulte une simple fonction de x, au lieu de dénoter cette fonction par $f[(x)(x)]$, nous la désignerons pour plus de simplicité par $f[(x)^2]$; pareillement, si dans la fonction donnée $f[(x)(y)(z)]$ on fait $y=x$, on dénotera la fonction résultante de x et z par $f[(x)^2(z)]$, et, si l'on fait en même temps $x=y=z$, on aura une simple fonction de x qu'on désignera par $f[(x)^3]$, et ainsi des autres.

De plus, lorsqu'on voudra représenter une fonction de x et y, par exemple, telle qu'elle demeure la même en échangeant x en y, c'est-à-dire une fonction $f[(x)(y)]$ telle, que l'on ait $f[(x)(y)]=f[(y)(x)]$, nous la désignerons simplement par $f[(x,y)]$. De même on désignera par $f[(x,y,z)]$ toute fonction de x, y et z telle, qu'elle ne change point en échangeant les quantités x, y, z entre elles d'une manière quelconque. Ainsi $f[(x,y)(z)]$ dénotera une fonction rationnelle de x, y, z telle, qu'elle demeure la même en échangeant x en y sans toucher à la quantité z, et ainsi de suite.

Mais si l'on avait une fonction de x, y, z et u telle, qu'elle demeurât la même en échangeant à la fois x en z et y en u, on la dénoterait par $f[(x)(y), (z)(u)]$; et si cette fonction demeurait aussi la même en échangeant simplement x en y, ou z en u, on la désignerait alors par $f[(x,y), (z,u)]$.

Enfin, si l'on a plusieurs fonctions des mêmes quantités, on appellera fonctions *semblables* celles qui varient en même temps ou demeurent les mêmes lorsqu'on y fait les mêmes permutations entre les quantités dont elles sont composées, de manière qu'elles puissent être désignées d'une manière analogue. Ainsi prenant les caractéristiques f et φ pour désigner des fonctions différentes, les fonctions $f[(x)(y)]$ et $\varphi[(x)(y)]$ seront semblables, ainsi que les fonctions $f[(x, y)]$, $\varphi[(x, y)]$, et ainsi des autres.

89. Nous supposerons, comme dans la Section précédente, que l'équation proposée soit représentée généralement par

$$x^\mu + mx^{\mu-1} + nx^{\mu-2} + px^{\mu-3} + \ldots = 0,$$

et que ses racines, qui doivent être au nombre de μ, soient désignées par x', x'', x''', x^{IV},..., $x^{(\mu)}$.

Ainsi l'on aura, par la nature des équations,

$$\begin{aligned}
-m &= x' + x'' + x''' + x^{\text{IV}} + \ldots,\\
n &= x'x'' + x'x''' + x''x''' + x'x^{\text{IV}} + x''x^{\text{IV}} + x'''x^{\text{IV}} + \ldots,\\
-p &= x'x''x''' + x'x''x^{\text{IV}} + x'x'''x^{\text{IV}} + x''x'''x^{\text{IV}} + \ldots,\\
&\ldots\ldots\ldots\ldots\ldots\ldots\ldots\ldots\ldots\ldots\ldots\ldots
\end{aligned}$$

Et il est clair que ces fonctions de x', x'', x''', x^{IV},..., par lesquelles sont exprimées les quantités m, n, p,..., seront nécessairement toutes de la forme $f[(x', x'', x''', x^{\text{IV}},\ldots)]$, et que par conséquent ces fonctions seront toutes semblables, ce qui est une propriété fondamentale des équations.

90. Cela posé, pour commencer par les cas les plus simples, supposons que l'équation proposée ne soit que du second degré, et qu'on demande l'équation par laquelle devra être déterminée la fonction $f[(x')(x'')]$.

Je fais $t = f[(x')(x'')]$ en sorte que t soit l'inconnue de l'équation cherchée, et comme x' et x'' sont déterminées l'une et l'autre par la même équation

$$x^2 + mx + n = 0,$$

je mets, pour plus de généralité, x à la place de x' et y à la place de x'';

j'aurai ainsi l'équation

$$t - f[(x)(y)] = 0,$$

d'où il s'agira de chasser x et y par le moyen des deux équations

$$x^2 + mx + n = 0,$$
$$y^2 + my + n = 0.$$

Soit

$$t - f[(x)(y)] = X;$$

on chassera d'abord x de l'équation $X = 0$ par le moyen de l'équation $x^2 + mx + n = 0$, ce qui donnera une équation que je désignerai par $Y = 0$, et dans laquelle Y sera une fonction rationnelle des quantités t, m, n et y. On chassera ensuite y de cette dernière équation par le moyen de l'autre équation $y^2 + my + n = 0$, et l'on aura l'équation finale $T = 0$, où T sera une fonction rationnelle de t, m et n.

Je remarque maintenant que puisque les racines de l'équation

$$x^2 + mx + n = 0$$

sont x' et x'', si l'on désigne par X' et X'' les valeurs de X qui viennent de la substitution de ces racines à la place de x, on aura (par ce qui a été démontré dans le n° 13 de la Section I)

$$Y = X'X''.$$

Et de même, à cause que x' et x'' sont aussi les racines de l'équation $y^2 + my + n = 0$, si l'on désigne par Y' et Y'' les valeurs de Y qui résulteront de la substitution de x' et x'' à la place de y, on aura

$$T = Y'Y''.$$

Or on a

$$X' = t - f[(x')(y)],$$
$$X'' = t - f[(x'')(y)];$$

donc

$$Y = [t - f[(x')(y)]] \times [t - f[(x'')(y)]],$$

et de là

$$Y' = [t - f[(x')(x')]] \times [t - f[(x'')(x')]],$$
$$Y'' = [t - f[(x')(x'')]] \times [t - f[(x'')(x'')]],$$

donc on aura

$$T = \left[t - f[(x')(x'')]\right] \times \left[t - f[(x'')(x')]\right] \times \left[t - f[(x')^2]\right] \times \left[t - f[(x'')^2]\right].$$

Or, si l'on considère la fonction $f[(x)^2]$ et qu'on fasse $t - f[(x)^2] = \xi$; qu'on élimine ensuite x de l'équation $\xi = 0$, par le moyen de l'équation $x^2 + mx + n = 0$, on aura l'équation $\theta = 0$, où θ sera une fonction rationnelle de t et de m, n. Et désignant par ξ' et ξ'' les valeurs de ξ qui résultent de la substitution de x', x'' à la place de x, on aura

$$\theta = \xi' \xi''.$$

Mais on a

$$\xi' = t - f[(x')^2],$$
$$\xi'' = t - f[(x'')^2];$$

donc

$$\theta = \left[t - f[(x')^2]\right] \times \left[t - f[(x'')^2]\right].$$

Faisons

$$\Theta = \left[t - f[(x')(x'')]\right] \times \left[t - f[(x'')(x')]\right],$$

et l'on aura $T = \Theta\theta$, et par conséquent $\Theta = \frac{T}{\theta}$; de sorte que, comme T et θ sont des fonctions rationnelles de t, m et n, il est clair que Θ sera aussi une fonction rationnelle de t, m, n.

Ainsi l'équation $T = 0$ pourra se décomposer en ces deux-ci $\theta = 0$ et $\Theta = 0$; et comme la première est celle qui donne la valeur de $f[(x)^2]$, il s'ensuit que la détermination de la fonction proposée $f[(x')(x'')]$ dépendra uniquement de l'autre équation $\Theta = 0$.

Donc, pour trouver cette équation $\Theta = 0$ qui résout le Problème, il n'y aura qu'à éliminer des équations

$$t - f[(x)(y)] = 0,$$
$$t - f[(x)^2] = 0,$$

les inconnues x et y par le moyen des équations

$$x^2 + mx + n = 0,$$
$$y^2 + my + n = 0,$$

et désignant par $T = 0$ et $\theta = 0$ les équations résultantes on aura sur-le-champ $\Theta = \frac{T}{\theta}$.

91. On voit par l'expression de Θ que l'équation $\Theta = 0$, qui doit servir à déterminer la valeur de la fonction $f[(x')(x'')]$, est du second degré, et que ses deux racines sont $f[(x')(x'')]$ et $f[(x'')(x')]$. En effet, comme les racines x' et x'' sont déterminées de la même manière par l'équation $x^2 + mx + n = 0$, il est clair que les deux fonctions $f[(x')(x'')]$ et $f[(x'')(x')]$, qui ne diffèrent entre elles que par l'échange mutuel des racines x', x'', devront être aussi déterminées par une même équation.

Si la fonction $f[(x')(x'')]$ était de la forme $f[(x', x'')]$, en sorte que l'on eût (88)

$$f[(x')(x'')] = f[(x'')(x')],$$

alors on aurait

$$\Theta = \left[t - f[(x', x'')]\right]^2;$$

par conséquent l'équation $\Theta = 0$ deviendra simplement

$$t - f[(x', x'')] = 0;$$

d'où l'on voit que la fonction dont il s'agit sera déterminée dans ce cas par une équation linéaire; par conséquent elle sera donnée par une expression rationnelle en m et n.

92. Qu'on demande maintenant l'équation par laquelle devra être déterminée la fonction $f[(x')(x'')(x''')]$, en supposant que x', x'', x''' soient les racines de l'équation du troisième degré

$$x^3 + mx^2 + nx + p = 0.$$

Prenant, comme ci-dessus, t pour l'inconnue de cette équation, et mettant x, y, z à la place de x', x'', x''', j'aurai l'équation

$$t - f[(x)(y)(z)] = 0,$$

d'où il s'agira d'éliminer successivement x, y, z par le moyen des trois équations

$$x^3 + mx^2 + nx + p = 0,$$
$$y^3 + my^2 + ny + p = 0,$$
$$z^3 + mz^2 + nz + p = 0.$$

Soit

$$t - f[(x)(y)(z)] = \mathrm{X};$$

qu'on élimine d'abord de l'équation $\mathrm{X} = 0$ la quantité x par le moyen de l'équation en x, on aura une seconde équation que je désignerai par $\mathrm{Y} = 0$, et où Y sera une fonction rationnelle de t, y, z, et des coefficients m, n, p. Qu'on élimine ensuite y de l'équation $\mathrm{Y} = 0$ par le moyen de l'équation en y, on aura une troisième équation, que je désignerai par $\mathrm{Z} = 0$, et où Z sera une fonction rationnelle de t, z et des coefficients m, n, p. Qu'on élimine enfin de cette équation $\mathrm{Z} = 0$ la quantité z, par le moyen de l'équation en z, on aura une équation finale, qu'on pourra désigner par $\mathrm{T} = 0$, et où T sera une fonction rationnelle de t, m, n, p.

Or, puisque les racines de l'équation en x sont x', x'', x''', si l'on désigne par X', X'', X''' les valeurs de X qui résultent des substitutions de ces racines à la place de x, on aura, par le n° 13,

$$\mathrm{Y} = \mathrm{X}'\mathrm{X}''\mathrm{X}'''.$$

De même, puisque les racines de l'équation en y sont aussi x', x'', x''', si l'on dénote par Y', Y'', Y''' les valeurs de Y qui résultent des substitutions de ces racines à la place de y, on aura par la même raison

$$\mathrm{Z} = \mathrm{Y}'\mathrm{Y}''\mathrm{Y}'''.$$

Enfin, comme l'équation en z a aussi les mêmes racines x', x'', x''', dénotant par Z', Z'', Z''' les valeurs de Z qui résultent de leurs substitutions à la place de z, on aura

$$\mathrm{T} = \mathrm{Z}'\mathrm{Z}''\mathrm{Z}'''.$$

Mais il est clair qu'on aura

$$\mathrm{X}' = t - f[(x')(y)(z)],$$
$$\mathrm{X}'' = t - f[(x'')(y)(z)],$$
$$\mathrm{X}''' = t - f[(x''')(y)(z)].$$

Donc

$$Y = [t - f[(x')(y)(z)]] \times [t - f[(x'')(y)(z)]] \times [t - f[(x''')(y)(z)]],$$

De là on aura

$$Y' = [t - f[(x')(x')(z)]] \times [t - f[(x'')(x')(z)]] \times [t - f[(x''')(x')(z)]],$$

$$Y'' = [t - f[(x')(x'')(z)]] \times [t - f[(x'')(x'')(z)]] \times [t - f[(x''')(x'')(z)]],$$

$$Y''' = [t - f[(x')(x''')(z)]] \times [t - f[(x'')(x''')(z)]] \times [t - f[(x''')(x''')(z)]].$$

Donc

$$\begin{aligned} Z = {} & [t - f[(x')(x'')(z)]] \times [t - f[(x')(x''')(z)]] \times [t - f[(x'')(x''')(z)]] \\ & \times [t - f[(x'')(x')(z)]] \times [t - f[(x''')(x')(z)]] \times [t - f[(x''')(x'')(z)]] \\ & \times [t - f[(x')^2(z)]] \times [t - f[(x'')^2(z)]] \times [t - f[(x''')^2(z)]]. \end{aligned}$$

Donc

$$\begin{aligned} Z' = {} & [t - f[(x')(x'')(x')]] \times [t - f[(x')(x''')(x')]] \times [t - f[(x'')(x''')(x')]] \\ & \times [t - f[(x'')(x')^2]] \times [t - f[(x''')(x')^2]] \times [t - f[(x''')(x'')(x')]] \\ & \times [t - f[(x')^3]] \times [t - f[(x'')^2(x')]] \times [t - f[(x''')^2(x')]], \end{aligned}$$

$$\begin{aligned} Z'' = {} & [t - f[(x')(x'')^2]] \times [t - f[(x')(x''')(x'')]] \times [t - f[(x'')(x''')(x'')]] \\ & \times [t - f[(x'')(x')(x'')]] \times [t - f[(x''')(x')(x'')]] \times [t - f[(x''')(x'')^2]] \\ & \times [t - f[(x')^2(x'')]] \times [t - f[(x'')^3]] \times [t - f[(x''')^2(x'')]], \end{aligned}$$

$$\begin{aligned} Z''' = {} & [t - f[(x')(x'')(x''')]] \times [t - f[(x')(x''')^2]] \times [t - f[(x'')(x''')^2]] \\ & \times [t - f[(x'')(x')(x''')]] \times [t - f[(x''')(x')(x''')]] \times [t - f[(x''')(x'')(x''')]] \\ & \times [t - f[(x')^2(x''')]] \times [t - f[(x'')^2(x''')]] \times [t - f[(x''')^3]]. \end{aligned}$$

Donc enfin, si l'on multiplie ces trois quantités ensemble, et qu'on fasse, pour abréger,

$$\Theta=[t-f[(x')(x'')(x''')]]\times[t-f[(x'')(x')(x''')]]\times[t-f[(x''')(x'')(x')]]$$
$$\times[t-f[(x')(x''')(x'')]]\times[t-f[(x''')(x')(x'')]]\times[t-f[(x'')(x''')(x')]],$$

$$\theta=[t-f[(x')^3]]\qquad\times[t-f[(x'')^3]]\qquad\times[t-f[(x''')^3]],$$

$$\theta_1=[t-f[(x')^2(x'')]]\qquad\times[t-f[(x'')^2(x')]]\qquad\times[t-f[(x''')^2(x'')]]$$
$$\times[t-f[(x')^2(x''')]]\qquad\times[t-f[(x''')^2(x')]]\qquad\times[t-f[(x'')^2(x''')]],$$

$$\theta_2=[t-f[(x')(x'')^2]]\qquad\times[t-f[(x'')(x')^2]]\qquad\times[t-f[(x''')(x'')^2]]$$
$$\times[t-f[(x')(x''')^2]]\qquad\times[t-f[(x''')(x')^2]]\qquad\times[t-f[(x'')(x''')^2]],$$

$$\theta_3=[t-f[(x')(x'')(x')]]\times[t-f[(x'')(x')(x'')]]\times[t-f[(x''')(x'')(x''')]]$$
$$\times[t-f[(x')(x''')(x')]]\times[t-f[(x''')(x')(x''')]]\times[t-f[(x'')(x''')(x'')]],$$

on aura

$$T=\Theta\theta\,\theta_1\theta_2\theta_3.$$

Maintenant je remarque que, si l'on suppose

$$t-f[(x)^3]=0,$$

et qu'on élimine x par le moyen de l'équation en x,

$$x^3+mx^2+nx+p=0,$$

on trouvera, comme dans le numéro précédent, l'équation finale $\theta=0$, de sorte que θ sera nécessairement une fonction rationnelle de t et des coefficients m, n, p.

On trouvera, par les mêmes principes, que si l'on fait

$$t-f[(x)^2(y)]=0,$$

et qu'on élimine successivement x et y par le moyen des deux équations en x et en y, savoir

$$x^3+mx^2+nx+p=0,$$
$$y^3+my^2+ny+p=0,$$

on aura, pour équation finale, $\theta\theta_1 = 0$, où la quantité $\theta\theta_1$ sera par conséquent une fonction rationnelle de t, m, n, p; et comme θ en est une aussi, il s'ensuit que θ_1 sera de même une fonction rationnelle de t et de m, n, p.

Pareillement, si l'on fait

$$t - f[(x)(y)^2] = 0$$

et qu'on élimine x et y par les mêmes équations, on trouvera cette équation finale $\theta\theta_2 = 0$, dans laquelle la quantité $\theta\theta_2$ sera donc une fonction rationnelle de t, m, n, p; de sorte que la quantité θ_2 en sera une aussi.

Enfin, si l'on fait

$$t - f[(x)(y)(x)] = 0,$$

et qu'on élimine de même x et y, on trouvera pour équation finale $\theta\theta_3 = 0$; de sorte que la quantité $\theta\theta_3$ sera une fonction rationnelle de t, m, n, p, et par conséquent la quantité θ_3 en sera aussi une.

Donc, puisque les quantités θ, θ_1, θ_2, θ_3 sont chacune des fonctions rationnelles de t et des coefficients m, n, p, il s'ensuit que l'équation

$$T = 0, \quad \text{savoir} \quad \Theta\theta\theta_1\theta_2\theta_3 = 0,$$

pourra se décomposer en celles-ci

$$\theta = 0, \quad \theta_1 = 0, \quad \theta_2 = 0, \quad \theta_3 = 0 \quad \text{et} \quad \Theta = 0;$$

de sorte que la quantité Θ sera aussi une fonction rationnelle de t, m, n, p.

Or il est facile de voir que les équations

$$\theta = 0, \quad \theta_1 = 0, \quad \theta_2 = 0, \quad \theta_3 = 0$$

sont toutes étrangères à la question proposée, c'est-à-dire à la détermination de la fonction $f[(x')(x'')(x''')]$; car ces équations, comme il paraît par les expressions des quantités θ, θ_1, θ_2, θ_3, ont pour racines des fonctions de x', x'', x''' d'une forme différente de la proposée; ainsi il ne restera que l'équation $\Theta = 0$, qui renfermera par conséquent toutes les racines utiles à la solution du Problème.

93. Pour trouver donc cette équation $\Theta = 0$, il n'y aura qu'à éliminer des cinq équations

$$t - f[(x)(y)(z)] = 0,$$
$$t - f[(x)^2(y)] = 0,$$
$$t - f[(x)(y)^2] = 0,$$
$$t - f[(x)(y)(x)] = 0,$$
$$t - f[(x)^3] = 0,$$

les inconnues x, y, z par le moyen des équations

$$x^3 + mx^2 + nx + p = 0,$$
$$y^3 + my^2 + ny + p = 0,$$
$$z^3 + mz^2 + nz + p = 0;$$

et, désignant les équations finales résultantes par

$$T = 0, \quad T_1 = 0, \quad T_2 = 0, \quad T_3 = 0, \quad \theta = 0,$$

on aura

$$T_1 = \theta\theta_1, \quad T_2 = \theta\theta_2, \quad T_3 = \theta\theta_3, \quad T = \Theta\theta\theta_1\theta_2\theta_3;$$

par conséquent

$$\Theta = \frac{T\theta^2}{T_1 T_2 T_3}.$$

Cette méthode au reste serait extrêmement longue et pénible dans la pratique, et elle le deviendrait de plus en plus, à mesure que l'équation proposée serait d'un degré plus haut; aussi ne l'ai-je donnée ici que parce qu'elle sert à faire connaître, d'une manière directe et indépendante de toute considération étrangère, la nature de l'équation cherchée $\Theta = 0$.

94. En effet il est visible, par l'expression de Θ donnée ci-dessus (**92**), que la réduite $\Theta = 0$ sera du sixième degré, ayant pour racines les fonctions

$$f[(x')(x'')(x''')], \quad f[(x'')(x')(x''')], \quad f[(x''')(x'')(x')],$$
$$f[(x')(x''')(x'')], \quad f[(x''')(x')(x'')], \quad f[(x'')(x''')(x')],$$

lesquelles sont toutes semblables, et dérivent l'une de l'autre par de simples permutations entre les quantités x', x'', x'''; il est clair en effet que, comme ces quantités sont toutes déterminées de la même manière par l'équation

$$x^3 + mx^2 + nx + p = 0,$$

dont elles sont les racines, l'équation qui donnera la valeur d'une fonction quelconque des mêmes quantités devra donner également les autres fonctions qui viendront de toutes les permutations possibles entre elles. Cette proposition paraît même assez évidente par elle-même pour n'avoir pas besoin de démonstration; mais on ne voit pas aussi évidemment, ce me semble, que l'équation dont il s'agit ne devra contenir d'autres racines que les différentes fonctions qui viendront des permutations entre les racines de la proposée; c'est-à-dire qu'en supposant cette équation formée du produit des facteurs simples

$$t - f[(x')(x'')(x''')], \quad t - f[(x'')(x')(x''')], \ldots,$$

chacun des coefficients pourra toujours s'exprimer par une fonction rationnelle des coefficients $m, n, \ldots$ de l'équation proposée; or c'est sur quoi notre démonstration ne laisse aucun doute, puisque l'on a vu que la quantité Θ, qui est égale à ce produit, est toujours nécessairement une fonction rationnelle de $t, m, n, \ldots$.

95. Si l'équation proposée était d'un degré plus haut, en sorte qu'elle eût quatre ou un plus grand nombre de racines x', x'', x''', $x^{\text{IV}}, \ldots$, on pourrait trouver de même l'équation $\Theta = 0$, qui servirait à déterminer la fonction $f[(x')(x'')(x''')(x^{\text{IV}})\ldots]$; et l'on verrait que la quantité Θ serait le produit d'autant de facteurs simples tels que

$$\begin{gathered}
t - f[(x')(x'')(x''')(x^{\text{IV}})\ldots], \\
t - f[(x'')(x')(x''')(x^{\text{IV}})\ldots], \\
t - f[(x''')(x'')(x')(x^{\text{IV}})\ldots], \\
t - f[(x'')(x''')(x')(x^{\text{IV}})\ldots], \\
\ldots\ldots\ldots\ldots\ldots\ldots\ldots\ldots
\end{gathered}$$

qu'il y a de permutations possibles entre les racines x', x'', x''', $x^{\text{IV}}, \ldots$; de sorte que, si l'équation proposée est du degré μ, le nombre des facteurs simples de la quantité Θ, et par conséquent le nombre des racines de l'équation $\Theta = 0$ sera marqué par $1.2.3\ldots\mu$, puisque ce nombre est celui de toutes les permutations dont μ choses sont susceptibles; et les racines de cette équation seront les différentes fonctions dans lesquelles la fonction proposée $f[(x')(x'')(x''')\ldots]$ pourra se changer par les permutations des racines x', x'', x''',... entre elles.

96. Or, pour trouver toutes ces différentes fonctions par ordre et sans en omettre aucune, on échangera d'abord, dans la fonction proposée, x'' en x' et *vice versâ;* on aura ainsi deux fonctions; ensuite on échangera successivement dans ces deux-ci x''' en x', en x'', et l'on aura six fonctions; puis dans ces six on échangera successivement x^{iv} en x', en x'', en x''' et l'on aura vingt-quatre fonctions, et ainsi de suite, jusqu'à ce que l'on ait épuisé toutes les racines x', x'', x''',....

D'où l'on voit clairement que le nombre des fonctions différentes doit croître suivant les produits des nombres naturels

$$1,\quad 1.2,\quad 1.2.3,\quad 1.2.3.4,\quad \ldots,\quad 1.2.3.4.5\ldots\mu.$$

Ayant toutes ces fonctions on aura donc les racines de l'équation $\Theta = 0$; de sorte que, si on la représente par

$$t^{\varpi} - M t^{\varpi-1} + N t^{\varpi-2} - P t^{\varpi-3} + \ldots = 0,$$

on aura $\varpi = 1.2.3.4\ldots\mu$; et le coefficient M sera égal à la somme de toutes les fonctions trouvées, le coefficient N égal à la somme de tous les produits de ces fonctions multipliées deux à deux, le coefficient P égal à la somme de tous les produits des mêmes fonctions multipliées trois à trois, et ainsi de suite.

Et comme nous avons démontré ci-dessus que l'expression de Θ doit être nécessairement une fonction rationnelle de t et des coefficients m, n, p,... de l'équation proposée, il s'ensuit que les quantités M, N, P,... seront nécessairement des fonctions rationnelles de m, n, p,... qu'on pourra trouver directement, comme nous l'avons pratiqué dans les Sections précédentes. *Voyez* là-dessus, outre l'Ouvrage de M. Cramer que nous avons déjà cité, encore celui de M. Waring, qui a pour titre *Medi-*

tationes algebraïcæ, Ouvrage rempli d'excellentes recherches sur les équations.

97. Quoique l'équation $\Theta = 0$ doive être, en général, du degré $1.2.3\ldots\mu = \varpi$, qui est égal au nombre des permutations dont les μ racines x', x'', x''',... sont susceptibles, cependant s'il arrive que la fonction soit telle, qu'elle ne reçoive aucun changement par quelqu'une ou quelques-unes de ces permutations, alors l'équation dont il s'agit s'abaissera nécessairement à un degré moindre.

Car supposons, par exemple, que la fonction $f[(x')(x'')(x''')(x^{\text{IV}})\ldots]$ soit telle, qu'elle conserve la même valeur en échangeant x' en x'', x'' en x''', et x''' en x', en sorte que l'on ait

$$f[(x')(x'')(x''')(x^{\text{IV}})\ldots] = f[(x'')(x''')(x')(x^{\text{IV}})\ldots],$$

il est clair que l'équation $\Theta = 0$ aura déjà deux racines égales; mais je vais prouver que dans cette hypothèse toutes les autres racines seront aussi égales deux à deux. En effet, considérons une racine quelconque de la même équation, laquelle soit représentée par la fonction

$$f[(x^{\text{IV}})(x''')(x')(x'')\ldots],$$

comme celle-ci dérive de la fonction

$$f[(x')(x'')(x''')(x^{\text{IV}})\ldots],$$

en échangeant x' en x^{IV}, x'' en x''', x''' en x', x^{IV} en x'', il s'ensuit qu'elle devra garder aussi la même valeur en y changeant x^{IV} en x''', x''' en x' et x' en x^{IV}; de sorte qu'on aura aussi

$$f[(x^{\text{IV}})(x''')(x')(x'')\ldots] = f[(x''')(x')(x^{\text{IV}})(x'')\ldots].$$

Donc, dans ce cas, la quantité Θ sera égale à un carré θ^2, et par conséquent l'équation $\Theta = 0$ se réduira à celle-ci $\theta = 0$, dont la dimension sera $\frac{\varpi}{2}$.

On démontrera de la même manière que, si la fonction

$$f[(x')(x'')(x''')(x^{\text{IV}})\ldots]$$

est de sa propre nature telle, qu'elle conserve la même valeur en faisant deux, ou trois, ou un plus grand nombre de permutations différentes entre les racines $x', x'', x''', x^{\text{IV}}, \ldots$, les racines de l'équation $\Theta = 0$ seront égales trois à trois, ou quatre à quatre, ou, etc.; en sorte que la quantité Θ sera égale à un cube θ^3, ou à un carré-carré θ^4, ou, etc., et que par conséquent l'équation $\Theta = 0$ se réduira à celle-ci $\theta = 0$, dont le degré sera égal à $\frac{\varpi}{3}$, ou égal à $\frac{\varpi}{4}$, ou, etc.

98. Donc, si la fonction proposée est de la forme

$$f[(x', x'')(x''')(x^{\text{IV}})\ldots]$$

qui a la propriété de demeurer la même en échangeant x' en x'' (88), toutes les racines de l'équation $\Theta = 0$ seront égales deux à deux; de sorte que cette équation s'abaissera au degré $\frac{1.2.3\ldots\mu}{2}$.

De même la fonction

$$f[(x', x'', x''')(x^{\text{IV}})(x^{\text{V}})\ldots]$$

devant demeurer la même, quelque permutation qu'on y fasse entre les trois racines x', x'', x''', il s'ensuit que l'équation $\Theta = 0$ aura toutes ses racines égales $1.2.3$ à $1.2.3$; de sorte qu'elle s'abaissera au degré $\frac{1.2.3\ldots\mu}{1.2.3}$.

Et la fonction

$$f[(x', x'')(x''', x^{\text{IV}})(x^{\text{V}})\ldots],$$

qui doit demeurer la même, quelque permutation qu'on fasse entre les deux racines x', x'', ainsi qu'entre les deux x''', x^{IV}, donnera une équation $\Theta = 0$ où les racines seront toutes égales 1.2×1.2 à 1.2×1.2; de sorte qu'elle s'abaissera au degré $\frac{1.2.3\ldots\mu}{1.2 \times 1.2}$.

En général, la fonction

$$f[(x', x'', x''', \ldots, x^{(\alpha)})(x^{(\alpha+1)}, x^{(\alpha+2)}, x^{(\alpha+3)}, \ldots, x^{(\alpha+\beta)})(x^{(\alpha+\beta+1)}, \ldots)\ldots]$$

donnera une équation $\Theta = 0$, où la quantité Θ sera une puissance qui aura pour exposant le nombre $1.2.3\ldots\alpha \times 1.2.3\ldots\beta \times 1.2.3\ldots$, de manière que cette équation s'abaissera au degré $\frac{1.2.3.4\ldots\mu}{1.2.3\ldots\alpha\times 1.2.3\ldots\beta\times 1.2.3\ldots}$.

On voit par là que toute fonction de la forme

$$f[(x', x'', x''', \ldots, x^{(\mu)})],$$

qui aura la propriété de demeurer la même, quelque permutation qu'on fasse entre les racines $x', x'', x''', \ldots, x^{(\mu)}$ de l'équation proposée, devra dépendre seulement d'une équation du degré $\frac{1.2.3\ldots\mu}{1.2.3\ldots\mu} = 1$, c'est-à-dire du premier degré; de sorte qu'elle devra être déterminable algébriquement et rationnellement par les coefficients $m, n, p, \ldots$ de la proposée; théorème que nous avons déjà supposé dans les Sections précédentes comme évident par soi-même, mais dont la démonstration rigoureuse dépend des principes établis ci-dessus.

On peut aussi conclure de ce qui précède que, si l'on a une fonction quelconque qui ne contienne qu'un nombre λ des μ racines $x', x'', x''', \ldots$, en sorte qu'elle soit représentée par

$$f[(x')(x'')(x''')\ldots(x^{(\lambda)})],$$

elle conduira simplement à une équation du degré $\frac{1.2.3.4\ldots\mu}{1.2.3\ldots(\mu-\lambda)}$; car il est clair qu'on peut regarder la fonction proposée comme étant de la forme

$$f[(x')(x'')(x''')\ldots(x^{(\lambda)})(x^{(\lambda+1)}, x^{(\lambda+2)}, \ldots, x^{(\mu)})],$$

en supposant, ce qui est permis, que les racines $x^{(\lambda+1)}, x^{(\lambda+2)}, \ldots, x^{(\mu)}$ y soient multipliées par des coefficients égaux à zéro ou élevées à des exposants égaux à zéro.

Donc la fonction

$$f[(x', x'')(x''', x^{\text{IV}}, x^{\text{V}}, \ldots, x^{(\lambda)})]$$

conduira à une équation du degré $\frac{1.2.3\ldots\mu}{1.2\times 1.2.3\ldots(\mu-\lambda)}$, et ainsi des autres.

Et la fonction

$$f[(x', x'', x''', \ldots, x^{(\lambda)})]$$

conduira à une équation du degré

$$\frac{1.2.3\ldots\mu}{1.2.3\ldots\lambda\times 1.2.3\ldots(\mu-\lambda)}=\frac{\mu(\mu-1)(\mu-2)\ldots(\mu-\lambda+1)}{1.2.3\ldots\lambda}.$$

Ainsi, si l'on voulait abaisser, en général, l'équation proposée du degré μ à une équation d'un degré inférieur λ, telle que

$$x^{\lambda}+ax^{\lambda-1}+bx^{\lambda-2}+\ldots=0,$$

laquelle eût toutes ses racines communes avec la proposée, c'est-à-dire dont les racines fussent $x', x'', x''', \ldots, x^{(\lambda)}$, on tomberait nécessairement dans une équation du degré

$$\frac{\mu(\mu-1)(\mu-2)\ldots(\mu-\lambda+1)}{1.2.3\ldots\lambda}$$

pour la détermination de chaque coefficient $a, b, c, \ldots$; car ces coefficients seraient nécessairement des fonctions de la forme

$$f[(x', x'', x''', \ldots, x^{(\lambda)})],$$

comme on l'a fait remarquer dans le n° 89. C'est aussi une proposition connue depuis longtemps, mais qu'on n'avait pas encore, ce me semble, démontrée en toute rigueur.

Or, comme en prenant λ moindre que μ le nombre

$$\frac{\mu(\mu-1)(\mu-2)\ldots(\mu-\lambda+1)}{1.2.3\ldots\lambda}$$

ne peut jamais être plus petit que μ, il s'ensuit que l'on ne peut rien se promettre de ces sortes de réductions pour la résolution générale des équations.

99. De tout ce que nous venons de démontrer il s'ensuit donc, en général : 1° que toutes les fonctions *semblables* des racines $x', x'', x''', \ldots$ d'une même équation sont nécessairement données par des équations du même degré; 2° que ce degré sera toujours égal au nombre $1.2.3\ldots\mu$ (μ étant le degré de l'équation donnée), ou à un sous-multiple de ce

nombre; 3° que pour trouver directement l'équation la plus simple $\theta = 0$ par laquelle devra être déterminée une fonction quelconque donnée de x', x'', x''',..., il n'y aura qu'à chercher toutes les différentes valeurs que cette fonction peut recevoir par les permutations des quantites x', x'', x''',... entre elles, et, prenant ces valeurs pour les racines de l'équation cherchée, on déterminera par leur moyen les coefficients de cette équation suivant les méthodes connues et employées déjà plusieurs fois dans ce Mémoire.

100. Or, dès qu'on aura trouvé, soit par la résolution de l'équation $\theta = 0$ ou autrement, la valeur d'une fonction donnée des racines x', x'', x''', ..., je dis qu'on pourra trouver aussi la valeur d'une autre fonction quelconque des mêmes racines, et cela, généralement parlant, par le moyen d'une équation simplement linéaire, à l'exception de quelques cas particuliers qui exigent une équation du second degré, ou du troisième, etc. Ce Problème me paraît un des plus importants de la théorie des équations, et la Solution générale que nous allons en donner servira à jeter un nouveau jour sur cette partie de l'Algèbre.

Nous commencerons par supposer, pour plus de simplicité, que les deux fonctions proposées, dont les valeurs sont l'une connue et l'autre inconnue, soient *semblables*, suivant la définition que nous avons donnée de ce terme dans le n° 88, et nous désignerons, en général, par t la première de ces deux fonctions et par y la seconde; nous désignerons de plus par t', t'', t''', ..., $t^{(\varpi)}$ les différentes valeurs de t qui proviennent de toutes les permutations possibles entre les racines x', x'', x''', ..., et pareillement par y', y'', y''', ..., $y^{(\varpi)}$ les différentes valeurs de la fonction y provenantes des mêmes permutations; car, les deux fonctions t et y étant supposées semblables, il s'ensuit que le nombre des valeurs différentes dont elles seront susceptibles par toutes les permutations possibles entre x', x'', x''',... sera le même pour l'une et pour l'autre, et que ces valeurs seront dues aux mêmes permutations dans les deux fonctions.

Ainsi les quantités t', t'', t''', ..., $t^{(\varpi)}$ seront les racines de l'équation en t, qui sera par conséquent du degré ϖ, et les quantités y', y'', y''', ...,

$y^{(\varpi)}$ seront pareillement les racines de l'équation en y, laquelle sera du même degré ϖ. On pourra donc trouver ces équations en t et en y par les méthodes exposées plus haut; mais nous n'aurons besoin que d'avoir l'équation en t, que nous représenterons, en général, par

$$1 + At + Bt^2 + Ct^3 + \ldots + Kt^\varpi = 0,$$

ou plus simplement par $\theta = 0$, en supposant

$$\theta = 1 + At + Bt^2 + Ct^3 + \ldots + Kt^\varpi,$$

où les coefficients A, B, C,... seront des fonctions connues des coefficients m, n, p,... de l'équation proposée en x dont les racines sont x', x'', x''', ...

Cela posé, qu'on considère en général la fonction $t^\lambda y$, il est visible que les différentes valeurs de cette fonction résultantes de toutes les permutations possibles entre les racines x', x'', x''',... seront $t'^\lambda y'$, $t''^\lambda y''$, $t'''^\lambda y'''$,..., $t^{(\varpi)\lambda} y^{(\varpi)}$; de sorte qu'en prenant la somme de toutes ces valeurs on aura la fonction

$$t'^\lambda y' + t''^\lambda y'' + t'''^\lambda y''' + \ldots + t^{(\varpi)\lambda} y^{(\varpi)},$$

laquelle aura la propriété de demeurer invariable, quelque permutation qu'on y fasse entre les racines x', x'', x''',..., et par conséquent pourra s'exprimer algébriquement et rationnellement par les coefficients m, n, p,... (98).

Qu'on cherche donc les valeurs de cette fonction pour les exposants $\lambda = 0, 1, 2, 3, \ldots, \varpi - 1$, et qu'on les dénote par les quantités M, M_1, M_2, M_3,..., $M_{(\varpi-1)}$, on aura les ϖ équations suivantes

$$\begin{aligned}
&y' + y'' + y''' + \ldots + y^{(\varpi)} = M,\\
&t' y' + t'' y'' + t''' y''' + \ldots + t^{(\varpi)} y^{(\varpi)} = M_1,\\
&t'^2 y' + t''^2 y'' + t'''^2 y''' + \ldots + t^{(\varpi)2} y^{(\varpi)} = M_2,\\
&t'^3 y' + t''^3 y'' + t'''^3 y''' + \ldots + t^{(\varpi)3} y^{(\varpi)} = M_3,\\
&\ldots\ldots\ldots\ldots\ldots\ldots\ldots\ldots\ldots\ldots,\\
&t'^{\varpi-1} y' + t''^{\varpi-1} y'' + t'''^{\varpi-1} y''' + \ldots + t^{(\varpi)\varpi-1} y^{(\varpi)} = M_{(\varpi-1)};
\end{aligned}$$

où les termes M, M_1, M_2,..., $M_{(\varpi-1)}$ seront des quantités connues en m, n, p,....

Il s'agit maintenant de tirer de ces ϖ équations, par la voie de l'élimination, les valeurs des ϖ inconnues y', y'', y''',..., $y^{(\varpi)}$; or, si l'on suivait pour cela la méthode ordinaire, on tomberait dans des expressions fort compliquées et qui auraient d'ailleurs l'inconvénient de renfermer à la fois toutes les quantités t', t'', t''',...; il faudra donc employer une autre méthode, et voici celle qui m'a paru la plus propre.

Je prends un nombre $\varpi - 1$ de quantités indéterminées que je désigne par N_1, N_2, N_3,..., $N_{(\varpi-1)}$, et je multiplie respectivement par ces quantités toutes les équations précédentes, excepté la première; après quoi je les ajoute ensemble, ce qui me donne cette équation unique

$$\begin{aligned} &M + M_1 N_1 + M_2 N_2 + M_3 N_3 + \ldots + M_{(\varpi-1)} N_{(\varpi-1)} \\ &= (1 + N_1 t' + N_2 t'^2 + N_3 t'^3 + \ldots + N_{(\varpi-1)} t'^{\varpi-1}) y' \\ &+ (1 + N_1 t'' + N_2 t''^2 + N_3 t''^3 + \ldots + N_{(\varpi-1)} t''^{\varpi-1}) y'' \\ &+ (1 + N_1 t''' + N_2 t'''^2 + N_3 t'''^3 + \ldots + N_{(\varpi-1)} t'''^{\varpi-1}) y''' \\ &\ldots\ldots\ldots\ldots\ldots\ldots\ldots\ldots\ldots\ldots\ldots\ldots \\ &+ (1 + N_1 t^{(\varpi)} + N_2 t^{(\varpi)2} + N_3 t^{(\varpi)3} + \ldots + N_{(\varpi-1)} t^{(\varpi)\varpi-1}) y^{(\varpi)}. \end{aligned}$$

Supposons, en général,

$$T = 1 + N_1 t + N_2 t^2 + N_3 t^3 + \ldots + N_{(\varpi-1)} t^{\varpi-1},$$

et désignons par T', T'', T''',..., $T^{(\varpi)}$ les valeurs particulières de T, que l'on aura en faisant successivement $t = t'$, t'', t''',..., $t^{(\varpi)}$; il est clair que l'équation précédente se réduira à cette forme très-simple

$$\begin{aligned} &T' y' + T'' y'' + T''' y''' + \ldots + T^{(\varpi)} y^{(\varpi)} \\ &\quad = M + M_1 N_1 + M_2 N_2 + M_3 N_3 + \ldots + M_{(\varpi-1)} N_{(\varpi-1)}. \end{aligned}$$

Maintenant, pour trouver la valeur d'une quelconque des inconnues y', y'', y''',..., comme de $y^{(\rho)}$, il est clair qu'il n'y aura qu'à faire évanouir les coefficients de toutes les autres inconnues, à l'exception de celle-ci, et l'on aura sur-le-champ

$$y^{(\rho)} = \frac{M + M_1 N_1 + M_2 N_2 + M_3 N_3 + \ldots + M_{(\varpi-1)} N_{(\varpi-1)}}{T^{(\rho)}}.$$

Et les équations

$$T' = 0, \quad T'' = 0, \quad T''' = 0, \ldots, \quad T^{(\varpi)} = 0,$$

à l'exception de $T^{(\rho)} = 0$, serviront à déterminer les $\varpi - 1$ indéterminées $N_1, N_2, N_3, \ldots, N_{(\varpi-1)}$.

En effet, pour que toutes ces équations particulières aient lieu à la fois, il est visible qu'il faudra que l'équation générale $T = 0$ ait pour racines les quantités $t', t'', t''', \ldots, t^{(\varpi)}$, à l'exception seulement de $t^{(\rho)}$; donc, si l'on multiplie le polynôme T, dont le terme tout connu est l'unité, par le facteur $1 - \frac{t}{t^{(\rho)}}$, on aura le polynôme $T\left(1 - \frac{t}{t^{(\rho)}}\right)$, qui étant égalé à zéro aura pour racines toutes les quantités $t', t'', t''', \ldots, t^{(\varpi)}$; mais ces racines sont déjà celles de l'équation $\theta = 0$; donc, puisque le terme tout connu, tant du polynôme $T\left(1 - \frac{t}{t^{(\rho)}}\right)$ que du polynôme θ, est égal à l'unité, il s'ensuit qu'on aura l'équation

$$T\left(1 - \frac{t}{t^{(\rho)}}\right) = \theta,$$

ou bien

$$1 + \left(N_1 - \frac{1}{t^{(\rho)}}\right) t + \left(N_2 - \frac{N_1}{t^{(\rho)}}\right) t^2 + \left(N_3 - \frac{N_2}{t^{(\rho)}}\right) t^3 + \ldots = 1 + At + Bt^2 + Ct^3 + \ldots,$$

d'où, à cause que cette équation doit être identique, on tire

$$N_1 - \frac{1}{t^{(\rho)}} = A, \quad N_2 - \frac{N_1}{t^{(\rho)}} = B, \quad N_3 - \frac{N_2}{t^{(\rho)}} = C, \ldots,$$

et de là

$$N_1 = A + \frac{1}{t^{(\rho)}},$$

$$N_2 = B + \frac{A}{t^{(\rho)}} + \frac{1}{t^{(\rho)2}},$$

$$N_3 = C + \frac{B}{t^{(\rho)}} + \frac{A}{t^{(\rho)2}} + \frac{1}{t^{(\rho)3}},$$

. . . .

Maintenant, pour trouver la valeur de la quantité $T^{(\rho)}$, on remarquera que l'on a, en général,

$$T = \frac{\theta}{1 - \frac{t}{t^{(\rho)}}},$$

de sorte qu'il n'y aura qu'à faire dans cette expression $t = t^{(\rho)}$; mais, comme cette supposition fait évanouir en même temps le numérateur θ, parce que $t^{(\rho)}$ est une des racines de l'équation $\theta = 0$, et le dénominateur $1 - \frac{t}{t^{(\rho)}}$, il faudra, suivant la règle connue, prendre à la place de ces quantités leurs différences; ainsi l'on aura, en faisant varier t, la fraction $-\frac{d\theta}{dt} : \frac{1}{t^{(\rho)}}$; ainsi, la valeur de $T^{(\rho)}$ sera égale à ce que devient la quantité $-t\frac{d\theta}{dt}$ lorsqu'on y met $t^{(\rho)}$ à la place de t, ce qu'on peut désigner ainsi

$$T^{(\rho)} = \left(-t\frac{d\theta}{dt}\right)^{(\rho)},$$

ou bien, en substituant la valeur de θ et changeant, après la différentiation, t en $t^{(\rho)}$,

$$T^{(\rho)} = -At^{(\rho)} - 2Bt^{(\rho)2} - 3Ct^{(\rho)3} - \ldots.$$

Il n'y aura donc plus qu'à substituer cette valeur de $T^{(\rho)}$, ainsi que celles de N_1, N_2, N_3,..., trouvées ci-dessus, dans l'expression générale de $y^{(\rho)}$, donnée plus haut, et l'on aura la valeur de la fonction $y^{(\rho)}$ exprimée uniquement par celle de la fonction correspondante donnée $t^{(\rho)}$ et par les coefficients m, n, p,... de l'équation proposée.

Toute la difficulté se réduit donc à trouver tant les coefficients A, B, C,... de l'équation en t

$$1 + At + Bt^2 + Ct^3 + \ldots = 0,$$

que les quantités M, M_1, M_2, M_3,...; c'est à quoi l'on peut parvenir par différentes méthodes, comme on l'a vu plus haut; l'essentiel consiste à remarquer que toutes ces quantités seront toujours exprimables algébriquement par les seuls coefficients m, n, p,... de l'équation proposée; ce que nous avons démontré *à priori* avec toute la rigueur possible.

Ces quantités étant donc trouvées, si l'on fait, pour plus de simplicité,

$$\begin{aligned} P &= M + AM_1 + BM_2 + CM_3 + \ldots, \\ Q &= M_1 + AM_2 + BM_3 + \ldots, \\ R &= M_2 + AM_3 + \ldots, \\ &\ldots\ldots\ldots\ldots\ldots\ldots, \end{aligned}$$

on aura, pour la valeur d'une y quelconque,

$$y = -\frac{\frac{P}{t} + \frac{Q}{t^2} + \frac{R}{t^3} + \frac{S}{t^4} + \ldots}{A + 2Bt + 3Ct^2 + 4Dt^3 + \ldots},$$

en prenant pour t la fonction correspondante à la fonction y.

101. Il est évident que cette solution servira toujours, quelle que soit la valeur donnée de t, pourvu qu'elle ne rende pas nul le dénominateur

$$A + 2Bt + 3Ct^2 + \ldots = \frac{d\theta}{dt};$$

or, comme la valeur de t doit déjà être une racine de l'équation $\theta = 0$, il s'ensuit que le cas de $\frac{d\theta}{dt} = 0$ n'aura lieu que lorsque cette valeur sera une racine multiple de la même équation $\theta = 0$.

Pour trouver ce qui doit arriver dans ce cas-là, supposons que t' soit la valeur donnée de t, laquelle répond à la valeur cherchée y' de y, et que dans la suite des valeurs $t', t'', t''', \ldots, t^{(\varpi)}$, il s'en trouve une autre comme t'' qui soit égale à t', en sorte que la valeur donnée t' soit une racine double de l'équation $\theta = 0$; considérant d'abord les valeurs t' et t'' comme inégales, on aura

$$y' = -\frac{\frac{P}{t'} + \frac{Q}{t'^2} + \frac{R}{t'^3} + \ldots}{A + 2Bt' + 3Ct'^2 + 4Dt'^3 + \ldots},$$

$$y'' = -\frac{\frac{P}{t''} + \frac{Q}{t''^2} + \frac{R}{t''^3} + \ldots}{A + 2Bt'' + 3Ct''^2 + 4Dt''^3 + \ldots};$$

et, comme

$$1 + At + Bt^2 + Ct^3 + \ldots = \theta = \left(1 - \frac{t}{t'}\right)\left(1 - \frac{t}{t''}\right)\left(1 - \frac{t}{t'''}\right)\ldots,$$

on aura, en différentiant et faisant successivement $t = t'$, $t = t''$,

$$A + 2Bt' + 3Ct'^2 + \ldots = -\frac{1}{t'}\left(1 - \frac{t'}{t''}\right)\left(1 - \frac{t'}{t'''}\right)\left(1 - \frac{t'}{t^{\text{IV}}}\right)\ldots,$$

$$A + 2Bt'' + 3Ct''^2 + \ldots = -\frac{1}{t''}\left(1 - \frac{t''}{t'}\right)\left(1 - \frac{t''}{t'''}\right)\left(1 - \frac{t''}{t^{\text{IV}}}\right)\ldots,$$

où l'on voit que dans le cas de $t' = t''$ ces deux quantités seront nulles.

Supposons pour un moment que $t'' = t' + \omega$, ω étant une quantité infiniment petite, on aura, en négligeant les infiniment petits du second ordre,

$$A + 2Bt' + 3Ct'^2 + \ldots = -\frac{\omega}{t'^2}\left(1 - \frac{t'}{t'''}\right)\left(1 - \frac{t'}{t^{\text{IV}}}\right)\ldots,$$

$$A + 2Bt'' + 3Ct''^2 + \ldots = +\frac{\omega}{t'^2}\left(1 - \frac{t'}{t'''}\right)\left(1 - \frac{t'}{t^{\text{IV}}}\right)\ldots.$$

Donc faisant, pour abréger,

$$\Pi = \frac{1}{t'^2}\left(1 - \frac{t'}{t'''}\right)\left(1 - \frac{t'}{t^{\text{IV}}}\right)\ldots,$$

on aura

$$y' = \frac{\frac{P}{t'} + \frac{Q}{t'^2} + \frac{R}{t'^3} + \ldots}{\omega\Pi}, \quad y'' = -\frac{\frac{P}{t''} + \frac{Q}{t''^2} + \frac{R}{t''^3} + \ldots}{\omega\Pi};$$

mais

$$\frac{P}{t''} + \frac{Q}{t''^2} + \frac{R}{t''^3} + \ldots = \frac{P}{t'} + \frac{Q}{t'^2} + \frac{R}{t'^3} + \ldots + \omega\frac{d\left(\frac{P}{t'} + \frac{Q}{t'^2} + \frac{R}{t'^3} + \ldots\right)}{dt'}$$

$$= \frac{P}{t'} + \frac{Q}{t'^2} + \frac{R}{t'^3} + \ldots - \omega\left(\frac{P}{t'^2} + \frac{2Q}{t'^3} + \frac{3R}{t'^4} + \ldots\right);$$

donc on aura

$$y'' = -y' + \frac{\frac{P}{t'^2} + \frac{2Q}{t'^3} + \frac{3R}{t'^4} + \ldots}{\Pi},$$

et de là

$$y' + y'' = \frac{\frac{P}{t'^2} + \frac{2Q}{t'^3} + \frac{3R}{t'^4} + \ldots}{\Pi}.$$

Mais, puisque

$$\theta=\left(1-\frac{t}{t'}\right)\left(1-\frac{t}{t''}\right)\left(1-\frac{t}{t'''}\right)\left(1-\frac{t}{t^{\text{IV}}}\right)\cdots=\left(1-\frac{t}{t'}\right)^2\left(1-\frac{t}{t'''}\right)\left(1-\frac{t}{t^{\text{IV}}}\right)\cdots,$$

il est facile de voir qu'on aura, lorsque $t=t'$,

$$\frac{1}{2}\frac{d^2\theta}{dt^2}=\frac{1}{t'^2}\left(1-\frac{t'}{t'''}\right)\left(1-\frac{t'}{t^{\text{IV}}}\right)\cdots=\Pi;$$

par conséquent

$$\Pi=\frac{2B+2.3Ct'+3.4Dt'^2+\ldots}{2}.$$

Donc

$$\frac{y'+y''}{2}=\frac{\dfrac{P}{t'^2}+\dfrac{2Q}{t'^3}+\dfrac{3R}{t'^4}+\ldots}{2B+2.3Ct'+3.4Dt'^2+\ldots}.$$

Ainsi, dans ce cas, la formule ne donnera pas la valeur de chacune des inconnues y', y'', qui répondent aux racines égales t', t'', mais seulement celle de leur somme $y'+y''$, et l'on voit, tant par l'expression précédente que par l'analyse d'où elle résulte, que la valeur de la moitié de cette somme résultera de l'expression générale de y du numéro précédent, en prenant, à la place du numérateur et du dénominateur, leurs différentielles divisées par dt.

On trouvera de la même manière que, lorsque la valeur donnée de t sera une racine triple de l'équation $\theta=0$, en sorte que l'on ait, par exemple, $t'=t''=t'''$, alors on ne pourra pas avoir en particulier chacune des fonctions correspondantes y', y'', y''', mais seulement leur somme $y'+y''+y'''$; et l'expression générale de y donnera le tiers de cette somme en prenant, à la place du numérateur et du dénominateur de cette expression, leurs différentielles secondes divisées par dt^2, et ainsi de suite.

102. En général, si en substituant la valeur connue de t dans le dénominateur de l'expression générale de y du n° **101**, on trouve que ce dénominateur devient nul, alors on le différentiera autant de fois de suite qu'il sera nécessaire pour qu'il ne devienne plus zéro par la même substitution, en traitant toujours les différences premières dt comme constantes; on différentiera ensuite un pareil nombre de fois le numérateur, et la nouvelle fraction qu'on aura de cette manière exprimera la somme d'autant de valeurs particulières de y qu'il y aura d'unités dans le nombre des différentiations augmenté de l'unité, cette somme étant divisée par le nombre des valeurs de y; et ces valeurs seront celles qui répondent aux valeurs égales de t, dont le nombre, comme on sait, est toujours égal à celui des différentielles successives de θ qui s'évanouissent en même temps, augmenté de l'unité.

On connaîtra donc ainsi la somme de ces différentes valeurs de y; or, on pourra trouver de même la somme de leurs carrés, de leurs cubes, etc., car il n'y aura pour cela qu'à faire un nouveau calcul en prenant, à la place de la fonction y, son carré y^2, et ensuite le cube y^3, etc.; de là on tirera, par les formules connues, les valeurs des produits deux à deux, trois à trois, etc., des valeurs de y; de sorte qu'on connaîtra tous les coefficients de l'équation dont ces valeurs seront les racines; et il faudra ensuite résoudre cette équation pour avoir chacune des valeurs cherchées en particulier.

D'où il s'ensuit que lorsque, parmi les valeurs t', t'', t''',... de la fonction t, il s'en trouve deux ou plusieurs qui sont égales entre elles, celles des valeurs y', y'', y''',... qui répondent aux valeurs égales de t ne pourront pas être données simplement par une fonction rationnelle de t et des coefficients m, n, p,... de l'équation proposée; mais elles le seront par une équation d'un degré égal au nombre de ces valeurs égales, et dont tous les coefficients seront eux-mêmes exprimés rationnellement en t et en m, n, p,....

C'est ce qui est d'ailleurs bien naturel et conforme aux principes de l'Analyse. Car, puisqu'il y a différentes valeurs de y qui répondent à une même valeur de t, il est clair que chacune de ces valeurs de y dépendra de la même manière de la valeur correspondante de t, et qu'ainsi ces valeurs ne pourront être que les racines d'une même équation, dont les coefficients seront donnés en t par des expressions rationnelles.

Supposons, par exemple, qu'ayant une équation d'un degré quelconque μ, telle que

$$x^\mu + mx^{\mu-1} + nx^{\mu-2} + px^{\mu-3} + \ldots = 0,$$

on veuille en trouver une autre d'un degré moindre λ, telle que

$$x^\lambda + ax^{\lambda-1} + bx^{\lambda-2} + cx^{\lambda-3} + \ldots = 0,$$

qui ait toutes ses racines communes avec celle-là, c'est-à-dire qui en soit un diviseur; on sait que les coefficients a, b, c,... seront tous des fonctions *semblables* des racines de la proposée, et qui seront susceptibles d'un nombre

$$\frac{\mu(\mu-1)(\mu-2)\ldots(\mu-\lambda+1)}{1.2.3\ldots\lambda}$$

de variations, en sorte que chacun de ces coefficients sera nécessairement donné en m, n, p,... par une équation d'un degré égal à ce même nombre (n°s 89 et 98). Or, dès qu'on connaîtra la valeur d'un quelconque de ces coefficients, on pourra, à l'aide du Problème que nous venons de résoudre, trouver la valeur de chacun des autres coefficients; et il s'ensuit de notre solution que si la valeur du coefficient supposé connu est une racine simple de l'équation d'où dépend la détermination de ce coefficient, tous les autres pourront être exprimés rationnellement par celui-là; mais si la valeur du coefficient connu est une racine double, ou triple, ou, etc., de la même équation, alors chacun des autres coefficients ne pourra être donné par celui-là que par le moyen d'une équation du second, ou du troisième, ou, etc., degré.

Pour confirmer *à posteriori* ce que nous venons de trouver *à priori*. prenons l'équation du quatrième degré

$$x^4 + mx^3 + nx^2 + px + q = 0,$$

et supposons, comme dans le n° 35 (Section II), qu'elle soit divisible par celle-ci du second degré

$$x^2 + fx + g = 0;$$

on parviendra, ainsi qu'on l'a déjà vu, aux deux équations de conditions

$$p - g(m - f) - f[n - g - f(m - f)] = 0,$$
$$q - g[n - g - f(m - f)] = 0,$$

dont la première donne d'abord

$$g = \frac{p - nf + mf^2 - f^3}{m - 2f};$$

ainsi, ayant g exprimé rationnellement en f, il suffira de trouver la valeur de f pour avoir celle de g sans aucune extraction de racines. Cependant, s'il arrive que la valeur de f soit égale à $\frac{m}{2}$ et qu'on ait en même temps $p = \frac{mn}{2} - \frac{m^3}{8}$, cette valeur de f donnera $g = \frac{0}{0}$; et il faudra alors, pour connaître la valeur de g, avoir recours à l'autre équation où g monte au second degré, et qui est

$$g^2 - (n - mf + f^2)g + q = 0;$$

de sorte qu'en mettant $\frac{m}{2}$ à la place de f on aura celle-ci

$$g^2 - \left(n - \frac{m^2}{4}\right)g + q = 0,$$

par la résolution de laquelle il faudra donc déterminer g. Or je dis que le cas dont il s'agit est celui où la valeur $\frac{m}{2}$ de f sera une racine double de l'équation en f.

Pour le prouver nous remarquerons que cette équation en f doit venir de la substitution de la valeur de g tirée de la première équation, dans la seconde; ainsi faisant, pour abréger,

$$p - nf + mf^2 - f^3 = \text{P}, \quad m - 2f = \text{Q},$$

en sorte que $g = \frac{\text{P}}{\text{Q}}$, on aura, pour l'équation en f, celle-ci

$$\text{P}^2 - (n - mf + f^2)\,\text{PQ} + q\,\text{Q}^2 = 0,$$

laquelle étant développée montera au sixième degré et se trouvera la même que celle du numéro cité 35; or il est visible que, lorsque $p = \frac{mn}{2} - \frac{m^3}{8}$, une des racines de cette équation sera égale à $\frac{m}{2}$, parce qu'en faisant $f = \frac{m}{2}$ on aura en même temps $P = 0$ et $Q = 0$; et comme ces deux conditions détruisent, non-seulement tous les termes de l'équation dont il s'agit, mais aussi ceux de sa différentielle qui sera

$$2P\,dP - (2f\,df - m\,df)\,PQ - (n - mf + f^2)(P\,dQ + Q\,dP) + 2qQ\,dQ = 0,$$

il s'ensuit que la racine $f = \frac{m}{2}$ sera une racine double de la même équation.

103. Nous avons supposé jusqu'ici que les deux fonctions t et y étaient semblables; considérons maintenant le Problème dans toute sa généralité en supposant que ces fonctions soient d'une forme quelconque.

Qu'on fasse successivement dans l'une et l'autre fonction toutes les permutations possibles entre les racines x', x'', x''',... dont elles sont composées, en n'ayant cependant aucun égard à celles de ces permutations qui redonneraient à la fois les mêmes valeurs de t et de y, et il en résultera un égal nombre ϖ de valeurs correspondantes de t et de y, que l'on désignera, comme dans le n° 100, par t', t'', t''',..., $t^{(\varpi)}$, et par y', y'', y''',..., $y^{(\varpi)}$. Dans le cas où les deux fonctions t et y sont semblables, les valeurs t', t'', t''',..., $t^{(\varpi)}$ seront toutes exprimées d'une manière différente, et seront les racines de l'équation la plus simple $\theta = 0$ qui servira à déterminer la fonction t en m, n, p,..., et il en sera de même des valeurs y', y'', y''',..., $y^{(\varpi)}$; ce qui n'empêche cependant pas que quelques-unes des valeurs de t ou de y ne puissent être égales entre elles, comme dans le cas que nous avons examiné dans le n° 102; il s'agit ici uniquement de la forme de ces valeurs et non de leur quantité absolue. Au contraire, lorsque les fonctions t et y ne seront pas semblables, il arrivera nécessairement que parmi les valeurs t', t'', t''',..., $t^{(\varpi)}$, ou y', y'', y''',..., $y^{(\varpi)}$ il y en aura qui seront les mêmes, en sorte que le nombre des valeurs différentes de t ou de y sera moindre que ϖ, et il est facile de conclure de ce que nous avons démontré dans le n° 97 que ce nombre ne pourra être qu'un sous-multiple de ϖ. Or il y a ici deux cas à considérer, suivant que le nombre des valeurs différentes de la fonction donnée t sera égal à ϖ ou à un sous-multiple de ϖ.

1° Supposons que les valeurs $t', t'', t''', \ldots, t^{(\varpi)}$ de la fonction t soient toutes différentes, c'est-à-dire représentées d'une manière différente; en ce cas il est clair que l'équation $\theta = 0$ aura nécessairement pour racines toutes ces différentes valeurs, en sorte qu'elle sera essentiellement du degré ϖ, quelles que soient d'ailleurs les valeurs de la fonction cherchée y; ainsi la solution du n° 100 s'appliquera également à ce cas.

2° Supposons que parmi les valeurs $t', t'', t''', \ldots, t^{(\varpi)}$ il n'y en ait qu'un nombre ρ de différentes, ρ étant un facteur de ϖ, en sorte que $\varpi = \rho\sigma$; en ce cas, si $\theta = 0$ est l'équation dont ces différentes valeurs sont les racines, il s'ensuit de ce qu'on a démontré dans le n° 97 que l'équation qui aura toutes les valeurs $t', t'', t''', \ldots, t^{(\varpi)}$ pour racines sera $\theta^\sigma = 0$; en sorte que chacune de ses racines en aura $\sigma - 1$ autres qui lui seront égales. On pourra donc encore appliquer à ce cas la solution générale du n° 100, pourvu qu'on prenne $\theta^\sigma = 0$ pour l'équation en t, c'est-à-dire qu'on fasse

$$1 + At + Bt^2 + Ct^3 + \ldots = \theta^\sigma;$$

mais, à cause que chaque racine de cette équation est une racine égale, il faudra modifier la solution par les règles données dans le n° 102 pour le cas des racines égales; et au lieu de trouver la valeur de chaque y répondante à chaque t, on ne trouvera plus que la valeur de la somme de toutes les y qui répondront aux valeurs égales de t; or, comme chacune des valeurs différentes de t se trouve répétée σ fois dans la série t', t'', $t''', \ldots, t^{(\varpi)}$, et que d'ailleurs à chacune des valeurs de cette série il répond une valeur de la série $y', y'', y''', \ldots, y^{(\varpi)}$, en sorte que les mêmes valeurs de t et de y ne se trouvent pas deux fois dans les mêmes séries à des places correspondantes, il s'ensuit qu'à chaque valeur différente de t il répondra σ valeurs différentes y, et qu'ainsi en connaissant une valeur de t on ne pourra connaître que la somme des σ valeurs différentes de y qui y répondent.

De là et du n° 103 on conclura donc que, dans ce cas, chaque valeur de y ne pourra être donnée en t qu'au moyen d'une équation du degré σ laquelle renfermera à la fois toutes les valeurs de y répondantes à une même valeur de t.

Au reste on peut simplifier beaucoup la solution du cas dont il s'agit en le ramenant à celui des fonctions semblables; car il est visible que si à la valeur t', par exemple, répondent les valeurs $y', y'', y''',\ldots, y^{(\sigma)}$, toute fonction de la forme $f[(y', y'', y''',\ldots, y^{(\sigma)})]$ sera telle, qu'elle n'admettra plus que ρ valeurs différentes comme la fonction t', et qu'ainsi ces deux fonctions seront des fonctions semblables des racines $x', x'', x''',\ldots$. Par conséquent, en prenant à la place de la fonction y une fonction quelconque de la forme $f[(y', y'', y''',\ldots, y^{(\sigma)})]$, on trouvera directement la valeur de cette fonction en t par la solution du n° 100, en employant simplement l'équation $\theta = 0$, qui n'aura pour racines que les ρ différentes valeurs de t. Ainsi l'on pourra connaître par ce moyen tous les coefficients de l'équation dont les valeurs $y', y'', y''',\ldots, y^{(\sigma)}$ seront les racines, puisque chacun de ces coefficients est nécessairement une fonction de la même forme $f[(y', y'', y''',\ldots, y^{(\sigma)})]$ (89).

104. Donc :

1° Si l'on a deux fonctions quelconques t et y des racines $x', x'', x''',\ldots$ de l'équation

$$x^{\mu} + mx^{\mu-1} + nx^{\mu-2} + \ldots = 0,$$

et que ces fonctions soient telles, que toutes les permutations entre les racines $x', x'', x''',\ldots$, qui feront varier la fonction y, fassent varier aussi en même temps la fonction t, on pourra, généralement parlant, avoir la valeur de y en t et en $m, n, p,\ldots$, par une expression rationnelle, de manière que connaissant une valeur de t on connaîtra aussi immédiatement la valeur correspondante de y; nous disons *généralement parlant*, car s'il arrive que la valeur connue de t soit une racine double, ou triple, etc., de l'équation en t, alors la valeur correspondante de y dépendra d'une équation carrée, ou cubique, etc., dont tous les coefficients seront des fonctions rationnelles de t et de $m, n, p,\ldots$.

2° Si les fonctions t et y sont telles, que la fonction t conserve la même valeur par des permutations qui font varier la fonction y, alors on ne pourra trouver la valeur de y en t et en $m, n, p, \ldots$ qu'au moyen d'une équation du second degré, si à une même valeur de t répondent deux valeurs différentes de y, ou du troisième degré, si à une même valeur de t répondent trois valeurs différentes de y, et ainsi de suite. Les coefficients de ces équations en y seront, généralement parlant, des fonctions rationnelles de t et de $m, n, p, \ldots$, en sorte qu'étant donnée une valeur de t, on aura y par la simple résolution d'une équation du second ou du troisième degré, etc.; mais s'il arrive que la valeur connue de t soit une racine double ou triple, etc., de l'équation en t, alors les coefficients des équations dont il s'agit dépendront encore eux-mêmes d'une équation du second ou du troisième degré, etc.

De là on peut déduire les conditions nécessaires pour pouvoir déterminer les valeurs mêmes des racines $x', x'', x''', \ldots$, au moyen de celles d'une fonction quelconque de ces racines; car il n'y aura pour cela qu'à prendre la simple racine x à la place de la fonction y, et appliquer à ce cas les conclusions précédentes.

105. Voyons maintenant l'application qu'on peut faire des principes établis jusqu'ici, à la résolution générale des équations; nous commencerons par examiner le cas où il n'y a que trois racines x', x'', x''', c'est-à-dire où l'équation proposée est du troisième degré.

Dans ce cas, si l'on considère la fonction générale $f[(x')(x'')(x''')]$, on trouvera qu'elle doit dépendre d'une équation du degré $1.2.3$, dont les six racines seront

$$\begin{array}{ll} f[(x')(x'')(x''')], & f[(x'')(x')(x''')], \\ f[(x''')(x'')(x')], & f[(x'')(x''')(x')], \\ f[(x')(x''')(x'')], & f[(x''')(x')(x'')]. \end{array}$$

Maintenant, pour pouvoir abaisser cette équation à un degré moindre que celui de la proposée, il est clair qu'il n'y a d'autre moyen que de faire en sorte que ses racines soient égales, trois à trois; auquel cas elle se réduira au second degré. Pour cela on supposera que la fonction proposée soit telle, que l'on ait

$$f[(x')(x'')(x''')] = f[(x'')(x''')(x')],$$

indépendamment de toute relation entre les racines x', x'', x''', c'est-à-dire que cette fonction demeure la même en y changeant x' en x'', x'' en x''', et x''' en x'; et l'on aura par la même raison

$$f[(x'')(x''')(x')] = f[(x''')(x')(x'')],$$

et ensuite

$$f[(x''')(x')(x'')] = f[(x')(x'')(x''')];$$

d'où l'on voit que ces trois fonctions

$$f[(x')(x'')(x''')],\quad f[(x'')(x''')(x')],\quad f[(x''')(x')(x'')]$$

seront nécessairement égales, et qu'il n'y aura que ces trois-ci qui puissent l'être en vertu de la condition supposée; par conséquent les trois autres fonctions

$$f[(x'')(x')(x''')],\quad f[(x')(x''')(x'')],\quad f[(x''')(x'')(x')]$$

seront aussi égales; de sorte que (98) l'équation dont il s'agit s'abaissera au degré $\frac{1.2.3}{3} = 2$.

Or, pour trouver, en général, la forme de la fonction proposée, qu'on prenne une autre fonction quelconque représentée par $\varphi[(x')(x'')(x''')]$; qu'on désigne, pour abréger, par y', y'', y''' les trois fonctions

$$\varphi[(x')(x'')(x''')],\quad \varphi[(x'')(x''')(x')],\quad \varphi[(x''')(x')(x'')],$$

qui répondent aux trois premières fonctions égales ci-dessus, et par z', z'', z''', les trois fonctions

$$\varphi[(x'')(x')(x''')],\quad \varphi[(x')(x''')(x'')],\quad \varphi[(x''')(x'')(x')],$$

qui répondent aux trois autres fonctions égales; il est clair qu'on pourra exprimer toute fonction de x', x'', x''' par une fonction quelconque de y', y'', y''', ou de z', z'', z''', puisque la caractéristique φ dénote une fonction indéterminée quelconque. Ainsi l'on pourra représenter, en général, la fonction $f[(x')(x'')(x''')]$ par celle-ci $f[(y')(y'')(y''')]$; or il faut, par les conditions du Problème, que cette fonction demeure la même en y échangeant x' en x'', x'' en x''' et x''' en x'; donc, puisque par ces échanges les trois quantités y', y'', y''' ne font que se changer l'une dans l'autre, il s'ensuit que la fonction $f[(y')(y'')(y''')]$ doit être telle qu'elle demeure la même, quelque permutation qu'on y fasse entre les trois quantités y', y'', y''', et par conséquent qu'elle soit de la forme $f[(y', y'', y''')]$.

Toute fonction donc de la forme

$$f[(y', y'', y''')]$$

aura les propriétés requises, et ne dépendra par conséquent que d'une équation du second degré. En effet, il est facile de voir que, quelques permutations qu'on fasse entre les trois racines x', x'', x''', les trois quantités y', y'', y''' ne peuvent que s'échanger entre elles, ou dans les trois quantités analogues z', z'', z'''; d'où il s'ensuit que la fonction

$$f[(y', y'', y''')]$$

ne peut que demeurer la même ou se changer dans la fonction

$$f[(z', z'', z''')],$$

et qu'ainsi ces deux fonctions ne peuvent qu'être les racines d'une même équation du second degré.

Regardons maintenant ces fonctions comme connues, et la difficulté se réduira à trouver par leur moyen les valeurs de chacune des quantités y', y'', y''' et z', z'', z'''. Or, comme les fonctions dont il s'agit sont de nature à demeurer les mêmes, quelque échange qu'on fasse entre les quantités y', y'', y''', ainsi qu'entre les quantités z', z'', z''', il s'ensuit de ce qui a été démontré ci-dessus, que les trois quantités y', y'', y''' seront les racines d'une équation du troisième degré, et les trois quantités z', z'', z''' les racines d'une autre équation du troisième degré. Qu'on représente ces équations par celles-ci

$$y^3 - ay^2 + by - c = 0,$$
$$z^3 - fz^2 + gz - h = 0,$$

et, comme les coefficients a, b, c sont des fonctions de la forme $f[(y', y'', y''')]$, et les coefficients f, g, h des fonctions analogues de la forme $f[(z', z'', z''')]$, il résulte de ce qui précède que les coefficients correspondants a et f seront les racines d'une même équation du second degré, dont les coefficients seront donnés en m, n, p, et il en sera de même des coefficients b, g et c, h; sur quoi il est bon de remarquer que dès qu'on aura trouvé les valeurs de a et f, on pourra, par leur moyen, trouver immédiatement celles de b, g et c, h, par la méthode du n° 100.

Puis donc que les équations en y et z sont l'une et l'autre du troisième degré, il faut tâcher de les ramener à une forme qui en permette la résolution; car, d'un côté, on ne saurait les résoudre, en général, au moins on est censé ne savoir pas les résoudre, puisque la résolution des équations de ce degré est précisément ce qui fait l'objet de cette recherche; de l'autre, on ne peut pas employer la méthode du n° 99 pour abaisser ces équations à un degré inférieur, à cause que l'exposant 3 est un nombre premier qui n'a point de diviseur.

Or, comme la résolution des équations à deux termes est toujours possible, il conviendra de réduire les équations dont il s'agit à cet état; ainsi nous supposerons que l'équation en y devienne

$$y^3 - c = 0,$$

ou, plus généralement, de la forme

$$(y + k)^3 - l = 0;$$

et, pour trouver les conditions nécessaires pour cela, il n'y aura qu'à remarquer qu'en prenant 1, α, α^2 pour dénoter les racines cubiques de l'unité, on aura

$$y' + k = \sqrt[3]{l}, \quad y'' + k = \alpha\sqrt[3]{l}, \quad y''' + k = \alpha^2\sqrt[3]{l},$$

d'où l'on tire, à cause de $\alpha^3 = 1$,

$$y' + k = \alpha^2(y'' + k) = \alpha(y''' + k).$$

Ainsi, il faudra que la fonction de x', x'', x''', qu'on a désignée par la caractéristique φ, soit telle qu'on ait, indépendamment de toute relation entre les racines x', x'', x''',

$$\varphi[(x')(x'')(x''')] + k = \alpha^2\Big[\varphi[(x'')(x''')(x')] + k\Big] = \alpha\Big[\varphi[(x''')(x')(x'')] + k\Big].$$

Et alors on aura aussi, en échangeant x' en x'',

$$\varphi[(x'')(x')(x''')] + k = \alpha^2\Big[\varphi[(x')(x''')(x'')] + k\Big] = \alpha\Big[\varphi[(x''')(x'')(x')] + k\Big];$$

c'est-à-dire

$$z' + k = \alpha^2(z'' + k) = \alpha(z''' + k),$$

moyennant quoi l'équation en z se réduira aussi à la forme

$$(z + k)^3 - l' = 0.$$

Or, en comparant l'équation

$$(y + k)^3 - l = 0$$

avec l'équation

$$y^3 - ay^2 + by - c = 0,$$

on a

$$c = l - k^3;$$

et par conséquent, à cause de

$$l = (y + k)^3 = (y' + k)^3$$

(puisqu'on est maître de substituer, à la place de y, une quelconque de ses racines),

$$c = (y' + k)^3 - k^3;$$

on trouvera de même

$$h = (z' + k)^3 - k^3.$$

De sorte que ces deux quantités

$$\Big[\varphi[(x')(x'')(x''')] + k\Big]^3 - k^3 \quad \text{et} \quad \Big[\varphi[(x'')(x')(x''')] + k\Big]^3 - k^3$$

seront les racines d'une équation du second degré, qu'on pourra par conséquent regarder comme la *réduite* générale du troisième degré.

Par la résolution de cette équation on connaîtra donc les valeurs des deux fonctions $\varphi[(x')(x'')(x''')]$ et $\varphi[(x'')(x')(x''')]$, et l'on aura celles des quatre autres fonctions dérivées de celles-ci, par le moyen des équations de condition ci-dessus. Or, ces fonctions étant connues, on pourra en déduire les valeurs de chacune des trois racines x', x'', x''' (**104**).

106. Voilà donc le principe de la résolution des équations du troisième degré présenté de la manière la plus directe et la plus générale; il est facile d'en faire des applications particulières et d'en déduire les différentes théories que nous avons données dans la Section I.

La forme la plus simple qu'on puisse donner à la fonction

$$\varphi[(x')(x'')(x''')]$$

est celle-ci

$$Ax' + Bx'' + Cx''' + D,$$

A, B, C, D étant des constantes; ainsi l'équation de condition sera

$$\begin{aligned} Ax' + Bx'' + Cx''' + D + k &= \alpha^2(Ax'' + Bx''' + Cx' + D + k) \\ &= \alpha\,(Ax''' + Bx' + Cx'' + D + k); \end{aligned}$$

d'où l'on tire ces équations

$$\begin{aligned} &A = \alpha^2 C = \alpha B, \\ &B = \alpha^2 A = \alpha C, \\ &C = \alpha^2 B = \alpha A, \\ &D + k = \alpha^2(D + k) = \alpha(D + k). \end{aligned}$$

La seconde donne

$$B = \alpha^2 A, \quad C = \alpha A,$$

et ces valeurs satisfont aussi en même temps à la première et à la troisième, à cause de $\alpha^3 = 1$; quant à la quatrième, elle donnera

$$D + k = 0, \quad \text{et par conséquent} \quad D = -k;$$

ainsi la fonction proposée sera de la forme

$$A(x' + \alpha^2 x'' + \alpha x''') - k,$$

qui, en faisant $k = 0$, est précisément la même à laquelle nous avons été conduits *à posteriori* dans la Section citée (**5**).

107. Supposons maintenant qu'il y ait quatre racines, x', x'', x''', x^{IV}, ce qui est le cas des équations du quatrième degré; et, considérant la fonction générale $f[(x')(x'')(x''')(x^{\text{IV}})]$, on trouvera qu'elle devra dépendre d'une équation du degré 1.2.3.4 dont les vingt-quatre racines seront (96)

$$\begin{array}{ll}
f[(x')(x'')(x''')(x^{\text{IV}})], & f[(x'')(x')(x''')(x^{\text{IV}})],\\
f[(x''')(x'')(x')(x^{\text{IV}})], & f[(x'')(x''')(x')(x^{\text{IV}})],\\
f[(x')(x''')(x'')(x^{\text{IV}})], & f[(x''')(x')(x'')(x^{\text{IV}})],\\
f[(x^{\text{IV}})(x'')(x''')(x')], & f[(x'')(x^{\text{IV}})(x''')(x')],\\
f[(x''')(x'')(x^{\text{IV}})(x')], & f[(x'')(x''')(x^{\text{IV}})(x')],\\
f[(x^{\text{IV}})(x''')(x'')(x')], & f[(x''')(x^{\text{IV}})(x'')(x')],\\
f[(x')(x^{\text{IV}})(x''')(x'')], & f[(x^{\text{IV}})(x')(x''')(x'')],\\
f[(x''')(x^{\text{IV}})(x')(x'')], & f[(x^{\text{IV}})(x''')(x')(x'')],\\
f[(x')(x''')(x^{\text{IV}})(x'')], & f[(x''')(x')(x^{\text{IV}})(x'')],\\
f[(x')(x'')(x^{\text{IV}})(x''')], & f[(x'')(x')(x^{\text{IV}})(x''')],\\
f[(x^{\text{IV}})(x'')(x')(x''')], & f[(x'')(x^{\text{IV}})(x')(x''')],\\
f[(x')(x^{\text{IV}})(x'')(x''')], & f[(x^{\text{IV}})(x')(x'')(x''')].
\end{array}$$

Il faudra donc tâcher d'abaisser cette équation à un degré moindre que le quatrième, c'est-à-dire au second ou au troisième degré, et il conviendra de choisir ce dernier, comme étant le plus haut qu'on puisse admettre dans cette recherche. Pour cela, il faudra donc faire en sorte que les vingt-quatre racines que nous venons de trouver soient égales huit à huit, et l'on y parviendra en comparant ces racines les unes avec les autres de toutes les manières possibles, jusqu'à ce qu'on trouve une combinaison qui donne justement huit racines égales, car alors les seize autres seront aussi égales huit à huit (97).

Supposons d'abord

$$f[(x')(x'')(x''')(x^{\text{IV}})] = f[(x'')(x')(x''')(x^{\text{IV}})],$$

en sorte que la fonction proposée soit de la forme $f[(x', x'')(x''')(x^{\text{IV}})]$, et toutes les racines deviendront égales deux à deux, de manière que l'équation ne montera plus qu'au douzième degré (98). Supposons ensuite qu'on ait aussi

$$f[(x', x'')(x''')(x^{\text{IV}})] = f[(x', x'')(x^{\text{IV}})(x''')],$$

c'est-à-dire que la forme de la fonction soit $f[(x', x'')(x''', x^{\text{IV}})]$, l'équation se réduira par là au sixième degré. Enfin, si l'on suppose encore qu'on ait

$$f[(x', x'')(x''', x^{\text{IV}})] = f[(x''', x^{\text{IV}})(x', x'')],$$

c'est-à-dire que la fonction proposée soit telle, qu'elle ne change point lorsqu'on y échange à la fois x' et x'' en x''' et x^{IV}, elle se trouvera réduite à l'état demandé, puisqu'elle n'admettra plus que ces trois variations

$$f[(x', x'')(x''', x^{\text{IV}})], \quad f[(x', x''')(x'', x^{\text{IV}})], \quad f[(x', x^{\text{IV}})(x'', x''')],$$

de sorte qu'elle ne pourra dépendre que d'une équation du troisième degré, dont ces trois fonctions seront les racines.

Pour trouver la forme générale de la fonction dont il s'agit, je prends, comme dans le n° **105**, une autre fonction quelconque, désignée par $\varphi[(x')(x'')(x''')(x^{\text{IV}})]$, et je la réduis d'abord à la forme $\varphi[(x', x'')(x''', x^{\text{IV}})]$, pour qu'elle demeure la même en y, changeant x' en x'' ou x''' en x^{IV}; supposant maintenant, pour plus de simplicité,

$$y' = \varphi[(x', x'')(x''', x^{\text{IV}})],$$
$$y'' = \varphi[(x''', x^{\text{IV}})(x', x'')],$$

il est clair que toute fonction de la forme $f[(x', x'')(x''', x^{\text{IV}})]$ pourra s'exprimer par une fonction de y' et y''; de sorte qu'on pourra représenter, en général, la fonction cherchée par $f[(y')(y'')]$; mais il faut, par l'hypothèse, que cette fonction demeure aussi la même en y changeant à la fois x' et x'' en x''' et x^{IV}; donc, puisque par ces permutations les deux quantités y' et y'' se changent l'une dans l'autre, il faudra que la fonction $f[(y')(y'')]$ soit de la forme $f[(y', y'')]$.

Ainsi l'expression générale de la fonction cherchée sera

$$f[(y', y'')];$$

en effet, si l'on fait

$$z' = \varphi[(x', x''')(x'', x^{\text{IV}})],$$
$$z'' = \varphi[(x'', x^{\text{IV}})(x', x''')],$$

et ensuite

$$u' = \varphi[(x', x^{\text{IV}})(x'', x''')],$$
$$u'' = \varphi[(x'', x''')(x', x^{\text{IV}})],$$

il est facile de voir qu'en faisant telle permutation qu'on voudra entre les quatre racines x', x'', x''', x^{IV}, il n'en résultera jamais que ces trois fonctions différentes

$$f[(y', y'')],\quad f[(z', z'')],\quad f[(u', u'')];$$

de sorte qu'elles seront nécessairement racines d'une même équation du troisième degré.

On pourra donc par la résolution d'une équation du troisième degré déterminer la valeur de toute fonction telle que $f[(y', y'')]$. Ainsi, si l'on suppose que les quantités y' et y'' soient les racines de cette équation du second degré

$$y^2 - ay + b = 0,$$

chacun des coefficients a et b sera donné par une équation du troisième degré, puisqu'il sera de la forme $f[(y', y'')]$; de sorte que par là on connaîtra les deux quantités y' et y''. Or si l'on suppose, ce qui est permis, que la fonction $\varphi[(x', x'')(x''', x^{\text{IV}})]$ ne renferme que les deux racines x' et x'', en sorte qu'elle soit simplement de la forme $\varphi[(x', x'')]$, on aura

$$y' = \varphi[(x', x'')] \quad \text{et} \quad y'' = \varphi[(x''', x^{\text{IV}})];$$

donc, si l'on prend x' et x'' pour les racines de l'équation

$$x^2 - fx + g = 0,$$

et x''', x^{IV} pour celles de l'équation

$$x^2 - hx + l = 0,$$

les valeurs des coefficients f, g, h, l ne dépendront que d'équations du troisième et du second degré; et ces valeurs étant connues on aura celles des quatre racines cherchées par la résolution des deux équations précédentes du second degré.

Tel est le principe général auquel se rapportent la plupart des méthodes pour la résolution des équations du quatrième degré, comme on peut le voir par l'analyse que nous en avons donnée dans la Section II.

En effet, si l'on fait

$$\varphi[(x', x'')] = x' + x'' \quad \text{et} \quad f[(y', y'')] = (y' - y'')^2,$$

il en résultera la solution du nº 32, et faisant

$$\varphi[(x', x'')] = x'x'' \quad \text{et} \quad f[(y', y'')] = y' + y'',$$

il en résultera celle du nº 31, et ainsi des autres.

108. On peut encore dériver la résolution des équations du quatrième degré d'un autre principe, en faisant une combinaison différente des vingt-quatre fonctions du nº 106. Car, si l'on suppose d'abord

$$f[(x')(x'')(x''')(x^{\text{IV}})] = f[(x'')(x''')(x^{\text{IV}})(x')],$$

c'est-à-dire que la fonction demeure la même en y changeant à la fois x' en x'', x'' en x''', x''' en x^{IV} et x^{IV} en x', on trouvera ensuite

$$f[(x'')(x''')(x^{\text{IV}})(x')] = f[(x''')(x^{\text{IV}})(x')(x'')],$$

et de là

$$f[(x''')(x^{\text{IV}})(x')(x'')] = f[(x^{\text{IV}})(x')(x'')(x''')],$$

et enfin

$$f[(x^{\text{IV}})(x')(x'')(x''')] = f[(x')(x'')(x''')(x^{\text{IV}})];$$

de sorte que les fonctions

$$f[(x')(x'')(x''')(x^{\text{IV}})], \quad f[(x'')(x''')(x^{\text{IV}})(x')],$$
$$f[(x''')(x^{\text{IV}})(x')(x'')], \quad f[(x^{\text{IV}})(x')(x'')(x''')],$$

seront égales, et qu'il n'y aura que ces quatre qui le seront; d'où il s'ensuit que les quatre fonctions dont il s'agit seront égales quatre à quatre, ce qui conduira d'abord à une équation du sixième degré.

Maintenant, si l'on suppose encore cette égalité

$$f[(x')(x'')(x''')(x^{\text{IV}})] = f[(x^{\text{IV}})(x''')(x'')(x')],$$

c'est-à-dire que la même fonction reste aussi invariable en y changeant à la fois x' en x^{IV} et x'' en x''', et *vice versâ*, il en résultera encore quatre autres fonctions égales aux précédentes, savoir

$$f[(x^{\text{IV}})(x''')(x'')(x')],\quad f[(x''')(x'')(x')(x^{\text{IV}})],$$
$$f[(x'')(x')(x^{\text{IV}})(x''')],\quad f[(x')(x^{\text{IV}})(x''')(x'')],$$

moyennant quoi les vingt-quatre fonctions du numéro cité se trouveront égales huit à huit, et ne dépendront plus que d'une équation du troisième degré.

Or, en prenant une autre fonction quelconque des racines x', x'', x''', x^{IV}, qu'on désignera par la caractéristique φ, et désignant par y', y'', y''', y^{IV}, y^{V}, y^{VI}, y^{VII}, y^{VIII} les huit fonctions suivantes

$$\varphi[(x')(x'')(x''')(x^{\text{IV}})],\quad \varphi[(x'')(x''')(x^{\text{IV}})(x')],$$
$$\varphi[(x''')(x^{\text{IV}})(x')(x'')],\quad \varphi[(x^{\text{IV}})(x')(x'')(x''')],$$
$$\varphi[(x^{\text{IV}})(x''')(x'')(x')],\quad \varphi[(x''')(x'')(x')(x^{\text{IV}})],$$
$$\varphi[(x'')(x')(x^{\text{IV}})(x''')],\quad \varphi[(x')(x^{\text{IV}})(x''')(x'')],$$

qui répondent, comme on voit, aux huit fonctions égales ci-dessus, on pourra représenter toute fonction, qui doit demeurer la même soit en changeant x' en x'', x'' en x''', x''' en x^{IV} et x^{IV} en x', soit en changeant x' en x^{IV} et x'' en x''', par celle-ci

$$f[(y', y'', y''', y^{\text{IV}}, y^{\text{V}}, y^{\text{VI}}, y^{\text{VII}}, y^{\text{VIII}})];$$

car il est facile de voir que par ces échanges les quantités y', y'', y''',... ne feront que s'échanger les unes dans les autres.

Cette fonction aura donc la propriété de ne conduire qu'à une équation du troisième degré; en effet, si l'on désigne par z', z'', z''', z^{IV}, z^{V},

z^{VI}, z^{VII}, z^{VIII} ces huit fonctions-ci

$$\varphi[(x'')(x')(x''')(x^{\text{IV}})],\quad \varphi[(x''')(x'')(x^{\text{IV}})(x')],$$
$$\varphi[(x^{\text{IV}})(x''')(x')(x'')],\quad \varphi[(x')(x^{\text{IV}})(x'')(x''')],$$
$$\varphi[(x''')(x^{\text{IV}})(x'')(x')],\quad \varphi[(x'')(x''')(x')(x^{\text{IV}})],$$
$$\varphi[(x')(x'')(x^{\text{IV}})(x''')],\quad \varphi[(x^{\text{IV}})(x')(x''')(x'')],$$

et par u', u'', u''', u^{IV}, u^{V}, u^{VI}, u^{VII}, u^{VIII} ces huit autres-ci

$$\varphi[(x''')(x')(x^{\text{IV}})(x'')],\quad \varphi[(x^{\text{IV}})(x'')(x')(x''')],$$
$$\varphi[(x')(x''')(x'')(x^{\text{IV}})],\quad \varphi[(x'')(x^{\text{IV}})(x')(x''')],$$
$$\varphi[(x'')(x^{\text{IV}})(x')(x''')],\quad \varphi[(x')(x''')(x^{\text{IV}})(x'')],$$
$$\varphi[(x^{\text{IV}})(x'')(x''')(x')],\quad \varphi[(x''')(x')(x^{\text{IV}})(x'')],$$

on verra aisément que, quelques permutations que l'on fasse entre les quatre racines x', x'', x''', x^{IV}, on n'aura jamais que ces trois fonctions différentes

$$f[(y', y'', y''', y^{\text{IV}}, y^{\text{V}}, y^{\text{VI}}, y^{\text{VII}}, y^{\text{VIII}})],$$
$$f[(z', z'', z''', z^{\text{IV}}, z^{\text{V}}, z^{\text{VI}}, z^{\text{VII}}, z^{\text{VIII}})],$$
$$f[(u', u'', u''', u^{\text{IV}}, u^{\text{V}}, u^{\text{VI}}, u^{\text{VII}}, u^{\text{VIII}})],$$

qui seront par conséquent racines d'une équation du troisième degré.

Ainsi, la résolution générale de ce degré étant supposée, on pourra déterminer toutes les fonctions de la forme des précédentes; mais, comme les quantités y', y'',..., z', z'',..., u', u'',... entrent de la même manière dans ces sortes de fonctions, il est clair que leur détermination dépendra encore de trois équations, chacune du huitième degré.

Il faudra donc tâcher de nouveau de rabaisser ces équations au-dessous du quatrième degré; c'est ce qu'on obtiendra en supposant que la fonction représentée par la caractéristique φ soit telle, qu'elle demeure la même en y changeant x' en x'', x'' en x''', x''' en x^{IV} et x^{IV} en x'; car alors les quatre quantités y', y'', y''', y^{IV} deviendront égales, et les quatre autres y^{V}, y^{VI}, y^{VII}, y^{VIII} aussi égales; et il en sera de même des quantités correspondantes z', z'',... et u', u'',....

De cette manière les trois fonctions précédentes pourront s'exprimer simplement par les formules

$$f[(y', y^{\text{v}})], \quad f[(z', z^{\text{v}})], \quad f[u', u^{\text{v}})],$$

et les quantités y', y^{v}; z', z^{v}; u', u^{v} seront les racines de trois équations du second degré telles que

$$y^2 - ay + b = 0,$$
$$z^2 - cz + d = 0,$$
$$u^2 - fu + g = 0,$$

où les coefficients a, c, f seront racines d'une équation du troisième degré, ainsi que les trois autres coefficients b, d, g.

Il ne reste donc qu'à trouver la forme que doit avoir la fonction φ pour que les conditions prescrites aient lieu. Pour y parvenir de la manière la plus générale, on prendra une autre fonction quelconque de x', x'', x''', x^{IV}, qu'on désignera par la caractéristique Φ : on formera, comme ci-dessus, les vingt-quatre fonctions qui répondent aux vingt-quatre permutations qu'on peut faire entre les racines x', x'', x''', x^{IV}; et l'on désignera ces fonctions par les quantités Y', Y'',..., Y^{VIII}, Z', Z'',..., Z^{VIII}, U', U'',..., U^{VIII}; c'est-à-dire qu'on changera dans les formules ci-dessus la caractéristique φ en Φ, et les petites lettres y, z, u dans les grandes lettres Y, Z, U. Ensuite, en prenant de nouveau la caractéristique φ pour désigner une fonction quelconque, il est facile de voir qu'on aura, en général,

$$y' = \varphi[(Y', Y'', Y''', Y^{\text{IV}})], \quad y^{\text{v}} = \varphi[(Y^{\text{V}}, Y^{\text{VI}}, Y^{\text{VII}}, Y^{\text{VIII}})],$$
$$z' = \varphi[(Z', Z'', Z''', Z^{\text{IV}})], \quad z^{\text{v}} = \varphi[(Z^{\text{V}}, Z^{\text{VI}}, Z^{\text{VII}}, Z^{\text{VIII}})],$$
$$u' = \varphi[(U', U'', U''', U^{\text{IV}})], \quad u^{\text{v}} = \varphi[(U^{\text{V}}, U^{\text{VI}}, U^{\text{VII}}, U^{\text{VIII}})].$$

De là il est aisé de conclure que la détermination des fonctions Y', Y'', Y''', Y^{IV} dépendra maintenant d'une équation du quatrième degré, ainsi que celle des fonctions Y^{V}, Y^{VI}, Y^{VII}, Y^{VIII}, et il en sera de même des autres fonctions Z', Z'',..., Z^{VIII} et U', U'',..., U^{VIII}, qui dépendront aussi quatre à quatre d'équations du quatrième degré.

Soit donc

$$Y^4 - AY^3 + BY^2 - CY + D = 0$$

l'équation dont les racines seraient Y', Y'', Y''', Y^{IV}; il est clair qu'on pourra la résoudre de deux manières :

1° En faisant disparaître ses puissances impaires pour la réduire à la forme

$$Y^4 + BY^2 + D = 0.$$

qui est résoluble à la manière de celles du second degré; or pour cela il faudra que les racines Y', Y'', Y''', Y^{IV} soient deux à deux égales et de signes différents, c'est-à-dire que l'on ait

$$Y' = -Y'' \quad \text{et} \quad Y''' = -Y^{IV}.$$

Ainsi il faudra, dans ce cas, que la fonction Φ soit telle, que l'on ait

$$\Phi[(x')(x'')(x''')(x^{IV})] = -\Phi[(x'')(x''')(x^{IV})(x')],$$

et

$$\Phi[(x''')(x^{IV})(x')(x'')] = -\Phi[(x^{IV})(x')(x'')(x''')];$$

c'est-à-dire qu'elle ait la propriété de devenir négative en y changeant x' en x'', x'' en x''', x''' en x^{IV} et x^{IV} en x'; auquel cas on aura aussi

$$\Phi[(x'')(x''')(x^{IV})(x')] = -\Phi[(x''')(x^{IV})(x')(x'')];$$

d'où l'on voit qu'on aura en même temps

$$Y' = -Y'', \quad Y'' = -Y''', \quad Y''' = -Y^{IV};$$

c'est-à-dire

$$Y' = Y''' = -Y'' = -Y^{IV}:$$

ce qui rendra l'équation en Y de cette forme

$$(Y^2 - E)^2 = 0, \quad \text{c'est-à-dire} \quad Y^2 - E = 0.$$

Et il est facile de voir que les autres équations dont les racines seront les quantités Y^{V}, Y^{VI}, Y^{VII}, Y^{VIII}, ou Z', Z'', Z''', Z^{IV}, ou, etc., se trouveront aussi par là réduites à la même forme, puisque ces racines ont entre elles la même relation qu'ont les racines Y', Y'', Y''', Y^{IV}, laquelle consiste en ce que l'une dérive de l'autre par les échanges de x' en x'', x'' en x''', x''' en x^{IV} et x^{IV} en x'.

Les fonctions

$$x' + x''' - x'' - x^{IV}, \quad x'x''' - x''x^{IV},$$

et d'autres semblables, auront la propriété dont il s'agit.

2° On peut aussi rendre résoluble l'équation générale

$$Y^4 - AY^3 + BY^2 - CY + D = 0,$$

en la réduisant à deux seuls termes

$$Y^4 + D = 0;$$

auquel cas les quatre racines Y', Y'', Y''', Y^{IV} seront exprimées ainsi

$$\sqrt[4]{-D}, \quad \alpha^3\sqrt[4]{-D}, \quad \alpha^2\sqrt[4]{-D}, \quad \alpha\sqrt[4]{-D},$$

en prenant 1, α, α^2, α^3 pour les quatre racines quatrièmes de l'unité; de sorte que la condition pour ce cas sera, à cause de $\alpha^4 = 1$,

$$Y' = \alpha Y'' = \alpha^2 Y''' = \alpha^3 Y^{IV},$$

c'est-à-dire qu'il faudra que la fonction Φ soit telle, qu'on ait

$$\begin{aligned}\Phi[(x')(x'')(x''')(x^{IV})] &= \alpha\,\Phi[(x'')(x''')(x^{IV})(x')]\\ &= \alpha^2\Phi[(x''')(x^{IV})(x')(x'')]\\ &= \alpha^3\Phi[(x^{IV})(x')(x'')(x''')].\end{aligned}$$

Et alors toutes les équations du quatrième degré d'où dépendent les autres quantités Y^{V}, Y^{VI}, Y^{VII}, Y^{VIII}, Z', Z'',... se trouveront aussi réduites au même état, par la raison énoncée ci-dessus.

Il est facile de trouver que la fonction

$$x' + \alpha x'' + \alpha^2 x''' + \alpha^3 x^{IV}$$

aura la propriété requise; d'où l'on peut conclure que l'analyse précédente contient le fondement de la méthode du n° 47.

109. Voilà, si je ne me trompe, les vrais principes de la résolution des équations et l'analyse la plus propre à y conduire; tout se réduit, comme on voit, à une espèce de calcul des combinaisons, par lequel on trouve *à priori* les résultats auxquels on doit s'attendre. Il serait à propos d'en faire l'application aux équations du cinquième degré et des degrés supérieurs, dont la résolution est jusqu'à présent inconnue; mais cette application demande un trop grand nombre de recherches et de combinaisons, dont le succès est encore d'ailleurs fort douteux, pour que nous puissions quant à présent nous livrer à ce travail; nous espérons cependant pouvoir y revenir dans un autre temps, et nous nous contenterons ici d'avoir posé les fondements d'une théorie qui nous paraît nouvelle et générale.

110. Avant de terminer cette Section, nous croyons devoir encore traiter en peu de mots de la réduction ou abaissement des équations à un moindre degré, qui a lieu lorsqu'il y a entre quelques-unes des racines de l'équation proposée quelque relation donnée. Car, quand toutes les racines d'une équation ont entre elles les mêmes rapports, l'équation est alors nécessairement et essentiellement d'un degré égal au nombre des racines, et il est impossible, généralement parlant, qu'elle puisse s'abaisser à un moindre degré. C'est ainsi, par exemple, que le Problème de la trisection de l'angle, considéré en général, est nécessairement du troisième degré, puisqu'il y a trois différentes manières d'y satisfaire, lesquelles conduisent toutes à une même équation, où les trois solutions sont également renfermées. Cependant il y a, comme on sait, des cas particuliers où l'on réussit à rabaisser ce Problème au second degré, parce qu'il y a alors un rapport particulier entre deux des racines de l'équation.

Il en est de même de tous les Problèmes et de toutes les équations. S'il y a une relation particulière entre quelques-unes des racines d'une équation quelconque, on est assuré qu'elle peut s'abaisser à un moindre degré; et si l'on connaît *à priori* cette relation, ou par la forme même de l'équation, ou par la nature du Problème qui y a conduit, on pourra toujours trouver la réduction dont elle est susceptible.

M. Hudde est, je crois, le premier qui ait traité cette matière dans la

Lettre *De reductione equationum* qui est imprimée à la suite de la *Géométrie* de Descartes. Il y fait voir comment une équation peut être abaissée à un moindre degré lorsqu'il y a entre quelques-unes de ses racines une relation telle, que leur somme, ou la somme des produits deux à deux, ou des produits trois à trois, ou, etc., est nulle ou égale à une quantité donnée; comme aussi lorsqu'elle renferme des racines égales ou des diviseurs commensurables quelconques. D'autres Géomètres se sont ensuite exercés sur cette matière et ont perfectionné et étendu plus loin les règles et les méthodes de M. Hudde (*voyez* surtout l'excellent Ouvrage de M. Waring cité ci-dessus); mais on peut encore envisager ce sujet d'une manière plus générale d'après les principes établis dans les nos **100** et suivants.

111. Si, dans l'équation du degré μ

$$x^\mu + mx^{\mu-1} + nx^{\mu-2} + px^{\mu-3} + \ldots = 0,$$

dont les racines sont x', x'', x''',..., $x^{(\mu)}$, on suppose qu'il y ait une relation connue entre quelques-unes de ces racines, comme entre celles-ci x', x'', x''',..., $x^{(\lambda)}$, λ étant plus petit que μ; il est d'abord clair que cette relation pourra toujours s'exprimer par une équation dont le premier membre sera une fonction algébrique de x', x'', x''',..., $x^{(\lambda)}$; de sorte qu'on connaîtra par ce moyen la valeur d'une fonction telle que

$$f[(x')(x'')(x''')\ldots(x^{(\lambda)})].$$

Or :

1° Si l'équation dont nous parlons est telle, qu'elle n'ait lieu qu'entre les racines x', x'', x''',..., $x^{(\lambda)}$, et même d'une seule manière, en sorte qu'elle cesse d'être vraie si l'on fait une permutation quelconque entre ces racines, alors on pourra, *généralement parlant*, déterminer la valeur de chacune des racines x', x'', x''',..., $x^{(\lambda)}$ en particulier sans la résolution d'aucune équation, de sorte que dans ce cas ces racines seront nécessairement toutes commensurables (**104**).

2° Si l'équation qui renferme la relation donnée entre les racines x', x'', x''',..., $x^{(\lambda)}$ n'a lieu à la vérité qu'entre ces racines, mais qu'elle subsiste cependant en y changeant, par exemple, x' en x'', alors on verra par le numéro cité que les deux racines x', x'' dépendront nécessairement d'une équation du second degré, telle que

$$x^2 - ax + b = 0,$$

dont les coefficients a et b seront commensurables.

3° De même, si l'équation en question est telle, qu'elle soit vraie aussi lorsqu'on y change x' en x'' et en x''', les trois racines x', x'', x''' dépendront alors d'une équation du troisième degré, telle que

$$x^3 - ax^2 + bx - c = 0,$$

où les coefficients a, b, c seront commensurables, et ainsi de suite.

4° Si l'équation qui n'a lieu que d'une seule manière entre les racines x', x'', x''',..., $x^{(\lambda)}$, comme dans le premier cas, a lieu aussi en même temps entre les racines $x^{(\lambda+1)}$, $x^{(\lambda+2)}$, $x^{(\lambda+3)}$,..., $x^{(2\lambda)}$, alors, comme la fonction $f[(x')(x'')(x''')\ldots(x^{(\lambda)})]$ demeure la même en y changeant x' en $x^{(\lambda+1)}$, x'' en $x^{(\lambda+2)}$,..., il est clair que les racines x', $x^{(\lambda+1)}$ dépendront d'une équation du second degré, comme

$$x^2 - \alpha x + \beta = 0,$$

où α et β seront commensurables; et il en sera de même des racines x'', $x^{(\lambda+2)}$, des racines x''', $x^{(\lambda+3)}$, et ainsi des autres.

De même, si l'équation a lieu également entre les racines x', x'', x''',..., $x^{(\lambda)}$, entre les racines $x^{(\lambda+1)}$, $x^{(\lambda+2)}$, $x^{(\lambda+3)}$,..., $x^{(2\lambda)}$ et entre les racines $x^{(2\lambda+1)}$, $x^{(2\lambda+2)}$, $x^{(2\lambda+3)}$,..., $x^{(3\lambda)}$, alors les racines x', $x^{(\lambda+1)}$, $x^{(2\lambda+1)}$ dépendront d'une équation du troisième degré, telle que

$$x^3 - \alpha x^2 + \beta x - \gamma = 0,$$

où α, β, γ seront commensurables; et il en sera de même des racines x'', $x^{(\lambda+2)}$, $x^{(2\lambda+2)}$, des racines x''', $x^{(\lambda+3)}$, $x^{(2\lambda+3)}$, et ainsi de suite.

5° Mais si l'équation qui, comme dans le deuxième cas, a lieu de deux manières différentes entre les racines x', x'', x''',..., $x^{(\lambda)}$, avait lieu de même entre les racines $x^{(\lambda+1)}, x^{(\lambda+2)}, x^{(\lambda+3)}, \ldots, x^{(2\lambda)}$, alors on aurait pareillement pour les racines x', x'' l'équation du second degré

$$x^2 - a'x + b' = 0,$$

et de même pour les racines $x^{(\lambda+1)}, x^{(\lambda+2)}$ l'équation du second degré

$$x^2 - a''x + b'' = 0,$$

où les coefficients analogues a', a'' seraient racines d'une autre équation du second degré, telle que

$$a^2 - \alpha a + \beta = 0,$$

α et β étant commensurables; et il en serait de même des coefficients b' et b''.

Et, si la même équation avait lieu aussi parmi les racines $x^{(2\lambda+1)}$, $x^{(2\lambda+2)}, x^{(2\lambda+3)}, \ldots, x^{(3\lambda)}$, alors on aurait pour les racines x', x'' l'équation

$$x^2 - a'x + b' = 0,$$

pour les racines $x^{(\lambda+1)}, x^{(\lambda+2)}$ l'équation

$$x^2 - a''x + b'' = 0,$$

et pour les racines $x^{(2\lambda+1)}, x^{(2\lambda+2)}$ l'équation

$$x^2 - a'''x + b''' = 0,$$

où les coefficients a', a'', a''' seraient eux-mêmes racines de l'équation

$$a^3 - \alpha a^2 + \beta a - \gamma = 0,$$

α, β, γ étant commensurables; et il en serait de même des coefficients b', b'', b'''.

Et ainsi de suite.

6° On fera le même raisonnement sur le troisième cas, où l'on suppose que la même équation ait lieu entre les racines $x', x'', x''', \ldots, x^{(\lambda)}$ en y changeant x' en x'', en x'''; car, si cette équation subsiste également entre les racines $x^{(\lambda+1)}, x^{(\lambda+2)}, x^{(\lambda+3)}, \ldots, x^{(2\lambda)}$, alors les racines x', x'', x'''

dépendront de l'équation du troisième degré

$$x^3 - a'x^2 + b'x - c' = 0,$$

et les racines $x^{(\lambda+1)}$, $x^{(\lambda+2)}$, $x^{(\lambda+3)}$ de l'équation analogue

$$x^3 - a''x^2 + b''x - c'' = 0,$$

où les coefficients a' et a'' seront donnés par l'équation du second degré

$$a^2 - \alpha a + \beta = 0,$$

α et β étant rationnels; et il en sera ainsi des coefficients b', b'' et c', c''.

Par la même raison, si l'équation dont il s'agit subsistait aussi entre les racines $x^{(2\lambda+1)}$, $x^{(2\lambda+2)}$, $x^{(2\lambda+3)}, \ldots, x^{(3\lambda)}$, on aurait de plus pour les trois racines $x^{(2\lambda+1)}$, $x^{(2\lambda+2)}$, $x^{(2\lambda+3)}$ l'équation

$$x^3 - a'''x^2 + b'''x - c''' = 0,$$

et les coefficients a', a'', a''' seraient dans ce cas les racines de l'équation du troisième degré

$$a^3 - \alpha a^2 + \beta a - \gamma = 0,$$

α, β, γ étant rationnels; il en serait de même des coefficients b', b'', b''' et c', c'', c'''.

On voit assez par là les conséquences analogues que l'on peut tirer pour les autres cas; on doit seulement se souvenir que ces conclusions peuvent souffrir quelques exceptions dans les cas particuliers des racines égales (**104**).

112. Pour éclaircir ce que nous venons de dire par quelques exemples, considérons d'abord les équations qu'on appelle *réciproques*, et qui sont telles, que les coefficients des termes équidistants des extrêmes sont égaux, de cette manière

$$x^{\mu} + mx^{\mu-1} + nx^{\mu-2} + \ldots + nx^2 + mx + 1 = 0;$$

il est visible, par la forme de cette équation, qu'elle demeure la même en y mettant $\frac{1}{x}$ à la place de x; d'où il s'ensuit que si x' en est une racine, $\frac{1}{x'}$ en sera une aussi, de sorte qu'on aura $x'x''=1$, c'est-à-dire $x'x''-1=0$; par la même raison on aura $x'''x^{\text{IV}}-1=0$, $x^{\text{V}}x^{\text{VI}}-1=0,\ldots$.

On a donc, dans ce cas, une équation entre les racines x', x'', qui subsiste aussi en changeant x' en x'', et qui a lieu de même entre les racines x''', x^{IV}; entre x^{V}, $x^{\text{VI}},\ldots$. Donc, ces racines seront renfermées deux à deux dans les équations suivantes, dont le nombre sera $\frac{\mu}{2}$ ou $\frac{\mu-1}{2}$,

$$x^2-a'x+1=0,$$
$$x^2-a''x+1=0,$$
$$x^2-a'''x+1=0;$$
$$\ldots\ldots\ldots\ldots,$$

les coefficients a', a'', a''',... étant racines d'une même équation du degré $\frac{\mu}{2}$ ou $\frac{\mu-1}{2}$, suivant que μ sera pair ou impair, comme nous l'avons déjà démontré par une méthode particulière (**22**). *Voyez* aussi sur ce sujet, outre les *Miscellanea analytica* de M. Moivre, le tome Ier des *Commentaires de Bologne*, et le tome VI des anciens *Commentaires de Pétersbourg*.

Au reste on peut, par les principes établis ci-dessus, rendre raison pourquoi la substitution de $y=x+\frac{1}{x}$ que nous avons employée dans le numéro cité doit conduire à une réduite du degré $\frac{\mu}{2}$ lorsque μ est pair. Car il est clair que les valeurs de y, c'est-à-dire les racines de l'équation en y seront

$$x'+\frac{1}{x'},\quad x''+\frac{1}{x''},\quad x'''+\frac{1}{x'''},\quad x^{\text{IV}}+\frac{1}{x^{\text{IV}}},\ldots,$$

mais on a $x''=\frac{1}{x'}$, $x^{\text{IV}}=\frac{1}{x'''},\ldots$, donc ces racines seront

$$x'+\frac{1}{x'},\quad \frac{1}{x'}+x',\quad x'''+\frac{1}{x'''},\quad \frac{1}{x'''}+x''',\ldots,$$

et par conséquent égales deux à deux; de sorte que l'équation en y, qui devrait être naturellement du degré μ, s'abaissera d'elle-même au degré $\frac{\mu}{2}$.

On pourrait aussi employer une autre substitution qui abaisserait de même l'équation, mais en faisant disparaître toutes les puissances impaires de l'inconnue; c'est celle-ci $x = \frac{1-y}{1+y}$, laquelle donne $y = \frac{1-x}{1+x}$; car alors les racines de la transformée en y seraient

$$\frac{1-x'}{1+x'}, \quad \frac{1-x''}{1+x''}, \quad \frac{1-x'''}{1+x'''}, \quad \frac{1-x^{\text{IV}}}{1+x^{\text{IV}}}, \ldots,$$

c'est-à-dire $\left(\text{à cause de } x'' = \frac{1}{x'},\ x^{\text{IV}} = \frac{1}{x'''}, \ldots\right)$

$$\frac{1-x'}{1+x'}, \quad \frac{x'-1}{x'+1}, \quad \frac{1-x'''}{1+x'''}, \quad \frac{x'''-1}{x'''+1}, \ldots,$$

et par conséquent égales deux à deux, et de signes contraires.

113. Dans l'exemple précédent, c'est par la forme même de l'équation qu'on a reconnu la relation qu'il doit y avoir entre ses racines, et qui la rend susceptible de réduction; mais on peut aussi déduire cette connaissance de la nature même du Problème qu'on a à résoudre; c'est ce qu'il est bon de faire voir par quelques exemples.

Soit proposé de trouver quatre quantités en proportion continue, dont la somme soit donnée ainsi que celle de leurs carrés.

Nommant ces quantités inconnues x, y, z, u, on aura par les conditions du Problème ces quatre équations

$$xz = y^2, \quad yu = z^2,$$
$$x + y + z + u = a, \quad x^2 + y^2 + z^2 + u^2 = b^2,$$

a et b étant des quantités connues.

Pour éliminer plus facilement les trois inconnues y, z, u, et avoir une équation finale en x, je fais $y = rx$, et j'aurai, par les deux premières équations, $z = r^2 x$, $u = r^3 x$, valeurs qui, étant substituées dans les deux dernières, donnent celles-ci

$$x(1+r+r^2+r^3)=a, \quad x^2(1+r^2+r^4+r^6)=b^2,$$

d'où il ne s'agira plus que d'éliminer r.

Pour faciliter cette élimination je multiplie la première par $1-r$, et la seconde par $1-r^2$, j'ai ainsi

$$x(1-r^4)=a(1-r), \quad x^2(1-r^8)=b^2(1-r^2),$$

et, divisant cette dernière par l'autre, j'aurai

$$x(1+r^4)=\frac{b^2(1+r)}{a};$$

de sorte qu'on aura maintenant ces deux-ci

$$x(1-r^4)=a(1-r), \quad x(1+r^4)=\frac{b^2}{a}(1+r),$$

d'où il est facile de tirer

$$r=\frac{a^2+b^2-2ax}{a^2-b^2},$$

$$r^4=\frac{2ab^2-(a^2+b^2)x}{(a^2-b^2)x}.$$

Si l'on substitue maintenant la valeur de r, que donne la première de ces équations, dans la seconde, on aura une équation finale en x qui, étant développée, montera au cinquième degré; mais si l'on substitue la même valeur de r dans l'équation primitive

$$x(1+r+r^2+r^3)=a,$$

on en aura une en x qui ne montera qu'au quatrième, et qui sera l'équation la plus simple qu'on puisse avoir pour la détermination de l'inconnue x.

Je vais prouver maintenant, sans connaître même la forme de cette équation, qu'elle doit être décomposable en deux équations du second degré, moyennant une autre équation du second degré aussi.

Pour cela, je remarque que si, au lieu de chercher l'inconnue x, on eût cherché l'inconnue u, on serait tombé dans une équation semblable; car, faisant $z = su$, on aurait $y = s^2 u$ et $x = s^3 u$; de sorte que les équations en s et u seraient

$$u(1 + s + s^2 + s^3) = a, \quad u^2(1 + s^2 + s^4 + s^6) = b^2,$$

c'est-à-dire entièrement semblables aux équations en x et r. D'où je conclus d'abord que la valeur de l'inconnue u sera nécessairement aussi une des racines de l'équation en x trouvée ci-dessus.

Or, on a $u = r^3 x$, et, divisant la valeur de r^4, trouvée ci-dessus, par celle de r, on a

$$r^3 = \frac{2ab^2 - (a^2 + b^2)x}{x(a^2 + b^2 - 2ax)};$$

par conséquent,

$$u = \frac{2ab^2 - (a^2 + b^2)x}{a^2 + b^2 - 2ax}.$$

Ainsi, si l'on dénote par x', x'', x''', x^{IV} les quatre racines de l'équation en x dont il s'agit, ces racines seront telles, qu'on aura

$$x'' = \frac{2ab^2 - (a^2 + b^2)x'}{a^2 + b^2 - 2ax'},$$

c'est-à-dire

$$2ax'x'' - (a^2 + b^2)(x' + x'') + 2ab^2 = 0;$$

or, il n'y a pas plus de raison pour que cette équation subsiste entre les deux racines x', x'' qu'entre les deux autres x''', x^{IV}; par conséquent on aura aussi

$$2ax'''x^{\text{IV}} - (a^2 + b^2)(x''' + x^{\text{IV}}) + 2ab^2 = 0.$$

Voilà donc deux équations semblables qui ont lieu entre les racines x', x'' et x''', x^{IV}, et qui sont de plus telles, qu'elles ne changent point en changeant x' en x'' et x''' en x^{IV}; donc, par le n° **111**, on pourra sûrement décomposer l'équation en question du quatrième degré en deux autres du second degré, telles que

$$x^2 - f'x + g' = 0,$$
$$x^2 - f''x + g'' = 0,$$

où les coefficients f' et f'' seront racines d'une équation du second degré ainsi que les coefficients g' et g''.

Et comme ces deux équations doivent renfermer, l'une les deux racines x', x'', et l'autre les deux autres racines x''', x^{IV}, on aura

$$f' = x' + x'', \quad g' = x'x'', \quad f'' = x''' + x^{\text{IV}}, \quad g'' = x'''x^{\text{IV}};$$

donc on aura

$$2ag' - (a^2+b^2)f' + 2ab^2 = 0,$$

$$2ag'' - (a^2+b^2)f'' + 2ab^2 = 0,$$

d'où

$$g' = \frac{(a^2+b^2)f' - 2ab^2}{2a},$$

$$g'' = \frac{(a^2+b^2)f'' - 2ab^2}{2a}.$$

De sorte que les deux facteurs de l'équation proposée seront

$$x^2 - f'x + \frac{(a^2+b^2)f' - 2ab^2}{2a} = 0,$$

$$x^2 - f''x + \frac{(a^2+b^2)f'' - 2ab^2}{2a} = 0.$$

Pour le faire voir et trouver en même temps l'équation dont les racines seront f' et f'', il faut chercher d'abord l'équation du Problème en x. Or faisant, pour abréger,

$$c = \frac{a^2+b^2}{a^2-b^2}, \quad e = \frac{2a}{a^2-b^2},$$

on aura $r = c - ex$, et cette valeur, étant substituée dans l'équation

$$x(1 + r + r^2 + r^3) = a,$$

donnera, en ordonnant les termes par rapport à x, celle-ci

$$x^4 - \frac{1+3c}{e}x^3 + \frac{1+2c+3c^2}{e^2}x^2 - \frac{1+c+c^2+c^3}{e^3}x + \frac{a}{e^3} = 0.$$

Maintenant, à cause de

$$\frac{a^2+b^2}{2a}=\frac{c}{e} \quad \text{et} \quad b^2=\frac{c^2-1}{e^2},$$

les deux facteurs de cette équation seront

$$x^2-f'x+\frac{cf'}{e}+\frac{1-c^2}{e^2}=0,$$

$$x^2-f''x+\frac{cf''}{e}+\frac{1-c^2}{e^2}=0,$$

qui, étant multipliés l'un par l'autre, donnent

$$x^4-(f'+f'')x^3+\left[f'f''+\frac{c}{e}(f'+f'')+\frac{2(1-c^2)}{e^2}\right]x^2$$
$$-\left[\frac{2c}{e}f'f''+\frac{1-c^2}{e^2}(f'+f'')\right]x+\frac{c^2}{e^2}f'f''+\frac{c(1-c^2)}{e^3}(f'+f'')+\frac{(1-c^2)^2}{e^4}=0.$$

La comparaison des trois premiers termes de cette équation avec ceux de la précédente donne d'abord

$$f'+f''=\frac{1+3c}{e},$$

$$f'f''+\frac{c}{e}(f'+f'')+\frac{2(1-c^2)}{e^2}=\frac{1+2c+3c^2}{e^2},$$

et par conséquent

$$f'f''=\frac{-1+c+2c^2}{e^2}.$$

Et l'on trouvera que ces valeurs de $f'+f''$ et de $f'f''$ satisferont aussi à la comparaison des autres termes.

Ainsi, les quantités f' et f'' seront les racines de cette équation

$$f^2-\frac{1+3c}{e}f+\frac{-1+c+2c^2}{e^2}=0.$$

J'avoue qu'on peut résoudre le Problème précédent d'une manière plus simple, comme Newton l'a fait dans son *Arithmétique universelle*, où, à l'aide d'un certain choix entre les inconnues, il parvient d'abord à deux équations du second degré; mais, d'un côté, il me semble que la solution que je viens de donner est en quelque façon plus directe et plus lumineuse, puisqu'elle fait voir la raison pourquoi l'équation du quatrième degré, à laquelle on est naturellement conduit, doit être résoluble au moyen de deux du second; et, de l'autre, la règle que Newton établit pour le choix des inconnues n'a point été démontrée par cet Auteur et ne peut l'être, si je ne me trompe, que par les principes généraux que nous avons établis ci-dessus. Mais ce n'est pas ici le lieu de nous étendre sur ce sujet.

114. On pourrait aussi, par la méthode précédente, résoudre avec la même facilité le Problème où l'on demanderait un nombre quelconque μ de quantités en proportion continue, dont la somme et celle de leurs carrés seraient données.

Car, nommant x le premier terme de la progression, et rx le second, on aura d'abord ces deux équations

$$x(1 + r + r^2 + r^3 + \ldots + r^{\mu-1}) = a,$$
$$x^2(1 + r^2 + r^4 + r^6 + \ldots + r^{2(\mu-1)}) = b^2,$$

qui se changent en ces deux-ci

$$x(1 - r^\mu) = a(1 - r),$$
$$x^2(1 - r^{2\mu}) = b^2(1 - r^2);$$

d'où l'on tire, comme plus haut,

$$r = \frac{a^2 - b^2 - 2ax}{a^2 - b^2},$$
$$r^\mu = \frac{2ab^2 + (a^2 + b^2)x}{(a^2 - b^2)x}.$$

La valeur de r, qu'on peut mettre, comme ci-devant, sous la forme

$$r = c - ex,$$

étant substituée dans la première équation, donnera celle-ci

$$x[1 + (c - ex) + (c - ex)^2 + (c - ex)^3 + \ldots + (c - ex)^{\mu-1}] - a = 0,$$

laquelle sera, comme on voit, du degré μ.

On prouvera maintenant, par un raisonnement semblable à celui qu'on a fait plus haut, que le premier terme x et le dernier $r^{\mu-1}x$ de la progression continue devront être également racines de l'équation précédente; mais en divisant la valeur de r^{μ} par celle de r, on a

$$r^{\mu-1} = \frac{2ab^2 - (a^2 + b^2)x}{x(a^2 + b^2 - 2ax)},$$

donc

$$r^{\mu-1}x = \frac{2ab^2 - (a^2 + b^2)x}{a^2 + b^2 - 2ax}.$$

De là, en nommant $x', x'', x''', \ldots, x^{(\mu)}$ les racines de l'équation précédente, on aura cette condition, entre les deux racines x', x'',

$$2ax'x'' - (a^2 + b^2)(x' + x'') + 2ab^2 = 0,$$

et comme il n'y a pas plus de raison pour qu'une telle relation ait lieu entre les racines x', x'' qu'entre les racines x''', x^{IV}, ou $x^{\text{V}}, x^{\text{VI}}$, ou, etc., on aura de même

$$2ax'''x^{\text{IV}} - (a^2 + b^2)(x''' + x^{\text{IV}}) + 2ab^2 = 0,$$
$$2ax^{\text{V}}x^{\text{VI}} - (a^2 + b^2)(x^{\text{V}} + x^{\text{VI}}) + 2ab^2 = 0,$$
$$\ldots\ldots\ldots\ldots\ldots\ldots\ldots\ldots\ldots,$$

le nombre des équations étant $\frac{\mu}{2}$ ou $\frac{\mu - 1}{2}$, suivant que μ sera pair ou impair.

D'où, et de ce qu'on a démontré dans le n° **111**, il s'ensuit que l'équation du $\mu^{ième}$ degré doit être décomposable en $\frac{\mu}{2}$ ou $\frac{\mu - 1}{2}$ équations du second degré, telles que

$$x^2 - f'x + g' = 0,$$
$$x^2 - f''x + g'' = 0,$$
$$x^2 - f'''x + g''' = 0,$$
$$\ldots\ldots\ldots\ldots,$$

dans lesquelles les coefficients $f', f'', f''', \ldots$ seront racines d'une même équation du degré $\frac{\mu}{2}$ ou $\frac{\mu - 1}{2}$, ainsi que les coefficients $g', g'', g''', \ldots$.

Et comme, à cause de

$$f' = x' + x'', \quad f'' = x''' + x^{\text{iv}}, \ldots, \quad g' = x'x'', \quad g'' = x'''x^{\text{iv}}, \ldots,$$

on a

$$2ag' - (a^2 + b^2)f' + 2ab^2 = 0,$$
$$2ag'' - (a^2 + b^2)f'' + 2ab^2 = 0,$$
$$\ldots\ldots\ldots\ldots\ldots\ldots,$$

on aura

$$g' = \frac{(a^2 + b^2)f' - 2ab^2}{2a},$$
$$g'' = \frac{(a^2 + b^2)f'' - 2ab^2}{2a},$$
$$\ldots\ldots\ldots\ldots\ldots,$$

de sorte que les $\frac{\mu}{2}$ ou $\frac{\mu - 1}{2}$ facteurs de l'équation dont il s'agit seront

$$x^2 - f'x + \frac{(a^2 + b^2)f' - 2ab^2}{2a} = 0,$$
$$x^2 - f''x + \frac{(a^2 + b^2)f'' - 2ab^2}{2a} = 0,$$
$$x^2 - f'''x + \frac{(a^2 + b^2)f''' - 2ab^2}{2a} = 0,$$
$$\ldots\ldots\ldots\ldots\ldots\ldots\ldots$$

Dans le cas où μ est un nombre pair, le produit de toutes ces équations devra donner l'équation du degré μ trouvée ci-devant; mais, dans le cas où μ est un nombre impair, il faudra y ajouter encore un facteur simple, tel que $x - h = 0$.

La multiplication faite, il n'y aura plus qu'à comparer les premiers termes de l'équation résultante avec ceux de l'équation dont nous venons de parler, et cette comparaison donnera les valeurs des quantités

$$f' + f'' + f''' + \ldots, \quad f'f'' + f'f''' + f''f''' + \ldots, \quad \ldots,$$

qui seront les coefficients de l'équation en f; et quant au coefficient h, dans le cas où μ est impair, il se trouvera donné par une équation linéaire.

De là il s'ensuit que le Problème proposé peut toujours se réduire à la résolution d'une équation du degré $\frac{\mu}{2}$ ou $\frac{\mu-1}{2}$.

Au reste si, au lieu de déterminer l'inconnue x, on voulait déterminer l'inconnue r, on parviendrait à une équation du genre des *réciproques;* car les deux équations

$$x(1-r^\mu)=a(1-r),\quad x^2(1-r^{2\mu})=b^2(1-r^2)$$

donnant

$$x(1+r^\mu)=\frac{b^2}{a}(1+r),$$

on aura, en chassant x,

$$\frac{1-r^\mu}{1+r^\mu}=\frac{a^2}{b^2}\,\frac{1-r}{1+r},$$

ou bien, en divisant par $1-r$,

$$\frac{1+r+r^2+r^3+\ldots+r^{\mu-1}}{1+r^\mu}=\frac{a^2}{b^2}\,\frac{1}{1+r};$$

d'où, en multipliant en croix et faisant, pour plus de simplicité, $\frac{b^2}{a^2}=c^2$, on aura

$$(c^2-1)r^\mu+2c^2(r^{\mu-1}+r^{\mu-2}+\ldots+r)+c^2-1=0,$$

c'est-à-dire

$$r^\mu+\frac{2c^2}{c^2-1}(r^{\mu-1}+r^{\mu-2}+\ldots+r)+1=0,$$

équation réductible au degré $\frac{\mu}{2}$ ou $\frac{\mu-1}{2}$ par les méthodes connues.

Ce qu'il y aura de plus simple pour cela, ce sera d'employer la substitution de $r=\frac{1-y}{1+y}$, laquelle changera l'équation

$$\frac{1-r^\mu}{1+r^\mu}=\frac{a^2}{b^2}\,\frac{1-r}{1+r}$$

en celle-ci

$$\frac{(1+y)^\mu-(1-y)^\mu}{(1+y)^\mu+(1-y)^\mu}=\frac{a^2y}{b^2},$$

où toutes les puissances impaires de y disparaîtront d'elles-mêmes.

115. Ajoutons encore un Exemple tiré de la Géométrie. Proposons-nous ce Problème très-connu, où il s'agit de mener par le point D du carré ACDB une ligne droite MN telle, que la partie MN de cette ligne, qui sera comprise entre les deux côtés opposés AC, AB du carré, prolongés en M, N, soit d'une grandeur donnée.

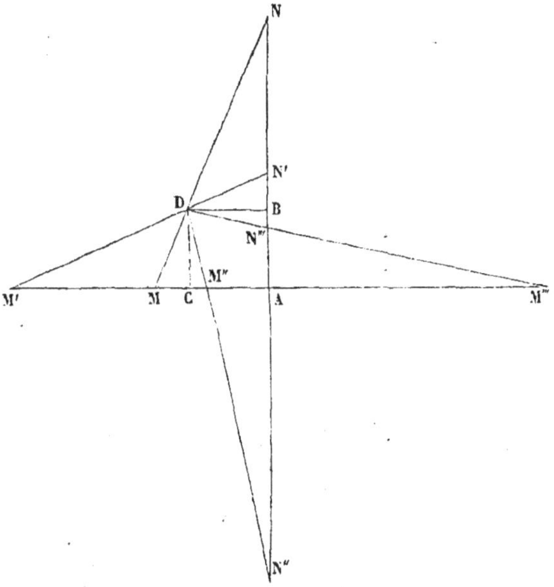

Nommant a le côté du carré et b la longueur donnée de la ligne MN, prenons, pour déterminer la position de cette ligne, l'inconnue $CM = x$; on aura donc $MD = \sqrt{x^2 + a^2}$, et les deux triangles semblables MCD, MAN donneront sur-le-champ

$$x : \sqrt{a^2 + x^2} = (a + x) : MN = (a + x) : b;$$

d'où l'on tire l'équation

$$bx = (a + x)\sqrt{a^2 + x^2};$$

laquelle, étant dégagée du radical et ordonnée par rapport à x, deviendra

$$x^4 + 2ax^3 + (2a^2 - b^2)x^2 + 2a^3x + a^4 = 0,$$

qui est, comme on voit, du quatrième degré.

Voyons maintenant si, par la nature même du Problème, on ne pourra pas trouver quelque relation entre les racines de cette équation, qui la rende décomposable en des équations d'un degré moindre.

Pour y parvenir je remarque qu'on peut en effet mener par le point D quatre lignes qui remplissent la condition du Problème; ce sont les lignes MN, M'N', M''N'' et M'''N'''; de sorte que les racines de l'équation précédente seront les lignes CM, CM', CM'', CM''', dont les deux dernières sont, comme on voit, négatives.

Dénotons donc ces lignes par x', x'', x''', x^{IV}; et, à cause des triangles semblables MDC, DNB, on aura

$$MC : CD = DB : BN;$$

mais, puisque M'N' doit être égal à MN, que CD = DB, il est facile de voir qu'on aura aussi M'C = BN; donc on aura cette proportion

$$x' : a = a : x'',$$

c'est-à-dire

$$x'x'' - a^2 = 0.$$

On pourrait d'abord conclure, par le principe de la raison suffisante, qu'une pareille relation doit aussi avoir lieu entre les deux autres racines x''', x^{IV}; mais, si l'on voulait s'en convaincre *à posteriori*, il n'y aurait qu'à considérer qu'à cause de M''N'' = N'''M''' on aura nécessairement aussi CM''' = BN''; et qu'ensuite, à cause des triangles semblables DCM'', DBN'', on aura CM'' : CD = DB : BN'' = DB : CM''', c'est-à-dire

$$x''' : a = a : x^{\text{IV}},$$

et par conséquent

$$x'''x^{\text{IV}} - a^2 = 0.$$

Puis donc qu'on a deux équations semblables, l'une entre x', x'', l'autre en x''', x^{IV}, et que ces équations subsistent également en changeant x' en x'', x''' en x^{IV}, il s'ensuit des principes établis plus haut que l'équation du quatrième degré, trouvée ci-dessus, sera nécessairement décomposable en deux équations du second degré, telles que

$$x^2 - f'x + g' = 0,$$
$$x^2 - f''x + g'' = 0,$$

où f' et f'' seront racines d'une équation du second degré, ainsi que g' et g''; mais, puisque $g' = x'x''$ et $g'' = x'''x^{\text{IV}}$, on aura $g' = g'' = a^2$; par conséquent les deux facteurs de l'équation dont il s'agit seront

$$x^2 - f'x + a^2 = 0,$$
$$x^2 - f''x + a^2 = 0.$$

Qu'on en fasse donc le produit, on aura

$$x^4 - (f' + f'')x^3 + (f'f'' + 2a^2)x^2 - a^2(f' + f'')x + a^4 = 0;$$

donc

$$f' + f'' = -2a, \quad f'f'' + 2a^2 = 2a^2 - b^2;$$

par conséquent

$$f'f'' = -b^2;$$

de sorte que l'équation qui aura pour racines les quantités f' et f'' sera

$$f^2 + 2af - b^2 = 0.$$

Au reste, il est clair que si, dans l'équation en x du quatrième degré, on fait $x = az$, on aura une équation en z du genre des *réciproques*, et dans laquelle on pourra, par conséquent, faire disparaître toutes les puissances impaires de l'inconnue en faisant $z = \frac{1-y}{1+y}$; de sorte que la substitution propre pour cet effet sera de faire d'abord $x = \frac{a(1-y)}{1+y}$.

Si l'on tire la valeur de y de cette équation, on a

$$y = \frac{a - x}{a + x} = 1 - \frac{2x}{a + x};$$

mais on a

$$\frac{x}{a + x} = \frac{\sqrt{a^2 + x^2}}{b} = \frac{\text{MD}}{\text{MN}};$$

donc on aura

$$y = 1 - \frac{2\,\text{MD}}{\text{MN}} = \frac{\text{MN} - 2\,\text{MD}}{\text{MN}} = \frac{2\,\text{DR}}{\text{MN}} = \frac{2\,\text{DR}}{b},$$

supposant que R soit le point du milieu de la ligne MN. De là on voit qu'on serait parvenu d'abord à une équation du quatrième degré sans puissances impaires de l'inconnue, si l'on eût pris pour inconnue la ligne DR. C'est ce qu'a fait Newton dans la solution qu'il a donnée de ce

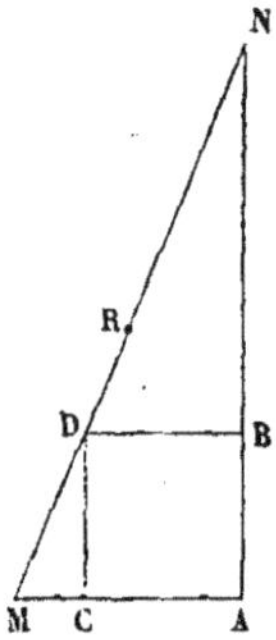

Problème dans son *Arithmétique universelle;* mais on doit avouer, ce me semble, qu'un tel choix de l'inconnue est assez peu naturel, et que ce n'est, pour ainsi dire, qu'après coup qu'on peut le faire; du moins il me paraît que le principe d'où Newton le fait dépendre n'a pas toute l'évidence qu'on est en droit d'exiger dans ces sortes de matières.

DÉMONSTRATION

D'UN THÉORÈME NOUVEAU

CONCERNANT LES NOMBRES PREMIERS.

DÉMONSTRATION

D'UN THÉORÈME NOUVEAU

CONCERNANT LES NOMBRES PREMIERS (*).

(*Nouveaux Mémoires de l'Académie royale des Sciences et Belles-Lettres de Berlin*, année 1771.)

1. Je viens de trouver, dans un excellent Ouvrage de M. Waring que j'ai reçu depuis peu (**), un très-beau Théorème d'Arithmétique, que voici :

Si n est un nombre premier quelconque, le nombre

$$1.2.3.4.5\ldots(n-1)+1$$

sera toujours divisible par n;

c'est-à-dire que le produit continuel des nombres 1, 2, 3,... jusqu'à $n-1$ inclusivement, étant augmenté de l'unité, sera divisible par n, ou bien, que si l'on divise ce même produit par le nombre premier n, on aura -1, ou, ce qui est la même chose, $n-1$ pour reste.

(*) Lu à l'Académie le 13 juin 1771.

(**) *Meditationes algebraïcæ ab Eduardo Waring, Matheseos Professore Lucasiano, etc.* Cantabrigiæ, 1770; *voyez* page 218.

Par exemple,

soit $n=3$, on aura $1.2+1=3$,

$n=5$, $1.2.3.4+1=25$,

$n=7$, $1.2.3.4.5.6+1=721=7.103$,

$n=11$, $1.2.3\ldots10+1=3628801=11.329891$,

$n=13$, $1.2.3\ldots12+1=479001601=13.36846277$,

......, ...

M. Waring fait honneur de ce Théorème à M. Jean Wilson, mais il n'en donne point la démonstration, et il paraît même insinuer que personne ne l'a encore trouvée; du moins il semble qu'il la regarde comme extrêmement difficile; car, après avoir rapporté ce Théorème avec quelques autres qui en dépendent, il ajoute : *Demonstrationes vero hujusmodi propositionum eo magis difficiles erunt, quod nulla fingi potest notatio, quæ primum numerum exprimat.*

Cette raison, jointe à l'élégance et à l'utilité du Théorème dont il s'agit, m'a engagé à en chercher une démonstration, et celle que j'ai trouvée m'a paru mériter l'attention des Géomètres, tant par elle-même que parce qu'elle fait connaître en même temps quelques autres propriétés des nombres premiers, qui n'avaient pas encore, ce me semble, été remarquées.

Lemme.

2. *Étant donné le produit continuel*

$$(x+1)(x+2)(x+3)(x+4)\ldots(x+n-1),$$

on propose de le développer suivant les puissances de x.

Il est visible qu'on aura

$$\begin{aligned}&(x+1)(x+2)(x+3)(x+4)\ldots(x+n-1)\\&\quad=x^{n-1}+A'x^{n-2}+A''x^{n-3}+A'''x^{n-4}+\ldots+A^{(n-1)},\end{aligned}$$

et pour déterminer facilement les coefficients A', A'', A''',..., on remarquera que l'équation précédente devant être identique subsistera également en y mettant $x+1$ à la place de x; c'est pourquoi on aura aussi

$$\begin{aligned}&(x+2)(x+3)(x+4)(x+5)\ldots(x+n)\\&\quad=(x+1)^{n-1}+A'(x+1)^{n-2}+A''(x+1)^{n-3}+A'''(x+1)^{n-4}+\ldots+A^{(n-1)};\end{aligned}$$

donc, multipliant toute cette équation par $x+1$, et la comparant ensuite à la précédente multipliée par $x+n$, on en tirera celle-ci

$$\begin{aligned}&(x+n)(x^{n-1}+A'x^{n-2}+A''x^{n-3}+A'''x^{n-4}+\ldots+A^{(n-1)})\\&\quad=(x+1)^{n}+A'(x+1)^{n-1}+A''(x+1)^{n-2}+A'''(x+1)^{n-3}+\ldots+A^{(n-1)}(x+1),\end{aligned}$$

c'est-à-dire, en développant les termes et les ordonnant par rapport à x,

$$\begin{aligned}&x^{n}+(n+A')x^{n-1}+(nA'+A'')x^{n-2}+(nA''+A''')x^{n-3}+\ldots\\&\quad=x^{n}+(n+A')x^{n-1}+\left[\frac{n(n-1)}{2}+(n-1)A'+A''\right]x^{n-2}\\&\qquad+\left[\frac{n(n-1)(n-2)}{2.3}+\frac{(n-1)(n-2)}{2}A'+(n-2)A''+A'''\right]x^{n-3}+\ldots.\end{aligned}$$

Donc, puisque cette équation est identique, on aura, en comparant terme à terme,

$$\begin{aligned}n+A'&=n+A',\\nA'+A''&=\frac{n(n-1)}{2}+(n-1)A'+A'',\\nA''+A'''&=\frac{n(n-1)(n-2)}{2.3}+\frac{(n-1)(n-2)}{2}A'+(n-2)A''+A''',\\&\ldots\ldots\ldots\ldots\ldots\ldots,\end{aligned}$$

d'où l'on tire

$$\begin{aligned}A'&=\frac{n(n-1)}{2},\\2A''&=\frac{n(n-1)(n-2)}{2.3}+\frac{(n-1)(n-2)}{2}A',\\3A'''&=\frac{n(n-1)(n-2)(n-3)}{2.3.4}+\frac{(n-1)(n-2)(n-3)}{2.3}A'+\frac{(n-2)(n-3)}{2}A'',\end{aligned}$$

et ainsi de suite.

Corollaire.

3. Il est clair, par la théorie des équations, que les coefficients A', A'', A''',... ne sont autre chose que les sommes des nombres naturels 1, 2, 3,... jusqu'à $n-1$ inclusivement, des produits de ces nombres multipliés deux à deux, trois à trois, etc.; en sorte que le dernier coefficient $A^{(n-1)}$ sera égal au produit $1.2.3.4\ldots(n-1)$; ainsi tous les nombres A', A'', A''',... seront nécessairement entiers.

Théorème.

4. *Les mêmes choses étant posées que dans le Lemme précédent, je dis que, si n est un nombre premier, les nombres A', A'', A''',... jusqu'à $A^{(n-2)}$ inclusivement, sont tous divisibles par n, et que le dernier nombre $A^{(n-1)}$ sera divisible par n, étant augmenté de l'unité.*

On sait que les expressions

$$\frac{n(n-1)}{2},\quad \frac{n(n-1)(n-2)}{2.3},\ldots,\quad \frac{(n-1)(n-2)}{2},\quad \frac{(n-1)(n-2)(n-3)}{2.3},\ldots$$

dénotent toujours des nombres entiers, tant que n est un nombre entier; puisque ce sont les coefficients du binôme élevé à la puissance n, ou $n-1$, ou, etc. De plus il est clair que, si n est un nombre premier, les nombres

$$\frac{n(n-1)}{1.2},\quad \frac{n(n-1)(n-2)}{1.2.3},\ldots$$

seront tous divisibles par n, à l'exception seulement du dernier nombre

$$\frac{n(n-1)(n-2)\ldots 1}{1.2.3\ldots n}$$

qui est égal à l'unité; car il est visible que le numérateur de chacun de ces nombres est divisible par n, et que le dénominateur ne l'est pas, tant que n est premier; d'où il s'ensuit qu'après avoir divisé le numérateur par le dénominateur, il restera nécessairement dans le quotient le facteur n.

De là et des formules du Lemme précédent il est facile de conclure :

1° Que A′ sera divisible par n, que $2A''$ le sera aussi, et de même $3A'''$, $4A^{\text{IV}}, \ldots$ jusqu'à $(n-2)A^{(n-2)}$; et que par conséquent les nombres A′, A″, A‴, ..., $A^{(n-2)}$ que nous avons vu devoir être toujours entiers (3), seront eux-mêmes toujours divisibles par n, au moins tant que n sera premier;

2° Que le nombre $A^{(n-1)}$ étant augmenté de l'unité sera divisible par n; car la formule qui servira à déterminer sa valeur sera

$$(n-1)A^{(n-1)} = \frac{n(n-1)(n-2)\ldots 1}{1.2.3\ldots n} + \frac{(n-1)(n-2)\ldots 1}{1.2\ldots(n-1)}A' + \frac{(n-2)(n-3)\ldots 1}{1.2\ldots(n-2)}A'' + \ldots,$$

c'est-à-dire

$$(n-1)A^{(n-1)} = 1 + A' + A'' + A''' + \ldots + A^{(n-2)};$$

donc

$$A^{(n-1)} + 1 = nA^{(n-1)} - A' - A'' - A''' - \ldots - A^{(n-2)};$$

donc, puisque A′, A″,..., $A^{(n-2)}$ sont tous divisibles par n, il s'ensuit que $A^{(n-1)}+1$ sera toujours divisible par n.

Corollaire I.

5. Donc (3) le nombre

$$1.2.3.4\ldots(n-1)+1$$

sera toujours divisible par n, lorsque n sera un nombre premier, ce qui est le Théorème qu'il s'agissait de démontrer.

En général, il s'ensuit de la formule du n° 2 que, quel que soit le nombre entier x, on aura toujours

$$(x+1)(x+2)(x+3)\ldots(x+n-1) - x^{n-1} + 1$$

divisible par n, tant que n sera un nombre premier.

Donc :

1° Si x^{n-1} est divisible par n, ce qui ne peut arriver que lorsque x est égal à zéro ou égal à un multiple de n, le nombre

$$(x+1)(x+2)(x+3)\ldots(x+n-1)+1$$

sera toujours divisible par n; ce qui donne le Théorème de M. Wilson en faisant $x=0$.

2° Si x n'est ni nul ni divisible par n, ce qui arrive lorsque $x=\mu n+\rho$, ρ étant un nombre quelconque entier moindre que n, il est clair que quelqu'un des nombres

$$x+1,\quad x+2,\quad x+3,\ldots,\quad x+n-1$$

sera nécessairement divisible par n, et que le produit

$$(x+1)(x+2)(x+3)\ldots(x+n-1)$$

sera par conséquent toujours divisible par n; donc $-x^{n-1}+1$, ou bien $x^{n-1}-1$ sera dans ce cas toujours divisible par n; ce qui est le fameux Théorème de Fermat dont M. Euler a donné plusieurs démonstrations dans les *Commentaires de Pétersbourg*. La nôtre a, comme on voit, l'avantage de faire voir la liaison et la dépendance mutuelle des deux Théorèmes dont il s'agit.

Corollaire II.

6. Puisque

$$n-1,\quad n-2,\quad n-3,\ldots$$

étant divisés par n donnent pour restes

$$-1,\quad -2,\quad -3,\ldots,$$

on pourra mettre ces restes à la place des nombres $n-1$, $n-2$,... dans la formule

$$1.2.3\ldots(n-1);$$

et l'on aura les formules suivantes

$$1.2.3\ldots(n-1)+1,$$
$$1.2.3\ldots(n-2)-1,$$
$$1.2^2.3\ldots(n-3)+1,$$
$$1.2^2.3^2.4\ldots(n-4)-1,$$
$$\ldots\ldots\ldots\ldots,$$

qui seront toutes divisibles par n; donc aussi

$$\left[1.2.3\ldots\left(\frac{n-1}{2}\right)\right]^2 \pm 1$$

sera divisible par n, le signe supérieur ayant lieu lorsque $\frac{n-1}{2}$ est un nombre pair, et l'inférieur lorsque $\frac{n-1}{2}$ est impair.

1° *Soit* $\frac{n-1}{2} = 2m$, *et par conséquent* $n = 4m+1$; *dans ce cas* $(1.2.3\ldots 2m)^2 + 1$ *sera divisible par* n.

Ainsi l'on aura une somme de deux carrés qui sera divisible par $4m+1$ lorsque ce nombre sera premier; c'est ce qu'on n'avait pu trouver jusqu'à présent d'une manière générale; seulement on avait pu prouver, d'une manière même assez indirecte, qu'il existait toujours une pareille somme divisible par n lorsque n était de la forme $4m+1$ (*voyez* le tome V des *Nouveaux Mémoires de Pétersbourg*).

2° *Soit* $\frac{n-1}{2} = 2m-1$, *et par conséquent* $n = 4m-1$; *dans ce cas* $[1.2.3\ldots(2m-1)]^2 - 1$ *sera divisible par* n.

Mais

$$[1.2.3\ldots(2m-1)]^2 - 1 = [1.2.3\ldots(2m-1)+1][1.2.3\ldots(2m-1)-1];$$

donc, puisque n est un nombre premier, il faudra que l'un ou l'autre des deux facteurs

$$1.2.3\ldots(2m-1)+1 \quad \text{ou} \quad 1.2.3\ldots(2m-1)-1,$$

soit divisible par n; donc

$$1.2.3\ldots(2m-1)\pm 1$$

sera nécessairement divisible par n.

Remarque I.

7. Les propositions des Corollaires précédents sont d'autant plus remarquables que, si n n'était pas premier, les nombres que nous avons vu devoir être divisibles par n, dans l'hypothèse de n premier, ne le seraient plus. Car, si n n'est pas un nombre premier, il sera donc divisible par quelqu'un des nombres 2, 3,..., $n-1$ moindres que n; donc, si

$$1.2.3\ldots(n-1)+1$$

était divisible par n, il faudrait qu'il le fût aussi par quelqu'un des nombres 2, 3, 4,..., $n-1$; or c'est ce qui ne se peut; car le nombre $1.2.3\ldots(n-1)$ étant divisible par chacun de ces nombres, il est clair qu'en divisant par un quelconque d'eux le nombre

$$1.2.3\ldots(n-1)+1$$

on aura toujours l'unité pour reste.

On peut donc tirer de là une méthode directe pour reconnaitre si un nombre quelconque impair n est premier ou non; il n'y aura qu'à voir si le produit continuel des nombres 2, 3, 4,..., $n-2$, étant divisé par n, donne 1 pour reste, alors le nombre sera premier; sinon, il ne le sera pas. On peut encore simplifier cette règle en distinguant les deux cas où n est de la forme $4m+1$ ou de la forme $4m-1$; dans le premier cas, le nombre n sera premier, si le carré du produit continuel des nombres 2, 3, 4,..., $2m$ étant divisé par n donne -1 ou $n-1$ pour reste; et dans le second, si le produit continuel des nombres 2, 3, 4,..., $2m-1$ étant divisé par n donne 1 ou -1 pour reste; sinon, n ne sera pas premier.

J'avoue au reste que cette méthode devient extrêmement labòrieuse, et presque impraticable, lorsque n est un très-grand nombre; mais il peut y avoir des moyens d'en simplifier la pratique, et c'est une recherche à laquelle nous invitons les Géomètres.

Remarque II.

8. On pourrait déduire du théorème de M. Fermat une autre démonstration de celui de M. Wilson beaucoup plus simple que celle que nous en avons donnée ci-dessus.

Car, si l'on considère la suite des nombres naturels $1, 2, 3 \ldots, n$, élevés à la puissance $(n-1)^{ième}$, et qu'on cherche la différence $(n-1)^{ième}$ des termes de cette suite, il est facile de voir, par la théorie des différences, qu'elle sera

$$n^{n-1} - (n-1)(n-1)^{n-1} + \frac{(n-1)(n-2)}{2}(n-2)^{n-1} - \frac{(n-1)(n-2)(n-3)}{2.3}(n-3)^{n-1} + \ldots + 1;$$

d'autre part, comme la série

$$1, \quad 2^{n-1}, \quad 3^{n-1}, \ldots$$

est une série algébrique de l'ordre $(n-1)^{ième}$, on sait que la différence du même ordre sera exprimée par le produit continuel des nombres $1, 2, 3, \ldots, n-1$; ainsi l'on aura l'équation

$$1.2.3.4\ldots(n-1) = n^{n-1} - (n-1)(n-1)^{n-1} + \frac{(n-1)(n-2)}{2}(n-2)^{n-1} - \frac{(n-1)(n-2)(n-3)}{2.3}(n-3)^{n-1} + \ldots + 1.$$

Supposons maintenant qu'on divise le second membre de cette équation par n, et qu'on ne veuille tenir compte que du reste qui en proviendra; il est d'abord clair que le terme n^{n-1} donnera pour reste 0, et que les termes $(n-1)^{n-1}, (n-2)^{n-1}, \ldots$ donneront tous l'unité pour reste, par le théorème de M. Fermat; donc, mettant à la place de ces termes leurs restes o, 1, 1,..., on aura le reste total

$$-(n-1)+\frac{(n-1)(n-2)}{2}-\frac{(n-1)(n-2)(n-3)}{2.3}+\ldots,$$

ou bien

$$(1-1)^{n-1}-1, \quad \text{c'est-à-dire} \quad -1;$$

ainsi le reste de la division de $1.2.3\ldots(n-1)$ par n sera -1, et par conséquent

$$1.2.3\ldots(n-1)+1$$

sera toujours divisible par n, pourvu que n soit premier; condition nécessaire pour l'exactitude du Théorème de M. Fermat.

Remarque III.

9. Avant de quitter cette matière, nous croyons devoir démontrer encore quelques autres Théorèmes sur les nombres premiers, qu'on trouve aussi sans démonstration dans le même Ouvrage de M. Waring, et qui peuvent être de quelque utilité dans la construction des Tables des nombres premiers.

1° *Si trois nombres premiers sont en progression arithmétique, leur différence doit être divisible par* 6, *à moins que l'un de ces trois nombres ne soit égal à* 3.

Tout nombre entier quelconque peut être représenté par l'une de ces formules

$$6m, \quad 6m\pm1, \quad 6m\pm2, \quad 6m\pm3;$$

les deux formules $6m$ et $6m\pm2$ donnent tous les nombres pairs, et les deux autres $6m\pm1$, $6m\pm3$ donnent tous les nombres impairs; mais la dernière, étant divisible par 3, ne peut représenter d'autres nombres premiers que le seul nombre 3; donc tout nombre premier sera ou 3 ou $6m\pm1$.

Cela posé, soient

$$p-a, \quad p, \quad p+a$$

les trois nombres en progression arithmétique qu'on suppose premiers; et en excluant d'abord le nombre 3 de la progression, il faudra que chacun de ces nombres soit de la forme $6m \pm 1$; d'autre part, il est clair que la différence a doit être un nombre pair, et par conséquent d'une de ces deux formes $6n$ ou $6n \pm 2$; soit donc, s'il est possible, $a = 6n \pm 2$, et prenons d'abord $p = 6m + 1$, on aura

$$p + a = 6(m+n) + 3 \quad \text{ou} \quad = 6(m+n) - 1$$

et

$$p - a = 6(m-n) - 1 \quad \text{ou} \quad = 6(m-n) + 3;$$

ainsi il est impossible que $p + a$ et $p - a$ soient à la fois de la forme $6\mu \pm 1$; prenons ensuite $p = 6m - 1$, on aura

$$p + a = 6(m+n) + 1 \quad \text{ou} \quad = 6(m+n) - 3$$

et

$$p - a = 6(m-n) - 3 \quad \text{ou} \quad = 6(m-n) + 1;$$

d'où l'on voit que $p + a$ et $p - a$ ne pourront pas être à la fois de la forme $6\mu \pm 1$; donc il est impossible que a soit de la forme $6n \pm 2$; par conséquent il faudra que a soit toujours de la forme $6n$, c'est-à-dire divisible par 6.

Si l'on voulait admettre le nombre 3 pour un des termes de la progression, alors la différence pourrait être de la forme $6n \pm 2$. Supposons d'abord que 3 soit le premier terme de la progression; le second se trouvera de la forme $6n \pm 2 + 3$ ou $6n \pm 1$, et le troisième de la forme $12n \pm 4 + 3$ ou $6n \pm 1$; ainsi ils pourront être tous les trois premiers; mais si l'on y en ajoutait un quatrième, celui-ci ne pourrait jamais être premier, car sa forme serait $18n \pm 6 + 3$, qui est divisible par 3. On pourra, par exemple, former ces progressions de trois termes 3, 5, 7, ou 3, 7, 11, ou 3, 11, 19, etc.; donc les différences ne seront pas divisibles par 6; mais ces progressions ne pourront jamais aller au delà de trois termes.

Si l'on prend 3 pour le second terme de la progression, alors le premier ne pourra être que 1, et le troisième sera 5; dans ce cas, on y pourra ajouter un quatrième terme qui sera 7; mais on ne pourrait pas aller au delà, parce que le suivant 9 ne serait plus premier.

On ne pourrait pas prendre 3 pour le troisième terme, car les deux premiers ne pourraient être alors que 1 et 2; or celui-ci peut n'être pas regardé comme un nombre premier à cause qu'il est pair.

2° *Si cinq nombres premiers sont en progression arithmétique, leur différence doit être divisible par* 30, *à moins que* 5 *ne soit l'un des termes de cette progression.*

Nous avons déjà vu que tout nombre premier doit être 3 ou $6m \pm 1$; nous avons vu de plus que, si 3 est un des termes de la progression arithmétique, il est impossible qu'elle ait plus de quatre termes qui soient des nombres premiers; donc il faudra que les cinq termes de la progression proposée soient chacun de la forme $6m \pm 1$. Or, m pouvant être un nombre quelconque entier, il sera nécessairement d'une de ces formes

$$5\mu, \quad 5\mu \pm 1, \quad 5\mu \pm 2,$$

qui renferment évidemment tous les nombres possibles; donc, substituant ces formules à la place de m, on aura les suivantes

$$30\mu \pm 1, \quad 30\mu \pm 5, \quad 30\mu \pm 7, \quad 30\mu \pm 11, \quad 30\mu \pm 13,$$

dont la seconde ne peut donner d'autres nombres premiers que 5; de sorte qu'en faisant abstraction, suivant l'hypothèse, du nombre 5, il faudra que les cinq termes de la progression soient renfermés dans ces quatre formules

$$30\mu \pm 1, \quad 30\mu \pm 7, \quad 30\mu \pm 11, \quad 30\mu \pm 13.$$

Maintenant nous avons déjà vu que la différence de la progression ne peut être que de la forme $6n$; or n peut être aussi de ces formes

$$5\nu, \quad 5\nu \pm 1, \quad 5\nu \pm 2;$$

donc la forme $6n$ se réduira à celles-ci

$$30\nu, \quad 30\nu \pm 6, \quad 30\nu \pm 12.$$

Donc, si l'on désigne par

$$p-2a,\quad p-a,\quad p,\quad p+a,\quad p+2a,$$

les cinq termes en progression arithmétique qu'on suppose être premiers entre eux, ces termes devront être tous de ces formes

$$30\mu\pm1,\quad 30\mu\pm7,\quad 30\mu\pm11,\quad 30\mu\pm13,$$

et la différence a ne pourra être que de celles-ci

$$30\nu,\quad 30\nu\pm6,\quad 30\nu\pm12.$$

Supposons d'abord p de la forme $30\mu+1$, et soit, s'il est possible, a de la forme $30\nu\pm6$, on aura

$$\begin{aligned} p+a&=30(\mu+\nu)+7 &&\text{ou}\quad 30(\mu+\nu)-5,\\ p+2a&=30(\mu+2\nu)+13 &&\text{ou}\quad 30(\mu+2\nu)-11,\\ p-a&=30(\mu-\nu)-5 &&\text{ou}\quad 30(\mu-\nu)+7,\\ p-2a&=30(\mu-2\nu)-11 &&\text{ou}\quad 30(\mu-2\nu)+13;\end{aligned}$$

d'où l'on voit qu'il est impossible que les cinq nombres

$$p,\quad p+a,\quad p+2a,\quad p-a,\quad p-2a$$

aient à la fois les formes requises.

On trouvera la même impossibilité en prenant les autres formes de p; d'où l'on conclura d'abord que a ne saurait être de la forme $30\nu\pm6$; on supposera ensuite $a=30\nu\pm12$, et, examinant successivement toutes les formes de p, on verra aussi qu'aucune d'elles ne pourra donner pour les autres nombres

$$p+a,\quad p+2a,\quad p-a,\quad p-2a,$$

les formes requises; d'où il s'ensuit que la différence a ne pourra jamais être ni de la forme $30\nu\pm6$, ni de celle-ci $30\nu\pm12$; par conséquent elle devra être nécessairement de la forme 30ν, c'est-à-dire divisible par 30.

Si l'on ne veut pas exclure le nombre 5 de la progression, il est d'abord clair que ce nombre ne pourra être pris que pour le premier terme, puisque la différence des termes devant être divisible par 6 ne pourra pas être moindre que 6; or, prenant 5 pour le premier terme, et faisant d'abord la différence égale à $30\nu \pm 6$, on aura pour le second terme la forme $30\nu \pm 6 + 5$, ou bien $30\nu + 11$ ou $30\nu - 1$; pour le troisième terme les formes $60\nu \pm 12 + 5$, ou bien $30\nu - 13$, ou $30\nu - 7$; pour le quatrième, les formes $90\nu \pm 18 + 5$, ou bien $30\nu - 7$, ou $30\nu - 13$; et pour le cinquième, $120\nu \pm 24 + 5$, ou bien $30\nu - 1$, ou $30\nu + 11$. Ainsi tous les cinq termes auront les formes requises et pourront par conséquent être premiers; mais si l'on voulait y en joindre un sixième, alors on aurait la forme $150\nu \pm 30 + 5$, qui, étant divisible par 5, ne peut pas donner des nombres premiers. On trouverait des résultats semblables en adoptant la forme $30\nu \pm 12$ pour la différence de la progression : d'où l'on doit conclure que si 5 est le premier terme de la progression, alors il pourra y avoir cinq nombres premiers en progression arithmétique, et dont la différence ne soit pas divisible par 30, mais qu'il ne pourra jamais y en avoir plus de cinq.

On aura, par exemple, les nombres 5, 11, 17, 23, 29, ou 5, 17, 29, 41, 53, etc.; mais les sixièmes termes 35, 65, etc., ne seraient plus premiers.

3° On peut démontrer par une analyse semblable que, *si sept nombres premiers sont en progression arithmétique, leur différence sera nécessairement divisible par* 2.3.5.7, *à moins que* 7 *ne soit le premier terme de la progression, auquel cas il ne pourra jamais y avoir plus de sept termes dans une progression dont la différence ne serait pas divisible par* 2.3.5.7, et ainsi de suite.

SUR UNE

NOUVELLE ESPÈCE DE CALCUL

RELATIF

A LA DIFFÉRENTIATION ET A L'INTÉGRATION
DES QUANTITÉS VARIABLES.

SUR UNE

NOUVELLE ESPÈCE DE CALCUL

RELATIF

A LA DIFFÉRENTIATION ET A L'INTÉGRATION
DES QUANTITÉS VARIABLES.

(*Nouveaux Mémoires de l'Académie royale des Sciences et Belles-Lettres de Berlin*, annéè 1772.)

Leibnitz a donné, dans le premier volume des *Miscellanea Berolinensia*, un Mémoire intitulé : *Symbolismus memorabilis calculi algebraici, et infinitesimalis in comparatione potentiarum et differentiarum, etc.*, dans lequel il fait voir l'analogie qui règne entre les différentielles de tous les ordres du produit de deux ou de plusieurs variables, et les puissances des mêmes ordres du binôme ou du polynôme composé de la somme de ces mêmes variables. Ce grand Géomètre a aussi remarqué ailleurs que la même analogie subsistait entre les puissances négatives et les intégrales (*voyez* le *Commercium epistolicum*, Epist. XVIII); mais ni lui ni aucun autre que je sache n'a poussé plus loin ces sortes de recherches, si l'on en excepte seulement M. Jean Bernoulli, qui, dans la Lettre XIV du *Commercium* cité, a montré comment on pouvait dans certains cas trouver l'intégrale d'une différentielle donnée en cherchant la troisième proportionnelle à la différence de la quantité donnée et à cette même quantité, et changeant ensuite les puissances positives en différences, et les négatives en sommes ou intégrales. Quoique le principe de cette analogie entre les puissances positives et les différentielles, et les puissances négatives et les intégrales, ne soit pas évident par lui-même, cependant, comme les conclusions qu'on en tire n'en sont pas moins exactes, ainsi qu'on peut s'en convaincre *à posteriori*, je vais en faire usage dans ce Mémoire pour découvrir différents Théorèmes généraux concernant les différentiations et les intégrations des fonctions de plusieurs variables, Théorèmes dont la plupart sont nouveaux, et auxquels il serait d'ailleurs très-difficile de parvenir par d'autres voies.

C'est une espèce particulière de calcul qui me paraît mériter d'être cultivée et qui peut donner lieu à beaucoup de découvertes utiles et importantes dans l'Analyse; l'objet principal de ce Mémoire est de donner plusieurs ouvertures pour cela, en montrant les règles qu'on doit suivre dans ce calcul et la manière de l'appliquer à différentes recherches; mais je crois devoir commencer par établir quelques notions générales et préliminaires sur la nature des fonctions d'une ou de plusieurs variables, lesquelles pourraient servir d'introduction à une théorie générale des fonctions.

1. Si u est une fonction quelconque finie d'une variable x, qu'on y mette $x+\xi$ à la place de x, et que par la théorie connue des séries on dégage la nouvelle variable ξ de la fonction, on sait que u deviendra de cette forme

$$u+p\xi+p'\xi^2+p''\xi^3+p'''\xi^4+\ldots,$$

où p, p', p'',... seront de nouvelles fonctions de x, dérivées d'une certaine manière de la fonction u.

2. Si u est une fonction de deux variables x, y, qu'on y mette $x+\xi$ à la place de x, $y+\psi$ à la place de y, qu'ensuite on dégage les quantités ξ, ψ par le moyen des séries, la fonction u deviendra de la forme

$$\begin{array}{l} u+p\,\xi+q\psi \\ \quad +p'\xi^2+q'\xi\psi+r'\psi^2 \\ \quad +p''\xi^3+q''\xi^2\psi+r''\xi\psi^2+s''\psi^3 \\ \quad \ldots\ldots\ldots\ldots\ldots\ldots\ldots\ldots, \end{array}$$

où $p, q, p', q', r', p'', q'',\ldots$ seront de nouvelles fonctions de x, y dérivées d'une certaine manière de la fonction u.

De même, si u était fonction de trois variables x, y, z, en mettant $x+\xi$, $y+\psi$, $z+\zeta$ à la place de x, y, z, et développant par les séries, cette fonction deviendrait de la forme

$$\begin{aligned} &u + p\,\xi + q\psi + r\zeta \\ &\quad + p'\xi^2 + q'\xi\psi + r'\psi^2 + \alpha'\xi\zeta + \beta'\psi\zeta + \gamma'\zeta^2 \\ &\quad + p''\xi^3 + q''\xi^2\psi + r''\xi\psi^2 + s''\psi^3 + \alpha''\xi\zeta^2 + \ldots \\ &\quad \ldots\ldots\ldots\ldots\ldots\ldots\ldots\ldots, \end{aligned}$$

et ainsi de suite, si la fonction u renfermait quatre variables, ou cinq, etc.

3. Le Calcul différentiel, considéré dans toute sa généralité, consiste à trouver directement, et par des procédés simples et faciles, les fonctions $p, p', p'',\ldots, q, q', q'',\ldots, r, r', r'',\ldots$ dérivées de la fonction u; et le Calcul intégral consiste à retrouver la fonction u par le moyen de ces dernières fonctions.

Cette notion des Calculs différentiel et intégral me paraît la plus claire et la plus simple qu'on ait encore donnée; elle est, comme on voit, indépendante de toute métaphysique et de toute théorie des quantités infiniment petites ou évanouissantes.

4. Considérons plus particulièrement le cas du n° 1, où u est supposé une fonction de x seul, et voyons comment les fonctions $u, p, p', p'',\ldots$ dépendent les unes des autres.

Puisque la fonction u, en y mettant $x+\xi$ à la place de x, est devenue

$$u + p\xi + p'\xi^2 + p''\xi^3 + \ldots,$$

si dans cette dernière fonction on met de nouveau $x+\omega$ à la place de x, il est clair qu'elle deviendra de la forme

$$\begin{aligned} &u + p\omega + p'\omega^2 + p''\omega^3 + p'''\omega^4 + \ldots \\ &\quad + (p + \varpi\omega + \rho\omega^2 + \sigma\omega^3 + \ldots)\xi \\ &\quad + (p' + \varpi'\omega + \rho'\omega^2 + \sigma'\omega^3 + \ldots)\xi^2 \\ &\quad + (p'' + \varpi''\omega + \rho''\omega^2 + \sigma''\omega^3 + \ldots)\xi^3 \\ &\quad \ldots\ldots\ldots\ldots\ldots\ldots\ldots\ldots, \end{aligned}$$

où ϖ, ρ, σ,... seront des fonctions de x dérivées de la fonction p de la même manière que p, p', p'',... le sont de la fonction u, et ϖ', ρ', σ',... seront des fonctions dérivées de même de la fonction p', et ϖ'', ρ'', σ'',... des fonctions dérivées de p'', et ainsi des autres.

D'un autre côté, il est facile de voir que l'expression précédente ne sera autre chose que ce que devient la fonction u en y mettant à la fois $x+\xi+\omega$ à la place de x, ou bien ce que devient l'expression

$$u+p\xi+p'\xi^2+p''\xi^3+p'''\xi^4+\ldots$$

en y mettant $\xi+\omega$ à la place de ξ, c'est-à-dire

$$u+p(\xi+\omega)+p'(\xi+\omega)^2+p''(\xi+\omega)^3+\ldots.$$

Or, en développant les puissances de $\xi+\omega$ et ordonnant les termes, on aura

$$\begin{aligned}&u+p\omega+p'\omega^2+p''\omega^3+p'''\omega^4+\ldots\\&\quad+(p+2p'\omega+3p''\omega^2+4p'''\omega^3+\ldots)\xi\\&\quad+(p'+3p''\omega+6p'''\omega^2+10p^{\text{IV}}\omega^3+\ldots)\xi^2\\&\quad+(p''+4p'''\omega+10p^{\text{IV}}\omega^2+20p^{\text{V}}\omega^3+\ldots)\xi^3\\&\quad\ldots\ldots\ldots\ldots\ldots\ldots\ldots\ldots\ldots\ldots\end{aligned}$$

Donc, comme cette formule doit être identique avec la précédente, on aura

$$\begin{aligned}&\varpi=2p',\quad \rho=3p'',\quad \sigma=4p''',\ldots,\\&\varpi'=3p'',\quad \rho'=6p''',\quad \sigma'=10p^{\text{IV}},\ldots,\\&\varpi''=4p''',\quad \rho''=10p^{\text{IV}},\quad \sigma''=20p^{\text{V}},\ldots,\\&\ldots\ldots,\quad \ldots\ldots,\quad \ldots\ldots\end{aligned}$$

Donc

$$p'=\frac{\varpi}{2},\quad p''=\frac{\varpi'}{3},\quad p'''=\frac{\varpi''}{4},\ldots.$$

Or, de la même manière que p est dérivé de u, ϖ l'est de p, ϖ' l'est de p', ϖ'' l'est de p'', et ainsi de suite; donc, si l'on fait $p=u'$, et qu'on désigne de même par u'' une fonction dérivée de u' de la même manière que u' l'est de u, et par u''' une fonction dérivée de même de u'', et ainsi de suite, on aura

$$p = u', \quad \varpi = u'', \qquad \text{donc} \quad p' = \frac{u''}{2},$$

$$\text{donc} \quad \varpi' = \frac{u'''}{2}, \qquad \text{donc} \quad p'' = \frac{u'''}{2.3},$$

$$\text{donc} \quad \varpi'' = \frac{u^{\text{IV}}}{2.3}, \qquad \text{donc} \quad p''' = \frac{u^{\text{IV}}}{2.3.4},$$

$$\ldots\ldots\ldots\ldots, \qquad \ldots\ldots\ldots\ldots\ldots$$

Ainsi la fonction u deviendra, en mettant $x + \xi$ à la place de x,

$$u + u'\xi + \frac{u''\xi^2}{2} + \frac{u'''\xi^3}{2.3} + \frac{u^{\text{IV}}\xi^4}{2.3.4} + \ldots,$$

où les fonctions u, u', u'', u''', u^{IV},... dérivent l'une de l'autre par une même loi, de sorte qu'on pourra les trouver aisément par une même opération répétée.

5. Si maintenant on suppose que u soit une fonction de deux variables x et y, et qu'on cherche ce qu'elle devient en y mettant à la fois $x + \xi$ à la place de x et $y + \psi$ à la place de y, on fera d'abord la première de ces deux substitutions, ce qui réduira la fonction u à celle-ci (4)

$$u + u'\xi + \frac{u''\xi^2}{2} + \frac{u'''\xi^3}{2.3} + \ldots;$$

ensuite on fera la substitution de $y + \psi$ à la place de y dans les fonctions u, u', u'', u''',..., et elles se changeront, savoir

$$u \quad \text{en} \quad u + u_{\prime}\psi + \frac{u_{\prime\prime}\psi^2}{2} + \frac{u_{\prime\prime\prime}\psi^3}{2.3} + \ldots,$$

$$u' \quad \text{en} \quad u' + u'_{\prime}\psi + \frac{u'_{\prime\prime}\psi^2}{2} + \frac{u'_{\prime\prime\prime}\psi^3}{2.3} + \ldots,$$

$$u'' \quad \text{en} \quad u'' + u''_{\prime}\psi + \frac{u''_{\prime\prime}\psi^2}{2} + \frac{u''_{\prime\prime\prime}\psi^3}{2.3} + \ldots,$$

$$\ldots\ldots\ldots\ldots\ldots\ldots\ldots\ldots\ldots\ldots\ldots\ldots$$

Ainsi la fonction u deviendra, après les deux substitutions dont il s'agit,

$$\begin{aligned} & u + u'\xi + u_{,}'\psi \\ & + \frac{u''\xi^2}{2} + \frac{u'{}_{,}'\xi\psi}{1.1} + \frac{u_{,}''\psi^2}{2} \\ & + \frac{u'''\xi^3}{2.3} + \frac{u''{}_{,}'\xi^2\psi}{2.1} + \frac{u'{}_{,}''\xi\psi^2}{1.2} + \frac{u_{,}'''\psi^3}{2.3} \\ & \cdots\cdots\cdots\cdots\cdots\cdots\cdots\cdots \end{aligned}$$

Les accents qui sont avant la virgule se rapportent au changement de x en $x+\xi$, et ceux qui sont après la virgule se rapportent au changement de y en $y+\psi$.

En général, si u est une fonction de x, y, z, t,..., et qu'on y mette, à la place de ces variables, $x+\xi$, $y+\psi$, $z+\zeta$, $t+\theta$,..., la fonction dont il s'agit deviendra u plus un nombre indéfini de termes, tels que

$$\frac{u^{(\mu),(\nu),(\varpi),(\rho),\ldots}\,\xi^\mu\,\psi^\nu\,\zeta^\varpi\,\theta^\rho\ldots}{1.2.3\ldots\mu\times 1.2.3\ldots\nu\times 1.2.3\ldots\varpi\times 1.2.3\ldots\rho\times\ldots},$$

μ, ν, ϖ, ρ étant supposés successivement 0, 1, 2, 3,....

6. Puisqu'en mettant $x+\xi$ à la place de x dans u, cette fonction devient

$$u + u'\xi + \frac{u''\xi^2}{2} + \frac{u'''\xi^3}{2.3} + \ldots,$$

si l'on regarde ξ comme infiniment petit et qu'on néglige les puissances ξ^2, ξ^3,..., on aura simplement $u'\xi$ pour l'accroissement de u; de sorte que, désignant cet accroissement par du, et l'accroissement ξ de x par dx, on aura

$$du = u'dx \quad \text{et} \quad u' = \frac{du}{dx};$$

ainsi, pour avoir la fonction u', il n'y aura qu'à chercher la différentielle du par les règles du calcul des infiniment petits, et la diviser ensuite par la différentielle dx.

Ayant $u' = \frac{du}{dx}$, on aura de même

$$u'' = \frac{d\frac{du}{dx}}{dx} = \frac{d^2u}{dx^2}, \quad u''' = \frac{d\frac{d^2u}{dx^2}}{dx} = \frac{d^3u}{dx^3}, \ldots;$$

de sorte que x devenant $x + \xi$, la fonction u deviendra

$$u + \frac{du}{dx}\xi + \frac{d^2u}{dx^2}\frac{\xi^2}{2} + \frac{d^3u}{dx^3}\frac{\xi^3}{2.3} + \ldots,$$

où du, d^2u, d^3u,... désignent les différences première, seconde, troisième, etc., de u prises en faisant varier x de la différence infiniment petite dx.

Ce Théorème est connu depuis longtemps, et M. Taylor en est, si je ne me trompe, le premier Auteur; on peut le démontrer de différentes manières; la précédente me paraît une des plus simples.

7. Si, au lieu de faire varier x, on fait varier y dans la supposition que u soit une fonction de x et de y, on aura de même

$$du = u'dy,$$

et de là

$$u' = \frac{du}{dy},$$

donc

$$u'' = \frac{d^2u}{dy^2}, \quad u''' = \frac{d^3u}{dy^3}, \ldots.$$

Par le même principe on aura

$$u'_{\prime} = \frac{du'}{dy} = \frac{d\frac{du}{dx}}{dy} = \frac{d^2u}{dx\,dy},$$

où d^2u indique la différentielle seconde de u, en faisant varier d'abord x, ensuite y; or, comme les variations de x et de y sont indépendantes l'une de l'autre, il est facile de comprendre qu'on aura également

$$u'_{\prime} = \frac{du'}{dx} = \frac{d\frac{du}{dy}}{dx} = \frac{d^2u}{dy\,dx},$$

où d^2u exprime maintenant la différentielle seconde de u prise en faisant varier d'abord y et ensuite x, de sorte qu'on aura

$$\frac{d^2u}{dx\,dy} = \frac{d^2u}{dy\,dx},$$

ce qui montre qu'il est indifférent dans quel ordre soient écrites les différences dx, dy. En général donc on aura

$$u^{(\mu),(\nu)} = \frac{d^{\mu+\nu}u}{dx^\mu\,dy^\nu},$$

où $d^{\mu+\nu}u$ indiquera la différentielle $(\mu+\nu)^{ième}$ de u prise en faisant varier μ fois x et ν fois y, quelque ordre qu'on suive d'ailleurs dans ces variations; de sorte qu'il y aura autant de manières différentes de trouver la valeur de $\frac{d^{\mu+\nu}u}{dx^\mu\,dy^\nu}$ qu'il y aura de permutations entre deux choses différentes répétées l'une μ fois, l'autre ν fois; or le nombre de ces permutations est, comme on sait, égal à

$$\frac{1.2.3\ldots(\mu+\nu)}{1.2.3\ldots\mu\times 1.2.3\ldots\nu}.$$

Et si u est une fonction de plusieurs variables x, y, z, t,..., on aura

$$u^{(\mu),(\nu),(\varpi),(\rho),\ldots} = \frac{d^{\mu+\nu+\varpi+\rho+\ldots}u}{dx^\mu\,dy^\nu\,dz^\varpi\,dt^\rho\ldots},$$

et cette fonction pourra se produire d'autant de manières différentes qu'il y aura de permutations entre différentes choses dont l'une serait répétée μ fois, l'autre ν fois, la troisième ϖ fois, la quatrième ρ fois, etc.; en sorte que par les règles connues le nombre dont il s'agit sera

$$\frac{1.2.3.4.5\ldots(\mu+\nu+\varpi+\rho+\ldots)}{1.2.3\ldots\mu\times 1.2.3\ldots\nu\times 1.2.3\ldots\varpi\times 1.2.3\ldots\rho\times\ldots},$$

lequel est aussi le coefficient du terme $x^\mu y^\nu z^\varpi t^\rho\ldots$ dans la puissance

$$(x+y+z+t+\ldots)^{\mu+\nu+\varpi+\rho+\ldots}$$

8. De là et de ce qu'on a dit dans le n° 5 il s'ensuit que, si dans une fonction u d'un nombre quelconque de variables x, y, z, t,... on met $x+\xi$, $y+\psi$, $z+\zeta$, $t+\theta$,... à la place de ces variables, la fonction proposée sera augmentée d'un nombre indéfini de termes représentés chacun par

$$\frac{\xi^\mu \psi^\nu \zeta^\varpi \theta^\rho \ldots}{1.2.3\ldots\mu \times 1.2.3\ldots\nu \times 1.2.3\ldots\varpi \times 1.2.3\ldots\rho \times\ldots} \times \frac{d^{\mu+\nu+\varpi+\rho+\ldots} u}{dx^\mu dy^\nu dz^\varpi dt^\rho \ldots},$$

ou, ce qui revient au même, par

$$\frac{M \xi^\mu \psi^\nu \zeta^\varpi \theta^\rho \ldots}{1.2.3\ldots(\mu+\nu+\varpi+\rho+\ldots)} \times \frac{d^{\mu+\nu+\varpi+\rho+\ldots} u}{dx^\mu dy^\nu dz^\varpi dt^\rho \ldots},$$

M étant le coefficient du terme $x^\mu y^\nu z^\varpi t^\rho \ldots$ dans le polynôme

$$x+y+z+t+\ldots$$

élevé à la puissance

$$\mu+\nu+\varpi+\rho+\ldots.$$

Ainsi, pour avoir aisément les différents termes qui doivent composer l'accroissement de la valeur de la fonction u lorsque x, y, z, t,... deviennent $x+\xi$, $y+\psi$, $z+\zeta$, $t+\theta$,..., il n'y aura qu'à considérer la série

$$\begin{aligned} &\frac{x+y+z+t+\ldots}{1} \\ &+\frac{(x+y+z+t+\ldots)^2}{1.2} \\ &+\frac{(x+y+z+t+\ldots)^3}{1.2.3} \\ &\ldots\ldots\ldots\ldots\ldots\ldots, \end{aligned}$$

et, après avoir développé les puissances de $x+y+z+t+\ldots$, on changera, dans chaque terme, x en $\frac{\xi}{dx}$, y en $\frac{\psi}{dy}$, z en $\frac{\zeta}{dz}$, t en $\frac{\theta}{dt}$, ..., et l'on multipliera le même terme par $d^\lambda u$, l'exposant de la différentiation λ étant égal à la somme des exposants de x, y, z, t,... dans le même terme.

Or on sait que

$$\frac{x+y+z+t+\ldots}{1}+\frac{(x+y+z+t+\ldots)^2}{1.2}+\frac{(x+y+z+t+\ldots)^3}{1.2.3}+\ldots$$

$$=e^{x+y+z+t+\ldots}-1=e^x\times e^y\times e^z\times e^t\times\ldots-1$$

$$=\left(1+\frac{x}{1}+\frac{x^2}{1.2}+\frac{x^3}{1.2.3}+\ldots\right)\times\left(1+\frac{y}{1}+\frac{y^2}{1.2}+\frac{y^3}{1.2.3}+\ldots\right)$$

$$\times\left(1+\frac{z}{1}+\frac{z^2}{1.2}+\frac{z^3}{1.2.3}+\ldots\right)\times\left(1+\frac{t}{1}+\frac{t^2}{1.2}+\frac{t^3}{1.2.3}+\ldots\right)\ldots-1.$$

Par conséquent il n'y aura qu'à faire le produit de ces différentes séries et changer ensuite chaque terme comme nous l'avons dit ci-dessus.

9. De là il est facile de conclure que si l'on considère l'expression

$$e^{\frac{du}{dx}\xi+\frac{du}{dy}\psi+\frac{du}{dz}\zeta+\ldots}-1$$

et qu'après l'avoir développée suivant les puissances de du, on applique les exposants de ces puissances à la caractéristique d pour indiquer des différences du même ordre que les puissances, c'est-à-dire qu'on change du^λ en $d^\lambda u$, on aura l'accroissement cherché de la fonction u lorsque x, y, z,... y deviennent $x+\xi$, $y+\psi$, $z+\zeta$,....

Ainsi dénotant cet accroissement par Δu, on aura la formule générale

$$\Delta u=e^{\frac{du}{dx}\xi+\frac{du}{dy}\psi+\frac{du}{dz}\zeta+\ldots}-1.$$

10. Maintenant, comme Δu exprime la différence première finie de u, si l'on dénote de même par $\Delta^2 u$, $\Delta^3 u$,... les différences finies de u des ordres ultérieurs, on pourra trouver la valeur de chacune de ces différences en ne faisant qu'élever l'équation précédente au carré, au cube, etc., et y changeant ensuite les exposants des puissances en exposants des différences.

De cette manière on aura donc, en général,

$$\Delta^\lambda u=\left(e^{\frac{du}{dx}\xi+\frac{du}{dy}\psi+\frac{du}{dz}\zeta+\ldots}-1\right)^\lambda,$$

et il ne s'agira plus que de développer le second membre de cette équation de la manière que nous l'avons dit à l'égard de celle du numéro précédent.

Mais il y a plus : on peut supposer que l'exposant λ devienne négatif, auquel cas l'équation subsistera également si ce n'est que les différences qui auront un exposant négatif devront être censées changées en sommes du même ordre. Ainsi désignant, comme à l'ordinaire, par $\int$ les sommes ou les intégrales ordinaires, qui répondent aux différences infiniment petites marquées par la caractéristique d, et par $\sum$ les sommes finies qui répondent aux différences finies marquées par la caractéristique Δ, on aura

$$d^{-1}=\int, \quad d^{-2}=\int^2, \ldots,$$

et de même

$$\Delta^{-1}=\sum, \quad \Delta^{-2}=\sum^2, \ldots,$$

et l'équation précédente deviendra, en faisant λ négatif, ou bien mettant $-\lambda$ à la place de λ, et par conséquent $\sum^\lambda$ à la place de Δ^λ,

$$\sum^\lambda u=\frac{1}{\left(e^{\frac{du}{dx}\xi+\frac{du}{dy}\psi+\frac{du}{dz}\zeta+\ldots}-1\right)^\lambda}.$$

On traitera le second membre de cette équation d'une manière semblable à celle que nous avons prescrite ci-dessus.

Quoique l'opération, par laquelle nous avons passé de la différence Δu à la différence $\Delta^\lambda u$ et à la somme $\sum^\lambda u$, ne soit pas fondée sur des principes clairs et rigoureux, elle n'en est cependant pas moins exacte, comme on peut s'en assurer *à posteriori;* mais il serait peut-être très-difficile d'en donner une démonstration directe et analytique; cela tient, en général, à l'analogie qu'il y a entre les puissances positives et les différentiations, aussi bien qu'entre les puissances négatives et les intégrations; analogie dont nous verrons encore d'autres exemples dans la suite de ce Mémoire.

11. Supposons que u soit une fonction de x seul, on aura dans ce cas

$$\frac{du}{dy}=0,\quad \frac{du}{dz}=0,\ldots,$$

par conséquent

$$\Delta^\lambda u=\left(e^{\frac{du}{dx}\xi}-1\right)^\lambda.$$

Considérons donc l'expression $(e^\omega-1)^\lambda$, et voyons comment elle peut se développer en une série réglée sur les puissances de ω. Il est d'abord clair que, si l'on fait ω très-petit, on aura $e^\omega-1=\omega$, d'où il s'ensuit que le premier terme de la série sera nécessairement ω^λ. Supposons donc

$$(e^\omega-1)^\lambda=\omega^\lambda(1+A\omega+B\omega^2+C\omega^3+D\omega^4+\ldots),$$

et, prenant les logarithmes de part et d'autre, on aura

$$\lambda\log(e^\omega-1)-\lambda\log\omega=\log(1+A\omega+B\omega^2+C\omega^3+D\omega^4+\ldots),$$

et différentiant

$$\lambda\left(\frac{e^\omega}{e^\omega-1}-\frac{1}{\omega}\right)=\frac{A+2B\omega+3C\omega^2+4D\omega^3+\ldots}{1+A\omega+B\omega^2+C\omega^3+D\omega^4+\ldots};$$

or

$$\frac{e^\omega}{e^\omega-1}=\frac{1}{1-e^{-\omega}}=\frac{1}{\omega-\frac{\omega^2}{2}+\frac{\omega^3}{2.3}-\frac{\omega^4}{2.3.4}+\ldots},$$

donc, substituant cette valeur et multipliant en croix, on aura

$$\lambda\left(\frac{1}{2}-\frac{\omega}{2.3}+\frac{\omega^2}{2.3.4}-\ldots\right)(1+A\omega+B\omega^2+C\omega^3+\ldots)$$
$$=\left(1-\frac{\omega}{2}+\frac{\omega^2}{2.3}-\frac{\omega^3}{2.3.4}+\ldots\right)(A+2B\omega+3C\omega^2+\ldots),$$

c'est-à-dire

$$\frac{\lambda}{2}+\lambda\left(\frac{A}{2}-\frac{1}{2.3}\right)\omega+\lambda\left(\frac{B}{2}-\frac{A}{2.3}+\frac{1}{2.3.4}\right)\omega^2$$
$$+\lambda\left(\frac{C}{2}-\frac{B}{2.3}+\frac{A}{2.3.4}-\frac{1}{2.3.4.5}\right)\omega^3+\ldots$$
$$=A+\left(2B-\frac{A}{2}\right)\omega+\left(3C-\frac{2B}{2}+\frac{A}{2.3}\right)\omega^2$$
$$+\left(4D-\frac{3C}{2}+\frac{2B}{2.3}-\frac{A}{2.3.4}\right)\omega^3+\ldots,$$

d'où, en comparant les termes, on aura

$$A=\frac{\lambda}{2},$$
$$2B=\frac{(\lambda+1)A}{2}-\frac{\lambda}{2.3},$$
$$3C=\frac{(\lambda+2)B}{2}-\frac{(\lambda+1)A}{2.3}+\frac{\lambda}{2.3.4},$$
$$4D=\frac{(\lambda+3)C}{2}-\frac{(\lambda+2)B}{2.3}+\frac{(\lambda+1)A}{2.3.4}-\frac{\lambda}{2.3.4.5},$$
. . . .

Ayant ainsi déterminé les coefficients A, B, C,..., on mettra $\frac{du}{dx}\xi$ à la place de ω, et changeant les puissances de du en des différentielles de u, on aura, en général,

$$\Delta^\lambda u=\frac{d^\lambda u}{dx^\lambda}\xi^\lambda+A\frac{d^{\lambda+1}u}{dx^{\lambda+1}}\xi^{\lambda+1}+B\frac{d^{\lambda+2}u}{dx^{\lambda+2}}\xi^{\lambda+2}+C\frac{d^{\lambda+3}u}{dx^{\lambda+3}}\xi^{\lambda+3}+\ldots.$$

Cette formule servira donc à trouver immédiatement la différence d'un ordre quelconque d'une fonction quelconque de x lorsque x augmente successivement de ξ, 2ξ, 3ξ,..., et cela au moyen des différentielles ordinaires; ce qui peut être d'une grande utilité dans la théorie des séries.

Faisons maintenant λ négatif, c'est-à-dire mettons $-\lambda$ à la place de λ, pour changer les différences en sommes, et l'on aura dans ce cas

$$\sum\nolimits^\lambda u=\frac{\int^\lambda u\,dx^\lambda}{\xi^\lambda}-\alpha\frac{\int^{\lambda-1}u\,dx^{\lambda-1}}{\xi^{\lambda-1}}+\beta\frac{\int^{\lambda-2}u\,dx^{\lambda-2}}{\xi^{\lambda-2}}-\gamma\frac{\int^{\lambda-3}u\,dx^{\lambda-3}}{\xi^{\lambda-3}}+\ldots,$$

où

$$\alpha = \frac{\lambda}{2},$$

$$2\beta = \frac{(\lambda - 1)\alpha}{2} + \frac{\lambda}{2.3},$$

$$3\gamma = \frac{(\lambda - 2)\beta}{2} + \frac{(\lambda - 1)\alpha}{2.3} + \frac{\lambda}{2.3.4},$$

$$4\delta = \frac{(\lambda - 3)\gamma}{2} + \frac{(\lambda - 2)\beta}{2.3} + \frac{(\lambda - 1)\alpha}{2.3.4} + \frac{\lambda}{2.3.4.5},$$

. . . .

Si $\lambda = 1$, on aura donc

$$\sum u = \frac{\int u\,dx}{\xi} - \alpha u + \beta \frac{du}{dx}\xi - \gamma \frac{d^2u}{dx^2}\xi^2 + \delta \frac{d^3u}{dx^3}\xi^3 - \ldots,$$

parce que

$$\int^{-1} u\,dx^{-1} = \frac{du}{dx}, \quad \int^{-2} u\,dx^{-2} = \frac{d^2u}{dx^2}, \ldots;$$

C'est la formule connue pour trouver la somme d'une série dont on connaît le terme général.

En effet soit $u = \varphi(x)$, on aura, par la nature des sommations,

$$\sum u = \varphi(x - \xi) + \varphi(x - 2\xi) + \ldots;$$

donc, si suivant la notation reçue on fait

$$\int \varphi(x)\,dx = {}'\varphi(x), \quad \frac{d\varphi(x)}{dx} = \varphi'(x), \quad \frac{d^2\varphi(x)}{dx^2} = \varphi''(x), \ldots,$$

on aura

$$\varphi(x - \xi) + \varphi(x - 2\xi) + \varphi(x - 3\xi) + \ldots$$
$$= \frac{{}'\varphi(x)}{\xi} - \alpha\varphi(x) + \beta\varphi'(x).\xi - \gamma\varphi''(x).\xi^2 + \ldots.$$

Si maintenant dans cette formule on écrit $x - n\xi$ à la place de x, on aura de même

$$\varphi[x-(n+1)\xi]+\varphi[x-(n+2)\xi]+\ldots$$
$$=\frac{'\varphi(x-n\xi)}{\xi}-\alpha\,\varphi(x-n\xi)+\beta\,\varphi'(x-n\xi).\xi-\gamma\,\varphi''(x-n\xi).\xi^2+\ldots.$$

Donc, retranchant cette équation de la précédente, il viendra

$$\varphi(x-\xi)+\varphi(x-2\xi)+\varphi(x-3\xi)+\ldots+\varphi(x-n\xi)$$
$$=\frac{'\varphi(x)-{'\varphi}(x-n\xi)}{\xi}-\alpha[\varphi(x)-\varphi(x-n\xi)]$$
$$+\beta\xi[\varphi'(x)-\varphi'(x-n\xi)]-\gamma\xi^2[\varphi''(x)-\varphi''(x-n\xi)]+\ldots.$$

Nous ne nous étendrons pas en détails sur cette matière parce qu'elle a déjà été traitée dans différents Ouvrages, et surtout dans le *Traité des Fluxions* de M. Maclaurin, et dans les *Institutions du Calcul différentiel* de M. Euler; on trouve dans ce dernier Ouvrage des Remarques curieuses et importantes sur la nature et les propriétés des nombres α, β, γ,... dans le cas de $\lambda=1$; mais personne que je sache n'avait encore donné l'expression générale de ces nombres pour les différences et les sommes d'un ordre quelconque.

12. Reprenons l'équation du n° **10**, savoir

$$\Delta u=e^{\frac{du}{dx}\xi+\frac{du}{dy}\psi+\frac{du}{dz}\zeta+\ldots}-1;$$

elle donnera celle-ci

$$\frac{du}{dx}\xi+\frac{du}{dy}\psi+\frac{du}{dz}\zeta+\ldots=\log(1+\Delta u),$$

où il faudra, après avoir développé le logarithme $\log(1+\Delta u)$ suivant les puissances de Δu, appliquer les exposants de ces puissances à la caractéristique Δ. De cette manière on aura donc

$$\frac{du}{dx}\xi+\frac{du}{dy}\psi+\frac{du}{dz}\zeta+\ldots=\Delta u-\frac{\Delta^2 u}{2}+\frac{\Delta^3 u}{3}-\frac{\Delta^4 u}{4}+\ldots,$$

ce qui donne un moyen de trouver les valeurs de $\frac{du}{dx}, \frac{du}{dy}, \ldots$ à l'aide des différences finies de la fonction u.

Mais ce n'est pas tout : on peut également élever les deux membres de l'équation à une puissance quelconque λ, positive ou négative, en sorte qu'on ait

$$\left(\frac{du}{dx}\xi + \frac{du}{dy}\psi + \frac{du}{dz}\zeta + \ldots\right)^\lambda = [\log(1 + \Delta u)]^\lambda,$$

et cette équation sera toujours vraie pourvu qu'après le développement des deux membres suivant les puissances de du et de Δu, on change les puissances positives en différences, et les négatives en sommes.

Pour cet effet, considérons la quantité $[\log(1 + \omega)]^\lambda$, et voyons comment elle peut se développer en une série qui procède suivant les puissances de ω. Il est d'abord clair que si ω était très-petit, on aurait $\log(1 + \omega) = \omega$, d'où il s'ensuit que le premier terme de la série dont il s'agit sera ω^λ, et qu'ainsi elle aura cette forme

$$\omega^\lambda(1 + M\omega + N\omega^2 + P\omega^3 + Q\omega^4 + \ldots).$$

Supposons donc

$$[\log(1 + \omega)]^\lambda = \omega^\lambda(1 + M\omega + N\omega^2 + P\omega^3 + \ldots),$$

et, prenant les logarithmes de part et d'autre, on aura

$$\lambda[\log.\log(1 + \omega) - \log\omega] = \log(1 + M\omega + N\omega^2 + P\omega^3 + \ldots),$$

d'où l'on tirera par la différentiation

$$\lambda\left[\frac{1}{(1 + \omega)\log(1 + \omega)} - \frac{1}{\omega}\right] = \frac{M + 2N\omega + 3P\omega^2 + 4Q\omega^3 + \ldots}{1 + M\omega + N\omega^2 + P\omega^3 + Q\omega^4 + \ldots}.$$

Or

$$\log(1 + \omega) = \omega - \frac{\omega^2}{2} + \frac{\omega^3}{3} - \frac{\omega^4}{4} + \ldots;$$

donc, multipliant cette série par $1 + \omega$, on aura

$$(1 + \omega)\log(1 + \omega) = \omega + \frac{\omega^2}{2} - \frac{\omega^3}{2.3} + \frac{\omega^4}{3.4} - \frac{\omega^5}{4.5} + \ldots,$$

donc, substituant cette valeur et multipliant en croix, il viendra

$$\lambda\left(-\frac{1}{2}+\frac{\omega}{2.3}-\frac{\omega^2}{3.4}+\ldots\right)(1+M\omega+N\omega^2+P\omega^3+\ldots)$$
$$=\left(1+\frac{\omega}{2}-\frac{\omega^2}{2.3}+\frac{\omega^3}{3.4}-\ldots\right)(M+2N\omega+3P\omega^2+\ldots).$$

c'est-à-dire

$$-\frac{\lambda}{2}+\lambda\left(-\frac{M}{2}+\frac{1}{2.3}\right)\omega+\lambda\left(-\frac{N}{2}+\frac{M}{2.3}-\frac{1}{3.4}\right)\omega^2$$
$$+\lambda\left(-\frac{P}{2}+\frac{N}{2.3}-\frac{M}{3.4}+\frac{1}{4.5}\right)\omega^3+\ldots$$
$$=M+\left(2N+\frac{M}{2}\right)\omega+\left(3P+\frac{2N}{2}-\frac{M}{2.3}\right)\omega^2$$
$$+\left(4Q+\frac{3P}{2}-\frac{2N}{2.3}+\frac{M}{3.4}\right)\omega^3+\ldots.$$

De sorte qu'en comparant les termes on aura

$$M=-\frac{\lambda}{2},$$
$$2N=-\frac{(\lambda+1)M}{2}+\frac{\lambda}{2.3},$$
$$3P=-\frac{(\lambda+2)N}{2}+\frac{(\lambda+1)M}{2.3}-\frac{\lambda}{3.4},$$
$$4Q=-\frac{(\lambda+3)P}{2}+\frac{(\lambda+2)N}{2.3}-\frac{(\lambda+1)M}{3.4}+\frac{\lambda}{4.5},$$
$$\ldots\ldots\ldots\ldots\ldots\ldots\ldots\ldots\ldots\ldots\ldots\ldots$$

Connaissant de cette manière les coefficients numériques M, N, P,..., on aura donc

$$[\log(1+\Delta u)]^\lambda=\Delta^\lambda u+M\Delta^{\lambda+1}u+N\Delta^{\lambda+2}u+\ldots,$$

ce qu'il faudra substituer dans l'équation ci-dessus.

13. Soit, comme dans le n° **11**, u une fonction de x seul : alors l'équation dont il s'agit deviendra

$$\left(\frac{du}{dx}\xi\right)^\lambda=[\log(1+\Delta u)]^\lambda,$$

savoir

$$\frac{d^\lambda u}{dx^\lambda}\xi^\lambda = \Delta^\lambda u + \mathrm{M}\Delta^{\lambda+1}u + \mathrm{N}\Delta^{\lambda+2}u + \mathrm{P}\Delta^{\lambda+3}u + \ldots,$$

ce qui donne le moyen de trouver la valeur de la différentielle d'un ordre quelconque de la fonction u à l'aide des différences finies de la même fonction.

Or, si dans la même formule on fait λ négatif, c'est-à-dire si l'on y met $-\lambda$ à la place de λ, on aura, en changeant les différences en sommes,

$$\frac{\int^\lambda u\,dx^\lambda}{\xi^\lambda} = \sum\nolimits^\lambda u + \mu\sum\nolimits^{\lambda-1} u + \nu\sum\nolimits^{\lambda-2} u + \varpi\sum\nolimits^{\lambda-3} u + \ldots,$$

où les coefficients μ, ν, ϖ,... seront déterminés par les formules suivantes

$$\mu = \frac{\lambda}{2},$$

$$2\nu = \frac{(\lambda-1)\mu}{2} - \frac{\lambda}{2.3},$$

$$3\varpi = \frac{(\lambda-2)\nu}{2} - \frac{(\lambda-1)\mu}{2.3} + \frac{\lambda}{3.4},$$

$$4\chi = \frac{(\lambda-3)\varpi}{2} - \frac{(\lambda-2)\nu}{2.3} + \frac{(\lambda-1)\mu}{3.4} - \frac{\lambda}{4.5},$$

. . . .

Si l'on fait $\lambda = 1$, on aura donc

$$\frac{\int u\,dx}{\xi} = \sum u + \mu u + \nu\Delta u + \varpi\Delta^2 u + \chi\Delta^3 u + \ldots,$$

formule qui peut servir à calculer les aires des courbes par les sommes et les différences des coordonnées équidistantes. Cotes, Stirling et d'autres ont déjà donné des formules pour calculer l'aire d'une courbe dont on connait un certain nombre de coordonnées équidistantes; mais la formule précédente est différente de celles de ces Auteurs, et me parait préférable en ce qu'on y emploie les différences successives des coordonnées, lesquelles vont ordinairement en diminuant, et surtout en ce qu'on y voit aisément la loi des termes, de manière qu'on peut continuer la série aussi loin qu'on veut.

Pour donner un exemple de l'usage de cette formule, soit proposé de trouver l'intégrale de $\frac{dx}{x}$, qu'on sait d'ailleurs être égale à $\log x$; on aura donc dans ce cas $u = \frac{1}{x}$, et faisant, pour plus de simplicité, $\xi = 1$, on aura

$$\log x = \sum \frac{1}{x} + \frac{\mu}{x} + \nu \Delta \frac{1}{x} + \varpi \Delta^2 \frac{1}{x} + \chi \Delta^3 \frac{1}{x} + \ldots.$$

Or puisque $\xi = 1$, on aura

$$\sum \frac{1}{x} = \frac{1}{x-1} + \frac{1}{x-2} + \frac{1}{x-3} + \ldots,$$

$$\Delta \frac{1}{x} = \frac{1}{x+1} - \frac{1}{x} = -\frac{1}{x(x+1)},$$

$$\Delta^2 \frac{1}{x} = -\frac{1}{(x+1)(x+2)} + \frac{1}{x(x+1)} = \frac{2}{x(x+1)(x+2)},$$

$$\Delta^3 \frac{1}{x} = \frac{2}{(x+1)(x+2)(x+3)} - \frac{2}{x(x+1)(x+2)} = -\frac{2.3}{x(x+1)(x+2)(x+3)},$$

et, en général,

$$\Delta^\lambda \frac{1}{x} = \pm \frac{1.2.3\ldots\lambda}{x(x+1)(x+2)\ldots(x+\lambda)},$$

le signe supérieur étant pour le cas où λ est pair, et l'inférieur pour le cas où λ est impair.

Donc, substituant ces valeurs, on aura

$$\begin{aligned}\log x = {} & \frac{1}{x-1} + \frac{1}{x-2} + \frac{1}{x-3} + \ldots \\ & + \frac{\mu}{x} - \frac{\nu}{x(x+1)} + \frac{2\varpi}{x(x+1)(x+2)} - \frac{2.3.\chi}{x(x+1)(x+2)(x+3)} + \ldots.\end{aligned}$$

De même, si l'on met $x - n$ à la place de x, n étant un nombre entier quelconque, on aura

$$\begin{aligned}\log(x-n) = {} & \frac{1}{x-n-1} + \frac{1}{x-n-2} + \frac{1}{x-n-3} + \ldots \\ & + \frac{\mu}{x-n} - \frac{\nu}{(x-n)(x-n+1)} \\ & + \frac{2\varpi}{(x-n)(x-n+1)(x-n+2)} - \ldots;\end{aligned}$$

par conséquent, en retranchant cette équation de la précédente, on aura

$$\frac{x}{x-n} = \frac{1}{x-1} + \frac{1}{x-2} + \frac{1}{x-3} + \ldots + \frac{1}{x-n}$$
$$+ \mu\left(\frac{1}{x} - \frac{1}{x-n}\right) - \nu\left[\frac{1}{x(x+1)} - \frac{1}{(x-n)(x-n+1)}\right]$$
$$+ 2\varpi\left[\frac{1}{x(x+1)(x+2)} - \frac{1}{(x-n)(x-n+1)(x-n+2)}\right]$$
$$- 2.3.\chi\left[\frac{1}{x(x+1)(x+2)(x+3)} - \frac{1}{(x-n)(x-n+1)(x-n+2)(x-n+3)}\right]$$
$$\ldots\ldots\ldots\ldots\ldots\ldots\ldots\ldots\ldots\ldots\ldots\ldots$$

Si l'on fait $n = 1$, on aura

$$\log\frac{x}{x-1} = \frac{1}{x-1} - \frac{\mu}{(x-1)x} + \frac{2\nu}{(x-1)x(x+1)}$$
$$- \frac{2.3.\varpi}{(x-1)x(x+1)(x+2)} + \ldots,$$

ou bien, en mettant x à la place de $x-1$, et par conséquent $x+1$ à la place de x,

$$\log\left(1+\frac{1}{x}\right) = \frac{1}{x} - \frac{\mu}{x(x+1)} + \frac{2\nu}{x(x+1)(x+2)}$$
$$- \frac{2.3.\varpi}{x(x+1)(x+2)(x+3)} + \frac{2.3.4.\chi}{x(x+1)(x+2)(x+3)(x+4)} - \ldots,$$

c'est-à-dire

$$\log\left(1+\frac{1}{x}\right) = \frac{1}{x}\left[1 - \frac{\mu}{1+x} + \frac{\nu}{(1+x)\left(1+\frac{x}{2}\right)} - \frac{\varpi}{(1+x)\left(1+\frac{x}{2}\right)\left(1+\frac{x}{3}\right)}\right.$$
$$\left. + \frac{\chi}{(1+x)\left(1+\frac{x}{2}\right)\left(1+\frac{x}{3}\right)\left(1+\frac{x}{4}\right)} - \ldots\right].$$

14. Nous avons vu que toute fonction u de plusieurs variables x, y, $z, \ldots$ devient $u + \Delta u$ lorsque ces variables deviennent $x+\xi$, $y+\psi$, $z+\zeta, \ldots$, où l'accroissement Δu est déterminé par la formule

$$\Delta u = e^{\frac{du}{dx}\xi + \frac{du}{dy}\psi + \frac{du}{dz}\zeta + \ldots} - 1.$$

De même, si l'on suppose que les variables x, y, z,... deviennent $x+\xi'$, $y+\psi'$, $z+\zeta'$,..., ξ', ψ', ζ',... étant des quantités différentes de ξ, ψ, ζ,..., et qu'on désigne par $\Delta' u$ l'accroissement correspondant de u, on aura

$$\Delta' u = e^{\frac{du}{dx}\xi' + \frac{du}{dy}\psi' + \frac{du}{dz}\zeta' + \dots} - 1.$$

Or la première équation donne, comme on l'a déjà vu plus haut,

$$\log(1+\Delta u) = \frac{du}{dx}\xi + \frac{du}{dy}\psi + \frac{du}{dz}\zeta + \dots,$$

et comme les quantités ξ, ψ, ζ,... sont indépendantes les unes des autres, il est clair qu'en supposant d'abord $\psi = 0$, $\zeta = 0$,..., on aura

$$\frac{du}{dx}\xi = \log(1+\Delta u),$$

où Δu désigne l'accroissement de u qui a lieu tandis que x seul croît de ξ; de sorte qu'en désignant cet accroissement partiel de u par $\Delta_\xi u$, on aura

$$\frac{du}{dx} = \frac{\log(1+\Delta_\xi u)}{\xi}.$$

De même, si l'on désigne par $\Delta_\psi u$, $\Delta_\zeta u$,... les accroissements partiels de u qui ont lieu lorsque y, z,... deviennent chacun à part $y+\psi$, $z+\zeta$,..., on aura

$$\frac{du}{dy} = \frac{\log(1+\Delta_\psi u)}{\psi}, \quad \frac{du}{dz} = \frac{\log(1+\Delta_\zeta u)}{\zeta}, \dots.$$

Ainsi l'on aura

$$\begin{aligned}
&\frac{du}{dx}\xi' + \frac{du}{dy}\psi' + \frac{du}{dz}\zeta' + \dots \\
&\quad = \frac{\xi'}{\xi}\log(1+\Delta_\xi u) + \frac{\psi'}{\psi}\log(1+\Delta_\psi u) + \frac{\zeta'}{\zeta}\log(1+\Delta_\zeta u) + \dots \\
&\quad = \log(1+\Delta_\xi u)^{\frac{\xi'}{\xi}}(1+\Delta_\psi u)^{\frac{\psi'}{\psi}}(1+\Delta_\zeta u)^{\frac{\zeta'}{\zeta}}\dots.
\end{aligned}$$

Donc

$$e^{\frac{du}{dx}\xi' + \frac{du}{dy}\psi' + \frac{du}{dz}\zeta' + \dots} = (1 + \Delta_\xi u)^{\frac{\xi'}{\xi}} (1 + \Delta_\psi u)^{\frac{\psi'}{\psi}} (1 + \Delta_\zeta u)^{\frac{\zeta'}{\zeta}} \dots .$$

Et par conséquent

$$\Delta' u = (1 + \Delta_\xi u)^{\frac{\xi'}{\xi}} (1 + \Delta_\psi u)^{\frac{\psi'}{\psi}} (1 + \Delta_\zeta u)^{\frac{\zeta'}{\zeta}} \dots - 1,$$

équation par laquelle on pourra déterminer la valeur complète de la différence $\Delta' u$ de la fonction u lorsque les variables $x, y, z, \dots$ y croissent en même temps de $\xi', \psi', \zeta', \dots$, au moyen des différences partielles $\Delta_\xi u$, $\Delta_\psi u, \dots$ de la même fonction, lesquelles résultent lorsque les variables x, y, $z, \dots$ croissent séparément des quantités $\xi, \psi, \zeta, \dots$.

Pour pouvoir faire usage de cette équation il faudra développer les puissances de $1 + \Delta_\xi u$, $1 + \Delta_\psi u, \dots$ et le produit de ces puissances, suivant les puissances de Δu, ensuite on appliquera à la caractéristique Δ l'exposant de la puissance à laquelle la quantité Δu se trouvera élevée, et l'on multipliera ensemble les quantités qui se trouveront au-dessous de la lettre Δ; ainsi par exemple $(\Delta_\xi u)^2$ donnera $\Delta^2_{\xi\xi} u$, ce qui indiquera la différence seconde de u prise en faisant varier x seul successivement de ξ; mais $\Delta_\xi u \times \Delta_\psi u$ donnera $\Delta^2_{\xi\psi} u$, ce qui indiquera de même la différence seconde de u, mais prise en faisant varier d'abord x de ξ, et ensuite y de ψ, et ainsi des autres. La raison de cette opération est facile à apercevoir par la nature de notre calcul.

On pourra aussi tirer de là la valeur de la différence d'un degré quelconque, et pour cela il n'y aura qu'à élever les deux membres de l'équation à une puissance dont l'exposant soit le même que celui du degré de la différence; de cette manière on aura, en général,

$$\Delta'^\lambda u = \left[(1 + \Delta_\xi u)^{\frac{\xi'}{\xi}} (1 + \Delta_\psi u)^{\frac{\psi'}{\psi}} (1 + \Delta_\zeta u)^{\frac{\zeta'}{\zeta}} \dots - 1\right]^\lambda,$$

et, changeant λ en $-\lambda$, on aura aussi

$$\sum\nolimits'^\lambda u = \frac{1}{\left[(1 + \Delta_\xi u)^{\frac{\xi'}{\xi}} (1 + \Delta_\psi u)^{\frac{\psi'}{\psi}} (1 + \Delta_\zeta u)^{\frac{\zeta'}{\zeta}} \dots - 1\right]^\lambda},$$

où il faudra développer le second membre de la manière que nous l'avons dit ci-dessus.

15. Les formules précédentes renferment la théorie des interpolations prise dans toute la généralité possible; par exemple, supposons d'abord que l'on ait une fonction u de x seul, dont on connaisse les différentes valeurs lorsque x devient successivement $x+\xi$, $x+2\xi$, $x+3\xi, \ldots$, et qu'on demande la valeur de la même fonction lorsque x devient $x+\xi'$, ξ' étant une quantité quelconque. On aura donc dans ce cas $\psi=0$, $\zeta=0, \ldots$, et par conséquent

$$\Delta' u = (1+\Delta_\xi u)^{\frac{\xi'}{\xi}} - 1.$$

Or la puissance $(1+\Delta_\xi u)^{\frac{\xi'}{\xi}}$ étant développée suivant la méthode ordinaire donne

$$1+\frac{\xi'}{\xi}(\Delta_\xi u)+\frac{\xi'(\xi'-\xi)}{2\xi^2}(\Delta_\xi u)^2+\frac{\xi'(\xi'-\xi)(\xi'-2\xi)}{2.3.\xi^3}(\Delta_\xi u)^3+\ldots.$$

Donc, changeant $(\Delta_\xi u)^2$ en $\Delta_{\xi^2}^2 u$, $(\Delta_\xi u)^3$ en $\Delta_{\xi^3}^3 u$ et ainsi de suite, on aura

$$\Delta' u = \frac{\xi'\Delta_\xi u}{\xi}+\frac{\xi'(\xi'-\xi)\Delta_{\xi^2}^2 u}{2\xi^2}+\frac{\xi'(\xi'-\xi)(\xi'-2\xi)\Delta_{\xi^3}^3 u}{2.3.\xi^3}+\ldots;$$

c'est l'accroissement que doit prendre la fonction u lorsque x devient égal à $x+\xi'$; de sorte que la valeur de la fonction u répondante à $x+\xi'$ sera exprimée par la série

$$u+\frac{\xi'}{\xi}\Delta_\xi u+\frac{\xi'(\xi'-\xi)}{2\xi^2}\Delta_{\xi^2}^2 u+\frac{\xi'(\xi'-\xi)(\xi'-2\xi)}{2.3.\xi^3}\Delta_{\xi^3}^3 u+\ldots.$$

Ainsi, si l'on a une série dont les termes successifs soient exprimés par une même fonction de x, $x+\xi$, $x+2\xi$, $x+3\xi, \ldots$, la formule précédente donnera la valeur d'un terme quelconque intermédiaire répondant à $x+\xi'$, en prenant pour u le terme répondant à x, pour $\Delta_\xi u$ la différence entre les deux termes répondants à $x+\xi$ et x, pour $\Delta_{\xi^2}^2 u$ la différence seconde entre les trois termes répondants à $x+2\xi$, $x+\xi$, x, et ainsi de suite.

16. Supposons maintenant que u soit une fonction de deux variables x et y, on aura dans ce cas, en faisant $\zeta' = 0, \ldots,$

$$\Delta' u = (1 + \Delta_\xi u)^{\frac{\xi'}{\xi}} (1 + \Delta_\psi u)^{\frac{\psi'}{\psi}} - 1.$$

La quantité $(1 + \Delta_\xi u)^{\frac{\xi'}{\xi}}$ donne comme ci-dessus la série

$$1 + \frac{\xi'}{\xi} \Delta_\xi u + \frac{\xi'(\xi' - \xi)}{2\xi^2} \Delta^2_{\xi^2} u + \frac{\xi'(\xi' - \xi)(\xi' - 2\xi)}{2.3.\xi^3} \Delta^3_{\xi^3} u + \ldots,$$

et de même la quantité $(1 + \Delta_\psi u)^{\frac{\psi'}{\psi}}$ donnera la série

$$1 + \frac{\psi'}{\psi} \Delta_\psi u + \frac{\psi'(\psi' - \psi)}{2\psi^2} \Delta^2_{\psi^2} u + \frac{\psi'(\psi' - \psi)(\psi' - 2\psi)}{2.3.\psi^3} \Delta^3_{\psi^3} u + \ldots.$$

Donc, multipliant une série par l'autre et ayant égard aux remarques faites vers la fin du n° 13, on aura

$$\begin{aligned}
&1 + \frac{\xi'}{\xi} \Delta_\xi u + \frac{\psi'}{\psi} \Delta_\psi u \\
&+ \frac{\xi'(\xi' - \xi)}{2\xi^2} \Delta^2_{\xi^2} u + \frac{\xi'\psi'}{\xi\psi} \Delta^2_{\xi\psi} u + \frac{\psi'(\psi' - \psi)}{2\psi^2} \Delta^2_{\psi^2} u \\
&+ \frac{\xi'(\xi' - \xi)(\xi' - 2\xi)}{2.3.\xi^3} \Delta^3_{\xi^3} u + \frac{\xi'(\xi' - \xi)}{2\xi^2} \frac{\psi'}{\psi} \Delta^3_{\xi^2\psi} u \\
&+ \frac{\psi'(\psi' - \psi)}{2\psi^2} \frac{\xi'}{\xi} \Delta^3_{\psi^2\xi} u + \frac{\psi'(\psi' - \psi)(\psi' - 2\psi)}{2.3.\psi^3} \Delta^3_{\psi^3} u \\
&\ldots\ldots\ldots\ldots\ldots\ldots\ldots\ldots\ldots\ldots\ldots\ldots
\end{aligned}$$

Donc

$$\begin{aligned}
\Delta' u = {} &\frac{\xi'}{\xi} \Delta_\xi u + \frac{\psi'}{\psi} \Delta_\psi u \\
&+ \frac{\xi'(\xi' - \xi)}{2\xi^2} \Delta^2_{\xi^2} u + \frac{\xi'\psi'}{\xi\psi} \Delta^2_{\xi\psi} u + \frac{\psi'(\psi' - \psi)}{2\psi^2} \Delta^2_{\psi^2} u \\
&+ \frac{\xi'(\xi' - \xi)(\xi' - 2\xi)}{2.3.\xi^3} \Delta^3_{\xi^3} u + \frac{\xi'(\xi' - \xi)}{2\xi^2} \frac{\psi'}{\psi} \Delta^3_{\xi^2\psi} u \\
&+ \frac{\psi'(\psi' - \psi)}{2\psi^2} \frac{\xi'}{\xi} \Delta^3_{\psi^2\xi} u + \frac{\psi'(\psi' - \psi)(\psi' - 2\psi)}{2.3.\psi^3} \Delta^3_{\psi^3} u \\
&\ldots\ldots\ldots\ldots\ldots\ldots\ldots\ldots\ldots\ldots\ldots\ldots;
\end{aligned}$$

c'est l'accroissement que doit prendre la fonction u lorsque x et y y deviennent à la fois $x + \xi'$, $y + \psi'$.

Cette formule servira, comme on voit, pour l'interpolation des Tables à double entrée; et elle s'accorde avec celle que M. Lambert a donnée pour le même objet dans la troisième Partie de ses *Beytræge etc*.

On pourra déduire avec la même facilité, de notre équation générale, les formules pour l'interpolation des Tables à triple, quadruple, etc., entrée; c'est sur quoi il ne nous paraît pas nécessaire de nous étendre davantage.

17. Nous allons donner maintenant une méthode facile et générale de trouver immédiatement les différences d'un ordre quelconque d'une fonction quelconque de plusieurs variables, sans passer par les différences des ordres inférieurs. Pour cela on considérera que, puisque Δu désigne, en général, la différence première de u, $\Delta^2 u$ la différence première de Δu ou la différence seconde de u, et ainsi de suite, les valeurs successives de u seront

$$\begin{aligned}&u,\\&u+\Delta u,\\&u+2\Delta u+\Delta^2 u,\\&u+3\Delta u+3\Delta^2 u+\Delta^3 u,\\&\ldots\ldots\ldots\ldots,\end{aligned}$$

et, en général,

$$u+m\Delta u+\frac{m(m-1)}{2}\Delta^2 u+\frac{m(m-1)(m-2)}{2.3}\Delta^3 u+\ldots.$$

De même, en désignant par Δx, $\Delta^2 x, \ldots$, Δy, $\Delta^2 y, \ldots$, Δz, $\Delta^2 z, \ldots$ les différences premières, secondes, etc., des variables x, y, $z, \ldots$, on aura pour les valeurs successives de x,

$$\begin{aligned}&x,\\&x+\Delta x,\\&x+2\Delta x+\Delta^2 x,\\&x+3\Delta x+3\Delta^2 x+\Delta^3 x,\\&\ldots\ldots\ldots\ldots,\\&x+m\Delta x+\frac{m(m-1)}{2}\Delta^2 x+\frac{m(m-1)(m-2)}{2.3}\Delta^3 x+\ldots,\end{aligned}$$

et ainsi de suite pour les valeurs successives de y, $z, \ldots$.

Donc, en général, si u est une fonction quelconque de $x, y, z, \ldots$, il est clair que, tandis que u devient

$$u + m\Delta u + \frac{m(m-1)}{2}\Delta^2 u + \frac{m(m-1)(m-2)}{2.3}\Delta^3 u + \ldots,$$

$x, y, z, \ldots$ deviendront

$$x + m\Delta x + \frac{m(m-1)}{2}\Delta^2 x + \frac{m(m-1)(m-2)}{2.3}\Delta^3 x + \ldots,$$
$$y + m\Delta y + \frac{m(m-1)}{2}\Delta^2 y + \frac{m(m-1)(m-2)}{2.3}\Delta^3 y + \ldots,$$
$$z + m\Delta z + \frac{m(m-1)}{2}\Delta^2 z + \frac{m(m-1)(m-2)}{2.3}\Delta^3 z + \ldots,$$
$$\ldots\ldots\ldots\ldots\ldots\ldots\ldots\ldots\ldots$$

D'où il s'ensuit qu'en désignant par $\varphi(x, y, z, \ldots)$ la valeur de u, en sorte que

$$u = \varphi(x, y, z, \ldots),$$

on aura aussi

$$\begin{aligned} u + m\Delta u + \frac{m(m-1)}{2}\Delta^2 u + \ldots \\ = \varphi\Big[& x + m\Delta x + \frac{m(m-1)}{2}\Delta^2 x + \ldots, \\ & y + m\Delta y + \frac{m(m-1)}{2}\Delta^2 y + \ldots, \\ & z + m\Delta z + \frac{m(m-1)}{2}\Delta^2 z + \ldots, \\ & \ldots\ldots\ldots\ldots\ldots\ldots \Big], \end{aligned}$$

équation qui devra avoir lieu, quel que soit le nombre m; de sorte qu'après le développement des termes il n'y aura qu'à comparer ceux qui seront affectés d'une même puissance de m, et l'on aura autant d'équations qu'il en faudra pour déterminer les valeurs de chacune des différences Δu, $\Delta^2 u, \ldots$.

18. Supposons que les différences deviennent infiniment petites et qu'en même temps le nombre m devienne infiniment grand, on aura dans cette hypothèse

$$m(m-1) = m^2, \quad m(m-1)(m-2) = m^3, \ldots;$$

donc, changeant la caractéristique Δ en d, on aura l'équation

$$\begin{aligned} &u + m\,du + \frac{m^2 d^2 u}{2} + \frac{m^3 d^3 u}{2.3} + \ldots \\ &= \varphi\Big(x + m\,dx + \frac{m^2 d^2 x}{2} + \frac{m^3 d^3 x}{2.3} + \ldots, \\ &\qquad y + m\,dy + \frac{m^2 d^2 y}{2} + \frac{m^3 d^3 y}{2.3} + \ldots, \\ &\qquad z + m\,dz + \frac{m^2 d^2 z}{2} + \frac{m^3 d^3 z}{2.3} + \ldots, \\ &\qquad \ldots\ldots\ldots\ldots\ldots\ldots\ldots\ldots\Big). \end{aligned}$$

Ainsi, si l'on développe la fonction $\varphi(\ldots)$ suivant les puissances de m, en sorte qu'il en résulte une série de cette forme

$$\mathrm{P} + m\mathrm{Q} + m^2\mathrm{R} + m^3\mathrm{S} + \ldots,$$

on aura

$$u = \mathrm{P}, \quad du = \mathrm{Q}, \quad \frac{d^2 u}{2} = \mathrm{R}, \quad \frac{d^3 u}{2.3} = \mathrm{S}, \ldots.$$

Par où l'on voit comment on peut trouver sur-le-champ toutes les différentielles de u; c'est ce que nous allons éclaircir par quelques Exemples.

19. Supposons que u soit une fonction de x seul, et que dx soit supposé constant, on aura donc dans ce cas l'équation $u = \varphi(x)$ et

$$u + m\,du + \frac{m^2 d^2 u}{2} + \frac{m^3 d^3 u}{2.3} + \ldots = \varphi(x + m\,dx),$$

de sorte qu'il ne s'agira que de développer la quantité $\varphi(x + m\,dx)$ suivant les puissances de m.

Soit, par exemple,

$$\varphi(x) = (a + bx)^r,$$

on aura

$$\begin{aligned} \varphi(x + m\,dx) &= (a + bx + mb\,dx)^r \\ &= (a + bx)^r + m\,rb(a + bx)^{r-1}dx + m^2\frac{r(r-1)b^2}{2}(a + bx)^{r-2}dx^2 \\ &\quad + m^3\frac{r(r-1)(r-2)b^3}{2.3}(a + bx)^{r-3}dx^3 + \ldots; \end{aligned}$$

donc, comparant les termes affectés des mêmes puissances de m,

$$\begin{aligned} u &= (a+bx)^r, \\ du &= rb(a+bx)^{r-1}dx, \\ d^2u &= r(r-1)b^2(a+bx)^{r-2}dx^2, \\ &\ldots\ldots\ldots\ldots\ldots\ldots, \end{aligned}$$

et, en général,

$$d^\lambda u = r(r-1)(r-2)\ldots(r-\lambda+1)b^\lambda(a+bx)^{r-\lambda}dx^\lambda.$$

On remarquera ici, et la même remarque aura toujours lieu dans les cas semblables, que puisque l'on a l'expression générale de la différentielle de l'ordre λ, on pourra, en faisant λ négatif, avoir celle de l'intégrale du même ordre λ; ainsi l'on aura

$$\int^\lambda u = r(r-1)(r-2)\ldots(r+\lambda+1)\frac{(a+bx)^{r+\lambda}}{b^\lambda dx^\lambda};$$

or comme les facteurs r, $r-1$, $r-2$,... vont en diminuant, et que le dernier doit être $r+\lambda+1$ qui est au contraire plus grand que r, cela indique qu'il faut continuer la série de ces facteurs du côté opposé, en employant les divisions au lieu des multiplications, de cette manière

$$\frac{1}{(r+1)(r+2)(r+3)\ldots(r+\lambda)};$$

on aura donc en multipliant par dx^λ

$$\int^\lambda u\,dx^\lambda = \frac{(a+bx)^{r+\lambda}}{(r+1)(r+2)(r+3)\ldots(r+\lambda)b^\lambda};$$

ce qui s'accorde avec ce que l'on sait d'ailleurs.

20. Dans le cas de l'Exemple précédent, il aurait été facile de trouver la valeur générale de $d^\lambda u$ par la méthode ordinaire des différentiations, mais il n'en serait pas de même si la fonction $\varphi(x)$ était tant soit peu plus compliquée.

Supposons en effet

$$\varphi(x) = (a + bx + cx^2)^r = u,$$

on verra aisément que les différentielles de $\varphi(x)$ seront exprimées par des séries dont il ne sera pas aisé de trouver la loi, pour avoir l'expression de $d^\lambda \varphi(x)$; suivant notre méthode il n'y aura qu'à mettre $x + m\,dx$ à la place de x, ce qui rendra $a + bx + cx^2$ égal à

$$a + bx + cx^2 + m(b + 2cx)\,dx + m^2 c\,dx^2;$$

de sorte que la difficulté ne consistera qu'à réduire l'expression

$$[a + bx + cx^2 + m(b + 2cx)\,dx + m^2 c\,dx^2]^r$$

en une série qui procède suivant les puissances de m.

Faisons pour plus de simplicité

$$a + bx + cx^2 = p,$$
$$b + 2cx = q,$$

en sorte que la quantité proposée devienne

$$(p + mq\,dx + m^2 c\,dx^2)^r.$$

Je la développe d'abord ainsi

$$(p + mq\,dx)^r + r(p + mq\,dx)^{r-1} cm^2 dx^2 + \frac{r(r-1)}{2}(p + mq\,dx)^{r-2} c^2 m^4 dx^4$$
$$+ \frac{r(r-1)(r-2)}{2.3}(p + mq\,dx)^{r-3} c^3 m^6 dx^6 + \ldots,$$

et il ne s'agira plus que de développer de même les différentes puissances de $p + qm\,dx$.

Supposons qu'on veuille avoir, en général, le terme qui sera affecté de la puissance m^λ, il est clair que si l'on dénote par $A m^\lambda dx^\lambda$ le terme affecté de m^λ dans la puissance $(p + mq\,dx)^r$, par $B m^{\lambda-2} dx^{\lambda-2}$ le terme affecté de $m^{\lambda-2}$ dans la puissance $(p + mq\,dx)^{r-1}$, par $C m^{\lambda-4} dx^{\lambda-4}$ le terme affecté de $m^{\lambda-4}$ dans la puissance $(p + mq\,dx)^{r-2}$, et ainsi de suite, il est clair, dis-je, que le terme affecté de m^λ dans la série précédente sera représenté par

$$\left[A + rBc + \frac{r(r-1)}{2} Cc^2 + \frac{r(r-1)(r-2)}{2.3} Dc^3 + \ldots\right] m^\lambda dx^\lambda;$$

or le terme affecté de m^λ dans la série

$$u + m\,du + \frac{m^2 d^2 u}{2} + \ldots$$

est évidemment

$$\frac{m^\lambda d^\lambda u}{1.2.3\ldots\lambda};$$

ainsi, comparant ces deux termes, on aura

$$d^\lambda u = 1.2.3\ldots\lambda\left[A + rBc + \frac{r(r-1)}{2} Cc^2 + \ldots\right] dx^\lambda,$$

où $u = p^r$.

Mais il est facile de voir que l'on aura

$$A = \frac{r(r-1)(r-2)\ldots(r-\lambda+1)}{1.2.3\ldots\lambda} p^{r-\lambda} q^\lambda,$$

$$B = \frac{(r-1)(r-2)(r-3)\ldots(r-\lambda+2)}{1.2.3\ldots(\lambda-2)} p^{r-\lambda+1} q^{\lambda-2},$$

$$C = \frac{(r-2)(r-3)(r-4)\ldots(r-\lambda+3)}{1.2.3\ldots(\lambda-4)} p^{r-\lambda+2} q^{\lambda-4},$$

$$D = \frac{(r-3)(r-4)(r-5)\ldots(r-\lambda+4)}{1.2.3\ldots(\lambda-6)} p^{r-\lambda+3} q^{\lambda-6},$$

....

Donc, substituant ces valeurs, et faisant attention que

$$\frac{(r-1)(r-2)\ldots(r-\lambda+2)}{1.2\ldots(\lambda-2)} = \frac{r(r-1)(r-2)\ldots(r-\lambda+1)}{1.2.3\ldots\lambda}\,\frac{\lambda(\lambda-1)}{r(r-\lambda+1)},$$

$$\frac{(r-2)(r-3)\ldots(r-\lambda+3)}{1.2.3\ldots(\lambda-4)} = \frac{r(r-1)(r-2)\ldots(r-\lambda+1)}{1.2.3\ldots\lambda}\,\frac{\lambda(\lambda-1)(\lambda-2)(\lambda-3)}{r(r-1)(r-\lambda+1)(r-\lambda+2)},$$

et ainsi de suite, on aura

$$d^\lambda p^r = r(r-1)(r-2)\ldots(r-\lambda+1)p^{r-\lambda}q^\lambda dx^\lambda$$
$$\times\left[1+\frac{\lambda(\lambda-1)}{r-\lambda+1}\frac{cp}{q^2}+\frac{\lambda(\lambda-1)(\lambda-2)(\lambda-3)}{2(r-\lambda+1)(r-\lambda+2)}\frac{c^2p^2}{q^4}\right.$$
$$\left.+\frac{\lambda(\lambda-1)\ldots(\lambda-5)}{2.3.(r-\lambda+1)(r-\lambda+2)(r-\lambda+3)}\frac{c^3p^3}{q^6}+\ldots\right],$$

où

$$p = a + bx + cx^2,$$
$$q = b + 2cx.$$

De là on peut, en changeant λ en $-\lambda$, tirer la valeur de $\int^\lambda p^r dx^\lambda$, et l'on trouvera, d'après ce qui a été remarqué dans le numéro précédent,

$$\int^\lambda p^r dx^\lambda = \frac{p^{r+\lambda}}{(r+1)(r+2)\ldots(r+\lambda)q^\lambda}$$
$$\times\left[1+\frac{\lambda(\lambda+1)}{r+\lambda+1}\frac{cp}{q^2}+\frac{\lambda(\lambda+1)(\lambda+2)(\lambda+3)}{2(r+\lambda+1)(r+\lambda+2)}\frac{c^2p^2}{q^4}\right.$$
$$\left.+\frac{\lambda(\lambda+1)\ldots(\lambda+5)}{2.3.(r+\lambda+1)(r+\lambda+2)(r+\lambda+3)}\frac{c^3p^3}{q^6}+\ldots\right].$$

Ainsi, faisant $\lambda = 1$, on aura

$$\int p^r dx = \frac{p^{r+1}}{(r+1)q}\left[1+\frac{2cp}{(r+2)q^2}+\frac{3.4.c^2p^2}{(r+2)(r+3)q^4}\right.$$
$$\left.+\frac{4.5.6.c^3p^3}{(r+2)(r+3)(r+4)q^6}+\ldots\right],$$

ce qu'on peut aisément vérifier par la différentiation.

Si dans l'expression précédente on fait $2c = k$, on aura plus simplement

$$\int p^r dx = \frac{p^{r+1}}{(r+1)q}+\frac{kp^{r+2}}{(r+1)(r+2)q^3}+\frac{1.3.k^2p^{r+3}}{(r+1)(r+2)(r+3)q^5}$$
$$+\frac{1.3.5.k^3p^{r+4}}{(r+1)(r+2)(r+3)(r+4)q^7}+\ldots,$$

et l'on reconnaîtra facilement la vérité de cette formule en remarquant que $dp = q\,dx$ et $dq = k\,dx$.

21. On peut encore trouver une autre expression de $d^\lambda u$, laquelle reviendra au même pour le fond, mais qui pourra être regardée comme plus simple pour la forme.

Pour cela je reprends la quantité

$$(p + mq\,dx + m^2 c\,dx^2)^r,$$

dont il s'agit de trouver le terme affecté de m^λ, et je fais pour un moment $dx = 2p\,dt$; elle deviendra

$$p^r(1 + 2mq\,dt + 4m^2 pc\,dt^2)^r;$$

je considère maintenant que

$$4pc - q^2 = 4c(a + bx + cx^2) - (b + 2cx)^2 = 4ca - b^2;$$

d'où il s'ensuit que si l'on fait, pour abréger,

$$4ca - b^2 = h,$$

on aura $4pc = h + q^2$, ce qui réduira l'expression précédente à celle-ci

$$p^r[(1 + mq\,dt)^2 + m^2 h\,dt^2]^r.$$

Or la quantité

$$[(1 + mq\,dt)^2 + m^2 h\,dt^2]^r$$

se développe d'abord en cette série

$$(1 + mq\,dt)^{2r} + r(1 + mq\,dt)^{2r-2} hm^2 dt^2 + \frac{r(r-1)}{2}(1 + mq\,dt)^{2r-4} h^2 m^4 dt^4$$
$$+ \frac{r(r-1)(r-2)}{2.3}(1 + mq\,dt)^{2r-6} h^3 m^6 dt^6 + \ldots;$$

ensuite, développant encore chaque puissance de $1 + mq\,dt$, on trouvera que le terme affecté de m^λ sera représenté par la série

$$\frac{2r(2r-1)(2r-2)\ldots(2r-\lambda+1)}{1.2.3\ldots\lambda} m^\lambda q^\lambda dt^\lambda$$
$$+ r\frac{(2r-2)(2r-3)\ldots(2r-\lambda+1)}{1.2.3\ldots(\lambda-2)} m^\lambda q^{\lambda-2} h\,dt^\lambda$$
$$+ \frac{r(r-1)}{2}\frac{(2r-4)(2r-5)\ldots(2r-\lambda+1)}{1.2.3\ldots(\lambda-4)} m^\lambda q^{\lambda-4} h^2 dt^\lambda$$

....,

Ainsi cette série, multipliée par p^r, sera égale au terme

$$\frac{m^\lambda d^\lambda u}{1.2.3\ldots\lambda},$$

de sorte qu'on aura, en remettant $\frac{dx}{2p}$ à la place de dt et p^r à la place de u,

$$\begin{aligned} d^\lambda p^r = 2r(2r-1)(2r-2)\ldots(2r-\lambda+1)\left(\frac{q}{2}\right)^\lambda p^{r-\lambda}dx^\lambda \\ \times\Bigg[1 + r\frac{\lambda(\lambda-1)}{2r(2r-1)}\frac{h}{q^2} + \frac{r(r-1)}{2}\frac{\lambda(\lambda-1)(\lambda-2)(\lambda-3)}{2r(2r-1)(2r-2)(2r-3)}\frac{h^2}{q^4} \\ + \frac{r(r-1)(r-2)}{2.3}\frac{\lambda(\lambda-1)\ldots(\lambda-5)}{2r(2r-1)\ldots(2r-5)}\frac{h^3}{q^6}+\ldots\Bigg]. \end{aligned}$$

Si dans cette formule on fait

$$r = -\frac{1}{2} \quad \text{et} \quad p = 1 - x^2,$$

par conséquent

$$a = 1, \quad b = 0, \quad c = -1, \quad q = -2x, \quad h = -4,$$

on aura

$$\begin{aligned} d^\lambda\frac{1}{\sqrt{1-x^2}} = \frac{1.2.3\ldots\lambda.x^\lambda dx^\lambda}{(1-x^2)^{\lambda+\frac{1}{2}}} \\ \times\Bigg[1 + \frac{1}{2}\frac{\lambda(\lambda-1)}{1.2.x^2} + \frac{1.3}{2.4}\frac{\lambda(\lambda-1)(\lambda-2)(\lambda-3)}{1.2.3.4.x^4} \\ + \frac{1.3.5}{2.4.6}\frac{\lambda(\lambda-1)\ldots(\lambda-5)}{1.2\ldots6.x^6}+\ldots\Bigg]. \end{aligned}$$

C'est la formule que M. Euler a trouvée par induction dans ses *Institutions du Calcul différentiel.*

On peut aussi, dans la formule générale ci-dessus, faire λ négatif, et l'on aura alors, comme dans le numéro précédent,

$$\begin{aligned} \int^\lambda p^r dx^\lambda = \frac{p^{r+\lambda}}{(2r+1)(2r+2)\ldots(2r+\lambda)\left(\frac{q}{2}\right)^\lambda} \\ \times\Bigg[1 + r\frac{\lambda(\lambda+1)}{2r(2r-1)}\frac{h}{q^2} + \frac{r(r-1)}{2}\frac{\lambda(\lambda+1)(\lambda+2)(\lambda+3)}{2r(2r-1)(2r-2)(2r-3)}\frac{h^2}{q^4} \\ + \frac{r(r-1)(r-2)}{2.3}\frac{\lambda(\lambda+1)(\lambda+2)\ldots(\lambda+5)}{2r(2r-1)(2r-2)\ldots(2r-5)}\frac{h^3}{q^6}+\ldots\Bigg]. \end{aligned}$$

Ainsi, faisant $\lambda = 1$, on aura

$$\int p^r dx = \frac{2p^{r+1}}{(2r+1)q}\left[1 + \frac{h}{(2r-1)q^2} + \frac{3h^2}{(2r-1)(2r-3)q^4} + \frac{3.5.h^3}{(2r-1)(2r-3)(2r-5)q^6} + \ldots\right].$$

Au reste, ces formules pour les intégrations sont en quelque sorte plus curieuses qu'utiles, parce qu'elles ont toujours l'inconvénient d'aller à l'infini, même quand l'intégrale peut être exprimée d'une manière finie; mais elles n'en sont pas moins remarquables, puisqu'elles servent à montrer de plus en plus l'analogie qu'il y a entre les différentiations et les intégrations.

22. Soit à présent u une fonction de x et y, et supposons par exemple $u = xy$, on aura donc (18)

$$\begin{aligned}
u &+ m\,du + \frac{m^2 d^2 u}{2} + \frac{m^3 d^3 u}{2.3} + \ldots \\
&= \left(x + m\,dx + \frac{m^2 d^2 x}{2} + \frac{m^3 d^3 x}{2.3} + \ldots\right)\left(y + m\,dy + \frac{m^2 d^2 y}{2} + \frac{m^3 d^3 y}{2.3} + \ldots\right) \\
&= xy + m(x\,dy + y\,dx) + m^2\left(\frac{x\,d^2 y}{2} + dx\,dy + \frac{y\,d^2 x}{2}\right) \\
&\quad + m^3\left(\frac{x\,d^3 y}{1.2.3} + \frac{dx\,d^2 y}{1 \times 1.2} + \frac{dy\,d^2 x}{1 \times 1.2} + \frac{y\,d^3 x}{1.2.3}\right) + \ldots.
\end{aligned}$$

Donc, comparant les termes affectés des mêmes puissances de m, on aura

$$\begin{aligned}
u &= xy, \\
du &= x\,dy + y\,dx, \\
d^2 u &= x\,d^2 y + 2\,dx\,dy + y\,d^2 x, \\
d^3 u &= x\,d^3 y + 3\,dx\,d^2 y + 3\,dy\,d^2 x + y\,d^3 x, \\
&\ldots\ldots\ldots\ldots\ldots\ldots\ldots\ldots\ldots\ldots,
\end{aligned}$$

et, en général,

$$d^\lambda u = y\,d^\lambda x + \lambda\,dy\,d^{\lambda-1} x + \frac{\lambda(\lambda-1)}{2} d^2 y\,d^{\lambda-2} x + \frac{\lambda(\lambda-1)(\lambda-2)}{2.3} d^3 y\,d^{\lambda-3} x + \ldots;$$

c'est la série que Leibnitz a donnée dans le tome cité des *Miscellanea Berolinensia*.

Si dans cette série on fait λ négatif, c'est-à-dire qu'on y mette $-\lambda$ à la place de λ, et qu'on change en conséquence les différences dont l'exposant sera négatif en intégrales du même ordre, on aura

$$\int^{\lambda} u = y\int^{\lambda} x - \lambda dy\int^{\lambda+1} x + \frac{\lambda(\lambda+1)}{2} d^2y\int^{\lambda+2} x - \frac{\lambda(\lambda+1)(\lambda+2)}{2.3} d^3y\int^{\lambda+3} x + \ldots;$$

or si l'on suppose, ce qui est permis, que la différentielle dx soit constante, on aura

$$\int x = \frac{x^2}{2dx}, \quad \int^2 x = \frac{x^3}{2.3.dx^2},$$

et, en général,

$$\int^{\mu} x = \frac{x^{\mu+1}}{2.3.4\ldots(\mu+1)\,dx^{\mu}};$$

donc substituant ces valeurs dans l'équation précédente, et la multipliant toute par dx^{λ}, elle deviendra

$$\int^{\lambda} u\,dx^{\lambda} = \frac{x^{\lambda+1}y}{2.3\ldots(\lambda+1)} - \frac{\lambda x^{\lambda+2}dy}{2.3\ldots(\lambda+2)\,dx} + \frac{\lambda(\lambda+1)\,x^{\lambda+3}d^2y}{2\times 2.3\ldots(\lambda+3)\,dx^2} - \ldots.$$

Si dans la formule ci-dessus on met dx à la place de x, en sorte que $u = y\,dx$, il faudra mettre $\int^{\lambda} dx = \int^{\lambda-1} x$ à la place de $\int^{\lambda} x$, et ainsi des autres, et l'on aura

$$\int^{\lambda} y\,dx = y\int^{\lambda-1} x - \lambda\,dy\int^{\lambda} x + \frac{\lambda(\lambda+1)}{2} d^2y\int^{\lambda+1} x - \ldots,$$

ou bien, en substituant les valeurs de $\int^{\lambda-1} x, \int^{\lambda} x, \ldots$, et multipliant toute l'équation par $dx^{\lambda-1}$,

$$\int^{\lambda} y\,dx^{\lambda} = \frac{x^{\lambda}y}{2.3\ldots\lambda} - \frac{\lambda\,x^{\lambda+1}dy}{2.3\ldots(\lambda+1)\,dx} + \frac{\lambda(\lambda+1)}{2}\,\frac{x^{\lambda+2}d^2y}{2.3\ldots(\lambda+2)\,dx^2} - \ldots.$$

Si $\lambda = 1$, on aura donc

$$\int y\,dx = xy - \frac{x^2\,dy}{2\,dx} + \frac{x^3\,d^2y}{2.3.dx^2} - \ldots;$$

c'est la série que M. Jean Bernoulli a donnée dans les *Actes de Leipsick* de 1694.

SUR LA

FORME DES RACINES IMAGINAIRES

DES ÉQUATIONS.

SUR LA

FORME DES RACINES IMAGINAIRES

DES ÉQUATIONS.

(*Nouveaux Mémoires de l'Académie royale des Sciences et Belles-Lettres de Berlin*, année 1772.)

Il semble que les Analystes aient toujours regardé comme vraie cette proposition, que toutes les racines imaginaires des équations peuvent se réduire à la forme

$$A + B\sqrt{-1},$$

A et B étant des quantités réelles; mais ce n'est que dans ces derniers temps qu'on est parvenu à la démontrer d'une manière rigoureuse et générale.

La première démonstration qu'on ait donnée de ce beau Théorème est celle qui se trouve dans les *Mémoires* de cette Académie pour l'année 1746, et qui est due à M. d'Alembert. Cette démonstration est très-ingénieuse et ne laisse, ce me semble, rien à désirer du côté de l'exactitude; mais elle est indirecte, étant tirée de la considération des courbes et des suites infinies, et elle porte naturellement à croire qu'on peut arriver au même but par une analyse plus simple, fondée uniquement sur la théorie des équations. En effet, comme le radical imaginaire $\sqrt{-1}$ peut avoir indifféremment le signe + ou −, il est clair que s'il y a dans une équation quelconque une racine qui soit représentée par $A + B\sqrt{-1}$, il devra y en avoir en même temps une autre qui le soit par $A - B\sqrt{-1}$; ainsi chaque facteur imaginaire tel que $x - A - B\sqrt{-1}$ sera toujours accompagné du facteur correspondant $x - A + B\sqrt{-1}$, en sorte que le produit de ces facteurs sera

$$x^2 - 2Ax + A^2 + B^2,$$

qui est un facteur du second degré tout réel.

D'où il suit que toute équation pourra se décomposer en des facteurs réels du premier ou du second degré. Or cette proposition paraît de nature à pouvoir être démontrée par les seuls principes de la théorie des équations, et il est clair qu'il suffit pour cela de prouver que toute équation d'un degré plus haut que le second peut toujours se partager en deux autres équations dont les coefficients soient des quantités réelles. C'est l'objet que M. Euler s'est proposé dans les savantes recherches qu'il a données, dans les *Mémoires* de 1749, sur les racines imaginaires des équations. Il y considère séparément le cas où l'exposant de l'équation est une puissance de 2, et celui où cet exposant est une puissance de 2 multipliée par un nombre quelconque impair; et dans ce dernier cas il trouve que toute équation du degré $2^n m$ (m étant un nombre impair) peut être divisée par une équation du degré 2^n dont le coefficient du second terme soit déterminé par une équation d'un degré impair, laquelle aura par conséquent toujours une racine réelle. De là M. Euler conclut d'abord que les coefficients des autres termes auront aussi des valeurs réelles, parce qu'il suppose qu'en éliminant successivement les puissances de ces coefficients plus hautes que la première, à l'aide des différentes équations de condition qu'on aura entre tous les coefficients, on puisse toujours parvenir à déterminer les coefficients dont il s'agit par des fonctions rationnelles de celui du second terme. Cette réduction paraît en effet toujours possible en général; il se trouve néanmoins des cas particuliers où elle ne saurait avoir lieu, et dans lesquels par conséquent la démonstration de M. Euler sera insuffisante; mais cette démonstration est surtout insuffisante à l'égard du premier cas, où le degré de l'équation proposée est supposé être une puissance de 2.

La résolution de ce cas paraît d'abord beaucoup plus difficile; car lorsqu'on cherche à diviser une équation du degré 2^n par une autre équation d'un degré inférieur quelconque, on parvient toujours à des équations de degrés pairs pour la détermination de ses coefficients; de sorte que pour pouvoir s'assurer que l'un de ces coefficients sera réel il faut que l'équation dont il dépend ait son dernier terme négatif. Quand on décompose une équation du quatrième degré, dont le second terme est évanoui, en deux autres du second degré suivant la méthode de Descartes, on trouve que les coefficients des seconds termes de ces diviseurs sont donnés par une équation du sixième degré, dont le dernier terme est essentiellement négatif, étant égal à un carré affecté du signe —. Cette observation a porté M. Euler à penser que la même chose pourrait avoir lieu dans toute équation dont le degré sera une puissance de 2, et où le second terme sera pareillement évanoui, lorsqu'on cherchera à la décomposer en deux autres d'un degré moindre de la moitié. M. Euler tâche de démontrer, par la nature même des racines de l'équation qui doit servir à déterminer les coefficients des seconds termes de ces diviseurs, que cette équation aura toujours pour dernier terme un carré avec le signe négatif; mais il faut avouer que son raisonnement est peu concluant, ainsi que M. le chevalier de Foncenex l'a déjà remarqué dans le premier volume des *Miscellanea Taurinensia*, et comme nous le montrerons encore avec plus de détail dans ce Mémoire.

Cette raison a même engagé l'habile Géomètre dont nous venons de parler à prendre un autre chemin pour parvenir à une démonstration exacte du même Théorème, et l'on ne saurait disconvenir que celle qu'il a donnée dans le volume cité n'ait l'avantage de l'élégance et de la simplicité; mais, d'un autre côté, elle est aussi sujette à quelques-unes des difficultés qui ont lieu dans celle de M. Euler, et qui viennent de ce qu'on y suppose faussement que dès que l'un des coefficients d'un diviseur d'une équation quelconque est réel, tous les autres doivent l'être aussi.

Il paraît donc, par tout ce que nous venons de dire, que le Théorème dont il s'agit n'a pas encore été démontré d'une manière aussi directe et aussi rigoureuse qu'on pourrait le désirer. Comme je me suis depuis quelque temps particulièrement appliqué à perfectionner la théorie des équations, j'ai cru devoir aussi m'attacher à la discussion d'un point si important de cette théorie : c'est l'objet que je me suis proposé dans ce Mémoire. En suppléant à ce qui manque à la démonstration de M. Euler, je tâcherai de faire en sorte qu'il ne reste plus de difficulté ni d'incertitude sur cette matière.

1. On sait que toute équation d'un degré impair a nécessairement une racine réelle positive si son dernier terme est négatif, ou une racine réelle négative si son dernier terme est positif, et de plus que toute équation d'un degré pair a nécessairement deux racines réelles, l'une positive et l'autre négative, lorsque son dernier terme est négatif.

Ces Théorèmes sont si connus, que nous ne croyons pas devoir nous arrêter à les démontrer; il est vrai que la démonstration qu'on en donne ordinairement est peu naturelle, étant tirée de la considération des lignes courbes; mais nous en avons donné ailleurs une plus directe, déduite des seuls principes de la composition des équations [*voyez* les *Mémoires* pour l'année 1767 (*)].

Hors les cas précédents on n'a point encore de caractère général par lequel on puisse reconnaître *à priori* si une équation a des racines réelles ou non. Nous nous proposons de donner dans une autre occasion nos recherches sur ce point, qu'on peut regarder comme un des plus importants de la théorie des équations.

2. Cela posé, il est d'abord clair que toute équation d'un degré impair telle que

$$x^{2m+1} - Ax^{2m} + Bx^{2m-1} - Cx^{2m-2} + \ldots - K = 0$$

pourra s'abaisser à un degré moindre d'une unité, c'est-à-dire au degré pair immédiatement inférieur.

Car, comme on est assuré que cette équation doit avoir une racine

(*) *OEuvres de Lagrange,* t. II, p. 541.

réelle, si l'on dénote cette racine par a, on aura

$$a^{2m+1} - Aa^{2m} + Ba^{2m-1} - Ca^{2m-2} + \ldots - K = 0,$$

donc

$$K = a^{2m+1} - Aa^{2m} + Ba^{2m-1} - Ca^{2m-2} + \ldots,$$

ce qui étant substitué dans l'équation précédente, on aura celle-ci

$$(x^{2m+1} - a^{2m+1}) - A(x^{2m} - a^{2m}) + B(x^{2m-1} - a^{2m-1}) - C(x^{2m-2} - a^{2m-2}) + \ldots = 0,$$

laquelle se décompose naturellement en ces deux-ci

$$x - a = 0,$$

$$x^{2m} + (a - A)x^{2m-1} + (a^2 - Aa + B)x^{2m-2} + (a^3 - Aa^2 + Ba - C)x^{2m-3} + \ldots = 0.$$

Ainsi il suffira de considérer les équations de degrés pairs.

3. Soit donc proposée l'équation générale

$$x^m - Ax^{m-1} + Bx^{m-2} - Cx^{m-3} + \ldots + K = 0;$$

il s'agit de prouver que cette équation, lorsque m est un nombre pair plus grand que 2, peut toujours se décomposer en deux autres équations dont les coefficients soient des quantités réelles.

Supposons que

$$x^n - Mx^{n-1} + Nx^{n-2} - Px^{n-3} + \ldots + V = 0$$

soit un des facteurs de l'équation dont il s'agit; l'autre facteur sera de la forme

$$x^{m-n} - M'x^{m-n-1} + N'x^{m-n-2} - P'x^{m-n-3} + \ldots = 0,$$

et pour déterminer les coefficients M, N, P,..., M', N', P',..., qui sont au nombre de m, il n'y aura qu'à multiplier ces deux facteurs ensemble, et égaler ensuite chaque terme du produit au terme de l'équation proposée dans lequel x aura le même exposant; on aura par là m équations qui serviront à déterminer tous les coefficients inconnus des facteurs supposés.

On peut aussi considérer simplement le facteur

$$x^n - Mx^{n-1} + Nx^{n-2} - Px^{n-3} + \ldots,$$

et remarquer que, comme il doit diviser exactement l'équation proposée, si l'on fait la division à la manière ordinaire et qu'on la pousse jusqu'à ce qu'on parvienne à un reste où l'inconnue x monte à des puissances moindres que x^n, et qui par conséquent ne puisse plus donner des puissances entières de x dans le quotient, ce reste devra être nul de lui-même, et indépendamment de la valeur de x; de sorte que, désignant ce reste par

$$\mu x^{n-1} + \nu x^{n-2} + \varpi x^{n-3} + \ldots + \upsilon,$$

il faudra qu'on ait à la fois les équations

$$\mu = 0, \quad \nu = 0, \quad \varpi = 0, \ldots, \quad \upsilon = 0,$$

lesquelles, étant au nombre de n, serviront à déterminer les n coefficients indéterminés M, N, P,..., V du facteur proposé.

4. Telles sont les méthodes qui se présentent naturellement pour décomposer une équation quelconque en deux autres de degrés inférieurs; mais pour notre objet il n'est pas nécessaire d'exécuter cette décomposition, il suffit de faire voir qu'elle est possible sans tomber dans des quantités imaginaires.

Or si l'on suppose que dans les équations qui renferment les indéterminées M, N, P,... on élimine toutes ces indéterminées hors une quelconque, par exemple M, on aura une équation finale en M qui montera à un degré d'autant plus élevé que le nombre de ces équations sera plus grand, et la question se réduira à savoir : 1° si cette équation aura au moins une racine réelle; 2° si les valeurs des autres indéterminées N, P,... correspondantes à cette racine seront réelles aussi.

5. Quant à la première condition, on ne peut être assuré de son existence que lorsque l'équation finale sera d'un degré impair, ou d'un degré pair, mais avec le dernier terme négatif (1). A l'égard de la seconde, elle paraît d'abord une suite nécessaire de la première; car, comme on a entre les indéterminées M, N, P, Q,... autant d'équations qu'il y a de ces indéterminées, il semble qu'on puisse toujours par les méthodes ordinaires

de l'élimination parvenir à exprimer, par des fonctions rationnelles d'une quelconque de ces indéterminées, les valeurs de toutes les autres; auquel cas il est clair que les valeurs de celles-ci seront nécessairement réelles dès que la valeur de celle-là sera réelle.

C'est en effet ce que la plupart des Analystes ont toujours supposé, et sur quoi M. Euler et M. le chevalier de Foncenex ont fondé principalement leurs démonstrations du Théorème dont il s'agit. Mais quoique cette proposition soit vraie, en général, il se trouve cependant des cas où elle devient absolument fausse, comme nous l'avons déjà fait voir dans le n° **102** de nos *Réflexions sur la résolution algébrique des équations* (*).

Supposons en effet qu'on soit parvenu par des éliminations réitérées à une équation entre les indéterminées M et N de la forme

$$PN - Q = 0,$$

P et Q étant des fonctions rationnelles de M; on aura donc par là $N = \frac{Q}{P}$, en sorte que N sera toujours réelle dès que M le sera; mais s'il arrive que la valeur réelle de M soit telle, que les quantités P et Q s'évanouissent à la fois, on aura $N = \frac{0}{0}$, ce qui ne fera rien connaître; dans ce cas il sera donc douteux si à la valeur réelle de M répond une valeur réelle de N ou non; en effet, l'expression indéterminée qu'on trouve pour N est une marque que cette quantité ne peut pas être donnée simplement par une équation du premier degré, mais qu'elle doit dépendre d'une équation d'un degré supérieur, en sorte qu'à la même valeur de M puissent répondre différentes valeurs de N.

6. Pour éclaircir ceci par un Exemple, je suppose qu'on ait l'équation du quatrième degré

$$x^4 - Ax^3 + Bx^2 - Cx + D = 0,$$

et qu'on veuille la décomposer en deux du second degré, représentées par

$$x^2 - Mx + N = 0,$$
$$x^2 - M'x + N' = 0;$$

(*) *OEuvres de Lagrange*, t. III, p. 381.

on trouvera, en comparant le produit de ces deux-ci terme à terme avec celle-là, ces quatre équations

$$M + M' = A,$$
$$MM' + N + N' = B,$$
$$MN' + NM' = C,$$
$$NN' = D.$$

La première et la dernière donnent d'abord

$$M' = A - M,$$
$$N' = \frac{D}{N},$$

et ces valeurs étant substituées dans les deux autres, on aura

$$M(A - M) + N + \frac{D}{N} = B,$$
$$\frac{MD}{N} + N(A - M) = C,$$

lesquelles serviront à déterminer M et N.

Supposons qu'on veuille exprimer N par M, on multipliera la première par M, et on en retranchera la seconde, ce qui donnera

$$M^2(A - M) + 2MN - AN = BM - C,$$

d'où l'on tire

$$N = \frac{C - BM + AM^2 - M^3}{A - 2M},$$

et cette valeur de N, étant substituée dans l'une quelconque des deux équations précédentes, donnera une équation finale en M qui montera au sixième degré.

Maintenant je remarque que si l'une des racines de cette équation se trouve égale à $\frac{A}{2}$, et qu'on ait en même temps $C = \frac{AB}{2} - \frac{A^3}{8}$, cette valeur de M donnera $N = \frac{0}{0}$; et pour trouver la véritable valeur de N dans ce cas il faudra reprendre les équations où N montait au second degré, lesquelles, en y faisant

$$M = \frac{A}{2} \quad \text{et} \quad C = \frac{AB}{2} - \frac{A^3}{8},$$

se réduiront à cette équation unique

$$N + \frac{D}{N} = B - \frac{A^2}{4},$$

savoir

$$N^2 + \left(\frac{A^2}{4} - B\right) N + D = 0,$$

laquelle est, comme on voit, du second degré, et donnera par conséquent deux valeurs différentes de N répondantes à la même valeur de $M = \frac{A}{2}$.

D'où l'on voit qu'il ne suffit pas d'être assuré que l'équation en M a nécessairement une racine réelle, pour pouvoir l'être aussi que le facteur

$$x^2 - Mx + N = 0$$

sera réel, puisqu'il peut arriver que le coefficient N soit imaginaire, ce qui aura lieu dans le cas que nous venons d'examiner si

$$\left(\frac{A^2}{4} - B\right)^2 - 4D < 0.$$

7. Au reste, il est bon de remarquer que la valeur $\frac{A}{2}$ de M sera nécessairement une racine double de l'équation en M; c'est de quoi on peut se convaincre *à priori* par cette considération que, comme les deux facteurs

$$x^2 - Mx + N = 0, \quad x^2 - M'x + N' = 0$$

sont semblables, les coefficients correspondants M et M' doivent être les racines d'une même équation, ainsi que les coefficients N et N'; ce qui est d'ailleurs évident par les équations mêmes qui servent à déterminer ces quatre quantités, et qui sont telles, qu'elles demeurent les mêmes en y changeant M en M' et N en N'. Ainsi, comme on a trouvé $M' = A - M$, il s'ensuit que l'équation en M devra être telle, que si M est une de ses racines, $A-M$ en soit une aussi; donc lorsque $M=\frac{A}{2}$, les deux racines M et $A-M$ deviendront égales.

On peut encore prouver la même chose par la nature même de l'équation en M; car pour avoir cette équation il n'y aura, comme nous l'avons dit, qu'à substituer l'expression générale de N trouvée ci-dessus, et que nous désignerons, pour plus de simplicité, par $\frac{Q}{P}$, dans l'équation

$$M(A-M)+N+\frac{D}{N}=B,$$

ce qui donnera, en ôtant les fractions,

$$Q^2-(B-AM+M^2)QP+DP^2=0,$$

où

$$P=A-2M \quad \text{et} \quad Q=C-BM+AM^2-M^3.$$

Maintenant il est clair que si l'on a en même temps $P=0$ et $Q=0$, non-seulement l'équation précédente aura lieu elle-même, mais aussi sa différentielle, qui sera

$$2QdQ+(A-2M)QPdM-(B-AM+M^2)(QdP+PdQ)+2DPdP=0;$$

d'où il s'ensuit que la racine $M=\frac{A}{2}$ sera nécessairement une racine double.

8. Comme la voie de l'élimination est très-longue, et que d'ailleurs elle ne pourrait jamais conduire qu'à des résultats particuliers, il faudra tâcher de découvrir *à priori* le degré et la nature de l'équation par laquelle la quantité M devra être déterminée, ainsi que la nature des fonctions qui exprimeront les valeurs des autres quantités N, P, Q,... en M.

Pour cela on considérera que, puisque l'équation

$$x^n-Mx^{n-1}+Nx^{n-2}-\ldots=0$$

est supposée être un facteur de l'équation proposée

$$x^m-Ax^{m-1}+Bx^{m-2}-Cx^{m-3}+\ldots=0,$$

il faudra qu'elle soit formée du produit de n facteurs simples pris parmi les m facteurs simples de celle-ci; de sorte que comme le nombre des manières différentes de prendre n choses parmi un nombre de choses égal à m est exprimé, suivant la théorie des combinaisons, par la formule

$$\frac{m(m-1)(m-2)\ldots(m-n+1)}{1.2.3\ldots n},$$

il s'ensuit que l'équation proposée admettra un pareil nombre de diviseurs de la forme

$$x^n - Mx^{n-1} + Nx^{n-2} - \ldots = 0,$$

et qu'ainsi chaque coefficient M, N,... sera susceptible d'autant de valeurs différentes, et par conséquent devra être déterminé par une équation d'un degré marqué par la même formule.

9. Cette proposition est connue depuis longtemps des Géomètres, et l'on a coutume de la prouver par un raisonnement semblable à celui que nous venons de faire; mais il est facile de voir que cette preuve est sujette à quelques difficultés. Car, quoiqu'il soit démontré qu'une équation du degré m peut avoir autant de différents diviseurs du degré n qu'il y a de manières de combiner m choses n à n, et qu'en même temps il paraisse hors de doute que les coefficients analogues de ces différents diviseurs doivent être donnés par une même équation dont ils seront les racines, cependant il n'est pas évident que cette équation ne pourra avoir d'autres racines, puisqu'il arrive le plus souvent que les équations qu'on trouve pour la solution des Problèmes tant algébriques que géométriques renferment bien des racines inutiles, outre celles qui servent à la résolution cherchée.

C'est pourquoi il semble qu'on ne saurait, à proprement parler, conclure autre chose du raisonnement ci-dessus, sinon que l'équation qui doit donner la valeur de chaque coefficient du diviseur cherché ne peut être d'un degré moindre que celui qu'on a assigné, sans qu'on soit en droit de prononcer qu'elle ne peut pas être non plus d'un degré plus haut.

Si l'on joint cette objection à celles que M. d'Alembert a déjà proposées dans le premier volume de ses *Opuscules*, page 227, on conviendra aisément que la proposition dont il s'agit, sur le degré de l'équation par laquelle chaque coefficient M, N,... doit être déterminé, ne peut être admise sans une démonstration rigoureuse; mais nous nous contenterons ici de renvoyer pour cet objet à la Section IV de nos *Réflexions sur la résolution des équations* citées ci-dessus, où nous avons démontré cette proposition d'une manière qui ne laisse rien à désirer du côté de l'exactitude et de la généralité.

10. La question se réduit donc maintenant à voir si, en supposant que m soit un nombre quelconque pair donné, on peut toujours prendre le nombre n moindre que m, et tel, que le nombre

$$\frac{m(m-1)(m-2)\ldots(m-n+1)}{1.2.3\ldots n},$$

qu'on sait devoir être toujours entier, soit en même temps un nombre impair.

Il est d'abord visible que si m est un nombre impairement pair en sorte que $m=2i$, i étant un nombre impair autre que l'unité, il n'y aura qu'à prendre $n=2$, ce qui donnera la formule

$$\frac{2i(2i-1)}{1.2}=i(2i-1),$$

laquelle, à cause de i et de $2i-1$ impairs, représentera nécessairement un nombre impair. Si $m=4i$, en supposant toujours i impair, on fera $n=4$, ce qui donnera la formule

$$\frac{4i(4i-1)(4i-2)(4i-3)}{1.2.3.4}=\frac{i(4i-1)(2i-1)(4i-3)}{1.3},$$

laquelle représentera nécessairement un nombre impair, à cause que i, $4i-1$, $2i-1$ et $4i-3$ sont tous impairs.

On prouvera de même que, si $m=8i$ et qu'on prenne $n=8$, on aura une formule qui ne donnera que des nombres impairs, et ainsi de suite d'où l'on conclura, en général, que si $m = 2^r i$, i étant un nombre impair autre que l'unité, et qu'on prenne $n = 2^r$, la formule

$$\frac{m(m-1)(m-2)(m-3)\ldots(m-n+1)}{1.2.3.4\ldots n}$$

représentera nécessairement des nombres impairs.

En effet il est clair qu'elle deviendra dans ce cas, en écrivant le dénominateur à rebours,

$$\frac{2^r i(2^r i-1)(2^r i-2)(2^r i-3)(2^r i-4)\ldots(2^r i-2^r+1)}{2^r(2^r-1)(2^r-2)(2^r-3)(2^r-4)\ldots 1},$$

c'est-à-dire, en divisant les facteurs correspondants du numérateur et du dénominateur autant de fois par 2 qu'il est possible,

$$\frac{i(2^r i-1)(2^{r-1} i-1)(2^r i-3)(2^{r-2} i-1)\ldots(2^r i-2^r+1)}{(2^r-1)(2^{r-1}-1)(2^r-3)(2^{r-2}-1)\ldots 1},$$

où l'on voit que le numérateur et le dénominateur ne renferment plus que des facteurs impairs; de sorte que, la division faite, on aura nécessairement un quotient qui sera un nombre impair.

11. Il est donc démontré que toute équation d'un degré pair $2^r i$ (i étant un nombre quelconque impair autre que l'unité) peut être divisée par une équation du degré inférieur 2^r, dont chaque coefficient sera déterminé par une équation d'un degré impair; de sorte qu'on sera d'abord assuré qu'un quelconque de ces coefficients aura une valeur réelle, et qu'il ne restera plus qu'à prouver que les autres devront aussi avoir des valeurs réelles; car quoique chaque coefficient en particulier puisse avoir une valeur réelle, étant donné par une équation de degré impair, cependant on n'en saurait conclure que tous les coefficients auront à la fois des valeurs réelles, puisqu'il n'est pas démontré que les valeurs réelles que ces coefficients doivent avoir soient précisément celles qui se correspondent et qui peuvent avoir lieu en même temps.

Or nous avons déjà fait voir plus haut que, dès que l'un des coefficients est supposé connu, on peut toujours exprimer tous les autres par des fonctions rationnelles de celui-là, à l'exception de quelques cas particuliers où il arrive que la détermination de ces coefficients demande encore la résolution d'une équation de deux ou de plusieurs dimensions; ainsi tout se réduit à déterminer *à priori* quels sont ces cas, et quel est le degré de l'équation qu'on a alors à résoudre.

12. Cette question dépend de celle dont nous avons donné la solution ailleurs [*Réflexions sur la résolution des équations*, Section IV, n° 100 (*)], et qui consiste à trouver la valeur d'une fonction quelconque des racines d'une équation donnée, lorsqu'on connaît déjà celle d'une autre fonction quelconque des mêmes racines. Car il est visible que les coefficients M, N,... du diviseur

$$x^n - Mx^{n-1} + Nx^{n-2} - Px^{n-3} + \ldots = 0$$

sont des fonctions des racines de l'équation proposée

$$x^m - Ax^{m-1} + Bx^{m-2} - Cx^{m-3} + \ldots = 0,$$

et il est facile de conclure de ce que nous avons dit dans le n° 7, que le coefficient M en particulier sera égal à la somme de n quelconques des m racines de la proposée, que le coefficient N sera égal à la somme des produits deux à deux de ces n racines, que le coefficient P sera égal à la somme de leurs produits trois à trois, et ainsi de suite.

13. En appliquant donc à ce cas notre solution générale, on verra qu'on peut toujours exprimer par des fonctions rationnelles d'un quelconque des coefficients M, N, P,... la valeur de chacun des autres, excepté les seuls cas où, l'équation par laquelle ce coefficient-là doit être déterminé ayant des racines égales, on voudra prendre précisément une de ces racines pour sa valeur.

Alors chacun des autres coefficients devra nécessairement être déterminé par une équation dont le degré sera égal au nombre de ces racines égales, et dont les coefficients seront des fonctions rationnelles du même coefficient, qu'on suppose connu.

(*) *OEuvres de Lagrange*, t. III, p. 374.

De là il s'ensuit :

1° Que si la valeur réelle que doit avoir nécessairement un quelconque des coefficients M, N, P,..., dans le cas du n° **10**, est une racine inégale de l'équation par laquelle ce coefficient doit être déterminé, on sera assuré que tous les autres coefficients auront aussi nécessairement des valeurs réelles ;

2° Que si cette valeur est une racine égale de la même équation, alors pourvu que l'exposant de l'égalité soit impair, c'est-à-dire que ce soit une racine triple, ou quintuple, ou, etc., on sera aussi assuré que les autres coefficients auront des valeurs réelles, puisqu'ils dépendront d'équations de degrés impairs; mais il n'en serait pas de même si le degré de la multiplicité était pair.

14. Considérons, en général, une équation quelconque du degré μ, laquelle ait ν racines inégales, ϖ racines inégales entre elles, mais dont chacune en ait $p-1$ autres égales, ρ racines inégales entre elles, et dont chacune en ait $r-1$ autres égales, et ainsi de suite, en sorte que l'on ait

$$\mu = \nu + \varpi p + \rho r + \ldots .$$

On sait par la théorie des racines égales que l'équation proposée pourra toujours se décomposer, sans aucune extraction de racines, en différentes équations dont chacune renferme toutes les racines inégales du même ordre; c'est-à-dire en une équation du degré ν qui ne renferme que les racines simples et inégales, en une équation du degré ϖ qui ne renferme que les racines inégales dont chacune se trouve p fois dans la proposée, en une équation du degré ρ qui ne renferme que les racines inégales dont chacune se trouve r fois dans la proposée, et ainsi de suite.

Maintenant, si l'on suppose que l'exposant μ soit un nombre quelconque impair, il faudra que la somme des nombres ν, ϖp, ρr,... soit un nombre impair, et par conséquent il faudra qu'un quelconque de ces nombres soit impair; si ν est impair, l'équation du degré ν aura nécessairement une racine réelle, laquelle sera une racine inégale de l'équation proposée; si ϖp est impair il faudra que ϖ et p soient l'un et l'autre impairs; donc l'équation du degré ϖ aura nécessairement une racine réelle qui sera une racine égale de la proposée, dont l'exposant d'égalité sera p, et par conséquent aussi impair; il en sera de même si ρr est impair, et ainsi de suite.

15. De là et de ce qu'on a démontré plus haut, il s'ensuit donc que toute équation du degré $2^r i$ (i étant un nombre impair) pourra toujours avoir pour diviseur une équation du degré 2^r dont les coefficients seront nécessairement des quantités réelles (**11** et **13**); de sorte qu'en divisant l'équation proposée par cette dernière on aura pour quotient une autre équation du degré $2^r(i-1)$, laquelle aura aussi tous ses coefficients réels.

Or, comme i est supposé un nombre impair, $i-1$ sera un nombre pair qu'on pourra représenter, en général, par $2^s k$ (k étant un nombre impair); donc l'exposant $2^r(i-1)$ deviendra $2^{r+s}k$, et l'on pourra prouver de même que l'équation de ce degré pourra se décomposer de nouveau en deux autres équations réelles, l'une du degré 2^{r+s} et l'autre du degré $2^{r+s}(k-1)$; et faisant $k-1=2^t l$ (l étant un nombre impair) cette dernière équation aura pour exposant le nombre $2^{r+s+t}l$, et pourra par conséquent se partager de nouveau en deux équations, l'une du degré 2^{r+s+t}, l'autre du degré $2^{r+s+t}(l-1)$, et ainsi de suite.

De sorte que par cette méthode on pourra toujours décomposer toute équation d'un degré pair quelconque en autant d'équations réelles, dont les degrés soient marqués par des puissances de 2, qu'il y aura de pareilles puissances dans le degré de l'équation proposée. Ainsi une équation du sixième degré pourra se décomposer en deux, l'une du second degré, l'autre du quatrième; une équation du douzième degré pourra se décomposer en deux, l'une du quatrième degré, l'autre du huitième, et ainsi du reste.

16. Il ne reste donc plus qu'à considérer les équations des degrés marqués par des puissances de 2. Il est facile de voir que dans ce cas la formule du n° **10** donnera toujours des nombres pairs, quelque nombre qu'on prenne pour n, au moins tant que n sera moindre que m, comme il le faut; de sorte que la détermination des coefficients M, N, P,... des diviseurs de ces sortes d'équations dépendra toujours nécessairement d'une équation de degré pair, dans laquelle on ne pourra par conséquent s'assurer de l'existence d'une racine réelle, à moins que le dernier terme ne soit négatif (1).

Désignons, en général, l'exposant m de l'équation proposée par 2^r, et supposons que l'exposant n du diviseur soit la moitié de celui-là, c'est-à-dire égal à 2^{r-1}; en ce cas la formule du numéro cité deviendra, en disposant le dénominateur au rebours,

$$\frac{2^r(2^r-1)(2^r-2)(2^r-3)\ldots(2^r-2^{r-1}+1)}{2^{r-1}(2^{r-1}-1)(2^{r-1}-2)(2^{r-1}-3)\ldots 1},$$

c'est-à-dire, en divisant les facteurs correspondants du numérateur et du dénominateur autant de fois par 2 qu'il est possible,

$$\frac{2(2^r-1)(2^{r-1}-1)(2^r-3)(2^{r-2}-1)\ldots(2^r-2^{r-1}+1)}{1(2^{r-1}-1)(2^{r-2}-1)(2^{r-1}-3)(2^{r-3}-1)\ldots 1},$$

où l'on voit que tous les facteurs du numérateur sont impairs à l'exception du premier qui est 2, et que tous ceux du dénominateur sont aussi impairs; d'où il s'ensuit que cette formule représentera toujours des nombres impairement pairs.

17. Cela posé, considérons l'équation par laquelle doit se déterminer le coefficient M; elle sera, comme on vient de le voir, d'un degré impairement pair, et aura pour racines toutes les différentes sommes possibles qu'on peut faire des racines de l'équation proposée en ne prenant à la fois qu'un nombre de ces racines qui soit la moitié du nombre total (12).

Qu'on fasse maintenant dans cette équation $M=\frac{A-u}{2}$, A étant le coefficient du second terme de l'équation proposée et u une nouvelle inconnue, on aura une transformée en u du même degré, dont les racines seront exprimées par $A-2M$, c'est-à-dire qu'elles seront égales aux différents résidus qu'on aura en retranchant successivement de la somme totale des racines de la proposée, somme qui est égale à A, le double des différentes sommes particulières qu'on peut faire de ces racines en ne les prenant qu'au nombre de la moitié; de sorte que les racines dont il s'agit ne seront autre chose que les différences entre la somme de la moitié du nombre des racines de la proposée et la somme de l'autre moitié, en prenant ces sommes de toutes les différentes manières possibles.

Par exemple, si l'équation proposée est du quatrième degré et a, par conséquent, quatre racines *a*, *b*, *c*, *d*, on aura

$$A = a + b + c + d,$$

et les valeurs de M seront

$$a + b,\quad a + c,\quad a + d,\quad b + c,\quad b + d,\quad c + d,$$

donc les valeurs de

$$u = A - 2M$$

seront

$$c + d - a - b,\quad b + d - a - c,\quad b + c - a - d,$$
$$a + d - b - c,\quad a + c - b - d,\quad a + b - c - d,$$

et ainsi des autres équations des degrés supérieurs.

18. De là il est d'abord facile de conclure que l'équation en u manquera de toutes les puissances impaires, puisqu'il est évident que chaque racine positive doît avoir nécessairement une racine négative égale; ce qu'on voit clairement dans l'Exemple précédent, où les quantités

$$c + d - a - b,\quad b + d - a - c,\quad b + c - a - d,$$

sont les négatives des quantités

$$a + b - c - d,\quad a + c - b - d,\quad a + d - b - c.$$

Donc, si l'on fait $u^2 = t$, l'équation en u s'abaissera à un degré moindre de la moitié, et comme on a prouvé que le degré de l'équation en u est pairement impair, il s'ensuit que le degré de l'équation en t sera nécessairement impair; de sorte que cette équation aura nécessairement une racine réelle, laquelle sera positive si son dernier terme est négatif, et négative s'il est positif (1). Or, pour que u, et par conséquent M, ait une valeur réelle, il faut que celle de t soit réelle et positive; par conséquent la question est réduite à voir si le dernier terme de l'équation en t sera négatif; et comme le dernier terme de toute équation d'un degré impair pris avec un signe contraire est égal au produit de toutes les racines, tout consistera à voir si le produit de toutes les différentes valeurs de t est une quantité positive ou non.

19. Pour parvenir à ce but avec plus de facilité, considérons d'abord le cas où l'équation proposée est du quatrième degré, et dans lequel nous avons déjà vu que les différentes valeurs de u sont

$$a+b-c-d,\quad a+c-b-d,\quad a+d-b-c,$$
$$c+d-a-b,\quad b+d-a-c,\quad b+c-a-d;$$

il est clair que, comme les trois dernières quantités sont égales aux trois premières prises négativement, les différentes valeurs de u^2 ou t seront seulement ces trois-ci

$$(a+b-c-d)^2,\quad (a+c-b-d)^2,\quad (a+d-b-c)^2;$$

de sorte que le produit de ces trois valeurs sera égal au carré de la quantité

$$(a+b-c-d)(a+c-b-d)(a+d-b-c),$$

et il ne s'agira plus que de voir si ce carré est toujours une quantité positive, quelles que soient les racines a, b, c, d. Il est d'abord clair que, si ces racines sont toutes réelles, la quantité précédente sera aussi toute réelle, en sorte que son carré sera nécessairement une quantité réelle positive; mais il peut n'en être pas de même s'il y a des racines imaginaires, d'autant que la forme des racines imaginaires est encore regardée comme inconnue.

20. M. Euler, ayant supposé pour plus de facilité le coefficient A du second terme de la proposée nul, a trouvé, à la place de la quantité précédente, celle-ci

$$(a+b)(a+c)(a+d),$$

qui, à cause de $a+b+c+d=0$, est égale à celle-là divisée par 8; et il se contente ensuite de dire que ce produit est déterminable, comme on sait, par les quantités B, C, D, et qu'il sera par conséquent réel; mais, pour que cette conséquence soit légitime, il faut prouver qu'on peut déterminer ce produit par une expression rationnelle des mêmes quantités : c'est ce que M. Euler n'a point fait, du moins d'une manière directe et *à priori*.

Il est vrai que le carré

$$(a+b)^2(a+c)^2(a+d)^2$$

sera toujours une fonction rationnelle des coefficients B, C, D; mais la difficulté consiste précisément à démontrer que sa racine en sera une aussi.

Pour sentir davantage la force de cette objection, il n'y a qu'à considérer, par exemple, la quantité

$$(a-b)(a-c)(a-d)(b-c)(b-d)(c-d),$$

il est certain que le carré de cette quantité peut s'exprimer par une fonction rationnelle des coefficients B, C, D; mais il n'en est pas ainsi de la quantité elle-même : en effet, on trouve pour la valeur du carré dont il s'agit l'expression

$$4^4 D^3 - 2^3 . 4^2 B^2 D^2 + 4^2 . 3^2 C^2 BD + 4^2 B^4 D - 4 C^2 B^3 - 3^3 C^4,$$

laquelle n'est pas un carré en général; de sorte qu'on ne saurait en conclure que sa racine sera toujours une quantité réelle.

21. Le caractère, auquel on peut reconnaître *à priori* si une fonction proposée des racines d'une équation quelconque peut se déterminer par une expression rationnelle des coefficients de cette équation, consiste, comme nous l'avons démontré dans notre Mémoire sur les équations, en ce que cette fonction doit être telle, qu'elle ne change point de valeur, quelque permutation qu'on y fasse entre les racines dont elle est composée; ainsi il n'y a qu'à voir si cette condition a lieu ou non dans la fonction

$$(a+b-c-d)(a+c-b-d)(a+d-b-c);$$

comme les trois racines b, c, d y entrent également, il est d'abord visible que les permutations qu'on pourrait faire entre ces racines ne produiraient aucun changement dans la fonction; mais on ne peut pas dire tout à fait la même chose par rapport à la racine a, puisqu'elle n'est pas disposée à l'égard des autres comme celles-ci le sont entre elles. Voyons donc ce que donneront les échanges de a en b, en c, en d.

En changeant a en b, les trois facteurs

$$a+b-c-d, \quad a+c-b-d, \quad a+d-b-c$$

se changent en ces trois-ci

$$b+a-c-d, \quad b+c-a-d, \quad b+d-a-c;$$

par où l'on voit que le premier demeure le même, que le second devient le troisième avec un signe contraire, et que le troisième devient le second avec un signe contraire. On trouvera pareillement que, en changeant a en c ou en d, il y aura toujours un des trois facteurs qui demeurera le même, tandis que les deux autres se changeront l'un dans l'autre en changeant en même temps de signes; d'où il est facile de conclure que le produit des trois facteurs demeurera toujours le même.

La circonstance qui fait que ce produit ne varie point, c'est que les facteurs qui se changent l'un dans l'autre, en changeant en même temps de signes, sont en nombre pair; car si les facteurs qui changent de signes étaient en nombre impair, alors il est facile de voir que le produit dont il s'agit conserverait à la vérité la même valeur absolue, mais en changeant de signe : c'est là la raison pourquoi la fonction dont on a parlé ci-dessus (20)

$$(a-b)(a-c)(a-d)(b-c)(b-d)(c-d)$$

ne saurait être exprimée par les coefficients A, B, C, D d'une manière rationnelle; car en changeant, par exemple, a en b, le facteur $a-b$ devient simplement négatif, les facteurs $a-c$, $a-d$ se changent dans les facteurs $b-c$, $b-d$, et le dernier facteur $c-d$ demeure le même; de sorte que, puisqu'il y en a un qui change simplement de signe, un qui demeure tout à fait le même, et quatre dont deux se changent dans les deux autres, il s'ensuit que le produit total devra devenir négatif.

22. Il est facile maintenant d'appliquer le même raisonnement au cas où il y aura plus de quatre racines, et de s'assurer *à priori* que le dernier terme de la *réduite* en t sera toujours un carré avec le signe $-$. Supposons, par exemple, que les racines de l'équation proposée soient au nombre de six, savoir a, b, c, d, e, f (quoique à proprement parler nous n'ayons besoin de considérer ici que les équations dont les degrés sont des puissances de 2, cependant nous prendrons le cas d'une équation du sixième degré, parce qu'il est plus simple que celui d'une équation du huitième, et qu'il peut servir à faire voir que la proposition est générale pour toutes les équations des degrés pairs), on verra aisément, par ce qui a été démontré plus haut, que le dernier terme de la réduite en t sera égal au carré du produit de ces dix quantités

$$\begin{array}{l} a+b+c-d-e-f, \\ a+b+d-c-e-f, \\ a+b+e-c-d-f, \\ a+b+f-c-d-e, \\ a+c+d-b-e-f, \\ a+c+e-b-d-f, \\ a+c+f-b-d-e, \\ a+d+e-b-c-f, \\ a+d+f-b-c-e, \\ a+e+f-b-c-d, \end{array}$$

pris avec un signe contraire; de sorte qu'il ne s'agira que de voir si ce produit demeure le même en faisant toutes les permutations possibles entre les six racines $a, b, c, \ldots$; auquel cas on sera assuré qu'il pourra être exprimé par une fonction rationnelle des coefficients A, B, C,... de l'équation proposée.

Pour cela, je remarque d'abord que les dix quantités précédentes sont telles, qu'elles renferment toutes les permutations possibles entre les cinq racines b, c, d, e, f, puisqu'elles ne sont autre chose que les différentes valeurs de la quantité

$$a+b+c-d-e-f,$$

qui résultent de toutes les échanges possibles entre les cinq lettres b, c, d, e, f, la lettre a étant regardée comme fixe; d'où il s'ensuit qu'en faisant le produit de ces dix quantités on aura une fonction des racines $a, b, c, \ldots$ qui sera telle, qu'elle ne recevra aucun changement par les permutations des cinq racines b, c, d, e, f entre elles; de sorte qu'il suffira de considérer les résultats des échanges de la racine a dans les cinq autres; et comme les échanges de celles-ci entre elles ne produisent aucun changement dans la fonction dont il s'agit, il est clair qu'on aura le même résultat, soit qu'on change a en b, ou a en c, ou a en d, ou, etc.; par conséquent, il suffira de considérer une seule échange comme celle de a en b, et si elle ne fait point varier le produit des dix quantités ci-dessus, on sera assuré que ce produit sera déterminable par une fonction rationnelle des coefficients A, B, C,... de l'équation proposée.

Or, en changeant a en b, il est visible que les quatre premières quantités, où les lettres a et b se trouvent jointes avec le signe $+$, demeureront les mêmes, puisque $a+b$ est la même chose que $b+a$, et que les six dernières, où les lettres a et b ont des signes différents, se changeront l'une dans l'autre en changeant en même temps de signes; d'où l'on conclura que le produit de toutes ces quantités demeurera nécessairement le même, puisque les facteurs qui changent de signes sont en nombre pair.

23. On considérera maintenant que, pour avoir les dix quantités qui sont les facteurs du produit en question, il n'y a qu'à ajouter successivement à la racine a les sommes des autres cinq racines prises deux à deux, et en retrancher en même temps les racines restantes; d'où il est d'abord facile de conclure que, si le nombre de toutes les racines était $2n$, il faudrait, pour avoir les facteurs dont il s'agit, ajouter successivement à la racine a les sommes des autres $2n-1$ racines prises $n-1$ à $n-1$, et

en retrancher en même temps les racines restantes; moyennant quoi le nombre de ces facteurs sera exprimé, comme il résulte de la théorie des combinaisons, par

$$\frac{(2n-1)(2n-2)(2n-3)\ldots(n+1)}{1.2.3\ldots(n-1)}.$$

Ensuite on considérera que, en changeant a en b, quelques-uns de ces facteurs demeurent les mêmes, tandis que les autres se changent entre eux en changeant en même temps de signes; de sorte que pour savoir le nombre de ces derniers il suffira de retrancher du nombre total celui des facteurs qui demeurent les mêmes en changeant a en b. Or il est visible que ces facteurs-ci se trouveront en ajoutant successivement à la somme $a+b$ les différentes sommes des autres $2n-2$ racines prises $n-2$ à $n-2$, et retranchant en même temps les racines restantes; de sorte que le nombre de ces facteurs invariables sera exprimé par

$$\frac{(2n-2)(2n-3)\ldots(n+1)}{1.2\ldots(n-2)};$$

donc, retranchant cette quantité de la précédente, on aura

$$\frac{(2n-1)(2n-2)(2n-3)\ldots(n+1)}{1.2.3\ldots(n-1)} - \frac{(2n-2)(2n-3)\ldots(n+1)}{1.2\ldots(n-2)},$$

ou bien, en réduisant au même dénominateur,

$$\frac{(2n-2)(2n-3)(2n-4)\ldots n}{1.2.3\ldots(n-1)}$$

pour l'expression du nombre des facteurs qui s'échangent entre eux en changeant en même temps de signes.

Ainsi la question est de voir si ce nombre sera toujours pair; or c'est ce qui est évident, car si l'on divise le haut et le bas de la fraction par $n-1$, elle deviendra

$$2.\frac{(2n-3)(2n-4)(2n-5)\ldots n}{1.2.3\ldots(n-2)};$$

mais la quantité

$$\frac{(2n-3)(2n-4)(2n-5)\ldots n}{1.2.3\ldots(n-2)}$$

est toujours un nombre entier, puisque c'est le coefficient du $(n-1)^{ième}$ terme d'un binôme élevé à la puissance $2n-3$; donc le double de ce nombre sera toujours nécessairement un nombre pair.

24. Nous venons donc de démontrer rigoureusement que, en considérant une équation du degré 2^r comme exactement divisible par une autre équation du degré 2^{r-1}, le coefficient M du second terme de celle-ci sera nécessairement déterminé par une équation telle, qu'en y faisant

$$M = \frac{A-u}{2}$$

(A étant le coefficient du second terme de la proposée), et ensuite

$$u^2 = t,$$

il viendra une transformée en t d'un degré impair, et qui aura son dernier terme négatif en sorte que l'inconnue t aura toujours une valeur réelle positive; moyennant quoi la valeur de u sera aussi réelle.

Donc, puisque M a nécessairement une valeur réelle, il s'ensuit (13) que tous les autres coefficients N, P, Q,... du diviseur en question auront aussi chacun une valeur réelle, à moins que la valeur réelle de M ne soit une racine multiple de l'équation en M; auquel cas il peut arriver que les valeurs des autres coefficients soient imaginaires, comme nous l'avons déjà remarqué plus haut.

Il est donc nécessaire d'examiner ce cas, et de voir comment il faudrait s'y prendre pour trouver alors un diviseur tout rationnel de l'équation proposée.

Je commence d'abord par remarquer que comme $u = \sqrt{t}$, on aura $M = \frac{A \pm \sqrt{t}}{2}$; d'où l'on voit que chaque valeur de t donnera deux valeurs de M, qui ne seront jamais égales, à moins que l'on n'ait $t = 0$; de plus il est clair que si toutes ces valeurs de t sont inégales, celles de M le seront aussi; de sorte que l'équation en M n'aura proprement de racines égales que dans deux cas, l'un où l'équation en t en aura elle-même d'égales, l'autre où l'équation en t aura une ou plusieurs racines égales à zéro.

Supposons d'abord que l'équation en t n'ait aucune racine égale à zéro, mais qu'elle en ait plusieurs égales entre elles; comme cette équation est d'un degré impair, on prouvera par un raisonnement semblable à celui du n° **14** qu'elle aura nécessairement une racine réelle inégale, ou égale d'un ordre d'égalité marqué par un nombre impair; d'où il est facile de conclure que l'équation en M aura aussi nécessairement une pareille racine, et même deux, en sorte que chacun des autres coefficients N, P, Q,... aura nécessairement une valeur réelle (**13**).

Ainsi, quelles que soient les racines de l'équation en t, pourvu qu'aucune d'elles ne soit nulle, on sera assuré que les coefficients du diviseur auront tous des valeurs réelles.

25. Il n'en est pas de même lorsque l'équation en t a une racine nulle, ce qui arrive quand son dernier terme se trouve égal à zéro. Dans ce cas il est clair que la racine $t = 0$ donnera dans l'équation en M deux racines égales à $\frac{A}{2}$; de sorte que chacun des autres coefficients N, P,... dépendra nécessairement d'une équation du second degré qui pourra n'avoir aucune racine réelle; il est vrai que l'équation en t pourra avoir encore d'autres racines réelles, mais la difficulté consiste à prouver qu'elle en aura toujours de telles. En effet cette équation, étant divisée par t, ne montera plus qu'à un degré pair; de sorte qu'il faudrait démontrer, en général, que le dernier terme sera toujours négatif, ce qui d'ailleurs n'est pas vrai.

Pour donner un exemple de l'insuffisance de la méthode précédente dans le cas dont il s'agit, nous reprendrons celui du n° 6 où l'on propose de trouver un diviseur du second degré

$$x^2 - Mx + N = 0$$

de l'équation générale du quatrième degré

$$x^4 - Ax^3 + Bx^2 - Cx + D = 0.$$

En substituant l'expression de N en M, et faisant ensuite

$$M = \frac{A + u}{2} = \frac{A + \sqrt{t}}{2},$$

on trouve cette réduite en t

$$t^3 - (3A^2 - 8B)t^2 + (3A^4 - 16A^2B + 16B^2 + 16AC - 64D)t - (A^3 - 4AB + 8C)^2 = 0,$$

laquelle a, comme on voit, son dernier terme toujours négatif.

Maintenant, si l'on a

$$A^3 - 4AB + 8C = 0,$$

il est clair que l'équation précédente aura d'abord la racine $t = 0$, laquelle donnant $M = \frac{A}{2}$ on tombera dans le cas que l'on a déjà examiné dans le numéro cité, et où l'autre coefficient N du diviseur

$$x^2 - Mx + N = 0$$

dépendra d'une équation du second degré qui n'aura de racines réelles que tant que $4D$ ne surpassera pas $\left(\frac{A^2}{4} - B\right)^2$; de sorte que dans le cas où

$$D > \left(\frac{A^2}{8} - \frac{B}{2}\right)^2$$

le coefficient N sera imaginaire, et l'équation proposée du quatrième degré se trouvera par ce moyen décomposée en deux équations imaginaires du second degré, lesquelles seront

$$x^2 - \frac{A}{2}x + N' = 0, \quad x^2 - \frac{A}{2}x + N'' = 0,$$

N' et N'' étant les racines de l'équation

$$N^2 + \left(\frac{A^2}{4} - B\right)N + D = 0.$$

Pour avoir donc des facteurs tout réels il faudra dans ce cas chercher une autre valeur de t; or l'équation en t étant toute divisée par t devient

$$t^2 - (3A^2 - 8B)t + 3A^4 - 16A^2B + 16B^2 + 16AC - 64D = 0,$$

ou bien, en substituant à la place de C sa valeur $\frac{-A^3 + 4AB}{8}$,

$$t^2 - (3A^2 - 8B)t + (A^2 - 4B)^2 - 64D = 0,$$

dans laquelle on voit que le dernier terme sera positif si

$$(A^2 - 4B)^2 > 64D;$$

de sorte qu'on ne peut pas être assuré, en général, que cette équation aura des racines réelles, à moins que l'on ne considère la condition qui est particulière aux équations du second degré.

26. Cependant si l'on observe que la condition

$$(A^2 - 4B)^2 > 64D$$

est celle qui rend réelles les racines de l'équation en N ci-dessus, et que la condition opposée

$$(A^2 - 4B)^2 < 64D$$

est celle qui rend le dernier terme de l'équation précédente en t, négatif, on en pourra conclure d'abord qu'il est toujours possible d'avoir pour les coefficients M et N des valeurs réelles.

En effet :

1° Soit

$$(A^2 - 4B)^2 - 64D = p$$

(p désignant une quantité positive), on prendra dans ce cas la racine $t = 0$, laquelle donnera

$$M = \frac{A}{2} \quad \text{et} \quad N = -\frac{A^2}{8} + \frac{B}{2} \pm \frac{\sqrt{p}}{8}.$$

2° Soit

$$64D - (A^2 - 4B)^2 = p,$$

on prendra, dans ce cas, pour t la racine positive de l'équation

$$t^2 - (3A^2 - 8B)t - p = 0,$$

et l'on aura (6)

$$M = \frac{A \pm \sqrt{t}}{2} \quad \text{et} \quad N = \frac{C - BM + AM^2 - M^3}{A - 2M}.$$

27. Mais, pour pouvoir résoudre la difficulté dont il s'agit d'une manière générale et applicable aux équations de tous les degrés, il faut employer d'autres principes.

Reprenons pour cet effet l'équation proposée

$$x^m - Ax^{m-1} + Bx^{m-2} - Cx^{m-3} + \ldots = 0,$$

où $m = 2^r$, et considérons les deux facteurs

$$x^n - Mx^{n-1} + Nx^{n-2} - Px^{n-3} + \ldots = 0,$$
$$x^n - M'x^{n-1} + N'x^{n-2} - P'x^{n-3} + \ldots = 0,$$

dont on suppose qu'elle soit formée, n étant égal à $2^{r-1} = \frac{m}{2}$; qu'on fasse, ce qui est permis,

$$M = \frac{\alpha + \mu}{2}, \quad M' = \frac{\alpha - \mu}{2},$$
$$N = \frac{\beta + \nu}{2}, \quad N' = \frac{\beta - \nu}{2},$$
$$P = \frac{\gamma + \varpi}{2}, \quad P' = \frac{\gamma - \varpi}{2},$$
$$\ldots\ldots\ldots\ldots, \quad \ldots\ldots\ldots\ldots,$$

c'est-à-dire qu'on introduise à la place des coefficients indéterminés M, M', N, N', P, P',..., leurs sommes

$$M + M' = \alpha, \quad N + N' = \beta, \quad P + P' = \gamma, \ldots$$

et leurs différences

$$M - M' = \mu, \quad N - N' = \nu, \quad P - P' = \varpi, \ldots,$$

et l'on trouvera (3) m, ou $2n$ équations entre les m indéterminées α, β, γ,..., μ, ν, ϖ,..., par lesquelles on pourra déterminer chacune de ces inconnues.

Qu'on suppose maintenant

$$u = a\mu + b\nu + c\varpi + \ldots,$$

$a, b, c, \ldots$ étant des coefficients quelconques arbitraires, et qu'on introduise partout l'indéterminée u à la place d'une quelconque des indéterminées $\mu, \nu, \varpi, \ldots$, par exemple à la place de μ, en substituant $\frac{u - b\nu - c\varpi - \ldots}{a}$ au lieu de μ, on aura $2n$ équations entre les $2n$ inconnues $\alpha, \beta, \gamma, \ldots, u, \nu, \varpi, \ldots$, d'où, éliminant les $2n - 1$ inconnues $\alpha, \beta, \gamma, \ldots, \nu, \varpi, \ldots$, il viendra une équation en u, qui sera du même degré et assujettie aux mêmes conditions que celle du n° **17**, comme je vais le démontrer.

28. Dénotons les $2n$ racines de l'équation proposée par

$$x', \ x'', \ x''', \ldots, \ x^{(2n)},$$

et comme on suppose que cette équation soit le produit de ces deux-ci

$$x^n - Mx^{n-1} + Nx^{n-2} - Px^{n-3} + \ldots = 0,$$
$$x^n - M'x^{n-1} + N'x^{n-2} - P'x^{n-3} + \ldots = 0,$$

il est visible, par la théorie des équations, que l'une de ces équations aura pour racines n quelconques des $2n$ racines $x', x'', x''', \ldots, x^{(2n)}$, et que l'autre aura pour racines les n racines restantes; ainsi prenant x', $x'', x''', \ldots, x^{(n)}$ pour les racines de

$$x^n - Mx^{n-1} + Nx^{n-2} - Px^{n-3} + \ldots = 0,$$

et $x^{(n+1)}, x^{(n+2)}, x^{(n+3)}, \ldots, x^{(2n)}$ pour les racines de

$$x^n - M'x^{n-1} + N'x^{n-2} - P'x^{n-3} + \ldots = 0,$$

on aura, comme on sait,

$$M = x' + x'' + x''' + \ldots + x^{(n)},$$
$$N = x'x'' + x'x''' + x''x''' + \ldots + x^{(n-1)}x^{(n)},$$
$$P = x'x''x''' + x'x''x^{\text{IV}} + x''x'''x^{\text{IV}} + \ldots + x^{(n-2)}x^{(n-1)}x^{(n)},$$
$$\ldots\ldots\ldots\ldots\ldots\ldots\ldots\ldots\ldots\ldots\ldots\ldots,$$

$$M' = x^{(n+1)} + x^{(n+2)} + x^{(n+3)} + \ldots + x^{(2n)},$$

$$N' = x^{(n+1)}x^{(n+2)} + x^{(n+1)}x^{(n+3)} + x^{(n+2)}x^{(n+3)} + \ldots + x^{(2n-1)}x^{(2n)},$$

$$P' = x^{(n+1)}x^{(n+2)}x^{(n+3)} + x^{(n+1)}x^{(n+3)}x^{(n+4)} + x^{(n+2)}x^{(n+3)}x^{(n+4)} + \ldots$$
$$+ x^{(2n-2)}x^{(2n-1)}x^{(2n)},$$

....

Donc

$$\alpha = x' + x'' + x''' + \ldots + x^{(n)} + x^{(n+1)} + x^{(n+2)} + x^{(n+3)} + \ldots + x^{(2n)} = A,$$

$$\beta = x'x'' + x'x''' + x''x''' + \ldots + x^{(n-1)}x^{(n)} + x^{(n+1)}x^{(n+2)} + x^{(n+1)}x^{(n+3)}$$
$$+ x^{(n+2)}x^{(n+3)} + \ldots + x^{(2n-1)}x^{(2n)},$$

$$\gamma = x'x''x''' + x'x'''x^{\text{IV}} + x''x'''x^{\text{IV}} + \ldots + x^{(n-2)}x^{(n-1)}x^{(n)} + x^{(n+1)}x^{(n+2)}x^{(n+3)}$$
$$+ x^{(n+1)}x^{(n+3)}x^{(n+4)} + x^{(n+2)}x^{(n+3)}x^{(n+4)} + \ldots + x^{(2n-2)}x^{(2n-1)}x^{(2n)},$$

et ainsi de suite.

$$\mu = x' + x'' + x''' + \ldots + x^{(n)} - x^{(n+1)} - x^{(n+2)} - x^{(n+3)} - \ldots - x^{(2n)},$$

$$\nu = x'x'' + x'x''' + x''x''' + \ldots + x^{(n-1)}x^{(n)} - x^{(n+1)}x^{(n+2)} - x^{(n+1)}x^{(n+3)}$$
$$- x^{(n+2)}x^{(n+3)} - \ldots - x^{(2n-1)}x^{(2n)}.$$

$$\varpi = x'x''x''' + x'x'''x^{\text{IV}} + x''x'''x^{\text{IV}} + \ldots + x^{(n-2)}x^{(n-1)}x^{(n)} - x^{(n+1)}x^{(n+2)}x^{(n+3)}$$
$$- x^{(n+1)}x^{(n+3)}x^{(n+4)} - x^{(n+2)}x^{(n+3)}x^{(n+4)} - \ldots - x^{(2n-2)}x^{(2n-1)}x^{(2n)},$$

et ainsi de suite.

Donc, puisque

$$u = a\mu + b\nu + c\varpi + \ldots$$

on connaîtra quelle fonction des racines x', x'', x''',..., $x^{(2n)}$ doit être la quantité u; et de là on pourra déterminer *à priori* le degré et la forme de l'équation en u par la considération de ses racines, lesquelles ne seront autre chose que les différentes valeurs que la fonction dont il s'agit pourra recevoir, en faisant entre les racines x', x'', x''',..., $x^{(2n)}$ toutes les permutations possibles, comme nous l'avons expliqué suffisamment ailleurs.

29. Donc :

1° Comme le nombre des quantités x', x'', x''',..., $x^{(2n)}$ est $2n$, on sait que le nombre de toutes les permutations possibles sera représenté par

$$1.2.3.4\ldots 2n;$$

mais il est visible que les fonctions μ, ν, ϖ,... ne changent point de forme en faisant toutes les permutations possibles entre les n quantités x', x'', x''',..., $x^{(n)}$, permutations dont le nombre est exprimé par $1.2.3\ldots n$, et qu'il en est de même à l'égard des permutations entre les autres n quantités $x^{(n+1)}$, $x^{(n+2)}$, $x^{(n+3)}$,..., $x^{(2n)}$; donc, puisque chacune de ces permutations se combine avec toutes les autres dans le nombre total des combinaisons $1.2.3\ldots 2n$, il s'ensuit que pour avoir le nombre des combinaisons utiles, c'est-à-dire qui donnent des expressions différentes de u, il faudra diviser deux fois le nombre $1.2.3\ldots 2n$ par le nombre $1.2.3\ldots n$, ce qui donnera celui-ci

$$\frac{1.2.3\ldots 2n}{(1.2.3\ldots n)^2} \quad \text{ou bien} \quad \frac{2n(2n-1)(2n-2)\ldots(n+1)}{n(n-1)(n-2)\ldots 1},$$

nombre qui, en supposant $m = 2^r$ et par conséquent $n = 2^{r-1}$, sera impairement pair, comme nous l'avons vu dans le n° **16**.

2° Il est clair que si l'on échange à la fois les quantités x', x'', x''',..., $x^{(n)}$ en $x^{(n+1)}$, $x^{(n+2)}$, $x^{(n+3)}$,..., $x^{(2n)}$, dans les expressions de μ, ν, ϖ,..., ces expressions changeront simplement de signes sans changer de valeur; donc toutes les valeurs particulières de la fonction u seront deux à deux égales et de signes contraires; de sorte que l'équation en u, dont le degré doit être impairement pair, manquera de toutes les puissances impaires, et pourra se transformer par la supposition de $u^2 = t$ en une équation en t d'un degré impair.

3° On peut démontrer, par un raisonnement analogue à celui des n^{os} **22** et **23**, que le dernier terme de la transformée en t dont nous parlons sera toujours négatif, étant nécessairement égal au carré d'une fonction rationnelle des coefficients A, B, C,... de l'équation proposée, affecté du signe $-$. Car il est d'abord clair que si l'on supposait simplement $u = \mu$, on aurait le cas des numéros cités, puisque les lettres a, b, c, d,... dans les formules de ces numéros désignent les mêmes quantités que nous avons représentées ci-dessus par $x', x'', x''', \ldots, x^{(2n)}$, c'est-à-dire les racines de l'équation proposée.

De plus, en examinant les raisonnements des mêmes numéros, il n'est pas difficile de voir qu'ils ne tiennent pas à la forme particulière de la fonction μ, mais seulement à la propriété qu'a cette fonction de demeurer la même, tandis qu'on échange entre elles les racines $x', x'', x''', \ldots, x^{(n)}$, ou les racines $x^{(n+1)}, x^{(n+2)}, x^{(n+3)}, \ldots, x^{(2n)}$, et de devenir négative quand on échange les premières racines dans les dernières; or cette propriété a lieu également dans les autres fonctions $\nu, \varpi, \ldots$, et dans la fonction générale $a\mu + b\nu + c\varpi + \ldots$, comme nous l'avons déjà observé plus haut; de sorte qu'on peut hardiment appliquer à l'équation ci-dessus en u ou en t les mêmes conclusions qu'on a trouvées dans les numéros cités.

30. On est donc assuré que l'équation en t aura toujours une racine réelle positive, et que par conséquent la quantité $u = \sqrt{t}$ aura toujours au moins une valeur réelle. Or, dès qu'on connaîtra la valeur de la quantité u, on pourra déterminer par son moyen les valeurs des autres quantités $\alpha, \beta, \gamma, \ldots, \mu, \nu, \varpi, \ldots$, lesquelles sont, ainsi que la quantité u, représentées par des fonctions des mêmes racines $x', x'', x''', \ldots$; et de ce que nous avons démontré ailleurs [*Nouveaux Mémoires de l'Académie royale des Sciences et Belles-Lettres de Berlin*, année 1771 (*)], il s'ensuit que chacune de ces quantités $\alpha, \beta, \gamma, \ldots, \mu, \nu, \varpi, \ldots$ sera donnée par une équation du premier degré seulement, si la valeur de u est une racine inégale de l'équation en u; mais si cette valeur est une racine égale, alors chacune des quantités $\alpha, \beta, \gamma, \ldots, \mu, \nu, \varpi, \ldots$ sera donnée par une équation dont le degré aura un exposant égal à celui de l'égalité de la racine u; or comme $u = \pm\sqrt{t}$, on voit d'abord que l'équation en u n'aura de racines égales qu'autant que la transformée en t en aura de telles, ou qu'elle aura des racines nulles; car il est visible que $t = 0$ donne deux valeurs égales à u.

(*) *OEuvres de Lagrange*, t. III, p. 374.

Dans le premier cas, puisque l'équation en t est d'un degré impair (29, 2°), on pourra démontrer, comme on l'a fait plus haut (24), que cette équation ne pourra avoir que des racines égales d'un degré d'égalité marqué par des nombres impairs; d'où l'on conclura sur-le-champ que, quelles que soient les racines de l'équation en t, pourvu qu'aucune ne soit nulle, on aura toujours, non-seulement pour u, mais aussi pour α, β, $\gamma, \ldots$, μ, ν, $\varpi, \ldots$, des valeurs réelles; de sorte que les coefficients M, N, P,..., M', N', P',... des deux facteurs de l'équation proposée auront sûrement des valeurs réelles (27).

Le second cas, c'est-à-dire celui où l'équation en t aurait quelque racine nulle, présente d'abord les mêmes difficultés qu'on a déjà considérées dans le n° 25; mais je remarque qu'à cause de

$$u = a\mu + b\nu + c\varpi + \ldots,$$

où les coefficients a, b, $c, \ldots$ sont à volonté, on peut toujours prendre ces coefficients tels, que le cas dont il s'agit n'ait pas lieu, à moins que parmi les valeurs correspondantes de μ, ν, $\varpi, \ldots$ il ne s'en trouve qui soient nulles à la fois. Car supposons que les valeurs de μ, ν, $\varpi, \ldots$ ne soient jamais nulles en même temps, en ce cas il est visible que si la quantité $t = u^2$ a des valeurs nulles, ce ne pourra être qu'en vertu de la relation qui se trouvera entre les coefficients a, b, $c, \ldots$; par conséquent ces valeurs cesseront d'être nulles dès qu'on donnera d'autres valeurs aux mêmes coefficients : ainsi l'on sera toujours le maître de faire en sorte que l'équation en t n'ait aucune racine nulle.

Il ne reste donc plus de difficulté que pour le cas où l'on aurait à la fois

$$\mu = 0, \quad \nu = 0, \quad \varpi = 0, \ldots;$$

mais il est visible (27) qu'on aura alors

$$M' = M, \quad N' = N, \quad P' = P, \ldots,$$

de sorte que dans ce cas l'équation proposée ne sera autre chose que celle-ci

$$x^n - Mx^{n-1} + Nx^{n-2} - Px^{n-3} + \ldots = 0$$

élevée au carré; par conséquent la proposée s'abaissera d'elle-même à un degré moindre de la moitié, et il est visible que les valeurs des coefficients M, N, P,... devront être toutes rationnelles, et par conséquent réelles, autrement il serait impossible que l'équation

$$x^n - Mx^{n-1} + Nx^{n-2} - Px^{n-3} + \ldots = 0,$$

étant élevée au carré, devînt rationnelle et comparable à la proposée

$$x^{2n} - Ax^{2n-1} + Bx^{2n-2} - Cx^{2n-3} + \ldots = 0.$$

D'ailleurs il est facile de prouver que les conditions

$$\mu = 0, \quad \nu = 0, \quad \varpi = 0, \ldots$$

emportent nécessairement l'égalité entre les racines x', x'', x''',..., $x^{(n)}$ et les racines $x^{(n+1)}$, $x^{(n+2)}$, $x^{(n+3)}$,..., $x^{(2n)}$, en sorte que la proposée du degré $m = 2n$ aura toutes ses racines égales deux à deux, et pourra par conséquent s'abaisser à une équation du degré n qui aura les mêmes racines, mais simples et inégales.

Ainsi toutes les difficultés sont résolues, et il ne reste plus rien à désirer pour la démonstration complète du Théorème qui fait l'objet de ce Mémoire. Nous allons le terminer par donner un Exemple de l'application de la méthode qu'on vient d'expliquer.

31. Soit, comme dans le nº 6, l'équation générale du quatrième degré

$$x^4 - Ax^3 + Bx^2 - Cx + D = 0$$

qu'on se propose de décomposer en ces deux-ci

$$x^2 - Mx + N = 0, \quad x^2 - M'x + N' = 0;$$

en comparant terme à terme le produit de ces dernières avec celle-là, on aura d'abord

$$M + M' = A, \quad MM' + N + N' = B, \quad MN' + M'N = C, \quad NN' = D;$$

et faisant

$$M = \frac{\alpha + \mu}{2}, \quad N = \frac{\beta + \nu}{2},$$

$$M' = \frac{\alpha - \mu}{2}, \quad N' = \frac{\beta - \nu}{2},$$

on aura

$$\alpha = A, \qquad \alpha^2 - \mu^2 + 4\beta = 4B,$$

$$\alpha\beta - \mu\nu = 2C, \quad \beta^2 - \nu^2 = 4D,$$

d'où l'on tire d'abord

$$\alpha = A, \quad \beta = \frac{4B - A^2 + \mu^2}{4};$$

substituant ensuite ces valeurs dans les deux dernières équations, on aura

$$A\mu^2 - 4\mu\nu - A^3 + 4AB - 8C = 0,$$

$$\mu^4 + 2(4B - A^2)\mu^2 - 16\nu^2 + (4B - A^2)^2 - 64D = 0.$$

On fera maintenant

$$u = a\mu + b\nu,$$

et substituant, par exemple, $\frac{u - a\mu}{b}$ à la place de ν, on aura ces deux équations-ci

$$\left(A - \frac{4a}{b}\right)\mu^2 - \frac{4\mu u}{b} - A^3 + 4AB - 8C = 0,$$

$$\mu^4 + \left(8B - 2A^2 - \frac{16a^2}{b^2}\right)\mu^2 + \frac{32a\mu u}{b^2} - \frac{16u^2}{b^2} + (4B - A^2)^2 - 64D = 0;$$

d'où l'on chassera μ pour avoir une réduite en u.

Supposons, pour abréger,

$$(A^3 - 4AB + 8C) = F,$$

$$(4B - A^2)^2 - 64D = G,$$

$$bA - 4a = f,$$

$$8b^2B - 2b^2A^2 - 16a^2 = g,$$

on aura

$$f\mu^2 - 4\mu u - bF = 0,$$

$$b^2\mu^4 + g\mu^2 + 32a\mu u - 16u^2 + b^2G = 0;$$

donc

$$\mu^2 = \frac{4\mu u + b\mathrm{F}}{f},$$

$$\mu^4 = \frac{64\mu u^3}{f^3} + \frac{16b\mathrm{F}u^2}{f^3} + \frac{8b\mathrm{F}\mu u}{f^2} + \frac{b^2\mathrm{F}^2}{f^2};$$

donc

$$\begin{aligned} &64b^2\mu u^3 + 16b^3\mathrm{F}u^2 + 8fb^3\mathrm{F}\mu u + fb^4\mathrm{F}^2 \\ &\quad + 4f^2g\mu u + f^2gb\mathrm{F} + 32f^3a\mu u - 16f^3u^2 + f^3b^2\mathrm{G} = 0, \end{aligned}$$

d'où l'on tire

$$\mu = -\frac{16(b^3\mathrm{F} - f^3)u^2 + fb^4\mathrm{F}^2 + f^2gb\mathrm{F} + f^3b^2\mathrm{G}}{64b^2u^3 + 4fu(2b^3\mathrm{F} + gf + 8af^2)};$$

ainsi il n'y aura plus qu'à substituer cette valeur dans la première équation

$$f\mu^2 - 4\mu u - b\mathrm{F} = 0,$$

et l'on aura cette équation finale

$$\begin{aligned} &f[16(b^3\mathrm{F} - f^3)u^2 + bf(b^3\mathrm{F}^2 + fg\mathrm{F} + f^2b\mathrm{G})]^2 \\ &+ 16[16(b^3\mathrm{F} - f^3)u^2 + bf(b^3\mathrm{F}^2 + fg\mathrm{F} + f^2b\mathrm{G})] \\ &\quad \times [16b^2u^2 + f(2b^3\mathrm{F} + gf + 8af^2)]\,u^2 \\ &\quad - 16b\mathrm{F}[16b^2u^2 + f(2b^3\mathrm{F} + gf + 8af^2)]^2u^2 = 0, \end{aligned}$$

laquelle, étant ordonnée par rapport à u, montera au sixième degré et ne contiendra que des puissances paires de u; de sorte qu'en faisant $u^2 = t$, on aura celle-ci du troisième degré

$$t^3 + \ldots - \left(\frac{b^3\mathrm{F}^2 + fg\mathrm{F} + f^2b\mathrm{G}}{16}\right)^2 = 0,$$

où l'on voit que le dernier terme est un carré avec le signe $-$, de sorte que la quantité t aura toujours une valeur réelle positive; on voit de plus qu'à moins qu'on n'ait à la fois $\mathrm{F} = 0$ et $\mathrm{G} = 0$, on pourra toujours faire en sorte que t n'ait aucune valeur nulle; car il n'y aura qu'à prendre a et b de manière qu'on ait

$$b^3\mathrm{F}^2 + fg\mathrm{F} + f^2b\mathrm{G} > \text{ ou } < 0;$$

je dis à moins que F et G ne soient nuls à la fois, car il est visible qu'alors la quantité dont il s'agit sera toujours nulle, quelque valeur qu'on donne à a et b; mais alors on aura

$$C = \frac{AB}{2} - \frac{A^3}{8}, \quad D = \left(\frac{B}{2} - \frac{A^2}{4}\right)^2,$$

et l'équation proposée deviendra

$$x^4 - Ax^3 + Bx^2 - \left(\frac{AB}{2} - \frac{A^3}{8}\right)x + \left(\frac{B}{2} - \frac{A^2}{4}\right)^2 = 0,$$

laquelle est évidemment le carré de celle-ci

$$x^2 - \frac{A}{2}x + \frac{B}{2} - \frac{A^2}{4} = 0.$$

SUR LES

RÉFRACTIONS ASTRONOMIQUES.

SUR LES

RÉFRACTIONS ASTRONOMIQUES.

(*Nouveaux Mémoires de l'Académie royale des Sciences et Belles-Lettres de Berlin*, année 1772.)

1. On sait que les rayons qui traversent obliquement notre atmosphère se détournent de la ligne droite et décrivent des courbes concaves vers la surface de la Terre, en sorte qu'ils nous parviennent toujours dans une direction moins inclinée à l'horizon que celle suivant laquelle ils sont entrés dans l'atmosphère.

Le changement qui en résulte dans la hauteur apparente des astres est ce qu'on nomme en Astronomie *réfraction céleste*, parce qu'en effet il n'est dû qu'à la réfraction continuelle que souffrent les rayons en pénétrant dans les couches successives de l'atmosphère, lesquelles augmentent toujours de densité à mesure qu'elles s'approchent de la Terre. Ce phénomène n'a pas été tout à fait inconnu aux anciens Astronomes, mais les modernes sont les seuls qui l'aient examiné avec assez d'exactitude pour pouvoir en tenir compte dans leurs observations.

Nous ne ferons point ici l'histoire des travaux des différents Astronomes qui, depuis Tycho-Brahé jusqu'à présent, se sont appliqués à la détermination de cet élément : notre objet est uniquement d'examiner cette matière par la théorie et d'après les données que les nouvelles expériences de M. de Luc (*) peuvent fournir relativement à la loi de la dilatation de l'air dans les différentes couches de l'atmosphère.

(*) *Recherches sur les modifications de l'atmosphère, etc.* Genève, 1772.

2. Si la surface de la Terre était plane et que, par conséquent, les différentes couches de l'atmosphère dont la densité est uniforme le fussent aussi, il n'y aurait aucune difficulté à déterminer l'effet de la réfraction d'un rayon qui traverserait l'atmosphère sous un angle quelconque; car il est démontré que la réfraction serait la même, dans ce cas, que si le rayon entrait immédiatement dans la couche la plus basse, et par conséquent la plus dense de l'atmosphère, sans passer par toutes les autres couches intermédiaires; de sorte que, comme on connaît par expérience la puissance réfractive de l'air pour une densité quelconque, et qu'on peut avoir à chaque instant, par l'observation du baromètre et du thermomètre, la densité actuelle de l'air dans le lieu de l'observation, on serait assuré de pouvoir toujours déterminer exactement la quantité de la réfraction astronomique pour telle hauteur des astres qu'on voudrait. Mais il n'en sera pas de même si l'on a égard, comme on doit, à la rondeur de la surface de la Terre, et par conséquent aussi à celle des différentes couches de l'atmosphère. Dans ce cas, l'effet total de la réfraction dépend de la réfraction particulière de chaque couche, et l'on ne peut le déterminer sans connaître la nature de la courbe même que décrivent les rayons de la lumière en traversant toute l'atmosphère; mais pour cela il faut connaître auparavant la proportion selon laquelle l'air est différemment comprimé à différentes hauteurs, parce que la vertu réfractive de l'air varie toujours avec sa densité.

3. Voyons donc d'abord ce que l'expérience et la théorie peuvent nous donner de lumières sur ce sujet.

M. Mariotte, et après lui MM. Amontons et Hawksbee, ont trouvé, par des expériences réitérées et aussi exactes qu'il est possible, que l'air se comprime à proportion des poids dont il est chargé, en sorte que l'élasticité de l'air, qui est nécessairement proportionnelle au poids comprimant, l'est aussi à sa densité; mais cette proportion ne subsiste que tant que la chaleur de l'air est la même, car les deux derniers Physiciens ont trouvé ensuite que quand la chaleur de l'air augmente, la densité restant la même, son élasticité augmente aussi dans la même proportion : d'où il s'ensuit qu'en général, l'élasticité de l'air est en raison composée de sa densité et de la chaleur qui y règne.

Or, comme le ressort de l'air dans un lieu quelconque est toujours nécessairement proportionnel à la hauteur du baromètre dans ce même lieu, on pourra prendre cette hauteur, que nous désignerons par y, pour la mesure de l'élasticité de l'air; par conséquent, si l'on désigne de plus par δ la densité de ce même air, et par φ sa chaleur, on aura

$$y = m\delta\varphi,$$

m étant un coefficient constant qui doit être déterminé par l'expérience.

Maintenant si l'on nomme x la hauteur du lieu au-dessus du niveau de la mer, où la hauteur du baromètre est y, il est clair qu'en considérant une colonne verticale d'air dont la hauteur soit infiniment petite dx, on aura $-dy$ pour la hauteur de la petite colonne de mercure qui y fera équilibre (je donne le signe $-$ à la différentielle dy, parce que y diminue pendant que x augmente); par conséquent, $-\frac{dy}{dx}$ sera le rapport de deux volumes également pesants de mercure et d'air, c'est-à-dire le rapport des gravités spécifiques ou des densités de l'air et du mercure; en sorte que, prenant la densité du mercure pour l'unité, on aura celle de l'air

$$\delta = -\frac{dy}{dx}.$$

Donc, substituant cette valeur dans l'équation $y = m\delta\varphi$, on aura celle-ci

$$-\frac{dy}{y} = \frac{dx}{m\varphi},$$

par laquelle on pourra connaître la relation entre les hauteurs y du baromètre, pourvu qu'on connaisse quelle fonction la quantité φ est de x ou de y; mais cette dernière connaissance nous manque encore, et M. de Luc, qui a fait beaucoup de recherches savantes et utiles sur cet objet, avoue qu'il n'a rien trouvé là-dessus qui ait pu le satisfaire.

Cependant cet habile Physicien a découvert *à posteriori* une règle assez simple pour corriger les hauteurs des lieux déduites des observations du baromètre, suivant les variations de la chaleur de l'air; et cette règle même pourrait servir à découvrir la loi de ces variations à différentes hauteurs : c'est ce qu'il est bon de développer.

4. M. de Luc trouve d'abord que lorsque la chaleur de l'air est telle, que le thermomètre vulgairement dit de Réaumur est à $16^\circ\frac{3}{4}$, la différence des logarithmes tabulaires des hauteurs du baromètre exprimées en lignes (ces logarithmes étant regardés comme des nombres entiers) donne assez exactement en millièmes de toises la différence de hauteur des lieux où le baromètre a été observé; de sorte qu'à proprement parler, la différence des logarithmes multipliée par 10 000 000, c'est-à-dire par dix millions, est égale à la différence des hauteurs des stations exprimées en millièmes de toises, ou, ce qui revient au même, la différence des logarithmes des hauteurs du baromètre exprimées en lignes donne la différence même des hauteurs des lieux exprimées en dizaines de mille toises.

Ensuite M. de Luc trouve que, lorsque le thermomètre est au-dessus ou au-dessous de $16^\circ\frac{3}{4}$, la correction à faire à la différence de hauteur trouvée par le calcul précédent pour chaque degré du thermomètre est à cette différence même dans la raison constante de 1 à 215 (*voyez* t. II, nos 588 et 607).

Ces données vont nous servir pour déterminer la constante m dans l'équation

$$-\frac{dy}{y}=\frac{dx}{m\varphi}$$

trouvée ci-dessus, ainsi que l'expression de la chaleur φ en degrés du thermomètre.

Car, en supposant la quantité φ constante, l'intégration donnera

$$\log b-\log y=\frac{x-a}{m\varphi},$$

en dénotant par b la hauteur du baromètre qui répond à la hauteur $x=a$; d'où l'on voit que la différence des logarithmes des hauteurs b

et y du baromètre est proportionnelle à la différence $x - a$ de hauteur des deux stations.

Or, si l'on suppose que la chaleur φ soit celle qui répond à 16° $\frac{3}{4}$ du thermomètre, et qu'on prenne cette chaleur pour l'unité; qu'on exprime de plus les hauteurs b et y du baromètre en lignes, et les hauteurs a et x des lieux en dizaines de mille toises; qu'enfin on réduise les logarithmes hyperboliques $\log b$ et $\log y$ en tabulaires, en les divisant par le logarithme hyperbolique de 10, et désignant ceux-ci par la caractéristique L, on aura l'équation

$$\mathrm{L}b - \mathrm{L}y = \frac{x - a}{m \log 10},$$

laquelle devra se réduire, suivant M. de Luc, à celle-ci

$$\mathrm{L}b - \mathrm{L}y = x - a;$$

en sorte qu'on aura $m \log 10 = 1$, c'est-à-dire

$$m = \frac{1}{\log 10} = 0,4342945.$$

Dénotons maintenant par t le nombre des degrés du thermomètre au-dessus de 16° $\frac{3}{4}$, auxquels répondra une chaleur quelconque φ, et il est facile de voir qu'on aura, suivant M. de Luc, l'équation

$$(\mathrm{L}b - \mathrm{L}y)\left(1 + \frac{t}{215}\right) = x - a,$$

savoir

$$\mathrm{L}b - \mathrm{L}y = \frac{x - a}{1 + \frac{t}{215}};$$

et par conséquent

$$\varphi = 1 + \frac{t}{215}.$$

Ainsi l'équation différentielle entre x et y deviendra

$$-\frac{dy}{y} = \frac{dx \log 10}{1 + \frac{t}{215}},$$

où il ne s'agira plus que d'avoir la valeur de t en x ou en y; mais c'est ce qui n'est pas aisé : car, quoiqu'il soit constant que la chaleur va en diminuant dans l'atmosphère à mesure qu'on s'élève au-dessus de la surface de la Terre, on n'a pu découvrir encore ni par la théorie ni par l'expérience la loi de cette diminution.

5. Ne pouvant donc nous flatter de connaître la vraie valeur de t en x, nous sommes réduits à employer des hypothèses et des approximations.

Et premièrement il est clair que le terme $\frac{t}{215}$ ne saurait varier beaucoup dans toute l'étendue de l'atmosphère; car, comme t exprime des degrés du thermomètre de Réaumur, au-dessus ou au-dessous du terme de $16^\circ\frac{3}{4}$, quand on donnerait à t une variation de 65 degrés, depuis le bas jusqu'au haut de l'atmosphère, ce qui serait sûrement excessif, parce qu'en supposant la chaleur au bas de l'atmosphère de 25 degrés, on aurait pour le haut de l'atmosphère un froid de 40 degrés au-dessous du terme de la congélation, on n'aurait pourtant qu'environ $\frac{1}{27}$ pour la plus grande valeur positive de $\frac{t}{215}$, et environ $-\frac{1}{4}$ pour la plus grande valeur négative de la même quantité. A plus forte raison la variation du terme $\frac{t}{215}$ sera fort petite dans l'étendue de l'atmosphère qui répond à la hauteur de nos plus hautes montagnes; en sorte que, quand il ne sera question que de mesurer l'élévation des montagnes par le moyen du baromètre, on pourra, sans erreur sensible, regarder la quantité t comme constante, et pour plus d'exactitude on pourra prendre pour t le degré moyen entre ceux qu'on aura observés aux deux extrémités de la hauteur qu'il s'agit de mesurer.

Ainsi, nommant c et t les degrés observés aux deux stations, où les hauteurs du baromètre sont b et y, on aura, pour la distance perpendiculaire $x-a$ d'une station à l'autre, la quantité

$$(\mathrm{L}b-\mathrm{L}y)\left(1+\frac{c+t}{2.215}\right),$$

en prenant $\frac{c+t}{2}$ pour la valeur moyenne de t.

Cette règle est la même que celle que M. de Luc a trouvée *à posteriori*, et qui s'accorde très-bien avec les observations, comme on peut le voir par le tableau qu'il en a donné dans le Chapitre V de la quatrième Partie de son Ouvrage.

6. Si l'on pouvait regarder cette règle comme tout à fait exacte, il ne serait pas difficile d'en déduire la véritable loi de la diminution de la chaleur de bas en haut. M. de Luc paraît croire que cette règle suppose que la chaleur diminue en progression arithmétique (Article 658 de son Ouvrage); mais on va voir que cette conclusion n'est pas exacte.

L'équation donnée par la règle précédente est celle-ci

$$(\mathrm{L}b - \mathrm{L}y)\left(1 + \frac{c+t}{2.215}\right) = x - a,$$

ou bien, en réduisant les logarithmes tabulaires $\mathrm{L}b$, $\mathrm{L}y$ aux logarithmes hyperboliques $\log b$, $\log y$, en multipliant ceux-là par $\log 10$,

$$(\log b - \log y)\left(1 + \frac{c+t}{2.215}\right) = (x-a)\log 10;$$

d'où l'on tire

$$\log b - \log y = \frac{(x-a)\log 10}{1 + \frac{c+t}{2.215}},$$

et différentiant

$$-\frac{dy}{y} = d\,\frac{(x-a)\log 10}{1 + \frac{c+t}{2.215}};$$

mais on a par l'équation fondamentale

$$-\frac{dy}{y} = \frac{dx\log 10}{1 + \frac{t}{215}};$$

donc il viendra l'équation

$$d\,\frac{x-a}{1 + \frac{c+t}{2.215}} = \frac{dx}{1 + \frac{t}{215}},$$

par laquelle on pourra déterminer t en x, en observant que $t = c$ lorsque $x = a$; cette équation donne

$$\frac{dx}{x-a} = \frac{\left(1+\frac{t}{215}\right)dt}{(t-c)\left(1+\frac{c+t}{2.215}\right)} = \frac{dt}{t-c} + \frac{1}{2.215}\frac{dt}{1+\frac{c+t}{2.215}},$$

dont l'intégrale est

$$\log(x-a) = \log(t-c) + \log\left(1+\frac{c+t}{2.215}\right) + \log k,$$

k étant une constante arbitraire; d'où l'on tire

$$x-a = k(t-c)\left(1+\frac{c+t}{2.215}\right),$$

et comme en faisant $t=c$ on a déjà $x=a$, il est clair que la constante c demeure à volonté.

Si l'on néglige le terme $\frac{c+t}{2.215}$ vis-à-vis de l'unité, on a

$$t-c = \frac{x-a}{k},$$

c'est-à-dire que les différences de chaleur sont proportionnelles aux différences de hauteur, en sorte que les hauteurs étant prises en progression arithmétique, les degrés de chaleur le seront aussi; mais on voit par notre formule que cette loi, qui est celle de M. de Luc, n'est vraie que par approximation.

7. Si l'on voulait trouver une relation entre t et y, il n'y aurait qu'à faire pour plus de simplicité $\log y = z$ et $\log b = f$ pour avoir d'un côté

$$f - z = \frac{(x-a)\log 10}{1+\frac{c+t}{2.215}},$$

et de l'autre

$$-dz = \frac{dx \log 10}{1+\frac{t}{215}};$$

et l'on trouverait

$$dx \log 10 = d\left[(f-z)\left(1+\frac{c+t}{2,215}\right)\right] = -\,dz\left(1+\frac{t}{215}\right);$$

d'où l'on tirerait l'équation

$$\frac{dz}{f-z} = \frac{dt}{c-t},$$

laquelle donne par l'intégration

$$c - t = k(f-z) = k(\log b - \log y);$$

de sorte que les différences de chaleur seraient proportionnelles aux différences des logarithmes des hauteurs barométriques.

Il est remarquable que cette loi est celle que M. de Luc a trouvée pour la chaleur de l'eau bouillante à différentes hauteurs (Chapitre VI du *Supplément*); mais comme cet Auteur a observé qu'il n'y a aucune relation fixe entre la chaleur de l'eau bouillante et celle de l'air, on est en droit d'en conclure que la formule précédente n'est nullement exacte; et qu'ainsi la règle que donne M. de Luc, pour la correction des hauteurs déterminées par les observations du baromètre en conséquence de la variation de la chaleur, n'est pas tout à fait rigoureuse, mais seulement approchée.

8. Comme la chaleur de l'air diminue toujours à mesure qu'on s'élève au-dessus de la surface de la Terre, il est visible que l'hypothèse la plus simple qu'on puisse faire relativement à cette diminution est celle où l'on suppose que la chaleur décroisse en progression arithmétique; ainsi il est bon de voir aussi les résultats que cette hypothèse doit donner.

Supposons donc, en général,

$$t = p - qx,$$

et si l'on nomme c et γ les degrés de chaleur qui ont lieu aux hauteurs a et α, on aura les deux équations

$$c = p - qa \quad \text{et} \quad \gamma = p - q\alpha,$$

lesquelles serviront à déterminer les deux constantes p et q.

Substituant donc cette valeur de t dans l'équation différentielle

$$-\frac{dy}{y}=\frac{dx\log 10}{1+\frac{t}{215}}$$

du n° 4, elle deviendra celle-ci

$$-\frac{dy}{y}=\frac{dx\log 10}{1+\frac{p-qx}{215}},$$

dont l'intégrale est

$$\log\frac{b}{y}=\frac{215\log 10}{q}\log\frac{k}{1+\frac{p-qx}{215}},$$

k étant une constante qu'il faut déterminer en sorte que lorsque $y=b$ on ait $x=a$, ce qui donnera

$$\log\frac{b}{y}=\frac{215\log 10}{q}\log\frac{1+\frac{p-qa}{215}}{1+\frac{p-qx}{215}};$$

et de là

$$\frac{y}{b}=\left(\frac{1+\frac{p-qx}{215}}{1+\frac{p-qa}{215}}\right)^{\frac{215\log 10}{q}}=\left(1-\frac{q}{215}\,\frac{x-a}{1+\frac{c}{215}}\right)^{\frac{215\log 10}{q}};$$

d'où l'on tire

$$x-a=\left(1+\frac{c}{215}\right)\frac{1-\left(\frac{y}{b}\right)^{\frac{q}{215\log 10}}}{\frac{q}{215}}.$$

Si la quantité $\frac{q}{215\log 10}$ était infiniment petite, on aurait

$$1-\left(\frac{y}{b}\right)^{\frac{q}{215\log 10}}=-\frac{q}{215\log 10}\log\frac{y}{b}=\frac{q}{215}\,\mathrm{L}\frac{b}{y};$$

donc

$$x-a=\left(1+\frac{c}{215}\right)\mathrm{L}\frac{b}{y}.$$

C'est le cas où la chaleur t serait constante et égale à c; ce qui s'accorde avec ce qu'on a trouvé plus haut.

Ainsi cette formule approchera d'autant plus d'être exacte que la quantité $\frac{q}{215 \log 10}$ sera plus petite. Or on a

$$q = \frac{c-\gamma}{\alpha - a},$$

où $c-\gamma$ est la différence de chaleur qui répond à la différence de hauteur $\alpha - a$; donc si l'on prend pour l'un des termes de la chaleur la température des caves de l'observatoire qui est d'environ 10 degrés, et pour l'autre le froid de la glace qui est à zéro du thermomètre, on aura

$$c - \gamma = 10^\circ;$$

et si l'on suppose que la hauteur à laquelle règne naturellement ce froid soit de 2000 toises, ce qui est peut-être trop fort, on aura

$$\alpha - a = \frac{10000}{2000} = \frac{1}{5};$$

donc

$$q = 50,$$

et

$$\frac{q}{215 \log 10} = \frac{1}{10} \text{ à peu près.}$$

Si l'on veut juger combien la quantité $1 - \left(\frac{y}{b}\right)^{\frac{q}{215 \log 10}}$ s'éloigne de $\frac{-q}{215 \log 10} \log \frac{y}{b}$ pour une valeur donnée de $\frac{q}{215 \log 10}$, il n'y aura qu'à supposer

$$1 - \left(\frac{y}{b}\right)^{\frac{q}{215 \log 10}} = z,$$

et l'on aura

$$\left(\frac{y}{b}\right)^{\frac{q}{215 \log 10}} = 1 - z,$$

et prenant les logarithmes

$$\frac{-q}{215 \log 10} \log \frac{y}{b} = -\log(1-z);$$

en sorte que la différence cherchée sera

$$-\log(1-z)-z=\frac{z^2}{2}+\frac{z^3}{3}+\frac{z^4}{4}+\ldots<\frac{z^2}{2\left(1-\frac{z}{2}\right)^2} \text{ lorque } z \text{ est } <1.$$

Cette différence sera donc d'autant plus petite que z sera plus petite, et par conséquent que $\frac{y}{b}$ sera plus grande. Donc le rapport de cette différence à la quantité $\frac{-q}{215\log 10}\log\frac{y}{b}$ sera plus petit que $\frac{z}{2-z}$ à cause de

$$-\log(1-z)>\frac{z}{1-\frac{z}{2}}.$$

D'où il s'ensuit qu'en employant la formule qui résulte de notre hypothèse pour calculer la hauteur des montagnes, l'écart sera d'autant plus grand que la quantité $\frac{y}{b}$ sera plus petite, mais sa plus grande valeur sera toujours moindre que

$$\frac{z}{2-z} \quad \text{ou} \quad \frac{1-\left(\frac{y}{b}\right)^{\frac{q}{215\log 10}}}{1+\left(\frac{y}{b}\right)^{\frac{q}{215\log 10}}}$$

du total. Or comme la plus grande hauteur où l'on ait monté est, suivant M. de la Condamine, celle du Coraçon, montagne de la Cordelière qui est élevée au-dessus du niveau de la mer de 2470 toises, et qu'à cette hauteur le mercure se tenait à 15 pouces 10 lignes, il s'ensuit que la plus petite valeur de $\frac{y}{b}$ que l'on puisse jamais avoir à calculer sera toujours plus grande que $\frac{1}{2}$. Or prenant $\frac{y}{b}=\frac{1}{2}$, et faisant comme ci-dessus

$$q=50 \quad \text{et} \quad \frac{q}{215\log 10}=\frac{1}{10},$$

on trouve $z=0,067$; donc

$$\frac{z}{2-z}=\frac{67}{1933}=\frac{1}{29};$$

de sorte que sur une hauteur de 2470 toises on aura une erreur moindre que 85 toises.

Si l'on fait $\frac{r}{b} = \frac{3}{4}$, ce qui est à peu près le cas des plus hautes montagnes de l'Europe, on trouve $z = 0,03$, et

$$\frac{z}{2-z} = \frac{3}{197} = \frac{1}{66};$$

ainsi sur une hauteur de 1000 toises, telle que celle du Mont-d'Or en Auvergne, où le mercure s'est soutenu à environ 22 pouces, l'erreur sera moindre que 15 toises.

D'où l'on voit que la formule résultante de notre hypothèse de la diminution de la chaleur en progression arithmétique donnera pour la hauteur des montagnes des résultats peu différents de ceux qui viennent de la formule reçue des Physiciens, où la chaleur est regardée comme constante.

9. M. Euler, dans ses *Recherches sur la réfraction*, imprimées dans le volume de cette Académie pour l'année 1754, suppose que la chaleur décroisse de bas en haut suivant une progression harmonique. Suivant cette hypothèse la valeur de t serait de la forme $\frac{p+qx}{1+mx}$, et l'on aurait trois coefficients p, q, m à déterminer, en sorte qu'on pourrait faire quadrer cette formule avec trois observations données. On pourrait même supposer plus généralement

$$t = \frac{a + bx + cx^2 + \ldots}{p + qx + rx^2 + \ldots}$$

en y admettant autant de termes qu'on voudrait; mais il serait inutile de s'étendre dans ces détails parce qu'il n'en pourrait jamais résulter que des conclusions hypothétiques.

10. Je viens maintenant à l'objet principal de ce Mémoire, à la recherche de la loi de la réfraction de la lumière dans l'atmosphère; et je remarque d'abord que par des expériences très-exactes faites par la

Société Royale de Londres en 1699, et répétées plusieurs années après par M. Hawksbee qui en donne le détail dans le Chapitre IV de ses *Expériences physico-méchaniques*, on a trouvé que l'angle dont la lumière se détourne par la réfraction en passant du vide dans l'air, ou d'un air d'une densité donnée dans un autre air d'une autre densité, est toujours proportionnel à la différence de la densité des deux milieux à travers lesquels la lumière passe; en sorte que, si z est l'angle d'incidence et $z-\zeta$ l'angle de réfraction, on aura toujours ζ proportionnel à l'excès de la densité du second milieu sur celle du premier; par conséquent, nommant cette différence de densité D, on aura $\zeta = m\mathrm{D}$, m étant un coefficient constant à l'égard de D, toutes les autres circonstances demeurant les mêmes.

Or, par la loi générale de la réfraction, on a, lorsque l'angle d'incidence z varie, les milieux restant les mêmes, $\dfrac{\sin(z-\zeta)}{\sin z}$ égal à une quantité constante qu'on appelle la *raison de réfraction*, et qui dans l'air est très-peu différente de l'unité; en sorte que supposant cette raison égale à $1-n$, n étant une très-petite quantité, on aura

$$\sin(z-\zeta) = (1-n)\sin z;$$

d'où l'on voit que l'angle ζ est nécessairement très-petit de l'ordre de n, et qu'ainsi l'on pourra mettre, sans erreur sensible, $\sin z - \zeta\cos z$ à la place de $\sin(z-\zeta)$; ce qui donnera l'équation

$$\zeta\cos z = n\sin z,$$

savoir

$$\zeta = n\,\mathrm{tang}\,z.$$

Donc, puisque l'angle très-petit ζ est proportionnel à D tant que z est constant, et que le même angle ζ est proportionnel à $\mathrm{tang}\,z$ lorsque D est constant, il s'ensuit qu'on aura, en général, ζ dans la raison composée de D et de $\mathrm{tang}\,z$; c'est-à-dire

$$\zeta = \lambda\mathrm{D}\,\mathrm{tang}\,z,$$

λ étant un coefficient constant et indépendant de D et de z.

Or, dans une des expériences de M. Hawksbee dans laquelle le baromètre était à 29 pouces $7\frac{1}{2}$ lignes et le thermomètre à 60 degrés, on a trouvé que l'angle d'incidence z étant 32 degrés, l'angle de réfraction $z-\zeta$, en passant du vide dans l'air naturel, était de $31^\circ 59' 24''$, ce qui donne par conséquent $\zeta = 36''$. Donc, puisque dans ce cas D doit être égale à la densité naturelle de l'air qui est proportionnelle (3) à $-\frac{dy}{dx}$, ou (5) à $\frac{y \log 10}{1+\frac{t}{215}}$, on aura dans l'expérience de M. Hawksbee l'équation

$$36'' = \frac{\lambda y \log 10}{1+\frac{t}{215}} \tang 32^\circ,$$

où y dénote la hauteur du baromètre en lignes, et t les degrés du thermomètre de Réaumur au-dessus de $16^\circ \frac{3}{4}$ (4).

Comme M. Hawksbee se servait d'un thermomètre particulier différent de celui de Réaumur, il faut, pour avoir la valeur de t qui convient à cette expérience, réduire les 60 degrés de son thermomètre à des degrés de Réaumur, ce qu'on peut faire aisément d'après les éclaircissements donnés par le traducteur de l'Ouvrage de M. Hawksbee; et l'on voit d'abord, par la Table de la page 172 de l'édition française, que 60 degrés de M. Hawksbee répondent à 47 degrés du thermomètre de la Société Royale, dans lequel le point de la congélation est à 77 degrés, et dont 5 degrés sont équivalents à 2 degrés de Réaumur (page 176), en sorte que les 60 degrés dont il s'agit doivent répondre à 12 degrés de Réaumur; or $12 = 16\frac{3}{4} - 4\frac{3}{4}$; donc on aura dans le cas présent

$$t = -4\tfrac{3}{4} = -\frac{19}{4}.$$

A l'égard de la valeur de y qui indique la hauteur du baromètre, il semblerait qu'il n'y aurait qu'à prendre 29 pouces $7\frac{1}{2}$ lignes, réduits en lignes; mais comme le pied anglais diffère un peu du pied de roi, la proportion du premier au second étant de 1351 à 1440, il faudra faire

$$y = (29 \times 12 + 7\tfrac{1}{2})\frac{1351}{1440} = 287.$$

Ainsi l'on aura

$$36'' = \frac{\lambda \times 287 \times \log 10}{1 - \frac{19}{4 \times 215}} \tang 32^\circ,$$

et de là

$$\lambda = \frac{841 \times 36''}{860 \times 287 \times \log 10 \times \tang 32^\circ},$$

ou plutôt

$$\lambda = \frac{841 \sin 36''}{860 \times 287 \times \log 10 \times \tang 32^\circ} = 0,000\,004\,133\,2$$

et

$$L.\lambda = 3,616\,285\,3.$$

11. Maintenant soit C le centre de la Terre, AB sa surface, CAV la verticale au point A, Apqr la courbe décrite par un rayon de lumière qui traverse l'atmosphère, $plqm$ et $qmrn$ deux couches infiniment minces et concentriques à la Terre, dans chacune desquelles la densité de l'air est uniforme; nommons $AC = CP = r$, $Pp = x$, en sorte que $Cp = r + x$,

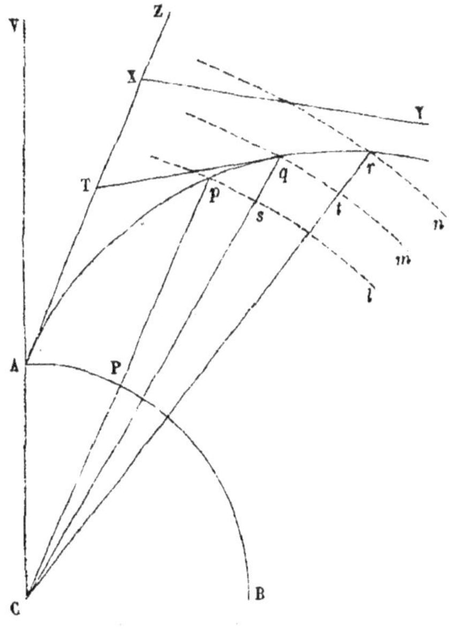

$ACp = \varphi$, et l'amplitude de la courbe $Ap = \rho$; et il est clair que l'angle pqT (Tq étant tangente en q) sera égal à $d\rho$, qu'en même temps cet angle sera celui qu'on a nommé ci-dessus ζ; de sorte qu'on aura

$\zeta = d\rho$; de plus il est clair que l'angle qrt sera l'angle d'incidence du rayon rq sur la couche qt, lequel a été nommé plus haut z, en sorte qu'on aura ici

$$\operatorname{tang} z = \frac{ps}{qs} = \frac{(r+x)\,d\varphi}{dx},$$

et de là

$$d\varphi = \frac{dx}{r+x} \operatorname{tang} z.$$

Enfin, comme la réfraction n'est due qu'à la différence de densité des deux couches contiguës pt et qr, il faudra prendre pour D, non la quantité $-\frac{dy}{dx}$ qui est proportionnelle à la densité même en pq, mais sa différentielle, à laquelle il faudra donner le signe $-$, à cause que la densité est supposée diminuer à mesure que la hauteur x augmente; ainsi l'on aura

$$D = d\,\frac{dy}{dx} = -d\,\frac{y \log 10}{1 + \frac{t}{215}};$$

de sorte qu'en faisant ces substitutions dans l'équation $\zeta = \lambda D \operatorname{tang} z$, on aura celle-ci

$$d\rho = -\lambda d\,\frac{y \log 10}{1 + \frac{t}{215}} \times \operatorname{tang} z;$$

or il est visible que

$$\begin{aligned} dz = \text{angle } Crq - \text{angle } Cqp &= \text{angle } Cqt - \text{angle } qCr - \text{angle } Cqp \\ &= \text{angle } pqt - \text{angle } qCr = d\rho - d\varphi; \end{aligned}$$

donc substituant pour $d\rho$ et $d\varphi$ les valeurs trouvées ci-dessus, et divisant l'équation par $\operatorname{tang} z$, on aura

$$\frac{dz}{\operatorname{tang} z} = -\lambda d\,\frac{y \log 10}{1 + \frac{t}{215}} - \frac{dx}{r+x},$$

équation intégrable, laquelle étant intégrée en sorte que Z soit la valeur de z, et b, c celles de y, t lorsque $x=0$, on aura

$$\log\frac{\sin z}{\sin Z}=\lambda\left(\frac{b\log 10}{1+\frac{c}{215}}-\frac{y\log 10}{1+\frac{t}{215}}\right)+\log\frac{r}{r+x},$$

d'où l'on tire

$$\sin z=\frac{\sin Z}{1+\frac{x}{r}}\times\frac{e^{\frac{\lambda b\log 10}{1+\frac{c}{215}}}}{e^{\frac{\lambda y\log 10}{1+\frac{t}{215}}}},$$

ou bien, à cause de $e^{\log 10}=10$,

$$\sin z=\frac{\sin Z}{1+\frac{x}{r}}\times\frac{10^{\frac{\lambda b}{1+\frac{c}{215}}}}{10^{\frac{\lambda y}{1+\frac{t}{215}}}}.$$

Or il est visible que Z est égal à l'angle VAT que fait avec la verticale VA la tangente AT de la courbe décrite par le rayon en traversant l'atmosphère; par conséquent Z sera la distance apparente de l'astre au zénith. De plus si l'on suppose que XY soit la tangente à la même courbe dans le point où le rayon entre dans l'atmosphère, il est clair que l'angle ZXY sera l'effet total de la réfraction, en sorte que la véritable hauteur de l'astre sera

$$90^\circ - Z - \text{angle ZXY};$$

et il est clair en même temps que cet angle ZXY, formé par les deux tangentes AX et YX, sera l'amplitude totale de la courbe Apqr; c'est-à-dire la valeur de ρ qui répond à toute l'étendue de la même courbe depuis le point A jusqu'au haut de l'atmosphère. D'où l'on voit que le Problème de la réfraction consiste à déterminer la valeur totale de ρ en Z.

Ainsi Z étant la distance apparente au zénith, ρ sera la réfraction, et la difficulté consistera à déterminer ρ en Z.

12. Pour cela je fais

$$u=\frac{e^{\frac{\lambda b\log 10}{1+\frac{c}{215}}}}{e^{\frac{\lambda y\log 10}{1+\frac{t}{215}}}},$$

en sorte que l'on ait

$$\sin z = \frac{u \sin Z}{1 + \frac{x}{r}},$$

ce qui donnera

$$\operatorname{tang} z = \frac{u \sin Z}{1 + \frac{x}{r}} : \sqrt{1 - \frac{u^2 \sin^2 Z}{\left(1 + \frac{x}{r}\right)^2}};$$

de plus, on a par la différentiation

$$\frac{du}{u} = -\lambda d \frac{y \log 10}{1 + \frac{t}{215}};$$

donc, substituant ces valeurs dans l'expression de $d\rho$ trouvée ci-dessus, il viendra

$$d\rho = \frac{\sin Z \, du}{1 + \frac{x}{r}} : \sqrt{1 - \frac{u^2 \sin^2 Z}{\left(1 + \frac{x}{r}\right)^2}},$$

d'où l'on tirera par l'intégration la valeur de ρ, en observant que ρ doit être égal à zéro lorsque $x = 0$, auquel cas on a $u = 1$.

Je remarque d'abord que le terme $\frac{x}{r}$ est nécessairement fort petit vis-à-vis de 1; car r étant le rayon de la Terre, et la plus grande valeur de x devant être la hauteur de l'atmosphère, la plus grande valeur de $\frac{x}{r}$ sera le rapport de la hauteur de l'atmosphère au rayon de la Terre, rapport qui, par l'observation des crépuscules, est

$$\text{sec. } 9^\circ - 1 = 0{,}0124625 < \frac{1}{80}.$$

Quand on voudrait même supposer que ce rapport est trop faible de moitié, et qu'il doit être porté à $\frac{1}{40}$, il resterait toujours assez petit pour pouvoir être négligé vis-à-vis de 1 sans qu'il y ait d'erreur sensible à craindre.

Mais comme dans l'intégration la valeur de $\frac{x}{r}$ doit augmenter depuis zéro jusqu'à la valeur du rapport dont il s'agit, il est clair qu'on s'écartera encore moins de la vérité si, au lieu de négliger tout à fait cette quantité, on lui donne une valeur constante et moyenne entre la plus grande et la plus petite; et l'on aura d'autant moins d'erreur à craindre de cette hypothèse que l'on n'a besoin que d'avoir la valeur totale de l'intégrale. Soit donc α cette valeur moyenne de $\frac{x}{r}$ que nous traiterons comme constante, et l'on aura

$$d\rho = \frac{\sin Z\, du}{1+\alpha} : \sqrt{1 - \frac{u^2 \sin^2 Z}{(1+\alpha)^2}},$$

dont l'intégrale est

$$\rho + k = \arcsin \frac{u \sin Z}{1+\alpha},$$

k étant une constante arbitraire; c'est-à-dire

$$\sin(\rho + k) = \frac{u \sin Z}{1+\alpha} = \frac{\sin Z}{1+\alpha} \frac{e^{\frac{\lambda b \log 10}{1+\frac{c}{215}}}}{e^{\frac{\lambda y \log 10}{1+\frac{t}{215}}}};$$

or, comme en faisant $\rho = 0$ on doit avoir $u = 1$, on aura

$$\sin k = \frac{\sin Z}{1+\alpha};$$

de plus il est clair que pour avoir la valeur totale de la réfraction ρ il faut faire $y = 0$, puisqu'au haut de l'atmosphère la hauteur du baromètre doit être nulle; ainsi l'on aura

$$\sin(\rho + k) = \frac{\sin Z}{1+\alpha} e^{\frac{\lambda b \log 10}{1+\frac{c}{215}}} = \frac{\sin Z}{1+\alpha} 10^{\frac{\lambda b}{1+\frac{c}{215}}},$$

et de là

$$\rho = \arcsin\left(\frac{\sin Z}{1+\alpha} 10^{\frac{\lambda b}{1+\frac{c}{215}}}\right) - \arcsin \frac{\sin Z}{1+\alpha},$$

où ρ exprime donc la réfraction qui a lieu pour un astre dont la distance apparente au zénith est Z, b étant la hauteur du baromètre en lignes, et c le degré du thermomètre de Réaumur au-dessus de $16°\frac{3}{4}$ dans le lieu de l'observation. A l'égard de la fraction très-petite α, on pourra la déterminer *à posteriori*, d'après les observations.

Pour faire usage de cette formule, on remarquera que $10^{\frac{\lambda b}{1+\frac{c}{215}}}$ est le nombre qui répond au logarithme tabulaire $\frac{\lambda b}{1+\frac{c}{215}}$; en sorte qu'on pourra la représenter plus commodément de cette manière

$$\rho = \text{arc sin}\left(\frac{\sin Z}{1+\alpha} \times \text{N.L}\,\frac{\lambda b}{1+\frac{c}{215}}\right) - \text{arc sin}\,\frac{\sin Z}{1+\alpha}.$$

13. Supposons le baromètre à 28 pouces et le thermomètre à 10 degrés, on aura dans ce cas

$$b = 12 \times 28 = 336, \quad c = 10 - 16\tfrac{3}{4} = -6\tfrac{3}{4},$$

et l'on trouvera

$$\frac{\lambda b}{1+\frac{c}{215}} = \frac{336 \times 860\lambda}{833} = 0{,}000\,143\,38;$$

et le nombre qui répondra à celui-ci comme logarithme sera

$$1{,}000\,330\,201;$$

c'est la valeur de $\text{N.L}\,\frac{\lambda b}{1+\frac{c}{215}}$, et son logarithme sera $0{,}000\,1434$.

Maintenant soit, pour cette constitution de l'air, la réfraction horizontale égale à ω, on aura, en faisant dans la formule précédente $Z = 90°$ et $\rho = \omega$, l'équation

$$\omega = \text{arc sin}\,\frac{1{,}000\,330\,2}{1+\alpha} - \text{arc sin}\,\frac{1}{1+\alpha};$$

d'où l'on tirera la valeur de α. Pour cela, on mettra cette équation sous la forme

$$\frac{1{,}000\,330\,2}{1+\alpha} = \sin\left(\omega + \text{arc sin}\,\frac{1}{1+\alpha}\right) = \sin\omega\sqrt{1-\frac{1}{(1+\alpha)^2}} + \frac{\cos\omega}{1+\alpha};$$

d'où, en multipliant par $1+\alpha$ et divisant par $\sin\omega$, on tire

$$\sqrt{(1+\alpha)^2-1} = \frac{1,000\,330\,2 - \cos\omega}{\sin\omega}.$$

Faisons, pour abréger,

$$\Omega = \left(\frac{1,000\,330\,2 - \cos\omega}{\sin\omega}\right)^2,$$

et l'on aura

$$\alpha = \frac{\Omega}{2} - \frac{\Omega^2}{8} + \ldots.$$

Si l'on fait avec M. Bradley

$$\omega = 33',$$

on trouve

$$\Omega = 0,001\,536\,8, \quad \Omega^2 = 0,000\,002\,4;$$

donc

$$\alpha = 0,000\,768\,1;$$

et de là

$$1+\alpha = 1,000\,768\,1, \quad L(1+\alpha) = 0,000\,333\,5.$$

M. Mayer, dans sa *Table des Réfractions*, suppose la réfraction horizontale de 30′ 50″, 8 seulement pour la même constitution de l'air que ci-dessus; suivant cette hypothèse on trouvera

$$\Omega = 0,001\,703\,7, \quad \Omega^2 = 0,000\,002\,9,$$

et de là

$$\alpha = 0,000\,851\,4, \quad 1+\alpha = 1,000\,851\,4.$$

La valeur de α étant connue, on pourra construire par notre formule une Table des réfractions pour toutes les hauteurs apparentes $90^\circ - Z$ et pour telle hauteur du baromètre et tel degré du thermomètre qu'on voudra; et cette Table aura l'avantage d'être fondée sur des données plus exactes et sur une théorie moins précaire qu'on ne l'a fait jusqu'à présent.

14. Comme le nombre $\dfrac{\lambda b}{1+\dfrac{c}{215}}$ est toujours extrêmement petit, il est

clair qu'on aura à très-peu près

$$\text{N.L}\,\frac{\lambda b}{1+\frac{c}{215}} = e^{\frac{\lambda b \log 10}{1+\frac{c}{215}}} = 1 + \frac{\lambda b \log 10}{1+\frac{c}{215}};$$

ainsi la valeur de ρ sera

$$\rho = \arc\sin\left[\frac{\sin Z}{1+\alpha}\left(1+\frac{\lambda b \log 10}{1+\frac{c}{215}}\right)\right] - \arc\sin\frac{\sin Z}{1+\alpha},$$

c'est-à-dire à très-peu près

$$\rho = \frac{\lambda b \log 10}{1+\frac{c}{215}} \times \frac{\sin Z}{1+\alpha} : \sqrt{1-\frac{\sin^2 Z}{(1+\alpha)^2}},$$

ou bien

$$\rho = \frac{\lambda b \log 10}{1+\frac{c}{215}} \times \frac{\operatorname{tang} Z}{\sqrt{1+\frac{2\alpha+\alpha^2}{\cos^2 Z}}};$$

ce qui fait voir que la réfraction est généralement proportionnelle à la hauteur du baromètre et à la tangente de la distance apparente de l'astre au zénith, lorsque cette distance est assez différente de 90 degrés pour que $\frac{2\alpha}{\cos Z}$ soit une quantité très-petite vis-à-vis de l'unité.

15. Si l'on voulait intégrer rigoureusement l'équation

$$d\rho = \frac{\sin Z\, du}{1+\frac{x}{r}} : \sqrt{1-\frac{u^2 \sin^2 Z}{\left(1+\frac{x}{r}\right)^2}}$$

du nº **12**, il faudrait connaître la valeur de x en u ou de u en x, et par conséquent celle de y et t en x, laquelle dépend de la loi de la diminution de la chaleur, qui est encore inconnue.

La supposition la plus simple serait de faire

$$1+\frac{x}{r} = ku^m,$$

et comme $u = 1$ lorsque $x = 0$, on aurait d'abord $k = 1$; en sorte que

$$1 + \frac{x}{r} = u^m,$$

m étant un nombre qu'on pourrait déterminer par les observations. Cette valeur de $1 + \frac{x}{r}$ étant substituée dans l'équation précédente, il en résulterait celle-ci

$$d\rho = \frac{du^{1-m}\sin Z}{(1-m)\sqrt{1 - u^{2-2m}\sin^2 Z}},$$

dont l'intégrale est

$$\rho + H = \frac{\arcsin(u^{1-m}\sin Z)}{1-m}.$$

Or ρ doit être nul lorsque $u = 1$; donc

$$H = \frac{Z}{1-m},$$

et par conséquent

$$\rho = \frac{\arcsin(u^{1-m}\sin Z) - Z}{1-m};$$

et faisant maintenant $y = 0$ pour avoir la valeur totale de ρ, ce qui donne

$$u = e^{\frac{\lambda b \log 10}{1 + \frac{c}{215}}}$$

et

$$u^{1-m} = e^{\frac{(1-m)\lambda b \log 10}{1 + \frac{c}{215}}} = \text{N.L}\frac{(1-m)\lambda b}{1 + \frac{c}{215}},$$

on aura

$$\rho = \frac{\arcsin\left[\sin Z \times \text{N.L}\frac{(1-m)\lambda b}{1 + \frac{c}{215}}\right] - Z}{1-m},$$

équation qu'on peut, si l'on veut, changer en celle-ci

$$\frac{\sin[Z + (1-m)\rho]}{\sin Z} = \text{N.L}\frac{(1-m)\lambda b}{1 + \frac{c}{215}}.$$

16. Cette formule s'accorde avec celle que M. Simpson a trouvée d'après l'hypothèse que la densité de l'air diminue à très-peu près en progression arithmétique; en effet, la supposition que nous avons faite de

$$1+\frac{x}{r}=u^m=\frac{e^{\frac{m\lambda b\log 10}{1+\frac{c}{215}}}}{e^{\frac{m\lambda y\log 10}{1+\frac{t}{215}}}},$$

donne, en prenant les logarithmes,

$$\frac{m\lambda b\log 10}{1+\frac{c}{215}}-\frac{m\lambda y\log 10}{1+\frac{t}{215}}=\log\left(1+\frac{x}{r}\right);$$

or la quantité $\frac{y\log 10}{1+\frac{t}{215}}$ est (**3** et **4**) proportionnelle à la densité de l'air à la hauteur x; d'où l'on voit que la différence des densités de l'air à la surface de la Terre et à une hauteur quelconque x sera proportionnelle à $\log\left(1+\frac{x}{r}\right)$ ou, à très-peu près, à $\frac{x}{r}$; mais cette hypothèse me paraît trop contraire aux observations pour pouvoir être admise.

M. Simpson détermine les coefficients de sa formule en sorte que $Z=90^\circ$ donne $\rho=33'$, et $Z=60^\circ$ donne $\rho=1'30''$, et il trouve

$$m-1=\frac{11}{2},\quad \text{N.L}\frac{(1-m)\lambda b}{1+\frac{c}{215}}=\sin 86^\circ 58'\tfrac{1}{2}=0,9986\ldots.$$

On aurait donc

$$-\frac{11\lambda b}{2\left(1+\frac{c}{215}\right)}=\log\sin 86^\circ 58' 30''=-1+0,999\,394\,4;$$

donc

$$\frac{11\lambda b}{2\left(1+\frac{c}{215}\right)}=1-0,999\,394\,4=0,000\,603\,6,$$

et de là on trouvera

$$\frac{b}{1+\frac{c}{215}}=266,40.$$

Ainsi, supposant le thermomètre à $16^\circ \frac{3}{4}$, ce qui donnera $c = 0$, on aurait pour la hauteur du baromètre 266 lignes, c'est-à-dire $22^p\ 2^l$, ce qui est impossible; et si le thermomètre était plus bas, ce qui rendrait c négatif, la valeur de b serait encore moindre.

On voit par là que la règle de M. Simpson ne peut subsister avec les données tirées des expériences de M. de Luc.

17. M. Bradley a trouvé que les réfractions étaient, généralement parlant, proportionnelles aux tangentes de la distance au zénith diminuée d'une partie aliquote constante de la réfraction elle-même; de sorte que suivant cette règle on a

$$\rho = \delta \operatorname{tang}(Z - \mu\rho),$$

δ et μ étant deux coefficients constants que M. Bradley détermine par les observations. Comme l'arc ρ est toujours nécessairement très-petit, on peut changer sans erreur sensible ρ en $\frac{\operatorname{tang}\mu\rho}{\mu}$, ce qui réduit la formule précédente à celle-ci

$$\operatorname{tang}\mu\rho = \mu\delta \operatorname{tang}(Z - \mu\rho),$$

savoir

$$\frac{\sin\mu\rho}{\cos\mu\rho} = \frac{\mu\delta\sin(Z - \mu\rho)}{\cos(Z - \mu\rho)},$$

et multipliant en croix,

$$\sin\mu\rho \times \cos(Z - \mu\rho) = \mu\delta\sin(Z - \mu\rho) \times \cos\mu\rho,$$

savoir

$$\sin Z - \sin(Z - 2\mu\rho) = \mu\delta\sin Z + \mu\delta\sin(Z - 2\mu\rho);$$

d'où

$$\frac{\sin(Z - 2\mu\rho)}{\sin Z} = \frac{1 - \mu\delta}{1 + \mu\delta},$$

ce qui se réduit, comme on voit, à la formule trouvée ci-dessus en faisant

$$2\mu = m - 1 \quad \text{et} \quad \frac{1 - \mu\delta}{1 + \mu\delta} = \text{N.L}\,\frac{(1 - m)\lambda b}{1 + \dfrac{c}{215}}.$$

Ainsi la règle de M. Bradley est nécessairement sujette aux mêmes difficultés que celle de M. Simpson, à laquelle elle revient dans le fond.

18. M. Mayer donne dans ses Tables une formule différente des précédentes, et qui, en gardant nos dénominations, se réduit à

$$\rho = \frac{70'',71\, b \sin Z \operatorname{tang} \frac{1}{2} \omega}{\left[1 + 0,0046\left(c - 16\frac{3}{4}\right)\right]^{\frac{3}{2}}},$$

en prenant l'angle ω tel que

$$\operatorname{tang} \omega = \frac{\sqrt{1 + 0,0046\left(c - 16\frac{3}{4}\right)}}{16\frac{1}{2} \times \cos Z};$$

mais comme M. Mayer ne nous a point appris le chemin qui l'y a conduit, on ne peut juger *à priori* de l'exactitude de cette règle; nous remarquerons seulement qu'elle s'éloigne assez de la règle générale suivant laquelle la réfraction est sensiblement proportionnelle à la tangente de la distance apparente au zénith, lorsque cette distance est moindre que 70 degrés.

SUR L'INTÉGRATION

DES

ÉQUATIONS A DIFFÉRENCES PARTIELLES

DU PREMIER ORDRE.

SUR L'INTÉGRATION

DES

ÉQUATIONS A DIFFÉRENCES PARTIELLES

DU PREMIER ORDRE.

(*Nouveaux Mémoires de l'Académie royale des Sciences et Belles-Lettres de Berlin,* année 1772.)

1. Lorsqu'on a une fonction u de plusieurs variables $x, y, z, \ldots$, on appelle différences partielles de u celles qui résultent de la différentiation de u en y faisant varier chacune des quantités $x, y, z, \ldots$ à part; ainsi, supposant que la valeur complète de du soit représentée par

$$p\,dx + q\,dy + r\,dz + \ldots,$$

les différents termes

$$p\,dx, \quad q\,dy, \quad r\,dz, \ldots$$

de cette différentielle seront les différences partielles du premier ordre de u. On a coutume de représenter les coefficients $p, q, r, \ldots$ des différences $dx, dy, dz, \ldots$, dans la différentielle de u, par $\frac{du}{dx}, \frac{du}{dy}, \frac{du}{dz}, \ldots$, de sorte que la valeur complète de du sera représentée par

$$\frac{du}{dx}\,dx + \frac{du}{dy}\,dy + \frac{du}{dz}\,dz + \ldots.$$

Ainsi, si l'on a une équation entre $u, x, y, z, \ldots$ et $\frac{du}{dx}, \frac{du}{dy}, \frac{du}{dz}, \ldots$, ce sera une équation à différences partielles du premier ordre; et c'est sur l'intégration de ce genre d'équations que je me propose ici de donner quelques nouveaux principes.

2. Supposons que u soit une fonction de x et de y seulement, et que l'on ait pour la détermination de cette fonction une équation en u, x, y, $\frac{du}{dx}$, $\frac{du}{dy}$; si l'on fait pour plus de commodité $\frac{du}{dx}=p$, $\frac{du}{dy}=q$, on aura

$$du=p\,dx+q\,dy,$$

et l'équation donnée sera entre les cinq variables u, x, y, p, q; en sorte qu'on pourra par cette équation déterminer, par exemple, q en u, x, y, p; la quantité p sera donc encore indéterminée, et la question se réduira à la déterminer de façon que l'équation

$$du=p\,dx+q\,dy, \quad \text{ou bien} \quad du-p\,dx-q\,dy=0$$

soit intégrable, ou d'elle-même, ou étant multipliée par un facteur quelconque.

Soit, en général, M le facteur que la différentiation aura pu faire disparaître, en sorte que la quantité

$$M(du-p\,dx-q\,dy)$$

soit une différentielle exacte d'une fonction de u, x, y que nous désignerons par N; on aura donc

$$dN=\frac{dN}{du}du+\frac{dN}{dx}dx+\frac{dN}{dy}dy=M\,du-Mp\,dx-Mq\,dy,$$

et de là

$$\frac{dN}{du}=M, \quad \frac{dN}{dx}=-Mp, \quad \frac{dN}{dy}=-Mq;$$

d'où l'on tire les conditions suivantes

$$\frac{dM}{dx}=-\frac{d(Mp)}{du}, \quad \frac{dM}{dy}=-\frac{d(Mq)}{du}, \quad -\frac{d(Mp)}{dy}=-\frac{d(Mq)}{dx},$$

par lesquelles il faudrait déterminer M et p. La dernière de ces équations donne celle-ci

$$M\left(\frac{dp}{dy}-\frac{dq}{dx}\right)+p\,\frac{dM}{dy}-q\,\frac{dM}{dx}=0,$$

laquelle, en substituant pour $\frac{dM}{dx}$ et $\frac{dM}{dy}$ leurs valeurs données par les deux premières, devient

$$M\left(\frac{dp}{dy}-\frac{dq}{dx}\right)-p\,\frac{d(Mq)}{du}+q\,\frac{d(Mp)}{du}=0,$$

c'est-à-dire, en effaçant ce qui se détruit et divisant le reste par M,

$$\frac{dp}{dy}-\frac{dq}{dx}-p\,\frac{dq}{du}+q\,\frac{dp}{du}=0;$$

or, comme q est (hypothèse) une fonction donnée de x, y, u et p, cette équation ne contiendra plus que l'inconnue p; et la difficulté sera réduite à déterminer par son moyen la valeur de p en u, x, y.

3. Quoique de cette manière on ait trouvé l'équation qui doit servir à déterminer p, il paraît qu'on n'a guère avancé dans la solution du Problème proposé; car au lieu qu'on avait une équation entre x, y, u, $\frac{du}{dx}$, $\frac{du}{dy}$ pour la détermination de u, on en a maintenant une entre x, y, u, p, $\frac{dp}{dx}$, $\frac{dp}{dy}$, $\frac{dp}{du}$ pour la détermination de p, laquelle, à la considérer, en général, doit être au moins aussi difficile à résoudre que celle-là, si même elle ne l'est pas davantage à cause qu'elle contient une variable de plus. Il y a cependant une circonstance qui doit la faire regarder comme plus simple que la proposée, c'est que les différentielles dp et dq n'y paraissent que sous une forme linéaire; d'ailleurs nous remarquerons qu'il ne sera pas nécessaire de résoudre cette équation d'une manière complète, mais qu'il suffira de trouver une valeur quelconque de p qui y satisfasse, pourvu qu'elle contienne une constante arbitraire; car nous ferons voir bientôt comment, à l'aide d'une telle valeur de p, on pourra néanmoins parvenir à la solution générale et complète de l'équation proposée.

4. Pour faire voir d'une manière encore plus directe comment l'équation que nous venons de trouver pour la détermination de p peut servir à résoudre le Problème dont il s'agit, reprenons l'équation

$$du - p\,dx - q\,dy = 0,$$

dans laquelle q est une fonction donnée de p, u, x, y, et où p est supposé une fonction de u, x, y telle, que l'équation soit intégrable, soit d'elle-même, soit à l'aide d'un multiplicateur quelconque. Qu'on suppose que l'une des trois variables u, x, y devienne constante, par exemple u, en sorte qu'on ait l'équation à deux variables

$$p\,dx + q\,dy = 0;$$

soit L le facteur qui rendra la différentielle $p\,dx + q\,dy$ intégrable (facteur qu'on peut toujours trouver *à posteriori* dès qu'on aura intégré l'équation $p\,dx + q\,dy = 0$); on aura donc

$$L(p\,dx + q\,dy) = dt,$$

t étant une fonction de x et de y, dans laquelle u entrera aussi comme constante; par conséquent on aura

$$Lp = \frac{dt}{dx}, \quad Lq = \frac{dt}{dy};$$

mais en regardant x, y et u comme variables à la fois, on a, pour la valeur complète de la différentielle dt,

$$\frac{dt}{dx}\,dx + \frac{dt}{dy}\,dy + \frac{dt}{du}\,du;$$

donc on aura

$$dt = Lp\,dx + Lq\,dy + \frac{dt}{du}\,du;$$

ainsi l'équation

$$du - p\,dx - q\,dy = 0,$$

étant multipliée par L, deviendra celle-ci

$$\left(L + \frac{dt}{du}\right) du - dt = 0,$$

qui devra donc être intégrable. Or comme t est une fonction connue de u, x, y, on aura réciproquement x égale à une fonction connue de t, u, y, de sorte qu'on pourra introduire la variable t à la place de la variable x; qu'on fasse donc cette substitution dans la quantité $L + \frac{dt}{du}$, et comme l'équation ne contient que les deux différentielles du et dt, il est clair qu'elle ne pourra être intégrable à moins que la variable y ne disparaisse entièrement de la quantité $L + \frac{dt}{du}$. Supposons, pour abréger, cette quantité égale à P, et il faudra qu'en substituant dans P, à la place de x, sa valeur en y, u et t, la variable y s'en aille en même temps que x; donc aussi si, dans la différentielle

$$dP = \frac{dP}{dx}dx + \frac{dP}{dy}dy + \frac{dP}{du}du,$$

on substitue pour dx sa valeur tirée de l'équation

$$dt = Lp\,dx + Lq\,dy + \frac{dt}{du}du,$$

il faudra que la différentielle dy disparaisse; mais, la substitution faite, on a

$$dP = \frac{dP}{dx}\frac{dt - Lq\,dy - \frac{dt}{du}du}{Lp} + \frac{dP}{dy}dy + \frac{dP}{du}du;$$

savoir

$$dP = \frac{dP}{dx}\frac{dt}{Lp} + \left(\frac{dP}{dy} - \frac{q}{p}\frac{dP}{dx}\right)dy + \left(\frac{dP}{du} - \frac{dt}{du}\frac{dP}{dx}\frac{1}{Lp}\right)du;$$

donc il faudra qu'on ait

$$\frac{dP}{dy} - \frac{q}{p}\frac{dP}{dx} = 0.$$

Or

$$P = L + \frac{dt}{du};$$

donc on aura cette équation de condition

$$\frac{dL}{dy} + \frac{d^2t}{du\,dy} - \frac{q}{p}\left(\frac{dL}{dx} + \frac{d^2t}{du\,dx}\right) = 0;$$

mais on a déjà

$$\frac{dt}{dx} = \mathrm{L}p, \quad \frac{dt}{dy} = \mathrm{L}q;$$

donc on aura

$$\frac{d^2t}{dx\,du} = \frac{d(\mathrm{L}p)}{du} = \mathrm{L}\frac{dp}{du} + p\frac{d\mathrm{L}}{du}, \quad \frac{d^2t}{dy\,du} = \frac{d(\mathrm{L}q)}{du} = \mathrm{L}\frac{dq}{du} + q\frac{d\mathrm{L}}{du};$$

donc l'équation précédente deviendra

$$\frac{d\mathrm{L}}{dy} + \mathrm{L}\frac{dq}{du} + q\frac{d\mathrm{L}}{du} - \frac{q}{p}\left(\frac{d\mathrm{L}}{dx} + \mathrm{L}\frac{dp}{du} + p\frac{d\mathrm{L}}{du}\right) = 0,$$

savoir, en ôtant ce qui se détruit,

$$\frac{d\mathrm{L}}{dy} + \mathrm{L}\frac{dq}{d} - \frac{q}{p}\left(\frac{d\mathrm{L}}{dx} + \mathrm{L}\frac{dp}{du}\right) = 0.$$

De plus les mêmes équations

$$\frac{dt}{dx} = \mathrm{L}p, \quad \frac{dt}{dy} = \mathrm{L}q$$

donnent

$$\frac{d(\mathrm{L}p)}{dy} = \frac{d(\mathrm{L}q)}{dx},$$

savoir

$$p\frac{d\mathrm{L}}{dy} + \mathrm{L}\frac{dp}{dy} - q\frac{d\mathrm{L}}{dx} - \mathrm{L}\frac{dq}{dx} = 0;$$

donc, retranchant de cette équation la précédente multipliée par p, et divisant le reste par L, on aura celle-ci

$$\frac{dp}{dy} - \frac{dq}{dx} - p\frac{dq}{du} + q\frac{dp}{du} = 0,$$

qui est, comme on voit, la même qu'on a trouvée plus haut.

5. Ainsi, dès qu'on aura satisfait à l'équation précédente par le moyen de la valeur de p, on sera assuré qu'en chassant x de la quantité

$$\mathrm{P} = \mathrm{L} + \frac{dt}{du},$$

par l'introduction de la variable t, la quantité y s'en ira en même temps, de sorte qu'on aura alors l'équation à deux variables

$$\mathrm{P}\,du - dt = 0.$$

Soit donc L′ la fonction de u et de t par laquelle il faudra multiplier maintenant la différentielle

$$\mathrm{P}\,du - dt$$

pour la rendre intégrable (fonction qu'on pourra toujours trouver par l'intégration de l'équation $\mathrm{P}\,du - dt = 0$), et comme

$$\mathrm{L}'(\mathrm{P}\,du - dt)$$

sera une différentielle exacte d'une fonction de u et t, si l'on remet à la place de t sa valeur en u, x et y, ce qui, à cause de

$$dt = \mathrm{L}p\,dx + \mathrm{L}q\,dy + \frac{dt}{du}du, \quad \mathrm{P} = \mathrm{L} + \frac{dt}{du},$$

transforme la différentielle dont il s'agit en celle-ci

$$\mathrm{L}'(\mathrm{L}\,du - \mathrm{L}p\,dx - \mathrm{L}q\,dy),$$

il est évident que cette dernière différentielle sera pareillement une différentielle exacte d'une fonction de u, x et y; d'où il s'ensuit que L′L sera le facteur propre à rendre intégrable la différentielle

$$du - p\,dx - q\,dy,$$

et qu'ainsi l'on aura (2)

$$\mathrm{M} = \mathrm{L}'\mathrm{L};$$

de sorte que connaissant L et L′, on connaîtra sur-le-champ le facteur M, et de là par l'intégration on pourra connaître la valeur de la fonction finie

$$\int \mathrm{M}(du - p\,dx - q\,dy).$$

6. On voit donc clairement par l'analyse précédente que la solution du Problème ne dépend que de la recherche de la quantité p à l'aide de

l'équation de condition

$$\frac{dp}{dy} - \frac{dq}{dx} - p\frac{dq}{du} + q\frac{dp}{du} = 0,$$

laquelle est connue depuis longtemps; car, dès que cette condition sera remplie, on pourra toujours trouver le multiplicateur M, qui rendra intégrable l'équation

$$du - p\,dx - q\,dy = 0,$$

et l'intégration donnera ensuite la valeur cherchée de u en x et y.

Si la valeur de p, qui satisfait à l'équation de condition, a toute la généralité que cette équation comporte, on aura par son moyen la valeur complète de u; mais si la valeur de p n'est que particulière, on ne trouvera d'abord qu'une valeur particulière et incomplète de la fonction cherchée u; cependant si la valeur particulière de p est telle, qu'elle renferme une constante arbitraire, on pourra compléter la valeur de u de la manière suivante. On cherchera d'abord, d'après cette valeur particulière de p, le multiplicateur M, qui rendra intégrable la différentielle

$$du - p\,dx - q\,dy,$$

et l'on aura, en intégrant, l'équation

$$\int \mathrm{M}(du - p\,dx - q\,dy) = \text{une const.}$$

Désignons, pour plus de simplicité, par N la quantité

$$\int \mathrm{M}(du - p\,dx - q\,dy),$$

qui sera nécessairement une fonction finie de u, x et y; soit de plus α la constante arbitraire qui entre dans la valeur de p, et il est clair que cette constante entrera aussi comme telle dans l'expression de N; supposons maintenant que cette même quantité α, au lieu d'être constante, soit aussi une fonction variable, et il est visible que dans ce cas la différentielle complète de N ne sera plus simplement

$$M(du - p\,dx - q\,dy),$$

mais

$$M(du - p\,dx - q\,dy) + \frac{dN}{d\alpha}\,d\alpha;$$

de sorte qu'on aura, dans l'hypothèse de la variabilité de α,

$$N = \int M(du - p\,dx - q\,dy) + \int \frac{dN}{d\alpha}\,d\alpha,$$

et par conséquent

$$\int M(du - p\,dx - q\,dy) = N - \int \frac{dN}{d\alpha}\,d\alpha.$$

Donc, si pour satisfaire aux conditions du Problème on veut que la différentielle

$$M(du - p\,dx - q\,dy)$$

soit intégrable d'elle-même, il faudra que la différentielle $\frac{dN}{d\alpha}d\alpha$ le soit aussi en particulier; ce qui ne saurait évidemment avoir lieu, à moins que $\frac{dN}{d\alpha}$ ne soit une fonction quelconque de α.

Que $f(\alpha)$ dénote donc une fonction quelconque de α, et supposant $f'(\alpha) = \frac{df(\alpha)}{d\alpha}$, on fera

$$\frac{dN}{d\alpha} = f'(\alpha),$$

équation par laquelle on pourra déterminer α. Ensuite on aura

$$\int \frac{dN}{d\alpha}\,d\alpha = f(\alpha);$$

donc

$$\int M(du - p\,dx - q\,dy) = N - f(\alpha);$$

de là on aura l'équation intégrale

$$N - f(\alpha) = \text{une const.},$$

ou bien simplement

$$N - f(\alpha) = 0$$

[à cause que la constante peut être censée renfermée dans la fonction $f(\alpha)$], laquelle servira à trouver la valeur de la fonction u; et il est clair que cette valeur de u sera complète, puisqu'elle contiendra une fonction arbitraire.

7. On voit donc aussi par là que toute équation de la forme

$$\frac{dp}{dy} - \frac{dq}{dx} - p\frac{dq}{du} + q\frac{dp}{du} = 0,$$

où q est supposée une fonction quelconque donnée de u, x, y, p, est telle, que si l'on connaît seulement une valeur particulière de p, mais qui renferme une constante arbitraire α, on pourra toujours trouver la valeur complète de p; car il n'y aura qu'à tirer la valeur de α de l'équation

$$\frac{dN}{d\alpha} = f'(\alpha)$$

et la substituer ensuite dans la valeur particulière et connue de p.

8. Pour montrer maintenant l'application du Théorème précédent, nous allons parcourir les principaux cas dans lesquels l'équation de condition est facile à remplir par le moyen d'une valeur particulière de p qui se présente naturellement, et nous en verrons naître les solutions de la plupart des Problèmes de ce genre qui n'ont été résolus jusqu'ici que par des méthodes particulières.

Premier Cas. — *Lorsque q est une fonction de p seul.*

Soit P une fonction quelconque de p, et supposons qu'on ait

$$q = P,$$

l'équation de condition (6) deviendra, en faisant $dP = P'dp$,

$$\frac{dp}{dy} - P'\frac{dp}{dx} - P'p\frac{dp}{du} + P\frac{dp}{du} = 0,$$

à laquelle il est visible que satisfait cette valeur

$$p = \text{une const.}$$

On aura donc ainsi

$$p = \alpha \quad \text{et} \quad q = A$$

(A étant ce que devient P lorsque $P = \alpha$), d'où l'on voit que la différentielle

$$du - p\,dx - q\,dy$$

deviendra

$$du - \alpha\,dx - A\,dy,$$

laquelle est évidemment intégrable d'elle-même. Intégrant donc on aura

$$u - \alpha x - Ay = N;$$

de là, en faisant varier α, on aura

$$\frac{dN}{d\alpha} = -x - A'y$$

$\left(A' \text{ étant égal à } \frac{dA}{d\alpha}\right)$; donc

$$-x - A'y = f'(\alpha),$$

équation d'où l'on tirera la valeur de α, qui étant ensuite substituée dans l'équation

$$N - f(\alpha) = 0,$$

ou bien

$$u - \alpha x - Ay - f(\alpha) = 0,$$

donnera la valeur complète de u.

Deuxième Cas. — *Lorsque q est une fonction de p et de y.*

Soit P une fonction de p et de y, en sorte que

$$dP = P'dp + Q\,dy,$$

et supposons

$$q = P;$$

l'équation de condition deviendra la même que ci-dessus, à cause que

$$\frac{dq}{dx} = P' \frac{dp}{dx}, \quad \frac{dq}{du} = P' \frac{dp}{du};$$

ainsi l'on y pourra satisfaire en prenant de même

$$p = \alpha,$$

ce qui rendra P égal à une fonction de y seul; de sorte que la quantité

$$du - p\,dx - q\,dy,$$

savoir

$$du - \alpha\,dx - P\,dy,$$

sera intégrable d'elle-même, et l'on aura

$$N = u - \alpha x - \int P\,dy.$$

De là on tirera

$$\frac{dN}{d\alpha} = -x - \int \frac{dP}{d\alpha}\,dy,$$

par conséquent on aura l'équation

$$f'(\alpha) = -x - \int \frac{dP}{d\alpha}\,dy,$$

laquelle servira à déterminer α; ensuite de quoi on aura u par l'équation

$$N - f(\alpha) = 0,$$

ou bien

$$u - \alpha x - \int P\,dy - f(\alpha) = 0.$$

Troisième Cas. — *Lorsque q est une fonction de p et de x.*

Dans ce cas il est clair que la valeur de p sera réciproquement exprimée par une fonction de q et x; donc regardant q comme l'inconnue, et supposant Q une fonction de q et x, on aura

$$p = Q,$$

et l'équation de condition deviendra, en supposant $\frac{dQ}{dq} = Q'$,

$$Q'\frac{dq}{dy} - \frac{dq}{dx} - Q\frac{dq}{du} + Q'q\frac{dq}{du} = 0,$$

à laquelle on peut satisfaire en prenant q égal à une constante α, ce qui rendra Q égal à une fonction de x seul, en sorte que la quantité

$$du - p\,dx - q\,dy,$$

ou bien

$$du - Q\,dx - \alpha\,dy$$

sera intégrable d'elle-même. Ainsi l'on aura

$$N = u - \int Q\,dx - \alpha y,$$

et de là

$$\frac{dN}{d\alpha} = -\int \frac{dQ}{d\alpha}\,dx - y = f'(\alpha),$$

d'où l'on tirera α, qu'on substituera dans l'équation

$$N - f(\alpha) = 0.$$

Quatrième Cas. — *Lorsqu'une fonction de p et x est égale à une fonction de q et y.*

Soit P une fonction de p et x, et Q une fonction de q et y, en sorte qu'on ait

$$P = Q,$$

il est clair que si l'on prend une constante α et qu'on fasse

$$P = \alpha, \quad Q = \alpha,$$

on aura, par la première de ces équations, p exprimé par une fonction de x seul, et par la seconde on aura q exprimé par y seul; en sorte que les différentielles $\frac{dp}{dy}$, $\frac{dp}{du}$, $\frac{dq}{dx}$, $\frac{dq}{du}$ seront nulles d'elles-mêmes; ainsi l'équation de condition se trouvera remplie, et il est visible que la quantité

$$du - p\,dx - q\,dy$$

sera intégrable sans aucune préparation; on aura donc

$$N = u - \int p\,dx - \int q\,dy,$$

et de là

$$\frac{dN}{d\alpha} = -\int \frac{dp}{d\alpha}\,dx - \int \frac{dq}{d\alpha}\,dy = f'(\alpha);$$

d'où l'on tirera la valeur de α pour la substituer dans l'équation $N - f(\alpha) = 0$, laquelle deviendra donc

$$u - \int p\,dx - \int q\,dy - f(\alpha) = 0.$$

Cinquième Cas. — *Lorsqu'il y a entre p, q, x et y une équation dans laquelle p et q ne montent qu'à la première dimension.*

Soient X et Y des fonctions quelconques de x et y, et supposons qu'on ait

$$q = pX + Y;$$

substituant donc cette valeur dans l'équation de condition, elle deviendra

$$\frac{dp}{dy} - X\frac{dp}{dx} - p\frac{dX}{dx} - \frac{dY}{dx} - pX\frac{dp}{du} + (pX + Y)\frac{dp}{du} = 0.$$

Il est d'abord clair que si l'on suppose que p ne contienne point u, cette équation se simplifiera beaucoup, car elle deviendra, en faisant pour plus de simplicité $\frac{dX}{dx} = X'$ et $\frac{dY}{dx} = Y'$,

$$\frac{dp}{dy} - X\frac{dp}{dx} - X'p - Y' = 0.$$

Mais cette équation est encore trop compliquée pour qu'on puisse trouver facilement une valeur particulière de p qui y satisfasse. Considérons donc plutôt la quantité même

$$du - p\,dx - q\,dy,$$

ou bien, en mettant $pX + Y$ à la place de q,

$$du - p(dx + X\,dy) - Y\,dy,$$

laquelle doit être une différentielle exacte, ou d'elle-même, ou étant multipliée par un facteur convenable M; et il est d'abord clair que, comme X est une fonction donnée de x et y, si l'on cherche le facteur m qui rendra intégrable la quantité $dx + Xdy$, et qu'on suppose ensuite

$$m(dx + Xdy) = dz,$$

on aura à rendre intégrable cette quantité plus simple

$$du - \frac{p}{m} dz - Ydy,$$

où $\frac{p}{m}$ est une fonction inconnue, et Y une fonction connue de x et de y, ou bien de z et de y, en substituant à la place de x sa valeur en y et z tirée de l'équation

$$\int m(dx + Xdy) = z;$$

or on sait que la quantité dont il s'agit sera intégrable si l'on a

$$\frac{d\frac{p}{m}}{dy} = \frac{dY}{dz};$$

ce qui donne, en intégrant suivant y,

$$\frac{p}{m} = \int \frac{dY}{dz} dy + \alpha,$$

α étant une constante arbitraire; ainsi l'on a une valeur particulière de p, laquelle donne

$$N = u - \alpha z - \int Y dy;$$

donc

$$\frac{dN}{d\alpha} = -z = f'(\alpha),$$

ce qui servira à déterminer α; ensuite de quoi on aura l'équation

$$N - f(\alpha) = u - \alpha z - \int Y dy - f(\alpha) = 0.$$

Or comme on a

$$-z = f'(\alpha),$$

il est clair que α sera une fonction quelconque de z; de sorte que l'équation qui sert à déterminer u pourra être représentée plus simplement ainsi

$$u - \int Y\,dy - f(z) = 0.$$

Au reste on aurait pu voir d'abord par l'équation

$$\frac{p}{m} = \int \frac{dY}{dz}\,dy + \alpha$$

que la constante α pouvait être une fonction quelconque de z, puisque l'intégrale $\int \frac{dY}{dz}dy$ est censée prise en faisant varier y seul, et z demeurant constante; de sorte que la valeur de p étant complète, on aurait eu sur-le-champ par son moyen la valeur complète de u; mais nous avons cru qu'il n'était pas inutile de faire voir comment on y pouvait parvenir aussi par le secours de notre méthode, en supposant que la quantité α ne fût regardée d'abord que comme une constante indéterminée.

Sixième Cas. — *Lorsqu'il y a entre p, q, x, y une équation telle, que x et y ne remplissent ensemble aucune dimension.*

Faisant $x = zy$, on aura donc une équation entre p, q, z, d'où l'on tirera

$$q = P,$$

P étant une fonction de p et z seulement. Or en considérant immédiatement l'équation

$$du - p\,dx - q\,dy,$$

ainsi qu'on l'a fait dans le cas précédent, elle deviendra, par les substitutions,

$$du - p(z\,dy + y\,dz) - P\,dy = 0,$$

savoir

$$du - yp\,dz - (pz + P)\,dy = 0;$$

et l'on voit que cette équation peut devenir intégrable en supposant p une fonction de z seul (ce qui rendra pareillement P une fonction de z), pourvu qu'on ait

$$pz + P = \int p\,dz,$$

savoir

$$p\,dz = p\,dz + z\,dp + d\mathrm{P},$$

ou bien

$$z\,dp + d\mathrm{P} = 0;$$

équation différentielle entre p et z, d'où l'on pourra, par l'intégration, tirer la valeur de p en z, laquelle contiendra une constante arbitraire α. De cette manière on aura, par l'intégration,

$$\mathrm{N} = u - y\int p\,dz,$$

et ensuite

$$\frac{d\mathrm{N}}{d\alpha} = -y\int \frac{dp}{d\alpha}\,dz = f'(\alpha),$$

d'où l'on tirera α, qu'on substituera ensuite dans l'équation

$$\mathrm{N} - f(a) = u - y\int p\,dz - f(\alpha) = 0.$$

Au reste, comme on doit avoir dans ce cas $y = \mathrm{Q}x$, Q étant une fonction de p et q, on pourra le résoudre aussi plus simplement par la Remarque suivante, à l'aide de laquelle on peut le réduire au cinquième Cas ci-dessus.

Remarque. — Tels sont les principaux cas résolubles, en général, lorsqu'il y a une équation entre p, q, x et y sans u, et où par conséquent p et q peuvent être des fonctions de x et y seuls; il faut cependant y ajouter encore ceux dans lesquels il y aura entre ces quatre quantités mêmes équations, mais en échangeant x, y en p, q, et réciproquement;

car, à cause de $\frac{dp}{du} = 0$ et $\frac{dq}{du} = 0$, l'équation de condition est

$$\frac{dp}{dy} - \frac{dq}{dx} = 0,$$

laquelle, en regardant maintenant x et y comme des fonctions de p et q, peut se mettre également sous la forme

$$\frac{dx}{dq} - \frac{dy}{dp} = 0,$$

où p et q ont pris la place de x et y, et *vice versâ*. Ainsi il n'y aura qu'à traiter ces cas de la même manière que les cas analogues résolus ci-dessus, en supposant qu'au lieu de chercher p et q en x et y, on cherche au contraire x et y en p et q.

Septième Cas. — *Lorsque q est une fonction de p et u.*

Soit P une fonction de p et u, en sorte que

$$dP = P' dp + Q du,$$

et soit

$$q = P,$$

l'équation de condition deviendra

$$\frac{dp}{dy} - P' \frac{dp}{dx} - pP' \frac{dp}{du} - pQ + P \frac{dp}{du} = 0;$$

il est clair qu'on peut supposer que p soit une fonction de u seul, sans x ni y, ce qui réduira l'équation à celle-ci

$$P'p \frac{dp}{du} + pQ - P \frac{dp}{du} = 0;$$

or comme P, P′ et Q sont des fonctions données de p et u, il est clair que l'équation précédente ne sera qu'entre ces deux variables, en sorte qu'elle pourra s'intégrer par les méthodes ordinaires; ainsi l'on aura p en u, et comme l'intégration introduira une constante arbitraire α dans la valeur de p, on pourra en déduire la valeur générale et complète de u.

En effet, l'équation

$$du - p\,dx - q\,dy = 0,$$

ou bien

$$du - p\,dx - P\,dy = 0$$

donnera celle-ci

$$dy = \frac{du - p\,dx}{P},$$

où le second nombre étant une fonction de x et u seuls, sera nécessairement intégrable; de sorte qu'on aura

$$N = y - \int \frac{du - p\,dx}{P};$$

et de là on tirera la valeur de $\frac{dN}{d\alpha}$, qui étant supposée égale à $f'(\alpha)$ servira à déterminer celle de α, qu'on substituera ensuite dans l'équation intégrale

$$N - f(\alpha) = 0.$$

Huitième Cas. — *Lorsque* $q = pX + V$, X *étant une fonction de* x *et* y, *et* V *une fonction de* x, y *et* u.

Au lieu de considérer l'équation de condition par laquelle on doit déterminer p, je considérerai d'abord, ainsi que j'en ai déjà usé plus haut, dans un cas analogue à celui-ci (cinquième Cas), la quantité

$$du - p\,dx - q\,dy,$$

qui doit être une différentielle complète, ou dans l'état où elle est, ou après la multiplication par un facteur quelconque M. Or, mettant $pX + V$ à la place de q, elle devient

$$du - p(dx + X\,dy) - V\,dy;$$

et cherchant le multiplicateur m qui rendra $dx + X\,dy$ égale à une différentielle exacte dz, on aura

$$du - \frac{p}{m}\,dz - V\,dy,$$

quantité où $\frac{p}{m}$ est une fonction inconnue, et où V est une fonction connue de x, y, u, ou bien de u, y, z, en mettant à la place de x sa valeur tirée de l'équation

$$\int m(dx + X\,dy) = z.$$

Supposons donc que cette quantité, étant multipliée par M, devienne une différentielle exacte; il faudra que

$$M\left(du - V\,dy - \frac{p}{m}\,dz\right)$$

soit la différentielle d'une fonction de u, y, z; donc, en regardant d'abord z comme constante, il faudra que

$$M(du - V\,dy)$$

soit la différentielle d'une fonction de u et y; ainsi il n'y aura d'abord qu'à chercher le multiplicateur M qui rendra intégrable la quantité $M(du - V\,dy)$ considérée comme fonction de u et y seuls. Soit donc

$$\int M(du - V\,dy) = Z,$$

il est clair que Z contiendra aussi z comme constante; de sorte que si l'on veut maintenant traiter z comme variable, on aura, pour la différentielle complète de Z, la quantité

$$M(du - V\,dy) + \frac{dZ}{dz}\,dz;$$

donc

$$M(du - V\,dy) = dZ - \frac{dZ}{dz}\,dz;$$

de sorte que la quantité qui doit être une différentielle exacte deviendra

$$dZ - \left(\frac{Mp}{m} + \frac{dZ}{dz}\right)dz.$$

Or il est visible que pour que cette condition ait lieu il n'y aura qu'à supposer

$$\frac{Mp}{m} + \frac{dZ}{dz} = \alpha;$$

ce qui donnera une valeur particulière de p qui, contenant la constante arbitraire α, conduira, à l'aide de notre méthode, à la solution générale du Problème. On aura en effet

$$N = Z - \alpha z,$$

d'où

$$\frac{dN}{d\alpha} = - z = f'(\alpha),$$

et de là

$$N - f(\alpha) = Z - \alpha z - f(\alpha) = 0.$$

D'où l'on voit que α sera une fonction quelconque de z; en sorte que l'équation, qui donnera la valeur complète de u, pourra se mettre sous cette forme plus simple

$$Z - f(z) = 0.$$

Au reste on peut faire ici une remarque analogue à celle qu'on a faite ci-dessus dans la solution du cinquième Cas, dont celui-ci n'est qu'une généralisation.

NEUVIÈME CAS. — *Lorsque* $q = p^m XYU$, X *étant une fonction de* x, Y *une fonction de* y *et* U *une fonction de* u.

Je considère encore immédiatement la quantité

$$du - p\,dx - q\,dy,$$

laquelle, par la substitution de la valeur de q, devient

$$du - p\,dx - p^m XYU\,dy;$$

je fais

$$p = rv,$$

v étant une fonction de u, et j'ai

$$du - rv\,dx - r^m v^m XYU\,dy;$$

je suppose maintenant $v = v^m U$, ce qui donne

$$v = \sqrt[m-1]{\frac{1}{U}},$$

et divisant ensuite toute la quantité précédente par v, j'ai

$$\frac{du}{v} - r\,dx - r^m XY\,dy;$$

maintenant il est clair que cette quantité sera intégrable si l'on fait

$$r^m X = \alpha,$$

α étant une constante, car elle deviendra

$$\frac{du}{v} - \sqrt[m]{\frac{\alpha}{X}}\,dx - \alpha Y\,dy,$$

dont l'intégrale sera

$$N = \int \frac{du}{v} - \sqrt[m]{\alpha}\int \frac{dx}{\sqrt[m]{X}} - \alpha\int Y\,dy;$$

de là on tirera donc la valeur de $\frac{dN}{d\alpha}$, qu'on fera égal à $f'(\alpha)$, et il n'y aura plus qu'à substituer la valeur de α, qui résultera de cette dernière équation, dans celle-ci

$$N - f(\alpha) = 0.$$

Remarque. — Si l'on a une équation entre p, q, u et x, on pourra regarder p et q comme des fonctions de u et x seuls, et le Problème rentrera dans le cas où l'équation est entre p, q, x, y, en prenant y à la place de u, $-\frac{p}{q}$ à la place de p, et $\frac{1}{q}$ à la place de q; car il est visible que l'équation

$$du - p\,dx - q\,dy = 0$$

peut se mettre aussi sous la forme

$$dy + \frac{p\,dx}{q} - \frac{du}{q} = 0,$$

qui résulte de la précédente, en changeant u en y, p en $-\frac{p}{q}$, q en $\frac{1}{q}$. Il en sera de même, *mutatis mutandis*, du cas où l'on aura une équation entre p, q, u et y.

9. Les cas que nous venons d'examiner renferment d'une manière générale à peu près tout ce qu'on sait sur l'intégration des équations du

premier ordre entre trois variables; d'où l'on voit combien peu on est encore avancé dans cette matière. Le principe que nous avons donné, pour trouver l'intégrale complète d'après une intégrale particulière, est, comme on voit, très-fécond, et suffit seul pour résoudre la plupart des cas où l'intégration réussit. Nous remarquerons cependant sur ce sujet que si, au lieu d'avoir une valeur particulière de p, laquelle renferme une constante arbitraire, on avait une valeur particulière de u renfermant de même une constante arbitraire, on ne pourrait cependant pas trouver par son moyen l'intégrale complète; mais on pourrait y parvenir si la valeur particulière de u renfermait à la fois deux constantes arbitraires.

10. Pour démontrer cette proposition et donner en même temps le moyen de déduire la valeur complète de u d'une valeur particulière renfermant deux constantes arbitraires, supposons que cette valeur soit déterminée par une équation entre u, x et y, laquelle renferme outre cela deux constantes α et β qui ne se trouvent pas dans l'équation différentielle; il est visible que, si l'on différentie cette équation en sorte que l'une des constantes comme β disparaisse, on aura une équation différentielle qui sera nécessairement comparable à la proposée

$$du - p\,dx - q\,dy = 0,$$

et d'où l'on pourra tirer par la comparaison une valeur de p, laquelle renfermera encore une constante arbitraire α; en sorte qu'on pourra ensuite en déduire la valeur complète de u. Mais si l'équation en u, x et y ne renfermait qu'une constante arbitraire β, alors il est visible qu'en faisant évanouir cette arbitraire par la différentiation, l'équation différentielle qui en résultera ne renfermera plus de constantes arbitraires; ainsi l'on ne trouvera qu'une valeur particulière de p qui n'aura point de constante arbitraire, et qui sera par conséquent inutile pour la recherche de la valeur complète de u.

11. Il ne doit point au reste être étonnant qu'une solution particulière, qui renferme deux constantes arbitraires, soit suffisante pour en déduire

la solution complète; car en y regardant de plus près on voit que cette solution remplit presque en entier les conditions de l'équation différentielle, puisqu'on ne peut faire évanouir les deux constantes arbitraires sans tomber dans une équation qui renferme à la fois les différences partielles $\frac{du}{dx}$ et $\frac{du}{dy}$; en effet, comme il y a deux quantités à éliminer, il faudra avoir trois équations; ainsi il en faudra encore deux outre la proposée, et ces deux ne peuvent venir que de deux différentiations différentes, l'une en faisant varier x et l'autre en faisant varier y.

On peut prouver de la même manière que, si l'on a une fonction u de trois variables x, y, z, laquelle dépende d'une équation différentielle du premier ordre entre u, x, y, z, et $\frac{du}{dx}, \frac{du}{dy}, \frac{du}{dz}$, et qu'on ait une valeur particulière de u, laquelle renferme trois constantes arbitraires α, β, γ, cette valeur remplira presque en entier les conditions du Problème; car on ne pourra éliminer les trois constantes qu'au moyen de trois différentiations, l'une relative à x, l'autre à y et la troisième à z.

Et ainsi de suite.

12. En général, soit u une fonction de plusieurs variables $x, y, z, \ldots$, et soit donnée une équation entre

$$u,\ x,\ y,\ z,\ldots,\quad \frac{du}{dx},\ \frac{du}{dy},\ \frac{du}{dz},\ldots$$

par laquelle il faille déterminer la valeur de u. Supposons que l'on ait une valeur particulière de u, laquelle renferme les constantes arbitraires $\alpha, \beta, \gamma, \ldots$ dont le nombre soit égal à celui des variables $x, y, z, \ldots$; qu'on en tire la valeur d'une de ces constantes comme α, en sorte que l'on ait

$$V = \alpha,$$

V étant une fonction de $u, x, y, z, \ldots$ et de $\beta, \gamma, \ldots$; qu'on différentie cette équation, et supposant

$$dV = M\,du + P\,dx + Q\,dy + R\,dz + \ldots,$$

on aura, en divisant par M, l'équation

$$du + \frac{P\,dx}{M} + \frac{Q\,dy}{M} + \frac{R\,dz}{M} + \ldots = 0;$$

en sorte que

$$\frac{du}{dx} = -\frac{P}{M}, \quad \frac{du}{dy} = -\frac{Q}{M}, \quad \frac{du}{dz} = -\frac{R}{M}, \ldots,$$

et ces valeurs seront telles, qu'elles satisferont par l'hypothèse à l'équation donnée. Maintenant, comme la solution du Problème dépend uniquement de ce que l'équation précédente devient intégrable étant multipliée par le facteur M, c'est-à-dire de ce que

$$M\,du + P\,dx + Q\,dy + R\,dz + \ldots$$

est une différentielle complète de $u, x, y, z, \ldots$, il est clair que la solution aura lieu de même si les quantités $\beta, \gamma, \ldots$, au lieu d'être constantes, sont variables, pourvu que la même différentielle continue à être complète; or l'intégrale de cette différentielle, tant que $\beta, \gamma, \ldots$ sont constantes, est V; en sorte qu'on a dans cette hypothèse

$$M\,du + P\,dx + Q\,dy + R\,dz + \ldots = dV;$$

mais si l'on regarde β comme variable, alors on aura

$$M\,du + P\,dx + Q\,dy + R\,dz + \ldots + \frac{dV}{d\beta}\,d\beta = dV;$$

donc

$$M\,du + P\,dx + Q\,dy + R\,dz + \ldots = dV - \frac{dV}{d\beta}\,d\beta;$$

donc comme dV est par elle-même une différentielle complète, il faudra que $\frac{dV}{d\beta}\,d\beta$ soit aussi une quantité intégrable d'elle-même, ce qui ne peut avoir lieu à moins que $\frac{dV}{d\beta}$ ne soit égal à une fonction quelconque de β. Ainsi supposant

$$\frac{dV}{d\beta} = f(\beta),$$

et tirant de cette équation la valeur de β, on pourra la substituer à la place de β, et l'on aura, au lieu de l'équation $V = \alpha$, celle-ci

$$V - B = \alpha,$$

B étant égal à $\int f(\beta)\,d\beta$, où il faut remarquer que les quantités $\gamma, \ldots$ peuvent entrer d'une manière quelconque en qualité de constantes dans la fonction $f(\beta)$, et par conséquent aussi dans la fonction B. Maintenant on pourra rendre de même variable la quantité γ contenue dans V et B, en prenant

$$\frac{d(\mathrm{V}-\mathrm{B})}{d\gamma}=f(\gamma),$$

ce qui détermine γ; et substituant ensuite cette valeur de γ, on aura l'équation

$$\mathrm{V}-\mathrm{B}-\mathrm{C}=\alpha,$$

où $\mathrm{C}=\int f(\gamma)\,d\gamma$, et ainsi de suite.

Par ce moyen l'intégrale incomplète

$$\mathrm{V}=\alpha$$

deviendra de la forme

$$\mathrm{V}-\mathrm{B}-\mathrm{C}-\ldots=\alpha,$$

et sera nécessairement complète, puisqu'elle contiendra autant de fonctions arbitraires qu'il y a de variables $x, y, z, \ldots$ moins une (*).

13. Pour faire voir l'usage de cette méthode par un exemple très-général, supposons que X soit une fonction de $\frac{du}{dx}$ et x, que Y en soit une de $\frac{du}{dy}$ et y, que Z en soit une de $\frac{du}{dz}$ et z, et ainsi de suite, et que l'on ait une équation donnée entre X, Y, Z,..., d'où il faille tirer la va-

(*) L'analyse qui vient d'être développée conduit assurément à l'intégrale générale de l'équation proposée, mais cette intégrale ne contient pas, comme le dit ici par inadvertance l'illustre Auteur, autant de fonctions arbitraires moins une qu'il y a de variables indépendantes. Dans la formule obtenue par Lagrange, il n'y a en réalité qu'une seule fonction arbitraire, $\mathrm{B}+\mathrm{C}+\ldots+\alpha$, laquelle dépend des quantités $\beta, \gamma, \ldots$. Si l'on représente cette fonction par $f(\beta, \gamma, \ldots)$, l'intégrale générale de l'équation proposée sera le résultat de l'élimination de $\beta, \gamma, \ldots$ entre l'équation

$$\mathrm{V}=f(\beta, \gamma, \ldots)$$

et les suivantes

$$\frac{d\mathrm{V}}{d\beta}=\frac{df}{d\beta},\quad \frac{d\mathrm{V}}{d\gamma}=\frac{df}{d\gamma},\ \ldots.$$

(*Note de l'Éditeur.*)

leur de u; comme le Problème consiste à faire en sorte que la quantité

$$du - p\,dx - q\,dy - r\,dz - \ldots$$

soit intégrable ou par elle-même ou étant multipliée par un facteur quelconque, en supposant

$$p = \frac{du}{dx}, \quad q = \frac{du}{dy}, \quad r = \frac{du}{dz}, \ldots,$$

il est clair que la condition du Problème sera remplie si p est une fonction de x seul, q de y seul, r de z seul, etc.; or c'est ce qui aura lieu si l'on fait X, Y, Z,... égales à des quantités constantes; car alors l'équation donnée servira à déterminer une de ces constantes par toutes les autres, en sorte qu'il restera autant de constantes arbitraires $\beta, \gamma, \ldots$ qu'il y aura de variables $x, y, z, \ldots$ moins une. De cette manière on aura

$$V = u - \int p\,dx - \int q\,dy - \int r\,dz - \ldots = \alpha$$

pour l'équation qui détermine la valeur particulière de u; et, comme cette valeur de u contient les constantes arbitraires $\alpha, \beta, \gamma, \ldots$, on pourra compléter la solution par la méthode exposée ci-dessus.

14. Il est clair qu'on peut généraliser encore le cas précédent, en supposant que W soit une fonction quelconque de u, et que l'on ait X égal à une fonction de $W\frac{du}{dx}$ et x, Y une fonction de $W\frac{du}{dy}$ et y, Z une fonction de $W\frac{du}{dz}$ et $z, \ldots$; car en faisant X, Y,... constantes, on aura p égal à une fonction de x seul divisée par W, q égal à une fonction de y seul divisée de même par W,..., de sorte que la quantité

$$du - p\,dx - q\,dy - r\,dz - \ldots$$

étant multipliée par W deviendra intégrable.

NOUVELLE SOLUTION

DU

PROBLÈME DU MOUVEMENT DE ROTATION

D'UN CORPS DE FIGURE QUELCONQUE

QUI N'EST ANIMÉ PAR AUCUNE FORCE ACCÉLÉRATRICE.

NOUVELLE SOLUTION

DU

PROBLÈME DU MOUVEMENT DE ROTATION

D'UN CORPS DE FIGURE QUELCONQUE

QUI N'EST ANIMÉ PAR AUCUNE FORCE ACCÉLÉRATRICE.

(*Nouveaux Mémoires de l'Académie royale des Sciences et Belles-Lettres de Berlin*, année 1773.)

Ce Problème, l'un des plus curieux et des plus difficiles de la Mécanique, a déjà été résolu par M. Euler dans les *Mémoires* de cette Académie pour l'année 1758, et dans le tome III de sa *Mécanique*. M. d'Alembert l'a résolu aussi dans ses *Opuscules*. Les solutions de ces deux grands Géomètres sont fort différentes quant à la méthode, mais elles sont fondées l'une et l'autre sur la considération mécanique de la rotation du corps autour d'un axe mobile, et elles supposent qu'on connaisse la position de ses trois axes de rotation uniforme; ce qui exige la résolution d'une équation cubique. Cependant, à considérer le Problème en lui-même, il semble qu'on devrait pouvoir le résoudre directement et indépendamment des propriétés des axes de rotation, propriétés dont la démonstration est assez difficile, et qui devraient d'ailleurs être plutôt des conséquences de la solution même que les fondements de cette solution. En effet, si l'on imagine un système d'un nombre indéfini de corps considérés comme des points et liés ensemble de manière que leurs distances mutuelles restent toujours les mêmes, et qu'on cherche le mouvement de ce système après qu'il aura reçu une impulsion quelconque, c'est une question qui ne dépend que des principes ordinaires de la Dynamique, et qui ne demande d'autres secours que ceux que l'Analyse elle-même peut fournir.

J'ai donc cru que ce serait un travail avantageux aux progrès de l'une et de l'autre de ces deux sciences que de chercher une solution tout à fait directe et purement analytique de la question dont il s'agit; c'est l'objet que je me suis proposé de remplir dans ce Mémoire; les difficultés qu'il présente m'ont arrêté longtemps, mais enfin j'ai trouvé moyen de les surmonter par une méthode assez singulière et entièrement nouvelle, qui me paraît digne de l'attention des Géomètres.

Le mérite de ma solution, si elle en a quelqu'un, consiste donc uniquement dans l'Analyse que j'y emploie, et qui renferme différents artifices de calcul assez remarquables, ainsi que plusieurs formules nouvelles et utiles dans bien des cas; c'est par cette raison surtout que j'espère qu'on me pardonnera d'avoir entrepris de traiter un sujet qui a déjà été si savammemt discuté par deux des premiers Géomètres de ce siècle. D'ailleurs mes recherches n'ont rien de commun avec les leurs que le Problème qui en fait l'objet; et c'est toujours contribuer à l'avancement des Mathématiques que de montrer comment on peut résoudre les mêmes questions et parvenir aux mêmes résultats par des voies très-différentes; les méthodes se prêtent par ce moyen un jour mutuel et en acquièrent souvent un plus grand degré d'évidence et de généralité.

Lemme.

1. *Soient neuf quantités quelconques* $x, y, z, x', y', z', x'', y'', z''$, *je dis qu'on aura cette équation identique*

$$\begin{aligned}
&(xy'z'' + yz'x'' + zx'y'' - xz'y'' - yx'z'' - zy'x'')^2 \\
&= (x^2+y^2+z^2)(x'^2+y'^2+z'^2)(x''^2+y''^2+z''^2) \\
&\quad + 2(xx'+yy'+zz')(xx''+yy''+zz'')(x'x''+y'y''+z'z'') \\
&\quad - (x^2+y^2+z^2)(x'x''+y'y''+z'z'')^2 \\
&\quad - (x'^2+y'^2+z'^2)(xx''+yy''+zz'')^2 \\
&\quad - (x''^2+y''^2+z''^2)(xx'+yy'+zz')^2.
\end{aligned}$$

2. Corollaire I. — Donc, si l'on a entre les neuf quantités précédentes ces six équations

$$\begin{aligned} x^2 + y^2 + z^2 &= a, & x'x'' + y'y'' + z'z'' &= b, \\ x'^2 + y'^2 + z'^2 &= a', & xx'' + yy'' + zz'' &= b', \\ x''^2 + y''^2 + z''^2 &= a'', & xx' + yy' + zz' &= b'', \end{aligned}$$

et qu'on fasse, pour abréger,

$$\xi = y'z'' - z'y'', \quad \eta = z'x'' - x'z'', \quad \zeta = x'y'' - y'x'',$$
$$\beta = \sqrt{aa'a'' + 2bb'b'' - ab^2 - a'b'^2 - a''b''^2},$$

on aura

$$x\xi + y\eta + z\zeta = \beta.$$

On aura de plus les équations identiques suivantes

$$x'\xi + y'\eta + z'\zeta = 0, \quad x''\xi + y''\eta + z''\zeta = 0, \quad \xi^2 + \eta^2 + \zeta^2 = a'a'' - b^2,$$
$$\begin{aligned} y'\zeta - z'\eta &= bx' - a'x'', & y''\zeta - z''\eta &= a''x' - bx'', \\ z'\xi - x'\zeta &= by' - a'y'', & z''\xi - x''\zeta &= a''y' - by'', \\ x'\eta - y'\xi &= bz' - a'z'', & x''\eta - y''\xi &= a''z' - bz'', \end{aligned}$$

qui sont très-faciles à vérifier par le calcul.

3. Corollaire II. — Si l'on prend les trois équations

$$\begin{aligned} x\xi + y\eta + z\zeta &= \beta, \\ xx' + yy' + zz' &= b'', \\ xx'' + yy'' + zz'' &= b', \end{aligned}$$

et qu'on en tire les valeurs des quantités x, y, z, on aura par les formules connues

$$x = \frac{\beta(y'z'' - z'y'') + b'(\eta z' - \zeta y') + b''(\zeta y'' - \eta z'')}{\xi(y'z'' - z'y'') + \eta(z'x'' - x'z'') + \zeta(x'y'' - y'x'')},$$
$$y = \frac{\beta(z'x'' - x'z'') + b'(\zeta x' - \xi z') + b''(\xi z'' - \zeta x'')}{\xi(y'z'' - z'y'') + \eta(z'x'' - x'z'') + \zeta(x'y'' - y'x'')},$$
$$z = \frac{\beta(x'y'' - y'x'') + b'(\xi y' - \eta x') + b''(\eta x'' - \xi y'')}{\xi(y'z'' - z'y'') + \eta(z'x'' - x'z'') + \zeta(x'y'' - y'x'')};$$

donc, faisant les substitutions du numéro précédent et supposant, pour abréger,

$$\alpha = a'a'' - b^2,$$

on aura

$$x = \frac{\beta\xi + (a''b'' - bb')x' + (a'b' - bb'')x''}{\alpha},$$

$$y = \frac{\beta\eta + (a''b'' - bb')y' + (a'b' - bb'')y''}{\alpha},$$

$$z = \frac{\beta\zeta + (a''b'' - bb')z' + (a'b' - bb'')z''}{\alpha}.$$

4. Corollaire III. — Si l'on fait varier les quantités x', y', z', x'', y'', z'', en regardant comme constantes les quantités a', a'' et b, et qu'on suppose

$$\begin{aligned} x''dx' + y''dy' + z''dz' &= d\varpi, \\ \xi dx' + \eta dy' + \zeta dz' &= d\psi, \\ \xi dx'' + \eta dy'' + \zeta dz'' &= d\varphi, \end{aligned}$$

on aura, en vertu des équations du Corollaire I, ces six autres-ci

$$\begin{aligned} x'dx' + y'dy' + z'dz' &= 0, \\ x''dx'' + y''dy'' + z''dz'' &= 0, \\ \xi d\xi + \eta d\eta + \zeta d\zeta &= 0, \\ x'dx'' + y'dy'' + z'dz'' &= -d\varpi, \\ x'd\xi + y'd\eta + z'd\zeta &= -d\psi, \\ x''d\xi + y''d\eta + z''d\zeta &= -d\varphi, \end{aligned}$$

et à l'aide de ces neuf équations on pourra déterminer les neuf différentielles $d\xi$, $d\eta$, $d\zeta$, dx', dy', dz', dx'', dy'', dz'' par des opérations et des réductions semblables à celles du numéro précédent.

Il n'y aura pour cet effet qu'à changer, dans les expressions de x, y, z, les quantités β, b', b'', d'abord en o, $-d\varphi$, $-d\psi$, ensuite en $d\psi$, $d\varpi$, o, et enfin en $d\varphi$, o, $-d\varpi$, et l'on aura

$$d\xi = \frac{x'(b\,d\varphi - a''d\psi) + x''(b\,d\psi - a'd\varphi)}{\alpha},$$

$$d\eta = \frac{y'(b\,d\varphi - a''d\psi) + y''(b\,d\psi - a'd\varphi)}{\alpha},$$

$$d\zeta = \frac{z'(b\,d\varphi - a''d\psi) + z''(b\,d\psi - a'd\varphi)}{\alpha},$$

$$dx' = \frac{\xi\,d\psi - (bx' - a'x'')\,d\varpi}{\alpha},$$

$$dy' = \frac{\eta\,d\psi - (by' - a'y'')\,d\varpi}{\alpha},$$

$$dz' = \frac{\zeta\,d\psi - (bz' - a'z'')\,d\varpi}{\alpha},$$

$$dx'' = \frac{\xi\,d\varphi - (a''x' - bx'')\,d\varpi}{\alpha},$$

$$dy'' = \frac{\eta\,d\varphi - (a''y' - by'')\,d\varpi}{\alpha},$$

$$dz'' = \frac{\zeta\,d\varphi - (a''z' - bz'')\,d\varpi}{\alpha}.$$

Si l'on différentie maintenant les valeurs de x, y, z du Corollaire précédent, en supposant aussi constantes les quantités β, b', b'', qu'on y substitue ensuite les valeurs de $d\xi$, $d\eta$, $d\zeta$, dx', dy', dz',... qu'on vient de trouver, et qu'on fasse, pour abréger,

$$d\Phi = b\,d\varphi - a''d\psi, \quad d\Psi = b\,d\psi - a'd\varphi,$$

on aura

$$dx = \frac{-\xi(b'd\Psi + b''d\Phi) + x'(\beta\,d\Phi - \alpha b'd\varpi) + x''(\beta\,d\Psi + \alpha b''d\varpi)}{\alpha^2},$$

$$dy = \frac{-\eta(b'd\Psi + b''d\Phi) + y'(\beta\,d\Phi - \alpha b'd\varpi) + y''(\beta\,d\Psi + \alpha b''d\varpi)}{\alpha^2},$$

$$dz = \frac{-\zeta(b'd\Psi + b''d\Phi) + z'(\beta\,d\Phi - \alpha b'd\varpi) + z''(\beta\,d\Psi + \alpha b''d\varpi)}{\alpha^2}.$$

Et, si l'on substitue ces valeurs ainsi que celles de x, y, z dans ces expressions $x\,dy - y\,dx$, $z\,dx - x\,dz$, $y\,dz - z\,dy$, on aura, en employant les réductions du n° **2**,

$$\begin{aligned} x\,dy - y\,dx & \\ = \zeta\,&\frac{\beta(a''b'' - bb')\,d\Psi - \beta(a'b' - bb'')\,d\Phi + \alpha(a'b'^2 + a''b''^2 - 2bb'b'')\,d\varpi}{\alpha^3} \\ - z'\,&\frac{(b\beta^2 + \alpha b'b'')\,d\Phi + (a''\beta^2 + \alpha b'^2)\,d\Psi + \alpha\beta(a''b'' - bb')\,d\varpi}{\alpha^3} \\ + z''\,&\frac{(b\beta^2 + \alpha b'b'')\,d\Psi + (a'\beta^2 + \alpha b''^2)\,d\Phi - \alpha\beta(a'b' - bb'')\,d\varpi}{\alpha^3}, \end{aligned}$$

$$z\,dx - x\,dz$$
$$= \eta\,\frac{\beta(a''b'' - bb')\,d\Psi - \beta(a'b' - bb'')\,d\Phi + \alpha(a'b'^2 + a''b''^2 - 2bb'b'')\,d\varpi}{\alpha^3}$$
$$- y'\,\frac{(b\beta^2 + \alpha b'b'')\,d\Phi + (a''\beta^2 + \alpha b'^2)\,d\Psi + \alpha\beta(a''b'' - bb')\,d\varpi}{\alpha^3}$$
$$+ y''\,\frac{(b\beta^2 + \alpha b'b'')\,d\Psi + (a'\beta^2 + \alpha b''^2)\,d\Phi - \alpha\beta(a'b' - bb'')\,d\varpi}{\alpha^3};$$

$$y\,dz - z\,dy$$
$$= \xi\,\frac{\beta(a''b'' - bb')\,d\Psi - \beta(a'b' - bb'')\,d\Phi + \alpha(a'b'^2 + a''b''^2 - 2bb'b'')\,d\varpi}{\alpha^3}$$
$$- x'\,\frac{(b\beta^2 + \alpha b'b'')\,d\Phi + (a''\beta^2 + \alpha b'^2)\,d\Psi + \alpha\beta(a''b'' - bb')\,d\varpi}{\alpha^3}$$
$$+ x''\,\frac{(b\beta^2 + \alpha b'b'')\,d\Psi + (a'\beta^2 + \alpha b''^2)\,d\Phi - \alpha\beta(a'b' - bb'')\,d\varpi}{\alpha^3},$$

5. Remarque I. — Si l'on regarde les trois quantités x, y, z comme les coordonnées rectangles d'un point M rapporté à trois axes fixes et perpendiculaires entre eux, et pareillement les quantités x', y', z' comme les coordonnées rectangles d'un autre point M′ rapporté aux mêmes axes, et enfin les quantités x'', y'', z'' comme les coordonnées rectangles d'un troisième point M″ rapporté aussi à ces trois axes, il est visible que les quantités a, a', a'', que nous avons supposées égales à

$$x^2 + y^2 + z^2, \quad x'^2 + y'^2 + z'^2, \quad x''^2 + y''^2 + z''^2,$$

seront les carrés des distances des points M, M′, M″ au point commun d'intersection des trois axes, lequel nous nommerons simplement le centre des coordonnées; et il est facile de voir de plus que les trois quantités

$$a + a' - 2b'', \quad a + a'' - 2b', \quad a' + a'' - 2b,$$

lesquelles, suivant nos hypothèses, sont égales à

$$(x - x')^2 + (y - y')^2 + (z - z')^2,$$
$$(x - x'')^2 + (y - y'')^2 + (z - z'')^2,$$
$$(x' - x'')^2 + (y' - y'')^2 + (z' - z'')^2,$$

exprimeront les carrés des distances entre les points M, M', entre les points M, M'' et entre les points M', M''; de sorte que, nommant h'', h', h les carrés de ces distances, on aura

$$b = \frac{a' + a'' - h}{2}, \quad b' = \frac{a + a'' - h'}{2}, \quad b'' = \frac{a + a' - h''}{2}.$$

Or si l'on nomme ε, ε', ε'' les angles formés au centre des coordonnées par les rayons $\sqrt{a'}$, $\sqrt{a''}$, par les rayons $\sqrt{a}$, $\sqrt{a'}$ et par les rayons $\sqrt{a}$, $\sqrt{a''}$, on aura, par la considération des triangles dont les côtés sont $\sqrt{a'}$, $\sqrt{a''}$, $\sqrt{h}$, ou $\sqrt{a}$, $\sqrt{a''}$, $\sqrt{h'}$, ou $\sqrt{a}$, $\sqrt{a'}$, $\sqrt{h''}$, on aura, dis-je, ces valeurs de h, h', h''

$$h = a' + a'' - 2\sqrt{a'a''}\cos\varepsilon,$$

$$h' = a + a'' - 2\sqrt{aa''}\cos\varepsilon',$$

$$h'' = a + a' - 2\sqrt{aa'}\cos\varepsilon'';$$

donc

$$b = \sqrt{a'a''}\cos\varepsilon, \quad b' = \sqrt{aa''}\cos\varepsilon', \quad b'' = \sqrt{aa'}\cos\varepsilon''.$$

D'où il s'ensuit que si l'on a $b = 0$, $b' = 0$, $b'' = 0$, les trois rayons $\sqrt{a}$, $\sqrt{a'}$, $\sqrt{a''}$ feront nécessairement entre eux des angles droits.

Imaginons maintenant une pyramide triangulaire qui ait ses quatre angles, l'un au centre des coordonnées, les autres aux points M, M', M'', il n'est pas difficile de prouver que la solidité de cette pyramide sera exprimée par les coordonnées x, y, z, x', y', z', ... de cette manière

$$\frac{z(x'y'' - y'x'') + z'(yx'' - xy'') + z''(xy' - yx')}{6},$$

c'est-à-dire par la formule

$$\frac{x\xi + y\eta + z\zeta}{6};$$

par conséquent (2) cette solidité sera égale à $\frac{\beta}{6}$; d'où l'on voit que la quantité β n'est autre chose que la pyramide dont il s'agit prise six fois. Ainsi cette quantité sera nulle toutes les fois que la pyramide en question s'évanouira, ce qui arrive lorsque les trois points M, M', M'' sont dans un même plan passant par le centre des coordonnées.

Comme toute pyramide est égale au tiers du produit de la base par la hauteur, si l'on divise la quantité $\frac{\beta}{6}$ par l'aire du triangle qui a ses trois angles, l'un au centre des coordonnées, les deux autres aux points M' et M'', on aura la perpendiculaire menée de l'autre point M sur le plan de ce triangle; or puisque ce même triangle est formé par les deux lignes $\sqrt{a'}$, $\sqrt{a''}$, qui forment entre elles l'angle ε, on aura

$$\frac{\sqrt{a'a''}\sin\varepsilon}{2}$$

pour son aire; mais on a

$$b = \sqrt{a'a''}\cos\varepsilon;$$

donc cette aire sera (3)

$$\frac{\sqrt{a'a''-b^2}}{2} = \frac{\sqrt{\alpha}}{2};$$

donc $\frac{\beta}{\sqrt{\alpha}}$ sera la valeur de la perpendiculaire menée du point M sur le plan passant par le centre des coordonnées et par les deux autres points M' et M''.

De plus, si l'on imagine par le même centre des coordonnées deux autres plans, l'un perpendiculaire au rayon $\sqrt{a'}$ du point M', l'autre perpendiculaire au rayon $\sqrt{a''}$ du point M'', on verra aisément que la distance perpendiculaire du point M sur le premier de ces plans sera représentée par

$$\sqrt{a}\sin(90^\circ - \varepsilon'') = \sqrt{a}\cos\varepsilon'';$$

et que la distance perpendiculaire du même point M sur l'autre plan le sera par

$$\sqrt{a}\sin(90^\circ - \varepsilon') = \sqrt{a}\cos\varepsilon';$$

donc, puisqu'on a trouvé plus haut

$$b' = \sqrt{aa''}\cos\varepsilon' \quad \text{et} \quad b'' = \sqrt{aa'}\cos\varepsilon'',$$

on aura $\frac{b''}{\sqrt{a'}}$ pour la distance perpendiculaire du point M au premier plan, et $\frac{b'}{\sqrt{a''}}$ pour la distance perpendiculaire du même point au second plan.

6. Remarque II. — Si l'on imagine qu'aux points M, M', M'' il y ait des corps de masses données, et qui soient unis ensemble par des verges inflexibles ou autrement, de manière qu'ils soient obligés de garder toujours entre eux les mêmes distances $\sqrt{h}$, $\sqrt{h'}$, $\sqrt{h''}$, et qu'on suppose de plus que ces corps puissent tourner dans tous les sens autour du centre des coordonnées, sans néanmoins que leurs distances à ce centre $\sqrt{a}$, $\sqrt{a'}$, $\sqrt{a''}$ varient, il est clair qu'on aura le cas du Lemme et de ses Corollaires, et qu'on pourra appliquer au mouvement de ce système les formules que nous y avons données. Ainsi l'on pourra ramener le mouvement du corps M, dont les coordonnées sont x, y, z, aux mouvements des corps M' et M'', dont les coordonnées sont x', y', z', x'', y'', z''.

En général, si l'on a un système d'autant de corps qu'on voudra, disposés de manière qu'ils soient forcés de conserver toujours les mêmes distances tant entre eux qu'à l'égard d'un point donné, les formules ci-dessus serviront à rapporter le mouvement de chacun de ces corps aux mouvements de deux quelconques d'entre eux pris à volonté; car prenant x', y', z' et x'', y'', z'' pour les coordonnées rectangles de ces deux corps, que je désignerai par M' et M'', et nommant, en général, x, y, z les coordonnées d'un autre corps quelconque M du système, on pourra exprimer tant les variables x, y, z que leurs différentielles dx, dy, dz par les seules variables x', y', z', x'', y'', z'' et $d\varpi$, $d\psi$, $d\varphi$, lesquelles se rapportent uniquement aux corps M' et M''. Et l'on remarquera que les constantes a', a'', h, et par conséquent aussi b et α, seront les mêmes pour tous les corps M, puisqu'elles ne dépendent que de la position des corps M' et M''; mais que les constantes a, h', h'', et par conséquent aussi β, b', b'', seront différentes pour chaque corps M, puisqu'elles dépendent de sa situation à l'égard des corps M' et M''.

Au reste, si dans les formules du Corollaire III nous avons supposé les quantités a, a', a'', b, b', b'' constantes, ce n'a été que pour plus de simplicité et parce que cette supposition était suffisante pour notre objet; car d'ailleurs, si l'on voulait regarder ces quantités comme variables, il n'y aurait qu'à employer, au lieu des équations

$$x'dx' + y'dy' + z'dz' = 0,$$
$$x''dx'' + y''dy'' + z''dz'' = 0,$$
$$\xi\, d\xi + \eta\, d\eta + \zeta\, d\zeta = 0,$$
$$x'dx'' + y'dy'' + z'dz'' = -d\varpi,$$

celles-ci

$$x'dx' + y'dy' + z'dz' = \frac{da'}{2},$$
$$x''dx'' + y''dy'' + z''dz'' = \frac{da''}{2},$$
$$\xi\, d\xi + \eta\, d\eta + \zeta\, d\zeta = \frac{d\alpha}{2},$$
$$x'dx'' + y'dy'' + z'dz'' = db - d\varpi,$$

et ensuite avoir égard à la variabilité des coefficients

$$\frac{\beta}{\alpha}, \quad \frac{a''b'' - bb'}{\alpha}, \quad \frac{a'b' - bb''}{\alpha}$$

dans la différentiation des valeurs de x, y, z; on trouverait ainsi des formules analogues à celles du Corollaire cité, et qui pourraient être utiles dans quelques occasions.

7. Remarque III. — Si dans les équations du n° 2 on suppose

$$a = a' = a'' = 1$$

et

$$b = b' = b'' = 0,$$

on aura

$$\beta = 1 \quad \text{et} \quad \alpha = 1;$$

de là on aura (3)

$$x = \xi, \quad y = \eta, \quad z = \zeta,$$

savoir

$$x = y'z'' - z'y'', \quad y = z'x'' - x'z'', \quad z = x'y'' - y'x'';$$

et l'on trouvera de même, par la simple analogie,

$$x' = y''z - z''y, \quad y' = z''x - x''z, \quad z' = x''y - y''x,$$
$$x'' = yz' - zy', \quad y'' = zx' - xz', \quad z'' = xy' - yx'.$$

Et si l'on multiplie ces équations respectivement par $x, y, z, x', y', z', \ldots$, et qu'on les ajoute ensemble trois à trois, on aura, en vertu du Lemme, ces nouvelles formules

$$x^2 + x'^2 + x''^2 = 1, \quad xy + x'y' + x''y'' = 0,$$
$$y^2 + y'^2 + y''^2 = 1, \quad xz + x'z' + x''z'' = 0,$$
$$z^2 + z'^2 + z''^2 = 1, \quad yz + y'z' + y''z'' = 0,$$

qui pourront aussi nous être utiles dans la suite.

Au reste, si l'on voulait dans cette hypothèse résoudre les six équations du n° 2, c'est-à-dire déterminer six des neuf quantités $x, y, z, x', y', z', \ldots$ par les trois autres, on y parviendrait aisément à l'aide des formules précédentes; car supposons que les trois données soient x, y, x', on aura d'abord par la première équation du n° 2

$$z = \sqrt{1 - x^2 - y^2},$$

ensuite la première des équations trouvées en dernier lieu donnera

$$x'' = \sqrt{1 - x^2 - x'^2}.$$

Connaissant ainsi les cinq quantités x, y, z, x', x'', on trouvera les quatre autres à l'aide des équations

$$z = x'y'' - y'x'', \quad y = z'x'' - x'z'',$$
$$xy + x'y' + x''y'' = 0,$$
$$xz + x'z' + x''z'' = 0,$$

lesquelles donnent

$$y' = -\frac{x''z + xx'y}{x'^2 + x''^2}, \quad z' = \frac{x''y - xx'z}{x'^2 + x''^2},$$
$$y'' = \frac{x'z - xx''y}{x'^2 + x''^2}, \quad z'' = -\frac{x'y + xx''z}{x'^2 + x''^2}.$$

PROBLÈME.

8. *Déterminer le mouvement d'un corps de figure quelconque qui n'est animé par aucune force accélératrice, et qui est seulement retenu par un de ses points, autour duquel il peut d'ailleurs tourner dans tous les sens.*

SOLUTION. — Je considère le corps proposé comme l'assemblage d'une infinité de corpuscules ou points massifs unis ensemble de manière qu'ils gardent toujours nécessairement entre eux les mêmes distances; et pour connaître le mouvement de ce système, j'imagine trois axes fixes et perpendiculaires entre eux, qui passent par le point du corps qu'on suppose demeurer immobile, et auxquels je rapporte la position de chaque particule δm du corps par le moyen de trois coordonnées x, y, z parallèles à ces mêmes axes. J'aurai par les principes de mécanique, à cause que le système est supposé libre autour d'un point fixe, et qu'il n'est d'ailleurs sollicité par aucune force étrangère, j'aurai, dis-je, sur-le-champ ces trois équations

$$\sum\left(\frac{x\,dy - y\,dx}{dt}\right)\delta m = \mathrm{A}, \tag{1}$$

$$\sum\left(\frac{z\,dx - x\,dz}{dt}\right)\delta m = \mathrm{B}, \tag{2}$$

$$\sum\left(\frac{y\,dz - z\,dy}{dt}\right)\delta m = \mathrm{C}, \tag{3}$$

auxquelles on peut joindre cette quatrième

$$\sum\left(\frac{dx^2 + dy^2 + dz^2}{dt^2}\right)\delta m = \mathrm{D}^2. \tag{4}$$

Dans ces équations les quantités A, B, C, D sont des constantes arbitraires dépendantes de l'état initial du corps, dt est l'élément du temps, et $\sum$ est le signe d'intégration relativement aux différentes particules δm du corps.

Les trois premières équations résultent de ce principe connu que : dans tout système de corps qui agissent les uns sur les autres d'une manière quelconque, et qui sont de plus, si l'on veut, animés par des forces tendantes à un point fixe, ou assujettis de quelque manière que ce soit à se mouvoir autour d'un tel point, la somme des différentes aires ou secteurs que chaque corps décrit relativement à un plan fixe quelconque, multipliés chacun par la masse du corps qui le décrit, est toujours proportionnelle au temps; de sorte que la somme des produits des aires élémentaires par leurs masses respectives, divisée par l'élément du temps, est nécessairement une quantité constante. Ce principe est facile à démontrer dans tous les cas, mais surtout dans le cas présent, où il suffit de considérer que la somme des moments de toutes les forces

$$\frac{d^2x}{dt^2}\,\delta m, \quad \frac{d^2y}{dt^2}\,\delta m, \quad \frac{d^2z}{dt^2}\,\delta m$$

par rapport à un axe quelconque doit être nulle, ce qui donne immédiatement les trois équations

$$\sum\left(\frac{x\,d^2y - y\,d^2x}{dt^2}\right)\delta m = 0,$$

$$\sum\left(\frac{z\,d^2x - x\,d^2z}{dt^2}\right)\delta m = 0,$$

$$\sum\left(\frac{y\,d^2z - z\,d^2y}{dt^2}\right)\delta m = 0,$$

dont les trois premières équations ci-dessus ne sont que les intégrales.

A l'égard de la quatrième équation, elle renferme le principe très-connu de la conservation des forces vives; on pourrait la déduire, dans le cas présent, des trois précédentes à l'aide des différentiations et d'une nouvelle intégration, comme nous le ferons voir plus bas; mais puisqu'elle présente une intégrale toute trouvée, nous nous en servirons pour simplifier notre solution. Toute la difficulté se réduit donc à déterminer le mouvement du corps par le moyen de ces équations, et c'est dans cette détermination que consiste uniquement le mérite de ma solution, si elle en a quelqu'un.

Il est clair, par la dernière Remarque, que les formules trouvées dans les nos 2 et suivants s'appliquent naturellement au Problème dont il s'agit. Pour cela il n'y a qu'à prendre dans l'intérieur du corps deux points quelconques M′ et M″, pour lesquels les coordonnées soient x', y', z', x'', y'', z''; et comme la position de ces points est à volonté, il sera bon de les prendre tels que leurs distances au point fixe, qui est en même temps le centre des coordonnées, soient toutes deux égales à 1, et que de plus les rayons menés de ce centre aux mêmes points fassent entre eux un angle droit; on aura de cette manière (5)

$$a' = 1, \quad a'' = 1, \quad \varepsilon = 90^\circ,$$

donc (3)

$$b = 0, \quad \alpha = 1.$$

De plus, si l'on nomme r la distance de la particule δm au plan qui passe par le point fixe et par les deux points donnés M′ et M″, q la distance de cette même particule à un plan passant par le point fixe et perpendiculaire au rayon du point M′, et enfin p la distance de la même particule à un plan passant aussi par le point fixe, mais perpendiculaire au rayon du point M″, on aura (5)

$$\beta = r, \quad b'' = q, \quad b' = p.$$

Et il est clair que les trois quantités p, q, r ne seront autre chose que les coordonnées rectangles qui donnent la position de chaque particule δm par rapport à trois axes perpendiculaires entre eux, passant par le point fixe du corps et demeurant toujours fixes au dedans du corps; en sorte que ces quantités ne seront variables que pour les différentes particules, mais seront toujours constantes pour une même particule pendant le mouvement du corps.

Faisant donc ces substitutions dans les formules des nos 3 et 4, on aura d'abord

$$x = \xi r + x'q + x''p,$$
$$y = \eta r + y'q + y''p,$$
$$z = \zeta r + z'q + z''p;$$

ensuite, à cause de $d\Phi = -d\psi$ et $d\Psi = -d\varphi$,

$$dx = \xi(p\,d\varphi + q\,d\psi) - x'(r\,d\psi + p\,d\varpi) + x''(q\,d\varpi - r\,d\varphi),$$
$$dy = \eta(p\,d\varphi + q\,d\psi) - y'(r\,d\psi + p\,d\varpi) + y''(q\,d\varpi - r\,d\varphi),$$
$$dz = \zeta(p\,d\varphi + q\,d\psi) - z'(r\,d\psi + p\,d\varpi) + z''(q\,d\varpi - r\,d\varphi);$$

et enfin

$$\begin{aligned} x\,dy - y\,dx = &- \zeta\,[qr\,d\varphi - pr\,d\psi - (p^2+q^2)\,d\varpi] \\ &+ z'\,[pq\,d\psi + (p^2+r^2)\,d\varphi - qr\,d\varpi] \\ &- z''\,[pq\,d\varphi + (q^2+r^2)\,d\psi + pr\,d\varpi], \end{aligned}$$

$$\begin{aligned} z\,dx - x\,dz = &- \eta\,[qr\,d\varphi - pr\,d\psi - (p^2+q^2)\,d\varpi] \\ &+ y'\,[pq\,d\psi + (p^2+r^2)\,d\varphi - qr\,d\varpi] \\ &- y''\,[pq\,d\varphi + (q^2+r^2)\,d\psi + pr\,d\varpi], \end{aligned}$$

$$\begin{aligned} y\,dz - z\,dy = &- \xi\,[qr\,d\varphi - pr\,d\psi - (p^2+q^2)\,d\varpi] \\ &+ x'\,[pq\,d\psi + (p^2+r^2)\,d\varphi - qr\,d\varpi] \\ &- x''\,[pq\,d\varphi + (q^2+r^2)\,d\psi + pr\,d\varpi]. \end{aligned}$$

Donc, si l'on multiplie ces trois dernières équations par δm, qu'ensuite on les intègre par rapport à la caractéristique $\sum$, en ne faisant varier que les quantités p, q, r, et regardant les autres comme constantes, et qu'on fasse, pour abréger,

$$\sum qr\,\delta m = \mathrm{F}, \qquad \sum pr\,\delta m = \mathrm{G}, \qquad \sum pq\,\delta m = \mathrm{H},$$
$$\sum (q^2+r^2)\,\delta m = \mathrm{L}, \quad \sum (p^2+r^2)\,\delta m = \mathrm{M}, \quad \sum (p^2+q^2)\,\delta m = \mathrm{N},$$

on aura, en vertu des équations (1), (2), (3) ci-dessus, ces trois-ci

$$(5) \qquad \left\{ \begin{aligned} &- \zeta\left(\mathrm{F}\frac{d\varphi}{dt} - \mathrm{G}\frac{d\psi}{dt} - \mathrm{N}\frac{d\varpi}{dt}\right) \\ &+ z'\left(\mathrm{H}\frac{d\psi}{dt} + \mathrm{M}\frac{d\varphi}{dt} - \mathrm{F}\frac{d\varpi}{dt}\right) \\ &- z''\left(\mathrm{H}\frac{d\varphi}{dt} + \mathrm{L}\frac{d\psi}{dt} + \mathrm{G}\frac{d\varpi}{dt}\right) = \mathrm{A}, \end{aligned} \right.$$

$$(6)\quad \left\{\begin{aligned} &-\eta\left(\mathrm{F}\frac{d\varphi}{dt}-\mathrm{G}\frac{d\psi}{dt}-\mathrm{N}\frac{d\varpi}{dt}\right)\\ &+y'\left(\mathrm{H}\frac{d\psi}{dt}+\mathrm{M}\frac{d\varphi}{dt}-\mathrm{F}\frac{d\varpi}{dt}\right)\\ &-y''\left(\mathrm{H}\frac{d\varphi}{dt}+\mathrm{L}\frac{d\psi}{dt}+\mathrm{G}\frac{d\varpi}{dt}\right)=\mathrm{B},\end{aligned}\right.$$

$$(7)\quad \left\{\begin{aligned} &-\xi\left(\mathrm{F}\frac{d\varphi}{dt}-\mathrm{G}\frac{d\psi}{dt}-\mathrm{N}\frac{d\varpi}{dt}\right)\\ &+x'\left(\mathrm{H}\frac{d\psi}{dt}+\mathrm{M}\frac{d\varphi}{dt}-\mathrm{F}\frac{d\varpi}{dt}\right)\\ &-x''\left(\mathrm{H}\frac{d\varphi}{dt}+\mathrm{L}\frac{d\psi}{dt}+\mathrm{G}\frac{d\varpi}{dt}\right)=\mathrm{C}.\end{aligned}\right.$$

Ces équations étant élevées chacune au carré, et ensuite ajoutées ensemble, donnent d'abord (en vertu des formules du n° **2**, et à cause de $a'=1$, $a''=1$, $b=0$) celle-ci, où les quantités x', y', z', x'', ... ne se trouvent plus,

$$(8)\quad \left\{\begin{aligned} &\left(\mathrm{F}\frac{d\varphi}{dt}-\mathrm{G}\frac{d\psi}{dt}-\mathrm{N}\frac{d\varpi}{dt}\right)^2\\ &+\left(\mathrm{H}\frac{d\psi}{dt}+\mathrm{M}\frac{d\varphi}{dt}-\mathrm{F}\frac{d\varpi}{dt}\right)^2\\ &+\left(\mathrm{H}\frac{d\varphi}{dt}+\mathrm{L}\frac{d\psi}{dt}+\mathrm{G}\frac{d\varpi}{dt}\right)^2=\mathrm{A}^2+\mathrm{B}^2+\mathrm{C}^2.\end{aligned}\right.$$

De plus, si l'on ajoute ensemble les carrés des valeurs de dx, dy, dz trouvées ci-dessus, on aura, en ayant égard aux mêmes formules du n° **2**,

$$\begin{aligned} dx^2+dy^2+dz^2 &= (p\,d\varphi+q\,d\psi)^2+(r\,d\psi+p\,d\varpi)^2+(q\,d\varpi-r\,d\varphi)^2\\ &=(p^2+r^2)\,d\varphi^2+(q^2+r^2)\,d\psi^2+(p^2+q^2)\,d\varpi^2\\ &\quad+2pq\,d\varphi\,d\psi+2pr\,d\psi\,d\varpi-2qr\,d\varphi\,d\varpi;\end{aligned}$$

donc multipliant par δm, intégrant par rapport à la caractéristique $\sum$, et faisant les substitutions ci-dessus, on aura, en vertu de l'équation (4), celle-ci

$$(9)\quad \mathrm{M}\frac{d\varphi^2}{dt^2}+\mathrm{L}\frac{d\psi^2}{dt^2}+\mathrm{N}\frac{d\varpi^2}{dt^2}+2\mathrm{H}\frac{d\varphi}{dt}\frac{d\psi}{dt}+2\mathrm{G}\frac{d\psi}{dt}\frac{d\varpi}{dt}-2\mathrm{F}\frac{d\varphi}{dt}\frac{d\varpi}{dt}=\mathrm{D}^2.$$

Ainsi voilà déjà deux équations (8) et (9) qui ne renferment que les trois inconnues $\frac{d\varphi}{dt}$, $\frac{d\psi}{dt}$, $\frac{d\varpi}{dt}$, et par lesquelles on pourra par conséquent déterminer deux quelconques d'entre elles par la troisième.

Faisons pour plus de simplicité

$$(10)\quad \begin{cases} \lambda = -F\frac{d\varphi}{dt} + G\frac{d\psi}{dt} + N\frac{d\varpi}{dt}, \\ \mu = M\frac{d\varphi}{dt} + H\frac{d\psi}{dt} - F\frac{d\varpi}{dt}, \\ \nu = H\frac{d\varphi}{dt} + L\frac{d\psi}{dt} + G\frac{d\varpi}{dt}, \end{cases}$$

et les deux équations dont nous venons de parler pourront se mettre sous cette forme assez simple

$$(11)\quad \begin{cases} \lambda^2 + \mu^2 + \nu^2 = A^2 + B^2 + C^2, \\ \lambda\frac{d\varpi}{dt} + \mu\frac{d\varphi}{dt} + \nu\frac{d\psi}{dt} = D^2. \end{cases}$$

Tirant donc des trois équations ci-dessus les valeurs de $\frac{d\varphi}{dt}$, $\frac{d\psi}{dt}$, $\frac{d\varpi}{dt}$ en λ, μ, ν, et les substituant dans la seconde des deux équations (11), on aura deux équations en λ, μ, ν à l'aide desquelles on pourra déterminer, par exemple, les valeurs de μ et ν en λ; de sorte qu'il ne restera plus qu'à connaître λ.

Pour cela je reprends les trois équations (5), (6), (7), lesquelles par l'introduction des quantités λ, μ, ν se réduisent à cette forme

$$(12)\quad \begin{cases} \zeta\lambda + z'\mu - z''\nu = A, \\ \eta\lambda + y'\mu - y''\nu = B, \\ \xi\lambda + x'\mu - x''\nu = C; \end{cases}$$

et ajoutant ensemble ces équations après les avoir multipliées, la première par ζ, la seconde par η, et la troisième par ξ, j'ai par les formules du n° 2

$$\lambda = A\zeta + B\eta + C\xi.$$

J'aurai de même en multipliant ces équations respectivement par $d\zeta$, $d\eta$, $d\xi$, et les ajoutant ensuite ensemble, en ayant égard aux formules du n° 4,

$$-\mu\,d\psi + \nu\,d\varphi = A\,d\zeta + B\,d\eta + C\,d\xi.$$

Mais l'équation précédente donne par la différentiation

$$d\lambda = A\,d\zeta + B\,d\eta + C\,d\xi;$$

donc on aura

$$d\lambda = -\mu\,d\psi + \nu\,d\varphi,$$

et par conséquent

$$\frac{d\lambda}{-\mu\dfrac{d\psi}{dt} + \nu\dfrac{d\varphi}{dt}} = dt. \tag{13}$$

Ainsi, comme $\frac{d\psi}{dt}$ et $\frac{d\varphi}{dt}$ sont donnés en λ, μ, ν, et que μ, ν sont déjà connus en λ, cette équation ne contiendra que les deux variables t et λ déjà séparées, et donnera par conséquent par l'intégration la valeur de t en λ, et *vice versâ* celle de λ en t; ainsi l'on connaîtra les quantités λ, μ, ν par des fonctions du temps t.

Pour pouvoir connaître maintenant le mouvement de chaque point du corps, nommons, comme ci-dessus, x, y, z les trois coordonnées rectangles qui déterminent la position instantanée d'un point quelconque donné du corps, dans l'espace, et soient de même p, q, r les coordonnées rectangles qui déterminent la position du même point dans le corps même; on aura donc comme ci-devant

$$x = \xi r + x'q + x''p,$$
$$y = \eta r + y'q + y''p,$$
$$z = \zeta r + z'q + z''p,$$

d'où l'on tire d'abord l'équation

$$x^2 + y^2 + z^2 = p^2 + q^2 + r^2. \tag{14}$$

Ensuite, faisant, pour abréger,

$$P = pq\frac{d\varphi}{dt} + pr\frac{d\varpi}{dt} + (q^2 + r^2)\frac{d\psi}{dt},$$

$$Q = qr\frac{d\varpi}{dt} - pq\frac{d\psi}{dt} - (p^2 + r^2)\frac{d\varphi}{dt},$$

$$R = qr\frac{d\varphi}{dt} - pr\frac{d\psi}{dt} - (p^2 + q^2)\frac{d\varpi}{dt},$$

on aura aussi

$$\begin{aligned} y\,dx - x\,dy &= (\zeta R + z' Q + z'' P)\,dt, \\ x\,dz - z\,dx &= (\eta R + y' Q + y'' P)\,dt, \\ z\,dy - y\,dz &= (\xi R + x' Q + x'' P)\,dt. \end{aligned}$$

Ces trois équations, ainsi que les trois précédentes, étant multipliées respectivement par les équations (12), et les produits étant ajoutés ensemble, il viendra, en vertu des formules du n° **2**, ces deux équations-ci

$$(15) \qquad Az + By + Cx = r\lambda + q\mu - p\nu,$$

$$(16) \quad A(y\,dx - x\,dy) + B(x\,dz - z\,dx) + C(z\,dy - y\,dz) = (R\lambda + Q\mu - P\nu)\,dt,$$

lesquelles, étant combinées avec l'équation (14) ci-dessus, serviront à déterminer les trois inconnues x, y, z.

Je remarque d'abord que si les deux constantes arbitraires B et C étaient nulles, la détermination dont il s'agit n'aurait aucune difficulté; car faisant, pour abréger,

$$\begin{aligned} \theta &= r\lambda + q\mu - p\nu, \\ \Theta &= R\lambda + Q\mu - P\nu, \\ n^2 &= p^2 + q^2 + r^2 \end{aligned}$$

(θ et Θ étant des fonctions connues de t, et n une constante qui exprime la distance du point donné du corps au centre autour duquel il se meut), l'équation (15) donnera d'abord

$$z = \frac{\theta}{A},$$

et l'équation (14) donnera

$$x^2 + y^2 = n^2 - \frac{\theta^2}{A^2}.$$

Ensuite l'équation (16) donnera

$$y\,dx - x\,dy = \frac{\Theta\,dt}{A},$$

laquelle étant divisée par la précédente, on aura cette équation intégrable

$$\frac{y\,dx - x\,dy}{x^2 + y^2} = \frac{A\Theta\,dt}{A^2 n^2 - \theta^2}.$$

Soit donc, pour abréger,

$$T = \int \frac{A\Theta\, dt}{A^2 n^2 - \theta^2},$$

et l'on aura

$$\frac{y}{x} = \tang T,$$

d'où, à cause de

$$x^2 + y^2 = \frac{A^2 n^2 - \theta^2}{A^2},$$

on tire

$$x = \frac{\sqrt{A^2 n^2 - \theta^2}}{A} \cos T, \quad y = \frac{\sqrt{A^2 n^2 - \theta^2}}{A} \sin T.$$

Mais, pour ne pas borner notre solution au cas de $B = 0$ et $C = 0$, je vais résoudre les trois équations (14), (15) et (16) dans toute leur généralité.

Je fais pour cela

$$k^2 = A^2 + B^2 + C^2$$

et

$$f = \frac{A}{\sqrt{A^2 + B^2 + C^2}}, \quad g = \frac{B}{\sqrt{A^2 + B^2 + C^2}}, \quad h = \frac{C}{\sqrt{A^2 + B^2 + C^2}},$$

d'où

$$A = kf, \quad B = kg, \quad C = kh;$$

en sorte qu'on ait

$$f^2 + g^2 + h^2 = 1,$$

et je prends six autres quantités f', g', h', f'', g'', h'', entre lesquelles et les trois quantités f, g, h j'établis les mêmes rapports qu'entre les quantités x, y, z, x', y', z', x'', y'', z'' du n° **2**, en y supposant

$$a = a' = a'' = 1 \quad \text{et} \quad b = b' = b'' = 0;$$

j'aurai donc aussi entre ces mêmes quantités f, g, h, f', g',... des relations analogues à celles qu'on a trouvées dans le n° **7** entre x, y, z, x', y',..., en sorte que prenant à volonté les trois quantités f, g, f', on pourra par leur moyen déterminer les six autres.

Cela posé, je suppose encore

$$f\,z + g\,y + h\,x = Z,$$
$$f'z + g'y + h'x = Y,$$
$$f''z + g''y + h''x = X;$$

j'aurai d'abord, en ajoutant ensemble les carrés de ces trois équations,

$$z^2 + y^2 + x^2 = Z^2 + Y^2 + X^2,$$

à cause des relations établies entre les quantités f, g, h, f', g', h',... (2); ainsi l'on aura par l'équation (14)

$$X^2 + Y^2 + Z^2 = n^2.$$

Ensuite l'équation (15) deviendra

$$kZ = \theta.$$

Or si l'on cherche la valeur de $YdX - XdY$, on la trouvera égale à

$$(g'h'' - h'g'')(y\,dx - x\,dy) + (h'f'' - f'h'')(x\,dz - z\,dx)$$
$$+ (f'g'' - g'f'')(z\,dy - y\,dz);$$

mais, par les formules du n° 7, on aura

$$g'h'' - h'g'' = f, \quad h'f'' - f'h'' = g, \quad f'g'' - g'f'' = h,$$

donc l'équation (16) deviendra

$$k(Y\,dX - X\,dY) = \Theta\,dt.$$

Ainsi l'on a maintenant entre X, Y et Z les mêmes équations qu'on a eues ci-dessus entre x, y, z dans le cas de $B = 0$ et $C = 0$, avec cette seule différence qu'il y a ici k à la place de A. On aura donc sur-le-champ

$$X = \frac{\sqrt{k^2 n^2 - \theta^2}}{k}\cos T, \quad Y = \frac{\sqrt{h^2 n^2 - \theta^2}}{k}\sin T, \quad Z = \frac{\theta}{k}.$$

Ayant les valeurs de X, Y, Z, on tirera des formules précédentes celles de x, y, z, et l'on aura (7) par les relations qui doivent avoir lieu entre les coefficients $f, g, h, f', g', h', \ldots$

$$x = hZ + h'Y + h''X,$$
$$y = gZ + g'Y + g''X,$$
$$z = fZ + f'Y + f''X.$$

Il faut remarquer que la quantité f' demeure indéterminée ; de sorte qu'on pourra lui donner telle valeur qu'on voudra, sans déroger en rien à la généralité de la solution.

9. Remarque I. — Si l'on tire des trois équations (10) du numéro précédent les valeurs de $\frac{d\varphi}{dt}, \frac{d\psi}{dt}, \frac{d\varpi}{dt}$, on aura, en faisant, pour abréger,

$$\Delta = LMN - 2FGH - F^2L - G^2M - H^2N,$$

ces expressions

$$\frac{d\varphi}{dt} = \frac{(GH + FL)\lambda + (LN - G^2)\mu - (FG + HN)\nu}{\Delta},$$
$$\frac{d\psi}{dt} = \frac{-(FH + GM)\lambda - (FG + HN)\mu + (MN - F^2)\nu}{\Delta},$$
$$\frac{d\varpi}{dt} = \frac{(LM - H^2)\lambda + (GH + FL)\mu - (FH + GM)\nu}{\Delta},$$

qui, étant substituées dans la seconde des équations (11), la réduiront à cette forme

$$\frac{LM - H^2}{\Delta}\lambda^2 + \frac{LN - G^2}{\Delta}\mu^2 + \frac{MN - F^2}{\Delta}\nu^2$$
$$+ 2\frac{GH + FL}{\Delta}\lambda\mu - 2\frac{FH + GM}{\Delta}\lambda\nu - 2\frac{FG + HN}{\Delta}\mu\nu = E^2;$$

et cette équation, étant combinée avec cette autre

$$\lambda^2 + \mu^2 + \nu^2 = k^2,$$

servira, comme nous l'avons déjà dit, à déterminer μ et ν en λ, ou, en général, à déterminer λ, μ et ν par une même indéterminée quelconque.

En effet, si l'on fait

$$\mu = s\lambda, \quad \nu = u\lambda,$$

et qu'on divise les deux équations l'une par l'autre, la quantité λ s'en ira, et l'on aura une équation du second degré entre s et u, par laquelle on pourra déterminer u en s; ensuite on aura par la dernière équation

$$\lambda = \frac{k}{\sqrt{1 + s^2 + u^2}},$$

et de là on connaîtra les trois quantités λ, μ, ν en s, dont les valeurs étant substituées dans le premier membre de l'équation (13), on aura une équation séparée entre s et t, par laquelle on déterminera s en t et *vice versâ*.

Mais, comme de cette manière on tombe dans une équation un peu compliquée à cause des doubles signes radicaux que les expressions de λ, μ, ν doivent renfermer, il est bon de voir comment on peut parvenir à des résultats plus simples, à l'aide de quelques substitutions convenables; d'autant plus que la méthode que nous allons exposer pourra aussi être utile dans d'autres occasions.

Il est visible que, si l'on prend de nouveau neuf quantités

$$f, g; h, f', g', h', f'', g'', h'',$$

qui soient assujetties aux mêmes conditions que les quantités

$$x, y, z, x', y', z', x'', y'', z''$$

du n° 2, en supposant

$$a = a' = a'' = 1 \quad \text{et} \quad b = b' = b'' = 0,$$

on aura

$$(f\lambda + f'\mu + f''\nu)^2 + (g\lambda + g'\mu + g''\nu)^2 + (h\lambda + h'\mu + h''\nu)^2 = \lambda^2 + \mu^2 + \nu^2 = k^2;$$

et comme parmi ces neuf quantités il en reste trois d'indéterminées, à cause qu'il n'y a que six conditions à remplir (numéro cité), on pourra encore, en introduisant trois nouvelles indéterminées α, β, γ, faire en sorte qu'on ait aussi

$$\alpha(f\lambda+f'\mu+f''\nu)^2+\beta(g\lambda+g'\mu+g''\nu)^2+\gamma(h\lambda+h'\mu+h''\nu)^2$$
$$=\frac{LM-H^2}{\Delta}\lambda^2+\frac{LN-G^2}{\Delta}\mu^2+\frac{MN-F^2}{\Delta}\nu^2$$
$$+2\frac{GH+FL}{\Delta}\lambda\mu-2\frac{FH+GM}{\Delta}\lambda\nu-2\frac{FG+HN}{\Delta}\mu\nu=E^2;$$

car pour cela il n'y aura qu'à supposer

$$\frac{LM-H^2}{\Delta}=\alpha f^2+\beta g^2+\gamma h^2,$$
$$\frac{LN-G^2}{\Delta}=\alpha f'^2+\beta g'^2+\gamma h'^2,$$
$$\frac{MN-F^2}{\Delta}=\alpha f''^2+\beta g''^2+\gamma h''^2,$$
$$\frac{GH+FL}{\Delta}=\alpha ff'+\beta gg'+\gamma hh',$$
$$-\frac{FH+GM}{\Delta}=\alpha ff''+\beta gg''+\gamma hh'',$$
$$-\frac{FG+HN}{\Delta}=\alpha f'f''+\beta g'g''+\gamma h'h''.$$

Pour pouvoir maintenant résoudre ces équations, je remarque que les neuf quantités f, g, h, f', g', h',... auront nécessairement entre elles des relations analogues à celles qu'on a trouvées dans le n° 7 entre x, y, z, x', y', z',...; d'où il s'ensuit que, si l'on fait, pour abréger,

$$A=\frac{LM-H^2}{\Delta},\qquad B=\frac{LN-G^2}{\Delta},\qquad C=\frac{MN-F^2}{\Delta},$$
$$a=\frac{GH+FL}{\Delta},\qquad b=-\frac{FH+GM}{\Delta},\qquad c=-\frac{FG+HN}{\Delta}$$

(il ne faut pas confondre ces quantités A, B, C, a, b, c avec celles que nous avons dénotées ailleurs par les mêmes lettres), on trouvera les combinaisons suivantes

$$Af+af'+bf''=\alpha f,\quad Bf'+af+cf''=\alpha f',\quad Cf''+bf+cf'=\alpha f'',$$
$$Ag+ag'+bg''=\beta g,\quad Bg'+ag+cg''=\beta g',\quad Cg''+bg+cg'=\beta g'',$$
$$Ah+ah'+bh''=\gamma h,\quad Bh'+ah+ch''=\gamma h',\quad Ch''+bh+ch'=\gamma h''.$$

Des deux premières de ces équations on tire

$$f' = \frac{(A-\alpha)c - ab}{(B-\alpha)b - ac} f, \quad f'' = \frac{(A-\alpha)(B-\alpha) - a^2}{(B-\alpha)b - ac} f,$$

et ces valeurs étant substituées dans la troisième on aura, après avoir divisé par f et fait disparaître les fractions, cette équation en α

$$(\alpha - A)(\alpha - B)(\alpha - C) - c^2(\alpha - A) - b^2(\alpha - B) - a^2(\alpha - C) - 2abc = 0.$$

Si l'on traite de même les équations suivantes, on en tire cette autre équation en β

$$(\beta - A)(\beta - B)(\beta - C) - c^2(\beta - A) - b^2(\beta - B) - a^2(\beta - C) - 2abc = 0.$$

Et les trois dernières équations donneront pareillement cette équation en γ

$$(\gamma - A)(\gamma - B)(\gamma - C) - c^2(\gamma - A) - b^2(\gamma - B) - a^2(\gamma - C) - 2abc = 0.$$

D'où il est facile de conclure que les trois quantités α, β, γ seront les racines de cette équation du troisième degré

$$(\rho - A)(\rho - B)(\rho - C) - c^2(\rho - A) - b^2(\rho - B) - a^2(\rho - C) - 2abc = 0,$$

savoir.

$$\rho^3 - (A + B + C)\rho^2 + (AB + AC + BC - a^2 - b^2 - c^2)\rho$$
$$- ABC + c^2A + b^2B + a^2C - 2abc = 0.$$

Or cette équation, étant d'un degré impair, aura nécessairement une racine réelle; mais je vais démontrer qu'elle les aura par cela même toutes trois réelles.

Pour cet effet je remarque que si l'on prend la racine réelle de l'équation dont il s'agit pour α, les deux quantités $\frac{f'}{f}$ et $\frac{f''}{f}$ seront nécessairement réelles, ce qui est évident par les valeurs ci-dessus de ces quantités; et je vais prouver qu'alors les quantités $\frac{g'}{g}$, $\frac{g''}{g}$, ainsi que $\frac{h'}{h}$, $\frac{h''}{h}$ seront réelles aussi; après quoi notre proposition sera démontrée, parce qu'on a, par la quatrième des équations ci-dessus,

$$\beta = \mathrm{A} + a\frac{g'}{g} + b\,\frac{g''}{g},$$

et par la septième

$$\gamma = \mathrm{A} + a\frac{h'}{h} + b\,\frac{h''}{h}.$$

Qu'on multiplie la première des mêmes équations par la quatrième, la deuxième par la cinquième, la troisième par la sixième, et qu'on ajoute ces trois produits ensemble, on aura (à cause de $fg + f'g' + f''g'' = 0$ par les formules du n° 7) cette équation

$$\begin{aligned}
&(\mathrm{A}f + af' + bf'')(\mathrm{A}g + ag' + bg'')\\
+&(\mathrm{B}f' + af + cf'')(\mathrm{B}g' + ag + cg'')\\
+&(\mathrm{C}f'' + bf + cf')(\mathrm{C}g'' + bg + cg') = 0,
\end{aligned}$$

c'est-à-dire en divisant par fg,

$$\begin{aligned}
&\left(\mathrm{A} + a\frac{f'}{f} + b\frac{f''}{f}\right)\left(\mathrm{A} + a\,\frac{g'}{g} + b\,\frac{g''}{g}\right)\\
+&\left(\mathrm{B}\frac{f'}{f} + a + c\,\frac{f''}{f}\right)\left(\mathrm{B}\,\frac{g'}{g} + a + c\,\frac{g''}{g}\right)\\
+&\left(\mathrm{C}\frac{f''}{f} + b + c\,\frac{f'}{f}\right)\left(\mathrm{C}\,\frac{g''}{g} + b + c\,\frac{g'}{g}\right) = 0.
\end{aligned}$$

On trouvera de même, en ajoutant ensemble les produits de la première par la septième, de la deuxième par la huitième et de la troisième par la neuvième, et ayant attention que $fh + f'h' + f''h'' = 0$, on trouvera, dis-je, celle-ci

$$\begin{aligned}
&(\mathrm{A}f + af' + bf'')(\mathrm{A}h + ah' + bh')\\
+&(\mathrm{B}f' + af + cf'')(\mathrm{B}h' + ah + ch'')\\
+&(\mathrm{C}f'' + bf + cf')(\mathrm{C}h'' + bh + ch') = 0,
\end{aligned}$$

mais on aura par les formules du n° 7 appliquées au cas présent

$$h = f'g'' - g'f'', \quad h' = f''g - g''f, \quad h'' = fg' - gf';$$

donc si l'on substitue ces valeurs dans l'équation précédente, et qu'on la divise par $f^2 g$, elle deviendra

$$\begin{aligned}&\left(A+a\frac{f'}{f}+b\frac{f''}{f}\right)\left[A\left(\frac{f'g''}{fg}-\frac{f''g'}{fg}\right)+a\left(\frac{f''}{f}-\frac{g''}{g}\right)+b\left(\frac{g'}{g}-\frac{f'}{f}\right)\right]\\
&+\left(B\frac{f'}{f}+a+c\frac{f''}{f}\right)\left[B\left(\frac{f''}{f}-\frac{g''}{g}\right)+a\left(\frac{f'g''}{fg}-\frac{f''g'}{fg}\right)+c\left(\frac{g'}{g}-\frac{f'}{f}\right)\right]\\
&+\left(C\frac{f''}{f}+b+c\frac{f'}{f}\right)\left[C\left(\frac{g'}{g}-\frac{f'}{f}\right)+b\left(\frac{f'g''}{fg}-\frac{f''g'}{fg}\right)+c\left(\frac{f''}{f}-\frac{g''}{g}\right)\right]=0.\end{aligned}$$

On a donc ainsi deux équations linéaires entre les deux inconnues $\frac{g'}{g}$, $\frac{g''}{g}$, de sorte que les valeurs qu'on trouvera pour ces inconnues seront nécessairement réelles.

Enfin on aura

$$\frac{h'}{h}=\frac{\frac{f''}{f}-\frac{g''}{g}}{\frac{f'g''}{fg}-\frac{f''g'}{fg}},\quad \frac{h''}{h}=\frac{\frac{g'}{g}-\frac{f'}{f}}{\frac{f'g''}{fg}-\frac{f''g'}{fg}};$$

par conséquent les valeurs de $\frac{h'}{h}$ et de $\frac{h''}{h}$ seront aussi réelles.

Il s'ensuit de la démonstration précédente que :

Toute équation du troisième degré réductible à la forme

$$\begin{aligned}x^3-(A+B+C)x^2+(AB+AC+BC-a^2-b^2-c^2)x&\\
-ABC+c^2A+b^2B+a^2C-2abc=0&\end{aligned}$$

a nécessairement trois racines réelles, quelles que soient les quantités A, B, C, *a*, *b*, *c*, *pourvu seulement qu'elles soient réelles.*

Comme ce Théorème est assez remarquable, il serait utile d'en chercher une démonstration directe; mais ce n'est pas ici le lieu de nous occuper de cet objet.

Quant aux valeurs de f, f', f'', comme on doit avoir par les formules du n° **7**

$$f^2+f'^2+f''^2=1,$$

il n'y aura qu'à substituer dans cette équation les valeurs de f' et de f''

trouvées ci-dessus, et l'on en tirera d'abord celle de f, qui sera

$$f = \frac{(B-\alpha)b - ac}{\sqrt{[(B-\alpha)b-ac]^2 + [(A-\alpha)c - ab]^2 + [(A-\alpha)(B-\alpha) - a^2]^2}},$$

ensuite on aura

$$f' = \frac{(A-\alpha)c - ab}{\sqrt{[(B-\alpha)b-ac]^2 + [(A-\alpha)c - ab]^2 + [(A-\alpha)(B-\alpha) - a^2]^2}},$$

$$f'' = \frac{a^2 - (A-\alpha)(B-\alpha)}{\sqrt{[(B-\alpha)b-ac]^2 + [(A-\alpha)c - ab]^2 + [(A-\alpha)(B-\alpha) - a^2]^2}}.$$

On trouvera de même les valeurs de g, g', g'' et de h, h', h''; et pour cela il n'y aura qu'à changer dans les expressions précédentes α en β pour celles de g, g', g'', et α en γ pour celles de h, h', h''.

Ainsi les douze quantités indéterminées f, g, h, f', g', h', f'', g'', h'', α, β, γ seront connues moyennant la résolution d'une seule équation du troisième degré, et elles seront nécessairement toutes réelles.

Maintenant, si l'on fait, pour abréger,

$$\Pi = f\lambda + f'\mu + f''\nu,$$
$$\Psi = g\lambda + g'\mu + g''\nu,$$
$$\Phi = h\lambda + h'\mu + h''\nu,$$

nos deux équations à résoudre seront réduites à cette forme

$$\Pi^2 + \Psi^2 + \Phi^2 = k^2,$$
$$\alpha\Pi^2 + \beta\Psi^2 + \gamma\Phi^2 = E^2,$$

d'où l'on tire facilement

$$\Psi = \sqrt{\frac{\gamma k^2 - E^2 - (\gamma-\alpha)\Pi^2}{\gamma-\beta}},$$

$$\Phi = \sqrt{\frac{\beta k^2 - E^2 - (\beta-\alpha)\Pi^2}{\beta-\gamma}}.$$

Or les trois équations ci-dessus étant ajoutées ensemble, après avoir été multipliées respectivement par f, g, h, par f', g', h' et par f'', g'', h'', donnent sur-le-champ, en vertu des formules du n° 2 (a, a', a'' étant ici supposées égales à 1, et b, b', b'' supposées égales à zéro, comme on l'a dit plus haut),

$$\lambda = f\Pi + g\Psi + h\Phi, \quad \mu = f'\Pi + g'\Psi + h'\Phi, \quad \nu = f''\Pi + g''\Psi + h''\Phi.$$

De plus, si dans les expressions de $\frac{d\varphi}{dt}, \frac{d\psi}{dt}, \frac{d\varpi}{dt}$ trouvées au commencement de cette Remarque, on substitue pour

$$\frac{GH + FL}{\Delta}, \quad \frac{LN - G^2}{\Delta}, \ldots$$

leurs valeurs

$$\alpha ff' + \beta gg' + \gamma hh', \quad \alpha f'^2 + \beta g'^2 + \gamma h'^2, \ldots,$$

et qu'on y introduise les quantités Π, Ψ, Φ, on trouvera

$$\frac{d\varpi}{dt} = \alpha f\Pi + \beta g\Psi + \gamma h\Phi,$$
$$\frac{d\varphi}{dt} = \alpha f'\Pi + \beta g'\Psi + \gamma h'\Phi,$$
$$\frac{d\psi}{dt} = \alpha f''\Pi + \beta g''\Psi + \gamma h''\Phi.$$

De là on aura, après les substitutions,

$$\begin{aligned}\nu\frac{d\varphi}{dt} - \mu\frac{d\psi}{dt} = {} & (\alpha - \beta)(g''f' - g'f'')\Pi\Psi \\ & + (\gamma - \alpha)(f''h' - f'h'')\Pi\Phi \\ & + (\beta - \gamma)(h''g' - h'g'')\Psi\Phi;\end{aligned}$$

c'est-à-dire par les formules du nº 7

$$\nu\frac{d\varphi}{dt} - \mu\frac{d\psi}{dt} = (\alpha - \beta)h\Pi\Psi + (\gamma - \alpha)g\Pi\Phi + (\beta - \gamma)f\Psi\Phi;$$

de sorte que l'équation (13) de la solution ci-dessus deviendra

$$\frac{f\,d\Pi + g\,d\Psi + h\,d\Phi}{(\beta - \gamma)f\Psi\Phi + (\gamma - \alpha)g\Pi\Phi + (\alpha - \beta)h\Pi\Psi} = dt.$$

Substituons au lieu de $d\Psi$ et $d\Phi$ leurs valeurs tirées des équations

$$\Pi^2 + \Psi^2 + \Phi^2 = k^2, \quad \alpha\Pi^2 + \beta\Psi^2 + \gamma\Phi^2 = E^2,$$

lesquelles donnent

$$d\Psi = \frac{(\gamma - \alpha)\Pi\,d\Pi}{(\beta - \gamma)\Psi}, \quad d\Phi = \frac{(\alpha - \beta)\Pi\,d\Pi}{(\beta - \gamma)\Phi},$$

et l'équation dont il s'agit deviendra après les réductions

$$\frac{d\Pi}{(\beta-\gamma)\Psi\Phi}=dt,$$

c'est-à-dire en mettant pour Ψ et Φ leurs valeurs en Π trouvées plus haut,

$$\frac{d\Pi}{\sqrt{[\beta k^2-E^2-(\beta-\alpha)\Pi^2][-\gamma k^2+E^2+(\gamma-\alpha)\Pi^2]}}=dt,$$

équation dont le premier membre n'est intégrable, en général, que par la rectification des sections coniques.

10. Remarque II. — Nous avons trouvé dans la solution du Problème précédent que la valeur de

$$dx^2+dy^2+dz^2,$$

c'est-à-dire le carré du petit espace qu'une particule quelconque du corps parcourt dans l'instant dt, est exprimée par la formule

$$(p\,d\varphi+q\,d\psi)^2+(r\,d\psi+p\,d\varpi)^2+(q\,d\varpi-r\,d\varphi)^2,$$

p, q, r étant les coordonnées rectangles qui déterminent la position de cette particule dans l'intérieur du corps; donc toute particule ou point du corps dont les coordonnées seront telles, qu'on ait à la fois

$$p\,d\varphi+q\,d\psi=0,\quad r\,d\psi+p\,d\varpi=0,\quad q\,d\varpi-r\,d\varphi=0,$$

sera en repos pendant un instant; or ces trois équations donnent

$$\frac{q}{p}=-\frac{d\varphi}{d\psi},\quad \frac{r}{p}=-\frac{d\varpi}{d\psi};$$

d'où il est aisé de conclure qu'il y aura nécessairement dans le corps, non pas un seul point immobile à chaque instant, mais une suite de points formant une ligne droite, qui sera par conséquent l'axe de rotation instantanée du corps; et il est clair que cet axe fera avec les trois axes des coordonnées p, q, r des angles ρ, σ, ω tels, que

$$\cos\rho = \frac{p}{\sqrt{p^2+q^2+r^2}} = \frac{d\psi}{\sqrt{d\psi^2+d\varphi^2+d\varpi^2}},$$

$$\cos\sigma = \frac{q}{\sqrt{p^2+q^2+r^2}} = \frac{d\varphi}{\sqrt{d\psi^2+d\varphi^2+d\varpi^2}},$$

$$\cos\omega = \frac{r}{\sqrt{p^2+q^2+r^2}} = \frac{d\varpi}{\sqrt{d\psi^2+d\varphi^2+d\varpi^2}},$$

ou bien, en mettant pour $d\psi$, $d\varphi$, $d\varpi$ leurs valeurs en Π, Ψ, Φ, trouvées dans la solution ci-dessus,

$$\cos\rho = \frac{f''\alpha\Pi + g''\beta\Psi + h''\gamma\Phi}{\sqrt{\alpha^2\Pi^2+\beta^2\Psi^2+\gamma^2\Phi^2}},$$

$$\cos\sigma = \frac{f'\alpha\Pi + g'\beta\Psi + h'\gamma\Phi}{\sqrt{\alpha^2\Pi^2+\beta^2\Psi^2+\gamma^2\Phi^2}},$$

$$\cos\omega = \frac{f\alpha\Pi + g\beta\Psi + h\gamma\Phi}{\sqrt{\alpha^2\Pi^2+\beta^2\Psi^2+\gamma^2\Phi^2}}.$$

Maintenant il est clair que, comme les quantités Π, Ψ et Φ sont, en général, des fonctions du temps t, la position de l'axe de rotation dont il s'agit variera continuellement, à moins que ces trois quantités ne gardent entre elles des rapports constants; or comme on a (par la Remarque précédente)

$$\frac{\Psi}{\Pi} = \sqrt{\frac{\frac{\gamma h^2 - E^2}{\Pi^2} - \gamma + \alpha}{\gamma - \beta}},$$

il est clair que cette quantité ne peut être constante à moins que la quantité Π ne soit elle-même constante; et dans ce cas les deux autres quantités Ψ et Φ seront aussi nécessairement constantes. Voyons donc les conditions qui peuvent rendre Π égale à une constante.

Si l'on considère l'équation entre Π et t, trouvée à la fin de la Remarque précédente, on verra aisément que la quantité Π sera constante, c'est-à-dire que la différentielle $d\Pi$ sera nulle si le dénominateur est nul en même temps; mais pour que le temps t puisse être quelconque, il faudra de plus, par les règles connues, que la différentielle de la quantité qui est sous le signe radical dans le dénominateur soit nulle aussi :

c'est pourquoi on aura ces deux équations de condition

$$[\beta k^2 - E^2 - (\beta - \alpha)\Pi^2][-\gamma k^2 + E^2 + (\gamma - \alpha)\Pi^2] = 0,$$

$$[\beta k^2 - E^2 - (\beta - \alpha)\Pi^2](\gamma - \alpha)\Pi - [-\gamma k^2 + E^2 + (\gamma - \alpha)\Pi^2](\beta - \alpha)\Pi = 0.$$

La première donne : ou

$$\beta k^2 - E^2 - (\beta - \alpha)\Pi^2 = 0,$$

auquel cas la seconde donnera

$$\text{ou}\quad \Pi = 0 \quad \text{ou} \quad \gamma k^2 - E^2 - (\gamma - \alpha)\Pi^2 = 0;$$

ou bien

$$\gamma k^2 - E^2 - (\gamma - \alpha)\Pi^2 = 0,$$

auquel cas la seconde donnera

$$\text{ou}\quad \Pi = 0 \quad \text{ou} \quad \beta k^2 - E^2 - (\beta - \alpha)\Pi^2 = 0;$$

d'où l'on voit qu'il faut nécessairement que de ces trois quantités

$$\Pi, \quad \beta k^2 - E^2 - (\beta - \alpha)\Pi^2, \quad \gamma k^2 - E^2 - (\gamma - \alpha)\Pi^2,$$

deux soient nulles à la fois; ce qui donne trois combinaisons, et par conséquent trois cas différents où l'axe de rotation instantanée pourra être fixe dans le corps; et comme on a

$$\Psi^2 = \frac{\gamma k^2 - E^2 - (\gamma - \alpha)\Pi^2}{\gamma - \beta}, \quad \Phi^2 = \frac{\beta k^2 - E^2 - (\beta - \alpha)\Pi^2}{\beta - \gamma},$$

il est clair que ces trois cas seront ceux où l'on aura en même temps $\Psi = 0$ et $\Phi = 0$, ou $\Pi = 0$ et $\Phi = 0$, ou $\Pi = 0$ et $\Psi = 0$; dans le premier cas on aura par les formules ci-dessus

$$\cos\rho = f'', \quad \cos\sigma = f', \quad \cos\omega = f,$$

dans le second on aura

$$\cos\rho = g'', \quad \cos\sigma = g', \quad \cos\omega = g,$$

et enfin dans le troisième

$$\cos\rho = h'', \quad \cos\sigma = h', \quad \cos\omega = h.$$

On voit donc qu'il y a dans chaque corps trois lignes droites qui peuvent être des axes de rotation fixes, et qu'il n'y en a, généralement parlant, que trois; de plus, si l'on nomme ε, ε', ε'' les angles que ces trois axes font entre eux, il est facile de voir, d'après ce qu'on a dit dans le n° 5, qu'on aura, en général,

$$gh + g'h' + g''h'' = \cos\varepsilon,$$
$$fh + f'h' + f''h'' = \cos\varepsilon',$$
$$fg + f'g' + f''g'' = \cos\varepsilon'',$$

de sorte que (7) à cause de

$$fg + f'g' + f''g'' = 0,$$
$$fh + f'h' + f''h'' = 0,$$
$$gh + g'h' + g''h'' = 0,$$

on aura

$$\cos\varepsilon = 0, \quad \cos\varepsilon' = 0, \quad \cos\varepsilon'' = 0,$$

et par conséquent

$$\varepsilon = 90°, \quad \varepsilon' = 90°, \quad \varepsilon'' = 90°;$$

d'où il s'ensuit que les trois axes dont il s'agit seront nécessairement perpendiculaires entre eux.

Enfin, comme

$$\frac{dx^2 + dy^2 + dz^2}{dt^2}$$

exprime le carré de la vitesse de chaque particule du corps, et que cette quantité est représentée, en général, par la formule

$$\left(\frac{p\,d\varphi + q\,d\psi}{dt}\right)^2 + \left(\frac{r\,d\psi + p\,d\varpi}{dt}\right)^2 + \left(\frac{q\,d\varpi - r\,d\varphi}{dt}\right)^2,$$

si l'on y substitue les valeurs de $\frac{d\varphi}{dt}$, $\frac{d\psi}{dt}$, $\frac{d\varpi}{dt}$ en Π, Ψ, Φ (Remarque précédente) on trouvera que la vitesse d'une particule quelconque, pour laquelle les coordonnées sont p, q, r, sera, dans le cas de $\Psi = 0$ et $\Phi = 0$,

$$\alpha\Pi\sqrt{(pf' + qf'')^2 + (rf'' + pf)^2 + (qf - rf')^2};$$

dans le cas de $\Pi = 0$ et $\Phi = 0$,

$$\beta\Psi\sqrt{(pg' + qg'')^2 + (rg'' + pg)^2 + (qg - rg')^2};$$

et dans le cas de $\Pi = 0$ et $\Psi = 0$,

$$\gamma\Phi\sqrt{(ph' + qh'')^2 + (rh'' + ph)^2 + (qh - rh')^2}.$$

Ainsi ces vitesses seront constantes; par conséquent le mouvement de rotation du corps autour de chacun des trois axes dont il s'agit sera uniforme.

11. Remarque III. — Nous avons dit dans la Solution ci-dessus que l'équation (4), qui renferme le principe de la conservation des forces vives, pouvait se déduire des équations (1), (2), (3). Pour le démontrer, nous considérerons ces trois équations sous la forme (12) à laquelle nous les avons réduites dans le n° 8, et prenant les différentielles pour en faire disparaître les constantes A, B, C, nous aurons

$$\begin{aligned}
\zeta d\lambda + z' d\mu - z'' d\nu + \lambda d\zeta + \mu dz' - \nu dz'' &= 0,\\
\eta d\lambda + y' d\mu - y'' d\nu + \lambda d\eta + \mu dy' - \nu dy'' &= 0,\\
\xi d\lambda + x' d\mu - x'' d\nu + \lambda d\xi + \mu dx' - \nu dx'' &= 0,
\end{aligned}$$

mais par les formules du n° 4 on a, en faisant $a = 1$, $a' = 1$, $a'' = 1$, $b = 0$,

$$\begin{aligned}
d\xi &= -x'd\psi - x''d\varphi, & dx' &= \xi d\psi + x''d\varpi, & dx'' &= \xi d\varphi - x'd\varpi,\\
d\eta &= -y'd\psi - y''d\varphi, & dy' &= \eta d\psi + y''d\varpi, & dy'' &= \eta d\varphi - y'd\varpi,\\
d\zeta &= -z'd\psi - z''d\varphi, & dz' &= \zeta d\psi + z''d\varpi, & dz'' &= \zeta d\varphi - z'd\varpi,
\end{aligned}$$

donc substituant ces valeurs, nos trois équations deviendront

$$\begin{aligned}
\zeta(d\lambda + \mu d\psi - \nu d\varphi) + z'(d\mu - \lambda d\psi + \nu d\varpi) - z''(d\nu + \lambda d\varphi - \mu d\varpi) &= 0,\\
\eta(d\lambda + \mu d\psi - \nu d\varphi) + y'(d\mu - \lambda d\psi + \nu d\varpi) - y''(d\nu + \lambda d\varphi - \mu d\varpi) &= 0,\\
\xi(d\lambda + \mu d\psi - \nu d\varphi) + x'(d\mu - \lambda d\psi + \nu d\varpi) - x''(d\nu + \lambda d\varphi - \mu d\varpi) &= 0,
\end{aligned}$$

lesquelles étant ajoutées ensemble après avoir été multipliées respectivement par ζ, η, ξ, par z', y', x' et par z'', y'', x'', donneront, en vertu des formules du n° 2, ces trois-ci

$$\begin{aligned}
d\lambda + \mu d\psi - \nu d\varphi &= 0,\\
d\mu - \lambda d\psi + \nu d\varpi &= 0,\\
d\nu + \lambda d\varphi - \mu d\varpi &= 0.
\end{aligned}$$

Et employant les transformations de la Remarque première, ces trois équations deviendront

$$f\left[\frac{d\Pi}{dt}-(\beta-\gamma)\Psi\Phi\right]+g\left[\frac{d\Psi}{dt}-(\gamma-\alpha)\Pi\Phi\right]+h\left[\frac{d\Phi}{dt}-(\alpha-\beta)\Pi\Psi\right]=0,$$

$$f'\left[\frac{d\Pi}{dt}-(\beta-\gamma)\Psi\Phi\right]+g'\left[\frac{d\Psi}{dt}-(\gamma-\alpha)\Pi\Phi\right]+h'\left[\frac{d\Phi}{dt}-(\alpha-\beta)\Pi\Psi\right]=0,$$

$$f''\left[\frac{d\Pi}{dt}-(\beta-\gamma)\Psi\Phi\right]+g''\left[\frac{d\Psi}{dt}-(\gamma-\alpha)\Pi\Phi\right]+h''\left[\frac{d\Phi}{dt}-(\alpha-\beta)\Pi\Psi\right]=0,$$

lesquelles étant encore ajoutées ensemble après avoir été multipliées respectivement par f, f', f'', par g, g', g'' et par h, h', h'', donneront enfin ces trois-ci

$$\frac{d\Pi}{dt}-(\beta-\gamma)\Psi\Phi=0,$$

$$\frac{d\Psi}{dt}-(\gamma-\alpha)\Pi\Phi=0,$$

$$\frac{d\Phi}{dt}-(\alpha-\beta)\Pi\Psi=0,$$

qui serviront à déterminer les trois variables Π, Ψ, Φ.

Or il est visible qu'en multipliant la première par $\Pi\,dt$, la seconde par $\Psi\,dt$ et la troisième par $\Phi\,dt$, et les ajoutant ensemble, on aura une équation intégrable dont l'intégrale sera

$$\Pi^2+\Psi^2+\Phi^2=\text{const.};$$

et multipliant de même la première par $\alpha\Pi\,dt$, la seconde par $\beta\Psi\,dt$, et la troisième par $\gamma\Phi\,dt$, on aura, après les avoir ajoutées ensemble, une nouvelle équation intégrable, et dont l'intégrale sera

$$\alpha\Pi^2+\beta\Psi^2+\gamma\Phi^2=\text{const.}$$

Ces deux équations sont les mêmes qu'on a trouvées dans la Remarque I, et les mêmes que les équations (11) de la Solution précédente, dont la seconde renferme le principe de la conservation des forces vives.

12. Remarque IV. — Si l'on supposait que chaque particule du corps δm fût sollicitée par des forces quelconques, il n'y aurait qu'à réduire ces

forces à trois, dirigées suivant les coordonnées x, y, z, et, les représentant par les quantités X, Y, Z, on aurait par les principes connus de la Mécanique, au lieu des équations (1), (2), (3) du n° 8, ces trois-ci

$$\sum\left(\frac{x\,d^2y - y\,d^2x}{dt^2}\right)\delta m = \sum(xY - yX)\,\delta m,$$

$$\sum\left(\frac{z\,d^2x - x\,d^2z}{dt^2}\right)\delta m = \sum(zX - xZ)\,\delta m,$$

$$\sum\left(\frac{y\,d^2z - z\,d^2y}{dt^2}\right)\delta m = \sum(yZ - zY)\,\delta m.$$

Or, comme

$$x\,d^2y - y\,d^2x = d(x\,dy - y\,dx),$$
$$z\,d^2x - x\,d^2z = d(z\,dx - x\,dz),$$
$$y\,d^2z - z\,d^2y = d(y\,dz - z\,dy),$$

il est clair qu'on aura des équations de la même forme que celles dont nous venons de parler, avec cette différence que les quantités A, B, C ne seront plus constantes, mais auront ces valeurs

$$\frac{dA}{dt} = \sum(xY - yX)\,\delta m,$$

$$\frac{dB}{dt} = \sum(zX - xZ)\,\delta m,$$

$$\frac{dC}{dt} = \sum(yZ - zY)\,\delta m.$$

De plus, le principe de la conservation des forces vives donnera aussi une équation semblable à l'équation (4) avec cette différence que la quantité D^2 devra être telle, que l'on ait

$$d(D^2) = \sum(X\,dx + Y\,dy + Z\,dz)\,\delta m.$$

Ainsi, quand les quantités X, Y, Z seront données en x, y, z, on pourra employer les substitutions et les transformations dont nous avons fait usage dans le Problème précédent.

En général, il est clair qu'il n'entrera dans les équations du Problème que les variables x', y', z', x'', y'', z'', ξ, η, ζ et $d\psi$, $d\varpi$, $d\varphi$; mais les six dernières sont des fonctions données des six premières (2 et 4), et l'on a de plus entre celles-ci trois équations (2) par lesquelles on peut en déterminer trois par les trois autres. En effet, l'équation

$$x'^2 + y'^2 + z'^2 = a$$

donne d'abord

$$z' = \sqrt{a - x'^2 - y'^2};$$

ensuite l'équation

$$x'x'' + y'y'' + z'z'' = b$$

donne

$$y'y'' + z'z'' = b - x'x'',$$

dont le carré, étant retranché de l'équation

$$y''^2 + z''^2 = a - x''^2$$

multipliée par $y'^2 + z'^2$, donne celle-ci

$$(y'z'' - z'y'')^2 = (a - x''^2)(y'^2 + z'^2) - (b - x'x'')^2;$$

ainsi, combinant ces deux équations

$$y'y'' - z'z'' = b - x'x'',$$

$$y'z'' - z'y'' = \sqrt{(a - x''^2)(y'^2 + z'^2) - (b - x'x'')^2},$$

on trouvera y'' et z'' : en sorte que les trois quantités z', y'' et z'' seront données par ces trois autres x', y' et x''. Moyennant quoi il n'y aura, à proprement parler, que trois variables; et la difficulté se réduira à déterminer ces variables par le temps t.

13. Remarque V. — Puisqu'on a, en général, dans la Solution précédente

$$x = \xi r + x'q + x''p, \quad y = \eta r + y'q + y''p, \quad z = \zeta r + z'q + z''p,$$

il est clair qu'en faisant

$$p = 0, \quad q = 0, \quad r = 1,$$

on aura

$$x = \xi, \quad y = \eta, \quad z = \zeta;$$

que de même on aura

$$x = x', \quad y = y', \quad z = z',$$

en faisant

$$r = 0, \quad p = 0, \quad q = 1;$$

qu'enfin on aura

$$x = x'', \quad y = y'', \quad z = z'',$$

en faisant

$$r = 0, \quad q = 0, \quad p = 1;$$

donc, si l'on fait ces suppositions dans les valeurs de θ, Θ et n (ce qui donnera

$$n = 1, \quad \theta = \lambda, \quad \Theta = -\mu\frac{d\varphi}{dt} - \nu\frac{d\psi}{dt},$$

dans le premier cas,

$$\theta = \mu, \quad \Theta = -\lambda\frac{d\varpi}{dt} - \nu\frac{d\psi}{dt},$$

dans le second cas,

$$\theta = -\nu, \quad \Theta = -\mu\frac{d\varphi}{dt} + \nu\frac{d\varpi}{dt},$$

dans le troisième cas), on aura les valeurs des quantités ξ, η, ζ, x', y', z', x'', y'', z'', lesquelles seront les mêmes pour tous les points du corps; et ces quantités étant connues en t, on aura par les expressions ci-dessus les coordonnées x, y, z pour chaque point du corps dont la position dans le corps même dépendra des coordonnées p, q, r.

14. Remarque VI. — Si le corps qu'on a supposé jusqu'ici fixement arrêté par un de ses points, était entièrement libre, alors il n'y aurait qu'à prendre, à la place de ce point supposé fixe, le centre de gravité de tout le corps, car on sait que les mouvements de rotation se font autour de ce centre comme s'il était fixe; et à l'égard du mouvement de ce centre, on le déterminera par la considération qu'il doit être le même que si toutes les forces qui agissent sur les différentes parties du corps y étaient appliquées: tout cela est trop connu pour que nous devions nous arrêter à en donner la démonstration.

SUR L'ATTRACTION

DES

SPHÉROÏDES ELLIPTIQUES.

SUR L'ATTRACTION

DES

SPHÉROÏDES ELLIPTIQUES.

(*Nouveaux Mémoires de l'Académie royale des Sciences et Belles-Lettres de Berlin*, année 1773.)

Quelques avantages que l'Analyse algébrique ait sur la méthode géométrique des Anciens, qu'on appelle vulgairement, quoique fort improprement, *synthèse*, il est néanmoins des Problèmes où celle-ci paraît préférable, tant par la clarté lumineuse qui l'accompagne, que par l'élégance et la facilité des solutions qu'elle donne. Il en est même pour lesquels l'analyse algébrique paraît en quelque sorte insuffisante, et où il semble que la méthode synthétique soit seule capable d'atteindre.

Le Problème où il s'agit de déterminer l'attraction qu'un sphéroïde elliptique exerce sur un point quelconque placé sur sa surface, ou dans son intérieur, est de cette espèce. M. Maclaurin, qui a le premier résolu ce Problème dans son excellente Pièce *sur le flux et le reflux de la mer*, couronnée par l'Académie des Sciences de Paris en 1740, a suivi une méthode purement géométrique, et fondée uniquement sur quelques propriétés de l'ellipse et des sphéroïdes elliptiques; et il faut avouer que cette partie de l'Ouvrage de M. Maclaurin est un chef-d'œuvre de Géométrie, qu'on peut comparer à tout ce qu'Archimède nous a laissé de plus beau et de plus ingénieux. Comme M. Maclaurin avait une sorte de prédilection pour la méthode des Anciens, il n'est pas surprenant qu'il l'ait employée dans la solution du Problème dont nous venons de parler; mais il l'est extrêmement, ce me semble, qu'un Problème aussi important que celui-là n'ait pas été résolu depuis d'une manière directe et analytique, surtout dans ces derniers temps où l'Analyse est devenue d'un usage si commun et si général. On ne peut, je crois, en attribuer la cause qu'aux difficultés de calculs que la solution de cette question doit renfermer lorsqu'on l'envisage sous un point de vue purement analytique. Ce n'est pas qu'il ne soit aisé de trouver, et que même différents Géomètres n'aient déjà donné des formules générales pour déterminer l'attraction qu'un corps de figure quelconque exerce sur un point placé où l'on voudra; mais la grande difficulté consiste dans l'intégration de ces formules, et il paraît qu'on n'a pu y réussir jusqu'à présent qu'en se bornant à l'hypothèse que le solide soit très-peu différent d'une sphère. On trouve à la vérité dans les Ouvrages de M. Thomas Simpson une solution purement analytique du Problème de M. Maclaurin, dans laquelle on ne suppose point que le sphéroïde elliptique soit à très-peu près sphérique; mais d'un autre côté cette solution a le défaut de procéder par le moyen des séries, ce qui la rend non-seulement longue et compliquée, mais encore peu directe et peu rigoureuse.

Je me propose dans ce Mémoire de faire voir que bien loin que le Problème dont il s'agit se refuse à l'Analyse, il peut être résolu par ce moyen d'une manière, sinon plus simple, du moins plus directe et plus générale que par la voie de la synthèse; ce qui servira à détruire un des principaux arguments que les détracteurs de l'Analyse puissent apporter pour la rabaisser et pour prouver la supériorité de la méthode synthétique des Anciens.

Problème I.

1. *Trouver l'expression générale de l'attraction qu'un corps de figure donnée exerce sur un point placé ou l'on voudra, en supposant que chaque particule du corps attire le même point comme une fonction quelconque de la distance.*

Soient a, b, c les trois coordonnées rectangles qui déterminent la position du point donné par rapport à trois axes fixes pris à volonté, et soient de même x, y, z les trois coordonnées rectangles qui déterminent la position d'une particule α du corps par rapport aux mêmes axes, il est clair que la distance entre cette particule et le point attiré étant nommée r, on aura

$$r = \sqrt{(x-a)^2 + (y-b)^2 + (z-c)^2};$$

donc désignant, en général, par R la fonction de r à laquelle l'attraction est supposée proportionnelle, on aura αR pour l'attraction exercée par la particule α suivant la direction de la ligne r; et il est facile de voir que pour décomposer cette attraction suivant les directions des lignes a, b, c perpendiculaires entre elles et parallèles aux trois axes fixes, il n'y aura qu'à la multiplier respectivement par

$$\frac{x-a}{r}, \quad \frac{y-b}{r}, \quad \frac{z-c}{r};$$

de plus il est visible que la particule α peut être représentée par le parallélépipède infiniment petit $dx\,dy\,dz$; ainsi l'on aura ces trois attractions élémentaires

$$\frac{R(x-a)}{r}\,dx\,dy\,dz, \quad \frac{R(y-b)}{r}\,dx\,dy\,dz, \quad \frac{R(z-c)}{r}\,dx\,dy\,dz,$$

et il ne s'agira plus que de les intégrer en sorte que l'intégration s'étende à tous les points du corps.

Pour cela on commencera par intégrer en faisant varier une seule des trois coordonnées x, y, z, comme z, et l'on étendra cette intégrale jusqu'aux valeurs extrêmes de z qui répondent à la surface du corps; or la figure du corps étant donnée on aura une équation entre x, y, z, pour exprimer la surface de ce corps, et par laquelle on pourra déterminer les valeurs extrêmes de z en x et y; de sorte qu'après ces substitutions il n'y aura plus que deux variables x et y; on intégrera donc une seconde fois en faisant varier une seule d'entre elles comme y, et il faudra de nouveau étendre l'intégrale jusqu'aux valeurs extrêmes de y qu'on trouvera en cherchant la plus grande et la plus petite valeur de y lorsque x

est constant et z variable dans l'équation à la surface; moyennant quoi ces valeurs de y seront données en x seul; et il n'y aura plus qu'à intégrer par rapport à cette dernière variable, et à étendre l'intégrale aux valeurs extrêmes de x, c'est-à-dire à la plus grande et à la plus petite valeur de x, lorsque y et z sont supposées variables à la fois dans l'équation donnée.

2. Remarque. — Quoique les formules que nous venons de trouver soient celles qui se présentent le plus naturellement, ce ne sont cependant pas celles qui sont les plus commodes pour le calcul.

Pour en donner un exemple, prenons le cas où le corps attirant serait une sphère, et où l'attraction se ferait en raison inverse des carrés des distances; on aura donc

$$R = \frac{1}{r^2},$$

ce qui donnera ces trois formules

$$\frac{(x-a)\,dx\,dy\,dz}{r^3}, \quad \frac{(y-b)\,dx\,dy\,dz}{r^3}, \quad \frac{(z-c)\,dx\,dy\,dz}{r^3},$$

qu'il faudra intégrer suivant les conditions énoncées dans le numéro précédent, et comme la surface du corps est supposée sphérique, si l'on prend, ce qui est permis, l'origine des coordonnées x, y, z dans le centre même de la sphère, et qu'on nomme f le rayon, on aura pour l'équation à la surface

$$x^2 + y^2 + z^2 = f^2,$$

par où l'on déterminera l'une des coordonnées par les deux autres.

Considérons d'abord l'expression de la force qui agit suivant l'ordonnée z, savoir

$$\frac{(z-c)\,dx\,dy\,dz}{r^3};$$

si on l'intègre en ne faisant varier que z on aura, à cause de

$$r = \sqrt{(x-a)^2 + (y-b)^2 + (z-c)^2},$$

la quantité

$$\frac{dx\,dy}{r};$$

or l'équation

$$x^2+y^2+z^2=f^2$$

donne

$$z=\pm\sqrt{f^2-x^2-y^2},$$

en sorte que les deux valeurs extrêmes de z sont

$$+\sqrt{f^2-x^2-y^2} \quad \text{et} \quad -\sqrt{f^2-x^2-y^2};$$

ainsi pour compléter l'intégrale $\frac{dx\,dy}{r}$ il faudra la prendre en sorte qu'elle soit nulle lorsque

$$z=-\sqrt{f^2-x^2-y^2},$$

et qu'elle finisse quand

$$z=+\sqrt{f^2-x^2-y^2},$$

ce qui donnera donc, en faisant, pour abréger,

$$a^2+b^2+c^2=g^2,$$

l'intégrale complète

$$\frac{dx\,dy}{\sqrt{f^2+g^2-2ax-2by-2c\sqrt{f^2-x^2-y^2}}}-\frac{dx\,dy}{\sqrt{f^2+g^2-2ax-2by+2c\sqrt{f^2-x^2-y^2}}}.$$

Il faudrait maintenant intégrer de nouveau ces quantités en faisant varier x ou y; mais c'est ce qui ne paraît pas aisé à cause des deux signes radicaux qui y entrent.

On rencontrera les mêmes difficultés si l'on veut intégrer les deux autres formules qui donnent les forces parallèles aux coordonnées x et y; de sorte qu'en s'y prenant de la manière ci-dessus il sera presque impossible de déterminer l'attraction d'une sphère sur un point placé dans un endroit quelconque; cependant on sait que ce Problème est très-facile à résoudre lorsqu'on suppose la sphère partagée en une infinité de petits cylindres ayant tous pour axe la ligne qui joint le point attiré et le centre de la sphère, et qu'on cherche d'abord l'attraction exercée par chacun de ces petits cylindres, et ensuite la somme de toutes ces attractions, par l'intégration.

On voit donc par là combien il est important dans cette recherche d'employer à la place des trois coordonnées rectangles x, y, z, d'autres variables qui puissent faciliter les intégrations qu'elle demande. Nous allons donner dans le Problème suivant les principes nécessaires pour cet objet.

Problème II.

3. *Supposons qu'on ait la différentielle* $P\,dx\,dy\,dz$, *où* P *soit une fonction donnée de* x, y, z, *et qui doive être intégrée trois fois en faisant varier successivement les changeantes* x, y, z, *et en observant les conditions énoncées dans le Problème I; on propose d'introduire à la place de ces changeantes trois autres changeantes* p, q, r, *qui soient des fonctions données de celles-là.*

Puisque p, q, r sont supposées des fonctions de x, y, z, on aura aussi réciproquement x, y, z exprimées par des fonctions de p, q, r; on fera donc d'abord ces substitutions dans la quantité P, ce qui la réduira à une fonction de p, q, r, et il n'y aura de difficulté que par rapport à la quantité $dx\,dy\,dz$.

Qu'on cherche par la différentiation les valeurs des différences dx, dy, dz, et l'on aura, en général,

$$dx = A\,dp + B\,dq + C\,dr,$$
$$dy = D\,dp + E\,dq + F\,dr,$$
$$dz = G\,dp + H\,dq + I\,dr,$$

A, B, C,... étant des fonctions connues de p, q, r; or il est facile de comprendre que pour avoir la valeur de $dx\,dy\,dz$, on ne doit pas multiplier ensemble les valeurs précédentes de dx, dy, dz; car alors la différentielle $P\,dx\,dy\,dz$ contiendrait des termes où les différences dp, dq, dr se trouveraient élevées au carré ou au cube, en sorte que la triple intégration qui doit se faire relativement aux trois variables p, q, r ne pourrait plus avoir lieu; d'ailleurs, comme $dx\,dy\,dz$ exprime l'élément de la solidité du corps, il est clair que quelles que soient les variables p, q, r qu'on introduira à la place des variables x, y, z, cet élément ne pourra être représenté que par le produit $dp\,dq\,dr$ des trois différences dp, dq, dr multiplié par une fonction quelconque de p, q, r. Je considère donc que dans l'expression du parallélépipède $dx\,dy\,dz$, la différence dz doit être prise tandis que x et y demeurent constants; qu'ensuite la différence dy doit être prise en regardant x et z comme constants, et qu'enfin la différence dx doit être prise en supposant dy et dz nuls; donc :

1° Pour avoir la valeur de dz, on fera $dx = 0$ et $dy = 0$, ce qui donnera

$$\mathrm{A}\,dp + \mathrm{B}\,dq + \mathrm{C}\,dr = 0,$$
$$\mathrm{D}\,dp + \mathrm{E}\,dq + \mathrm{F}\,dr = 0,$$

d'où l'on tirera dp et dq en dr, savoir

$$dp = \frac{\mathrm{BF}-\mathrm{CE}}{\mathrm{AE}-\mathrm{BD}}\,dr, \quad dq = \frac{\mathrm{CD}-\mathrm{AF}}{\mathrm{AE}-\mathrm{BD}}\,dr,$$

et substituant ces valeurs dans l'expression de dz, on aura

$$dz = \frac{\mathrm{G}(\mathrm{BF}-\mathrm{CE}) + \mathrm{H}(\mathrm{CD}-\mathrm{AF}) + \mathrm{I}(\mathrm{AE}-\mathrm{BD})}{\mathrm{AE}-\mathrm{BD}}\,dr.$$

2° Pour avoir la valeur de dy, on fera $dx = 0$ et $dz = 0$, ce qui donnera

$$dr = 0, \quad \mathrm{A}\,dp + \mathrm{B}\,dq = 0,$$

d'où l'on tire

$$dp = -\frac{\mathrm{B}\,dq}{\mathrm{A}},$$

et substituant ces valeurs dans l'expression de dy, on aura

$$dy = \frac{\mathrm{AE}-\mathrm{BD}}{\mathrm{A}}\,dq.$$

3° Enfin pour avoir la valeur de dx, on fera $dy = 0$ et $dz = 0$, ce qui donne

$$dr = 0, \quad dq = 0,$$

en sorte qu'on aura

$$dx = A\,dp.$$

Maintenant, multipliant ensemble ces valeurs, on aura

$$dx\,dy\,dz = [G(BF - CE) + H(CD - AF) + I(AE - BD)]\,dp\,dq\,dr,$$

où l'on observera que la quantité

$$G(BF - CE) + H(CD - AF) + I(AE - BD)$$

ou bien

$$AEI + BFG + CDH - AFH - BDI - CEG$$

demeure la même, ou change tout au plus de signe, en échangeant respectivement entre eux les trois systèmes de quantités A, B, C; D, E, F; G, H, I; de sorte qu'on aura le même résultat si, au lieu de chercher d'abord comme nous l'avons fait la valeur de dz, ensuite celle de dy et de dx, on voulait commencer par chercher celle de dy ou de dx, et ensuite celle d'une quelconque des deux autres différentielles. Il ne pourra y avoir de différence que dans le signe, mais elle ne sera ici d'aucune conséquence, puisqu'il est indifférent de prendre l'élément $\alpha = dx\,dy\,dz$ en plus ou en moins; cependant, comme il est plus naturel de regarder cette quantité comme positive, on aura toujours soin de prendre la valeur de α positivement; c'est pourquoi nous supposerons, en général,

$$\alpha = \pm(AEI + BFG + CDH - AFH - BDI - CEG)\,dp\,dq\,dr.$$

4. Corollaire. — Une des transformations les plus utiles et les plus ordinaires est d'introduire à la place des coordonnées rectangles x, y, z un rayon vecteur r partant d'un point fixe qu'on nomme le centre des rayons, avec deux angles p et q qui déterminent la position de ce rayon; et dont l'un p soit celui que le même rayon fait avec un des axes des coordonnées comme avec l'axe des z, ou bien avec un axe parallèle à celui-ci, mais passant par le centre des rayons; et dont l'autre q soit l'angle que la projection du rayon r sur le plan des coordonnées x, y fait avec l'axe des x, ou, ce qui est la même chose, avec un axe parallèle à

celui-ci et passant par le centre des rayons. Si l'on dénote par a, b, c les coordonnées rectangles qui déterminent la position arbitraire du centre, il est visible qu'on aura d'abord

$$r = \sqrt{(x-a)^2 + (y-b)^2 + (z-c)^2};$$

ensuite on trouvera facilement

$$\sin p = \frac{\sqrt{(x-a)^2 + (y-b)^2}}{r}, \quad \sin q = \frac{y-b}{\sqrt{(x-a)^2 + (y-b)^2}},$$

d'où l'on tire

$$x - a = r \sin p \cos q, \quad y - b = r \sin p \sin q, \quad z - c = r \cos p;$$

et différentiant

$$dx = r(\cos p \cos q \, dp - \sin p \sin q \, dq) + \sin p \cos q \, dr,$$
$$dy = r(\cos p \sin q \, dp - \sin p \cos q \, dq) + \sin p \sin q \, dr,$$
$$dz = -r \sin p \, dp + \cos p \, dr;$$

ce qui donne par la comparaison des termes

$$\begin{array}{lll} A = r\cos p \cos q, & B = -r \sin p \sin q, & C = \sin p \cos q, \\ D = r \cos p \sin q, & E = r \sin p \cos q, & F = \sin p \sin q, \\ G = -r \sin p, & H = 0, & I = \cos p; \end{array}$$

d'où l'on tire d'abord

$$BF - CE = -r \sin^2 p, \quad AE - BD = r^2 \sin p \cos p;$$

de sorte qu'à cause de $H = 0$, on aura

$$\text{AEI} + \text{BFG} + \text{CDH} - \text{AFH} - \text{BDI} - \text{CEG} = (\text{BF} - \text{CE})\text{G} + (\text{AE} - \text{BD})\text{I}$$
$$= r^2 \sin^3 p + r^2 \sin p \cos^2 p = r^2 \sin p;$$

par conséquent on aura, en prenant le signe +,

$$\alpha = dx \, dy \, dz = r^2 \sin p \, dp \, dq \, dr.$$

Cette expression de α qui est, comme on voit, assez simple, peut aussi se trouver directement sans aucun calcul, mais nous avons préféré de la déduire de notre formule générale pour en faire voir l'usage.

5. Remarque. — Supposons maintenant qu'on ait un corps d'une figure finie et continue, dont la surface soit exprimée par une équation entre les coordonnées x, y, z qu'on transformera aisément en une autre entre le rayon r et les angles p et q, et qu'il s'agisse d'intégrer la différentielle $P\alpha$ en sorte que l'intégrale s'étende à toute la masse du corps; il faudra faire varier successivement les quantités r, p, q, et intégrer par rapport à chacune d'elles en particulier; mais pour cela on doit distinguer deux cas suivant que le centre des rayons r est placé au dehors ou au dedans du corps.

1° Lorsque le centre des rayons est hors du corps, il est clair que les angles p et q ne peuvent augmenter que jusqu'à un certain point; et l'on trouvera leurs limites en cherchant les points où le rayon r touche la surface du corps, c'est-à-dire où $\frac{dr}{dp}=\infty$ et $\frac{dr}{dq}=\infty$. En général, il est visible que puisque le rayon r traverse le corps entier, l'équation qui exprime la surface de ce corps doit donner, pour chaque valeur de p et q, deux valeurs de r, que nous dénoterons par r' et r'', et qui répondent aux deux points de la surface, lesquels sont dans une même ligne droite avec le centre des rayons. On commencera donc par intégrer la différentielle $P\alpha$ en faisant varier r seul, et l'on prendra l'intégrale en sorte qu'elle commence au point où $r=r'$ et finisse à celui où $r=r''$, c'est-à-dire qu'on prendra la différence des intégrales qui répondent à $r=r''$ et à $r=r'$; or il est clair que les points où le rayon r touche la surface du corps sans la couper sont nécessairement ceux où les deux racines r' et r'' deviennent égales; ainsi, faisant $r'=r''$ on aura une équation entre p et q, qui déterminera l'étendue qu'on peut donner à ces angles, et d'où l'on tirera aussi deux valeurs de p en q, que nous dénoterons de même par p' et p''; c'est pourquoi il faudra intégrer de nouveau l'intégrale précédente en y faisant varier p seul, et prendre la nouvelle intégrale en sorte qu'elle commence où $p=p'$ et qu'elle finisse où $p=p''$; enfin on fera $p'=p''$, ce qui donnera une équation en q seul, laquelle aura aussi nécessairement deux racines q' et q''; ainsi l'on intégrera pour la troisième fois en faisant varier q, et l'on prendra l'intégrale en sorte qu'elle commence où $q = q'$ et qu'elle finisse où $q = q''$. On aura de cette manière l'intégrale complète de la différentielle proposée. Il faut seulement remarquer qu'il peut arriver que l'équation $p' = p''$, qui doit donner les deux valeurs extrêmes de q, soit impossible, ou qu'elle ne renferme point la variable q; dans ce cas ce sera une marque que l'angle q peut recevoir toutes les valeurs possibles, et pour compléter l'intégrale il suffira alors de la prendre depuis $q = 0$ jusqu'à $q = 180^\circ$, c'est-à-dire qu'on prendra $q' = 0$ et $q'' = 180^\circ$. On remarquera encore que dans le cas où les valeurs de p' et p'' seront indépendantes de q, les intégrations relatives à p et q seront indépendantes l'une de l'autre, puisque les quantités p' et p'' auront, ainsi que les quantités q' et q'', des valeurs absolues et données. D'où il suit qu'il sera indifférent dans ce cas de commencer par l'intégration relative à p ou par celle qui regarde q, et qu'il conviendra par conséquent de commencer par celle des deux qui rendra le calcul plus facile.

2° Lorsque le centre des rayons r est au dedans du corps, il est visible que les angles p et q peuvent recevoir toutes les valeurs possibles, puisque dans quelque position que le rayon r se trouve il rencontre toujours nécessairement la surface du corps; de plus il est clair que le même rayon, étant prolongé de part et d'autre du centre, doit rencontrer la surface du corps des deux côtés; et l'on déterminera les deux valeurs de r, que nous désignerons par r' et r'', par la résolution de l'équation à la surface entre les coordonnées r, p, q. Or il est facile de concevoir que, pour avoir dans ce cas l'intégrale complète de $\mathrm{P}\alpha$, il suffira d'intégrer d'abord en faisant varier r seul et de manière que l'intégrale soit nulle lorsque $r = 0$, et de prendre la somme des valeurs de l'intégrale qui répondent à $r = r'$ et à $r = r''$; d'intégrer ensuite cette quantité en faisant varier successivement les angles p et q, et de prendre chacune de ces intégrales particulières en sorte qu'elle soit nulle, et complète lorsque p ou q est égal à 180 degrés. Et comme les intégrations qui regardent les variables p et q sont absolues et indépendantes l'une de l'autre, il est visible qu'il sera indifférent de commencer par celle qu'on voudra. On voit par là qu'il y a une grande différence entre le cas où le centre des rayons r est supposé au dehors, et celui où il est au dedans du corps; que ce dernier est sans comparaison plus facile à résoudre que l'autre, et qu'ainsi il convient de ramener toujours la question à ce cas, ce qui est d'ailleurs toujours possible, puisque la position du centre des rayons est arbitraire, ne dépendant que des constantes indéterminées a, b, c.

3° Il y aurait, à la vérité, encore un cas qui paraîtrait mériter une discussion particulière, parce qu'il est comme intermédiaire entre les deux précédents, c'est celui où le centre des rayons serait placé sur la surface même du corps; mais on peut rapporter ce cas au précédent et le traiter de même, en remarquant qu'on aura une seule valeur de r, l'autre devenant nulle, et qu'ainsi après avoir intégré en faisant varier r, il n'y aura qu'à prendre l'intégrale en sorte qu'elle soit nulle lorsque $r = 0$, et complète lorsque r aura la valeur résultante de l'équation entre r, p, q; à l'égard des deux autres intégrations, on y observera les mêmes conditions que ci dessus.

Problème III.

6. *Déterminer la valeur de l'attraction qu'un corps dont la surface est exprimée par une équation du second degré exerce sur un point placé au dedans du corps ou à sa surface, en supposant l'attraction réciproquement proportionnelle aux carrés des distances.*

Conservant les dénominations du Problème I, on aura $R = \frac{1}{r^2}$, et l'élément de l'attraction sera égal à $\frac{\alpha}{r^2}$, qui étant décomposé suivant les directions des coordonnées x, y, z donnera les trois attractions élémentaires

$$\frac{(x-a)\alpha}{r^3}, \quad \frac{(y-b)\alpha}{r^3}, \quad \frac{(z-c)\alpha}{r^3}.$$

Introduisons maintenant à la place des coordonnées rectangles x, y, z le rayon même r avec les deux angles p et q, ainsi qu'on l'a fait dans le n° 4, et l'on aura

$$\alpha = r^2 \sin p \, dp \, dq \, dr,$$

$$x - a = r \sin p \cos q, \quad y - b = r \sin p \sin q, \quad z - c = r \cos p,$$

et les trois attractions élémentaires deviendront celles-ci

$$\sin^2 p \cos q \, dp \, dq \, dr \quad \text{suivant} \quad a,$$

$$\sin^2 p \sin q \, dp \, dq \, dr \quad \text{suivant} \quad b,$$

$$\sin p \cos p \, dp \, dq \, dr \quad \text{suivant} \quad c.$$

Maintenant, comme le rayon est supposé mené du point attiré, il est clair que ce point sera ici le centre même des rayons; par conséquent il faudra procéder dans l'intégration d'une manière différente suivant que le point attiré sera hors du corps ou au dedans. Dans le Problème présent nous supposons que ce point est placé dans l'intérieur du corps, ainsi l'on suivra les règles données ci-dessus (5, 2°).

On commencera donc par intégrer par rapport à r, et nommant r' et r'' les deux valeurs de r qu'on trouvera par la résolution de l'équation à la surface donnée, on aura ces premières intégrales

$$(r' + r'') \sin^2 p \cos q \, dp \, dq,$$

$$(r' + r'') \sin^2 p \sin q \, dp \, dq,$$

$$(r' + r'') \sin p \cos p \, dp \, dq.$$

Maintenant on sait que les surfaces du second ordre qui sont renfermées dans un espace fini peuvent être représentées toutes par l'équation

$$z^2 + mx^2 + ny^2 = k,$$

m, n, k étant des coefficients quelconques positifs; et il est clair, par la nature de cette équation, que les axes des trois coordonnées rectangles x, y, z seront tels, que les plans passant par deux quelconques d'entre eux partageront la surface en deux parties parfaitement égales; de sorte que ces axes seront en même temps les axes de la surface, et leur intersection commune en sera le centre. Qu'on substitue donc dans cette équation à la place de x, y, z leurs valeurs en r, p, q, savoir (4)

$$x = a + r\sin p\cos q,\quad y = b + r\sin p\sin q,\quad z = c + r\cos p,$$

on aura l'équation

$$(c + r\cos p)^2 + m(a + r\sin p\cos q)^2 + n(b + r\sin p\sin q)^2 = k,$$

et ordonnant les termes par rapport à r,

$$\begin{aligned}&(\cos^2 p + m\sin^2 p\cos^2 q + n\sin^2 p\sin^2 q)\,r^2\\ &\quad + 2(c\cos p + ma\sin p\cos q + nb\sin p\sin q)\,r + (c^2 + ma^2 + nb^2 - k) = 0,\end{aligned}$$

c'est-à-dire

$$\begin{aligned}r^2 &+ \frac{2(c\cos p + ma\sin p\cos q + nb\sin p\sin q)}{\cos^2 p + m\sin^2 p\cos^2 q + n\sin^2 p\sin^2 q}\,r\\ &\qquad + \frac{c^2 + ma^2 + nb^2 - k}{\cos^2 p + m\sin^2 p\cos^2 q + n\sin^2 p\sin^2 q} = 0,\end{aligned}$$

équation dont les racines seront r' et r''; mais nous n'aurons pas même besoin de la résoudre pour chercher ces racines; car comme il nous suffit d'avoir leur somme $r' + r''$, on la connaîtra immédiatement par le coefficient du second terme; en sorte qu'on aura

$$r' + r'' = -\frac{2(c\cos p + ma\sin p\cos q + nb\sin p\sin q)}{\cos^2 p + m\sin^2 p\cos^2 q + n\sin^2 p\sin^2 q};$$

ainsi, substituant cette valeur dans les expressions précédentes, elles deviendront

$$-\frac{2(\cos p + ma\sin p\cos q + nb\sin p\sin q)\sin^2 p\cos q\,dp\,dq}{\cos^2 p + m\sin^2 p\cos^2 q + n\sin^2 p\sin^2 q},$$

$$-\frac{2(\cos p + ma\sin p\cos q + nb\sin p\sin q)\sin^2 p\sin q\,dp\,dq}{\cos^2 p + m\sin^2 p\cos^2 q + n\sin^2 p\sin^2 q},$$

$$-\frac{2(\cos p + ma\sin p\cos q + nb\sin p\sin q)\sin p\cos p\,dp\,dq}{\cos^2 p + m\sin^2 p\cos^2 q + n\sin^2 p\sin^2 q}.$$

Il ne s'agit donc plus que d'intégrer ces formules en faisant varier les angles p et q chacun en particulier, et prenant chaque intégrale en sorte qu'elle soit nulle lorsque la variable est nulle, et complète lorsque la variable est égale à 180 degrés (5, 2°).

Donc, si l'on fait, pour abréger,

$$\cos^2 p + m \sin^2 p \cos^2 q + n \sin^2 p \sin^2 q = \mathrm{N},$$

et qu'on suppose

$$\mathrm{A} = \int \frac{\sin^2 p \cos p \cos q\, dp\, dq}{\mathrm{N}},$$

$$\mathrm{B} = \int \frac{\sin^3 p \cos^2 q\, dp\, dq}{\mathrm{N}},$$

$$\mathrm{C} = \int \frac{\sin^3 p \sin q \cos q\, dp\, dq}{\mathrm{N}},$$

$$\mathrm{D} = \int \frac{\sin^2 p \cos p \sin q\, dp\, dq}{\mathrm{N}},$$

$$\mathrm{E} = \int \frac{\sin^3 p \sin q \cos q\, dp\, dq}{\mathrm{N}},$$

$$\mathrm{F} = \int \frac{\sin^3 p \sin^2 q\, dp\, dq}{\mathrm{N}},$$

$$\mathrm{G} = \int \frac{\sin p \cos^2 p\, dp\, dq}{\mathrm{N}},$$

$$\mathrm{H} = \int \frac{\sin^2 p \cos p \cos q\, dp\, dq}{\mathrm{N}},$$

$$\mathrm{I} = \int \frac{\sin^2 p \cos p \sin q\, dp\, dq}{\mathrm{N}},$$

ces intégrales étant complétées de la manière qu'on vient de le dire, on aura les valeurs suivantes des attractions cherchées

attraction dans la direction de la ligne a, $\quad -2c\mathrm{A} - 2ma\mathrm{B} - 2nb\mathrm{C}$;

attraction dans la direction de la ligne b, $\quad -2c\mathrm{D} - 2ma\mathrm{E} - 2nb\mathrm{F}$;

attraction dans la direction de la ligne c, $\quad -2c\mathrm{G} - 2ma\mathrm{H} - 2nb\mathrm{I}$.

7. Corollaire I. — Il est clair que les valeurs des quantités A, B, C,... sont indépendantes des quantités a, b, c, qui déterminent la position du point attiré, ainsi que de la constante k qui entre dans l'équation à la surface; d'où il suit :

1° Que si l'on a deux points, dont l'un soit déterminé par les coordonnées a, b, c, et l'autre par les coordonnées λa, λb, λc, proportionnelles à celles-là, les attractions du même corps sur le premier point seront à celles sur le second point comme 1 est à λ, puisqu'en substituant λa, λb, λc à la place de a, b, c dans les formules précédentes, on ne fait autre chose que les multiplier par le coefficient λ. Or il est facile de voir que la position des deux points dont il s'agit sera sur une même ligne droite menée par le centre de la surface qui est l'origine des coordonnées x, y, z, ainsi que des coordonnées a, b, c, et que la distance du premier point au centre sera à celle du second point au même centre comme 1 est à λ. D'où l'on peut d'abord conclure que les attractions sur deux points placés dans une droite menée par le centre de la surface seront nécessairement proportionnelles aux distances de ces points au même centre, pourvu toutefois que ces points ne soient pas placés hors de la surface. Et comme cette proposition est vraie en particulier par rapport à l'attraction que le solide exerce suivant chacune des coordonnées rectangles a, b, c, il s'ensuit qu'elle sera vraie aussi par rapport à l'attraction qu'il exerce suivant une direction quelconque donnée.

2° Que l'attraction sur un point donné placé au dedans du corps ou à sa surface, c'est-à-dire sur un point quelconque du corps, sera la même tant que les constantes m et n de l'équation à la surface seront les mêmes, quelque valeur qu'on donne d'ailleurs à la constante k; or il est facile de prouver, par la nature de l'équation

$$z^2 + mx^2 + ny^2 = k,$$

que les constantes m et n déterminent l'espèce de la surface, et la constante k sa grandeur, en sorte que toutes les surfaces dont l'équation ne diffère que par la valeur de k sont semblables entre elles, et semblablement situées; d'où il s'ensuit que tous les solides semblables, dont la surface sera représentée par une équation de la forme

$$z^2 + mx^2 + ny^2 = k,$$

exerceront nécessairement la même attraction sur un même point quelconque placé où l'on voudra dans l'intérieur ou à la surface de ces solides. Et de là on tire d'abord ce Théorème que, *si l'on a un solide creux dont les deux surfaces, l'extérieure et l'intérieure, soient semblables, son attraction sur un point quelconque de la surface intérieure sera nulle;* car l'attraction du solide entier serait la même que celle de la partie qui occupe la cavité.

8. Corollaire II. — Considérons maintenant de plus près les valeurs des attractions suivant les lignes a, b, c; et, comme tout se réduit à avoir les valeurs des quantités A, B, C,..., voyons comment on pourra les trouver.

Pour faciliter beaucoup cette recherche, je commencerai par remarquer, en général, que si l'on a une fonction P de $\sin p$ et de $\cos^2 p$, et qu'on demande la valeur de l'intégrale de $P\cos p\,dp$ prise en sorte qu'elle soit nulle lorsque $p = 0$, et complète lorsque $p = 180°$, cette valeur sera nécessairement nulle; car comme

$$\sin(180° - p) = \sin p \quad \text{et} \quad \cos(180° - p) = -\cos p,$$

il est visible que les valeurs de $P\cos p$ qui répondent à p et à $180° - p$ seront égales et de signes contraires; d'où il s'ensuit que dans la suite des éléments $P\cos p\,dp$ qui répondent à toutes les valeurs de p depuis $p = 0$ jusqu'à $p = 180°$, les mêmes termes se trouveront deux fois, mais avec des signes différents, en sorte que la somme totale sera toujours nulle.

De là on doit conclure que si P est une fonction de $\sin p$, $\cos^2 p$ et de $\sin q$, $\cos^2 q$, et qu'on demande l'intégrale complète de $P\cos p\,dp\,dq$ ou de $P\cos q\,dp\,dq$ ou de $P\cos p\cos q\,dp\,dq$, en faisant varier successivement les angles p et q, depuis 0 jusqu'à 180 degrés, chacune de ces intégrales sera nulle; car on aura, en faisant d'abord varier p,

$$\int P\cos p\,dp = 0,$$

et faisant varier q, on aura de même

$$\int P\cos q\,dq = 0;$$

donc, etc. Par le moyen de ce Théorème, on aura donc sans aucun calcul

$$A=0,\quad C=0,\quad D=0,\quad E=0,\quad H=0,\quad I=0;$$

par conséquent les valeurs des trois attractions suivant les lignes a, b, c se réduiront à celles-ci

$$-2maB,\quad -2nbF,\quad -2cG.$$

D'où l'on voit que ces trois attractions seront respectivement proportionnelles aux lignes a, b, c.

Or comme ces lignes sont parallèles aux trois axes du solide, il est clair qu'elles expriment en même temps les distances du point attiré à chacun des trois plans passant par ces axes. Donc l'attraction d'un point quelconque du solide, parallèlement à chacun de ses trois axes, sera proportionnelle à la distance de ce point au plan passant par les deux autres axes; par conséquent tous les points du solide qui seront à même distance de l'un quelconque de ces plans, c'est-à-dire tous les points placés dans un plan parallèle à l'un quelconque d'entre eux, seront attirés perpendiculairement à ce même plan par une force égale.

9. Corollaire III. — Si dans l'équation

$$z^2+mx^2+ny^2=k$$

on fait $n=m$, elle devient

$$z^2+m(x^2+y^2)=k,$$

laquelle représente un sphéroïde elliptique formé par la révolution d'une ellipse dont l'équation serait

$$z^2+mu^2=k,$$

autour de l'axe des abscisses z; mais si m n'est pas égal à n, alors le solide sera un ellipsoïde dont toutes les coupes seront des ellipses. Dans l'un et dans l'autre cas l'attraction que le solide exerce sur un quelconque de ses points, parallèlement à l'un de ses trois axes, sera, par les Corollaires précédents, égale à celle qu'exercerait sur le point du même axe sur lequel tomberait une perpendiculaire menée du point attiré, un ellipsoïde semblable et semblablement situé, c'est-à-dire ayant le même centre et les mêmes axes, et qui passerait par ce même point de l'axe. Et cette attraction sera toujours proportionnelle à la partie de l'axe comprise entre ce point et le centre du sphéroïde.

10. Corollaire IV. — Il ne s'agit plus que de déterminer les valeurs des quantités B, F, G, c'est-à-dire des intégrales de ces formules

$$\frac{\sin^3 p \cos^2 q \, dp \, dq}{N}, \quad \frac{\sin^3 p \sin^2 q \, dp \, dq}{N}, \quad \frac{\sin p \cos^2 p \, dp \, dq}{N};$$

N étant (6) égal à

$$\cos^2 p + m \sin^2 p \cos^2 q + n \sin^2 p \sin^2 q.$$

Pour y parvenir il convient de distinguer deux cas, suivant que m est égal à n ou non.

Supposons :

1° Qu'on ait $m = n$, ce qui est le cas d'un sphéroïde elliptique de révolution (numéro précédent), on aura alors

$$N = \cos^2 p + m \sin^2 p,$$

en sorte que l'angle q disparaîtra du dénominateur.

Qu'on intègre donc en premier lieu suivant q, et l'on trouvera que l'intégrale des trois formules précédentes, prise en sorte qu'elle soit nulle lorsque $q = 0$, et complète lorsque $q = 180°$, sera

$$\frac{\sin^3 p \, dp}{N} \times 90°, \quad \frac{\sin^3 p \, dp}{N} \times 90°, \quad \frac{\sin p \cos^2 p \, dp}{N} \times 180°;$$

où l'on voit que les deux premières quantités sont les mêmes, en sorte qu'on aura nécessairement $B = F$.

Pour pouvoir intégrer une seconde fois en faisant varier p, on supposera $\cos p = u$, ce qui donne

$$N = m + (1 - m) u^2$$

et

$$\frac{\sin^3 p \, dp}{N} = -\frac{(1 - u^2) \, du}{m + (1 - m) u^2}, \quad \frac{\sin p \cos^2 p \, dp}{N} = -\frac{u^2 \, du}{m + (1 - m) u^2}.$$

Soit de plus

$$\frac{1-m}{m} = \mu^2 \quad \text{et} \quad u = \frac{t}{\mu},$$

on aura

$$\frac{(1-u^2)\,du}{m+(1-m)u^2} = \frac{(\mu^2-t^2)\,dt}{m\mu^3(1+t^2)} = \frac{1+\mu^2}{m\mu^3}\,\frac{dt}{1+t^2} - \frac{dt}{m\mu^3},$$

et

$$\frac{u^2\,du}{m+(1-m)u^2} = \frac{t^2\,dt}{m\mu^3(1+t^2)} = \frac{dt}{m\mu^3} - \frac{dt}{m\mu^3(1+t^2)}.$$

Or comme on doit intégrer ces formules en sorte que l'intégration commence lorsque $p=0$ et finisse lorsque $p=180^\circ$, il faudra, à cause de $t=\mu u=\mu\cos p$, faire en sorte que chaque intégrale soit nulle lorsque $t=\mu$, et complète lorsque $t=-\mu$; c'est pourquoi on aura

$$\int dt = t-\mu, \qquad \int\frac{dt}{1+t^2} = \text{arc tang}\,t - \text{arc tang}\,\mu,$$

et faisant ensuite $t=-\mu$,

$$\int dt = -2\mu, \qquad \int\frac{dt}{1+t^2} = -2\,\text{arc tang}\,\mu.$$

Donc l'intégrale complète de $\dfrac{\sin^3 p\,dp}{N}$ sera

$$\frac{2(1+\mu^2)}{m\mu^3}\,\text{arc tang}\,\mu - \frac{2}{m\mu^2},$$

et celle de $\dfrac{\sin p\cos^2 p\,dp}{N}$ sera

$$\frac{2}{m\mu^2} - \frac{2\,\text{arc tang}\,\mu}{m\mu^3};$$

donc enfin on aura

$$B = F = \left(\frac{1+\mu^2}{m\mu^3}\,\text{arc tang}\,\mu - \frac{1}{m\mu^2}\right)\times 180^\circ,$$

$$G = \left(\frac{1}{m\mu^2} - \frac{\text{arc tang}\,\mu}{m\mu^3}\right)\times 360^\circ.$$

2° Soit n différent de m, ce qui est le cas où le solide est un ellipsoïde dont toutes les coupes sont des ellipses; dans ce cas le dénominateur N contiendra l'angle q, et l'on ne pourra guère exécuter qu'une seule intégration, savoir celle qui se rapporte à l'angle p. Pour cela on remarquera que, comme dans cette intégration l'angle q est supposé constant, on aura pour l'intégrale complète de $\frac{\sin^3 p\,dp}{N}$ et de $\frac{\sin p \cos^2 p\,dp}{N}$ les mêmes expressions que ci-dessus, en y substituant simplement, à la place de m, la quantité $m\cos^2 q + n\sin^2 q$, ou bien (en faisant $n = m + \nu$) celle-ci, $m + \nu\sin^2 q$. Dénotant donc ces valeurs par Q et Q', il n'y aura plus qu'à intégrer les différentielles

$$Q\cos^2 q\,dq, \quad Q\sin^2 q\,dq, \quad Q'dq,$$

en faisant varier q depuis $q = 0$ jusqu'à $q = 180°$; et l'on aura les valeurs cherchées de B, F, G.

11. Remarque. — M. Maclaurin, dans son *Traité du flux et du reflux de la mer*, s'est contenté de chercher l'attraction d'un sphéroïde elliptique sur un point quelconque de ce sphéroïde, et les résultats de sa belle méthode synthétique s'accordent parfaitement avec ceux que nous venons de trouver par l'Analyse. M. d'Alembert vient d'étendre la solution de M. Maclaurin à des sphéroïdes où toutes les coupes seraient elliptiques, en faisant remarquer que les propositions qui servent de base à cette solution sont également vraies à l'égard de tous les sphéroïdes elliptiques, soit de révolution ou non : c'est ce que nous avons trouvé directement par notre Analyse dans les trois premiers Corollaires du Problème précédent. A l'égard de la valeur absolue de l'attraction des sphéroïdes qui ne sont pas de révolution, M. d'Alembert a essayé de la déterminer par différents moyens très-ingénieux, mais dont aucun ne lui a pleinement réussi. Un des plus simples paraît être celui que nous avons employé dans le Corollaire IV, 2°; mais il est facile de se convaincre que les intégrations qui restent à exécuter pour avoir les valeurs des constantes B, F, G échappent à toutes les méthodes connues jusqu'à présent.

Au reste, si le sphéroïde proposé différait peu d'un sphéroïde de révolution, en sorte que $\nu = m - n$ fût une quantité très-petite, on pourrait déterminer son attraction par approximation aussi exactement qu'on voudrait. En effet, il n'y aura qu'à substituer $m + n\sin^2 q$ au lieu de m dans les valeurs de

$$Q = \frac{2(1+\mu^2)}{m\mu^3}\operatorname{arc\,tang}\mu - \frac{2}{m\mu^2}$$

et de

$$Q' = \frac{2}{m\mu^2} - \frac{2\operatorname{arc\,tang}\mu}{m\mu^3}$$

$\left(\mu^2 \text{ étant } \frac{1-m}{m}\right)$, et développer ensuite ces quantités suivant les puissances de ν; ce qui changera la quantité Q en

$$Q + \frac{dQ}{dm}\nu\sin^2 q + \frac{1}{2}\frac{d^2Q}{dm^2}\nu^2\sin^4 q + \ldots,$$

et la quantité Q′ en

$$Q' + \frac{dQ'}{dm}\nu\sin^2 q + \frac{1}{2}\frac{d^2Q'}{dm^2}\nu^2\sin^4 q + \ldots;$$

on multipliera maintenant la première de ces quantités par $\cos^2 q\,dq$ et par $\sin^2 q\,dq$, et la seconde par dq, et, prenant les intégrales en sorte qu'elles soient nulles lorsque $q = 0$ et complètes lorsque $q = 180^\circ$, on aura les valeurs cherchées des quantités B, F, G.

On aura donc de cette manière

$$B = \left(\frac{1}{2}Q + \frac{\nu}{8}\frac{dQ}{dm} + \frac{2\nu^2}{32}\frac{1}{2}\frac{d^2Q}{dm^2} + \frac{5\nu^3}{128}\frac{1}{2.3}\frac{d^3Q}{dm^3} + \frac{14\nu^4}{512}\frac{1}{2.3.4}\frac{d^4Q}{dm^4} + \ldots\right)180^\circ,$$

$$F = \left(\frac{1}{2}Q + \frac{3\nu}{8}\frac{dQ}{dm} + \frac{10\nu^2}{32}\frac{1}{2}\frac{d^2Q}{dm^2} + \frac{35\nu^3}{128}\frac{1}{2.3}\frac{d^3Q}{dm^3} + \frac{126\nu^4}{512}\frac{1}{2.3.4}\frac{d^4Q}{dm^4} + \ldots\right)180^\circ,$$

$$G = \left(Q' + \frac{\nu}{2}\frac{dQ'}{dm} + \frac{3\nu^2}{8}\frac{1}{2}\frac{d^2Q'}{dm^2} + \frac{10\nu^3}{32}\frac{1}{2.3}\frac{d^3Q'}{dm^3} + \frac{35\nu^4}{128}\frac{1}{2.3.4}\frac{d^4Q'}{dm^4} + \ldots\right)180^\circ.$$

Problème IV.

12. *Les mêmes choses étant supposées que dans le Problème III, on demande l'attraction du sphéroïde sur un point placé au dehors.*

On aura dans ce cas les mêmes formules différentielles que dans celui du Problème cité; toute la différence consistera dans la manière de compléter chaque intégrale; on suivra pour cela les règles données dans le n° 5, 1°, et il est facile de voir qu'après la première intégration suivant la variabilité de r, on aura les mêmes formules que dans le Problème III, mais avec cette différence qu'au lieu de la somme $r'+r''$ des deux valeurs de r il faudra mettre leur différence $r'-r''$. Ainsi les premières intégrales des trois attractions suivant les trois axes du sphéroïde seront

$$(r'-r'')\sin^2 p\cos q\,dp\,dq,$$
$$(r'-r'')\sin^2 p\sin q\,dp\,dq,$$
$$(r'-r'')\sin p\cos p\,dp\,dq.$$

Maintenant, si l'on représente par

$$r^2+2\varpi r+\rho=0$$

l'équation en r dont r' et r'' sont les racines, on aura, comme on sait,

$$(r'-r'')^2=4(\varpi^2-\rho);$$

donc

$$r'-r''=2\sqrt{\varpi^2-\rho}.$$

Qu'on suppose, pour abréger,

$$c\cos p+ma\sin p\cos q+nb\sin p\sin q=\text{M},$$
$$\cos^2 p+m\sin^2 p\cos^2 q+n\sin^2 p\sin^2 q=\text{N},$$
$$c^2+ma^2+nb^2-k=h,$$

et l'on aura (Problème III)

$$\varpi=\frac{\text{M}}{\text{N}},\quad \rho=\frac{h}{\text{N}};$$

donc

$$r'-r''=\frac{2\sqrt{\text{M}^2-h\text{N}}}{\text{N}}.$$

Ainsi il n'y aura qu'à substituer cette valeur dans les formules précédentes et intégrer ensuite par rapport à la variable p; pour compléter ces intégrales on fera $r'=r''$, c'est-à-dire $r'-r''=0$, et l'on aura

$$\text{M}^2-h\text{N}=0,$$

équation d'où l'on tirera les deux valeurs extrêmes de p, ou plutôt de $\sin p$ ou de $\cos p$, lesquelles détermineront l'étendue qu'il faudra donner aux intégrales dont il s'agit. On intégrera enfin relativement à q, et pour avoir les valeurs extrêmes de q il n'y aura qu'à chercher les conditions qui donnent des racines égales à l'équation

$$M^2 - hN = 0,$$

ordonnée relativement à $\sin p$ ou $\cos p$; connaissant ces valeurs, on s'en servira pour compléter les dernières intégrales.

13. Corollaire I. — Considérons le cas d'un sphéroïde de révolution auquel on a $m = n$; on aura donc

$$M = c\cos p + m\sin p(a\cos q + b\sin q),$$
$$N = \cos^2 p + m\sin^2 p.$$

Supposons de plus qu'on cherche seulement l'attraction du sphéroïde pour un point quelconque de son axe de révolution; il faudra faire $a = 0$, $b = 0$, et l'on aura simplement

$$M = c\cos p;$$

d'où l'on voit que l'équation

$$M^2 - hN = 0$$

ne renfermera point l'angle q, et qu'ainsi les intégrations relatives à p et q seront indépendantes l'une de l'autre, en sorte qu'il sera libre de commencer par celle des deux qu'on voudra; de plus, l'intégration relative à q devra s'étendre (5, 1°) depuis $q = 0$ jusqu'à $q = 180°$.

Faisant pour plus de simplicité $\sin p = u$, on aura, à cause de $h = c^2 - k$,

$$\begin{aligned} M^2 - hN &= c^2(1 - u^2) - h(1 - u^2) - mhu^2 \\ &= c^2 - h - (c^2 - h + mh)\,u^2 \\ &= k - [k + m(c^2 - k)]\,u^2, \end{aligned}$$

et les trois formules différentielles deviendront

$$\frac{2\sqrt{k-(k-mk+mc^2)u^2}}{1-(1-m)u^2}\,u^2\cos q\,dp\,dq,$$

$$\frac{2\sqrt{k-(k-mk+mc^2)u^2}}{1-(1-m)u^2}\,u^2\sin q\,dp\,dq,$$

$$\frac{2\sqrt{k-(k-mk+mc^2)u^2}}{1-(1-m)u^2}\,u\,du\,dq\ (*).$$

Or comme l'équation

$$k-(k-mk+mc^2)u^2=0$$

donne

$$u=\pm\sqrt{\frac{k}{k-mk+mc^2}},$$

il s'ensuit que les intégrations relatives à l'angle p devront s'étendre depuis $p=\alpha$ jusqu'à $p=-\alpha$, en prenant

$$\alpha=\text{arc sin}\sqrt{\frac{k}{k-mk+mc^2}}.$$

D'où il est facile de conclure d'abord que l'intégrale complète de la quantité

$$\frac{\sqrt{k-(k-mk+mc^2)u^2}}{1-(1-m)u^2}\,u^2dp$$

sera nulle; car si l'on dénote par A l'intégrale de cette quantité prise depuis $p=0$ jusqu'à $p=\alpha$, il est clair que l'intégrale de la même quantité depuis $p=0$ jusqu'à $p=-\alpha$ sera égale à $-$A, puisque $u^2=\sin^2 p$ conserve la même valeur en prenant p négatif; or il est visible que l'intégrale depuis $p=\alpha$ jusqu'à $p=-\alpha$ n'est autre chose que la somme des deux précédentes, c'est-à-dire $A-A=0$.

Donc l'intégrale de chacune des deux premières formules différentielles sera nulle; par conséquent l'attraction perpendiculaire à l'axe de révolution dans lequel est prise l'ordonnée c sera nulle; ce qui est d'ailleurs évident de soi-même.

(*) Le facteur 2, qui figure dans ces formules et dans celles qui en résultent par l'intégration, est omis dans le texte primitif; nous avons cru devoir le rétablir ici.

(*Note de l'Éditeur.*)

Il ne reste donc qu'à chercher l'intégrale de la troisième formule différentielle, et comme on peut intégrer d'abord suivant q, on aura, en exécutant cette intégration, et complétant l'intégrale en sorte qu'elle commence au point où $q = 0$ et qu'elle finisse à celui où $q = 180°$, on aura, dis-je, la formule

$$\frac{2\sqrt{k - (k - mk + mc^2)\,u^2}\,u\,du}{1 - (1 - m)\,u^2} \times 180°.$$

Ainsi il ne s'agira plus que d'intégrer la quantité

$$\frac{2\sqrt{k - (k - mk + mc^2)\,u^2}\,u\,du}{1 - (1 - m)\,u^2},$$

et pour cela on fera

$$\sqrt{k - (k - mk + mc^2)\,u^2} = t,$$

ce qui donne

$$u^2 = \frac{k - t^2}{k - mk + mc^2},$$

moyennant quoi la différentielle proposée se transforme en celle-ci

$$-\frac{2t^2\,dt}{mc^2 + (1 - m)\,t^2} = -\frac{2}{1 - m}\left(dt - \frac{\frac{mc^2}{1 - m}}{\frac{mc^2}{1 - m} + t^2}\,dt\right),$$

dont l'intégrale est évidemment

$$-\frac{2}{1 - m}\left(t - \sqrt{\frac{mc^2}{1 - m}} \times \text{arc tang}\,\frac{t}{\sqrt{\frac{mc^2}{1 - m}}}\right);$$

pour compléter cette intégrale il faut se ressouvenir qu'elle doit s'étendre depuis $p = \alpha$ jusqu'à $p = -\alpha$; et pour éviter toute erreur il conviendra de chercher à part les deux portions qui s'étendent, l'une depuis $p = 0$ jusqu'à $p = \alpha$ et que nous dénoterons par A, l'autre depuis $p = 0$ jusqu'à $p = -\alpha$ et que nous dénoterons par B; et la somme $A + B$ sera l'intégrale complète cherchée. Or en faisant $p = 0$ on a $u = 0$, donc

$t = \sqrt{k}$; par conséquent la constante à ajouter à l'intégrale ci-dessus sera

$$\frac{2}{1-m}\left(\sqrt{k} - \sqrt{\frac{mc^2}{1-m}} \times \text{arc tang} \frac{\sqrt{k}}{\sqrt{\frac{mc^2}{1-m}}}\right);$$

faisant ensuite $p = \alpha$ on aura $t = 0$, et faisant $p = -\alpha$ on aura de même $t = 0$; d'où il suit qu'on aura

$$A = B = \frac{2}{1-m}\left(\sqrt{k} - \sqrt{\frac{mc^2}{1-m}} \times \text{arc tang} \frac{\sqrt{k}}{\sqrt{\frac{mc^2}{1-m}}}\right);$$

donc l'intégrale cherchée sera égale à $2A$; et, multipliant par 180 degrés, on aura enfin la quantité

$$\frac{2}{1-m}\left(\sqrt{k} - \sqrt{\frac{mc^2}{1-m}} \times \text{arc tang} \frac{\sqrt{k}}{\sqrt{\frac{mc^2}{1-m}}}\right) \times 360^\circ$$

pour la valeur de l'attraction du sphéroïde sur un point de l'axe placé à la distance c du centre.

Ce Problème a aussi été résolu synthétiquement par M. Maclaurin dans son *Traité des Fluxions,* et nos solutions s'accordent dans les résultats.

14. Corollaire II. — Si l'on voulait résoudre la question du Corollaire précédent sans supposer $m = n$, c'est-à-dire en regardant le sphéroïde comme simplement elliptique sans qu'il soit de révolution, la quantité N serait (en faisant toujours $\sin p = u$)

$$1 - u^2 + (m \cos^2 q + n \sin^2 q)\, u^2,$$

au lieu d'être simplement

$$1 - u^2 + mu^2;$$

en sorte que pour appliquer les formules différentielles du n° 13 au cas présent il suffirait d'y mettre partout $m \cos^2 q + n \sin^2 q$ à la place de m.

De là on peut d'abord conclure que les intégrales relatives à p seront les mêmes que ci-dessus, en y changeant seulement m en $m\cos^2 q + n\sin^2 q$. Donc les intégrales des deux premières formules seront aussi nulles, et celle de la troisième sera représentée par la quantité

$$\frac{4\,dq}{1-m}\left(\sqrt{k} - \sqrt{\frac{mc^2}{1-m}} \times \text{arc tang}\,\frac{\sqrt{k}}{\sqrt{\frac{mc^2}{1-m}}}\right),$$

laquelle devra donc encore être intégrée relativement à q, après y avoir substitué partout $m\cos^2 q + n\sin^2 q$ à la place de m. Or comme les deux valeurs extrêmes de p sont (13) $p = \alpha$ et $p = -\alpha$, il est visible qu'elles ne peuvent devenir égales qu'en faisant $\alpha = 0$, et par conséquent

$$\frac{k}{k - mk + mc^2} = 0 \quad \text{et} \quad k - mk + mc^2 = \infty,$$

ce qui ne se peut; ainsi, ne pouvant tirer de cette condition les valeurs de q nécessaires pour compléter l'intégrale de la quantité précédente, on prendra cette intégrale en sorte qu'elle commence où $q = 0$ et qu'elle finisse où $q = 180^\circ$; mais l'intégration de la différentielle dont il s'agit étant très-difficile, si même elle n'est pas impossible, nous ne nous y arrêterons pas; outre que cette matière n'est pas proprement de l'objet auquel ce Mémoire était destiné, elle a d'ailleurs été déjà savamment discutée dans le sixième volume des *Opuscules* de M. d'Alembert, auquel il nous suffira par conséquent de renvoyer.

15. Remarque. — On trouverait des difficultés beaucoup plus grandes si l'on voulait déterminer par les formules du Problème précédent l'attraction du sphéroïde sur un point placé hors de l'axe; car alors les quantités a, b n'étant point nulles, les expressions des attractions différentielles seraient trop compliquées pour qu'on pût les traiter par les méthodes connues. On peut cependant ramener en quelque manière tous les cas à celui où le point attiré est placé dans le prolongement de l'axe des coordonnées z, en changeant la position des coordonnées rectangles x, y, z de manière que l'axe des z passe par le point attiré; car

alors on aura également $a=0$ et $b=0$; ce qui pourra peut-être faciliter les intégrations relatives aux angles p et q.

Pour faire cette transformation des coordonnées de la manière la plus générale, on remarquera que nommant x', y', z' les nouvelles coordonnées rectangles, qu'on suppose avoir la même origine que les coordonnées x, y, z, les valeurs de celles-ci en celles-là seront exprimées de cette manière

$$\begin{aligned} x &= \lambda x' + \mu y' + \nu z', \\ y &= \lambda' x' + \mu' y' + \nu' z', \\ z &= \lambda'' x' + \mu'' y' + \nu'' z', \end{aligned}$$

les coefficients λ, μ, ν, λ',... dépendant uniquement de la position des coordonnées x', y', z' relativement à celle des coordonnées x, y, z.

Or comme on suppose que les coordonnées x', y', z' se rapportent aux mêmes points que les coordonnées x, y, z, on aura nécessairement

$$x'^2 + y'^2 + z'^2 = x^2 + y^2 + z^2 = r^2;$$

donc il faudra qu'on ait

$$\begin{aligned} &(\lambda^2 + \lambda'^2 + \lambda''^2)\,x'^2 + (\mu^2 + \mu'^2 + \mu''^2)\,y'^2 + (\nu^2 + \nu'^2 + \nu''^2)\,z'^2 \\ &\quad + 2(\lambda\mu + \lambda'\mu' + \lambda''\mu'')\,x'y' + 2(\lambda\nu + \lambda'\nu' + \lambda''\nu'')\,x'z' + 2(\mu\nu + \mu'\nu' + \mu''\nu'')\,y'z' \\ &= x'^2 + y'^2 + z'^2, \end{aligned}$$

équation qui doit avoir lieu indépendamment des valeurs de x', y', z'; c'est pourquoi il faudra qu'on ait, en particulier, les conditions suivantes

$$\begin{aligned} &\lambda^2 + \lambda'^2 + \lambda''^2 = 1, \qquad \mu^2 + \mu'^2 + \mu''^2 = 1, \qquad \nu^2 + \nu'^2 + \nu''^2 = 1, \\ &\lambda\mu + \lambda'\mu' + \lambda''\mu'' = 0, \quad \lambda\nu + \lambda'\nu' + \lambda''\nu'' = 0, \quad \mu\nu + \mu'\nu' + \mu''\nu'' = 0, \end{aligned}$$

qui serviront à déterminer six des neuf quantités λ, μ, ν, λ', μ',....

Maintenant, comme a, b, c sont les coordonnées qui déterminent la position du point attiré, relativement aux axes des premières coordonnées x, y, z, si l'on nomme de même a', b', c' les coordonnées qui détermineront la position du même point relativement aux axes des nouvelles coordonnées x', y', z', on aura pareillement

$$\begin{aligned} a &= \lambda a' + \mu b' + \nu c', \\ b &= \lambda' a' + \mu' b' + \nu' c', \\ c &= \lambda'' a' + \mu'' b' + \nu'' c'; \end{aligned}$$

et ces équations serviront à déterminer les trois restantes des neuf quantités λ, μ,....

Supposons maintenant que l'on ait $a' = 0$ et $b' = 0$, pour que le point attiré se trouve dans l'axe même des coordonnées c'; et l'on aura

$$a = \nu c', \quad b = \nu' c', \quad c = \nu'' c',$$

d'où l'on tire

$$\nu = \frac{a}{c'}, \quad \nu' = \frac{b}{c'}, \quad \nu'' = \frac{c}{c'}.$$

Ensuite on déterminera les autres quantités λ, λ', λ'', μ, μ', μ'' par les six équations ci-dessus.

On substituera donc à la place de x, y, z les expressions ci-dessus dans l'équation

$$z^2 + mx^2 + ny^2 = k;$$

ensuite il faudra mettre (6) à la place des nouvelles coordonnées x', y', z' les quantités $r \sin p \cos q$, $r \sin p \sin q$, $c' + r \cos p$; et l'on aura l'équation

$$\left.\begin{aligned} & m[\lambda r \sin p \cos q + \mu r \sin p \sin q + \nu(c' + r\cos p)]^2 \\ + & n[\lambda' r \sin p \cos q + \mu' r \sin p \sin q + \nu'(c' + r\cos p)]^2 \\ + & \ \ [\lambda'' r \sin p \cos q + \mu'' r \sin p \sin q + \nu''(c' + r\cos p)]^2 \end{aligned}\right\} = k,$$

laquelle, étant ordonnée par rapport à r, deviendra

$$\begin{aligned} & \left[\begin{aligned} & m(\lambda \sin p \cos q + \mu \sin p \sin q + \nu \cos p)^2 \\ + & n(\lambda' \sin p \cos q + \mu' \sin p \sin q + \nu' \cos p)^2 \\ + & \ \ (\lambda'' \sin p \cos q + \mu'' \sin p \sin q + \nu'' \cos p)^2 \end{aligned}\right] \times r^2 \\ + & \left[\begin{aligned} & m\nu(\lambda \sin p \cos q + \mu \sin p \sin q + \nu \cos p) \\ + & n\nu'(\lambda' \sin p \cos q + \mu' \sin p \sin q + \nu' \cos p) \\ + & \ \nu''(\lambda'' \sin p \cos q + \mu'' \sin p \sin q + \nu'' \cos p) \end{aligned}\right] \times 2c'r \\ + & (m\nu^2 + n\nu'^2 + \nu''^2)c'^2 - k = 0. \end{aligned}$$

Donc faisant

$$N = \left[\begin{array}{l} m(\lambda \sin p \cos q + \mu \sin p \sin q + \nu \cos p)^2 \\ \quad + n(\lambda' \sin p \cos q + \mu' \sin p \sin q + \nu' \cos p)^2 \\ \quad + \quad (\lambda'' \sin p \cos q + \mu'' \sin p \sin q + \nu'' \cos p)^2 \end{array}\right],$$

$$M = \left[\begin{array}{l} (m\lambda\nu + n\lambda'\nu' + \lambda''\nu'') \sin p \cos q \\ \quad + (m\mu\nu + n\mu'\nu' + \mu''\nu'') \sin p \sin q \\ \qquad + (m\nu^2 + n\nu'^2 + \nu''^2) \cos p \end{array}\right] \times c',$$

$$h = (m\nu^2 + n\nu'^2 + \nu''^2)c'^2 - k = a^2 + mb^2 + nc^2 - k;$$

on aura

$$Nr^2 + 2Mr + h = 0;$$

d'où l'on tire la différence des racines

$$r'' - r' = \frac{2\sqrt{M^2 - hN}}{N},$$

valeur qu'il faudra substituer dans les formules différentielles du Problème IV, après quoi on intégrera relativement à p et à q, en observant les règles données dans ce Problème. Mais comme les valeurs ci-dessus de M et de N sont presque encore plus compliquées que celles du nº 12, il s'ensuit que la méthode précédente ne saurait être d'une grande utilité dans la solution du Problème dont il s'agit.

EXTRAITS DE DEUX LETTRES DE D'ALEMBERT A LAGRANGE.

(*Nouveaux Mémoires de l'Académie royale des Sciences et Belles-Lettres de Berlin*, année 1774.)

LETTRE DU 15 SEPTEMBRE 1775.

La lecture de votre excellent Mémoire sur l'attraction des sphéroïdes elliptiques, inséré dans le volume de 1773, m'a fait revenir un moment sur ce que j'avais donné dans le sixième volume de mes *Opuscules*, relativement à cette matière, et j'ai trouvé que le Théorème de M. Maclaurin, sur lequel j'avais formé quelques doutes, pages 242 et 243, Art. 54, et qu'il a énoncé sans démonstration, est en effet très-vrai. Pour le faire voir, je reprends l'équation de la page 236 de mon sixième volume

$$c^2 - \frac{b^2}{1 + \sin^2 Z \dfrac{b^2 - a^2}{a^2}} = C^2 - \frac{B^2}{1 + \sin^2 Z' \dfrac{B^2 - A^2}{A^2}},$$

et j'ajoute au premier membre $b^2 - c^2$, et au second $B^2 - C^2$, qui lui est égal par l'hypothèse, ce qui donne

$$\frac{\sin^2 Z}{1 + \sin^2 Z \dfrac{b^2 - a^2}{a^2}}$$

en raison constante avec

$$\frac{\sin^2 Z'}{1 + \sin^2 Z' \dfrac{B^2 - A^2}{A^2}}.$$

De même ajoutant au premier membre $a^2 - c^2$, et au second $A^2 - C^2$, qui lui est égal (hypothèse), et mettant au numérateur $1 - \cos^2 Z$ pour $\sin^2 Z$, et $1 - \cos^2 Z'$ pour $\sin^2 Z'$, on verra facilement que

$$\frac{\cos^2 Z}{1 + \sin^2 Z \dfrac{b^2 - a^2}{a^2}}$$

sera en raison constante avec

$$\frac{\cos^2 Z'}{1 + \sin^2 Z' \dfrac{B^2 - A^2}{A^2}},$$

d'où l'on tire aisément le reste de la démonstration, par la même méthode que dans les pages 236 et 237.

Il faut encore remarquer, pour la fin de la page 242, Art. 53, que l'équation

$$\frac{C^2}{B'^2} = \frac{\delta^2}{\delta^2 - c^2 + b'^2},$$

n'a lieu dans la supposition dont il s'agit, qu'en faisant $\delta = C$, parce que $C^2 - B'^2$ est supposé égal à $c^2 - b'^2$; et qu'ainsi il ne se trouve point, dans cette équation

$$C^2 - B'^2 = c^2 - b'^2,$$

de quantité δ qui soit différente de C.

Comme il me semble que vous n'avez pas traité dans votre excellent Mémoire le cas du Théorème dont il s'agit, j'ai cru cette remarque digne de vous être communiquée.

LETTRE DU 15 DÉCEMBRE 1775.

Je suis bien aise que vous ayez trouvé par votre théorie, comme vous me faites l'honneur de me le mander, une démonstration analytique du Théorème de Maclaurin, dont je vous envoyai il y a deux mois la démonstration synthétique. C'est aussi par une voie analytique, dont le détail aurait été trop long dans une lettre, que j'avais trouvé la démonstration de ce Théorème. Je me contenterai de vous dire ici en peu de mots, que, si, en suivant les dénominations des pages 233 et suivantes du sixième volume de mes *Opuscules*, on suppose que $\frac{c^2 - b'^2}{\delta^2}$ ou $\frac{g^2}{\omega^2}$ soit le même dans les deux sphéroïdes, et qu'on fasse

$$\frac{c^2 - b'^2}{\delta^2} = u^2 \quad \text{et} \quad \frac{b^2 - a^2}{a^2} = \rho^2,$$

je trouve que les attractions des deux sphéroïdes seront entre elles en raison donnée et connue, si la quantité

$$\frac{du}{\sqrt{u^2 + \frac{b^2 - c^2}{\delta^2}}} \, \frac{1}{\sqrt{\frac{\rho^2 c^2 + c^2 - b^2}{\rho^2 \delta^2 + \delta^2} - u^2}}$$

est la même dans les deux sphéroïdes, c'est-à-dire si $\frac{b^2 - c^2}{\delta^2}$ est constant dans ces deux sphéroïdes, ainsi que $\frac{c^2 - b^2 + \rho^2 c^2}{(\rho^2 + 1)\delta^2}$. Or il est facile de tirer de cette double condition l'équation

$$A^2 = B^2 - b^2 + a^2 \quad \text{ou} \quad A^2 - B^2 = a^2 - b^2.$$

Il me semble encore que, pour trouver dans votre théorie l'attraction d'un sphéroïde de révolution en un point quelconque de l'équateur, dont je suppose le plan parallèle à celui des x et des y (ce qui donne, non plus $m = n$, mais $m = 1$, et n égal à tout ce qu'on voudra), il est nécessaire de changer les dénominations de z, x et y, et qu'il faut supposer

$$y = r \sin p, \quad x = r \cos p \sin q, \quad z = c - r \cos p \cos q,$$

c étant l'axe parallèle aux z, b égal à c l'axe parallèle aux x, et a l'axe parallèle aux y, suivant les dénominations que j'ai données à ces axes dans le sixième volume de mes *Opuscules*. Par cette transformation l'attraction du sphéroïde à l'équateur se trouvera aussi facilement que l'attraction au pôle; et vous pouvez remarquer que cette transformation est analogue à la solution de M. Maclaurin, qui consiste à chercher l'attraction des coupes elliptiques et semblables, perpendiculaires au plan de l'équateur, et ayant toutes une même commune section.

ADDITION AU MÉMOIRE PRÉCÉDENT (*).

(*Nouveaux Mémoires de l'Académie royale des Sciences et Belles-Lettres de Berlin*, année 1775.)

Les remarques contenues dans la lettre de M. d'Alembert, dont j'ai eu l'honneur de faire part à l'Académie il y a huit jours, m'ont donné occa-

(*) Lu le 9 novembre 1775.

sion de chercher si le Théorème de M. Maclaurin concernant l'attraction d'un ellipsoïde sur un point quelconque placé dans le prolongement de l'un de ses trois axes ne pourrait pas se déduire des formules que j'ai données dans ce Mémoire; et je crois que les Analystes verront avec plaisir avec combien de facilité on peut parvenir par ces formules à la démonstration du Théorème dont il s'agit.

1. Soit un sphéroïde elliptique représenté par l'équation

$$z^2 + mx^2 + ny^2 = k,$$

nous avons trouvé dans le n° 14 du Mémoire cité que l'attraction de ce sphéroïde sur un point placé hors de lui, dans le prolongement de l'axe des coordonnées z (qui est en même temps un des axes du sphéroïde), et à la distance c du centre, est exprimée par l'intégrale de la formule

$$\frac{4dq}{1-m}\left(\sqrt{k} - \sqrt{\frac{mc^2}{1-m}} \times \operatorname{arc\,tang} \frac{\sqrt{k}}{\sqrt{\frac{mc^2}{1-m}}}\right),$$

en supposant qu'on mette dans cette formule $m\cos^2 q + n\sin^2 q$ à la place de m, et qu'ensuite on prenne l'intégrale depuis $q = 0$ jusqu'à $q = 180°$; et comme les valeurs de $\sin^2 q$ et $\cos^2 q$ reviennent les mêmes dans le second quart de cercle, on pourra se contenter de prendre l'intégrale depuis $q = 0$ jusqu'à $q = 90°$, et de la doubler.

Donc, si l'on fait pour plus de simplicité $\frac{\sqrt{k}}{c} = g$, et qu'on écrive m' à la place de m en sorte qu'on ait $m' = m\cos^2 q + n\sin^2 q$, l'attraction dont il s'agit sera exprimée par l'intégrale prise depuis $q = 0$ jusqu'à $q = 90°$ de la formule

$$\frac{8dq\sqrt{k}}{1-m'}\left(1 - \frac{1}{g}\sqrt{\frac{m'}{1-m'}} \times \operatorname{arc\,tang} \frac{g}{\sqrt{\frac{m'}{1-m'}}}\right).$$

Or

$$\cos^2 q = \frac{1 + \cos 2q}{2}, \quad \sin^2 q = \frac{1 - \cos 2q}{2};$$

donc

$$m' = \frac{m + n + (m - n)\cos 2q}{2}.$$

Soit maintenant

$$\tang q = t,$$

on aura

$$\cos 2q = \frac{1 - t^2}{1 + t^2}, \quad dq = \frac{dt}{1 + t^2};$$

donc

$$m' = \frac{(m + n)(1 + t^2) + (m - n)(1 - t^2)}{2(1 + t^2)} = \frac{m + nt}{1 + t^2},$$

$$1 - m' = \frac{1 - m + (1 - n)t^2}{1 + t^2},$$

$$\frac{m'}{1 - m'} = \frac{m + nt^2}{1 - m + (1 - n)t^2};$$

et la différentielle précédente deviendra par ces substitutions

$$\frac{8dt\sqrt{k}}{1 - m + (1 - n)t^2}\left[1 - \frac{1}{g}\sqrt{\frac{m + nt^2}{1 - m + (1 - n)t^2}} \times \text{arc tang}\frac{g}{\sqrt{\frac{m + nt^2}{1 - m + (1 - n)t^2}}}\right],$$

et comme $q = 0$ donne $t = 0$, et $q = 90^\circ$ donne $t = \infty$, il s'ensuit que pour avoir l'attraction entière il faudra prendre l'intégrale de cette quantité depuis $t = 0$ jusqu'à $t = \infty$.

2. On voit par l'équation générale du sphéroïde, laquelle donne $z^2 = k$ lorsque x et y sont nuls, que $\sqrt{k}$ est le demi-axe, en sorte que, faisant $c = \sqrt{k}$, le point attiré tombe sur la surface; or dans ce cas on a $g = 1$, ce qui simplifie un peu la formule précédente. Mais je vais faire voir que quelle que soit la valeur de g, on peut toujours ramener la formule à la même forme que dans le cas de $g = 1$.

Pour cela je suppose

$$\frac{m + nt^2}{1 - m + (1 - n)t^2} = g^2 \frac{\mu + \nu\theta^2}{1 - \mu + (1 - \nu)\theta^2},$$

μ et ν étant des coefficients indéterminés et θ une nouvelle variable; et je tire de là

$$t^2 = \frac{g^2(1 - m)\mu - m(1 - \mu) + [g^2(1 - m)\nu - m(1 - \nu)]\theta^2}{n(1 - \mu) - g^2(1 - n)\mu + [n(1 - \nu) - g^2(1 - n)\nu]\theta^2};$$

je suppose maintenant

$$g^2(1 - m)\mu - m(1 - \mu) = 0, \quad n(1 - \nu) - g^2(1 - n)\nu = 0,$$

ce qui me donne

$$\mu = \frac{m}{m + (1 - m)g^2}, \quad \nu = \frac{n}{n + (1 - n)g^2};$$

j'aurai ainsi

$$t^2 = \frac{g^2(1 - m)\nu - m(1 - \nu)}{n(1 - \mu) - g^2(1 - n)\mu}\theta^2,$$

savoir, en substituant les valeurs précédentes de μ et ν,

$$t^2 = \frac{g^2(1 - m) + m}{g^2(1 - n) + n}\theta^2,$$

et de là

$$t = \theta\sqrt{\frac{g^2(1 - m) + m}{g^2(1 - n) + n}};$$

de plus, à cause de $t^2 = \frac{m\nu}{n\mu}\theta^2$, on aura

$$1 - m + (1 - n)t^2 = \frac{(1 - m)n\mu + (1 - n)m\nu\theta^2}{n\mu};$$

mais les deux équations ci-dessus donnent

$$(1 - m)\mu = \frac{m(1 - \mu)}{g^2}, \quad (1 - n)\nu = \frac{n(1 - \nu)}{g^2};$$

donc on aura

$$1-m+(1-n)t^2=\frac{m}{g^2\mu}[1-\mu+(1-\nu)\theta^2]=\frac{m+(1-m)g^2}{g^2}[1-\mu+(1-\nu)\theta^2].$$

Faisant donc ces substitutions dans la formule différentielle du numéro précédent et supposant, pour abréger,

$$\chi=\frac{g^4k}{[g^2(1-m)+m][g^2(1-n)+n]},$$

elle deviendra

$$\frac{8d\theta\sqrt{\chi}}{1-\mu+(1-\nu)\theta^2}\left[1-\sqrt{\frac{\mu+\nu\theta^2}{1-\mu+(1-\nu)\theta^2}}\times\text{arc tang}\frac{1}{\sqrt{\frac{\mu+\nu\theta^2}{1-\mu+(1-\nu)\theta^2}}}\right],$$

et comme θ est égal à zéro lorsque $t=0$, et égal à ∞ lorsque $t=\infty$, il s'ensuit qu'il faudra prendre aussi l'intégrale de cette formule depuis $\theta=0$ jusqu'à $\theta=\infty$.

3. Cette transformée en θ est, comme on voit, entièrement semblable à la formule ci-dessus en t dans le cas de $g=1$, les quantités μ, ν, χ répondant aux quantités m, n, k; donc puisque les deux valeurs extrêmes des variables t et θ doivent être les mêmes, il s'ensuit que l'intégrale de la différentielle en t du n° 1, quelle que soit la valeur de g, sera exprimée par une fonction de μ, ν, χ semblable à la fonction de m, n, k par laquelle sera exprimée la même intégrale dans le cas de $g=1$.

Donc l'attraction du sphéroïde représenté par l'équation

$$z^2+mx^2+ny^2=k$$

sur un point placé hors de lui dans l'axe des z à la distance c du centre sera égale à l'attraction du sphéroïde représenté par l'équation

$$z^2+\mu x^2+\nu y^2=\chi$$

sur un point de sa surface dans le même axe des z.

4. Les trois demi-axes du sphéroïde représenté par l'équation

$$z^2+mx^2+ny^2=k,$$

auxquels les coordonnées x, y, z sont supposées parallèles, sont $\sqrt{\frac{k}{m}}$, $\sqrt{\frac{k}{n}}$, $\sqrt{k}$; nommant donc ces demi-axes a, b, c, on aura

$$k = c^2, \quad m = \frac{c^2}{a^2}, \quad n = \frac{c^2}{b^2},$$

et désignant par h la distance du point attiré au centre du sphéroïde, distance que nous avons nommée plus haut c, on aura (1)

$$g^2 = \frac{c^2}{h^2};$$

donc, substituant ces valeurs dans les formules du n° **2**, on aura

$$\mu = \frac{h^2}{h^2 + a^2 - c^2}, \quad \nu = \frac{h^2}{h^2 + b^2 - c^2}, \quad \chi = \frac{a^2 b^2 c^2}{(h^2 + a^2 - c^2)(h^2 + b^2 - c^2)};$$

donc, si l'on nomme de même α, β, γ les trois demi-axes correspondants du sphéroïde représenté par l'équation

$$z^2 + \mu x^2 + \nu y^2 = \chi,$$

et qui sont $\sqrt{\frac{\chi}{\mu}}$, $\sqrt{\frac{\chi}{\nu}}$, $\sqrt{\chi}$, on aura, en substituant les valeurs précédentes de μ, ν, χ,

$$\alpha = \frac{abc}{h\sqrt{h^2 + b^2 - c^2}},$$

$$\beta = \frac{abc}{h\sqrt{h^2 + a^2 - c^2}},$$

$$\gamma = \frac{abc}{\sqrt{h^2 + a^2 - c^2}\sqrt{h^2 + b^2 - c^2}}.$$

Donc, si l'on a un sphéroïde elliptique dont les trois demi-axes soient a, b, c, l'attraction de ce sphéroïde sur un point placé dans le prolongement d'un de ces axes comme c, à la distance h du centre, sera égale à l'attraction qu'un autre sphéroïde dont les trois demi-axes seraient α, β, γ exercerait sur un point placé à l'extrémité du demi-axe γ.

Si l'on fait $h = c$, on voit que les quantités α, β, γ deviennent a, b, c, et par conséquent les deux sphéroïdes reviennent au même; ce qui doit être pour l'exactitude de nos formules.

5. Imaginons un autre sphéroïde dont les trois demi-axes soient f, g, h, et qui soit entièrement semblable à celui dont les trois demi-axes sont α, β, γ; il faudra donc que l'on ait

$$f = \frac{\alpha h}{\gamma}, \quad g = \frac{\beta h}{\gamma};$$

par conséquent, si l'on substitue pour α, β, γ les valeurs précédentes, on aura

$$f = \sqrt{h^2 + b^2 - c^2}, \quad g = \sqrt{h^2 + a^2 - c^2};$$

donc

$$f^2 - h^2 = b^2 - c^2, \quad g^2 - h^2 = a^2 - c^2;$$

et par conséquent aussi

$$f^2 - g^2 = b^2 - a^2.$$

Donc, si le sphéroïde donné dont les trois demi-axes sont a, b, c, et le sphéroïde dont les demi-axes sont f, g, h sont supposés décrits autour du même centre, et en sorte que leurs axes respectifs soient placés dans les mêmes lignes, les coupes elliptiques de l'un et de l'autre sphéroïde faites par un plan passant par deux axes auront le même centre et les mêmes foyers, par les propriétés connues des sections coniques.

6. Par les formules du n° 1 on voit que l'attraction sur un point placé à l'extrémité du demi-axe $\sqrt{k}$ (en faisant $c = \sqrt{k}$ ou $g = 1$) est proportionnelle à $\sqrt{k}$ tant que les quantités m et n demeurent les mêmes; donc (4) l'attraction de deux sphéroïdes semblables sur des points placés aux extrémités de leurs axes respectifs est proportionnelle à ces axes. Donc l'attraction du sphéroïde, dont les axes sont $2f$, $2g$, $2h$ sur un point placé à l'extrémité de l'axe $2h$, est à l'attraction du sphéroïde semblable, dont les axes sont 2α, 2β, 2γ sur un point placé à l'extrémité

de l'axe 2γ, comme $2h$ est à 2γ ou comme 1 est à $\frac{\gamma}{h}$; mais (à cause de $f=\frac{\alpha h}{\gamma}$, $g=\frac{\beta h}{\gamma}$)

$$\frac{\gamma}{h}=\frac{\alpha\beta h}{\gamma f g},$$

et (4)

$$\frac{\alpha\beta}{\gamma}=\frac{abc}{h^2};$$

donc

$$\frac{\gamma}{h}=\frac{abc}{fgh}.$$

Ainsi la proportion dont il s'agit sera égale à celle de 1 à $\frac{abc}{fgh}$, ou de fgh à abc.

De là et de ce qu'on a démontré plus haut il s'ensuit que l'attraction d'un sphéroïde elliptique sur un point placé dans le prolongement d'un de ses trois axes sera à l'attraction qu'exercerait sur le même point un autre sphéroïde qui aurait le même centre, la même position des axes, dont les coupes elliptiques faites par les mêmes plans passant par deux axes auraient les mêmes foyers, et dont la surface passerait par le point donné, en sorte que ce point se trouvât à l'extrémité d'un de ses axes, l'attraction, dis-je, du premier sphéroïde sera à celle du second comme le produit des trois axes du premier au produit des trois axes du second sphéroïde.

C'est le Théorème que M. Maclaurin a énoncé sans démonstration dans l'Art. 653 de son *Traité des fluxions*, et que nous nous étions proposé de déduire de nos formules.

SOLUTIONS ANALYTIQUES

DE QUELQUES

PROBLÈMES SUR LES PYRAMIDES TRIANGULAIRES.

SOLUTIONS ANALYTIQUES

DE QUELQUES

PROBLÈMES SUR LES PYRAMIDES TRIANGULAIRES.

(*Nouveaux Mémoires de l'Académie royale des Sciences et Belles-Lettres de Berlin*, année 1773.)

Les pyramides triangulaires tiennent, par leur simplicité, parmi les corps solides le même rang que les triangles parmi les figures planes; car de même que toute figure plane rectiligne peut être regardée comme composée de triangles, de même aussi tout corps solide terminé par des plans peut être supposé formé de pyramides triangulaires; mais si les Géomètres se sont toujours beaucoup occupés de l'étude des triangles et n'ont cessé d'en approfondir les propriétés, ils n'ont fait, ce me semble, qu'effleurer celles des pyramides triangulaires; et des principaux Problèmes qu'on peut proposer sur ces sortes de solides il n'y en a encore qu'un très-petit nombre qui ait été résolu. Ceux qui vont faire la matière de ce Mémoire concernent la manière de trouver la surface, la solidité, les sphères circonscrites et inscrites, le centre de gravité, etc., de toute pyramide triangulaire dont on connaît les six côtés (*); et je me flatte que les solutions que j'en vais donner pourront intéresser les Géomètres tant par la méthode que par les résultats.

Ces solutions sont purement analytiques et peuvent même être entendues sans figures; j'y emploie des coordonnées rectangles pour déterminer la position des différents points que j'ai à considérer dans la pyra-

(*) Je nomme *côtés* les lignes formées par la rencontre des plans sous lesquels la pyramide est comprise, et je nommerai ces plans *faces* de la pyramide.

mide, et je n'ai pas même besoin de donner aux axes de ces coordonnées une position déterminée; je suppose seulement qu'ils se coupent au sommet de la pyramide, en sorte que pour ce point les coordonnées soient nulles, ce qui sert à simplifier les formules sans rien ôter à leur généralité. Par ce moyen tout se réduit à une affaire de pur calcul, et il est très-facile de déterminer la valeur des lignes qu'on veut connaître, puisqu'il ne faut que prendre la somme des carrés des différences des coordonnées qui répondent aux deux extrémités de chaque ligne proposée. Il ne s'agit plus ensuite que de rendre les résultats indépendants de la position arbitraire des coordonnées, en introduisant à leur place d'autres lignes relatives uniquement à la figure de la pyramide, comme les côtés de la pyramide, les perpendiculaires sur ses faces, etc.; c'est à quoi je parviens à l'aide de quelques réductions et transformations assez remarquables que j'expose au commencement de ce Mémoire, et qui pourront être aussi du plus grand usage dans beaucoup d'autres cas. Indépendamment de l'utilité directe que ces solutions pourront avoir dans plusieurs occasions, elles serviront principalement à montrer avec combien de facilité et de succès la méthode algébrique peut être employée dans les questions qui paraissent être le plus du ressort de la Géométrie proprement dite, et les moins propres à être traitées par le calcul.

1. Si l'on a neuf quantités quelconques

$$x,\ y,\ z,\ x',\ y',\ z',\ x'',\ y'',\ z'',$$

et qu'on en forme ces neuf autres-ci

$$\begin{aligned}
\xi &= y'z'' - z'y'', & \eta &= z'x'' - x'z'', & \zeta &= x'y'' - y'x'',\\
\xi' &= y''z - z''y, & \eta' &= z''x - x''z, & \zeta' &= x''y - y''x,\\
\xi'' &= yz' - zy', & \eta'' &= zx' - xz', & \zeta'' &= xy' - yx',
\end{aligned}$$

je dis qu'en supposant entre les neuf quantités données les six équations suivantes

$$\begin{aligned}
x^2 + y^2 + z^2 &= a, & x'x'' + y'y'' + z'z'' &= b,\\
x'^2 + y'^2 + z'^2 &= a', & xx'' + yy'' + zz'' &= b',\\
x''^2 + y''^2 + z''^2 &= a'', & xx' + yy' + zz' &= b'',
\end{aligned}$$

et faisant, pour abréger,

$$\begin{aligned} \alpha &= a'a'' - b^2, & \beta &= b'b'' - ab, \\ \alpha' &= aa'' - b'^2, & \beta' &= bb'' - a'b', \\ \alpha'' &= aa' - b''^2, & \beta'' &= bb' - a''b'', \end{aligned}$$

on aura de même

$$\begin{aligned} \xi^2 + \eta^2 + \zeta^2 &= \alpha, & \xi'\xi'' + \eta'\eta'' + \zeta'\zeta'' &= \beta, \\ \xi'^2 + \eta'^2 + \zeta'^2 &= \alpha', & \xi\xi'' + \eta\eta'' + \zeta\zeta'' &= \beta', \\ \xi''^2 + \eta''^2 + \zeta''^2 &= \alpha'', & \xi\xi' + \eta\eta' + \zeta\zeta' &= \beta''. \end{aligned}$$

C'est ce qu'il est aisé de vérifier par la substitution des valeurs de ξ, ξ'..., α, α',... en x, x',....

2. Donc, si l'on fait pareillement

$$\begin{aligned} X &= \eta'\zeta'' - \zeta'\eta'', & Y &= \zeta'\xi'' - \xi'\zeta'', & Z &= \xi'\eta'' - \eta'\xi'', \\ X' &= \eta''\zeta - \zeta''\eta, & Y' &= \zeta''\xi - \xi''\zeta, & Z' &= \xi''\eta - \eta''\xi, \\ X'' &= \eta\zeta' - \zeta\eta', & Y'' &= \zeta\xi' - \xi\zeta', & Z'' &= \xi\eta' - \eta\xi', \end{aligned}$$

et ensuite

$$\begin{aligned} A &= \alpha'\alpha'' - \beta^2, & B &= \beta'\beta'' - \alpha\beta, \\ A' &= \alpha\alpha'' - \beta'^2, & B' &= \beta\beta'' - \alpha'\beta', \\ A'' &= \alpha\alpha' - \beta''^2, & B'' &= \beta\beta' - \alpha''\beta'', \end{aligned}$$

on aura aussi

$$\begin{aligned} X^2 + Y^2 + Z^2 &= A, & X'X'' + Y'Y'' + Z'Z'' &= B, \\ X'^2 + Y'^2 + Z'^2 &= A', & XX'' + YY'' + ZZ'' &= B', \\ X''^2 + Y''^2 + Z''^2 &= A'', & XX' + YY' + ZZ' &= B''. \end{aligned}$$

3. Or en substituant les valeurs de ξ, ξ',... en x, x',... et faisant, pour abréger,

$$\Delta = xy'z'' + yz'x'' + zx'y'' - xz'y'' - yx'z'' - zy'x'',$$

on trouve

$$\begin{aligned} X &= \Delta x, & Y &= \Delta y & Z &= \Delta z, \\ X' &= \Delta x', & Y' &= \Delta y', & Z' &= \Delta z', \\ X'' &= \Delta x'', & Y'' &= \Delta y'', & Z'' &= \Delta z''; \end{aligned}$$

donc mettant ces valeurs dans les dernières équations ci-dessus, on aura, en vertu des six équations supposées dans le n° 1,

$$\begin{aligned} A &= \Delta^2 a, & B &= \Delta^2 b, \\ A' &= \Delta^2 a', & B' &= \Delta^2 b', \\ A'' &= \Delta^2 a'', & B'' &= \Delta^2 b'', \end{aligned}$$

et de là il est facile de tirer la valeur de Δ^2 en $a, a', a'', b, \ldots$; car on aura d'abord

$$\Delta^2 = \frac{A}{a} = \frac{\alpha'\alpha'' - \beta^2}{a},$$

et, substituant les valeurs de α', α'', β en $a, a', \ldots$ (1),

$$\Delta^2 = a a' a'' + 2 b b' b'' - a b^2 - a' b'^2 - a'' b''^2;$$

on trouvera la même valeur de Δ^2 par les autres équations. Si l'on remet dans cette équation les quantités $x, y, z, x', \ldots$, on aura la même équation identique que nous avons donnée dans le Lemme ci-dessus (*).

4. Il est bon de remarquer que la valeur de Δ^2 peut aussi se mettre sous cette forme

$$\Delta^2 = \frac{\alpha a + \alpha' a' + \alpha'' a'' + 2(\beta b + \beta' b' + \beta'' b'')}{3};$$

or si l'on multiplie cette équation par Δ^2 et qu'on y substitue ensuite A à la place de $\Delta^2 a$, A' à la place de $\Delta^2 a'$, et ainsi de suite (numéro précédent), on aura

$$\Delta^4 = \frac{A\alpha + A'\alpha' + A''\alpha'' + 2(B\beta + B'\beta' + B''\beta'')}{3},$$

ou bien en mettant pour A, A',... leurs valeurs en $\alpha, \alpha', \ldots$ (2)

$$\Delta^4 = \alpha\alpha'\alpha'' + 2\beta\beta'\beta'' - \alpha\beta^2 - \alpha'\beta'^2 - \alpha''\beta''^2;$$

d'où l'on voit que la quantité Δ^2 et son carré Δ^4 sont des fonctions semblables, l'une de a, a', a'', b, b', b'', l'autre de $\alpha, \alpha', \alpha'', \beta, \beta', \beta''$.

(*) Ce Lemme est la première des propositions du Mémoire relatif au mouvement de rotation d'un corps solide. *Voir* à la page 580 de ce volume. (*Note de l'Éditeur.*)

5. De plus, comme on a (3)

$$xy'z'' + yz'x'' + zx'y'' - xz'y'' - yx'z'' - zy'x''$$
$$= \sqrt{aa'a'' + 2bb'b'' - ab^2 - a'b'^2 - a''b''^2} = \Delta,$$

et qu'il y a entre les quantités $x, y, z, x', \ldots$ et $a, a', a'', b, \ldots$ les mêmes relations qu'entre les quantités $\xi, \eta, \zeta, \xi', \ldots$ et $\alpha, \alpha', \alpha'', \beta, \ldots$ (1), on aura donc aussi

$$\xi\eta'\zeta'' + \eta\zeta'\xi'' + \zeta\xi'\eta'' - \xi\zeta'\eta'' - \eta\xi'\zeta'' - \zeta\eta'\xi''$$
$$= \sqrt{\alpha\alpha'\alpha'' + 2\beta\beta'\beta'' - \alpha\beta^2 - \alpha'\beta'^2 - \alpha''\beta''^2} = \Delta^2.$$

Donc on aura cette équation identique et très-remarquable

$$\xi\eta'\zeta'' + \eta\zeta'\xi'' + \zeta\xi'\eta'' - \xi\zeta'\eta'' - \eta\xi'\zeta'' - \zeta\eta'\xi''$$
$$= (xy'z'' + yz'x'' + zx'y'' - xz'y'' - yx'z'' - zy'x'')^2.$$

6. Si les six quantités $\alpha, \alpha', \alpha'', \beta, \beta', \beta''$ étaient données et qu'on voulût déterminer par leur moyen les six quantités a, a', a'', b, b', b'', il serait peut-être très-difficile d'en venir à bout à l'aide des six équations du n° **1** entre ces quantités; mais on y parviendrait aisément par les formules des numéros suivants.

On formera pour cela les six quantités A, A', A'', B, B', B'' (**2**); ensuite on formera la quantité (**4**)

$$\Delta^2 = \sqrt{\alpha\alpha'\alpha'' + 2\beta\beta'\beta'' - \alpha\beta^2 - \alpha'\beta'^2 - \alpha''\beta''^2},$$

et l'on aura sur-le-champ (**3**)

$$a = \frac{A}{\Delta^2}, \quad a' = \frac{A'}{\Delta^2}, \quad a'' = \frac{A''}{\Delta^2},$$
$$b = \frac{B}{\Delta^2}, \quad b' = \frac{B'}{\Delta^2}, \quad b'' = \frac{B''}{\Delta^2}.$$

7. Si l'on multiplie les neuf premières équations du n° **1** respectivement par $x, x', x'', y, y', y'', z, z', z''$, et qu'on les ajoute ensemble trois

à trois, on trouvera ces neuf-ci, en mettant Δ à la place de la quantité $xy'z''+yz'x''+\ldots$ (3)

$$x\xi+x'\xi'+x''\xi''=\Delta,\quad y\xi+y'\xi'+y''\xi''=0,\quad z\xi+z'\xi'+z''\xi''=0,$$
$$x\eta+x'\eta'+x''\eta''=0,\quad y\eta+y'\eta'+y''\eta''=\Delta,\quad z\eta+z'\eta'+z''\eta''=0,$$
$$x\zeta+x'\zeta'+x''\zeta''=0,\quad y\zeta+y'\zeta'+y''\zeta''=0,\quad z\zeta+z'\zeta'+z''\zeta''=\Delta;$$

et l'on trouvera de même ces neuf autres-ci

$$x\xi+y\eta+z\zeta=\Delta,\quad x'\xi+y'\eta+z'\zeta=0,\quad x''\xi+y''\eta+z''\zeta=0,$$
$$x\xi'+y\eta'+z\zeta'=0,\quad x'\xi'+y'\eta'+z'\zeta'=\Delta,\quad x''\xi'+y''\eta'+z''\zeta'=0,$$
$$x\xi''+y\eta''+z\zeta''=0,\quad x'\xi''+y'\eta''+z'\zeta''=0,\quad x''\xi''+y''\eta''+z''\zeta''=\Delta.$$

8. De plus, si l'on ajoute ensemble trois à trois les neuf premières équations du numéro précédent après les avoir multipliées respectivement par ξ, η, ζ, ensuite par ξ', η', ζ', et enfin par ξ'', η'', ζ'', on aura, en vertu des six dernières équations du n° 1,

$$\xi=\frac{\alpha x+\beta''x'+\beta'x''}{\Delta},\quad \eta=\frac{\alpha y+\beta''y'+\beta'y''}{\Delta},\quad \zeta=\frac{\alpha z+\beta''z'+\beta'z''}{\Delta},$$
$$\xi'=\frac{\beta''x+\alpha'x'+\beta x''}{\Delta},\quad \eta'=\frac{\beta''y+\alpha'y'+\beta y''}{\Delta},\quad \zeta'=\frac{\beta''z+\alpha'z'+\beta z''}{\Delta},$$
$$\xi''=\frac{\beta'x+\beta x'+\alpha''x''}{\Delta},\quad \eta''=\frac{\beta'y+\beta y'+\alpha''y''}{\Delta},\quad \zeta''=\frac{\beta'z+\beta z'+\alpha''z''}{\Delta}.$$

Et, si au lieu de multiplier les mêmes équations par ξ, η, ζ, ξ',..., on les multiplie respectivement par x, y, z, x',..., et qu'on les ajoute de même trois à trois, on aura ces neuf autres-ci

$$x=\frac{a\xi+b''\xi'+b'\xi''}{\Delta},\quad y=\frac{a\eta+b''\eta'+b'\eta''}{\Delta},\quad z=\frac{a\zeta+b''\zeta'+b'\zeta''}{\Delta},$$
$$x'=\frac{b''\xi+a'\xi'+b\xi''}{\Delta},\quad y'=\frac{b''\eta+a'\eta'+b\eta''}{\Delta},\quad z'=\frac{b''\zeta+a'\zeta'+b\zeta''}{\Delta},$$
$$x''=\frac{b'\xi+b\xi'+a''\xi''}{\Delta},\quad y''=\frac{b'\eta+b\eta'+a''\eta''}{\Delta},\quad z''=\frac{b'\zeta+b\zeta'+a''\zeta''}{\Delta}.$$

Ces relations entre les quantités x, x', x'', y,... et leurs correspondantes ξ, ξ', ξ'', η,... sont très-remarquables et peuvent être utiles dans différentes occasions.

9. Regardons maintenant les trois quantités x, y, z comme les coordonnées rectangles d'un point M rapporté à trois axes fixes et perpendiculaires entre eux, et pareillement les quantités x', y', z' comme les coordonnées rectangles d'un autre point M' rapporté aux mêmes axes, et enfin les quantités x'', y'', z'' comme les coordonnées rectangles d'un troisième point M'' rapporté également à ces mêmes axes; on aura, en joignant ces trois points par des lignes droites, un triangle MM'M'' dont la figure et la position seront déterminées par les neuf coordonnées x, y, z, x',.... Qu'on mène de plus des trois points M, M', M'' au point d'intersection des trois axes, point que nous désignerons par L, trois autres droites, et l'on aura trois autres triangles MLM', M'LM'', M''LM qui, avec le triangle précédent MM'M'', formeront une pyramide triangulaire dont les quatre angles seront aux points L, M, M', M''; ainsi la forme et la position de cette pyramide seront également déterminées par les mêmes coordonnées x, x', x'', y,.... C'est sur les propriétés de cette pyramide que doivent rouler les recherches qui composent ce Mémoire.

10. Et d'abord il est visible par les formules du n° 1 que les quantités a, a', a'' expriment les carrés des distances des points M, M', M'' au point L, et que les quantités

$$a + a' - 2b'', \quad a + a'' - 2b', \quad a' + a'' - 2b$$

expriment les carrés des distances entre les points M et M', entre les points M et M'', et entre les points M' et M''; de sorte que si l'on désigne les carrés de ces distances par c'', c', c, on aura

$$b = \frac{a' + a'' - c}{2}, \quad b' = \frac{a + a'' - c'}{2}, \quad b'' = \frac{a + a' - c''}{2}.$$

Ainsi les six côtés de la pyramide dont il s'agit seront

$$\sqrt{a}, \quad \sqrt{a'}, \quad \sqrt{a''}, \quad \sqrt{c''}, \quad \sqrt{c'}, \quad \sqrt{c};$$

les trois premiers concourent au point L, qu'on peut regarder comme le sommet de la pyramide, et les trois derniers en forment la base; de manière que le côté $\sqrt{c''}$ joint les deux $\sqrt{a}$, $\sqrt{a'}$, le côté $\sqrt{c'}$ joint les deux $\sqrt{a}$, $\sqrt{a''}$, et le côté $\sqrt{c}$ joint les deux $\sqrt{a'}$, $\sqrt{a''}$; ce qui forme par conséquent quatre triangles, qui sont les quatre faces de la pyramide, et dont les côtés sont $\sqrt{a}$, $\sqrt{a'}$, $\sqrt{c''}$ pour la première face latérale MLM'; $\sqrt{a}$, $\sqrt{a''}$, $\sqrt{c'}$ pour la seconde face latérale MLM''; $\sqrt{a'}$, $\sqrt{a''}$, $\sqrt{c}$ pour la troisième face latérale M'LM'', et $\sqrt{c}$, $\sqrt{c'}$, $\sqrt{c''}$ pour la face qui sert de base MM'M''.

11. Si l'on voulait, à la place des côtés c, c', c'' de la base, introduire les angles γ, γ', γ'' qui leur sont opposés au sommet de la pyramide, il n'y aurait qu'à remarquer que dans le triangle M'LM'', dont les côtés sont $\sqrt{a'}$, $\sqrt{a''}$, $\sqrt{c}$, on a

$$c = a' + a'' - 2\sqrt{a'a''}\cos\gamma;$$

donc substituant cette valeur dans l'expression de b, on aura

$$b = \sqrt{a'a''}\cos\gamma;$$

on trouvera de même les valeurs de b', b'' exprimées en $\cos\gamma'$ et $\cos\gamma''$; et l'on aura de cette manière

$$b = \sqrt{a'a''}\cos\gamma, \quad b' = \sqrt{aa''}\cos\gamma', \quad b'' = \sqrt{aa'}\cos\gamma''.$$

12. On sait que si f, g, h sont les trois côtés d'un triangle rectiligne, son aire est exprimée par la formule

$$\frac{1}{4}\sqrt{2f^2g^2 + 2f^2h^2 + 2g^2h^2 - f^4 - g^4 - h^4} = \frac{1}{4}\sqrt{4f^2g^2 - (f^2 + g^2 - h^2)^2}.$$

Ainsi pour le triangle MLM', dont les côtés sont $\sqrt{a}$, $\sqrt{a'}$, $\sqrt{c''}$, on aura l'aire

$$\frac{1}{2}\sqrt{aa' - b''^2} = \frac{\sqrt{\alpha''}}{2}.$$

Pour le triangle MLM'', dont les côtés sont $\sqrt{a}$, $\sqrt{a''}$, $\sqrt{c'}$, on aura l'aire

$$\frac{1}{2}\sqrt{aa'' - b'^2} = \frac{\sqrt{\alpha'}}{2};$$

et pour le triangle M′LM″, dont les côtés sont $\sqrt{a'}$, $\sqrt{a''}$, $\sqrt{c}$, on aura l'aire

$$\frac{1}{2}\sqrt{a'a''-b^2}=\frac{\sqrt{\alpha}}{2}.$$

Reste encore à considérer le triangle MM′M″, dont les côtés sont $\sqrt{c}$, $\sqrt{c'}$, $\sqrt{c''}$; nommant E l'aire de ce triangle, on aura par la formule ci-dessus

$$16E^2=4cc'-(c+c'-c'')^2;$$

mettons pour c, c', c'' leurs valeurs

$$a'+a''-2b,\quad a+a''-2b',\quad a+a'-2b'',$$

on aura

$$\begin{aligned}4E^2&=(a'+a''-2b)(a+a''-2b')-(a''-b-b'+b'')^2\\&=aa'+aa''+a'a''-2ab-2a'b'-2a''b''+2bb'+2bb''+2b'b''-b^2-b'^2-b''^2\\&=\alpha+\alpha'+\alpha''+2\beta+2\beta'+2\beta'';\end{aligned}$$

donc

$$E=\frac{\sqrt{\alpha+\alpha'+\alpha''+2\beta+2\beta'+2\beta''}}{2}.$$

Ainsi les aires des quatre faces de la pyramide s'expriment d'une manière fort simple par les quantités α, α', α'', β, β', β'' (1); on a pour celles des trois faces latérales les quantités

$$\frac{\sqrt{\alpha''}}{2},\quad \frac{\sqrt{\alpha'}}{2},\quad \frac{\sqrt{\alpha}}{2},$$

et pour l'aire de la base la quantité

$$\frac{\sqrt{\alpha+\alpha'+\alpha''+2\beta+2\beta'+2\beta''}}{2}.$$

13. Voyons maintenant comment doit être exprimée la solidité de la pyramide. On sait que toute pyramide est égale au tiers du produit de sa base par sa hauteur; or nous avons déjà trouvé la valeur de la base E; ainsi, nommant h la hauteur de notre pyramide, c'est-à-dire la valeur de la perpendiculaire menée du sommet L sur le plan du triangle opposé MM'M'', on aura $\frac{Eh}{3}$ pour la solidité cherchée; mais la difficulté consiste à trouver la quantité h. Soient s, t, u les trois coordonnées rectangles qui déterminent la position d'un point quelconque N du plan dont nous venons de parler, on aura, comme on sait, l'équation

$$u = l + ms + nt,$$

les quantités l, m, n étant des constantes qui dépendent de la position du plan; et comme ce plan est supposé passer par les trois points M, M', M'', pour lesquels les coordonnées sont (9)

$$x,\ y,\ z,\ x',\ y'\ z',\ x'',\ y'',\ z'',$$

on aura, en substituant successivement ces valeurs à la place de s, t, u, les équations suivantes

$$\begin{aligned} z &= l + mx + ny, \\ z' &= l + mx' + ny', \\ z'' &= l + mx'' + ny'', \end{aligned}$$

par lesquelles on pourra déterminer les trois constantes l, m, n.

Retranchant d'abord ces équations l'une de l'autre, on a ces deux-ci

$$\begin{aligned} z' - z &= m(x' - x) + n(y' - y), \\ z'' - z &= m(x'' - x) + n(y'' - y), \end{aligned}$$

d'où l'on tire sur-le-champ

$$m = \frac{(z' - z)(y'' - y) - (z'' - z)(y' - y)}{(x' - x)(y'' - y) - (x'' - x)(y' - y)},$$

$$n = \frac{(z' - z)(x'' - x) - (z'' - z)(x' - x)}{(x'' - x)(y' - y) - (x' - x)(y'' - y)},$$

c'est-à-dire en développant les termes et substituant les quantités ξ, ξ',... du n° 1,

$$m = -\frac{\xi + \xi' + \xi''}{\zeta + \zeta' + \zeta''}, \quad n = -\frac{\eta + \eta' + \eta''}{\zeta + \zeta' + \zeta''}.$$

Ensuite la première équation donnera

$$l = z - mn - ny = \frac{z(\zeta + \zeta' + \zeta'') + x(\xi + \xi' + \xi'') + y(\eta + \eta' + \eta'')}{\zeta + \zeta' + \zeta''},$$

ce qui, en vertu des équations du n° 7, se réduit à cette expression fort simple

$$l = \frac{\Delta}{\zeta + \zeta' + \zeta''}.$$

On a donc ainsi l'équation du plan de la base de la pyramide; nous l'avons cherchée d'autant plus volontiers qu'elle nous sera fort utile encore dans la suite.

14. Or la ligne menée du sommet L à un point quelconque N de ce plan, c'est-à-dire la distance des points L et N, est exprimée par

$$\sqrt{s^2 + t^2 + u^2},$$

et il est clair que la plus courte de toutes ces lignes sera la quantité cherchée h; ainsi il n'y aura qu'à faire égale à zéro la différentielle de $\sqrt{s^2 + t^2 + u^2}$, ce qui donne

$$s\,ds + t\,dt + u\,du = 0;$$

mais l'équation

$$u = l + ms + nt$$

donne

$$du = m\,ds + n\,dt;$$

donc substituant cette valeur et égalant séparément à zéro les coefficients de ds et de dt, on aura

$$s + mu = 0, \quad t + nu = 0,$$

donc

$$s = -mu, \quad t = -nu;$$

ce qui, étant substitué dans l'équation

$$u = l + ms + nt,$$

donne

$$u = l - m^2 u - n^2 u,$$

et de là

$$u = \frac{l}{1 + m^2 + n^2}, \quad t = -\frac{nl}{1 + m^2 + n^2}, \quad s = -\frac{ml}{1 + m^2 + n^2},$$

et, substituant ces valeurs dans l'expression $\sqrt{s^2 + t^2 + u^2}$, on aura la valeur cherchée de h, qui sera donc

$$\frac{l}{\sqrt{1 + m^2 + n^2}}.$$

Substituons à présent à la place de l, m, n leurs valeurs trouvées ci-dessus, on aura

$$h = \frac{\Delta}{\sqrt{(\xi + \xi' + \xi'')^2 + (\eta + \eta' + \eta'')^2 + (\zeta + \zeta' + \zeta'')^2}},$$

c'est-à-dire, en développant les termes qui sont sous le signe et faisant les substitutions du n° **1**,

$$h = \frac{\Delta}{\sqrt{\alpha + \alpha' + \alpha'' + 2\beta + 2\beta' + 2\beta''}}.$$

Mais on a trouvé (**12**)

$$E = \frac{\sqrt{\alpha + \alpha' + \alpha'' + 2\beta + 2\beta' + 2\beta''}}{2};$$

donc on aura pour la solidité $\frac{Eh}{3}$ de notre pyramide la quantité $\frac{\Delta}{6}$. C'est ce que nous avons déjà démontré d'une autre manière ci-dessus, où nous avons nommé β la même quantité que nous désignons ici par Δ (*).

15. Il est bien remarquable que la quantité Δ exprime la solidité de la pyramide prise six fois; si donc on veut exprimer cette solidité par les six côtés $\sqrt{a}$, $\sqrt{a'}$, $\sqrt{a''}$, $\sqrt{c}$, $\sqrt{c'}$, $\sqrt{c''}$, il n'y aura qu'à mettre dans la valeur de Δ, à la place de b, b', b'', les expressions du n° **10**; mais il sera plus simple de conserver les quantités mêmes b, b', b'', et l'on aura (3) la solidité cherchée égale à

$$\frac{\sqrt{aa'a'' + 2bb'b'' - ab^2 - a'b'^2 - a''b''^2}}{6}.$$

(*) *Œuvres de Lagrange*, t. III, p. 585.

Et comme nous avons trouvé plus haut que les aires des faces de la pyramide s'expriment d'une manière fort simple par les quantités α, α',..., on pourra aussi, si l'on veut, exprimer la solidité de la pyramide par ces mêmes quantités à l'aide des formules du n° 4; on aura de cette manière la solidité de la pyramide égale à

$$\frac{\sqrt[4]{\alpha\alpha'\alpha'' + 2\beta\beta'\beta'' - \alpha\beta^2 - \alpha'\beta'^2 - \alpha''\beta''^2}}{6}.$$

16. Comme il faut six éléments pour la détermination d'une pyramide triangulaire, il est clair que si l'on ne connaissait que la valeur de l'aire de chacune de ses quatre faces, avec celle de sa solidité, on n'aurait que cinq équations, et que par conséquent le Problème de trouver la pyramide qui satisferait à ces données serait indéterminé. En effet les aires des trois faces latérales donneraient les valeurs des trois quantités α, α', α'', et celle de la base donnerait la valeur de $\beta + \beta' + \beta''$ (12); ensuite la considération de la solidité donnerait (numéro précédent) la valeur de la quantité

$$\alpha\alpha'\alpha'' + 2\beta\beta'\beta'' - \alpha\beta^2 - \alpha'\beta'^2 - \alpha''\beta''^2,$$

de sorte qu'on n'aurait que deux équations entre les trois inconnues β, β', β''. On pourrait donc prendre une de ces inconnues à volonté, et alors la solution du Problème se trouverait réduite à la résolution d'une équation du second degré.

17. Mais s'il n'y avait de donné que les quatre faces de la pyramide, et qu'il s'agit de trouver les dimensions de la pyramide dont la solidité serait la plus grande, on pourrait résoudre cette question par nos formules avec beaucoup de facilité.

Car il est d'abord clair que les trois quantités α, α', α'' seraient données ainsi que la quantité $\beta + \beta' + \beta''$; ainsi il ne faudrait que rendre un *maximum* la quantité

$$\alpha\alpha'\alpha'' + 2\beta\beta'\beta'' - \alpha\beta^2 - \alpha'\beta'^2 - \alpha''\beta''^2,$$

en y regardant α, α', α'' comme constantes, et β, β', β'' comme variables, mais de manière que leur somme demeure constante; on aurait donc ces deux équations différentielles

$$(\beta'\beta''-\alpha\beta)\,d\beta+(\beta\beta''-\alpha'\beta')\,d\beta'+(\beta\beta'-\alpha''\beta'')\,d\beta''=0,$$
$$d\beta+d\beta'+d\beta''=0,$$

d'où chassant $d\beta''$, et égalant à zéro les coefficients de $d\beta$ et $d\beta'$, on tire ces deux équations de condition

$$\beta'\beta''-\alpha\beta=\beta\beta''-\alpha'\beta'=\beta\beta'-\alpha''\beta'',$$

qui renferment la solution du Problème. Ces deux équations se réduisent par les formules du n° 2 à

$$B=B'=B'',$$

et par celles du n° 3 à

$$b=b'=b'';$$

d'où l'on voit que les trois quantités b, b', b'' doivent être égales entre elles. Ainsi, comme les quantités α, α', α'' sont supposées données ainsi que la somme $\beta+\beta'+\beta''$, on aura ces quatre équations

$$a'a''-b^2=\alpha,\quad aa''-b^2=\alpha',\quad aa'-b^2=\alpha'',$$
$$3b^2-(a+a'+a'')b=\beta+\beta'+\beta'',$$

d'où il faudra tirer a, a', a'' et b.

Si l'on fait pour plus de simplicité

$$\beta+\beta'+\beta''=\varepsilon,$$

on a, en divisant la dernière équation par b,

$$a+a'+a''=3b-\frac{\varepsilon}{b},$$

et prenant les carrés

$$a^2+a'^2+a''^2+2(aa'+aa''+a'a'')=9b^2-6\varepsilon+\frac{\varepsilon^2}{b^2};$$

or les trois premières équations donnent

$$aa'=\alpha''+b^2,\quad aa''=\alpha'+b^2,\quad a'a''=\alpha+b^2,$$

et de là on tire

$$a^2 = \frac{(\alpha'+b^2)(\alpha''+b^2)}{\alpha+b^2},$$

$$a'^2 = \frac{(\alpha+b^2)(\alpha''+b^2)}{\alpha'+b^2},$$

$$a''^2 = \frac{(\alpha+b^2)(\alpha'+b^2)}{\alpha''+b^2}.$$

Donc substituant ces valeurs et faisant pour simplifier encore

$$2(\alpha+\alpha'+\alpha'')+6\varepsilon=\delta \quad \text{et} \quad b^2=u,$$

on aura, après avoir ôté les fractions,

$$u(\alpha'+u)^2(\alpha''+u)^2+u(\alpha+u)^2(\alpha''+u)^2+u(\alpha+u)^2(\alpha'+u)^2$$
$$-(3u^2-\delta u+\varepsilon^2)(\alpha+u)(\alpha'+u)(\alpha''+u)=0,$$

équation qui, étant développée, ne montera qu'au quatrième degré par la destruction des termes qui contiendraient u^5; et l'on trouvera que le premier terme de cette équation sera

$$(\alpha+\alpha'+\alpha''+\delta)u^4,$$

c'est-à-dire (en remettant la valeur de δ et de ε)

$$3(\alpha+\alpha'+\alpha''+2\beta+2\beta'+2\beta'')u^4,$$

et que le dernier sera $-\varepsilon^2\alpha\alpha'\alpha''$; de sorte que comme les quantités α, α', α'' sont nécessairement positives (12) ainsi que la quantité

$$\alpha+\alpha'+\alpha''+2(\beta+\beta'+\beta''),$$

ces deux termes seront de signes différents; par conséquent l'équation aura toujours au moins une racine réelle et positive.

Ayant trouvé une valeur positive de u, on aura $b=\sqrt{u}$, et de là on aura a, a', a'' par les formules ci-dessus; ainsi l'on connaîtra les six côtés de la pyramide, à cause de $b'=b''=b$.

18. Considérons un autre point P placé où l'on voudra, au dedans ou

au dehors de la pyramide, pour lequel les coordonnées rectangles soient p, q, r, et supposons que le carré de la distance de ce point au sommet L de la pyramide soit f, que les carrés des distances du même point aux points M, M', M'' de la base de la pyramide soient g, g', g''; il est facile de concevoir qu'on aura

$$\begin{aligned}
&p^2+q^2+r^2=f,\\
&(p-x)^2+(q-y)^2+(r-z)^2=g,\\
&(p-x')^2+(q-y')^2+(r-z')^2=g',\\
&(p-x'')^2+(q-y'')^2+(r-z'')^2=g'',
\end{aligned}$$

d'où, en faisant, pour abréger,

$$k=\frac{a+f-g}{2},\quad k'=\frac{a'+f-g'}{2},\quad k''=\frac{a''+f-g''}{2},$$

on tire (1) ces trois équations

$$\begin{aligned}
px+qy+rz&=k,\\
px'+qy'+rz'&=k',\\
px''+qy''+rz''&=k'',
\end{aligned}$$

par lesquelles on pourra déterminer les valeurs des coordonnées p, q, r; et l'on trouvera par les règles connues de l'élimination, en mettant les quantités ξ, ξ',... à la place de $y'z''-z'y''$, $zy''-yz''$,... (1) et la quantité Δ à la place de $xy'z''+yz'x''+\ldots$ (3),

$$\begin{aligned}
p&=\frac{k\xi+k'\xi'+k''\xi''}{\Delta},\\
q&=\frac{k\eta+k'\eta'+k''\eta''}{\Delta},\\
r&=\frac{k\zeta+k'\zeta'+k''\zeta''}{\Delta}.
\end{aligned}$$

19. Or il faut que ces valeurs de p, q, r satisfassent à la première équation

$$p^2+q^2+r^2=f;$$

les y substituant donc, et faisant les substitutions des dernières formules du n° 1, on aura, après avoir multiplié par Δ^2,

$$\Delta^2 f = \alpha k^2 + \alpha' k'^2 + \alpha'' k''^2 + 2(\beta'' k k' + \beta' k k'' + \beta k' k''),$$

équation qui servira à déterminer, si l'on veut, la quantité f par les quantités g, g', g'', a, a', a'', b, b', b''.

Ainsi l'on pourra par le moyen de cette équation résoudre le Problème suivant, qui paraît d'ailleurs assez difficile.

20. *Étant donné un solide formé par deux pyramides triangulaires adossées l'une contre l'autre par leurs bases supposées égales; trouver la valeur de la diagonale, c'est-à-dire de la ligne droite qui joindrait les sommets opposés des deux pyramides, en supposant qu'on connaisse les neuf côtés de ce solide.*

Il est visible que si l'on imagine que le point P soit le sommet de la seconde pyramide, dont la base soit le même triangle MM'M'' qui sert de base à la première pyramide, on aura f pour le carré de la diagonale cherchée, et a, a', a'', c, c', c'', g, g', g'' pour les carrés des neuf côtés donnés des deux pyramides; ainsi il n'y aura qu'à mettre dans l'équation du numéro précédent à la place de k, k', k'' leurs valeurs, et l'on aura

$$\begin{aligned} 4\Delta^2 f = {} & \alpha(a+f-g)^2 + \alpha'(a'+f-g')^2 + \alpha''(a''+f-g'')^2 \\ & + 2\beta''(a+f-g)(a'+f-g') + 2\beta'(a+f-g)(a''+f-g'') \\ & + 2\beta(a'+f-g')(a''+f-g''). \end{aligned}$$

Cette équation étant ordonnée par rapport à f montera au second degré et aura par conséquent deux racines qui seront nécessairement toutes deux réelles; en effet il est visible que le Problème admet deux solutions, parce que l'on peut concevoir que les deux pyramides qui ont leur base commune soient, ou des deux côtés opposés de cette base, ou bien du même côté; la plus grande des deux valeurs de f appartiendra au premier cas, et la moindre au second.

21. Supposons maintenant que le point P soit pris en sorte qu'il soit

également distant des quatre angles L, M, M′, M″ de la pyramide du n° 9; il est clair que ce point deviendra le centre de la sphère qui serait circonscrite à cette pyramide. On aura donc dans ce cas

$$f = g = g' = g'',$$

et l'équation du numéro précédent deviendra

$$4\Delta^2 f = \alpha a^2 + \alpha' a'^2 + \alpha'' a''^2 + 2(\beta'' a a' + \beta' a a'' + \beta a' a''),$$

d'où l'on tire

$$f = \frac{\alpha a^2 + \alpha' a'^2 + \alpha'' a''^2 + 2(\beta'' a a' + \beta' a a'' + \beta a' a'')}{4\Delta^2};$$

et cette quantité f sera le carré du rayon de la sphère circonscrite à la pyramide.

Quant à la position du centre de cette sphère, elle sera déterminée par les coordonnées p, q, r, lesquelles, à cause de

$$k = \frac{a}{2}, \quad k' = \frac{a'}{2}, \quad k'' = \frac{a''}{2},$$

auront les valeurs suivantes (18)

$$p = \frac{a\xi + a'\xi' + a''\xi''}{2\Delta},$$

$$q = \frac{a\eta + a'\eta' + a''\eta''}{2\Delta},$$

$$r = \frac{a\zeta + a'\zeta' + a''\zeta''}{2\Delta},$$

ou bien en substituant pour ξ, ξ', ξ'', η,... leurs valeurs en x, x',... (8),

$$p = \frac{(a\alpha + a'\beta'' + a''\beta')x + (a\beta'' + a'\alpha' + a''\beta)x' + (a\beta' + a'\beta + a''\alpha'')x''}{2\Delta^2},$$

$$q = \frac{(a\alpha + a'\beta'' + a''\beta')y + (a\beta'' + a'\alpha' + a''\beta)y' + (a\beta' + a'\beta + a''\alpha'')y''}{2\Delta^2},$$

$$r = \frac{(a\alpha + a'\beta'' + a''\beta')z + (a\beta'' + a'\alpha' + a''\beta)z' + (a\beta' + a'\beta + a''\alpha'')z''}{2\Delta^2}.$$

22. Considérons encore le même point P déterminé par les coordonnées p, q, r du n° 18, sans supposer que ce point soit le centre de la sphère circonscrite, et voyons comment on peut déterminer la distance de ce point à la base MM′M″ de la pyramide, c'est-à-dire la ligne perpendiculaire menée du même point sur le plan de cette base.

Pour cela on suivra une méthode analogue à celle du n° 14, en remarquant seulement que la distance du point P au point quelconque N du plan MM′M″ sera exprimée par

$$\sqrt{(s-p)^2+(t-q)^2+(u-r)^2},$$

de sorte qu'on aura, en égalant la différentielle de cette quantité à zéro, l'équation

$$(s-p)\,ds+(t-q)\,dt+(u-r)\,du=0,$$

laquelle, en substituant pour du sa valeur $mds+ndt$ (numéro cité) et faisant séparément égaux à zéro les coefficients de ds et de dt, donnera ces deux-ci

$$s-p+m(u-r)=0,\quad t-q+n(u-r)=0;$$

d'où

$$s=p+mr-mu,\quad t=q+nr-nu,$$

ce qui étant substitué dans l'équation

$$u=l+ms+nt,$$

on aura

$$u=l+mp+m^2r-m^2u+nq+n^2r-n^2u,$$

et de là

$$u=\frac{l+mp+nq+(m^2+n^2)r}{1+m^2+n^2};$$

donc

$$u-r=\frac{l+mp+nq-r}{1+m^2+n^2};$$

mais en substituant, dans la quantité

$$\sqrt{(s-p)^2+(t-q)^2+(u-r)^2},$$

pour $s-p$ et $t-q$, leurs valeurs ci-dessus $-m(u-r)$, $-n(u-r)$,

elle devient
$$(u-r)\sqrt{1+m^2+n^2};$$
et mettant encore pour $u-r$ la valeur qu'on vient de trouver, elle se changera en celle-ci
$$\frac{l+mp+nq-r}{\sqrt{1+m^2+n^2}}.$$
Substituant enfin à la place des quantités l, m, n leurs valeurs du n° 13, on aura la quantité
$$\frac{\Delta-(\xi+\xi'+\xi'')p-(\eta+\eta'+\eta'')q-(\zeta+\zeta'+\zeta'')r}{\sqrt{(\xi+\xi'+\xi'')^2+(\eta+\eta'+\eta'')^2+(\zeta+\zeta'+\zeta'')^2}},$$
ou bien, par les formules du n° 1,
$$\frac{\Delta-(\xi+\xi'+\xi'')p-(\eta+\eta'+\eta'')q-(\zeta+\zeta'+\zeta'')r}{\sqrt{\alpha+\alpha'+\alpha''+2\beta+2\beta'+2\beta''}},$$
qui sera donc la valeur de la perpendiculaire menée du point P sur la base MM'M'' de la pyramide.

23. On peut déduire de cette même formule la valeur des trois autres perpendiculaires qu'on pourrait mener du même point P sur les trois faces latérales MLM', MLM'', M'LM'' de la pyramide. Pour cela il suffit de considérer qu'en faisant coïncider successivement les points M'', M', M avec le point L, le triangle MM'M'' prendra successivement la place des triangles MLM', MLM'', M'LM''; or il est clair que cela n'exige autre chose que de faire évanouir les coordonnées x'', y'', z'', ou x', y', z', ou x, y, z; ainsi il n'y aura qu'à faire pour le premier cas ξ, ξ', η, η', ζ, ζ' nulles et par conséquent aussi α, α', β, β', β'' et Δ égales à zéro, pour le second cas ξ, ξ'', η, η'', ζ, ζ'' nulles et par conséquent α, α'', β, β', β'' et Δ égales à zéro, pour le troisième cas ξ', ξ'', η', η'', ζ', ζ'' et par conséquent α', α'', β, β', β'' et Δ égales à zéro (1 et 4); mais il faut observer que tandis que le triangle MM'M'' prend la place des triangles MLM', MLM'', M'LM'', le point P supposé au dedans de la pyramide traverse le plan de ce triangle et passe de l'autre côté de ce plan, ce qui doit faire changer de signe à l'expression de la perpendiculaire menée du point P sur ce même plan; donc les trois perpendiculaires menées de ce point P sur les trois faces latérales MLM′, MLM″, M′LM″ seront exprimées par les quantités suivantes

$$\frac{\xi''p+\eta''q+\zeta''r}{\sqrt{\alpha''}},$$

$$\frac{\xi'p+\eta'q+\zeta'r}{\sqrt{\alpha'}},$$

$$\frac{\xi p+\eta q+\zeta r}{\sqrt{\alpha}}.$$

24. Désignons par ϖ la perpendiculaire menée du point P, dont les coordonnées sont p, q, r, sur la base MM′M″ de la pyramide, et par ρ, ρ', ρ'' les perpendiculaires menées du même point P sur les faces latérales M′LM″, MLM″, MLM′; on aura par les deux numéros précédents les équations

$$\frac{\Delta-(\xi+\xi'+\xi'')p-(\eta+\eta'+\eta'')q-(\zeta+\zeta'+\zeta'')r}{\sqrt{\alpha+\alpha'+\alpha''+2\beta+2\beta'+2\beta''}}=\varpi,$$

$$\frac{\xi p+\eta q+\zeta r}{\sqrt{\alpha}}=\rho,$$

$$\frac{\xi'p+\eta'q+\zeta'r}{\sqrt{\alpha'}}=\rho',$$

$$\frac{\xi''p+\eta''q+\zeta''r}{\sqrt{\alpha''}}=\rho'',$$

lesquelles donnent d'abord celle-ci

$$\Delta=\varpi\sqrt{\alpha+\alpha'+\alpha''+2\beta+2\beta'+2\beta''}+\rho\sqrt{\alpha}+\rho'\sqrt{\alpha'}+\rho''\sqrt{\alpha''},$$

qu'on aurait pu trouver immédiatement par cette considération que, si du point P on mène aux quatre coins L, M, M′, M″ de la pyramide des droites, elles formeront quatre nouvelles pyramides, ayant toutes leurs sommets au point P, et ayant pour bases les quatre faces de la pyramide donnée, en sorte que celle-ci se trouvera par là partagée en quatre autres pyramides; et par conséquent sa solidité sera égale à la somme des solidités des pyramides partielles qui la composent. Or les aires des faces de la pyramide donnée sont (12)

$$\frac{\sqrt{\alpha}}{2},\quad \frac{\sqrt{\alpha'}}{2},\quad \frac{\sqrt{\alpha''}}{2},\quad \frac{\sqrt{\alpha+\alpha'+\alpha''+2\beta+2\beta'+2\beta''}}{2};$$

donc, multipliant ces aires par le tiers des perpendiculaires ρ, ρ', ρ'' et ϖ, abaissées du point P sur ces mêmes faces, on aura les quantités

$$\frac{\rho\sqrt{\alpha}}{6},\quad \frac{\rho'\sqrt{\alpha'}}{6},\quad \frac{\rho''\sqrt{\alpha''}}{6},\quad \frac{\varpi\sqrt{\alpha+\alpha'+\alpha''+2\beta+2\beta'+2\beta''}}{6},$$

qui exprimeront les solidités des quatre pyramides partielles qui ont le point P pour sommet commun et les triangles M′LM″, MLM″, MLM′, MM′M pour bases; mais la somme de ces solidités doit être égale à la solidité totale de la pyramide donnée, laquelle étant exprimée (14) par $\frac{\Delta}{6}$, on aura par conséquent l'équation ci-dessus; ce qui pourrait servir, s'il était nécessaire, à prouver la bonté de nos calculs.

25. Si les trois perpendiculaires ρ, ρ', ρ'' étaient supposées données et qu'on voulût connaître la position du point P d'où elles sont menées, il n'y aurait qu'à tirer les valeurs des coordonnées p, q, r de ces trois équations

$$\begin{aligned}\xi p+\eta q+\zeta r&=\rho\sqrt{\alpha},\\ \xi' p+\eta' q+\zeta' r&=\rho'\sqrt{\alpha'},\\ \xi'' p+\eta'' q+\zeta'' r&=\rho''\sqrt{\alpha''},\end{aligned}$$

et l'on trouvera pour p, q, r des expressions analogues à celles du n° 18 en y changeant k, k', k'' en $\rho\sqrt{\alpha}$, $\rho'\sqrt{\alpha'}$, $\rho''\sqrt{\alpha''}$ et x, y, z, x', y',... en ξ, η, ζ, ξ', η',..., ce qui change ces dernières en X, Y, Z, X′, Y′,... (1 et 2), c'est-à-dire en Δx, Δy, Δz, $\Delta x'$, $\Delta y'$,... (3), et la quantité Δ en Δ^2 (5).

De sorte qu'on aura

$$\begin{aligned}p&=\frac{\rho\sqrt{\alpha}\,x+\rho'\sqrt{\alpha'}\,x'+\rho''\sqrt{\alpha''}\,x''}{\Delta},\\ q&=\frac{\rho\sqrt{\alpha}\,y+\rho'\sqrt{\alpha'}\,y'+\rho''\sqrt{\alpha''}\,y''}{\Delta},\\ r&=\frac{\rho\sqrt{\alpha}\,z+\rho'\sqrt{\alpha'}\,z'+\rho''\sqrt{\alpha''}\,z''}{\Delta}.\end{aligned}$$

26. Par là on pourra connaître si l'on veut les distances de ce même point P aux angles L, M, M', M'' de la pyramide donnée; car conservant les mêmes dénominations du n° 18, on aura par la substitution des valeurs précédentes de p, q, r, et d'après les formules du n° 1,

$$f = \frac{a\rho^2\alpha + a'\rho'^2\alpha' + a''\rho''^2\alpha'' + 2b''\rho\rho'\sqrt{\alpha\alpha'} + 2b'\rho\rho''\sqrt{\alpha\alpha''} + 2b\rho'\rho''\sqrt{\alpha'\alpha''}}{\Delta^2},$$

$$k = \frac{a\rho\sqrt{\alpha} + b''\rho'\sqrt{\alpha'} + b'\rho''\sqrt{\alpha''}}{\Delta},$$

$$k' = \frac{b''\rho\sqrt{\alpha} + a'\rho'\sqrt{\alpha'} + b\rho''\sqrt{\alpha''}}{\Delta},$$

$$k'' = \frac{b'\rho\sqrt{\alpha} + b\rho'\sqrt{\alpha'} + a''\rho''\sqrt{\alpha''}}{\Delta},$$

où

$$k = \frac{a + f - g}{2},$$

$$k' = \frac{a' + f - g'}{2},$$

$$k'' = \frac{a'' + f - g''}{2},$$

f, g, g', g'' étant les carrés des distances cherchées.

27. Réciproquement, si ces distances étant données on voulait connaître les perpendiculaires ρ, ρ', ρ'', il n'y aurait qu'à les tirer, par l'élimination, des trois dernières équations ci-dessus; et pour cela on remarquera que, si dans les trois équations du n° 18 on change p, q, r en $\frac{\rho\sqrt{\alpha}}{\Delta}$, $\frac{\rho'\sqrt{\alpha'}}{\Delta}$, $\frac{\rho''\sqrt{\alpha''}}{\Delta}$, et x, y, z, x', y', z', x'', y'', z'' en a, b'', b', b'', a', b, b', b, a'', elles deviennent les précédentes; d'où il s'ensuit qu'on aura pour $\frac{\rho\sqrt{\alpha}}{\Delta}$, $\frac{\rho'\sqrt{\alpha'}}{\Delta}$, $\frac{\rho''\sqrt{\alpha''}}{\Delta}$ les mêmes expressions qu'on a trouvées dans le numéro cité pour p, q, r, en y échangeant seulement x, y, z, x',... en a, b'', b', b'',.... Or par ces échanges les quantités ξ, ξ', ξ'', η, η', η'', ζ, ζ',

ζ'' deviennent (1) α, β'', β', β'', α', β, β', β, α'', et la quantité

$$\Delta = xy'z'' + yz'x'' + \ldots$$

devient

$$aa'a'' + 2bb'b'' - ab^2 - a'b'^2 - a''b''^2 = \Delta^2;$$

c'est pourquoi on aura, après avoir multiplié par Δ,

$$\rho\sqrt{\alpha} = \frac{\alpha k + \beta'' k' + \beta' k''}{\Delta},$$

$$\rho'\sqrt{\alpha'} = \frac{\beta'' k + \alpha' k' + \beta k''}{\Delta},$$

$$\rho''\sqrt{\alpha''} = \frac{\beta' k + \beta k' + \alpha'' k''}{\Delta}.$$

28. Les formules qu'on vient de trouver dans les numéros précédents peuvent servir à résoudre avec beaucoup de facilité le Problème, *où il s'agirait de trouver dans l'intérieur d'une pyramide donnée un point tel, que menant de ce point aux quatre angles de la pyramide des lignes droites qui la partageassent en quatre autres pyramides ayant ce point pour sommet et les faces de la pyramide donnée pour bases, ces pyramides partielles fussent entre elles dans des rapports donnés.*

Soient les rapports de ces quatre pyramides partielles à la pyramide totale donnée exprimés par les quantités μ, μ', μ'' et ν, en sorte que l'on ait

$$\mu + \mu' + \mu'' + \nu = 1;$$

donc, par ce que l'on a dit dans le n° 24, on aura

$$\rho\sqrt{\alpha} = \mu\Delta, \quad \rho'\sqrt{\alpha'} = \mu'\Delta, \quad \rho''\sqrt{\alpha''} = \mu''\Delta,$$
$$\varpi\sqrt{\alpha + \alpha' + \alpha'' + 2\beta + 2\beta' + 2\beta''} = \nu\Delta;$$

donc, substituant ces valeurs dans les expressions des quantités p, q, r du n° 25, on aura sur-le-champ, pour la détermination du point cherché, ces trois coordonnées rectangles

$$p = \mu x + \mu' x' + \mu'' x'',$$
$$q = \mu y + \mu' y' + \mu'' y'',$$
$$r = \mu z + \mu' z' + \mu'' z''.$$

Et si l'on veut déterminer ce point par ses distances $\sqrt{f}$, $\sqrt{g}$, $\sqrt{g'}$, $\sqrt{g''}$ au sommet et aux trois angles de la base de la pyramide donnée, on aura, par les formules du nº **26**,

$$f = a\mu^2 + a'\mu'^2 + a''\mu''^2 + 2b''\mu\mu' + 2b'\mu\mu'' + 2b\mu'\mu'',$$

$$\frac{a+f-g}{2} = a\mu + b''\mu' + b'\mu'',$$

$$\frac{a'+f-g'}{2} = b''\mu + a'\mu' + b\mu'',$$

$$\frac{a''+f-g''}{2} = b'\mu + b\mu' + a''\mu''.$$

29. Si maintenant on suppose dans les formules du nº **24**

$$\varpi = \rho = \rho' = \rho'',$$

il est clair que le point P deviendra le centre de la sphère inscrite à la pyramide, et que ϖ en sera le rayon; ainsi l'équation de ce même numéro donnera sur-le-champ

$$\varpi = \frac{\Delta}{\sqrt{\omega} + \sqrt{\alpha} + \sqrt{\alpha'} + \sqrt{\alpha''}},$$

en faisant, pour abréger,

$$\omega = \alpha + \alpha' + \alpha'' + 2\beta + 2\beta' + 2\beta''.$$

Ensuite on aura (**25**) pour la détermination du centre de la sphère les coordonnées

$$p = \frac{x\sqrt{\alpha} + x'\sqrt{\alpha'} + x''\sqrt{\alpha''}}{\sqrt{\omega} + \sqrt{\alpha} + \sqrt{\alpha'} + \sqrt{\alpha''}},$$

$$q = \frac{y\sqrt{\alpha} + y'\sqrt{\alpha'} + y''\sqrt{\alpha''}}{\sqrt{\omega} + \sqrt{\alpha} + \sqrt{\alpha'} + \sqrt{\alpha''}},$$

$$r = \frac{z\sqrt{\alpha} + z'\sqrt{\alpha'} + z''\sqrt{\alpha''}}{\sqrt{\omega} + \sqrt{\alpha} + \sqrt{\alpha'} + \sqrt{\alpha''}}.$$

Et, si l'on veut déterminer ce point par les distances $\sqrt{f}$, $\sqrt{g}$, $\sqrt{g'}$, $\sqrt{g''}$

aux angles de la pyramide, on aura (26)

$$f = \frac{a\alpha + a'\alpha' + a''\alpha'' + 2b''\sqrt{\alpha\alpha'} + 2b'\sqrt{\alpha\alpha''} + 2b\sqrt{\alpha'\alpha''}}{(\sqrt{\omega} + \sqrt{\alpha} + \sqrt{\alpha'} + \sqrt{\alpha''})^2},$$

$$\frac{a + f - g}{2} = \frac{a\sqrt{\alpha} + b''\sqrt{\alpha'} + b'\sqrt{\alpha''}}{\sqrt{\omega} + \sqrt{\alpha} + \sqrt{\alpha'} + \sqrt{\alpha''}},$$

$$\frac{a' + f - g'}{2} = \frac{b''\sqrt{\alpha} + a'\sqrt{\alpha'} + b\sqrt{\alpha''}}{\sqrt{\omega} + \sqrt{\alpha} + \sqrt{\alpha'} + \sqrt{\alpha''}},$$

$$\frac{a'' + f - g''}{2} = \frac{b'\sqrt{\alpha} + b\sqrt{\alpha'} + a''\sqrt{\alpha''}}{\sqrt{\omega} + \sqrt{\alpha} + \sqrt{\alpha'} + \sqrt{\alpha''}}.$$

30. Dans toutes ces formules il faut prendre les radicaux $\sqrt{\omega}$, $\sqrt{\alpha}$, $\sqrt{\alpha'}$, $\sqrt{\alpha''}$ positifs, pour avoir véritablement le cas d'une sphère inscrite dans la pyramide; mais il est remarquable qu'en prenant l'un de ces mêmes radicaux négatif on aura le cas où la sphère tomberait hors de la pyramide, et toucherait en même temps une de ses faces en dehors, et les plans des trois autres faces prolongés; et en particulier la face touchée en dehors par la sphère sera celle dont l'aire sera représentée par la moitié du radical auquel on donnera le signe négatif (12). C'est de quoi on peut se convaincre en réfléchissant sur la nature de nos formules et de notre Analyse, sans qu'il soit nécessaire que nous entrions là-dessus dans aucun détail.

31. Venons maintenant à la considération du centre de gravité de notre pyramide, et pour en trouver la position nous remarquerons que si l'on fait passer par un quelconque des côtés de la pyramide un plan qui coupe le côté opposé en deux également, le centre de gravité de la pyramide se trouvera nécessairement dans ce plan; c'est ce qui se démontre facilement par les principes de Mécanique. Or comme trois plans différents ne peuvent se couper qu'en un seul point, il suffira donc de considérer trois des plans dont nous venons de parler et de chercher le point qui leur sera commun. Nous imaginerons pour cela qu'on mène par les trois côtés de la base de la pyramide trois plans qui coupent les côtés opposés des faces

latérales par le milieu; nous chercherons l'équation de chacun de ces plans et nous en déduirons ensuite aisément la position du point commun, qui sera par conséquent le centre de gravité cherché.

32. Considérons d'abord le plan qui passerait par le côté M'M'' de la base et qui couperait par le milieu le côté LM qui va du sommet L à l'autre angle M de la base; et, nommant, comme dans le n° 13, s, t, u les coordonnées rectangles des points de ce plan, on aura une équation de la forme

$$u = \lambda + \mu s + \nu t,$$

λ, μ, ν étant des constantes dépendantes de la position du plan.

Pour déterminer ces constantes on remarquera que, comme le plan est supposé passer par les points M', M'' de la base de la pyramide, pour lesquels les coordonnées rectangles sont x', y', z', x'', y'', z'' (9), on aura d'abord ces deux équations

$$z' = \lambda + \mu x' + \nu y',$$
$$z'' = \lambda + \mu x'' + \nu y''.$$

Ensuite, comme on veut que ce plan passe aussi par le milieu de la ligne LM menée du point L, qui est l'origine des coordonnées, au point M, pour lequel les coordonnées rectangles sont x, y, z, on considérera que ce point du milieu de la ligne LM sera nécessairement déterminé par les coordonnées rectangles $\frac{x}{2}$, $\frac{y}{2}$, $\frac{z}{2}$; de sorte qu'on aura cette troisième équation

$$\frac{z}{2} = \lambda + \frac{\mu x}{2} + \frac{\nu y}{2},$$

ou bien, en multipliant par 2,

$$z = 2\lambda + \mu x + \nu y.$$

Cette équation étant retranchée des deux précédentes multipliées par 2, on aura

$$2z' - z = \mu(2x' - x) + \nu(2y' - y),$$
$$2z'' - z = \mu(2x'' - x) + \nu(2y'' - y),$$

d'où l'on tire

$$\mu = \frac{(2z' - z)(2y'' - y) - (2z'' - z)(2y' - y)}{(2x' - x)(2y'' - y) - (2x'' - x)(2y' - y)},$$

$$\nu = \frac{(2z' - z)(2x'' - x) - (2z'' - z)(2x' - x)}{(2x'' - x)(2y' - y) - (2x' - x)(2y'' - y)},$$

et développant les termes (1)

$$\mu = -\frac{2\xi + \xi' + \xi''}{2\zeta + \zeta' + \zeta''}, \quad \nu = -\frac{2\eta + \eta' + \eta''}{2\zeta + \zeta' + \zeta''}.$$

Ensuite on aura (7)

$$2\lambda = z - \mu x - \nu y$$

$$= \frac{z(2\zeta + \zeta' + \zeta'') + x(2\xi + \xi' + \xi'') + y(2\eta + \eta' + \eta'')}{2\zeta + \zeta' + \zeta''} = \frac{2\Delta}{2\zeta + \zeta' + \zeta''},$$

et par conséquent

$$\lambda = \frac{\Delta}{2\zeta + \zeta' + \zeta''}.$$

De sorte que l'équation du plan dont il s'agit sera, en multipliant par $2\zeta + \zeta' + \zeta''$, et transposant les termes,

$$\Delta = (2\xi + \xi' + \xi'')s + (2\eta + \eta' + \eta'')t + (2\zeta + \zeta' + \zeta'')u.$$

33. On trouvera de la même manière l'équation du plan qui passerait par le côté MM″ de la base et qui couperait le côté opposé LM′, ainsi que celle du plan qui, passant par le côté MM′ de la base, couperait le côté LM″; mais sans faire pour cela un nouveau calcul il suffira de changer dans l'équation ci-dessus les coordonnées x, y, z en x', y', z' et *vice versâ* pour le premier cas, et en x'', y'', z'' et *vice versâ* pour le second cas. Or par le premier de ces changements les quantités ξ, ξ', ξ'' se changent en $-\xi'$, $-\xi$, $-\xi''$; de même les quantités η, η', η'', ζ, ζ', ζ'' se changent en $-\eta'$, $-\eta$, $-\eta''$, $-\zeta'$, $-\zeta$, $-\zeta''$, et la quantité Δ se change en $-\Delta$. Et par le second de ces changements les quantités ξ, ξ', ξ'', η, η', η'', ζ, ζ', ζ'', Δ se changent en $-\xi''$, $-\xi'$, $-\xi$, $-\eta''$, $-\eta'$, $-\eta$, $-\zeta''$, $-\zeta'$, $-\zeta$, $-\Delta$. C'est ce qu'on peut voir aisément par les formules des nos 1 et 3.

Ainsi l'on aura pour les équations des deux plans dont nous venons de parler, après y avoir changé les signes,

$$\Delta = (\xi + 2\xi' + \xi'')s + (\eta + 2\eta' + \eta'')t + (\zeta + 2\zeta' + \zeta'')u,$$
$$\Delta = (\xi + \xi' + 2\xi'')s + (\eta + \eta' + 2\eta'')t + (\zeta + \zeta' + 2\zeta'')u.$$

34. Or, dans le point commun aux trois plans, les coordonnées s, t, u doivent être les mêmes; c'est pourquoi il n'y aura qu'à tirer les valeurs de ces trois quantités des trois équations que nous venons de trouver, et l'on aura les coordonnées qui déterminent le point d'intersection des trois plans en question. Pour cela je retranche d'abord des deux équations du numéro précédent celle du n° 32, et j'ai ces deux-ci

$$(\xi' - \xi)s + (\eta' - \eta)t + (\zeta' - \zeta)u = 0,$$
$$(\xi'' - \xi)s + (\eta'' - \eta)t + (\zeta'' - \zeta)u = 0,$$

d'où je tire facilement

$$\frac{s}{u} = -\frac{(\zeta' - \zeta)(\eta'' - \eta) - (\zeta'' - \zeta)(\eta' - \eta)}{(\xi' - \xi)(\eta'' - \eta) - (\xi'' - \xi)(\eta' - \eta)},$$
$$\frac{t}{u} = -\frac{(\zeta' - \zeta)(\xi'' - \xi) - (\zeta'' - \zeta)(\xi' - \xi)}{(\xi'' - \xi)(\eta' - \eta) - (\xi' - \xi)(\eta'' - \eta)},$$

c'est-à-dire, en développant les termes et employant les substitutions du n° 2,

$$\frac{s}{u} = \frac{X + X' + X''}{Z + Z' + Z''}, \quad \frac{t}{u} = \frac{Y + Y' + Y''}{Z + Z' + Z''},$$

ou bien (3)

$$\frac{s}{u} = \frac{x + x' + x''}{z + z' + z''}, \quad \frac{t}{u} = \frac{y + y' + y''}{z + z' + z''}.$$

Substituant les valeurs de s et de t tirées de ces équations dans celle du n° 32, on en déduira la valeur de u, laquelle sera

$$u = \frac{\Delta(z + z' + z'')}{(2\xi + \xi' + \xi'')(x + x' + x'') + (2\eta + \eta' + \eta'')(y + y' + y'') + (2\zeta + \zeta' + \zeta'')(z + z' + z'')},$$

mais le dénominateur de cette formule se réduit par les équations du n° 7 à 4Δ; de sorte qu'on aura, pour les coordonnées s, t, u qui répondent au centre de gravité de la pyramide, ces expressions fort simples

$$s = \frac{x + x' + x''}{4}, \quad t = \frac{y + y' + y''}{4}, \quad u = \frac{z + z' + z''}{4}.$$

35. Si l'on imagine qu'il y ait aux quatre coins de la pyramide des corps de masses quelconques égales entre elles, il est visible que le moment de ces corps, que je suppose égaux à Q, par rapport à un plan passant par le sommet de la pyramide et perpendiculaire à l'axe des x, sera

$$Q(x + x' + x''),$$

ce qui, étant divisé par la somme des masses 4Q, donnera

$$\frac{x + x' + x''}{4}$$

pour la distance du centre de gravité de ces quatre corps au même plan. On trouvera de même que la distance du même centre au plan passant par le sommet et perpendiculaire à l'axe des y sera exprimée par

$$\frac{y + y' + y''}{4},$$

et qu'enfin la distance de ce même centre au plan passant par le sommet et perpendiculaire à l'axe de z sera

$$\frac{z + z' + z''}{4}.$$

Or ces distances ne sont autre chose que les coordonnées rectangles qui déterminent la position du centre dont il s'agit par rapport aux mêmes axes; donc les coordonnées du centre de gravité des quatre corps Q placés aux quatre coins de la pyramide sont (numéro précédent) les mêmes que celles du centre de gravité de toute la pyramide; par conséquent ces deux centres coïncident, ce qui fournit ce Théorème de Statique assez remarquable par sa simplicité : *Le centre de gravité de toute pyramide triangulaire est le même que celui de quatre corps égaux qu'on imaginerait placés aux quatre angles de la pyramide.*

36. Si l'on veut déterminer la position du centre de gravité par ses

distances aux quatre coins de la pyramide, nommant φ le carré de la distance de ce centre au sommet, et ψ, ψ', ψ'' les carrés de ses distances aux trois angles M, M', M'' de la base, on aura

$$\begin{aligned}
\varphi &= s^2 + t^2 + u^2,\\
\psi &= (x - s)^2 + (y - t)^2 + (z - u)^2,\\
\psi' &= (x' - s)^2 + (y' - t)^2 + (z' - u)^2,\\
\psi'' &= (x'' - s)^2 + (y'' - t)^2 + (z'' - u)^2;
\end{aligned}$$

donc, substituant pour s, t, u les valeurs ci-dessus, développant les termes et faisant les substitutions du n° **1**, on aura

$$\begin{aligned}
\varphi &= \frac{a + a' + a'' + 2(b + b' + b'')}{16},\\
\psi &= \frac{9a + a' + a'' + 2(b - 3b' - 3b'')}{16},\\
\psi' &= \frac{a + 9a' + a'' + 2(-3b + b' - 3b'')}{16},\\
\psi'' &= \frac{a + a' + 9a'' + 2(-3b - 3b' + b'')}{16}.
\end{aligned}$$

37. On pourrait chercher maintenant à déterminer la position mutuelle des trois points que nous venons de considérer dans la pyramide, c'est-à-dire le centre de la sphère circonscrite, le centre de la sphère inscrite et le centre de gravité de la pyramide même, et il est clair que si, pour distinguer les coordonnées des centres des deux sphères, on désigne par l, m, n celles du centre de la sphère circonscrite que nous avons désignées par p, q, r (**21**), et que l'on conserve ces dernières lettres pour marquer les coordonnées du centre de la sphère inscrite ainsi qu'on en a usé (**29**), il est clair, dis-je, qu'on aura

$$(l - p)^2 + (m - q)^2 + (n - r)^2$$

pour le carré de la distance entre les centres des deux sphères, l'une inscrite, l'autre circonscrite,

$$(l - s)^2 + (m - t)^2 + (n - u)^2$$

pour le carré de la distance entre le centre de la sphère circonscrite et le centre de gravité, et enfin

$$(p-s)^2+(q-t)^2+(r-u)^2$$

pour le carré de la distance entre le centre de la sphère incrite et le même centre de gravité. Or faisant dans ces expressions les substitutions des valeurs de $l, m, n, p, q, \ldots$ (21, 29, 34), et développant ensuite les termes on trouvera, à l'aide des formules du n° 1, des quantités indépendantes des coordonnées x, y, z, x', y',... et qui seront uniquement des fonctions de a, a', a'', b, b', b'', c'est-à-dire des côtés de la pyramide. Par le moyen de ces formules et de celles que nous avons trouvées précédemment on pourra résoudre différents Problèmes curieux et nouveaux sur les pyramides triangulaires; mais en voilà assez sur un sujet que je n'ai presque traité que pour donner un exemple de l'application de l'Analyse à ces sortes de recherches.

RECHERCHES D'ARITHMÉTIQUE.

RECHERCHES D'ARITHMÉTIQUE.

[*Nouveaux Mémoires de l'Académie royale des Sciences et Belles-Lettres de Berlin*, années 1773 et 1775 (*).]

PREMIÈRE PARTIE.

Ces Recherches ont pour objet les nombres qui peuvent être représentés par la formule

$$Bt^2 + Ctu + Du^2,$$

où B, C, D sont supposés des nombres entiers donnés, et t, u des nombres aussi entiers, mais indéterminés. Je donnerai d'abord la manière de trouver toutes les différentes formes dont les diviseurs de ces sortes de nombres sont susceptibles; je donnerai ensuite une méthode pour réduire ces formes au plus petit nombre possible; je montrerai comment on en peut dresser des Tables pour la pratique, et je ferai voir l'usage de ces Tables dans la recherche des diviseurs des nombres. Je donnerai enfin la démonstration de plusieurs Théorèmes sur les nombres premiers de la même forme $Bt^2 + Ctu + Du^2$, dont quelques-uns sont déjà connus, mais n'ont pas encore été démontrés, et dont les autres sont entièrement nouveaux.

1. Avertissement. — On suppose toujours dans la suite que toutes les lettres désignent des nombres entiers positifs ou négatifs, et l'on représentera ordinairement par les premières lettres de l'alphabet les nombres donnés, et par les dernières les nombres indéterminés.

(*) La première Partie de ce Mémoire a été insérée dans le volume de 1773, la seconde Partie dans le volume de 1775. (*Note de l'Éditeur.*)

2. Observation. — La formule du premier degré $Bt + Cu$, où B et C sont des nombres quelconques donnés et premiers entre eux, peut représenter un nombre quelconque; mais il n'en est pas de même de la formule du second degré $Bt^2 + Ctu + Du^2$; car nous avons prouvé ailleurs [*voyez* les *Mémoires de l'Académie* pour les années 1767 et 1768 (*)] que l'équation

$$A = Bt + Cu$$

est toujours résoluble en nombres entiers, quels que soient les nombres A, B, C, pourvu que les deux derniers soient premiers entre eux; mais que l'équation

$$A = Bt^2 + Ctu + Du^2$$

ne l'est que dans certains cas, et lorsque certaines conditions ont lieu entre les nombres donnés A, B, C, D. On doit dire la même chose, à plus forte raison, des formules du troisième degré et au delà.

3. Scolie. — Il y a donc une grande différence entre les formules du premier degré et celles des degrés supérieurs, celles-là pouvant représenter tous les nombres possibles, au lieu que celles-ci ne peuvent représenter que certains nombres qui doivent être distingués de tous les autres par des caractères particuliers. De très-grands Géomètres ont déjà considéré les propriétés des nombres qui peuvent être représentés par quelques-unes des formules du second degré ou des degrés ultérieurs, comme celles-ci

$$t^2 + u^2, \quad t^2 + 2u^2, \quad t^2 + 3u^2, \quad t^4 + u^4, \quad t^8 + u^8, \ldots$$

(*Voyez* les Ouvrages de M. Fermat et les *Nouveaux Commentaires de Pétersbourg*, t. I, IV, V, VI, VIII). Mais personne, que je sache, n'a encore traité cette matière d'une manière directe et générale, ni donné des règles pour trouver *à priori* les principales propriétés des nombres qui peuvent se rapporter à des formules quelconques données.

Comme ce sujet est un des plus curieux de l'Arithmétique, et qu'il mérite particulièrement l'attention des Géomètres par les grandes diffi-

(*) *OEuvres de Lagrange*, t. II, p. 377 et 655.

cultés qu'il renferme, je vais tâcher de la traiter plus à fond qu'on ne l'a encore fait; mais je me bornerai pour le présent aux formules du second degré, et je commencerai par examiner quelle doit être la forme des diviseurs des nombres qui peuvent être exprimés par ces sortes de formules.

Théorème I.

4. *Si le nombre A est un diviseur d'un nombre représenté par la formule*

$$Bt^2 + Ctu + Du^2,$$

en supposant t et u premiers entre eux, je dis que ce nombre A sera nécessairement de la forme

$$A = Ls^2 + Msx + Nx^2,$$

où l'on aura

$$4LN - M^2 = 4BD - C^2,$$

s et x étant aussi premiers entre eux.

Car soit a le quotient de la division de $Bt^2 + Ctu + Du^2$ par A, en sorte qu'on ait

$$Aa = Bt^2 + Ctu + Du^2,$$

et soit b la plus grande commune mesure entre a et u (si a et u sont premiers entre eux, on aura $b = 1$); de manière qu'en faisant

$$a = bc, \quad u = bs,$$

c et s soient premiers entre eux; on aura donc

$$Abc = Bt^2 + Cbts + Db^2s^2;$$

par conséquent Bt^2 sera divisible par b; mais t et u étant premiers entre eux (hypothèse), t sera aussi premier à b, qui est un diviseur de u; donc il faudra que B soit divisible par b; de sorte qu'on aura $B = Eb$, et l'équation étant divisée par b, elle deviendra

$$Ac = Et^2 + Cts + Dbs^2.$$

Maintenant, puisque c et s sont premiers entre eux, on peut supposer (par l'Observation précédente)

$$t = \theta s + cx,$$

ce qui, étant substitué, donnera

$$Ac = (E\theta^2 + C\theta + Db)s^2 + (2E\theta c + Cc)sx + Ec^2x^2,$$

de sorte qu'il faudra que le nombre $(E\theta^2 + C\theta + Db)s^2$ soit divisible par c; et comme c et s sont premiers entre eux, il faudra que $E\theta^2 + C\theta + Db$ soit divisible par c; donc divisant toute l'équation par c, et faisant

$$L = \frac{E\theta^2 + C\theta + Db}{c}, \quad M = 2E\theta + C, \quad N = Ec,$$

on aura

$$A = Ls^2 + Msx + Nx^2.$$

Or $4LN - M^2$ sera égal à

$$4E(E\theta^2 + C\theta + Db) - (2E\theta + C)^2 = 4EDb - C^2 = 4BD - C^2,$$

à cause de $B = Eb$. Donc, etc.

Maintenant, comme t et u sont premiers entre eux (hypothèse), t et s le seront aussi, à cause de $u = bs$; mais si x et s n'étaient pas premiers entre eux, il est clair que t devrait être divisible par leur plus grande commune mesure, à cause de $t = \theta s + cx$; ce qui ne pouvant être, il s'ensuit que x et s seront nécessairement premiers entre eux si t et u le sont.

Théorème II.

5. *Toute formule du second degré telle que celle-ci*

$$Ls^2 + Msx + Nx^2,$$

dans laquelle M *est plus grand que* L *ou* N *(abstraction faite des signes de ces quantités), peut se transformer en une autre du même degré, comme*

$$L's'^2 + M's'x' + N'x'^2,$$

dans laquelle on aura

$$4L'N' - M'^2 = 4LN - M^2,$$

et où M' *sera plus petit que* M.

Car soit par exemple $M > L$, on fera

$$s = mx + s',$$

et la formule proposée deviendra

$$(Lm^2 + Mm + N)x^2 + (2Lm + M)xs' + Ls'^2,$$

ou bien, en changeant x en x',

$$L's'^2 + M's'x' + N'x'^2,$$

où l'on aura

$$L' = L,$$
$$M' = 2Lm + M,$$
$$N' = Lm^2 + Mm + N,$$

de sorte qu'on aura d'abord, quel que soit le nombre m,

$$4L'N' - M'^2 = 4L(Lm^2 + Mm + N) - (2Lm + M)^2 = 4LN - M^2.$$

Or, puisque L est moindre que M (hypothèse), il est clair qu'on peut déterminer le nombre m en sorte que $2Lm + M$ devienne moindre que M; donc, etc.

6. Corollaire I. — Donc, si dans la transformée

$$L's'^2 + M's'x' + N'x'^2,$$

l'un des nombres L' ou N' est moindre que M', on pourra parvenir à une autre transformée telle que

$$L''s''^2 + M''s''x'' + N''x''^2,$$

dans laquelle on aura pareillement

$$4L''N'' - M''^2 = 4L'N' - M'^2 = 4LN - M^2,$$

et où M'' sera plus petit que M', et ainsi de suite; donc, comme la série des nombres

$$M,\ M',\ M'',\ldots$$

ne saurait aller à l'infini, à cause que ces nombres doivent être tous entiers et décroissants de l'un à l'autre, il faudra nécessairement qu'on arrive à une transformée, que je représenterai ainsi

$$Py^2 + Qyz + Rz^2,$$

dans laquelle Q ne sera pas plus grand que P, ni que R, et où l'on aura

$$4PR - Q^2 = 4LN - M^2.$$

7. Corollaire II. — Si les nombres s et x de la formule proposée sont premiers entre eux, il est clair que les nombres s' et x' de la transformée seront aussi premiers entre eux; car si ceux-ci ne l'étaient pas il faudrait, à cause de $x' = x$ et de $s = mx + s'$, que s fût divisible par la plus grande commune mesure entre s' et x.

Donc les nombres s'' et x'' de la seconde transformée seront aussi par la même raison premiers entre eux, et ainsi de suite; d'où l'on peut conclure que les nombres y et z de la dernière transformée seront nécessairement premiers entre eux, si les nombres s et x le sont.

Théorème III.

8. *Si* A *est un diviseur d'un nombre de la forme*

$$Bt^2 + Ctu + Du^2,$$

t et u étant premiers entre eux, je dis que ce nombre A *sera nécessairement de la forme*

$$Py^2 + Qyz + Rz^2,$$

y et z étant aussi premiers entre eux, et P, Q, R *étant tels, qu'on ait*

$$4PR - Q^2 = 4BD - C^2,$$

et de plus Q *n'étant ni plus grand que* P *ni plus grand que* R, *abstraction faite des signes de* P, Q *et* R.

La démonstration de ce Théorème suit naturellement des deux Théorèmes précédents et de leurs Corollaires.

9. Corollaire I. — Si $4BD - C^2$ est un nombre positif, il faudra que $4PR$ soit aussi positif; donc, à cause que $P =$ ou $> Q$, et $R =$ ou $> Q$, il est clair que $4PR$ sera aussi $=$ ou $> 4Q^2$, et par conséquent

$$4PR - Q^2 = \text{ ou } > 3Q^2;$$

donc on aura aussi

$$4BD - C^2 = \text{ ou } > 3Q^2,$$

et de là

$$Q = \text{ ou } < \sqrt{\frac{4BD - C^2}{3}}.$$

10. Corollaire II. — Soit maintenant $4BD - C^2$ un nombre négatif, en sorte que $C^2 - 4BD$ soit positif; on aura donc dans ce cas $Q^2 - 4PR > 0$, ce qui, à cause que Q n'est jamais plus grand que P ni plus grand que R, ne peut avoir lieu à moins que $4PR$ ne soit un nombre négatif; ainsi $-4PR$ sera un nombre positif $=$ ou $> 4Q^2$, à cause de $P =$ ou $> Q$ et $R =$ ou $> Q$; de sorte que $Q^2 - 4PR$ sera $=$ ou $> 5Q^2$, et par conséquent $C^2 - 4BD$ sera aussi $=$ ou $> 5Q^2$; donc il faudra que

$$Q = \text{ ou } < \sqrt{\frac{C^2 - 4BD}{5}}.$$

11. Corollaire III. — Donc, puisque Q doit être un nombre entier, on ne pourra prendre pour Q que les nombres entiers positifs ou négatifs qui ne surpasseront pas les limites trouvées, en comprenant aussi le zéro parmi les nombres entiers; d'où l'on voit que Q ne pourra jamais avoir qu'un certain nombre de valeurs différentes.

De plus, il est clair que pour que l'équation

$$4PR - Q^2 = 4BD - C^2$$

puisse subsister en nombres entiers, il faut que Q soit pair ou impair, suivant que C sera pair ou impair, ce qui limite encore davantage le nombre des valeurs de Q.

Connaissant Q, on trouvera facilement P et R par la même équation;

car, à cause de

$$PR = \frac{4BD - C^2 + Q^2}{4},$$

il est clair qu'il n'y aura qu'à prendre pour P et R les facteurs du nombre entier

$$\frac{Q^2 + 4BD - C^2}{4},$$

en ayant soin de rejeter ceux dont l'un ou tous les deux seraient plus grands que Q.

Problème I.

12. *Trouver toutes les formes possibles des diviseurs des nombres qui sont représentés par la formule du second degré*

$$Bt^2 + Ctu + Du^2,$$

t et u étant des nombres premiers entre eux.

Il est évident, par ce que nous venons de démontrer ci-dessus, que chaque diviseur de la formule proposée est réductible à cette forme

$$Py^2 + Qyz + Rz^2,$$

y et z étant aussi premiers entre eux. Ainsi la difficulté se réduit à trouver les valeurs des coefficients P, Q, R, lorsque celles de B, C et D sont données.

Pour cet effet je distingue deux cas, l'un lorsque le nombre $4BD - C^2$ est positif, et l'autre lorsque ce nombre est négatif.

1° Soit $4BD - C^2 = K$ (K désignant un nombre positif); on déterminera d'abord Q par ces conditions : que Q soit pair ou impair suivant que K le sera, et qu'il ne surpasse pas le nombre $\pm\sqrt{\frac{K}{3}}$; ensuite on déterminera P et R par ces conditions-ci : que P et R soient deux facteurs du nombre $\frac{K + Q^2}{4}$, et que chacun de ces facteurs ne soit pas moindre que Q (9 et 11).

2° Soit $4BD - C^2 = -K$; on déterminera Q par ces conditions : que Q soit pair ou impair suivant que K le sera, et qu'il ne surpasse pas le nombre $\pm\sqrt{\frac{K}{5}}$; après quoi l'on déterminera les valeurs correspondantes de P et R par ces conditions, que P et R soient deux facteurs du nombre $\frac{Q^2 - K}{4}$, et que chacun d'eux ne soit pas moindre que Q (**10** et **11**).

13. Remarque I. — Si l'on avait $4BD - C^2 = 0$, alors K étant égal à zéro, on ne pourrait prendre que $Q = 0$, et ensuite on aurait aussi $PR = 0$, de sorte que l'un des nombres P ou R serait nul et l'autre serait tout ce qu'on voudrait. Mais il faut remarquer que dans ce cas la formule

$$Bt^2 + Ctu + Du^2$$

se réduit à celle-ci

$$\frac{(2Bt + Cu)^2}{4B};$$

de sorte que, comme $2Bt + Cu$ peut représenter un nombre quelconque (**2**), les diviseurs de la formule proposée peuvent aussi être quelconques.

14. Remarque II. — La même chose doit avoir lieu, en général, lorsque la formule

$$Bt^2 + Ctu + Du^2$$

est le produit de deux formules rationnelles du premier degré telles que $at + bu$ et $ct + du$, dont chacune peut représenter des nombres quelconques (**2**); c'est ce qui arrive quand $4BD - C^2$ est égal à un nombre carré pris négativement; car supposant

$$4BD - C^2 = -H^2,$$

on a

$$Bt^2 + Ctu + Du^2 = \frac{[2Bt + (C + H)u][2Bt + (C - H)u]}{4B}.$$

Or, quoique dans ce cas tout nombre puisse être un diviseur de la formule dont il s'agit, cependant si l'on cherche les formules des diviseurs par le Problème précédent, on les trouvera comme dans les autres cas, de sorte qu'il en faudra conclure que ces formules renfermeront tous les nombres possibles.

Au reste, comme on a

$$4PR - Q^2 = 4BD - C^2 = -H^2,$$

il est clair que la formule générale des diviseurs

$$Py^2 + Qyz + Rz^2$$

sera aussi résoluble en deux formules rationnelles du premier degré.

15. Remarque III. — Il est remarquable que les formules des diviseurs ne dépendent que de la valeur de K, c'est-à-dire du nombre $4BD - C^2$; mais il est facile d'en voir la raison en remarquant que la formule

$$Bt^2 + Ctu + Du^2$$

peut se réduire à

$$\frac{(2Bt + Cu)^2 + (4BD - C^2)u^2}{4B},$$

de sorte que les diviseurs de la formule $Bt^2 + Ctu + Du^2$ peuvent être regardés aussi comme diviseurs de cette formule plus simple

$$x^2 \pm Ku^2.$$

Il résulte de là qu'il suffit de considérer les formules de cette dernière espèce; et pour cela nous ajouterons encore le Problème suivant, qui peut être regardé comme un cas particulier du précédent, mais qui dans le fond a la même généralité.

Problème II.

16. *Trouver toutes les formes possibles des diviseurs des nombres de la forme*

$$t^2 \pm au^2,$$

a étant un nombre quelconque positif donné, et t et u étant des nombres indéterminés premiers entre eux.

1° Considérons la formule

$$t^2 + au^2,$$

et la comparant à la formule générale du Problème I, on aura

$$B = 1, \quad C = 0, \quad D = a;$$

donc $K = 4a$; donc Q devra être pair, et il ne devra pas être plus grand que $\pm\sqrt{\frac{4a}{3}}$; ainsi, faisant $Q = \pm 2q$ et regardant q comme positif, il faudra que q ne soit pas plus grand que $\sqrt{\frac{a}{3}}$; ensuite on aura

$$PR = \frac{4a + 4q^2}{4} = a + q^2;$$

de sorte que si p et r dénotent deux facteurs de $a + q^2$, dont aucun ne soit moindre que $2q$, on aura

$$py^2 \pm 2qyz + rz^2$$

pour la formule générale des diviseurs de $t^2 + au^2$.

Il est bon de remarquer que comme $pr = a + q^2$, il faudra que p et r soient de même signe, et il est clair qu'il faudra les prendre positivement pour que la formule

$$py^2 \pm 2qyz + rz^2$$

puisse représenter des nombres positifs.

De plus, comme cette formule ne change point de forme en y mettant p à la place de r, il ne sera pas nécessaire de prendre successivement pour p chacun des facteurs de $a + q^2$, et pour r tous les facteurs correspondants; c'est pourquoi dans chaque couple de facteurs de $a + q^2$ il suffira de prendre toujours le plus petit pour p, et le plus grand pour r; et c'est ainsi que nous en userons dans la suite.

2° Considérons maintenant la formule

$$t^2 - au^2,$$

et l'on aura

$$B = 1, \quad C = 0, \quad D = -a,$$

donc $K = 4a$, comme ci-dessus; c'est pourquoi on fera de même $Q = \pm 2q$, et il faudra que q ne soit pas plus grand que $\sqrt{\frac{a}{5}}$; ensuite on aura

$$PR = q^2 - a;$$

de sorte que si l'on désigne par p et r deux facteurs de $a - q^2$ dont aucun ne soit plus petit que $2q$, on aura

$$P = p, \quad R = -r, \quad \text{ou} \quad P = -p, \quad R = r;$$

ce qui donnera ces deux formules

$$py^2 \pm 2qyz - rz^2, \quad -py^2 \pm 2qyz + rz^2,$$

pour les diviseurs de $t^2 - au^2$; et l'on trouverait la même chose pour la formule $au^2 - t^2$.

Quant aux nombres p et r, nous les prendrons tous les deux positifs, et nous supposerons toujours que p soit le plus petit des deux facteurs de $a - q^2$, et r le plus grand, comme nous l'avons dit plus haut; car il est visible qu'en changeant les signes de p et r, ou mettant l'un de ces nombres à la place de l'autre, on n'aurait pas de nouvelles formules.

17. Corollaire. — Si l'on multiplie la formule

$$py^2 \pm 2qyz + rz^2$$

par p, elle pourra se mettre sous cette forme

$$(py \pm qz)^2 + (pr - q^2) z^2,$$

c'est-à-dire (à cause de $pr = a + q^2$) sous celle-ci

$$(py \pm qz)^2 + az^2,$$

qui est la même que celle de la formule t^2+au^2. D'où il s'ensuit que tout diviseur d'un nombre de la forme t^2+au^2 sera aussi nécessairement de la même forme si p n'a d'autres valeurs que l'unité, ou le deviendra étant multiplié par une des valeurs de p s'il y en a plusieurs. On prouvera de même que les formules

$$py^2 \pm 2qyz - rz^2, \quad -py^2 \pm 2qyz + rz^2$$

étant multipliées par p deviendront, à cause de $pr = a - q^2$,

$$(py \pm qz)^2 - az^2, \quad -(py \pm qz)^2 + az^2.$$

De sorte que tout diviseur d'un nombre de la forme $t^2 - au^2$ ou $au^2 - t^2$ sera nécessairement de l'une ou de l'autre de ces deux formes si p n'est que l'unité, ou bien le deviendra toujours étant multiplié par une des valeurs de p s'il y en a plus d'une.

THÉORÈMES SUR LES DIVISEURS DES NOMBRES DE LA FORME t^2+au^2, t ET u ÉTANT SUPPOSÉS PREMIERS ENTRE EUX.

18. I. Soit $a=1$, donc q non plus grand que $\sqrt{\frac{1}{3}}$; donc $q=0$, $pr=1$; donc

$$p=1, \quad r=1.$$

Donc les diviseurs des nombres de la forme

$$t^2+u^2$$

sont nécessairement renfermés dans la formule

$$y^2+z^2;$$

c'est-à-dire que : *Tout diviseur d'un nombre égal à la somme de deux carrés est aussi la somme de deux carrés.*

II. Soit $a=2$, donc q non plus grand que $\sqrt{\frac{2}{3}}$; donc $q=0$, $pr=2$, donc

$$p=1, \quad r=2.$$

Donc les diviseurs des nombres de la forme

$$t^2 + 2u^2$$

sont renfermés dans la formule

$$y^2 + 2z^2;$$

c'est-à-dire que : *Tout diviseur d'un nombre égal à la somme d'un carré et d'un double carré est aussi la somme d'un carré et d'un double carré.*

III. Soit $a = 3$, donc q non plus grand que $\sqrt{\frac{3}{3}} = 1$; donc $q = 0$ ou $= 1$. Faisant $q = 0$, on aura $pr = 3$, donc

$$p = 1, \quad r = 3;$$

ensuite faisant $q = 1$, on aura

$$pr = 3 + 1 = 4;$$

donc, comme ni p ni r ne doivent être $< 2q$, on aura

$$p = 2, \quad r = 2.$$

Donc les diviseurs des nombres de la forme

$$t^2 + 3u^2$$

seront renfermés dans ces deux formules

$$y^2 + 3z^2, \quad 2y^2 \pm 2yz + 2z^2.$$

Or comme la seconde de ces formules ne peut appartenir qu'à des nombres pairs, étant toute divisible par 2, il s'ensuit que tout diviseur impair de

$$t^2 + 3u^2$$

sera nécessairement renfermé dans la formule

$$y^2 + 3z^2;$$

c'est-à-dire que : *Tout diviseur impair d'un nombre qui est la somme d'un carré et d'un triple carré premiers entre eux, est aussi la somme d'un carré et d'un triple carré.*

Au reste, comme il suffit de considérer les diviseurs impairs, nous ferons toujours abstraction, dans la suite, des formules qui ne pourraient convenir qu'à des diviseurs pairs; c'est pourquoi nous rejetterons toutes les valeurs de p et r qui seraient paires à la fois.

IV. Soit $a = 4$, donc q non plus grand que $\sqrt{\frac{4}{3}}$; donc $q = 0$ ou $= 1$. Faisant $q = 0$, on a $pr = 4$; donc

$$p = 1, \quad r = 4$$

(car nous rejetons les valeurs $p = 2$, $r = 2$, parce qu'elles sont toutes deux paires); faisant $q = 1$, on a $pr = 5$; donc

$$p = 1, \quad r = 5,$$

ce qui doit être rejeté à cause que p serait $< 2q$.

Donc les diviseurs impairs des nombres de la forme

$$t^2 + 4u^2$$

seront aussi de la forme

$$y^2 + 4z^2.$$

V. Soit $a = 5$, donc q non plus grand que $\sqrt{\frac{5}{3}}$; donc $q = 0$ ou $= 1$. Faisant $q = 0$, on a $pr = 5$, donc

$$p = 1, \quad r = 5;$$

et faisant $q = 1$, on a $pr = 6$, donc

$$p = 2, \quad r = 3.$$

Donc les diviseurs des nombres de la forme

$$t^2 + 5u^2$$

sont nécessairement de l'une ou de l'autre de ces formes-ci

$$y^2 + 5z^2, \quad 2y^2 \pm 2yz + 3z^2;$$

de sorte que ces diviseurs eux-mêmes ou leurs doubles sont toujours (**17**) de la forme $t^2 + 5u^2$.

VI. Soit $a = 6$, donc q non plus grand que $\sqrt{\frac{6}{3}}$, donc $q = 0$ ou $= 1$. Faisant $q = 0$, on aura $pr = 6$; donc

$$p = 1, \quad r = 6, \quad \text{ou} \quad p = 2, \quad r = 3;$$

faisant $q = 1$, on aura $pr = 7$, donc

$$p = 1, \quad r = 7,$$

ce qui doit être rejeté parce que p serait $< 2q$.

Donc les diviseurs des nombres de la forme

$$t^2 + 6u^2$$

seront de l'une ou de l'autre de ces formes

$$y^2 + 6z^2, \quad 2y^2 + 3z^2;$$

de sorte que ces diviseurs eux-mêmes ou leurs doubles seront de la même forme $t^2 + 6u^2$.

VII. Soit $a = 7$, donc q non plus grand que $\sqrt{\frac{7}{3}}$; donc $q = 0$ ou $= 1$. Faisant $q = 0$, on aura $pr = 7$; donc

$$p = 1, \quad q = 7;$$

faisant $q = 1$, on aura $pr = 8$; donc

$$p = 2, \quad r = 4;$$

ce qui ne peut convenir qu'aux diviseurs pairs.

Donc les diviseurs impairs des nombres de la forme

$$t^2 + 7u^2$$

sont nécessairement aussi de la forme

$$y^2 + 7z^2.$$

VIII. Soit $a=8$, donc q non plus grand que $\sqrt{\frac{8}{3}}$; donc $q=0$ ou $=1$. Faisant $q=0$, on aura $pr=8$; donc

$$p=1,\quad r=8;$$

et l'on rejettera les valeurs $p=2$, $r=4$ comme ne pouvant appartenir qu'à des diviseurs pairs; faisant ensuite $q=1$, on aura $pr=9$; donc

$$p=3,\quad r=3.$$

Donc les diviseurs des nombres de la forme

$$t^2+8u^2$$

sont de l'une ou de l'autre de ces formes

$$y^2+8z^2,\quad 3y^2\pm 2yz+3z^2;$$

de sorte que ces diviseurs eux-mêmes, ou leurs triples, seront toujours de la même forme

$$t^2+8u^2.$$

IX. Soit $a=9$, donc q non plus grand que $\sqrt{\frac{9}{3}}$; donc $q=0$ ou $=1$. Faisant $q=0$, on aura $pr=9$; donc

$$p=1,\quad r=9,\quad \text{ou}\quad p=3,\quad r=3;$$

faisant $q=1$, on aura $pr=10$; donc

$$p=2,\quad r=5.$$

Donc les diviseurs des nombres de la forme

$$t^2+9u^2$$

sont nécessairement de l'une de ces trois formes

$$y^2+9z^2,\quad 3y^2+3z^2,\quad 2y^2\pm 2yz+5z^2;$$

de sorte que ces diviseurs eux-mêmes, ou leurs doubles ou leurs triples, pourront toujours se rapporter à la même forme t^2+9u^2.

X. Soit $a = 10$, donc q non plus grand que $\sqrt{\frac{10}{3}}$; donc $q = 0$ ou $= 1$. Faisant $q = 0$, on aura $pr = 10$; donc

$$p = 1, \quad r = 10, \quad \text{ou} \quad p = 2, \quad r = 5;$$

faisant $q = 1$, on aura $pr = 11$; donc

$$p = 1, \quad r = 11,$$

ce qui n'est point admissible à cause que p serait $< 2q$.

Donc les diviseurs des nombres de la forme

$$t^2 + 10u^2$$

sont toujours de l'une de ces formes

$$y^2 + 10z^2, \quad 2y^2 + 5z^2;$$

de sorte que ces diviseurs eux-mêmes ou leurs doubles seront nécessairement de la même forme

$$t^2 + 10u^2.$$

XI. Soit $a = 11$, donc q non plus grand que $\sqrt{\frac{11}{3}}$; donc $q = 0$ ou $= 1$. Faisant $q = 0$, on a $pr = 11$; donc

$$p = 1, \quad r = 11;$$

faisant $q = 1$, on a $pr = 12$; donc

$$p = 3, \quad q = 4;$$

car les valeurs $p = 2$ et $r = 6$ sont à rejeter à cause qu'elles ne conviendraient qu'aux diviseurs pairs.

Donc les diviseurs impairs des nombres de la forme

$$t^2 + 11u^2$$

sont de l'une ou de l'autre de ces formes

$$y^2 + 11z^2, \quad 3y^2 \pm 2yz + 4z^2;$$

de sorte que ces diviseurs eux-mêmes ou leurs triples seront toujours de la même forme

$$t^2 + 11u^2.$$

XII. Soit $a = 12$, donc q non plus grand que $\sqrt{\frac{12}{3}} = 2$; donc $q = 0$ ou $= 1$ ou $= 2$. Faisant $q = 0$, on aura $pr = 12$; donc

$$p = 1, \quad r = 2, \quad \text{ou} \quad p = 3, \quad r = 4,$$

en rejetant les valeurs $p = 2$, $r = 2$, qui ne conviendraient qu'aux diviseurs pairs; faisant $q = 1$, on aura $pr = 13$; donc

$$p = 1, \quad r = 13,$$

ce qui doit être rejeté à cause que p serait $< 2q$; faisant $q = 2$, on aura $pr = 12 + 4 = 16$; donc

$$p = 4, \quad r = 4$$

(car, à cause de $q = 2$, p ne doit pas être < 4), ce qui doit être rejeté si l'on ne considère que les diviseurs impairs.

Donc les diviseurs impairs des nombres de la formule

$$t^2 + 12u^2$$

sont de l'une ou de l'autre de ces formes

$$y^2 + 12z^2, \quad 3y^2 + 4z^2;$$

de sorte que ces diviseurs eux-mêmes ou leurs triples seront de la même forme

$$t^2 + 12u^2.$$

Nous n'étendrons pas ces Recherches plus loin, d'autant que les Exemples que nous venons de donner sont plus que suffisants pour montrer l'application de nos méthodes et pour mettre sur la voie ceux qui voudront en faire usage pour découvrir de nouveaux Théorèmes sur la forme des diviseurs des nombres $t^2 + au^2$.

19. Remarque. — Les trois premiers Théorèmes sont connus depuis longtemps des Géomètres, et sont dus, je crois, à M. Fermat; mais M. Euler est le premier qui les ait démontrés. On peut voir les démonstrations de ce dernier dans les tomes IV, VI et VIII des *Nouveaux Commentaires de Pétersbourg*. Sa méthode est totalement différente de la nôtre, et elle n'est d'ailleurs applicable qu'aux cas où le nombre a ne surpasse pas 3; c'est ce qui a peut-être empêché ce grand Géomètre de pousser plus loin ses recherches sur ce sujet.

A l'égard des Théorèmes qu'il avait déjà donnés auparavant sans démonstration dans le tome XIV des anciens *Commentaires*, il est vraisemblable qu'il ne les a trouvés que par induction, d'autant qu'il n'en a fait aucune mention dans les tomes cités des *Nouveaux Commentaires*, où il a même remarqué que ses démonstrations ne pouvaient s'étendre à d'autres nombres qu'à ceux de la forme t^2+u^2, t^2+2u^2 et t^2+3u^2 (tome VI, page 214).

Théorèmes sur les diviseurs des nombres de la forme t^2-au^2 ou au^2-t^2, t et u étant supposés premiers entre eux.

20. I. Soit $a=1$, donc q non plus grand que $\sqrt{\frac{1}{5}}$; donc $q=0$, $pr=1$; donc

$$p=1,\quad r=1.$$

Donc les diviseurs des nombres de la forme

$$t^2-u^2$$

sont de la forme

$$y^2-z^2;$$

par conséquent (14) tout nombre est réductible à cette forme

$$y^2-z^2;$$

c'est ce qu'on sait d'ailleurs.

II. Soit $a=2$, donc q non plus grand que $\sqrt{\frac{2}{5}}$; donc $q=0$, $pr=2$;

donc

$$p = 1, \quad r = 2;$$

de sorte que les formes des diviseurs de

$$t^2 - 2u^2 \quad \text{ou} \quad 2u^2 - t^2$$

seront

$$y^2 - 2z^2 \quad \text{ou} \quad 2z^2 - y^2;$$

mais je remarque que ces deux formes reviennent à la même; car faisant

$$y = y' + 2z', \quad z = y' + z'$$

(ce qui donne $y' = 2z - y$ et $z' = y - z$, et par conséquent des valeurs entières pour y' et z'), la formule $y^2 - 2z^2$ devient $2z'^2 - y'^2$.

Donc les diviseurs des nombres de la forme

$$t^2 - 2u^2 \quad \text{ou} \quad 2u^2 - t^2$$

sont nécessairement de l'une et de l'autre de ces formes

$$y^2 - 2z^2, \quad 2z^2 - y^2.$$

III. Soit $a = 3$, donc q non plus grand que $\sqrt{\frac{3}{5}}$; donc $q = 0$, $pr = 3$; donc

$$p = 1, \quad r = 3.$$

Donc les diviseurs des nombres de la forme

$$t^2 - 3u^2 \quad \text{ou} \quad 3u^2 - t^2$$

sont de l'une ou de l'autre de ces deux formes

$$y^2 - 3z^2, \quad 3z^2 - y^2.$$

IV. Soit $a = 4$, donc q non plus grand que $\sqrt{\frac{4}{5}}$; donc $q = 0$, $pr = 4$; donc

$$p = 1, \quad r = 4, \quad \text{ou} \quad p = 2, \quad r = 2.$$

Donc les diviseurs des nombres de la forme

$$t^2 - 4u^2 \quad \text{ou} \quad 4u^2 - t^2$$

seront nécessairement renfermés dans les formules

$$y^2 - 4z^2, \quad 4z^2 - y^2, \quad 2y^2 - 2z^2;$$

par conséquent (14) tout nombre quelconque sera de l'une de ces formes.

Au reste, nous pouvons faire abstraction des formes qui ne sauraient convenir qu'à des diviseurs pairs, telles que celle-ci $2y^2 - 2z^2$; ainsi nous rejetterons dans la suite, comme nous l'avons déjà fait plus haut, les valeurs de p et de r qui se trouveront paires en même temps.

V. Soit $a = 5$, donc q non plus grand que $\sqrt{\frac{5}{5}} = 1$; donc $q = 0$ ou $= 1$. Faisant $q = 0$, on a $pr = 5$; donc

$$p = 1, \quad r = 5;$$

faisant $q = 1$, on aurait $pr = 4$; de sorte qu'à cause que p et r doivent n'être pas $< 2q$, on ne pourrait faire que

$$p = 2, \quad r = 2;$$

mais nous rejetterons ces valeurs à cause qu'elles sont toutes deux paires; ainsi l'on n'aura que ces deux formes de diviseurs

$$y^2 - 5z^2 \quad \text{et} \quad 5z^2 - y^2,$$

lesquelles se réduisent d'ailleurs à la même, comme on peut s'en convaincre en faisant

$$y = 2y' + 5z' \quad \text{et} \quad z = y' + 2z'$$

(ce qui donnerait $z' = y - 2z$ et $y' = 5z - 2y$, et par conséquent des valeurs entières pour y' et z') dans la formule $y^2 - 5z^2$, laquelle deviendra par ces substitutions celle-ci, $5z'^2 - y'^2$.

Donc les diviseurs impairs des nombres de la forme

$$t^2 - 5u^2 \quad \text{ou} \quad 5u^2 - t^2$$

sont en même temps de chacune de ces deux formes

$$y^2 - 5z^2, \quad 5z^2 - y^2.$$

VI. Soit $a=6$, donc q non plus grand que $\sqrt{\frac{6}{5}}$; donc $q=0$ ou $=1$. Faisant $q=0$, on aura $pr=6$; donc

$$p=1,\quad r=6,\quad \text{ou}\quad p=2,\quad r=3;$$

faisant ensuite $q=1$, on aura $pr=5$, ce qui ne donnerait que

$$p=1,\quad r=5,$$

valeurs qui ne sont point admissibles à cause que p serait $<2q$; de sorte que les formules des diviseurs des nombres de la forme

$$t^2-6u^2 \quad \text{ou} \quad 6u^2-t^2$$

seront

$$y^2-6z^2,\quad 6z^2-y^2,\quad 2y^2-3z^2,\quad 3z^2-2y^2.$$

Mais j'observe que ces dernières se réduisent aux deux premières en faisant

$$2y+3z=y',\quad y+z=z',$$

ce qui donne

$$y=3z'-y',\quad z=y'-2z',$$

et par conséquent

$$2y^2-3z^2=6z'^2-y'^2,\quad 3z^2-2y^2=y'^2-6z'^2.$$

Donc les diviseurs des nombres de la forme

$$t^2-6u^2 \quad \text{ou} \quad 6u^2-t^2$$

seront toujours aussi de l'une ou de l'autre de ces formes.

VII. Soit $a=7$, donc q non plus grand que $\sqrt{\frac{7}{5}}$; donc $q=0$ ou $=1$. Faisant $q=0$, on aura $pr=7$; donc

$$p=1,\quad r=7,$$

et faisant $q=1$, on aura $pr=6$; donc

$$p=2,\quad r=3;$$

de sorte que les formules des diviseurs de

$$t^2 - 7u^2$$

seront

$$y^2 - 7z^2, \quad 2y^2 \pm 2yz - 7z^2$$

et leurs inverses

$$7z^2 - y^2, \quad 7z^2 \pm 2yz - 2y^2.$$

Mais je remarque ici que les deux premières de ces formules reviennent à la même, aussi bien que les deux dernières; car faisant

$$y = y' - 2z' \quad \text{et} \quad \pm z = y' - 3z'$$

(ce qui donne $y' = 3y \mp 2z$ et $z' = y \mp z$, c'est-à-dire des nombres entiers pour y' et z'), la formule

$$2y^2 \pm 2yz - 3z^2$$

deviendra

$$y'^2 - 7z'^2,$$

et la formule

$$3z^2 \mp 2yz - 2y^2$$

deviendra de même

$$7z'^2 - y'^2.$$

D'où il s'ensuit que les diviseurs des nombres de la forme

$$t^2 - 7u^2 \quad \text{ou} \quad 7u^2 - t^2$$

seront nécessairement aussi de la forme

$$y^2 - 7z^2 \quad \text{ou} \quad 7z^2 - y^2.$$

VIII. Soit $a = 8$, donc q non plus grand que $\sqrt{\frac{8}{5}}$; donc $q = 0$ ou $= 1$. Faisant $q = 0$, on aura $pr = 8$; donc

$$p = 1, \quad r = 8, \quad \text{ou} \quad p = 2, \quad r = 4;$$

mais ces dernières valeurs peuvent être rejetées à cause qu'elles sont toutes deux paires; faisant ensuite $q=1$, on aura $pr=7$, ce qui ne donnerait que

$$p=1 \quad \text{et} \quad r=7,$$

valeurs qui ne sont point admissibles à cause que p serait $< 2q$.

Donc les diviseurs impairs des nombres de la forme

$$t^2-8u^2 \quad \text{ou} \quad 8u^2-t^2,$$

seront de l'une ou de l'autre de ces deux formes

$$y^2-8z^2 \quad \text{ou} \quad 8z^2-y^2.$$

IX. Soit $a=9$, donc q non plus grand que $\sqrt{\frac{9}{5}}$; donc $q=0$ ou $=1$. Faisant $q=0$, on aura $pr=9$; donc

$$p=1, \quad r=9, \quad \text{ou} \quad p=3, \quad r=3;$$

et faisant $q=1$, on aura $pr=8$, ce qui, à cause de p non plus petit que $2q$, donnerait

$$p=2, \quad r=4,$$

valeurs qu'on peut rejeter à cause qu'elles sont l'une et l'autre paires.

Donc les diviseurs impairs des nombres de la forme

$$t^2-9u^2 \quad \text{ou} \quad 9u^2-t^2$$

seront toujours de quelqu'une de ces formes

$$y^2-9z^2, \quad 9z^2-y^2, \quad 3y^2-3z^2;$$

par conséquent (14) tout nombre quelconque impair sera réductible à l'une de ces formes.

X. Soit $a=10$, donc q non plus grand que $\sqrt{\frac{10}{5}}=\sqrt{2}$; donc $q=0$ ou $=1$. Faisant $q=0$, on aura $pr=10$; donc

$$p=1, \quad r=10, \quad \text{ou} \quad p=2, \quad r=5;$$

faisant $q = 1$, on aura $pr = 9$; donc

$$p = 3, \quad r = 3;$$

de sorte que les formules des diviseurs de

$$t^2 - 10u^2$$

seront

$$y^2 - 10z^2, \quad 10z^2 - y^2, \quad 2y^2 - 5z^2, \quad 5z^2 - 2y^2, \quad 3y^2 \pm 2yz - 3z^2.$$

Or je remarque d'abord que cette dernière formule peut se réduire à ces deux-ci

$$2y'^2 - 5z'^2, \quad 5z'^2 - 2y'^2,$$

en faisant

$$\pm y = y' + z', \quad z = y' + 2z'$$

ou

$$\pm y = y' + 2z', \quad z = y' + z',$$

ce qui donne toujours pour y' et z' des nombres entiers; je remarque ensuite que les deux formules

$$y^2 - 10z^2, \quad 10z^2 - y^2$$

peuvent aussi se réduire à la même en faisant dans la première

$$y = 10z' + 3y', \quad z = 3z' + y',$$

ce qui la transformera en $10z'^2 - y'^2$; et quant aux nombres y' et z' il est clair qu'ils seront toujours entiers, puisque l'on aura

$$z' = y - 3z, \quad y' = 10z - 3y.$$

De là je conclus que les diviseurs des nombres de la forme

$$t^2 - 10u^2 \quad \text{ou} \quad 10u^2 - t^2$$

seront toujours de l'une ou de l'autre de ces deux formes

$$y^2 - 10z^2, \quad 2y^2 - 5z^2,$$

aussi bien que de celles-ci

$$10z^2 - y^2, \quad 5z^2 - 2y^2.$$

XI. Soit $a=11$, donc q non plus grand que $\sqrt{\frac{11}{5}}$; donc $q=0$ ou $q=1$. Faisant $q=0$, on aura $pr=11$; donc

$$p=1,\quad r=11;$$

faisant $q=1$, on a $pr=10$; donc

$$p=2,\quad r=5.$$

De sorte que les formules des diviseurs seront, dans ce cas,

$$y^2-11z^2,\quad 11z^2-y^2,\quad 2y^2\pm 2yz-5z^2,\quad 5z^2\pm 2yz-2y^2.$$

Mais je remarque que ces deux dernières formules peuvent se réduire aux deux premières; car en faisant

$$\pm y=y'+4z',\quad z=y'+3z'$$

(ce qui donne $z'=\pm y-z$ et $y'=4z\mp 3y$, et par conséquent toujours des nombres entiers pour y' et z'), la formule

$$2y^2\pm 2yz-5z^2$$

devient

$$11z'^2-y'^2,$$

et la formule

$$5z^2\mp 2yz-2y^2$$

devient de même

$$y'^2-11z'^2.$$

D'où il s'ensuit que les diviseurs des nombres de la forme

$$t^2-11u^2,\quad 11u^2-t^2$$

sont toujours de l'une ou de l'autre de ces formes

$$y^2-11z^2,\quad 11z^2-y^2.$$

XII. Soit $a=12$, donc q non plus grand que $\sqrt{\frac{12}{5}}$; donc $q=0$ ou $=1$. Faisant $q=0$, on aura $pr=12$; donc

$$p=1,\quad r=12,\quad \text{ou}\quad p=3,\quad r=4,$$

en rejetant les valeurs paires $p=2$ et $r=6$; faisant ensuite $q=1$, on aurait $pr=11$; donc

$$p=1, \quad r=11,$$

valeurs qui ne sont point admissibles à cause que p serait $< 2q$; ainsi l'on n'aura que ces formules

$$y^2-12z^2, \quad 12z^2-y^2, \quad 3y^2-4z^2, \quad 4z^2-3y^2,$$

sur lesquelles je remarque que les deux dernières sont réductibles aux deux premières, en faisant

$$y=4y'+z' \quad \text{et} \quad z=3y'+z',$$

ce qui donne $y'=y-z$ et $z'=4z-3y$, et par conséquent des valeurs entières pour y' et z'.

D'où l'on peut conclure que les diviseurs impairs des nombres de la forme

$$t^2-12u^2 \quad \text{ou} \quad 12u^2-t^2,$$

seront toujours de l'une ou de l'autre de ces deux formes

$$y^2-12z^2, \quad 12z^2-y^2,$$

aussi bien que de ces deux-ci

$$3y^2-4z^2, \quad 4z^2-3y^2.$$

21. Remarque. — Telle est la méthode qu'il faudra suivre pour trouver les formules des diviseurs des nombres de la forme

$$t^2-au^2 \quad \text{ou} \quad au^2-t^2,$$

en donnant à a des valeurs quelconques au delà de 12; cette méthode est, comme on voit, d'un usage très-facile et très-simple; mais elle paraît sujette à une espèce d'inconvénient, c'est qu'elle donne quelquefois plus de formules qu'il n'en faut pour représenter tous les diviseurs des nombres d'une forme donnée; de sorte qu'il arrive que quelques-unes de ces formules reviennent à la même, comme nous l'avons vu dans les Exemples précédents. Pour y remédier il faudrait donc avoir une règle générale par laquelle on pût reconnaître facilement les formules qui sont identiques entre elles : c'est ce que nous allons examiner, avec toute la généralité dont la matière est susceptible; et comme il n'est pas démontré jusqu'ici que cette identité de formules ne puisse avoir lieu dans les diviseurs des nombres de la forme $t^2 + au^2$, quoique les différents cas du n° **18** n'en fournissent aucun exemple, pour ne rien laisser à désirer sur ce sujet, nous considérerons également les formules de l'une et de l'autre espèce.

Problème III.

22. *Étant donnée la formule*

$$py^2 + 2qyz + rz^2,$$

dans laquelle y et z sont des nombres indéterminés et p, q, r sont des nombres positifs ou négatifs, déterminés par ces conditions, que

$$pr - q^2 = a$$

(a étant un nombre positif donné) et que $2q$ ne soit ni $> p$ ni $> r$, abstraction faite des signes de p, q et r; trouver si cette formule peut se transformer en une autre de la même espèce et qui soit assujettie aux mêmes conditions.

Comme la transformée doit être analogue à la proposée, il est visible qu'on ne saurait employer d'autres substitutions que celles-ci

$$y = \text{M}s + \text{N}x, \quad z = ms + nx,$$

s et x étant deux nouvelles indéterminées, et M, N, m, n des nombres arbitraires. En effet ces substitutions donneront une transformée de cette forme

$$\text{P}s^2 + 2\text{Q}sx + \text{R}x^2,$$

dans laquelle on aura

$$\begin{aligned}
\text{P} &= p\text{M}^2 + 2q\text{M}m + rm^2,\\
\text{Q} &= p\text{MN} + q(\text{M}n + \text{N}m) + rmn,\\
\text{R} &= p\text{N}^2 + 2q\text{N}n + rn^2,
\end{aligned}$$

et il ne s'agira que de voir si l'on peut déterminer les nombres M, N, m, n, en sorte que l'on ait

$$PR - Q^2 = a,$$

et que $2Q$ ne soit ni $> P$ ni $> R$.

Pour satisfaire à la première condition je substitue dans la quantité $PR - Q^2$ les valeurs de P, Q, R, et je trouve, en effaçant ce qui se détruit,

$$PR - Q^2 = (pr - q^2)(Mn - Nm)^2;$$

mais (hypothèse)

$$pr - q^2 = a,$$

donc, pour que $PR - Q^2$ soit aussi égal à a, il faudra que l'on ait

$$(Mn - Nm)^2 = 1,$$

et par conséquent

$$Mn - Nm = \pm 1.$$

A l'égard de la seconde condition, il est clair qu'elle ne saurait avoir lieu à moins que Q ne soit en même temps $< P$ et $< R$; ainsi nous supposerons que Q soit en effet $< P$ et $< R$, et nous allons voir ce qui doit s'ensuivre.

Soit $M > N$ (le raisonnement serait le même si N était $> M$, en prenant seulement N à la place de M), il est clair qu'on peut faire

$$M = \mu N + M',$$

et qu'on peut prendre μ tel que M' devienne moindre que N; car il n'y a qu'à prendre pour μ le quotient de la division de M par N, et M' sera le reste; de plus il est facile de voir qu'on peut toujours supposer que μ ne soit pas moindre que 2; car si l'on trouvait $\mu = 1$, en sorte que $M = N + M'$, on pourrait faire

$$M = 2N - (N - M'),$$

c'est-à-dire prendre $\mu = 2$ et $N - M'$ à la place de M'. Or si l'on suppose aussi, ce qui est permis,

$$m = \mu n + m',$$

m' étant un nombre quelconque, et qu'on substitue ces valeurs de M et de m dans l'expression de Q, elle deviendra

$$Q = \mu(pN^2 + 2qNn + rn^2) + pM'N + q(M'n + Nm') + rm'n,$$

de sorte qu'en faisant, pour abréger,

$$Q' = pM'N + q(M'n + Nm') + rm'n,$$

on aura

$$Q = \mu R + Q'.$$

Or il faut que Q soit $< R$; donc, puisque μ est $=$ ou > 2, il est clair que cette condition ne saurait avoir lieu à moins que les deux quantités μR et Q' ne soient de signes différents et que Q' ne soit en même temps $> R$, abstraction faite des signes.

Maintenant on aura

$$y = (\mu N + M')s + Nx, \quad z = (\mu n + m')s + nx;$$

de sorte que si l'on fait

$$x' = \mu s + x,$$

on aura

$$y = M's + Nx', \quad z = m's + nx',$$

et la substitution de ces valeurs dans la formule

$$py^2 + 2qyz + rz^2$$

donnera la nouvelle transformée

$$P's^2 + 2Q'sx' + Rx'^2,$$

en supposant

$$P' = pM'^2 + 2qM'm' + rm'^2,$$
$$Q' = pM'N + q(M'n + Nm') + rm'n,$$

et

$$R = pN^2 + 2qNn + rn^2,$$

comme plus haut.

Or à cause de

$$Mn - Nm = \pm 1,$$

on aura

$$(\mu N + M')n - N(\mu n + m') = \pm 1,$$

et par conséquent

$$M'n - Nm' = \pm 1.$$

On trouvera aussi

$$P'R - Q'^2 = (pr - q^2)(M'n - Nm')^2,$$

et par conséquent

$$P'R - Q'^2 = a.$$

De sorte que, comme a est positif et que Q' est $> R$, il faudra que P' soit $> Q'$; ainsi la transformée précédente sera telle, que Q' sera $> R$ et $< P'$.

De la même manière, à cause que N est $> M'$, on pourra supposer

$$N = \mu' M' + N',$$

et prendre μ' en sorte qu'il ne soit pas < 2 et que N' soit $< M'$; et faisant ensuite

$$n = \mu' m' + n', \quad s' = \mu' x' + s,$$

en sorte que l'on ait

$$y = M's' + N'x', \quad z = m's' + n'x',$$

on parviendra, par des opérations et des raisonnements semblables aux précédents, à cette nouvelle transformée

$$P's'^2 + 2Q''s'x' + R'x'^2,$$

dans laquelle on aura

$$P' = pM'^2 + 2qM'm' + rm'^2,$$
$$Q'' = pM'N' + q(M'n' + N'm') + rm'n',$$
$$R' = pN'^2 + 2qN'n' + rn'^2,$$

et où l'on aura aussi

$$M'n' - N'm' = \pm 1,$$
$$Q' = \mu' P' + Q'',$$
$$P'R' - Q''^2 = a,$$

en sorte que Q'' sera $> P'$ et $< R'$, abstraction faite des signes de P', R' et Q''.

On pourra trouver de même une troisième transformée telle que

$$P''s'^2 + 2Q'''s'x'' + R'x''^2,$$

laquelle sera soumise aux mêmes conditions que les transformées précédentes, et ainsi de suite.

Je considère maintenant que comme les nombres

$$M, N, M', N', \ldots$$

forment (abstraction faite de leurs signes) une suite décroissante, on arrivera nécessairement à un terme qui sera égal à zéro. Supposons que N' soit ce terme, en sorte que l'on ait $N' = 0$; donc à cause de

$$M'n' - N'm' = \pm 1$$

on aura

$$M'n' = \pm 1;$$

donc

$$M' = \pm 1 \quad \text{et} \quad n' = \pm 1,$$

donc

$$P' = p \pm 2qm' + rm'^2, \quad Q'' = \pm q \pm rm', \quad R' = r,$$

les signes ambigus étant arbitraires.

Or il faut :

1° Que l'on ait $Q'' < R'$, abstraction faite des signes de ces nombres; mais $R' = r$ et $q < r$, à cause de $2q$ non plus grand que r (hypothèse), donc Q'' ne pourra être $< R'$, $< r$ à moins que m' ne soit égal à zéro ou égal à ± 1.

2° Que Q'' soit en même temps $> P'$; or si $m' = 0$, on a

$$Q'' = \pm q, \quad P' = p;$$

de sorte qu'à cause de $2q$ non plus grand que p (hypothèse), Q'' sera toujours $< P'$ au lieu d'être plus grand; si $m' = \pm 1$, on aura

$$P' = p \pm 2q + r \quad \text{et} \quad Q'' = q \pm r;$$

mais on suppose que Q″ soit $< r$; donc, pour que Q″ soit $>$ P′, il faudrait que r pût être $> p \pm 2q + r$, ce qui ne se peut à cause que $2q$ n'est jamais $> p$, et que d'ailleurs p et r doivent être de mêmes signes en vertu de l'équation

$$pr - q^2 = \text{un nombre positif.}$$

De là je conclus qu'il est impossible que la formule proposée soit transformée en une autre où les conditions énoncées aient lieu; de sorte que si l'on a plusieurs formules où les mêmes conditions soient observées, on peut être assuré que ces formules sont essentiellement différentes entre elles, et qu'elles ne peuvent pas se réduire à un plus petit nombre.

Problème IV.

23. *Étant donnée la formule*

$$py^2 + 2qyz - rz^2,$$

dans laquelle y et z sont des nombres indéterminés, et p, q, r des nombres positifs ou négatifs, déterminés par ces conditions, que

$$pr + q^2 = a$$

(a étant un nombre positif donné) et que $2q$ ne soit ni $> p$ ni $> r$, abstraction faite des signes de p, q et r; trouver si cette formule peut se transformer en une autre semblable, et où les mêmes conditions soient observées.

Faisant, comme dans le Problème précédent et par la même raison,

$$y = Ms + Nx, \quad z = ms + nx,$$

on aura la transformée

$$Ps^2 + 2Qsx - Rx^2,$$

dans laquelle

$$P = pM^2 + 2qMm - rm^2,$$
$$Q = pMN + q(Mn + Nm) - rmn,$$
$$R = rn^2 - 2qNn - pN^2;$$

ainsi la difficulté consiste à déterminer, s'il est possible, les nombres M, N, m, n, en sorte qu'on ait

$$PR + Q^2 = a,$$

et qu'en même temps ni P ni R ne soient $< 2Q$, abstraction faite des signes de P, Q et R.

Je remarque d'abord que la quantité $PR + Q^2$ devient, en mettant à la place de P, Q et R leurs valeurs,

$$(pr + q^2)(Mn - Nm)^2 = a(Mn - Nm)^2;$$

donc il faudra qu'on ait comme dans le Problème précédent

$$(Mn - Nm)^2 = 1,$$

et par conséquent

$$Mn - Nm = \pm 1.$$

Comme M, N, m, n sont supposés des nombres entiers, il est clair que cette équation ne saurait subsister à moins que les produits Mn et Nm ne soient de mêmes signes; de sorte que si M et N sont de mêmes signes, il faudra que m et n en soient aussi.

Or, puisqu'on peut donner aux nombres indéterminés s et x tels signes que l'on veut, il est évident qu'on peut, sans nuire à la généralité du Problème, prendre toujours les nombres M et N positifs; et alors il faudra prendre les nombres m et n de mêmes signes, c'est-à-dire tous les deux positifs ou tous les deux négatifs; ainsi il n'y aura qu'à mettre $\pm m$ et $\pm n$ à la place de m et n, ou, ce qui revient au même, il n'y aura qu'à donner le signe ambigu $\pm$ à la quantité q, c'est-à-dire prendre la valeur de cette quantité en *plus* et en *moins;* moyennant quoi on pourra regarder les quatre nombres M, N, m, n comme positifs.

Maintenant il est clair que si $2Q$ n'est ni $>$ P ni $>$ R, comme on le suppose, Q^2 sera toujours moindre que PR, de sorte que $PR + Q^2$ ne pourra être égal à un nombre positif, à moins que PR ne soit un nombre positif; d'où il s'ensuit qu'il faut nécessairement que P et R soient de même signe; et cette condition suffit, comme nous l'allons voir, pour faire trouver les nombres M, N, m, n.

Pour cela j'observe qu'à cause de

$$pr + q^2 = a,$$

la quantité P peut se mettre sous cette forme

$$P = p\left(M + \frac{q+\sqrt{a}}{p}m\right)\left(M + \frac{q-\sqrt{a}}{p}m\right),$$

et la quantité R sous celle-ci

$$R = -p\left(N + \frac{q+\sqrt{a}}{p}n\right)\left(N + \frac{q-\sqrt{a}}{p}n\right).$$

Or, comme $\sqrt{a}$ est $> q$, il est clair que la quantité $q + \sqrt{a}$ sera toujours positive, et la quantité $q - \sqrt{a}$ toujours négative; de sorte que les deux quantités

$$\frac{q+\sqrt{a}}{p}, \quad \frac{q-\sqrt{a}}{p}$$

seront nécessairement de signes différents. Nommant donc α celle de ces deux quantités qui sera positive, et $-\beta$ celle qui sera négative (α et β dénotant des nombres positifs), on aura

$$P = p(M + \alpha m)(M - \beta m),$$
$$R = -p(N + \alpha n)(N - \beta n).$$

D'où l'on voit que, pour que les nombres P et R soient de mêmes signes, il faut que les facteurs $M - \beta m$ et $N - \beta n$ soient de signes différents, parce que les facteurs $M + \alpha m$ et $N + \alpha n$ sont tous les deux positifs.

Cela posé, soit $M > N$, on pourra faire

$$M = \mu N + M',$$

et prendre pour μ un nombre entier positif tel, que M' soit aussi positif et moindre que N; car pour cela il n'y aura qu'à diviser M par N, et faire le quotient égal à μ et le reste égal à M'. Qu'on fasse de même

$$m = \mu n + m',$$

m' étant un nombre quelconque, et substituant ces valeurs dans l'équation

$$Mn - Nm = \pm 1,$$

on aura celle-ci

$$M'n - Nm' = \pm 1,$$

d'où l'on voit qu'à cause de M', N et n positifs, il faudra que m' soit aussi un nombre positif.

Or les valeurs de y et de z deviendront par ces mêmes substitutions

$$y = (\mu s + x)N + M's, \quad z = (\mu s + x)n + m's,$$

ou bien, en faisant comme plus haut $x' = \mu s + x$,

$$y = M's + Nx', \quad z = m's + nx';$$

et, ces valeurs étant substituées dans la formule

$$py^2 + 2qyz - rz^2,$$

on aura la transformée

$$P's^2 + 2Q'sx' - Rx'^2,$$

où

$$P' = pM'^2 + 2qM'm' - rm'^2,$$
$$Q' = pM'N + q(M'n + Nm') - rm'n,$$
$$R = rn^2 - qNn - pN^2.$$

Et je dis que les nombres P' et R seront nécessairement de mêmes signes; car on aura

$$P' = p(M' + \alpha m')(M' - \beta m'),$$
$$R = -p(N + \alpha n)(N - \beta n);$$

or

$$M - \beta m = \mu(N - \beta n) + M' - \beta m';$$

donc, comme μ est un nombre positif et que $M - \beta m$ et $N - \beta n$ sont de signes différents, il faudra, pour que cette équation puisse subsister, que les quantités $M - \beta m$ et $M' - \beta m'$ soient de mêmes signes, et par conséquent que $N - \beta n$ et $M' - \beta m'$ soient de signes différents; mais $N + \alpha n$ et $M' + \alpha m'$ sont des quantités positives, N, n, M', m' et α étant des nombres positifs; donc les deux nombres P′ et R seront nécessairement de même signe.

De même, puisque $N > M'$, on pourra supposer

$$N = \mu' M' + N'$$

et prendre μ' positif et tel, que N' soit aussi positif et moindre que M'; et faisant

$$n = \mu' m' + n',$$

on aura (en substituant ces valeurs dans l'équation $M'n - Nm' = \pm 1$)

$$M'n' - N'm' = \pm 1,$$

de sorte que n' sera nécessairement aussi positif.

Ensuite, si l'on fait

$$s' = \mu' x' + s,$$

on aura

$$y = M's' + N'x', \quad z = m's' + n'x';$$

et, substituant ces valeurs dans la formule

$$py^2 + 2qyz - rz^2,$$

on aura cette autre transformée

$$P's'^2 + 2Q''s'x' - R'x'^2,$$

où

$$P' = pM'^2 + 2qM'm' - rm'^2,$$
$$Q'' = pM'N' + q(M'n' + N'm') - rm'n',$$
$$R' = rn'^2 - qN'n' - pN'^2.$$

Et l'on prouvera, comme on a fait plus haut, que les nombres P′ et R′ seront de mêmes signes.

On pourra trouver pareillement une troisième transformée telle que

$$P''s'^2 + 2Q'''s'x'' - R'x''^2,$$

dans laquelle

$$x'' = \mu'' s' + x',$$

et où P″ et R′ seront de mêmes signes, et ainsi de suite.

Maintenant, comme les nombres

$$M,\ N,\ M',\ N',\ldots$$

forment une suite décroissante de nombres entiers, il est clair qu'on doit parvenir nécessairement à un terme qui soit nul. Supposons donc, par exemple, que l'on ait $N'=0$, et à cause de

$$M'n' - N'm' = \pm 1,$$

on aura

$$M'n' = 1$$

(car, à cause que les nombres M' et n' sont tous deux positifs, il est évident qu'il faut prendre dans ce cas le signe supérieur), donc

$$M' = 1 \quad \text{et} \quad n' = 1;$$

de sorte qu'on aura dans ce cas

$$y = s',\quad z = m's' + x'.$$

D'où je conclus que, pour transformer la formule proposée

$$py^2 + 2qyz - rz^2$$

en celle-ci

$$Ps^2 + 2Qsx - Rx^2,$$

dans laquelle on ait

$$PR + Q^2 = pr + q^2 = a,$$

et où P et R soient de mêmes signes, il faut faire les substitutions suivantes

$$z = m'y + x',\quad y = \mu' x' + s,\quad x' = \mu s + x,$$

et prendre les nombres m', μ' et μ positifs et tels, que dans les transformées résultantes

$$P'y^2 + 2Q''yx' - R'x'^2,$$
$$P's^2 + 2Q'sx' - Rx'^2,$$
$$Ps^2 + 2Q\,sx - Rx^2,$$

les coefficients R', P', R et P soient tous de mêmes signes.

Voyons donc comment on pourra remplir ces conditions.

En faisant d'abord la substitution de $m'y + x'$ à la place de z, on aura la première transformée, où

$$\begin{aligned} R' &= r, \\ Q'' &= q - rm', \\ P' &= p + 2qm' - rm'^2 = \frac{a - Q''^2}{R'}. \end{aligned}$$

Or

$$P' = -r\left(m' + \frac{\sqrt{a} - q}{r}\right)\left(m' - \frac{\sqrt{a} + q}{r}\right);$$

donc, pour que P′ et R′ soient de mêmes signes, il faudra que les facteurs

$$m' + \frac{\sqrt{a} - q}{r}, \quad m' - \frac{\sqrt{a} + q}{r}$$

soient de signes différents; mais, à cause de $\sqrt{a} > q$, il est clair que $\sqrt{a} \pm q$ sera toujours un nombre positif; donc, si r est positif, $m' + \frac{\sqrt{a} - q}{r}$ sera toujours positif, et il faudra que $m' - \frac{\sqrt{a} + q}{r}$ soit négatif, et par conséquent que

$$m' < \frac{\sqrt{a} + q}{r};$$

si au contraire r est négatif, $m' - \frac{\sqrt{a} + q}{r}$ sera positif, et il faudra que $m' + \frac{\sqrt{a} - q}{r}$ soit négatif; donc

$$m' < \frac{\sqrt{a} - q}{-r}.$$

Substituons ensuite $\mu' x' + s$ à la place de y, et l'on aura la seconde transformée, dans laquelle

$$\begin{aligned} Q' &= Q'' + P'\mu', \\ R &= R' - 2Q''\mu' - P'\mu'^2 = \frac{a - Q'^2}{P'}. \end{aligned}$$

J'observe que

$$R = -P'\left(\mu' + \frac{\sqrt{a} + Q''}{P'}\right)\left(\mu' - \frac{\sqrt{a} - Q''}{P'}\right),$$

de sorte que pour que R et P' soient de mêmes signes il faut que les deux facteurs

$$\mu' + \frac{\sqrt{a} + Q''}{P'}, \quad \mu' - \frac{\sqrt{a} - Q''}{P'}$$

soient de signes différents; or comme

$$P'R' = a - Q''^2$$

(P' et R' étant de mêmes signes), il s'ensuit que Q''^2 sera plus petit que a, et par conséquent $Q'' < \sqrt{a}$, de sorte que $\sqrt{a} \pm Q''$ sera toujours un nombre positif; donc, si P' est positif, $\mu' + \frac{\sqrt{a} + Q''}{P'}$ sera positif, et il faudra que $\mu' - \frac{\sqrt{a} - Q''}{P'}$ soit négatif; donc

$$\mu' < \frac{\sqrt{a} - Q''}{P'};$$

mais, μ' devant être un nombre entier, il faudra que $\frac{\sqrt{a} - Q''}{P'}$ soit plus grand que l'unité; donc $P' < \sqrt{a} - Q''$; donc, à cause de

$$P'R' = a - Q''^2 = (\sqrt{a} + Q'')(\sqrt{a} - Q''),$$

il faudra que R' soit plus grand que $\sqrt{a} + Q''$, c'est-à-dire

$$r > \sqrt{a} + q - rm',$$

et par conséquent

$$(m' + 1) r > \sqrt{a} + q,$$

et de là

$$m' > \frac{\sqrt{a} + q}{r} - 1.$$

Or P' doit être positif lorsque r est positif, auquel cas on a déjà trouvé $m' < \frac{\sqrt{a} + q}{r}$; donc on aura dans ce cas

$$m' < \frac{\sqrt{a} + q}{r}, \quad m' > \frac{\sqrt{a} + q}{r} - 1,$$

$$\mu' < \frac{\sqrt{a} - Q''}{P'}.$$

On trouvera de même, pour le cas de r négatif,

$$m' < \frac{\sqrt{a} - q}{-r}, \quad m' > \frac{\sqrt{a} - q}{-r} - 1,$$

$$\mu' < \frac{\sqrt{a} + Q''}{P'}.$$

D'où l'on voit que le nombre m', devant être entier, sera nécessairement déterminé, puisque les deux limites entre lesquelles il doit se trouver ne diffèrent que de l'unité.

Enfin on substituera $\mu s + x$ à la place de x', et l'on aura la troisième transformée dans laquelle

$$Q = Q' - R\mu,$$
$$R = P' + 2Q'\mu - R\mu^2 = \frac{a - Q^2}{R}.$$

Et, en faisant attention que

$$P = -R\left(\mu + \frac{\sqrt{a} - Q'}{R}\right)\left(\mu - \frac{\sqrt{a} + Q'}{R}\right)$$

(à cause de $RP' = a - Q'^2$), on prouvera comme ci-dessus que, dans le cas de r positif, on aura

$$\mu' < \frac{\sqrt{a} - Q''}{P'}, \quad \mu' > \frac{\sqrt{a} - Q''}{P'} - 1,$$

$$\mu < \frac{\sqrt{a} + Q'}{R},$$

et dans le cas de r négatif

$$\mu' < \frac{\sqrt{a} + Q''}{P'}, \quad \mu' > \frac{\sqrt{a} + Q''}{P'} - 1,$$

$$\mu < \frac{\sqrt{a} - Q'}{R}.$$

De sorte que le nombre μ' sera aussi déterminé, et qu'il n'y aura d'indéterminé que le nombre μ.

Or, si l'on veut de plus que $2Q$ ne soit ni plus grand que P ni plus grand que R, comme les conditions du Problème l'exigent, il faudra d'abord déterminer μ en sorte que $Q = Q' - \mu R$ ne soit pas plus grand que $\frac{R}{2}$, abstraction faite des signes de Q et R; et il est clair que prenant pour μ un nombre entier positif, il n'y aura qu'une seule valeur de μ qui puisse satisfaire à cette condition; de sorte que le nombre μ sera par ce moyen entièrement déterminé. Ainsi il ne restera plus qu'à voir si Q est aussi $< \frac{P}{2}$; auquel cas la transformée

$$Ps^2 + 2Qsx - Rx^2$$

aura les conditions requises.

On voit par là comment on peut résoudre la question proposée sans aucun tâtonnement, et voici la méthode qu'il faut suivre pour cet objet.

MÉTHODE POUR TRANSFORMER LA FORMULE $py^2 + 2qyz - rz^2$, DANS LAQUELLE ON A $pr + q^2 = a$ (a ÉTANT UN NOMBRE ENTIER POSITIF DONNÉ) ET OU $2q$ N'EST NI $> p$ NI $> r$ (ABSTRACTION FAITE DES SIGNES DE p, q, r), EN D'AUTRES FORMULES SEMBLABLES ET ASSUJETTIES AUX MÊMES CONDITIONS.

24. Nous changerons d'abord, pour mieux conserver l'analogie dans nos formules, les lettres z et p en y' et r'; de sorte que notre formule deviendra

$$r'y^2 + 2qyy' - ry'^2,$$

où

$$rr' + q^2 = a \quad \text{et} \quad q \text{ non} > \frac{r}{2} \text{ ni} > \frac{r'}{2}.$$

Maintenant, comme r et r' doivent être de mêmes signes en vertu de l'équation $r'r + q^2 = a$, nous les supposerons d'abord tous les deux positifs; mais q pourra être positif ou négatif, et devra même être pris successivement en *plus* et en *moins*.

Cela posé :

1° On fera

$$y = m'y' + y'',$$

ce qui donnera cette première transformée

$$r'y''^2 + 2q'y''y' - r''y'^2,$$

où l'on aura

$$q' = q + r'm',$$
$$r'' = r - 2qm' - r'm'^2 = \frac{a - q'^2}{r'}.$$

On prendra, s'il est possible, pour m' un nombre entier positif, tel que $q + r'm'$ ne soit pas $> \frac{r'}{2}$; ensuite on verra si r'' est $> q'$ ou non, et dans ce dernier cas la transformée trouvée aura les conditions requises.

2° On déterminera m' en sorte que

$$m' < \frac{\sqrt{a} - q}{r'}, \quad m' > \frac{\sqrt{a} - q}{r'} - 1.$$

Ensuite on fera

$$y' = m''y'' + y''',$$

ce qui donnera cette seconde transformée

$$r'''y''^2 + 2q''y''y''' - r''y'''^2,$$

en faisant

$$q'' = q' - r''m'',$$
$$r''' = r' + 2q'm'' - r''m''^2 = \frac{a - q''^2}{r''}.$$

On prendra m'' entier positif et tel que $q' - r''m''$ ne soit pas $> \frac{r''}{2}$; et si en même temps q'' ne surpasse pas $\frac{r'''}{2}$ la transformée précédente aura les conditions requises.

3° On déterminera m'' en sorte que

$$m'' < \frac{\sqrt{a} + q'}{r''}, \quad m'' > \frac{\sqrt{a} + q'}{r''} - 1.$$

Ensuite on fera

$$y'' = m'''y''' + y^{\text{IV}},$$

et l'on aura cette troisième transformée

$$r'''y^{\text{IV}2} + 2q'''y^{\text{IV}}y''' - r^{\text{IV}}y'''^2,$$

dans laquelle

$$q''' = q'' + r'''m''',$$

$$r^{\text{IV}} = r'' - 2q''m''' - r'''m'''^2 = \frac{a - q'''^2}{r'''}.$$

On prendra pour m''' un nombre entier positif et tel que $q'' + r'''m'''$ ne soit pas $> \frac{r'''}{2}$, et si la valeur de q''' n'est pas en même temps $> \frac{r^{\text{IV}}}{2}$, on sera assuré que la transformée trouvée aura les conditions requises.

4° On déterminera m''' en sorte que

$$m''' < \frac{\sqrt{a} - q''}{r'''}, \quad m''' > \frac{\sqrt{a} - q''}{r'''} - 1.$$

Ensuite on fera

$$y''' = m^{\text{IV}}y^{\text{IV}} + y^{\text{V}},$$

ce qui donnera la quatrième transformée

$$r^{\text{V}}y^{\text{IV}2} + 2q^{\text{IV}}y^{\text{IV}}y^{\text{V}} - r^{\text{IV}}y^{\text{V}2},$$

où

$$q^{\text{IV}} = q''' - r^{\text{IV}}m^{\text{IV}},$$

$$r^{\text{V}} = r''' + 2q'''m^{\text{IV}} - r^{\text{IV}}m^{\text{IV}2} = \frac{a - q^{\text{IV}2}}{r^{\text{IV}}}.$$

On prendra m^{IV} tel que $q''' - r^{\text{IV}}m^{\text{IV}}$ ne soit pas $> \frac{r^{\text{IV}}}{2}$, et si q^{IV} n'est pas en même temps $> \frac{r^{\text{V}}}{2}$ la transformée aura les conditions requises.

5° On déterminera m^{IV},....

De cette manière on trouvera successivement toutes les transformées de la formule proposée, dans lesquelles les conditions prescrites pourront avoir lieu; et il est clair que le nombre des tranformées différentes sera nécessairement limité; car nous avons vu dans le Problème II qu'il ne peut y avoir qu'un nombre limité de formules différentes où les mêmes conditions soient observées.

Mais, pour avoir toutes les différentes transformées possibles d'une même formule, il faudra faire un double calcul en prenant la valeur de q successivement en *plus* et en *moins*.

Si les nombres r et r', au lieu d'être tous deux positifs, comme nous l'avons supposé, étaient tous deux négatifs, il n'y aurait qu'à changer les signes de ces nombres aussi bien que celui du nombre q, c'est-à-dire qu'on prendrait la formule

$$r'y^2 + 2qyy' - ry'^2$$

négativement; et ensuite on changerait de même tous les signes des transformées qu'on aurait trouvées. Ou bien, ce qui est encore plus simple, on écrira $-r$ à la place de r', $-r'$ à la place de r, et y' à la place de y, ce qui donnera la formule

$$-ry'^2 + 2qyy' + r'y^2$$

où r et r' seront des nombres positifs.

25. Corollaire. — Il suit de l'analyse du Problème précédent que les nombres r, r', r'', r''',... seront tous de mêmes signes et tels que

$$a = rr' + q^2 = r'r'' + q'^2 = r''r''' + q''^2 = \ldots;$$

ainsi chacun de ces nombres sera moindre que le nombre donné a, par conséquent en continuant la série r, r', r'',... il faudra nécessairement que le même nombre revienne plusieurs fois, et même que la même couple de deux nombres successifs revienne aussi; donc, en continuant le calcul, suivant la méthode précédente, on retrouvera nécessairement une transformée identique avec quelqu'une de celles qu'on aura déjà eues; c'est ce qu'on reconnaîtra aisément lorsqu'on trouvera, par exemple,

$$q^{(\mu+\nu)} = q^{(\mu)}, \quad r^{(\mu+\nu+1)} = r^{(\mu+1)},$$

et que ν sera un nombre pair; alors il sera inutile de pousser le calcul plus loin, parce que les transformées suivantes seraient les mêmes qu'on aurait déjà trouvées.

Donc, dès qu'on aura trouvé par le Problème II toutes les différentes formules

$$py^2 \pm 2qyz - rz^2$$

qui peuvent représenter les diviseurs des nombres de la forme

$$t^2 - au^2,$$

on pourra les réduire au plus petit nombre possible en excluant celles qui ne sont que des transformées de quelques-unes de ces formules. Ainsi, comme la formule $y^2 - az^2$ est toujours une de celles des diviseurs de $t^2 - au^2$ (en faisant $q = 0$ et $p = 1$, $r = a$), on commencera par chercher toutes les transformées de cette même formule, où les propriétés prescrites pourront avoir lieu, et comme ces transformées se trouveront nécessairement parmi les autres formules des diviseurs de $t^2 - au^2$ on pourra d'abord les rejeter comme étant identiques entre elles. Ensuite on fera la même opération sur les formules qui resteront; et après les avoir parcourues toutes, rejeté celles qui se trouveront identiques entre elles, on sera sûr que les restantes seront toutes différentes entre elles, et qu'elles seront en même temps toutes nécessaires pour représenter tous les diviseurs possibles des nombres de la forme donnée.

Au reste il arrivera le plus souvent que les transformées de la formule $y^2 - az^2$ renfermeront toutes les autres formules des diviseurs de $t^2 - au^2$, surtout lorsque a est un nombre premier; mais on aurait tort d'en faire une règle générale; car nous apporterons des Exemples où elle se trouverait en défaut : ce qui servira en même temps à montrer l'utilité et l'importance des méthodes que nous venons de donner.

Exemples.

26. Soit proposée la formule

$$y^2 - 2z^2;$$

donc

$$r' = 1, \quad q = 0, \quad r = 2 = a;$$

ainsi l'on aura

$$q' = m', \quad r'' = \frac{2 - q'^2}{1};$$

or il est clair qu'on ne peut rendre $q' < r' < 1$; ainsi l'on passera à une seconde transformée.

Pour cela, on prendra donc

$$m' < \frac{\sqrt{2}}{1}, \quad m' > \frac{\sqrt{2}}{1} - 1,$$

c'est-à-dire $m' = 1$, ce qui donnera

$$q' = 1, \quad r'' = \frac{2 - 1}{1} = 1;$$

ensuite on aura

$$q'' = q' - r''m'' = 1 - m'', \quad r''' = \frac{2 - q''^2}{1};$$

or, pour que q'' ne soit pas $> \frac{r''}{2} > \frac{1}{2}$, il faut prendre $m'' = 1$, ce qui donne

$$q'' = 0, \quad r''' = 2;$$

de sorte que, comme q'' est en même temps non $> \frac{r''}{2}$, on aura la transformée

$$r'''y''^2 + 2q''y''y''' - r''y'''^2,$$

c'est-à-dire

$$2y''^2 - y'''^2,$$

qui aura les conditions requises; or cette transformée est semblable à la formule

$$2z^2 - y^2,$$

de sorte que les deux formules

$$y^2 - 2z^2 \quad \text{et} \quad 2z^2 - y^2,$$

que notre méthode générale donne pour les diviseurs des nombres de la forme $t^2 - 2u^2$, reviennent à la même, comme nous l'avons déjà remarqué (**20, II**).

On trouvera, de même, que les deux formules

$$y^2 - 5z^2 \quad \text{et} \quad 5z^2 - y^2$$

reviennent à la même, comme on l'a observé dans le numéro cité, V.

Considérons, pour donner un autre Exemple, le cas du nº **20**, VII, où nous avons trouvé que les formules des diviseurs de

$$t^2 - 7u^2$$

étaient

$$y^2 - 7z^2, \quad 2y^2 \pm 2yz - 3z^2, \quad 7z^2 - y^2, \quad 3z^2 \pm 2yz - 2y^2.$$

1º Soit donc

$$r' = 1, \quad q = 0, \quad r = 7 = a;$$

on aura

$$q' = m', \quad r'' = \frac{7 - q'^2}{1},$$

où l'on voit que q' ne saurait devenir $< \frac{r'}{2} < \frac{1}{2}$.

2º On prendra donc

$$m' < \frac{\sqrt{7}}{1}, \quad m' > \frac{\sqrt{7}}{1} - 1,$$

donc

$$m' = 2, \quad q' = 2, \quad r'' = 3;$$

de là on aura donc

$$q'' = 2 - 3m'', \quad r''' = \frac{7 - q''^2}{3},$$

et pour que q'' ne soit pas $> \frac{r''}{2} > \frac{3}{2}$ il faudra faire $m'' = 1$, ce qui donnera

$$q'' = -1, \quad r''' = 2;$$

de sorte que, comme q'' est en même temps non $> \frac{r'''}{2}$, la transformée

$$r'''y''^2 + 2q''y''y''' - r''y'''^2,$$

c'est-à-dire

$$2y''^2 - 2y''y''' - 3y'''^2,$$

aura les conditions requises.

3° On prendra

$$m'' < \frac{\sqrt{7}+2}{3}, \quad m'' > \frac{\sqrt{7}+2}{3} - 1;$$

donc $m''=1$; d'où

$$q''=-1, \quad r'''=2;$$

ensuite de quoi on aura

$$q'''=-1+2m''', \quad r^{\text{IV}}=\frac{7-q'''^2}{2};$$

donc, pour que q''' ne soit pas $> \frac{r'''}{2}$, il faudra prendre $m'''=1$, ce qui donnera

$$q'''=1, \quad r^{\text{IV}}=3;$$

de là on aura la nouvelle transformée

$$2y^{\text{IV}2}+2y^{\text{IV}}y'''-3y'''^2,$$

qui aura aussi les conditions requises.

4° On fera

$$m''' < \frac{\sqrt{7}+1}{2}, \quad m''' > \frac{\sqrt{7}+1}{2} - 1;$$

donc $m'''=1$, et de là

$$q'''=1, \quad r^{\text{IV}}=3;$$

ensuite on aura

$$q^{\text{IV}}=1-3m^{\text{IV}}, \quad r^{\text{V}}=\frac{7-q^{\text{IV}2}}{3};$$

où l'on voit qu'on ne saurait prendre m^{IV} en sorte que q^{IV} ne devienne pas $> \frac{r^{\text{IV}}}{2}$.

5° On fera

$$m^{\text{IV}} < \frac{\sqrt{7}+1}{3}, \quad m^{\text{IV}} > \frac{\sqrt{7}+1}{3} - 1,$$

donc $m^{\text{IV}}=1$; et de là

$$q^{\text{IV}}=-2, \quad r^{\text{V}}=1;$$

ensuite on aura

$$q^{\text{V}}=-2+m^{\text{V}}, \quad r^{\text{VI}}=\frac{7-q^{\text{V}2}}{1};$$

donc, pour que q^{v} ne soit pas $> \frac{r^{\text{v}}}{2}$, on fera $m^{\text{v}} = 2$, ce qui donnera

$$q^{\text{v}} = 0, \quad r^{\text{vi}} = 7;$$

de sorte qu'on aura la transformée

$$y^{\text{vi}\,2} - 7y^{\text{v}\,2},$$

qui aura les conditions prescrites.

6° On fera

$$m^{\text{v}} < \frac{\sqrt{7}+2}{1}, \quad m^{\text{v}} > \frac{\sqrt{7}+2}{1} - 1;$$

donc $m^{\text{v}} = 4$, par conséquent

$$q^{\text{v}} = 2, \quad r^{\text{vi}} = 3;$$

j'observe ici, sans aller plus loin, que ces valeurs de q^{v} et r^{vi} sont les mêmes que celles de q' et r'' (2°, page 743); donc, puisque la différence des exposants de q est paire, il s'ensuit que les transformées qu'on pourrait trouver en continuant le calcul seraient les mêmes que celles qu'on a déjà trouvées ci-dessus (**25**).

Ainsi la formule $y^2 - 7y'^2$ ne saurait fournir d'autres transformées qui aient les conditions prescrites que ces deux-ci

$$2y''^2 - 2y''y''' - 3y'''^2, \quad 2y^{\text{iv}\,2} + 2y^{\text{iv}}y''' - 3y'''^2;$$

d'où l'on voit que les formules

$$y^2 - 7z^2, \quad 2y^2 \pm 2yz - 3z^2$$

reviennent à la même; comme aussi les formules

$$7z^2 - y^2, \quad 3z^2 \mp 2yz - 2y^2$$

qui ne sont que les négatives de celles-là; mais que les deux formules

$$y^2 - 7z^2, \quad 7z^2 - y^2$$

ne sauraient se réduire l'une à l'autre, comme cela a lieu dans les formules

$$y^2 - 5z^2, \quad 5z^2 - y^2$$

de l'Exemple précédent.

27. Pour développer davantage l'application de nos méthodes des Problèmes II et IV, nous allons chercher ici les formules des diviseurs des nombres de la forme

$$t^2 - 79u^2 \quad \text{ou} \quad 79u^2 - t^2.$$

On aura donc ici $a = 79$; donc il faudra que q ne soit pas $> \sqrt{\frac{79}{5}} > 3$, de sorte qu'on ne pourra faire que $q = 0, 1, 2, 3$. Faisant $q = 0$, on aura $pr = 79$, donc

$$p = 1, \quad r = 79;$$

faisant $q = 1$, on aura $pr = 78$, donc

$$p = 2, \quad r = 39, \quad \text{ou} \quad p = 3, \quad r = 26, \quad \text{ou} \quad p = 6, \quad r = 13;$$

faisant $q = 2$, on aura $pr = 75$, donc

$$p = 5, \quad r = 15;$$

enfin faisant $q = 3$, on aura $pr = 70$; donc

$$p = 7, \quad r = 10.$$

Ainsi l'on aura pour les diviseurs dont il s'agit les formules suivantes

$$y^2 - 79z^2, \quad 2y^2 \pm 2yz - 39z^2, \quad 3y^2 \pm 2yz - 26z^2,$$
$$6y^2 \pm 2yz - 13z^2, \quad 5y^2 \pm 4yz - 15z^2, \quad 7y^2 \pm 6yz - 10z^2,$$

et leurs inverses

$$79z^2 - y^2, \quad 39z^2 \mp 2yz - 2y^2, \quad 26z^2 \mp 2yz - 3y^2,$$
$$13z^2 \mp 2yz - 6y^2, \quad 15z^2 \mp 4yz - 5y^2, \quad 10z^2 \mp 6yz - 7y^2,$$

ce qui fait en tout douze formules; mais il faut maintenant les trier, et en rejeter celles qui sont identiques entre elles.

Considérons d'abord la formule

$$y'^2 - 79z^2 \quad \text{ou bien} \quad y^2 - 79y'^2.$$

1° On aura

$$r' = 1, \quad q = 0, \quad r = 79 = a,$$

donc

$$q' = m', \quad r'' = \frac{79 - q'^2}{1};$$

or q' est toujours $> \frac{r'}{2}$, à moins qu'on ne fasse $m' = 0$, ce qui ne donnerait aucune nouvelle formule.

2° Ainsi l'on fera

$$m' < \frac{\sqrt{79}}{1}, \quad m' > \frac{\sqrt{79}}{1} - 1,$$

donc $m' = 8$, par conséquent

$$q' = 8, \quad r'' = 15;$$

ensuite, on aura

$$q'' = 8 - 15m'', \quad r''' = \frac{79 - q''^2}{15},$$

où l'on fera $m'' = 1$ pour que q'' ne soit pas $> \frac{r''}{2}$; on aura donc

$$q'' = -7, \quad r''' = 2;$$

mais, comme q'' serait $> \frac{r'''}{2}$, ces valeurs ne donnent point de transformée convenable.

3° On fera donc

$$m'' < \frac{\sqrt{79} + 8}{15}, \quad m'' > \frac{\sqrt{79} + 8}{15} - 1;$$

donc $m'' = 1$, et de là

$$q'' = -7, \quad r''' = 2;$$

ensuite on aura

$$q''' = -7 + 2m''', \quad r^{\text{IV}} = \frac{79 - q'''^2}{2};$$

qu'on prenne $m''' = 3$ ou $= 4$ pour avoir $q''' = \pm 1$, non $> \frac{r'''}{2}$, et r^{IV} deviendra égal à 39; de sorte qu'on aura cette transformée, qui aura toutes les conditions prescrites

$$2y^{\text{IV}2} \pm 2y^{\text{IV}}y''' - 39y'''^2.$$

4° En poursuivant le calcul on fera

$$m''' < \frac{\sqrt{79}+7}{2}, \quad m''' > \frac{\sqrt{79}+7}{2} - 1,$$

c'est-à-dire $m''' = 7$; d'où

$$q''' = 7, \quad r^{\text{IV}} = 15;$$

ensuite on fera

$$q^{\text{IV}} = 7 - 15m^{\text{IV}}, \quad r^{\text{V}} = \frac{79 - q^{\text{IV}2}}{15},$$

et l'on prendra $m^{\text{IV}} = 1$ pour avoir q^{IV} non $> \frac{r^{\text{IV}}}{2}$; ainsi l'on aura

$$q^{\text{IV}} = -8, \quad r^{\text{V}} = 1;$$

mais, comme q^{IV} est plus grand que $\frac{r^{\text{V}}}{2}$, on rejettera ces valeurs comme inutiles.

5° On fera donc

$$m^{\text{IV}} < \frac{\sqrt{79}+7}{15}, \quad m^{\text{IV}} > \frac{\sqrt{79}+7}{15} - 1,$$

donc $m^{\text{IV}} = 1$, par conséquent

$$q^{\text{IV}} = -8, \quad r^{\text{V}} = 1;$$

après quoi on supposera

$$q^{\text{V}} = -8 + m^{\text{V}}, \quad r^{\text{VI}} = \frac{79 - q^{\text{V}2}}{1},$$

et l'on prendra $m^{\text{v}} = 8$ pour avoir

$$q^{\text{v}} = 0, \quad r^{\text{vi}} = 79,$$

ce qui donnera la transformée

$$y^{\text{vi}2} - 79y^{\text{v}2},$$

qui est entièrement semblable à la première formule

$$y'^2 - 79y^2.$$

6° Je fais

$$m^{\text{v}} < \frac{\sqrt{79}+8}{1}, \quad m^{\text{v}} > \frac{\sqrt{79}+8}{1} - 1,$$

savoir $m^{\text{v}} = 16$, ce qui donne

$$q^{\text{v}} = 8, \quad r^{\text{vi}} = 15;$$

or je remarque que ces valeurs de q^{v} et r^{vi} sont les mêmes que celles de q' et r'' du 2°, page 747; de sorte que, comme la différence des exposants de q est paire, on retrouvera les mêmes transformées qu'on a déjà eues; d'où il s'ensuit que la formule

$$y'^2 - 79y^2$$

ne peut se changer en aucune autre qu'en celle-ci

$$2y^{\text{iv}} \pm 2y^{\text{iv}}y''' - 39y'''^2,$$

et qu'ainsi parmi toutes les formules trouvées pour les diviseurs de $t^2 - 79u^2$ il n'y a que ces deux-ci

$$y^2 - 79z^2 \quad \text{et} \quad 2y^2 \pm 2yz - 39z^2$$

qui soient identiques entre elles, auxquelles on doit encore ajouter leurs inverses

$$79z^2 - y^2 \quad \text{et} \quad 39z^2 \mp 2yz - 2y^2,$$

qui seront aussi identiques entre elles.

Considérons maintenant la formule

$$3y^2 \pm 2yz - 26z^2,$$

savoir

$$3y^2 \pm 2yy' - 26y'^2.$$

1° On aura

$$r' = 3, \quad q = 1, \quad r = 26,$$

a étant toujours égal à 79; ainsi l'on supposera

$$q' = 1 + 3m', \quad r'' = \frac{79 - q'^2}{3},$$

et comme on ne peut pas prendre m' tel que q' ne soit pas $> \frac{r''}{2}$, on passera à une autre transformée.

2° On fera donc

$$m' < \frac{\sqrt{79} - 1}{3}, \quad m' > \frac{\sqrt{79} - 1}{3} - 1;$$

donc $m' = 2$ et

$$q' = 7, \quad r'' = 10;$$

ensuite on supposera

$$q'' = 7 - 10m'', \quad r''' = \frac{79 - q''^2}{10};$$

on prendra donc $m'' = 1$ pour avoir

$$q'' = -3 < \frac{10}{2},$$

et l'on aura

$$r''' = 7 > 2q'';$$

ainsi l'on aura la transformée

$$7y''^2 - 6y''y''' - 10y'''^2,$$

qui aura les conditions requises.

3° Soit

$$m'' < \frac{\sqrt{79} + 7}{10}, \quad m'' > \frac{\sqrt{79} + 7}{10} - 1;$$

donc $m'' = 1$ et

$$q'' = -3, \quad r''' = 7;$$

ensuite, soit supposé

$$q''' = -3 + 7m'', \quad r^{\text{IV}} = \frac{79 - q'''^2}{7},$$

et comme on ne peut pas prendre m''' tel que q''' ne soit pas $> \frac{r''''}{2}$, on passera à la transformée suivante.

4° On fera donc

$$m''' < \frac{\sqrt{79}+3}{7}, \quad m''' > \frac{\sqrt{79}+3}{7} - 1,$$

c'est-à-dire $m''' = 1$, et l'on aura

$$q''' = 4, \quad r^{\text{IV}} = 9,$$

ensuite de quoi on supposera

$$q^{\text{IV}} = 4 - 9m^{\text{IV}}, \quad r^{\text{V}} = \frac{79 - q^{\text{IV}2}}{9};$$

or on ne peut prendre m^{IV} tel que q^{IV} ne soit pas $> \frac{r^{\text{IV}}}{2}$; donc, etc.

5° On fera

$$m^{\text{IV}} < \frac{\sqrt{79}+4}{9}, \quad m^{\text{IV}} > \frac{\sqrt{79}+4}{9} - 1,$$

c'est-à-dire $m^{\text{IV}} = 1$; donc

$$q^{\text{IV}} = -5, \quad r^{\text{V}} = 6;$$

après quoi on fera

$$q^{\text{V}} = -5 + 6m^{\text{V}}, \quad r^{\text{VI}} = \frac{79 - q^{\text{V}2}}{6};$$

ici l'on peut prendre $m^{\text{V}} = 1$, ce qui donne

$$q^{\text{V}} = 1, \quad r^{\text{VI}} = 13;$$

valeurs qui ont les conditions requises; de sorte qu'on aura la transformée

$$6y^{\text{VI}2} + 2y^{\text{VI}}y^{\text{V}} - 13y^{\text{V}2}.$$

6° Soit maintenant

$$m^{\text{V}} < \frac{\sqrt{79}+5}{6}, \quad m^{\text{V}} > \frac{\sqrt{79}+5}{6} - 1,$$

donc $m^{\text{V}} = 2$ et

$$q^{\text{V}} = 7, \quad r^{\text{VI}} = 5;$$

ensuite soit supposé

$$q^{\text{vi}} = 7 - 5m^{\text{vi}}, \quad r^{\text{vii}} = \frac{79 - q^{\text{vi}\,2}}{5},$$

et il est clair qu'en prenant $m^{\text{vi}} = 1$ on aura $q^{\text{vi}} < \frac{r^{\text{vi}}}{2}$; on aura donc

$$q^{\text{vi}} = 2, \quad r^{\text{vii}} = 15;$$

de sorte que la transformée

$$15y^{\text{vii}\,2} + 4y^{\text{vii}}y^{\text{v}} - 5y^{\text{v}\,2}$$

aura les conditions requises.

7° Qu'on prenne

$$m^{\text{vi}} < \frac{\sqrt{79} + 7}{5}, \quad m^{\text{vi}} > \frac{\sqrt{79} + 7}{5} - 1,$$

donc $m^{\text{vi}} = 3$ et

$$q^{\text{vi}} = -8, \quad r^{\text{vii}} = 3;$$

ensuite on supposera

$$q^{\text{vii}} = -8 + 3m^{\text{vii}}, \quad r^{\text{viii}} = \frac{79 - q^{\text{vii}\,2}}{3};$$

et prenant $m^{\text{vii}} = 3$, on aura

$$q^{\text{vii}} = 1 < \frac{r^{\text{vii}}}{2}, \quad r^{\text{viii}} = 26 > 2q^{\text{vii}};$$

ce qui donnera la transformée

$$3y^{\text{viii}\,2} + 2y^{\text{viii}}y^{\text{vii}} - 26y^{\text{vii}\,2},$$

qui est semblable à la proposée.

8° On fera donc encore

$$m^{\text{vii}} < \frac{\sqrt{79} + 8}{3}, \quad m^{\text{vii}} > \frac{\sqrt{79} + 8}{3} - 1;$$

c'est-à-dire $m^{\text{vii}} = 5$, et par conséquent

$$q^{\text{vii}} = 7, \quad r^{\text{viii}} = 10;$$

valeurs qui sont les mêmes que celles de q' et r''; de sorte que les mêmes transformées qu'on a déjà trouvées reviendraient si l'on continuait le calcul.

Reprenons maintenant les mêmes valeurs de r' et r du 1°, page 750, mais au lieu de supposer $q=1$, qu'on fasse $q=-1$; donc

$$q'=-1+3m', \quad r''=\frac{79-q'^2}{3};$$

or, comme on ne saurait déterminer m' en sorte que q' devienne $<\frac{r'}{2}$, il faudra passer immédiatement à une autre transformée.

2° On fera donc

$$m'<\frac{\sqrt{79}+1}{3}, \quad m'>\frac{\sqrt{79}+1}{3}-1,$$

donc $m'=3$ et

$$q'=8, \quad r''=5;$$

ensuite on supposera

$$q''=8-5m'', \quad r'''=\frac{79-q''^2}{5},$$

et il est clair que prenant $m''=2$, q'' ne sera pas $>\frac{r''}{2}$; ainsi l'on aura

$$q''=-2, \quad r'''=15;$$

de sorte qu'il en résultera la transformée

$$15y''^2-4y''y'''-5y'''^2,$$

qui a, comme on voit, les conditions requises.

3° On fera

$$m''<\frac{\sqrt{79}+8}{5}, \quad m''>\frac{\sqrt{79}+8}{5}-1,$$

c'est-à-dire $m''=3$, d'où

$$q''=-7, \quad r'''=6;$$

ensuite on supposera

$$q'''=-7+6m''', \quad r^{\text{IV}}=\frac{79-q'''^2}{6};$$

et l'on prendra $m''' = 1$ pour avoir

$$q''' = -1, \quad r^{\text{IV}} = 13,$$

ce qui donnera la transformée

$$6y^{\text{IV}2} - 2y^{\text{IV}}y''' - 13y'''^2,$$

qui a les conditions requises.

4° Soit

$$m''' < \frac{\sqrt{79}+7}{6}, \quad m''' > \frac{\sqrt{79}+7}{6} - 1;$$

donc $m''' = 2$ et

$$q''' = 5, \quad r^{\text{IV}} = 9;$$

ensuite on supposera

$$q^{\text{IV}} = 5 - 9m^{\text{IV}}, \quad r^{\text{V}} = \frac{79 - q^{\text{IV}2}}{7};$$

et l'on pourra prendre $m^{\text{IV}} = 1$, ce qui donnera

$$q^{\text{IV}} = -4 < \frac{r^{\text{IV}}}{2};$$

mais alors on aura

$$r^{\text{V}} = 7 < 2q^{\text{IV}},$$

de sorte que ces valeurs ne sont pas convenables.

5° Soit donc

$$m^{\text{IV}} < \frac{\sqrt{79}+5}{9}, \quad m^{\text{IV}} > \frac{\sqrt{79}+5}{9} - 1,$$

donc $m^{\text{IV}} = 1$ et

$$q^{\text{IV}} = -4, \quad r^{\text{V}} = 7;$$

ensuite on fera

$$q^{\text{V}} = -4 + 7m^{\text{V}}, \quad r^{\text{VI}} = \frac{79 - q^{\text{V}2}}{7}$$

et l'on pourra prendre $m^{\text{V}} = 1$, ce qui donnera

$$q^{\text{V}} = 3 < \frac{r^{\text{V}}}{2}, \quad r^{\text{VI}} = 10 > 2q^{\text{V}};$$

de sorte qu'on aura cette transformée

$$7y^{\text{VI}2} + 6y^{\text{VI}}y^{\text{V}} - 10y^{\text{V}2}.$$

6° Soit

$$m^{\text{v}} < \frac{\sqrt{79}+4}{7}, \quad m^{\text{v}} > \frac{\sqrt{79}+4}{7} - 1;$$

donc $m^{\text{v}} = 1$ et

$$q^{\text{v}} = 3, \quad r^{\text{vi}} = 10;$$

qu'on fasse ensuite

$$q^{\text{vi}} = 3 - 10m^{\text{vi}}, \quad r^{\text{vii}} = \frac{79 - q^{\text{vi}\,2}}{10},$$

et, comme on ne peut pas prendre m^{vi} en sorte que q^{vi} devienne non $> \frac{r^{\text{vi}}}{2}$, on passera d'abord à la transformée suivante.

7° Soit donc

$$m^{\text{vi}} < \frac{\sqrt{79}+3}{10}, \quad m^{\text{vi}} > \frac{\sqrt{79}+3}{10} - 1,$$

donc $m^{\text{vi}} = 1$ et

$$q^{\text{vi}} = -7, \quad r^{\text{vii}} = 3;$$

qu'on fasse ensuite

$$q^{\text{vii}} = -7 + 3m^{\text{vii}}, \quad r^{\text{viii}} = \frac{79 - q^{\text{vii}\,2}}{3},$$

et prenant $m^{\text{vii}} = 2$ on aura

$$q^{\text{vii}} = -1 < \frac{r^{\text{vii}}}{2}, \quad r^{\text{viii}} = 26 > 2q^{\text{vii}};$$

donc on aura la transformée

$$3y^{\text{viii}\,2} - 2y^{\text{viii}}y^{\text{vii}} - 26y^{\text{vii}\,2},$$

qui est analogue à la proposée.

8° Soit encore

$$m^{\text{vii}} < \frac{\sqrt{79}+7}{3}, \quad m^{\text{vii}} > \frac{\sqrt{79}+7}{3} - 1,$$

donc $m^{\text{vii}} = 5$ et

$$q^{\text{vii}} = 8, \quad r^{\text{viii}} = 5,$$

valeurs qui sont les mêmes que celles de q' et r'' du 2°, page 753; ainsi l'opération sera terminée.

On voit donc que la formule $3y^2 \pm 2yy' - 26y'^2$ n'a pu fournir que ces transformées

$$7y''^2 - 6y''y''' - 10y'''^2,\quad 6y^{\text{vi}\,2} + 2y^{\text{vi}}y^{\text{v}} - 13y^{\text{v}\,2},\quad 15y^{\text{vi}\,2} + 4y^{\text{vi}}y^{\text{v}} - 5y^{\text{v}\,2},$$
$$15y''^2 - 4y''y''' - 5y'''^2,\quad 6y^{\text{iv}\,2} - 2y^{\text{iv}}y''' - 13y'''^2,\quad 7y^{\text{vi}\,2} + 6y^{\text{vi}}y^{\text{v}} - 10y^{\text{v}\,2};$$

d'où et de ce qui a déjà été trouvé ci-dessus, je conclus que les douze formules que nous avons données pour les diviseurs des nombres de la forme $t^2 - 79u^2$ peuvent se réduire à ces quatre-ci

$$y^2 - 79z^2,\quad 79z^2 - y^2,\quad 3y^2 \pm 2yz - 26z^2,\quad 26z^2 \mp 2yz - 3y^2,$$

lesquelles doivent être regardées comme essentiellement différentes l'une de l'autre, en sorte qu'elles n'admettent plus aucune réduction.

28. D'après ces principes on pourra construire deux Tables pour les formes des diviseurs impairs des nombres $t^2 + au^2$ et $t^2 - au^2$ en supposant successivement $a = 1, 2, 3, \ldots$.

Voici ces Tables poussées jusqu'à $a = 31$; il serait bon de les continuer au moins jusqu'à 100; mais nous nous contentons ici de mettre sur la voie ceux qui voudront dans la suite se charger de ce travail.

On remarquera, à l'égard de la seconde Table, que les signes ambigus $\pm$ qu'on y trouve dénotent que les valeurs de p et de r qui en sont affectées peuvent être prises également avec les signes supérieurs ou avec les inférieurs; ainsi, puisque à $a = 2$ répond $p = \pm 1$, $q = 0$, $r = \pm 2$, il s'ensuit que tout diviseur impair de $t^2 - 2u^2$ sera en même temps de la forme $y^2 - 2z^2$ et $2z^2 - y^2$, et ainsi des autres; de sorte que, dans ce cas, on sera libre de prendre les signes supérieurs ou les inférieurs.

On doit remarquer encore que l'on a omis, pour plus de simplicité, toutes les valeurs de a qui seraient égales à des carrés ou divisibles par des carrés; c'est pourquoi dans la colonne des valeurs de a on ne trouve ni le nombre 4, ni le nombre 8, ni, etc.; en effet il est visible que la formule $t^2 + 4u^2$ est comprise sous celle-ci $t^2 + u^2$ où $a = 1$. On voit de même que la formule $t^2 + 8u^2$ est réductible à celle-ci $t^2 + 2u^2$ où $a = 2$, et ainsi des autres.

TABLE I.

Formule des nombres proposés...... $t^2 + au^2$,

Formule de leurs diviseurs impairs... $py^2 \pm 2qyz + rz^2$, où $pr - q^2 = a$.

VALEURS DE a	VALEURS CORRESPONDANTES DE p	q	r
1	1	0	1
2	1	0	2
3	1	0	3
5	1, 2	0, 1	5, 3
6	1, 2	0, 0	6, 3
7	1	0	7
10	1, 2	0, 0	10, 5
11	1, 3	0, 1	11, 4
13	1, 2	0, 1	13, 7
14	1, 2, 3	0, 0, 1	14, 7, 5
15	1, 3	0, 0	15, 5
17	1, 2, 3	0, 1, 1	17, 9, 6
19	1, 4	0, 1	19, 5
21	1, 3, 2, 5	0, 0, 1, 2	21, 7, 11, 5
22	1, 2	0, 0	22, 11
23	1, 3	0, 1	23, 8
26	1, 2, 3, 5	0, 0, 1, 2	26, 13, 9, 6
29	1, 2, 3, 5	0, 1, 1, 1	29, 15, 10, 6
30	1, 2, 3, 5	0, 0, 0, 0	30, 15, 10, 6
31	1, 5	0, 2	31, 7

TABLE II.

Formule des nombres proposés...... $t^2 - au^2$,

Formule de leurs diviseurs impairs... $py^2 \pm 2qyz - rz^2$, où $pr + q^2 = a$.

VALEURS DE a	VALEURS CORRESPONDANTES DE p	q	r
1	1	0	1
2	± 1	0	± 2
3	1, — 1	0	3, — 3
5	± 1	0	± 5
6	1, — 1	0	6, — 6
7	1, — 1	0	7, — 7
10	± 1, ± 2	0	± 10, ± 5
11	1, — 1	0	11, — 11
13	± 1	0	± 13
14	1, — 1	0	14, — 14
15	1, — 1, 3, — 3	0	15, — 15, 5, — 5
17	± 1	0	± 17
19	1, — 1	0	19, — 19
21	1, — 1	0	21, — 21
22	1, — 1	0	22, — 22
23	1, — 1	0	23, — 23
26	± 1, ± 2	0	± 26, ± 13
29	± 1	0	± 29
30	1, — 1, 2, — 2	0	30, — 30, 15, — 15
31	1, — 1	0	31, — 31

SECONDE PARTIE.

J'ai donné, dans les Recherches précédentes, des méthodes directes et générales pour trouver toutes les formes dont sont susceptibles les diviseurs premiers des nombres de la forme

$$t^2 \pm a u^2,$$

a étant un nombre entier donné, et t, u des nombres quelconques entiers et premiers entre eux; et j'ai prouvé que ces diviseurs sont toujours réductibles à la forme

$$py^2 \pm 2qyz \pm rz^2,$$

dans laquelle y et z sont des nombres entiers indéterminés, et où p, q, r sont des nombres entiers dépendants du nombre a, en sorte qu'ils ne peuvent avoir qu'un nombre fini de valeurs différentes, lesquelles sont faciles à trouver par les règles que j'ai données pour cet objet, et que j'ai déjà appliquées à toutes les valeurs non carrées de a depuis 1 jusqu'à 31.

Je me propose maintenant de donner les moyens de ramener la même formule

$$py^2 \pm 2qyz \pm rz^2$$

à cette autre beaucoup plus simple

$$4an + b,$$

n étant un nombre entier quelconque, et b un nombre donné dépendant des nombres p, q, r; je donnerai ensuite des Tables pour toutes les valeurs de b répondantes aux valeurs non carrées de a depuis 1 jusqu'à 30, et je montrerai l'usage de ces Tables pour trouver facilement tous les diviseurs d'un nombre quelconque proposé; je traiterai enfin des nombres premiers de la forme $4an + b$ qui sont en même temps de la forme $u^2 \pm at^2$; j'établirai les principes généraux de la théorie de ces nombres, et j'en déduirai un grand nombre de Théorèmes, dont quelques-uns sont déjà connus, mais dont la plupart sont entièrement nouveaux.

Au reste, comme ce Mémoire n'est, à proprement parler, qu'une suite de celui qui est imprimé dans le volume de 1773, j'y conserverai, pour la commodité des citations, l'ordre des numéros et des Propositions.

DE LA MANIÈRE DE RAMENER LES DIVISEURS DES NOMBRES DE LA FORME $u^2 \pm at^2$ A LA FORME $4an+b$.

Comme nous avons déjà démontré que les diviseurs des nombres de la forme

$$u^2 \pm at^2$$

sont nécessairement de la forme

$$py^2 \pm 2qyz \pm rz^2,$$

il est clair qu'il ne s'agit plus que de ramener cette formule à celle-ci

$$4an+b;$$

c'est à quoi sont destinés les deux Problèmes suivants.

Problème V.

29. *Étant donnée l'expression*

$$py^2 \pm rz^2,$$

où p et r sont des nombres entiers donnés, et y, z des nombres entiers indéterminés, on propose de la réduire à la forme

$$4an+b,$$

a étant égal à pr, b étant un nombre positif ou négatif, égal ou moindre que $2a$, et n un nombre entier indéterminé.

Il est clair que, quels que soient les nombres y et z, on peut toujours les représenter par les formules $2mr \pm \rho$ et $2m'p \pm \varpi$, m, m', ρ et ϖ étant des nombres entiers indéterminés; il est visible de plus qu'on pourra toujours prendre les nombres m, m' avec les signes des nombres ρ et ϖ, en sorte que ces derniers soient l'un, savoir ρ, moindre ou au moins non plus grand que r, et l'autre, savoir ϖ, non plus grand que p.

Qu'on substitue donc ces valeurs dans l'expression $py^2 \pm rz^2$, elle deviendra, à cause de $pr = a$,

$$4a[m^2 r \pm m\rho \pm (m'^2 p \pm m'\varpi)] + p\rho^2 \pm r\varpi^2;$$

d'où l'on voit que la réduction proposée aura lieu en faisant

$$b = p\rho^2 \pm r\varpi^2,$$

et prenant successivement pour ϖ tous les nombres entiers jusqu'à p, et pour ρ tous les nombres entiers jusqu'à r; et il est clair que les valeurs de b qu'on trouvera de cette manière pourront être augmentées ou diminuées de tels multiples de $4a$ qu'on voudra; moyennant quoi on pourra toujours réduire ces valeurs à être au-dessous, ou au moins à n'être pas plus grandes que $2a$; pour cela il n'y aura qu'à diviser d'abord b par $4a$, et si le reste est égal ou moindre que $2a$, on le prendra pour la vraie valeur de b; mais si ce reste est plus grand que $2a$, on en retranchera $4a$, et l'on aura un reste qui sera nécessairement moindre que $2a$, et qu'on prendra à la place de b.

30. Corollaire. — Il est clair que si l'on change en même temps les signes des nombres p et r, la valeur b devra aussi changer de signe; par conséquent, si $4an + b$ est la forme des nombres $py^2 - rz^2$, on aura sur-le-champ $4an - b$ pour celle des nombres $rz^2 - py^2$, les valeurs de b étant les mêmes.

31. Remarque. — Si l'on ne veut considérer que les nombres impairs qui peuvent être représentés par la formule $py^2 \pm rz^2$, lorsque p et r ne sont pas pairs à la fois, il faudra dans ce cas rejeter toutes les valeurs paires de b, et ne prendre par conséquent à la fois pour ϖ et ρ que des nombres qui rendent l'une des quantités $p\rho^2$, $r\varpi^2$, paire et l'autre impaire.

Si l'on voulait de plus ne considérer que les nombres qui seraient premiers à $a = pr$, il faudrait encore rejeter toutes les valeurs de b qui ne seraient pas premières à p ou à r; et il est visible qu'il ne faudrait prendre alors pour ϖ que des nombres moindres que p et premiers à p, et pour ρ que nombres moindres que r et premiers à r.

Problème VI.

32. *Étant donnée l'expression*

$$py^2 + 2qyz \pm rz^2,$$

où p, q, r sont des nombres entiers donnés dont le premier ou le dernier est supposé impair, et y, z des nombres entiers indéterminés; on propose de la ramener à la forme

$$4an + b,$$

en supposant $a = pr \mp q^2$, b un nombre entier positif ou négatif qui ne soit pas plus grand que $2a$, et n un nombre entier indéterminé.

Supposons d'abord que p soit un nombre impair, et faisant l'expression proposée égale à X, en sorte que l'on ait

$$py^2 + 2qyz \pm rz^2 = X,$$

qu'on multiplie cette équation par p, elle deviendra

$$pX = (py + qz)^2 \pm az^2,$$

à cause de $a = pr \mp q^2$ (hypothèse), ou bien en faisant $py + qz = y'$,

$$pX = y'^2 \pm az^2.$$

Maintenant supposons, en général, que la plus grande commune mesure de a et p soit $p'c^2$, p' étant un nombre non carré ni divisible par aucun carré; et faisant

$$p = Pp'c^2, \quad a = r'p'c^2,$$

il est clair que P et r' seront premiers entre eux, et que l'équation

$$a = pr \mp q^2,$$

devenant

$$r'p'c^2 = Prp'c^2 \mp q^2,$$

ne pourra subsister en nombres entiers à moins que q ne soit divisible par $p'c$; ainsi l'on aura

$$q = q'p'c,$$

et divisant toute l'équation par $p'c^2$, il viendra

$$r' = Pr \mp q'^2 p',$$

où je remarque que P sera nécessairement premier à p'; car si ces deux nombres avaient une commune mesure autre que l'unité, il faudrait que le nombre r' fût aussi divisible par cette commune mesure; ainsi P et r' ne seraient plus premiers entre eux contre l'hypothèse. Donc P sera en même temps premier à p' et à r', et par conséquent aussi à $p'r'$.

Cela posé, puisque p et q sont divisibles à la fois par $p'c$, il est clair que y' le sera aussi, de sorte qu'on aura

$$y' = p'cx,$$

et l'équation

$$pX = y'^2 \pm az^2,$$

étant toute divisée par $p'c^2$, deviendra

$$PX = p'x^2 \pm r'z^2.$$

Or faisant $p'r' = a'$, on pourra réduire, par le Problème précédent, l'expression $p'x^2 \pm r'z^2$ à la forme $4a'n + b'$, où n sera un nombre entier indéterminé, et b' aura des valeurs connues. Qu'on mette Y à la place de n, et l'on aura l'équation

$$PX = 4a'Y + b',$$

laquelle devra avoir lieu en prenant pour X et Y des nombres entiers, et qu'on pourra, par conséquent, résoudre par les méthodes connues [*voyez* les *Mémoires* de cette Académie pour l'année 1768 (*)].

Or, comme on suppose que p est impair, il est clair que P, qui est un facteur de p, sera aussi impair; par conséquent P et $4a'$ seront premiers entre eux, puisqu'on a déjà prouvé que P est premier à $a' = p'r'$; ainsi l'équation proposée sera toujours résoluble, quelques valeurs qu'on donne à b'.

Qu'on divise $4a'$ par P, puis P par le premier reste, puis le premier

[*] *Œuvres de Lagrange*, t. II, p. 659.

reste par le second reste et ainsi de suite, jusqu'à ce que la division se fasse exactement, et nommant l, l', l'', l''', ... les quotients provenant de ces divisions, on en formera les fractions convergentes

$$\begin{array}{ccccccccc} & l & l' & l''\ldots & & & & l^{(\mu)} & \\ \frac{1}{0}, & \frac{l}{1}, & \frac{ll'+1}{l'}, & \frac{(ll'+1)l''+l}{l'l''+1}, & \ldots, & \frac{L}{\Lambda}, & \frac{L'}{\Lambda'}, & \frac{L'l^{(\mu)}+L}{\Lambda' l^{(\mu)}+\Lambda}, & \ldots, \end{array}$$

dont la dernière sera la fraction même $\frac{4a'}{P}$, et l'avant-dernière, que nous désignerons par $\frac{\alpha}{\beta}$, sera telle que $\alpha P - 4\beta a' = \pm 1$, le signe supérieur étant pour le cas où le quantième de la fraction $\frac{\alpha}{\beta}$ est impair, et l'inférieur pour celui où ce quantième est pair.

Cela fait, on aura, en général,

$$X = 4a'n' \pm \alpha b',$$

n' étant un nombre quelconque entier.

Telle sera donc la forme de l'expression proposée X; d'où l'on voit que le Problème serait résolu si a' était égal à a; ce qui a lieu lorsque $c = 1$, c'est-à-dire lorsque la plus grande commune mesure entre p et a n'est divisible par aucun carré. Dans ce cas il n'y aura donc qu'à prendre $b = \pm \alpha b'$, en ajoutant ou retranchant de cette valeur, s'il est nécessaire, un multiple de $4a$ tel, que la valeur résultante de b ne surpasse pas $2a$, comme on l'a dit dans le Problème précédent.

Mais, si c n'est pas égal à 1, alors, pour réduire la valeur de X à la forme

$$4an + b \quad \text{ou} \quad 4a'c^2n + b$$

(a étant égal à $a'c^2$), on remarquera que, quel que soit le nombre entier n', on pourra toujours le représenter par $c^2 n + \gamma$, en prenant $\gamma < c^2$; ainsi, substituant cette valeur dans l'expression de X, on aura

$$X = 4an \pm \alpha b' + 4a'\gamma.$$

C'est pourquoi il n'y aura qu'à prendre

$$b = \pm \alpha b' + 4a'\gamma,$$

en donnant successivement à γ les valeurs 0, 1, 2,... jusqu'à $c^2 - 1$.

Si les nombres p et a sont premiers entre eux, la solution sera plus simple, car on aura non-seulement $c = 1$, mais aussi $p' = 1$, et de là $r' = a$.

Nous avons supposé jusqu'ici que p était impair; mais si p était pair et r impair, il n'y aurait alors qu'à prendre la valeur de r à la place de celle de p, et si dans la formule

$$py^2 + 2qyz \pm rz^2$$

le signe supérieur a lieu, il n'y aura aucun changement à faire aux valeurs de b trouvées d'après cette valeur; mais si c'est le signe inférieur qui a lieu, il n'y aura qu'à prendre les valeurs de b avec des signes contraires; ce qui est évident par la nature même de la formule dont il s'agit.

A l'égard du cas où p et r seraient pairs à la fois, nous pouvons en faire abstraction, puisque dans ce cas l'expression

$$py^2 + 2qyz \pm rz^2$$

ne donnerait que des nombres pairs.

33. Par l'application des méthodes précédentes on pourra donc construire deux nouvelles Tables correspondantes à celles du n° 28, et qui donnent pour chaque valeur de a et de p les valeurs convenables de b, en sorte qu'étant proposé un nombre de la forme $t^2 + au^2$ ou $t^2 - au^2$, on ait sur-le-champ toutes les formes particulières de l'espèce $4an + b$ dont les diviseurs de ce nombre sont susceptibles.

La Table III, qui suit, répond, comme on voit, à la Table I, et la Table IV à la Table II; on y a omis, pour plus de simplicité, les valeurs paires de b, ainsi que celles qui ne seraient pas premières à $4a$; de sorte que ces Tables ne donnent que les formules des diviseurs impairs et premiers à a. Lorsque deux valeurs différentes de p ont donné les mêmes valeurs de b, on a réuni ces valeurs de p dans une même case.

TABLE III.

Formule des nombres proposés.................... $t^2 + au^2$.
Formule de leurs diviseurs impairs, et premiers à a.. $py^2 \pm 2qyz + rz^2 = 4an + b$.

VALEURS DE a	VALEURS CORRESPONDANTES DE p	b
1	1	1
2	1	1, 3
3	1	1, -5
5	1	1, 9
	2	3, 7
6	1	1, 7
	2	5, 11
7	1	1, 9, 11, -3, -5, -13
10	1	1, 9, 11, 19
	2	7, 13, -3, -17
11	1, 3	1, 3, 5, 9, 15, -7, -13, -17, -19, -21
13	1	1, 9, 17, 25, -3, -23
	2	7, 11, 15, 19, -5, -21
14	1, 2	1, 9, 15, 23, 25, -17
	3	3, 5, 13, 19, 27, -11
15	1	1, 19, -11, -29
	3	17, 23, -7, -13
17	1, 2	1, 9, 13, 21, 25, 33, -15, -19
	3	3, 7, 11, 23, 27, 31, -5, -29
19	1, 4	1, 5, 7, 9, 11, 17, 23, 25, 35, -3, -13, -15, -21, -27, -29, -31, -33, -37
21	1	1, 25, 37
	2	11, 23, -13
	3	19, 31, -29
	5	5, 17, 41
22	1	1, 9, 15, 23, 25, 31, -7, -17, -39, -41
	2	13, 19, 21, 29, 35, 43, -3, -5, -27, -37
23	1, 3	1, 3, 9, 13, 25, 27, 29, 31, 35, 39, 41, -5, -7, -11, -15, -17, -19, -21, -33, -37, -43, -45
26	1, 3	1, 3, 9, 17, 25, 27, 35, 43, 49, 51, -23, -29
	2, 5	5, 7, 15, 21, 31, 37, 45, 47, -11, -19, -33, -41
29	1, 5	1, 5, 9, 13, 25, 33, 45, 49, 53, 57, -7, -23, -35, -51
	2, 3	3, 11, 15, 19, 27, 31, 39, 43, 47, 55, -17, -21, -37, -41
30	1	1, 31, 49, -41
	2	17, 23, 47, -7
	3	13, 37, 43, -53
	5	11, 29, 59, -19

TABLE IV.

Formule des nombres proposés.................. $t^2 - au^2$.
Formule de leurs diviseurs impairs, et premiers à a.. $py^2 \pm 2qyz - rz^2 = 4an + b$.

VALEURS DE a	VALEURS CORRESPONDANTES DE p	b
1	1	±1
2	±1	±1
3	1	1
	−1	−1
5	±1	±1, ±9
6	1	1, −5
	−1	−1, 5
7	1	1, 9, −3
	−1	−1, −9, 3
10	±1	±1, ±9
	±2	±3, ±13
11	1	1, 5, 9, −7, −19
	−1	−1, −5, −9, 7, 19
13	±1	±1, ±3, ±9, ±17, ±23, ±25
14	1	1, 9, 11, 25, −5, −13
	−1	−1, −9, −11, −25, 5, 13
15	1	1, −11
	−1	−1, 11
	3	7, −17
	−3	−7, 17,
17	±1	±1, ±9, ±13, ±15, ±19, ±21, ±25, ±33
19	1	1, 5, 9, 17, 25, −3, −15, −27, −31
	−1	−1, −5, −9, −17, −25, 3, 15, 27, 31
21	1	1, 25, 37, −5, −17, −41
	−1	−1, −25, −37, 5, 17, 41
22	1	1, 3, 9, 25, 27, −7, −13, −21, −29, −39
	−1	−1, −3, −9, −25, −27, 7, 13, 21, 29, 39
23	1	1, 9, 13, 25, 29, 41, −7, −11, −15, −19, −43
	−1	−1, −9, −13, −25, −29, −41, 7, 11, 15, 19, 43
26	±1	±1, ±9, ±17, ±23, ±25, ±49
	±2	±5, ±11, ±19, ±21, ±37, ±45
29	±1	±1, ±5, ±7, ±9, ±13, ±23, ±25, ±33, ±35, ±45, ±49, ±51, ±53, ±57
30	1	1, 19, 49, −29
	−1	−1, −19, −49, 29
	2	17, −7, −13, −37
	−2	−17, 7, 13, 37

34. On voit, par les deux Tables précédentes, que les valeurs de b ne renferment pas tous les nombres moindres que $2a$ et premiers à $2a$, mais seulement une partie d'entre eux; de sorte qu'il y en a toujours une partie d'exclue.

Ces nombres exclus, c'est-à-dire qui ne se trouvent point parmi les valeurs de b, donneront donc les formes des nombres qui ne peuvent jamais être diviseurs de $t^2 \pm au^2$, et que nous appellerons simplement *non-diviseurs*.

Ainsi l'on pourra construire encore deux autres Tables qui donneront les formes des non-diviseurs de $t^2 \pm au^2$ pour chaque valeur de a, en prenant pour b tous les nombres positifs ou négatifs moindres que $2a$, et premiers à $2a$, lesquels ne se trouveront pas parmi les valeurs de b contenues dans les deux Tables précédentes : c'est d'après ce principe qu'on a formé les Tables V et VI qui suivent.

TABLE V.

Formule des nombres proposés .... $t^2 + au^2$,

Formule des non-diviseurs .... $4an + b$.

VALEURS DE a	VALEURS CORRESPONDANTES DE b
1	− 1
2	− 1, − 3
3	5, − 1
5	− 1, − 3, − 7, − 9
6	− 1, − 5, − 7, − 11
7	3, 5, 13, − 1, − 9, − 11
10	3, 17, − 1, − 7, − 9, − 11, − 13, − 19
11	7, 13, 17, 19, 21, − 1, − 3, − 5, − 9, − 15
13	3, 5, 21, 23, − 1, − 7, − 9, − 11, − 15, − 17, − 19, − 25
14	11, 17, − 1, − 3, − 5, − 9, − 13, − 15, − 19, − 23, − 25, − 27
15	7, 11, 13, 29, − 1, − 17, − 19, − 23
17	5, 15, 19, 29, − 1, − 3, − 7, − 9, − 11, − 13, − 21, − 23, − 25, − 27, − 31, − 33
19	3, 13, 15, 21, 27, 29, 31, 33, 37, − 1, − 5, − 7, − 9, − 11, − 17, − 23, − 25, − 35
21	13, 29, − 1, − 5, − 11, − 17, − 19, − 23, − 25, − 31, − 37, − 41
22	3, 5, 7, 17, 27, 37, 39, 41, − 1, − 9, − 13, − 15, − 19, − 21, − 23, − 25, − 29, − 31, − 35, − 43
23	5, 7, 11, 15, 17, 19, 21, 33, 37, 43, 45, − 1, − 3, − 9, − 13, − 25, − 27, − 29, − 31, − 35, − 39, − 41
26	11, 19, 23, 29, 33, 41, − 1, − 3, − 5, − 7, − 9, − 15, − 17, − 21, − 25, − 27, − 31, − 35, − 37, − 43, − 45, − 47, − 49
29	7, 17, 21, 23, 35, 37, 41, 51, − 1, − 3, − 5, − 9, − 11, − 13, − 15, − 19, − 25, − 27, − 31, − 33, − 39, − 43, − 45, − 47, − 49, − 53, − 55, − 57
30	7, 19, 41, 53, − 1, − 11, − 13, − 17, − 23, − 29, − 31, − 37, − 43, − 47, − 49, − 59

TABLE VI.

Formule des nombres proposés .... $t^2 - au^2$.

Formule des non-diviseurs .... $4an + b$,

VALEURS DE a	VALEURS CORRESPONDANTES DE b
1	
2	± 3
3	± 5
5	± 3, ± 7
6	± 7, ± 11
7	± 5, ± 11, ± 13
10	± 7, ± 11, ± 17, ± 19
11	± 3, ± 13, ± 15, ± 17, ± 21
13	± 5, ± 7, ± 11, ± 15, ± 19, ± 21
14	± 3, ± 15, ± 17, ± 19, ± 23, ± 27
15	± 13, ± 19, ± 23, ± 29
17	± 3, ± 5, ± 11, ± 23, ± 27, ± 29, ± 31
19	± 7, ± 11, ± 13, ± 21, ± 23, ± 29, ± 33, ± 35, ± 37
21	± 11, ± 13, ± 19, ± 23, ± 29, ± 31
22	± 5, ± 15, ± 17, ± 19, ± 23, ± 31, ± 35, ± 37, ± 41, ± 43
23	± 3, ± 5, ± 17, ± 21, ± 27, ± 31, ± 33, ± 35, ± 37 ± 39, ± 45
26	± 3, ± 7, ± 15, ± 27, ± 29, ± 31, ± 33, ± 35, ± 41, ± 43, ± 47, ± 51
29	± 3, ± 11, ± 15, ± 17, ± 19, ± 21, ± 27, ± 31, ± 37, ± 39, ± 41, ± 43, ± 47, ± 55
30	± 11, ± 23, ± 31, ± 41, ± 43, ± 47, ± 53, ± 59

USAGE DES TABLES PRÉCÉDENTES DANS LA RECHERCHE DES DIVISEURS DES NOMBRES.

35. Cet usage se présente naturellement; car il suffit de ramener le nombre proposé dont on cherche les diviseurs ou un quelconque de ses multiples à la forme $t^2 \pm au^2$, ce qui est toujours possible de plusieurs manières, et si le nombre a se trouve dans les Tables III et IV on aura sur-le-champ toutes les valeurs de b que l'on peut admettre dans la forme générale $4an + b$ des diviseurs cherchés; en sorte qu'on sera assuré d'avance qu'il n'y aura que les nombres qui, étant divisés par $4a$, donneront pour restes quelques-unes des valeurs de b, qui pourront être diviseurs du nombre proposé; et comme pour trouver les diviseurs d'un nombre quelconque il suffit d'essayer successivement tous les nombres premiers moindres que la racine carrée de ce nombre, il est clair qu'on pourra d'abord exclure plusieurs de ces nombres premiers comme ne pouvant servir de diviseurs, ce qui épargnera beaucoup de tentatives inutiles, comme on va le voir par quelques Exemples.

Soit proposé de trouver les diviseurs du nombre 10001.

Suivant la méthode ordinaire il faudrait tenter successivement la division par tous les nombres premiers moindres que 100, qui est la racine carrée la plus proche de 10 001; de sorte que comme entre 2 et 100 il y a vingt-quatre nombres premiers, il faudrait faire vingt-quatre divisions particulières.

Or

1° Je remarque que

$$10001 = (100)^2 + 1;$$

de sorte qu'on a ici $a = 1$, et la Table III donne $b = 1$; c'est pourquoi aucun nombre ne pourra être diviseur de 10001, à moins qu'il ne soit de la forme $4n + 1$, c'est-à-dire qu'étant divisé par 4 il donne 1 de reste; ce qui exclut déjà un grand nombre de nombres premiers tels que 3, 7, 11, 19,...;

2° Je remarque ensuite que si l'on fait le carré de 101 on a 10 201, dont la différence avec le nombre proposé est

$$200 = 2(10)^2,$$

de sorte que le même nombre 10 001 peut aussi se représenter par

$$(101)^2 - 2(10)^2;$$

ainsi l'on aura $a = 2$, et la Table IV donnera $b = 1, -1$; d'où il s'ensuit que les diviseurs de 10 001 ne pourront être que de l'une ou de l'autre de ces deux formes $8n+1$, $8n-1$; donc, puisqu'ils doivent être déjà de la forme $4n+1$, il s'ensuit qu'ils ne pourront être que de la forme $8n+1$; ainsi parmi tous les nombres premiers moindres que 100 il ne faudra choisir que ceux qui, étant divisés par 8, donneront l'unité pour reste; et l'on ne trouvera que ces cinq-ci

$$17, \ 41, \ 73, \ 89, \ 97,$$

qui seront admissibles; de sorte que l'on n'aura plus que cinq diviseurs à essayer au lieu de vingt-quatre. On pourrait encore réduire le nombre de ces mêmes diviseurs en ramenant d'une autre manière le même nombre 10001 à la forme $t^2 \pm au^2$; mais cela est presque inutile dans le cas présent où le nombre des diviseurs utiles est déjà si petit; en effet, on trouvé que 17 et 41 ne divisent pas 10001, mais que 73 le divise, et donne pour quotient le nombre 137 qui est premier : d'où l'on conclut d'abord que les facteurs de 10 001 sont 73 et 137.

Je vais chercher de même les diviseurs du nombre suivant 10 003. J'aurai d'abord la forme

$$(100)^2 + 3,$$

qui donne $a = 3$ avec le signe $+$; ensuite, à cause de $(101)^2 = 10\,201$, j'aurai aussi

$$10\,003 = (101)^2 - 198 = (101)^2 - 22(3)^2;$$

donc $a = 22$ avec le signe $-$.

La Table III donne pour $a = 3$, $b = 1, -5$; de sorte qu'on aura d'abord ces deux formes

$$12n+1, \quad 12n-5 \quad \text{ou} \quad 12n+7;$$

ensuite la Table IV donnera pour $a = 22$,

$$b = \pm 1,\ \pm 3,\ \pm 9,\ \pm 25,\ \pm 27,\ \pm 7,\ \pm 13,\ \pm 21,\ \pm 29,\ \pm 39;$$

d'où l'on tire les formes $88n \pm 1$, $88n \pm 3, \ldots$.

Or puisqu'il suffit d'examiner les nombres premiers moindres que 100, on fera d'abord dans ces dernières formes $n = 0$ ou $= 1$, et, rejetant les nombres qui ne seraient pas premiers, on ne trouvera que ceux-ci

$$89,\ 3,\ 79,\ 97,\ 61,\ 7,\ 13,\ 67,\ 29,\ 59$$

qui soient admissibles; mais, en considérant les formes $12n + 1$, $12n + 7$, on voit qu'il faut encore rejeter tous ceux qui, étant divisés par 12, donneront des restes différents de 1 ou de 7; ainsi il n'y aura que ces six

$$7,\ 13,\ 61,\ 67,\ 79,\ 97$$

qui puissent servir. La division réussit d'abord par 7, et le quotient étant 1429 qui est premier, il s'ensuit que les diviseurs de 10 003 sont seulement 7 et 1429.

Prenons encore pour exémple un nombre beaucoup plus grand, comme 100 003.

Il est visible qu'on aura d'abord la forme

$$10(100)^2 + 3,$$

ou bien en multipliant par 10,

$$(1000)^2 + 30;$$

de sorte qu'on aura $a = 30$ avec le signe $+$; ensuite je considère les carrés qui approchent le plus de 100 003, je trouve 99 856 et 100 489, dont les différences avec 100 003 sont $147 = 3(7)^2$ et $486 = 6(9)^2$, de sorte que j'aurai encore ces deux autres formes

$$(316)^2 + 3(7)^2 \quad \text{et} \quad (317)^2 - 6(9)^2;$$

dont la première donne $a = 3$ avec le signe $+$, et la seconde $a = -6$ avec le signe $-$.

Considérons d'abord ces deux dernières formes, et elles donneront, suivant les Tables III et IV, l'une les formules $12n+1$, $12n-5$, et l'autre les formules $24n\pm 1$, $24n\pm 5$, d'où l'on voit que l'on ne peut admettre que ces deux-ci $24n+1$, $24n-5$ pour les diviseurs impairs du nombre proposé.

Maintenant la première forme où $a=30$ donnera, suivant la Table III, les formes suivantes :

$$\begin{array}{llllll} 120n+1, & 120n+31, & 120n+49, & 120n-41, & 120n+17, & 120n+23, \\ 120n+47, & 120n-7, & 120n+13, & 120n+37, & 120n+43, & 120n-53, \\ 120n+11, & 120n+29, & 120n+59, & 120n-19; & & \end{array}$$

qu'il faudra comparer avec les précédentes $24n+1$, $24n-5$, pour en rejeter celles qui ne s'accorderont pas. Pour cela il n'y aura qu'à diviser successivement les expressions $120n+1$, $120n+31$,... par 24, et l'on ne retiendra que celles qui donneront pour reste 1, ou -5, ou bien 19, et comme le nombre 120 est divisible exactement par 24, il suffira de faire subir l'épreuve aux nombres 1, 31, 49,.... De cette manière on ne trouvera que les nombres

$$1,\ 49,\ 43,\ -53;$$

de sorte que les formules utiles se réduiront à ces quatre-ci

$$120n+1,\quad 120n+49,\quad 120n+43,\quad 120n-53 \quad \text{ou bien} \quad 120n+67.$$

Par conséquent, aucun nombre premier ne pourra être un diviseur du nombre 100003, à moins qu'il ne soit de l'une de ces formes, c'est-à-dire qu'étant divisé par 120 il ne donne pour reste 1, ou 43, ou 49, ou 67. De plus, comme il suffit d'essayer pour diviseurs les nombres premiers qui sont moindres que $\sqrt{100\,003}$, c'est-à-dire moindres que 317, on fera dans les quatre formes précédentes $n=0$, $n=1$ et $n=2$, et l'on ne retiendra des nombres résultants que ceux qui seront premiers, savoir

$$43,\ 67,\ 163,\ 241,\ 283,\ 307;$$

ainsi il n'y aura que ces six diviseurs à essayer, tandis que par la méthode ordinaire il faudrait en essayer soixante-quatre. Or on trouve que la division ne réussit par aucun de ces six nombres premiers; d'où l'on doit conclure sur-le-champ que le nombre 100003 est premier.

En général, on voit par la comparaison des Tables V et VI avec les Tables III et IV, que le nombre des formes des non-diviseurs est égal à celui des formes des diviseurs; de sorte que les formes admissibles ne composent que la moitié de toutes les formes possibles; ce qui doit nécessairement réduire le nombre des essais à faire à la moitié; mais en combinant ensemble plusieurs formes différentes, ainsi que nous l'avons fait dans les Exemples précédents, on parviendra encore à diminuer ce nombre autant qu'il sera possible.

DES NOMBRES PREMIERS DE LA FORME $4an+b$, LESQUELS SONT EN MÊME TEMPS DE LA FORME $u^2 \pm at^2$.

36. M. Fermat a trouvé le premier les Théorèmes suivants :

1° *Tous les nombres premiers de la forme* $4n+1$ *sont aussi de la forme* y^2+z^2.

2° *Tous les nombres premiers de la forme* $6n+1$ *sont de la forme* y^2+3z^2.

3° *Tous les nombres premiers de la forme* $8n+1$ *sont de la forme* y^2+2z^2.

4° *Tous les nombres premiers de la forme* $8n+3$ *sont aussi de la forme* y^2+2z^2.

5° *Tous les nombres premiers de la forme* $8n\pm 1$ *sont de la forme* y^2-2t^2.

6° *Le produit de deux nombres premiers de la forme* $4n+3$, *et terminés par les caractères* 3 *ou* 7, *est toujours de la forme* y^2+5z^2; *et le carré de chacun de ces nombres en particulier est aussi de la même forme.*

Les quatre premiers et le dernier de ces Théorèmes se trouvent dans une Lettre de M. Fermat à M. Digby insérée dans le *Commercium episto-*

licum de M. Wallis (Wallisii *Opera*, t. II, p. 857); le cinquième ne se trouve, à la vérité, que dans les *Lettres* de M. Frenicle à M. Fermat, imprimées dans les *Œuvres mathématiques* de Fermat, pages 168, 170; mais il paraît, par ces Lettres mêmes, que ce dernier l'avait aussi déjà trouvé de son côté.

Quant à la démonstration de ces Théorèmes, M. Fermat ne l'a point donnée, du moins on n'en trouve aucune trace dans les Ouvrages de ce savant qui nous sont restés; mais M. Euler a entrepris d'y suppléer, et a réussi en effet à démontrer les deux premiers Théorèmes, et même le troisième, quoiqu'il n'ait encore publié que la démonstration des deux premiers (*voyez* les *Nouveaux Commentaires de Pétersbourg*, t. V, VI, VIII).

A l'égard des autres Théorèmes de M. Fermat, et surtout du quatrième, M. Euler avoue qu'il n'a pu parvenir à le démontrer; il en est de même de quelques autres Théorèmes semblables que M. Euler a trouvés par induction (*voyez* t. VI, p. 221, et t. VIII, p. 127 des *Commentaires* cités), et que voici :

7° *Tous les nombres premiers des formes* $20n+1$ et $20n+9$ *sont de la forme* y^2+5z^2.

8° *Tous les nombres premiers des formes* $24n+1$ et $24n+7$ *sont de la forme* y^2+6z^2.

9° *Tous les nombres premiers des formes* $24n+5$ et $24n+11$ *sont de la forme* $2y^2+3z^2$.

10° *Tous les nombres premiers de ces formes* $28n+1$, $28n+9$, $28n+11$, $28n+15$, $28n+23$, $28n+25$ *sont de la forme* y^2+7z^2.

On trouve encore un plus grand nombre de pareils Théorèmes dans le tome XIV des anciens *Commentaires de Pétersbourg*, mais dont aucun n'a été démontré jusqu'à présent.

Les principes établis jusqu'ici peuvent servir à démontrer la plupart de ces Théorèmes et même à en trouver de nouveaux; mais il faut pour cela poser les Lemmes suivants.

Lemme I.

37. *Si p est un nombre premier quelconque, et x un nombre non divisible par p, le nombre $x^{p-1} - 1$ est toujours divisible par p.*

C'est le Théorème connu de M. Fermat dont M. Euler a donné différentes démonstrations dans les *Commentaires de Pétersbourg*. *Voyez* aussi à ce sujet les *Mémoires* de 1771 (*).

Il y a donc un nombre $p-1$ de nombres entiers positifs ou négatifs, chacun moindre que $\frac{p}{2}$, qu'on peut prendre pour x, en sorte que $x^{p-1} - 1$ devienne divisible par p; car ces nombres sont ± 1, $\pm 2, \ldots, \pm \frac{p-1}{2}$.

Lemme II.

38. *Si le binôme $x^{p-1} - 1$ est résoluble en deux facteurs rationnels et entiers X et ξ, dont les degrés soient m et μ, en sorte que $m + \mu = p - 1$; je dis qu'il y aura nécessairement m valeurs de x moindres que $\frac{p}{2}$ qui rendront X divisible par p, et μ valeurs de x moindres que $\frac{p}{2}$ qui rendront ξ aussi divisible par p.*

Car puisque par le Lemme précédent il y a $p-1$ valeurs de x moindres que $\frac{p}{2}$, qui rendent $x^{p-1} - 1$ divisible par p, il y aura donc $m + \mu$ valeurs de x moindres que $\frac{p}{2}$ qui rendront $X\xi$ divisible par p; mais p étant un nombre premier, $X\xi$ ne peut être divisible par p, à moins que X ou ξ ne le soit; d'autre part le nombre des valeurs de x moindres que $\frac{p}{2}$, lesquelles peuvent rendre le polynôme X ou ξ divisible par p, ne peut surpasser m ou μ, ainsi que nous l'avons démontré dans les *Mémoires* de 1768 (**); donc il faudra nécessairement que le nombre des valeurs

(*) *Œuvres de Lagrange*, t. III, p. 425.

(**) *Œuvres de Lagrange*, t. II, p. 667.

de x moindres que $\frac{p}{2}$, lesquelles rendront X divisible par p, soit m, et que celui des valeurs de x moindres que $\frac{p}{2}$, lesquelles rendront ξ divisible par p, soit μ.

En général, si Π est un polynôme quelconque entier et rationnel en x, dont le degré soit moindre que $p-1$, et que le polynôme $x^{p-1} \pm p\Pi - 1$ soit résoluble dans les deux polynômes X et ξ rationnels et entiers, il suit de la démonstration précédente qu'il y aura toujours m valeurs de x moindres que $\frac{p}{2}$ qui rendront X divisible par p, et μ valeurs de x moindres que $\frac{p}{2}$ qui rendront ξ divisible par p.

Lemme III.

39. *Si un nombre premier p est un diviseur d'un nombre de la forme $t^2 - au^2$, a étant un nombre donné positif ou négatif, et t, u des nombres premiers entre eux, et non divisibles par p; je dis que $a^{\frac{p-1}{2}} - 1$ sera nécessairement divisible par p.*

Et réciproquement si $a^{\frac{p-1}{2}} - 1$ est divisible par p, ce nombre p pourra toujours être un diviseur d'un nombre de la forme $t^2 - au^2$.

Car :

1° Supposant $t^2 - au^2 = pM$, on aura

$$t^2 = au^2 + pM;$$

or, par le Lemme I, $t^{p-1} - 1$ et $u^{p-1} - 1$ sont divisibles par p; donc

$$(au^2 + pM)^{\frac{p-1}{2}} - 1$$

sera aussi divisible par p; mais en développant la puissance

$$(au^2 + pM)^{\frac{p-1}{2}},$$

on voit que tous les termes en sont d'eux-mêmes multiples de p, excepté le premier

$$u^{p-1} a^{\frac{p-1}{2}};$$

donc

$$u^{p-1} a^{\frac{p-1}{2}} - 1$$

sera divisible par p; mais $u^{p-1} - 1$ étant aussi divisible par p,

$$u^{p-1} a^{\frac{p-1}{2}} - a^{\frac{p-1}{2}}$$

sera encore divisible par p; par conséquent la différence de ces nombres, c'est-à-dire

$$a^{\frac{p-1}{2}} - 1,$$

sera nécessairement divisible par p.

2° Si $a^{\frac{p-1}{2}} - 1$ est supposé divisible par p, alors, par le Lemme II, il y aura toujours quelques valeurs de x qui rendront chacun des facteurs de

$$x^{p-1} - a^{\frac{p-1}{2}}$$

$\left(\text{en prenant } a^{\frac{p-1}{2}} - 1 = p\Pi\right)$ divisible par p; mais ce binôme a pour facteur $x^2 - a$; donc p pourra être diviseur de $x^2 - a$, c'est-à-dire d'un nombre de la forme $t^2 - au^2$.

Lemme IV.

40. *Si l'on a un nombre premier p de la forme $4n + 1$, lequel soit un diviseur d'un nombre de la forme $t^2 - au^2$, il le sera aussi nécessairement d'un nombre de la forme $t^2 + au^2$.*

Et vice versâ si p n'est jamais un diviseur d'un nombre de la forme $t^2 - au^2$, il ne pourra jamais l'être d'un nombre de la forme $t^2 + au^2$.

Car si p est un diviseur d'un nombre de la forme $t^2 - au^2$, on aura par le Lemme précédent $a^{\frac{p-1}{2}} - 1$ divisible par p; mais $\frac{p-1}{2} = 2n$; donc

$a^{2n} - 1$ sera divisible par p; donc aussi, changeant a en $-a$, $(-a)^{2n} - 1$ sera divisible par p; c'est-à-dire que

$$(-a)^{\frac{p-1}{2}} - 1$$

sera divisible par p; par conséquent, par la seconde partie du Lemme précédent, p sera un diviseur d'un nombre de la forme $t^2 + au^2$.

De même, en changeant a en $-a$ on prouvera que si p est un diviseur d'un nombre de la forme $t^2 + au^2$, il le sera aussi d'un nombre de la forme $t^2 - au^2$; par conséquent, si p ne peut être un diviseur de $t^2 - au^2$, il ne pourra l'être non plus d'un nombre de la forme $t^2 + au^2$.

Lemme V.

41. *Si p est de la forme $4n - 1$, et que ce nombre soit un diviseur d'un nombre de la forme $t^2 - au^2$, il ne pourra jamais l'être d'un nombre de la forme $t^2 + au^2$.*

Et réciproquement si p ne peut être un diviseur d'un nombre de la forme $t^2 - au^2$, il le sera nécessairement d'un nombre de la forme $t^2 + au^2$.

Car p étant un diviseur de $t^2 - au^2$, il faudra que l'on ait $a^{\frac{p-1}{2}} - 1$, savoir $a^{2n-1} - 1$ divisible par p (Lemme III); de même, pour que $t^2 + au^2$ fût divisible par p, il faudrait que l'on eût, en changeant a en $-a$, $(-a)^{2n-1} - 1$ divisible par p, c'est-à-dire (à cause que l'exposant $2n - 1$ est impair) que $a^{2n-1} + 1$ fût aussi divisible par p; ce qui ne se peut.

Si p ne peut être un diviseur de $t^2 - au^2$, alors $a^{\frac{p-1}{2}} - 1$ ne sera pas divisible par p (Lemme III). Or $a^{p-1} - 1$ est toujours nécessairement divisible par p (Lemme I); mais

$$a^{p-1} - 1 = \left(a^{\frac{p-1}{2}} - 1\right)\left(a^{\frac{p-1}{2}} + 1\right);$$

donc puisque p est premier et que $a^{\frac{p-1}{2}} - 1$ n'est pas divisible par p, il faut nécessairement que $a^{\frac{p-1}{2}}+1$ soit divisible par p. Ainsi dans ce cas

$$a^{\frac{p-1}{2}}+1 \quad \text{ou bien} \quad a^{2n-1}+1$$

sera divisible par p; donc aussi

$$(-a)^{2n-1}-1 \quad \text{ou bien} \quad (-a)^{\frac{p-1}{2}}-1$$

sera divisible par p. Donc, par le Lemme III, le nombre p sera diviseur d'un nombre de la forme t^2+au^2.

42. Corollaire. — Il suit des deux derniers Lemmes :

1° Que si $4an+b$ est une des formes des diviseurs de $t^2 \pm au^2$, ce sera aussi une des formes des diviseurs de $t^2 \mp au^2$ lorsque b sera de la forme $4m+1$; et que si $4an+b$ est une des formes des non-diviseurs de $t^2 \pm au^2$, ce sera aussi une des formes des non-diviseurs de $t^2 \mp au^2$.

2° Que si $4an+b$ est une des formes des diviseurs de $t^2 \pm au^2$, ce sera aussi une des formes des non-diviseurs de $t^2 \mp au^2$ lorsque b sera de la forme $4m-1$; et que si $4an+b$ est une des formes des non-diviseurs de $t^2 \pm au^2$, ce sera aussi nécessairement une des formes des diviseurs de $t^2 \mp au^2$. Les quatre dernières Tables fournissent des exemples de la vérité de ces propositions.

Lemme VI.

43. *Si un nombre premier p est à la fois diviseur de différents nombres de ces formes t^2-au^2, $t^2-a'u^2$, $t^2-a''u^2, \ldots$, je dis qu'il sera aussi diviseur d'un nombre de la forme $t^2-aa'a''\ldots u^2$.*

Si p divise en même temps les deux nombres t^2-au^2 et $t'^2-a'u'^2$, il divisera aussi le nombre

$$t^2(t'^2-a'u'^2)+a'u'^2(t^2-au^2),$$

c'est-à-dire

$$(tt')^2-aa'(uu')^2;$$

et, si le même nombre p divise encore le nombre $t''^2-a''u''^2$, on prouvera pareillement qu'il divisera aussi le nombre

$$(tt't'')^2-aa'a''(uu'u'')^2;$$

et ainsi de suite. Au reste, on voit par cette démonstration que la proposition est vraie, en général, quel que soit le nombre p, premier ou non.

Lemme VII.

44. *Si le nombre premier p ne peut jamais être diviseur d'un nombre de la forme $t^2 - au^2$, je dis qu'il sera nécessairement un diviseur d'un nombre de la forme*

$$\frac{(t+u\sqrt{a})^{p+1}-(t-u\sqrt{a})^{p+1}}{2t\sqrt{a}},$$

et même d'un facteur quelconque de cette formule.

Car si p ne peut être un diviseur de $t^2 - au^2$, alors $a^{\frac{p-1}{2}} - 1$ ne sera pas divisible par p (Lemme III); mais, $a^{p-1} - 1$ étant toujours divisible par p (Lemme I), il faudra que $a^{\frac{p-1}{2}} + 1$ soit divisible par p, puisque

$$a^{p-1} - 1 = \left(a^{\frac{p-1}{2}} - 1\right)\left(a^{\frac{p-1}{2}} + 1\right).$$

Maintenant si l'on considère la quantité $(t + u\sqrt{a})^p$ et qu'on la résolve en série par le Théorème de Newton, on verra qu'à cause que p est un nombre premier, tous les termes seront d'eux-mêmes divisibles par p, excepté le premier t^p et le dernier $u^p a^{\frac{p}{2}}$, et cela indépendamment des valeurs de t, u, a. Donc

$$(t+u\sqrt{a})^p - t^p - u^p a^{\frac{p}{2}}$$

sera toujours divisible par p. Mais t et u n'étant pas divisibles par p, on a, par le Lemme I, $t^{p-1} - 1$ et $u^{p-1} - 1$ divisibles par p; donc aussi

$$t^p - t \quad \text{et} \quad (u^p - p)a^{\frac{p}{2}},$$

et par conséquent

$$(t+u\sqrt{a})^p - t - ua^{\frac{p}{2}}$$

seront divisibles par p; or $a^{\frac{p-1}{2}} + 1$ est divisible par p; donc $ua^{\frac{p}{2}} + u\sqrt{a}$

le sera aussi; donc

$$(t+u\sqrt{a})^p - t + u\sqrt{a}$$

sera divisible par p; donc, prenant le radical $\sqrt{a}$ en $-$,

$$(t-u\sqrt{a})^p - t - u\sqrt{a}$$

sera également divisible par p; donc enfin multipliant la première de ces quantités par $t+u\sqrt{a}$, et la seconde par $t-u\sqrt{a}$, et prenant la différence, cette différence sera encore divisible par p; ainsi

$$(t+u\sqrt{a})^{p+1} - (t-u\sqrt{a})^{p+1}$$

sera toujours divisible par p; mais si l'on développe cette quantité, on voit qu'à cause que $p+1$ est pair, tous les termes sont divisibles par $2t\sqrt{a}$; donc, puisque ni t ni $\sqrt{a}$ n'est divisible par p, il s'ensuit que la quantité

$$\frac{(t+u\sqrt{a})^{p+1} - (t-u\sqrt{a})^{p+1}}{2t\sqrt{a}}$$

sera divisible par p.

Cette quantité étant développée et ordonnée par rapport aux puissances de t, devient un polynôme entier et rationnel du degré $p-1$; ainsi, supposant u donné, il y aura $p-1$ valeurs de t tant positives que négatives, mais moindres que $\frac{p}{2}$, lesquelles rendront ce polynôme divisible par p, ces valeurs étant

$$\pm 1, \quad \pm 2, \quad \pm 3, \ldots, \quad \pm \frac{p-1}{2}.$$

Donc on prouvera, comme dans le Lemme II, que si ce polynôme a un facteur rationnel et entier de l'ordre m, il y aura nécessairement m valeurs de t qui rendront aussi ce facteur divisible par p.

THÉORÈMES SUR LES NOMBRES PREMIERS DE LA FORME $4n-1$.

45. Comme les nombres premiers de cette forme qui ne sont pas diviseurs de $t^2 \pm au^2$ le sont nécessairement de $t^2 \mp au^2$ par le Lemme V (41), on pourra appliquer à ces nombres les propriétés qui conviennent aux

diviseurs de $t^2 \mp au^2$; donc en combinant la Table V avec la Table II et la Table IV, et la Table VI avec la Table I et la Table III, et ne considérant que les valeurs de b qui sont de la forme $4m - 1$, on aura les Théorèmes suivants :

1° *Tous les nombres premiers de la forme* $8n + 3$ *sont de la forme* $y^2 + 2z^2$.

2° *Tous les nombres premiers de la forme* $8n - 1$ *sont en même temps de ces deux formes* $y^2 - 2z^2$ *et* $2z^2 - y^2$.

3° *Tous les nombres premiers de la forme* $12n - 5$ *sont de la forme* $y^2 + 3z^2$.

4° *Tous les nombres premiers de la forme* $12n - 1$ *sont de la forme* $3z^2 - y^2$.

5° *Tous les nombres premiers de ces formes* $20n + 3$, $20n + 7$ *sont de la forme* $2y^2 \pm 2yz + 3z^2$; *ou bien ces nombres étant multipliés par* 2 *deviendront de la forme* $y^2 + 5z^2$.

6° *Tous les nombres premiers de ces formes* $20n - 1$, $20n - 9$ *sont en même temps de l'une et de l'autre des deux formes* $y^2 - 5z^2$ et $5z^2 - y^2$.

7° *Tous les nombres premiers de la forme* $24n + 7$ *sont de la forme* $y^2 + 6z^2$; *et tous ceux de la forme* $24n + 11$ *sont de la forme* $2y^2 + 3z^2$.

8° *Tous les nombres premiers de la forme* $24n - 1$ *sont de la forme* $6z^2 - y^2$; *et ceux de la forme* $24n - 5$ *sont aussi de la forme* $y^2 - 6z^2$.

9° *Tous les nombres premiers de ces formes* $28n + 11$, $28n - 5$, $28n - 13$ *sont de la forme* $y^2 + 7z^2$.

10° *Tous les nombres premiers des formes* $28n + 3$, $28n - 1$, $28n - 9$ *sont de la forme* $7z^2 - y^2$.

11° *Tous les nombres premiers de ces formes* $40n + 11$, $40n + 19$ *sont de la forme* $y^2 + 10z^2$; *et ceux des formes* $40n + 7$, $40n - 17$ *sont de la forme* $2y^2 + 5z^2$.

12° *Tous les nombres premiers de ces formes* $40n - 1$, $40n - 9$ *sont en même temps de l'une et de l'autre de ces formes* $y^2 - 10z^2$ *et* $10z^2 - y^2$; *et ceux des formes* $40n + 3$, $40n - 13$ *sont de l'une et de l'autre des formes* $2y^2 - 5z^2$ *et* $5z^2 - 2y^2$.

13° *Tous les nombres premiers de ces formes* $44n + 3$, $44n + 15$, $44n - 13$, $44n - 17$, $44n - 21$ *sont ou de la forme* $y^2 + 11z^2$, *ou bien de la forme* $3y^2 \pm 2yz + 4z^2$.

14° *Tous les nombres premiers de ces formes* $44n + 7$, $44n + 19$, $44n - 1$, $44n - 5$, $44n - 9$ *sont de la forme* $11z^2 - y^2$.

15° *Tous les nombres premiers de ces formes* $52n + 7$, $52n + 11$, $52n + 15$, $52n + 19$, $52n - 5$, $52n - 21$ *sont de la forme* $2y^2 \pm 2yz + 7z^2$, *ou bien ces nombres étant multipliés par* 2 *deviendront de la forme* $y^2 + 13z^2$.

16° *Tous les nombres premiers de ces formes* $52n + 3$, $52n + 23$, $52n - 1$, $52n - 9$, $52n - 17$, $52n - 25$ *sont en même temps de l'une et de l'autre de ces formes* $y^2 - 13z^2$ *et* $13z^2 - y^2$.

17° *Tous les nombres premiers des formes* $56n + 15$, $56n + 23$, $56n - 17$ *sont ou de la forme* $y^2 + 14z^2$, *ou de celle-ci* $2y^2 + 7z^2$; *et les nombres premiers des formes* $56n + 3$, $56n + 19$, $56n + 27$ *sont de la forme* $3y^2 \pm 2yz + 5z^2$; *ou bien ces nombres étant multipliés par* 3 *deviendront de la forme* $y^2 + 14z^2$,

18° *Tous les nombres premiers de ces formes* $56n + 11$, $56n - 5$, $56n - 13$ *sont de la forme* $y^2 - 14z^2$; *et tous ceux des formes* $56n - 1$, $56n - 9$, $56n - 25$ *sont de la forme* $14z^2 - y^2$.

19° *Tous les nombres premiers de ces formes* $60n + 19$, $60n - 29$ *sont de la forme* $y^2 + 15z^2$; *et tous ceux des formes* $60n + 23$, $60n - 13$ *sont de la forme* $3y^2 + 5z^2$.

20° *Tous les nombres premiers de ces formes* $60n + 11$, $60n - 1$ *sont de la forme* $15z^2 - y^2$; *et ceux des formes* $60n + 7$, $60n - 17$ *sont de la forme* $3y^2 - 5z^2$.

21° *Tous les nombres premiers de ces formes* $68n + 3$, $68n + 11$, $68n + 23$, $68n + 27$, $68n + 31$, $68n - 5$, $68n - 29$ *sont de la forme*

$3y^2 \pm 2yz + 6z^2$; *ou bien ces nombres étant multipliés par* 3 *deviendront de la forme* $y^2 + 17z^2$.

22° *Tous les nombres premiers de ces formes* $68n + 15$, $68n + 19$, $68n - 1$, $68n - 9$, $68n - 13$, $68n - 21$, $68n - 25$, $68n - 33$ *sont en même temps de ces deux formes* $y^2 - 17z^2$ *et* $17z^2 - y^2$.

23° *Tous les nombres premiers de ces formes* $76n + 7$, $76n + 11$, $76n + 23$, $76n + 35$, $76n - 13$, $76n - 21$, $76n - 29$, $76n - 33$, $76n - 37$ *sont ou de la forme* $y^2 + 19z^2$, *ou bien de la forme* $4y^2 \pm 2yz + 5z^2$.

24° *Tous les nombres premiers de ces formes* $76n + 3$, $76n + 15$, $76n + 27$, $76n + 31$, $76n - 1$, $76n - 5$, $76n - 9$, $76n - 17$, $76n - 25$ *sont de la forme* $19z^2 - y^2$.

25° *Tous les nombres premiers de ces formes* $84n + 19$, $84n + 31$, $84n - 29$ *sont de la forme* $3y^2 + 7z^2$; *et ceux des formes* $84n + 11$, $84n + 23$, $84n - 13$ *sont de la forme* $2y^2 \pm 2yz + 11z^2$, *ou bien ces nombres étant multipliés par* 2 *deviendront de la forme* $y^2 + 21z^2$.

26° *Tous les nombres premiers de ces formes* $84n - 5$, $84n - 17$, $84n - 41$ *sont de la forme* $y^2 - 21z^2$; *et ceux des formes* $84n - 1$, $84n - 25$, $84n - 37$ *sont de la forme* $21z^2 - y^2$.

27° *Tous les nombres premiers de ces formes* $88n + 15$, $88n + 23$, $88n + 31$, $88n - 17$, $88n - 41$ *sont de la forme* $y^2 + 22z^2$; *et ceux des formes* $88n + 19$, $88n + 35$, $88n + 43$, $88n - 5$, $88n - 37$ *sont de la forme* $2y^2 + 11z^2$.

28° *Tous les nombres premiers de ces formes* $88n + 3$, $88n + 27$, $88n - 13$, $88n - 21$, $88n - 29$ *sont de la forme* $y^2 - 22z^2$; *et ceux des formes* $88n + 7$, $88n + 39$, $88n - 1$, $88n - 9$, $88n - 25$ *sont de la forme* $22z^2 - y^2$.

29° *Tous les nombres premiers de ces formes* $92n + 3$, $92n + 27$, $92n + 31$, $92n + 35$, $92n + 39$, $92n - 5$, $92n - 17$, $92n - 21$, $92n - 33$, $92n - 37$, $92n - 45$ *sont ou de la forme* $y^2 + 23z^2$, *ou bien de la forme* $3y^2 \pm 2yz + 8z^2$.

30° *Tous les nombres premiers de ces formes* $92n+7$, $92n+11$, $92n+15$, $92n+19$, $92n+43$, $92n-1$, $92n-9$, $92n-13$, $92n-25$, $92n-29$, $92n-41$ *sont de la forme* $23z^2-y^2$.

31° *Tous les nombres premiers de ces formes* $104n+3$, $104n+27$, $104n+35$, $104n+43$, $104n+51$, $104n-29$ *sont ou de la forme* y^2+26z^2, *ou bien de la forme* $3y^2\pm 2yz+9z^2$; *et tous ceux de ces formes* $104n+7$, $104n+15$, $104n+31$, $104n+47$, $104n-33$, $104n-41$ *sont ou de la forme* $2y^2+13z^2$, *ou bien de la forme* $5y^2\pm 4yz+6z^2$.

32° *Tous les nombres premiers de ces formes* $104n+23$, $104n-1$, $104n-9$, $104n-17$, $104n-25$, $104n-49$ *sont de l'une et de l'autre de ces formes* y^2-26z^2 *et* $26z^2-y^2$; *et ceux des formes* $104n+11$, $104n+19$, $104n-5$, $104n-21$, $104n-37$, $104n-45$ *sont en même temps de l'une et de l'autre de ces formes-ci* $2y^2-13z^2$ *et* $13z^2-2y^2$.

33° *Tous les nombres premiers de ces formes* $116n+3$, $116n+11$, $116n+15$, $116n+19$, $116n+27$, $116n+31$, $116n+39$, $116n+43$, $116n+47$, $116n+55$, $116n-17$, $116n-21$, $116n-37$, $116n-41$ *sont ou de la forme* $2y^2\pm 2yz+15z^2$, *ou bien de celle-ci* $3y^2\pm 2yz+10z^2$.

34° *Tous les nombres premiers de ces formes* $116n+7$, $116n+23$, $116n+35$, $116n+51$, $116n-1$, $116n-5$, $116n-9$, $116n-13$, $116n-25$, $116n-33$, $116n-45$, $116n-49$, $116n-53$, $116n-57$ *sont à la fois de ces deux formes* y^2-29z^2 *et* $29z^2-y^2$.

35° *Tous les nombres premiers de ces formes* $120n+31$, $120n-41$ *sont de la forme* y^2+30z^2; *ceux des formes* $120n+23$, $120n+47$ *sont de la forme* $2y^2+15z^2$; *ceux des formes* $120n+43$, $120n-53$ *sont de la forme* $3y^2+10z^2$; *enfin ceux des formes* $120n+11$, $120n+59$ *sont de la forme* $5y^2+6z^2$.

36° *Tous les nombres premiers des formes* $120n+19$, $120n-29$ *sont de la forme* y^2-30z^2; *tous ceux des formes* $120n-1$, $120n-49$ *sont de la forme* $30z^2-y^2$; *tous ceux des formes* $120n+7$, $120n-17$ *sont de la forme* $15z^2 - 2y^2$; *enfin tous ceux des formes* $120n - 13$, $120n - 37$ *sont de la forme* $2y^2 - 15z^2$.

Nous nous arrêtons ici, n'ayant poussé nos Tables que jusqu'à $a = 30$; mais ceux qui sont curieux de ces sortes de Théorèmes pourront aisément les continuer aussi loin qu'ils voudront à l'aide des principes et des méthodes que nous avons donnés jusqu'ici.

46. Maintenant il est clair que le Théorème 1° du numéro précédent renferme le Théorème 4° de M. Fermat (36); que le Théorème 2° ci-dessus renferme une partie du Théorème 5° de M. Fermat, et qu'il est même plus général que celui de ce Géomètre, en ce que le nôtre nous apprend que tous les nombres premiers de la forme $8n - 1$ sont non-seulement de la forme $y^2 - 2z^2$, mais aussi de celle-ci $2z^2 - y^2$. Enfin il est visible que notre Théorème 3° renferme aussi le Théorème 2° de M. Fermat, mais pour le cas seulement où n est impair.

Quant au Théorème 6° de cet Auteur, quoiqu'il ne soit point contenu immédiatement dans le Théorème 5° du numéro précédent, il est cependant facile de l'en déduire. En effet, on peut d'abord démontrer que tous les nombres de la forme $4m + 3$, qui sont terminés par les caractères 3 ou 7, sont nécessairement de l'une de ces deux formes $20n + 3$, $20n + 7$; car en faisant successivement

$$m = 5n,\quad 5n + 1,\quad 5n + 2,\quad 5n + 3,\quad 5n + 4,$$

la forme $4m + 3$ donne celles-ci

$$20n + 3,\quad 20n + 7,\quad 20n + 11,\quad 20n + 15,\quad 20n + 19;$$

où l'on voit qu'il n'y a que les deux premières qui puissent donner des nombres terminés par 3 ou par 7. Ainsi le Théorème de M. Fermat se réduit à ce que le produit de deux nombres premiers de ces formes $20n + 3$, $20n + 7$ est toujours de la forme $y^2 + 5z^2$. Or notre Théorème 5° nous apprend que tous les nombres premiers des formes $20n + 3$, $20n + 7$ sont nécessairement de la forme $2y^2 \pm 2yz + 3z^2$. Donc il n'y a qu'à prouver que le produit de deux nombres de la forme

$2y^2 \pm 2yz + 3z^2$ est de la forme $y^2 + 5z^2$; ce qui est facile, car on trouve que

$$(2y^2 + 2yz + 3z^2)(2y'^2 + 2y'z' + 3z'^2) = (2yy' + yz' + zy' + 3zz')^2 + 5(yz' - zy')^2.$$

A l'égard des autres Théorèmes de M. Fermat qui concernent les nombres premiers de la forme $4n + 1$, on en trouvera la démonstration ci-après.

47. Les Théorèmes du n° 45 ne regardent que les nombres premiers de la forme $4n - 1$. Pour avoir de pareils Théorèmes sur les nombres premiers de la forme $4n + 1$, il faudrait pouvoir démontrer que les nombres premiers de la forme $4na + b$, lorsque b est de la forme $4m + 1$, peuvent toujours être diviseurs de quelque nombre de la forme $t^2 + au^2$ ou $t^2 - au^2$; car nous avons déjà prouvé (40) que tout nombre premier de la forme $4n + 1$ qui est un diviseur de $t^2 \pm au^2$ l'est aussi de $t^2 \mp au^2$. Or quoique l'induction paraisse prouver que les nombres premiers des formes qui conviennent aux diviseurs de $t^2 \pm au^2$ peuvent toujours être effectivement des diviseurs de pareils nombres, cette proposition ne peut être démontrée rigoureusement par rapport aux nombres premiers de la forme $4n + 1$ que pour un très-petit nombre de cas; du moins toutes les tentatives que j'ai faites pour en venir à bout ont été jusqu'à présent inutiles; de sorte que je me bornerai ici à rapporter les résultats de mes Recherches dans quelques cas particuliers où j'ai réussi à trouver la démonstration de la proposition dont il s'agit; ce sont ceux où $b = 1$ et où $a = 1$, 2, 3, 5, 7 ou = au produit de quelques-uns de ces nombres, et où $b = 9$ et $a = 5$, 10.

THÉORÈMES SUR LES NOMBRES PREMIERS DE LA FORME $4n + 1$.

48. Nous avons vu (Lemmes I et II) qu'on peut toujours trouver une valeur de x telle que $x^{p-1} - 1$, ou un quelconque des facteurs rationnels et entiers de ce binôme soit divisible par p. Soit donc $p = 4na + 1$, on aura

$$x^{p-1} - 1 = x^{4na} - 1 = (x^{2na} - 1)(x^{2na} + 1);$$

ainsi $x^{2na}+1$ pourra être divisible par $4na+1$, lorsque c'est un nombre premier. Faisons $x^n=r$, et l'on aura le binôme $r^{2a}+1$ qui pourra être divisible par $4na+1$; faisons de plus $r^2+1=s$, et le binôme $r^{2a}+1$ pourra se réduire à cette forme

$$s^a-as^{a-2}r^2+\frac{a(a-3)}{2}s^{a-4}r^4-\frac{a(a-4)(a-5)}{2.3}s^{a-6}r^6+\frac{a(a-5)(a-6)(a-7)}{2.3.4}s^{a-8}r^8-\ldots,$$

quantité que nous appellerons R pour plus de simplicité. Ainsi tout nombre premier de la forme $4na+1$ pourra être un diviseur du polynôme R, ou même d'un facteur quelconque entier et rationnel de ce polynôme. Il faut seulement remarquer, à l'égard de la série qui représente ce polynôme, qu'elle ne doit être poussée que jusqu'aux termes exclusivement qui contiendraient des puissances négatives de s; c'est de quoi il est facile de se convaincre par la nature même de cette série, laquelle, en y substituant r^2+1 à la place de s, doit se réduire à $r^{2a}+1$.

Cela posé, soit d'abord $a=1$; on aura

$$R=s=r^2+1;$$

donc tout nombre premier de la forme $4n+1$ pourra être un diviseur d'un nombre de la forme t^2+u^2; donc (18) :

1° *Tout nombre premier de la forme $4n+1$ est aussi de la forme y^2+z^2.*

Soit ensuite $a=2$, on aura

$$R=s^2-2r^2;$$

d'où il s'ensuit que tout nombre premier de la forme $8n+1$ peut être un diviseur d'un nombre de la forme t^2-2u^2, et par conséquent aussi d'un nombre de la forme t^2+2u^2 (Lemme IV); donc (18 et 20) :

2° *Tout nombre premier de la forme $8n+1$ est en même temps de ces trois formes y^2+2z^2, y^2-2z^2 et $2z^2-y^2$.*

Soit en troisième lieu $a = 3$, on aura

$$R = s^3 - 3sr^2 = s(s^2 - 3r^2);$$

donc tout nombre premier de la forme $12n+1$ pourra être diviseur d'un nombre de la forme $t^2 - 3u^2$, et par conséquent aussi d'un nombre de la forme $t^2 + 3u^2$ (Lemme IV); donc (**18** et **20**) :

3° *Tout nombre premier de la forme* $12n+1$ *sera en même temps de la forme* $y^2 + 3z^2$ *et de l'une de ces deux* $y^2 - 3z^2$ *et* $3z^2 - y^2$; mais on voit par la Table IV que la forme $-y^2 + 3z^2$ ne donne que des nombres de la forme $12n-1$; donc *tout nombre premier* $12n+1$ *sera nécessairement de ces deux formes* $y^2 + 3z^2$ *et* $y^2 - 3z^2$.

Soit en quatrième lieu $a = 5$, on aura

$$R = s^5 - 5s^3r^2 + 5sr^4 = s(s^4 - 5s^2r^2 + 5r^4);$$

donc tout nombre premier de la forme $20n+1$ pourra être un diviseur de $s^4 - 5s^2r^2 + 5r^4$, par conséquent aussi de

$$4s^4 - 20s^2r^2 + 20r^4 = (2s^2 - 5r^2)^2 - 5r^4,$$

c'est-à-dire d'un nombre de la forme $t^2 - 5u^2$; donc il pourra l'être aussi d'un nombre de la forme $t^2 + 5u^2$ (Lemme IV); donc (**18** et **20**) :

4° *Tout nombre premier de la forme* $20n+1$ *est en même temps de ces trois formes* $y^2 + 5z^2$, $y^2 - 5z^2$ *et* $5z^2 - y^2$.

En cinquième lieu, soit $a = 7$, on aura

$$R = s^7 - 7s^5r^2 + 14s^3r^4 - 7sr^6 = s[s^6 - 7(s^2 - r^2)^2r^2];$$

donc tout nombre premier de la forme $20n+1$ pourra être un diviseur de $s^6 - 7(s^2 - r^2)^2r^2$, et par conséquent d'un nombre de la forme $t^2 - 7u^2$, comme aussi d'un nombre de la forme $t^2 + 7u^2$ (Lemme IV); donc (**18** et **20**) :

5° *Tout nombre premier de la forme* $28n+1$ *sera en même temps de la forme* y^2+7z^2 *et de l'une de ces deux-ci* y^2-7z^2, $7z^2-y^2$; mais la Table IV montre que la forme $-y^2+7z^2$ ne peut donner des nombres de la forme $28n+1$; donc *tout nombre premier* $28n+1$ *sera nécessairement de ces deux formes* y^2+7z^2 *et* y^2-7z^2.

Si l'on faisait encore $a=11$, on aurait

$$R = s^{11} - 11s^9r^2 + 11.4s^7r^4 - 11.7s^5r^6 + 11.5s^3r^8 - 11sr^{10};$$

de sorte que tout nombre premier de la forme $44n+1$ pourra être un diviseur de

$$s^{10} - 11(s^8 - 4s^6r^2 + 7s^4r^4 - 5s^2r^6 + r^8)r^2;$$

mais je ne vois pas comment cette quantité pourrait se réduire à la forme t^2-11u^2; c'est pourquoi il me paraît que l'usage de la méthode précédente est borné aux seuls cas que nous venons d'examiner; d'autant plus que ces cas sont les seuls où l'on ait pu jusqu'ici déterminer les racines de l'équation $r^{2a}+1=0$, en supposant a un nombre premier; en effet, si l'on pouvait trouver, pour une valeur quelconque de a, l'expression de la racine r, et que cette expression contînt d'une manière quelconque le radical $\sqrt{a}$ ou $\sqrt{-a}$, il est facile de voir qu'on pourrait toujours avoir un facteur de $r^{2a}+1$ qui serait de la forme $t^2\pm au^2$, et qui pourrait par conséquent être divisible par tout nombre premier de la forme $4na+1$.

Ayant trouvé jusqu'ici que tout nombre premier de la forme $4na+1$ est toujours un diviseur de $t^2\pm au^2$ lorsque $a=2, 3, 5, 7$, il s'ensuit du Lemme VI que cela sera vrai aussi lorsque a sera égal au produit de quelques-uns des nombres 2, 3, 5, 7. Ainsi, faisant successivement

$$a=6,\ 10,\ 14,\ 15,\ 21,\ 30,$$

on trouvera, d'après les Tables I et II combinées avec les Tables III et IV, les Théorèmes suivants :

6° *Tout nombre premier de la forme* $24n+1$ *est en même temps de l'une et de l'autre de ces deux formes* y^2+6z^2 *et* y^2-6z^2.

7° *Tout nombre premier de la forme* $40n+1$ *est en même temps de chacune de ces trois formes* y^2+10z^2, y^2-10z^2 *et* $10z^2-y^2$.

8° *Tout nombre premier de la forme* $56n+1$ *est de la forme* y^2+14z^2 *ou* $2y^2+7z^2$, *et en même temps de la forme* y^2-14z^2.

9° *Tout nombre premier de la forme* $60n+1$ *est à la fois de l'une et de l'autre de ces formes* y^2+15z^2 *et* y^2-15z^2.

10° *Tout nombre premier de la forme* $84n+1$ *est à la fois de l'une et de l'autre de ces formes* y^2+21z^2 *et* y^2-21z^2.

11° *Tout nombre premier de la forme* $120n+1$ *est à la fois de l'une et de l'autre de ces formes* y^2+30z^2 *et* y^2-30z^2.

Considérons maintenant les nombres premiers de la forme $20n+9$, et je dis que ces nombres sont nécessairement diviseurs de quelques nombres de la forme t^2-5u^2. Car si on le nie, il faudra qu'on admette (Lemme VII, n° 45) que le nombre

$$\frac{(t+u\sqrt{5})^{20n+10}-(t-u\sqrt{5})^{20n+10}}{2t\sqrt{5}},$$

et même qu'un facteur quelconque de ce nombre est divisible par le nombre premier $20n+9$. Or l'expression précédente a évidemment ce facteur

$$\frac{(t+u\sqrt{5})^5-(t-u\sqrt{5})^5}{2\sqrt{5}},$$

c'est-à-dire, en développant les termes,

$$5(t^4+10t^2u^2+5u^4)=25(t^2+u^2)^2-5(2t^2)^2;$$

donc le nombre $20n+9$ sera nécessairement diviseur d'un nombre de la forme t^2-5u^2. De là et des Tables citées résulte d'abord ce Théorème :

12° *Tout nombre premier de la forme* $20n+9$ *est en même temps de ces trois formes* y^2+5z^2, y^2-5z^2 *et* $5z^2-y^2$.

Enfin puisque les nombres de la forme $40n+9$ sont aussi de la forme

$8n+1$, et que nous avons déjà vu que les nombres premiers de cette dernière forme sont toujours diviseurs de quelques nombres de la forme t^2-2u^2; il s'ensuit du Lemme VI qu'en faisant $a=2.5$, les nombres premiers de la forme $4na+9$, c'est-à-dire $40n+9$, seront toujours diviseurs de quelques nombres de la forme u^2-at^2, c'est-à-dire de u^2-10t^2. Donc :

13° *Tout nombre premier de la forme* $40n+9$ *est en même temps de ces trois formes* y^2+10z^2, y^2-10z^2 *et* $10z^2-y^2$.

49. Scolie I. — Au reste, si l'on combine les Théorèmes que nous avons démontrés jusqu'ici avec le Lemme III, on en pourra déduire un grand nombre d'autres Théorèmes d'Arithmétique qui seraient peut-être bien difficiles à démontrer directement.

Ainsi, si p est un nombre premier d'une de ces formes $8n\pm1$, $2^{\frac{p-1}{2}}-1$ sera divisible par p, et si p est de la forme $8n\pm3$, $2^{\frac{p-1}{2}}+1$ sera alors divisible par p.

De même, si p est de la forme $12n\pm1$, $3^{\frac{p-1}{2}}-1$ sera divisible par p, et si p est de la forme $12n\pm5$, $3^{\frac{p-1}{2}}+1$ sera alors divisible par p.

Si p est d'une de ces formes $20n\pm1$, $20n\pm9$, $5^{\frac{p-1}{2}}-1$ sera divisible par p; et si p est d'une de ces formes $20n\pm3$, $20n\pm7$, alors $5^{\frac{p-1}{2}}+1$ sera divisible par p. Et ainsi de suite.

50. Scolie II. — Les nombres premiers de la forme $4n+1$ sont toujours la somme de deux carrés (48); mais les nombres premiers de la forme $4n-1$ ne pouvant jamais être la somme de deux carrés, seront nécessairement la somme de trois ou de quatre carrés, puisqu'il est démontré que tout nombre entier est ou carré ou la somme de deux ou trois ou quatre carrés [*voyez* les *Mémoires* pour 1770 (*)]. Or je remarque que la forme $4n-1$ se réduit à ces deux-ci $8n-1$ et $8n+3$;

(*) *OEuvres de Lagrange*, t. III, p. 189.

à l'égard des nombres premiers de la forme $8n+3$ on a prouvé qu'ils sont toujours la somme d'un carré et du double d'un carré (45); et quant à ceux de la forme $8n-1$, M. Fermat assure que le double de chacun de ces nombres est toujours aussi la somme d'un carré et du double d'un carré (*voyez* la *Lettre* à M. Digby citée ci-dessus, n° 36); mais ce dernier Théorème est du nombre de ceux qui restent encore à démontrer. On peut observer que la forme $8n-1$ se réduit à ces trois-ci $24n-1$, $24n+7$, $24n+15$, dont il n'y a que les deux premières qui puissent convenir à des nombres premiers; or il est déjà démontré (45) que tout nombre premier de la forme $24n+7$ est de la forme y^2+6z^2; donc le double d'un nombre premier de la même forme sera de la forme

$$2y^2+12z^2=(y+2z)^2+(y-2z)^2+(2z)^2,$$

c'est-à-dire la somme de trois carrés. Ainsi le Théorème dont il s'agit est démontré pour tous les nombres premiers de la forme $8n-1$ lorsque n n'est pas un multiple de 3; et il ne reste plus qu'à le démontrer pour les nombres de la forme $24n-1$; mais je ne vois pas, quant à présent, comment on y pourrait parvenir.

J'ajouterai, en finissant, que j'ai remarqué que tout nombre premier de la forme $4n-1$ est la somme d'un nombre premier de la forme $4n+1$ et du double d'un nombre premier de la même forme; ainsi

$$3=1+2.1,\quad 7=5+2.1,\quad 11=1+2.5,\quad 19=17+2,$$
$$23=13+2.5=1+2.11,\quad 31=29+2,\quad 43=41+2,$$
$$47=37+2.5=1+2.23,\ldots;$$

mais ce n'est que par induction que j'ai trouvé ce Théorème.

FIN DU TOME TROISIÈME.

TABLE DES MATIÈRES

DU TOME TROISIÈME.

SECTION DEUXIÈME.

(SUITE.)

MÉMOIRES EXTRAITS DES RECUEILS DE L'ACADÉMIE ROYALE DES SCIENCES ET BELLES-LETTRES DE BERLIN.

PARIS. — IMPRIMERIE DE GAUTHIER-VILLARS, SUCCESSEUR DE MALLET-BACHELIER,
Rue de Seine-Saint-Germain, 10, près l'Institut.

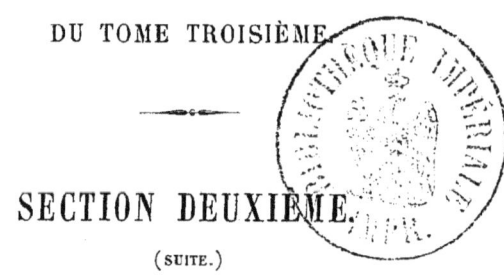

www.ingramcontent.com/pod-product-compliance
Lightning Source LLC
Chambersburg PA
CBHW052033290426
44111CB00011B/1493
* 9 7 8 2 0 1 2 5 9 6 5 9 7 *